现代数学基础丛书·典藏版　36

# 复变函数逼近论

沈燮昌　著

科学出版社

北　京

## 内 容 简 介

本书系统地介绍了复变函数逼近论中的重要成果和主要方法. 全书共分四章: 第一章复平面有界闭集上多项式及有理函数的逼近, 第二章复平面上多项式最佳逼近阶的估计, 第三章有理函数的最佳逼近, 第四章 Berg-man 空间中的多项式及有理函数逼近. 书中包括了作者本人近十年来的科研成果. 本书中的许多定理证明简明易懂, 便于读者掌握..

本书可供高等院校数学系师生, 从事函数论及逼近论科研的工作者阅读.

**图书在版编目(CIP)数据**

复变函数逼近论/沈燮昌著. —北京: 科学出版社, 1992. 3 (2016. 6 重印)
(现代数学基础丛书 · 典藏版; 36)
ISBN 978-7-03-002689-7

I. ①复… II. ①沈… III. ①复变函数论—逼近论 IV. ①O174. 5②O174. 41

中国版本图书馆 CIP 数据核字(2016) 第 113269 号

责任编辑: 张 扬 / 责任校对: 林青梅
责任印制: 徐晓晨 / 封面设计: 王 浩

科 学 出 版 社 出版
北京东黄城根北街 16 号
邮政编码: 100717
http://www.sciencep.com
北京厚诚则铭印刷科技有限公司印刷
科学出版社发行 各地新华书店经销
*
1992 年 3 月第 一 版 开本: B5(720×1000)
2016 年 6 月印 刷 印张: 38 3/4
字数: 508 000
**定价: 288. 00 元**
(如有印装质量问题, 我社负责调换)

# 序

1885 年 Runge 建立的逼近定理是复变函数逼近论方面最早的一个一般性定理．沿着这一方向发展的理论，至今仍很活跃，并还在不断深入．本书第一章就从这个定理开始，系统介绍了这方面的重要成果．在这短短一章中，从经典的重要结果到近代的重要成就都作了介绍，还进一步探讨了无界集合上的逼近，写得颇具特色．概括地讲，本书主要介绍多项式及有理函数在各种空间中的完备性、最佳逼近的阶的估计及其逆定理．这些内容正是复变函数逼近论方面最重要的成果．此外，本书还介绍了 70 年代以后的新成就，有些结果还是作者在本书中第一次发表．于是本书便成为复变函数逼近论方面的一部专著．

本书的另一特色是作者能运用较新的观点来统一处理上述内容，并能在适当场合介绍有关逼近论的一些应用，从而使理论、方法和应用融合成为一体．用这种新的观点统一处理，简化了证明，还能获得一些新的成果，在第二章中用 Faber 变换方法统一处理已有的成果就是一例．

基于本书的上述两个特点，本书不仅可供高等院校数学系或应用数学系高年级本科生和研究生作为教学参考书，还可供函数逼近论方面的研究人员阅读．除此而外，对于从事信号处理以及函数论应用方面的科技工作者来说，本书也是一本有价值的参考读物．

鉴于本书的上述作用，乐为序．

程民德

# 前　言

复变函数逼近论，有以下四个研究方向.

1. 研究复平面集合上某个比较广泛的函数类（例如，连续函数、解析函数类等）中任意一个函数，能否在此集合上被比较窄的函数类（例如，多项式类、有理函数类等）中的函数逼近的问题，其中“逼近”一词可以在各种不同的意义下予以理解（例如，一致逼近、按区域面积平均逼近、按区域边界平均逼近、加权逼近等）. 1885 年由 Weierstrass 证明了这一研究方向上最基本的定理：在实轴的有限闭区间上任一连续函数可以在此区间上被多项式一致逼近，以及在实轴上以 $2\pi$ 为周期的任一连续函数可以在实轴上被三角多项式一致逼近. 此外，还有 Runge 于 1885 年所证明的任一在复平面的有界闭集上的解析函数可以在此闭集上被有理函数一致逼近的定理.

2. 研究比较广泛的函数类中函数被比较窄的函数类中一些子类（例如，$n$次多项式类，$n$ 次有理函数类等）进行逼近时，所能达到的逼近速度以及从逼近的速度来推出被逼近函数类的结构性质. 前者称为直接问题，后者称为逆问题. 这些都属于定量问题. 这个方向上最基本的结果有实变函数逼近论中经典的 Jackson 定理与 Бернштейн 定理. 此外，还有复平面连续统上的解析函数被 $n$ 次多项式逼近时的 Бернштейн 定理. 当然，在一般情况下，在复平面上考虑这一类问题时会更复杂些.

3. 研究比较广泛的函数类中函数被比较窄的函数类中的一些子类进行逼近时，最小偏差的函数的存在性、唯一性以及其特征性质. 这称为定性问题. 这个方向上最基本的结果为实轴上用 $n$ 次代数多项式或用 $n$ 次有理函数进行逼近时的 Чебышев 交错点定理. 在复数域上，情况就更为复杂了.

4. 制定一些算法，以便找到能逐步地逼近达到最小偏差的函数，并研究其误差及逼近的速度．这是属于计算方法的范畴．这个方向上的基本结果是寻找 $n$ 次最佳逼近多项式的 Pemez 算法．在复数域上，这类算法是不易找到的，但目前也有一些研究．

复变函数逼近论与实变函数逼近论一样，既有广泛的实际背景（例如，各类数字滤波器的设计，保角映射的近似计算，各类软件的实现等），也有很多值得研究的理论问题．目前已经得到了很多新的成果．由于复平面上集合的复杂性，因此就带来了很多困难．但是又由于复平面上的集合包含了实轴上的集合作为其特殊情况，因此所得到的结果在某种意义下也就更为深刻，更能看到事物的本质．这里，由于篇幅关系，本书只能介绍上述四个研究方向中的若干最基本的结果．此外，我们也力求介绍一些近几年中所得到的一些最新结果，特别是作者及其同事或学生们所得到的一些结果．在写作风格方面，我们力求用新的方法、新的观点来处理一些已有的成果，如用 Faber 变换方法来统一处理过去已有成果．这样不仅使得认识得以提高，简化了过去已有的证明，而且还可以得到一些新的结果．目前，复变函数逼近论方面的书籍不多，比较经典的有 Sewell[131]，Walsh[198] 的著作；60 年代的有 Смирнов 与 Лебедев 的著作[135]；80 年代的有 Gaier 的著作[62]，但它与本书的侧重面是不同的．关于函数逼近计算方法方面，可参考沈燮昌[182] 与王仁宏[201]所著的书．但是，目前还没有见到有关系统地讲授复变函数逼近中有关计算方面的书籍．

最后，我们指出，本书经常要用到实变函数逼近论方面的一些结果，故建议读者在阅读本书以前，首先阅读有关实逼近方面的著作，例如 Lorentz 的书[86]．此外，我们还要用到 $H^p$ 及 $E^p$ 空间中的一些基本知识、有关保角映射以及解析函数边界性质的结果，请参看 Duren[36] 及 Привалов[117] 的书．实际上，对于这两本书中一些较深的结果，我们在这里基本上都给予证明．因此，除了一些个别地方以外，本书是自封闭的．

为出好此书，我的学生朱来义博士做了大量的工作，在此深表谢意．

# 目　　录

# 第一章　复平面有界闭集上多项式及有理函数的逼近

众所周知,多项式及有理函数是两个最简单的函数类,因此我们来研究用这两个函数类来进行逼近的问题.

根据 Weierstrass 定理，实轴的有界闭区间上任意一个连续函数都可以在此闭区间上用多项式一致逼近. 人们自然会问，这个定理在复数域上是否成立? 问得更深入一些，复平面的有界闭集上的任意一个连续函数能否在此闭集上被多项式一致逼近? 回答是否定的. 例如，当有界闭集 $F$ 含有内点时，就不行. 因为，若 $z_0$ 是 $F$ 的一个内点， 则必存在 $z_0$ 的邻域 $U(z_0)\subset F$， 且若函数 $f(z)$ 能在 $F$ 上被多项式一致逼近时，则必存在多项式序列 $\{P_n(z)\}$,使得在 $F$ 上,因而在 $U(z_0)$ 上一致地有

$$\lim_{n\to+\infty} P_n(z) = f(z). \tag{0.1}$$

这样一来,根据复变函数论上的 Weierstrass 定理可以推出,函数 $f(z)$ 必在 $U(z_0)$ 上解析， 因而函数 $f(z)$ 就在 $F$ 的内点集 $F^0$ 上解析. 显然,不是每一个在 $F$ 上的连续函数都有此性质.

若有界闭集 $F$ 不含有内点，那么任意一个在 $F$ 上连续的函数是否都能在 $F$ 上被多项式一致逼近? 或者更一般地，任意一个在 $F$ 上连续，在 $F$ 的内点集 $F^0$ 上解析的函数是否都能在 $F$ 上被多项式一致逼近? 回答仍是否定的. 例如,若有界闭集 $F$ 分割平面,即 $F$ 关于全平面的余集 $CF$ 至少是由两个区域(以后称这种区域为构成区域)组成时,就不成立. 事实上,此时 $F$ 的余集 $CF$ 的构成区域中至少有一个是有界区域,设为 $G$. 显然, $G$ 的边界 $\Gamma$ 属于有界闭集 $F$. 若在有界闭集 $F$ 上的函数 $f(z)$ 在 $F$ 上能被多项式一致逼近,则同样也存在多项式序列 $\{P_n(z)\}$, 使得(0.1)在 $F$ 上一致成立. 特别地,在区域 $G$ 的边界 $\Gamma$ 上,(0.1)也一致地成立.

因此，任给 $\varepsilon > 0$，存在自然数 $N$，使得当 $n, m > N$ 时，一致地有

$$|P_n(z) - P_m(z)| < \varepsilon, z \in \Gamma. \tag{0.2}$$

根据解析函数的最大模原理，(0.2)在闭区域 $\bar{G}$ 上也一致地成立. 因此，多项式序列 $\{P_n(z)\}$ 在闭区域 $\bar{G}$ 上一致收敛到某个连续函数 $H(z)$. 显然有

$$H(z) = f(z), \ z \in \Gamma.$$

再根据 Weierstrass 定理，$H(z)$ 在 $G$ 内解析. 这表示函数 $f(z)$ 可以从集合 $F$ 上解析开拓到 $CF$ 的有界的构成区域上. 显然，不是任意一个在有界闭集 $F$ 上连续、$F^0$ 上解析的函数都有此性质.

这样一来，我们必须对原来所提的问题作出修正，从而提出下列问题：当有界闭集 $F$ 不分割平面时，任意一个在 $F$ 上连续、$F$ 的内点集 $F^0$ 上解析的函数是否可以在 $F$ 上被多项式一致逼近？显然，从上面的讨论来看，这里对集合 $F$ 与对所给函数附加的条件都是必要的. 这个问题由苏联卓越的数学家 Мергелян 彻底地解决了. 他的问答是肯定的.

此外，当有界闭集 $F$ 分割平面时，自然可以提出用有理函数一致逼近的问题. 这个问题也由苏联优秀的数学家 Витушкин 彻底地解决了.

本章将介绍与上面讨论有关的一些结果，此外还要介绍一些在其它逼近意义下的一些有趣结果. 让我们先从最简单的特殊情况谈起.

## §1. Runge 定 理

这一节，我们首先建立有界闭集上解析(见下面的定义)的函数在此闭集上被多项式或有理函数一致逼近的定理.

**定义 1** 设 $E$ 是扩充平面上任意点集，函数 $f(z)$ 在 $E$ 上有定义且是单值的. 如果对任意点 $z_0 \in E, z_0 \neq \infty$，存在幂级数

$$\sum_{n=0}^{+\infty} a_n(z-z_0)^n = F_{z_0}(z), \tag{1.1}$$

它在 $z_0$ 的某一个邻域 $U(z_0)$ [以后就取 $U(z_0)$ 为以 $z_0$ 为中心的圆]上一致收敛到某个解析函数 $F_{z_0}(z)$，且

$$F_{z_0}(z) = f(z),\ z \in (U(z_0) \cap E);$$

而若 $z_0 = \infty \in E$ 时，存在 Laurent

$$\sum_{n=1}^{+\infty} \frac{b_n}{z^n} = F_\infty(z), \tag{1.2}$$

它在 $z_0 = \infty$ 的某个邻域 $U(\infty)$ [以后就取为 $\{z: |z| > R\}$，其中 $R$ 为某个正数]上一致收敛到某个解析函数 $F_\infty(z)$，且

$$F_\infty(z) = f(z),\ z \in (U(\infty) \cap E),$$

则我们说，函数 $f(z)$ 在集合 $E$ 上局部解析，或简称 $f(z)$ 在集合 $E$ 上解析。

显然，当集合 $E$ 为区域时，则这里解析的定义与通常的定义是完全一致的. 当集合 $E$ 是闭区域，且函数 $f(z)$ 在 $E$ 上解析时，则用通常的术语来说，闭区域 $E$ 上每一点，都是函数 $f(z)$ 的正则点了. 这里实际上用到了函数解析开拓的概念. 当集合 $E$ 是由两个互不相交的区域 $G_1$ 与 $G_2$ 构成时，则函数 $f(z)$ 在 $E$ 上解析，表示 $f(z)$ 在 $G_1$ 上解析，在 $G_2$ 上也解析. 但是 $f(z)$ 在此两个区域上可以分别是两个没有任何联系的解析函数. 例如，

$$f(z) = \begin{cases} 1, & \text{当 } |z| < 1 \text{ 时;} \\ 0, & \text{当 } |z-3| < 1 \text{ 时.} \end{cases}$$

若 $z_0 \in E$，且是 $E$ 的极限点，则根据解析函数的唯一性定理，上面存在的函数 $F_{z_0}(z)$ 是唯一的. 若 $z_0 \in E$，且是 $E$ 的孤立点，此时 $f(z)$ 必在 $z = z_0$ 解析，且上面定义中的 $F_{z_0}(z)$ 可以有无穷多个. 我们总是取其中的一个，使得由它所对应的圆域 $U(z_0)$ 具有最大的半径. 有时候，为了讨论简单起见，常常假定集合 $E$ 不含有孤立点，即它是一个密集.

若集合 $E$ 是一个闭圆，且函数 $f(z)$ 在 $E$ 上解析，则已知存在一个区域 $G, E \subset G$，使得 $f(z)$ 可以解析开拓到区域 $G$ 中，或者

说，$f(z)$ 也在区域$G$中解析．下面将证明，这个事实对于一般的闭集$E$也是成立的，但此时$G$可能是一个开集．因此，闭集上解析函数的逼近问题就可以化为在开集上解析函数的逼近问题来讨论．我们有下列定理．

**定理 1** 设$O$是复平面上任意一个开集，函数 $f(z)$ 在$O$上解析，则存在有理函数序列，$\{s_{n+1}(z)\}$，它在$O$内闭一致收敛到$f(z)$，即在$O$内任意一个有界闭集上一致收敛到 $f(z)$．

**证** 设$O$是开集．我们用距离为 $\frac{1}{3^n}$ $(n=0,1,2,\cdots)$ 的平行于$x$轴以及平行于$y$轴的直线网将平面进行分割．这样就得到了一些边界为 $\frac{1}{3^n}$ 的正方形网．不妨认为，原点是某些正方形的边界．现在用下列方法从这个正方形网中取出一些具有特殊性质的正方形来构成一个正方形集合 $P$：闭正方形$\Sigma\in P$当且仅当$\Sigma$连同紧邻它的 8 个闭正方形都属于$O$．把集合$P$中的正方形全体的内点，这些正方形两两相邻的正方形公共边上的点（不考虑端点），以及四个正方形的公共顶点联合起来组成一个开集 $O'_n$．显然，有 $O'_n\subset O$，但是开集 $O'_n$ 可能是无界的，我们用 $O_n$ 表示开集 $O'_n$ 与正方形 $\{-3^n<x<3^n,\ -3^n<y<3^n\}$ 的交集．因此，$O_n$ 是$O$中的有界开集．开集 $O_n$ 的边界是由有限条闭 Jordan 可求长的曲线所构成的，而每一条这样的曲线又是由有限条直线段所组成的．此外，开集 $O_n$ 还有下列两个重要的性质：

1. $\bar{O}_n\subset O_{n+1},n=1,2,\cdots$．事实上，若 $z_0\in\bar{O}_n$，则 $z_0$ 必属于 $\bar{O}_n$ 的一个闭正方形 $\Sigma_n$．由 $O_n$ 的定义知道，$\Sigma_n$ 与 $\Sigma_n$ 紧邻的 8 个闭正方形 $\Sigma_n^{(i)}(i=1,2,\cdots,8)$ 也属于 $O$． 在构成 $O_{n+1}$ 时，需要将 $\Sigma_n$ 及每一个 $\Sigma_n^{(i)}(i=1,2,\cdots,8)$ 再均分为 9 个小正方形．这样，$\Sigma_n$（它已被分成 9 个小正方形）连同它紧邻的 40 个小正方形（$\Sigma_n$ 每边再增二排小正方形）也都属于 $O_{n+1}$，因而有 $z_0\in O_{n+1}$．

2. 对于开集$O$中的任意一个有界闭集 $F$，都能找到一个自然

数 $N(F)$，使得当 $n \geqslant N(F)$ 时，就有 $F \subset O_n$。

事实上，设此有界闭集 $F$ 与 $O$ 的边界的距离为 $\rho > 0$，且 $F$ 位于圆 $|z| < R$ 内，则容易看出，当 $n \geqslant R - 3$，且 $\frac{1}{3^{n-1}} \leqslant \rho$ 时，即取

$$N(F) = \max\{R + 3, (\ln \frac{1}{\rho}/\ln 3) + 1\}$$

就能满足这里的要求。

我们称具有上述性质的开集序列 $\{O_n\}$ 为渐近于开集 $O$ 的增序列。

设函数 $f(z)$ 在开集 $O$ 上解析。我们用 $\Gamma_n$ 表示开集 $O_n$ 的边界，则由 Cauchy 公式，当 $z \in \bar{O}_n$ 时，有

$$f(z) = \frac{1}{2\pi i}\int_{\Gamma_{n+1}} \frac{f(\zeta)}{\zeta - z} d\zeta, z \in \bar{O}_n, \tag{1.3}$$

其中沿着 $\Gamma_{n+1}$ 的积分应该理解为沿着组成 $\Gamma_{n+1}$ 的每一个闭 Jordan 可求长曲线上积分的总和，且其绕行是逆时针方向。由此，任给 $\varepsilon > 0$，必存在着上述积分的部分和 $S_{n+1}(z)$，使得对于闭集 $\bar{O}_n$ 上所有的点 $z$，一致地有

$$|f(z) - S_{n+1}(z)| < \varepsilon, \ z \in \bar{O}_n. \tag{1.4}$$

事实上，因为 $f(z)$ 在 $\Gamma_{n+1}$ 上解析，因此必一致连续，即任给 $\varepsilon' > 0$，存在数 $\delta(\varepsilon') > 0$，使得对于 $\Gamma_{n+1}$ 上任意两点 $\zeta_1$ 及 $\zeta_2$，当 $|\zeta_1 - \zeta_2| < \delta(\varepsilon')$ 时，就有

$$|f(\zeta_1) - f(\zeta_2)| < \varepsilon'. \tag{1.5}$$

现在将组成 $\Gamma_{n+1}$ 的曲线 $\Gamma_{n+1}^{(k)}(k = 1, 2, \cdots, p_{n+1})$ 分割一些小弧，其分点为 $\zeta_{n+1,j}^{(k)}[j = 1, 2, \cdots, N_k(\varepsilon')]$，$\zeta_{n+1,N_k(\varepsilon')}^{(k)} = \zeta_{n+1,1}^{(k)}$，且相邻二点 $\zeta_{n+1,j}^{(k)}, \zeta_{n+1,j+1}^{(k)}$ 之间的弧记作 $\sigma_{n+1,j}^{(k)}$，其弧长记作 $\lambda_{n+1,j}^{(k)}$，而

$$\lambda_{n+1,j}^{(k)} < \min(\delta(\varepsilon'), \varepsilon'), \ k = 1, 2, \cdots, p_n,$$
$$j = 1, 2 \cdots, N_k(\varepsilon') - 1. \tag{1.6}$$

对应上述的分割，考虑积分和

$$S_{n+1}(z)=\frac{1}{2\pi i}\sum_{k=1}^{p_{n+1}}\sum_{j=1}^{N_k(\varepsilon')-1}\frac{f(\zeta_{n+1,j}^{(k)})}{(\zeta_{n+1,j}^{(k)}-z)}(\zeta_{n+1,j+1}^{(k)}-\zeta_{n+1,j}^{(k)}).\tag{1.7}$$

现在证明，对此积分和(1.7)，(1.4)成立。

事实上，当 $z\in\bar{O}_n$ 时，我们有

$$\begin{aligned}&|f(z)-S_{n+1}(z)|\\&=\frac{1}{2\pi}\left|\sum_{k=1}^{p_{n+1}}\sum_{j=1}^{N_k(\varepsilon')-1}\int_{\sigma_{n+1,j}^{(k)}}\left[\frac{f(\zeta)}{\zeta-z}-\frac{f(\zeta_{n+1,j}^{(k)})}{\zeta_{n+1}^{(k)}-z}\right]d\zeta\right|\\&=\frac{1}{2\pi}\left|\sum_{k=1}^{p_{n+1}}\sum_{j=1}^{N_k(\varepsilon')-1}\int_{\sigma_{n+1,j}^{(k)}}\cdot\left[\frac{f(\zeta)-f(\zeta_{n+1,j}^{(k)})}{\zeta-z}\right.\right.\\&\quad\left.\left.+\frac{f(\zeta_{n+1,j}^{(k)})(\zeta_{n+1,j}^{(k)}-\zeta)}{(\zeta-z)(\zeta_{n+1,j}^{(k)}-z)}\right]d\zeta\right|.\end{aligned}$$

设

$$M_{n+1}=\max_{z\in\Gamma_{n+1}}|f(z)|,$$

$t_{n+1}$ 为 $\bar{O}_n$ 与 $\Gamma_{n+1}$ 之间的距离，由 $O_n$ 的性质可知 $t_{n+1}\geqslant\frac{1}{3^{n+1}}>0$。

于是，由 $\sigma_{n+1,j}^{(k)}$ 的取法，利用(1.5)及(1.6)，由上式可知，对于所有的 $z\in\bar{O}_n$ 有

$$\begin{aligned}|f(z)-S_{n+1}(z)|&\leqslant\frac{1}{2\pi}\sum_{k=1}^{p_{n+1}}\sum_{j=1}^{N_k(\varepsilon')-1}\int_{\sigma_{n+1,j}^{(k)}}\left|\frac{f(\zeta)-f(\zeta_{n+1,j}^{(k)})}{\zeta-z}\right|d\sigma\\&\quad+\frac{1}{2\pi}\sum_{k=1}^{p_{n+1}}\sum_{j=1}^{N_k(\varepsilon')-1}\int_{\sigma_{n+1,j}^{(k)}}|f(\zeta_{n+1,j}^{(k)})|\left|\frac{\zeta_{n+1,j}^{(k)}-\zeta}{(\zeta-z)(\zeta_{n+1,j}^{(k)}-z)}\right|d\sigma\\&\leqslant\frac{1}{2\pi}\sum_{k=1}^{p_{n+1}}\sum_{j=1}^{N_k(\varepsilon')-1}\left[\frac{\varepsilon'}{t_{n+1}}\lambda_{n+1,j}^{(k)}+M_{n+1}\frac{\varepsilon'\lambda_{n+1,j}^{(k)}}{t_{n+1}^2}\right].\end{aligned}\tag{1.8}$$

如果注意到

$$\sum_{k=1}^{p_{n+1}}\sum_{t=1}^{N_k(\varepsilon')-1}\lambda_{n+1,j}^{(k)}=\Lambda_{n+1},\tag{1.9}$$

其中 $\Lambda_{n+1}$ 是组成 $\Gamma_{n+1}$ 所有曲线 $\Gamma_{n+1}^{(k)}(k=1,2,\cdots,p_{n+1})$ 的长度之和，则当 $Z\in\bar{O}_n$ 时，由(1.8)及(1.9)得到

$$|f(z) - S_{n+1}(z)| \leqslant \varepsilon' \frac{\Lambda_{n+1}}{2\pi t_{n+1}^2}(t_{n+1} + M_{n+1}).$$

显然，对于充分小的 $\varepsilon'$，上述不等式右边可以小于任何预先给定的数 $\varepsilon > 0$.

因此，若取 $\varepsilon = \varepsilon_n \downarrow 0$，我们就得到了有理函数序列 $\{S_{n+1}(z)\}$，它在任何一个闭集 $O_k(k = 1,2,\cdots)$ 上一致收敛到函数 $f(z)$. 利用增序列 $\{O_n\}$ 的性质 2，就证明了定理 1.

从定理 1 的证明可以看出，我们实际上是在开集 $O$ 内部的有界闭集 $F$ 上来考虑逼近问题. 此外，从定理 1 的证明过程还可以看出，实现逼近的有理函数 $S_{n+1}(z)$ 的极点是在开集 $O$ 的内部. 人们自然会问，能否将实现逼近的有理函数的极点移出开集 $O$ 外?或者将问题提得更清楚一些：若函数 $f(z)$ 在开集 $O$ 内解析，而 $F$ 是 $O$ 内的有界闭集，则我们能否用具有给定极点(一般地是在开集 $O$ 外)的有理函数在 $F$ 上一致逼近函数 $f(z)$ 呢? 为此，我们需要下列引理.

**引理 1** 设 $F$ 是复平面上的有界闭集，$z$ 是 $F$ 的外点. 设

$$R_1(z) = \frac{P_1(z)}{(z - z_1)^{k_1}},$$

其中 $k_1$ 是给定的非负整数，$P_1(z)$ 是次数不超过 $k_1$ 的多项式. 又设 $z_2$ 也是 $F$ 的外点，且与 $z_1$ 同属于集合 $F$ 的余集 $CF$ 的一个构成区域 $G$，则对于任给 $\varepsilon > 0$，存在有理函数

$$R_2(z) = \frac{P_2(z)}{(z - z_2)^{k_2}},$$

其中 $k_2$ 也为某个正整数，而多项式 $P_2(z)$ 的次数不超过 $k_2$，使得

$$|R_1(z) - R_2(z)| < \varepsilon, z \in F.$$

**证** 由引理 1 的条件可知，在 $G$ 内存在连接 $z_1$ 与 $z_2$ 的 Jordan 可求长曲线 $l$. 设 $\rho$ 是 $l$ 与闭集 $F$ 之间距离，则有 $\rho > 0$. 现将曲线 $l$ 分割为一些直径小于 $\rho/2$ 的弧 $\sigma_i(i = 1,2,\cdots,m)$，并以 $\xi_i(i = 0,1,\cdots,m), \xi_0 = z_1, \xi_m = z_2$ 表示其分点. 现在我们利用

点 $\xi_i$ 来构造一个具有唯一极点在 $z=\xi_1$ 上的有理函数，其分子的次数不大于分母的次数且在 $F$ 上，这个有理函数 $R_{\xi_1}(z)$ 与有理函数 $R_{\xi_0}(z)$ 之差的模很小。

令

$$R_{\xi_1}(z)=\frac{P_1(z)}{(z-z_1)^{k_1}}\left[1-\left(\frac{z_1-\xi_1}{z-\xi_1}\right)^{n_1}\right]^{k_1}=\frac{P_{\xi_1}(z)}{(z-\xi_1)^{n_1k_1}},$$

其中 $n_1$ 是待确定的自然数。显然，函数 $R_{\xi_1}(z)$ 只能有唯一的极点在 $z=\xi_1$，且多项式 $P_{\xi_1}(z)$ 的次数不大于 $k_1+(n_1-1)k_1=n_1k_1$。当 $z\in F$ 时，我们有

$$\begin{aligned}|R_1(z)-R_{\xi_1}(z)|&=|R_1(z)|\left|\left[1-\left(\frac{z_1-\xi_1}{z-\xi_1}\right)^{n_1}\right]^{k_1}-1\right|\\&\leqslant M\left\{C_{k_1}^1\left(\frac{\frac{\rho}{2}}{\rho}\right)^{n_1}+C_{k_1}^2\left(\frac{\frac{\rho}{2}}{\rho}\right)^{n_1}+\cdots+C_{k_1}^{k_1}\left(\frac{\frac{\rho}{2}}{\rho}\right)^{n_1}\right\}\\&\leqslant M\frac{1}{2^{n_1}}\{C_{k_1}^1+C_{k_1}^2+\cdots+C_{k_1}^{k_1}\}\leqslant M\frac{2^{k_1}}{2^{n_1}},\end{aligned}$$

其中

$$M=\max_{z\in F}|k_1(z)|.$$

因此，对于任意的数 $\varepsilon>0$，当 $n_1$ 充分大时，就有

$$|R_1(z)-R_{\xi_1}(z)|<\frac{\varepsilon}{m}.$$

与上面一样，利用 $R_{\xi_1}(z)$ 可以构造具有极点在 $z=\xi_2$ 的有理函数 $R_{\xi_2}(z)$，其分子次数也不大于分母次数，使得

$$|R_{\xi_1}(z)-R_{\xi_2}(z)|<\frac{\varepsilon}{m},\ z\in F.$$

不断地应用上述方法，最后得到只具有极点在 $z=\xi_m=z_2$ 的有理函数 $R_{\xi_m}(z)\triangleq R_2(z)$，其分子的次数不大于分母的次数，且满足

$$|R_{\xi_{m-1}}(z)-R_{\xi_m}(z)|<\frac{\varepsilon}{m},\ z\in F,$$

由此就能得到

$$|R_1(z)-R_2(z)|<\varepsilon, z\in F.$$

这就完成了引理 1 的证明.

**定理 2** (Runge)(见文献[92]) 设 $O$ 是开集，它是由至多可数个互不相交的单连通区域所组成的，且 $\infty\bar{\in}O$，则对任意一个在 $O$ 上解析的函数 $f(z)$，存在多项式序列 $\{P_n(z)\}$，它在开集 $O$ 上内闭地一致收敛到函数 $f(z)$.

**证** 设 $\{O_n\}$ 是渐近于开集 $O$ 的增序列. 从序列 $\{O_n\}$ 的性质知，我们只要在任意一个有界闭集 $\overline{O}_n$ 上证明 $f(z)$ 能被多项式一致逼近即可.

首先，在定理的条件下，可以看出，开集 $O_n$ 的每一个构成区域必是单连通区域，这是因为 $O_n$ 的边界点必属于 $O$ 的构成区域——单连通区域. 此外，由于 $\overline{O}_n\subset O_{n+1}$，因此开集 $O_{n+1}$ 的边界 $\Gamma_{n+1}$ 上每一点，特别是在证明定理 1 时，所构造的有理函数 $S_{n+1}(z)$ 的极点 $\zeta_{n+1,j}^{(k)}(k=1,2,\cdots,p_{n+1},j=1,2,\cdots,N_k(\varepsilon')-1)$，都能用与 $\overline{O}_n$ 不相交的曲线与不属于 $\overline{O}_n$ 的任意点 $z_0$ 连接起来. 不妨假设 $\overline{O}_n$ 位于圆 $|z|\leqslant R_n$ 内，而 $|z_0|>R_n$. 这样一来，对每一个固定的 $n$，把上述引理 1 应用到有理函数

$$\frac{1}{2\pi i}f(\zeta_{n+1,j}^{(k)})\frac{\zeta_{n+1,j+1}^{(k)}-\zeta_{n+1,j}^{(k)}}{\zeta_{n+1,j}^{(k)}-z},$$

$$k=1,2,\cdots,p_{n+1},j=1,2,\cdots,N_k(\varepsilon)-1$$

上，对任何数 $\varepsilon_n>0$，存在具有唯一极点在 $z=z_0$ 的有理函数

$$\widetilde{S}_{n+1}(z)=\frac{\widetilde{P}_{n+1}(z)}{(z-z_0)^{\tilde{n}}}$$

其中 $\widetilde{P}_{n+1}(z)$ 是某个次数不大于 $\tilde{n}$ 的多项式，使得

$$|S_{n+1}(z)-\widetilde{S}_{n+1}(z)|<\varepsilon_n, z\in\overline{O}_n,$$

因而就有

$$|f(z)-\widetilde{S}_{n+1}(z)|<2\varepsilon_n, z\in\overline{O}_n. \tag{1.10}$$

有理函数 $\widetilde{S}_{n+1}(z)$ 在 $|z|\leqslant R_n$ 上解析，因此在含有闭集 $\overline{O}_n$ 的闭圆 $|z|\leqslant R_n$ 上可以展开成幂级数，适当选取此展开式中

的前 $n$ 项的部分和 $P_n(z)$，就得到

$$|P_n(z) - \tilde{S}_{n+1}(z)| < \varepsilon_n, \ z \in \bar{O}_n. \tag{1.11}$$

从(1.10)与(1.11)就得到了

$$|f(z) - P_n(z)| < 3\varepsilon_n, z \in \bar{O}_n.$$

注意到 $P_n(z)$ 是一个多项式，这就证明了定理 2.

这个定理实质上是在一些互不相交的一些单连通区域上给定了不同的解析函数，就可以在这些区域所构成的集合的内部的任意一个有界闭集上被同一个多项式序列一致逼近. 这个定理还可以用另一种更为清楚的形式来叙述.

**定理 2′** (Runge)（见文献 [92]） 设 $F$ 是复平面上的有界闭集，其余集 $CF$ 是一个区域，则任意一个在 $F$ 上的单值解析函数 $f(z)$ 都可以在 $F$ 上被多项式一致逼近，即任给 $\varepsilon > 0$，存在多项式 $P(z)$，使得

$$|f(z) - P(z)| < \varepsilon, z \in F.$$

**证** 由定理 2 看出，为了证明定理 2′，只要证明在定理 2′的条件下，必存在一个开集 $O, O \supset F$，它是由至多可数个互不相交的单连通区域所组成的，且函数 $f(z)$ 可以单值地从 $F$ 解析开拓到开集 $O$ 中.

首先考虑闭集 $F$ 中除去所有的孤立点后所余下的集合 $F'$. 可以证明，$F'$ 仍然是一个闭集. 事实上，若 $z_0$ 是 $F'$ 的极限点，则它必是 $F$ 的极限点，因此 $z_0 \in F$. 另一方面，由于 $z_0$ 不是 $F$ 的孤立点，因此 $z_0 \in F'$.

对于每一点 $z_0 \in F'$，按定理的假设，必存在一个幂级数，

$$\sum_{n=0}^{+\infty} a_n (z - z_0)^n = F_{z_0}(z),$$

它在以 $z = z_0$ 为中心的圆 $U(z_0)$ 上解析，且

$$F_{z_0}(z) = f(z), z \in (U(z_0) \cap F').$$

我们将具有上述性质的圆 $U(z_0)$ 的最大半径记作 $\rho(z_0) > 0$. 现在证明，集合 $F'$ 所有的点所对应的数 $\rho(z_0)$ 有一个正的下确界. 事实上，若这个结论不对的话，则存在点列 $\{z_k\}$，$z_k \in F'$，

$\rho(z_k) < \frac{1}{k}$，它在有界闭集 $F'$ 上至少有一个极限点 $\xi$，$\rho(\xi) > 0$. 现在以 $\xi$ 为中心，半径为 $\frac{1}{2}\rho(\xi)$ 作圆 $C_\xi$，在此圆中包有 $\{z_k\}$ 中无穷多个 $z_{n_k}$，且

$$F_\xi(z) = F_{z_{n_k}}(z) = f(z), z \in (C_\xi \cap U(z_{n_k})).$$

由于点 $z_{n_k} \in F'$，因而是 $F'$ 的极限点，因此集合 $C_\xi \cap U(z_{n_k})$ 中必含有 $F'$ 中无穷多个点. 这样一来，函数 $F_{z_{n_k}}(z)$ 就可以解析开拓到圆 $|z-\xi| < \rho(\xi)$ 中. 由此推出函数 $F_{z_{n_k}}(z)$ 在

$$|z - z_{n_k}| < \frac{1}{2}\rho(\xi)$$

中解析，因而就有

$$\rho(z_{n_k}) \geqslant \frac{1}{2}\rho(\xi),$$

这就与

$$\rho(z_{n_k}) < \frac{1}{n_k} (n_k \to +\infty)$$

相矛盾. 这就证明了

$$\inf_{z \in F'} \rho(z) = \rho > 0.$$

对于 $F'$ 中每一点 $z$，考虑以 $z$ 为中心，半径为 $\rho/3$ 的圆 $K_z$，所有这些圆的和集是一个开集 $O'$. 显然有 $F' \subset O'$. 现在我们在开集 $O'$ 上定义一个单值解析函数 $F(z)$，使得它在闭集 $F'$ 与函数 $f(z)$ 的值相等. 为此，令

$$F(z) = \begin{cases} f(z), z \in F'; \\ F_\xi(z), z \in O' \backslash F', \text{ 其中 } \xi \in F', \text{ 且满足} \\ \qquad |z - \xi| < \frac{\rho}{3}. \end{cases}$$

我们证明函数 $F(z)$ 在 $O'$ 上单值解析. 首先证明单值性. 若对于 $z \in O' \backslash F'$，还存在点 $\xi' \in F'$，使

$$|z - \xi'| < \frac{\rho}{3},$$

则 $F(z)=F_{\xi'}(z)$. 但由于

$$|\xi-\xi'|\leqslant|\xi-z|+|z-\xi'|<\rho,$$

因此 $\xi'$ 在圆 $|z-\xi|<\rho$ 内. 由于集合 $F'$ 是由极限点所组成的,因此圆 $|z-\xi|<\rho$ 中不仅含有点 $\xi'$, 而且还含有集合 $F'$ 中无穷多个点 $\xi'_k$,

$$\lim_{k\to+\infty}\xi'_k=\xi'.$$

由函数 $F_{\xi'_k}(z)$ 及 $F_{\xi'}(z)$ 的定义及唯一性定理，注意到它们在 $\xi'_k$, $k=1,2,\cdots$, 上的值相等且为 $f(\xi'_k)$, 因此它们必在其公共的解析区域上相等,特别地,就在圆

$$|z-\xi|<\frac{\rho}{3}\ \text{及}\ |z-\xi'|<\frac{\rho}{3}$$

的公共部分相等. 这就证明了函数 $F(z)$ 的单值性. 函数 $F(z)$ 的解析性是显然的了. 因此,在开集 $O'\supset F'$ 上函数 $F(z)$ 单值解析.

现在要考虑闭集上的孤立点了. 显然,闭集 $F$ 中位于开集 $O'$ 外的孤立点只有有限多个. 设 $z_j(1\leqslant j\leqslant p)$ 是位于 $O'$ 边界上 $F$ 的孤立点,而 $\xi_k(1\leqslant k\leqslant r)$ 是 $\bar{O}'$ 外 $F'$ 的孤立点. 点 $\xi_k$ 彼此之间有正距离, 点 $\xi_k$ 到 $\bar{O}'$ 也有正距离, 设这些距离的最小数为 $3\eta>0$. 我们以 $\xi_k(1\leqslant k\leqslant r)$ 为中心,半径为 $\eta$ 作圆 $C_k$, 这些圆就彼此互不相交且与闭集 $\bar{O}'$ 也不相交. 令

$$F_1(z)=f(\xi_k),z\in C_k,1\leqslant k\leqslant r.$$

对于 $z_j(1\leqslant j\leqslant p)$, 由 $O'$ 的构造知,在 $F'$ 中必存在 $z'$, 使

$$|z'-z_j|<\frac{\rho}{3}.$$

现在以 $z_j(1\leqslant j\leqslant p)$ 为中心,半径为 $\eta\left(\text{不妨假设}\ \eta<\frac{\rho}{6}\right)$作圆 $D_j$. 显然, $D_j$ 与任何的 $C_k$ 都不相交,且含于圆

$$|z-z'|<\frac{\rho}{2},$$

令

$$F_1(z) = F_{z'}(z), z \in D_j.$$

这样的函数也是单值地确定的．事实上，若对于 $z_j$，在 $F'$ 中还存在点 $z''$，使

$$|z'' - z_j| < \frac{\rho}{3},$$

因而 $D_j$ 也含于

$$|z - z''| < \frac{\rho}{2}.$$

所以，若令 $F_1(z) = F_{z''}(z), z \in D_j$ 时，则由于

$$|z' - z''| \leqslant |z' - z_j| + |z_j - z''| = \rho,$$

且 $z'$ 与 $z''$ 都是 $F$ 的极限点，因此由 $F_{z'}(z)$ 及 $F_{z''}(z)$ 的定义及唯一性定理，它们在其公共的解析区域中取值相等，特别地在 $D_j$ 中取值相等．这样一来函数

$$F_1(z) = \begin{cases} F(z), z \in O', \\ f(\xi_k), z \in C_k, k = 1, 2, \cdots, r, \\ F_{z'}(z), z \in D_j, \text{ 其中 } D_j \text{ 的中心是 } z_j \text{ 且} \\ \qquad |z' - z_j| < \dfrac{\rho}{3}, z' \in F', \ 1 \leqslant j \leqslant p, \end{cases}$$

就在开集

$$O'' = O' \cup \left( \bigcup_{j=1}^{p} D_j \right) \cup \left( \bigcup_{k=1}^{r} C_k \right)$$

上单值解析，且 $O'' \supset F$.

现在余下来的问题是要从开集 $O''$ 中取出一个开集 $O$，$F \subset O$，且开集 $O$ 是由至多可数个互不相交的单连通区域组成的．设 $\{O''_n\}$ 是渐近于 $O''$ 的增序列，且 $F \subset O''_{n_1}$．已知 $O''_{n_1}$ 是由有限多个区域所组成的．若 $O''_{n_1}$ 的构成区域都是单连通区域，则定理 2′ 证毕．假设不然，由于 $O''_{n_1}$ 的边界是属于闭集 $F$ 的余集 $CF$，因此在组成 $O''_{n_1}$ 的构成区域的边界的 Jordan 曲线上任取一点 $\zeta_k$ $(1 \leqslant k \leqslant m)$，则 $\zeta_k \in CF$．由于定理 2′ 的条件 $CF$ 是一个区

域，因此必存在 $CF$ 中 Jordan 曲线 $\gamma_k$，它将所有的点 $\zeta_k(1\leqslant k\leqslant m-1)$ 与 $\zeta_m$ 全部连起来．考虑由开集 $O''_{n_1}$ 除去这些曲线后的开集 $O$，显然有 $F\subset O$，且它是由单连通区域所组成．函数 $F_1(z)$ 也在 $O$ 上解析．这就证明了定理 2′．

**注** 由本章开始时的讨论可知，要使定理 2′成立，加在有界闭集 $F$ 上的关于 $CF$ 是区域的条件还是必要的．

当有界闭集 $F$ 的余集 $CF$ 不连通时，即 $F$ 分割平面为 $n$ 个区域时，则我们可以考虑具有给定极点的有理函数的逼近问题．

**定理 3** 设有界闭集 $F$ 的余集的构成区域是 $G_\infty$（包有∞的区域）及 $G_i, i=1,2,\cdots$（它们也可能是空集），则任意一个在闭集 $F$ 上的解析函数 $f(z)$ 可以在 $F$ 上被具有给定极点在 $z=z_i\in G_i, i=1,2,\cdots$ 及 $z=\xi\in G_\infty$ 的有理函数一致逼近．

**证** 从定理 2′ 的证明看出，存在一个开集 $O''$，$O''\supset F$，而函数 $f(z)$ 可以解析开拓到 $O''$ 上．设 $\{O'_n\}$ 是渐近于 $O''$ 的增序列，且 $O''_{n_1}\supset F$．根据定理 1，函数 $f(z)$ 在闭集上可以用具有极点在 $O''_{n_1}$ 的边界 $\Gamma''_{n_1}$ 上的有理函数进行一致逼近．由于 $\Gamma''_{n_1}$ 属于 $F$ 的余集，因此上述有理函数的极点必位于区域 $G_\infty$ 或 $G_i, i=1,2,\cdots$ 中．因此，再利用引理 1 就立刻得到所需的结果．

这里也可以作出类似于定理 2′ 的附注，即要使得能够用给定极点在 $z_i, i=1,2,\cdots$ 及 $\xi$ 的有理函数来一致逼近有界闭集 $F$ 上的任意一个解析函数，则必需假设 $F$ 的余集的每一个构成区域上至少含有 $\{z_i\}$ 及 $\xi$ 中的一个点．

此外，由定理 2′ 还可以得到加强的 Runge 定理．

**定理 4** 设开集 $O$ 不包含∞且是由至多可数个单连通区域所组成的，而 $P$ 是与 $O$ 无公共点的有界闭集，其余集是连通的．又设函数 $f(z)$ 在 $O$ 上单值解析，$\varphi(z)$ 在 $P$ 上单值解析，则必存在多项式序列 $\{P_n(z)\}$，它在开集 $O$ 上内闭一致收敛到 $f(z)$，在闭集 $P$ 上一致收敛到 $\varphi(z)$．

**证** 设 $F$ 是 $O$ 内的任意有界闭集，而 $\{O_n\}$ 是渐近于开集 $O$ 的增序列．因此，当 $n$ 充分大时，$O_n\supset F$．从定理 2 的证明可以看出，$O_n$ 的构成区域是由有限个单连通区域组成. 此外，可以认为，闭集 $\bar{O}_n$ 的余集是连通的. 事实上，在相反的情况下，$\bar{O}_n$ 的余集中有一个有界的构成区域了，设它为 $D$. $D$ 的边界也属于 $\bar{O}_n$. 因此，属于 $O_{n+1}$ 的某一个构成区域——单连通区域. 由此推出 $D\subset O$. 这样一来，从 $O_n$ 的定义看出，$D$ 必属于 $O_n$. 这就产生了矛盾. 这样一来，闭集 $\bar{O}_n+P$ 的余集也是连通的. 令

$$F(z)=\begin{cases}f(z),\ z\in\bar{O}_n;\\ \varphi(z),z\in P.\end{cases}$$

显然，函数 $F(z)$ 在有界闭集 $\bar{O}_n+P$ 上单值解析，因此由定理 2′ 推出，函数 $F(z)$ 在 $\bar{O}_n+P$ 上可以被多项式一致逼近. 定理 4 证毕.

## §2. Мергелян 定理及其应用

在 Runge 定理中，假设被逼近的函数 $f(z)$ 在有界闭集 $F$ 上是解析的条件是较强的. 这会提出如下问题：若只假设函数 $f(z)$ 在有界闭集 $F$ 上连续，在 $F$ 的内点集 $F^\circ$ 上解析，且这个闭集 $F$ 不分割平面，则是否存在多项式序列，它在此有界闭集 $F$ 上能一致地收敛到函数 $F(z)$?

为此，我们需要如下的引理[93,144].

**引理 1** 设 $F$ 是复平面上的有界闭集，它位于圆 $|z|\leqslant R_0$ 中，$R_0>1$，且函数 $f(z)=U(z)+iV(z)$ 在 $F$ 上连续. 我们用 $\omega(\delta)$ 表示函数 $f(z)$ 在 $|z|\leqslant 2R_0$ 上的连续模(这里认为 $f(z)$ 已连续地开拓到全平面，且保持其最大模不变，可参看[106]). 考虑平均函数

$$\begin{aligned}\varphi_\delta(z)&=\iint_{-\infty}^{+\infty}f(\zeta)K_\delta(|\zeta-z|)d\xi d\eta\\&=U_\delta(z)+iV_\delta(z),\zeta=\xi+i\eta,\qquad(2.1)\end{aligned}$$

其中

$$K_\delta(r)=\begin{cases}\dfrac{3}{\pi\delta^2}\left(1-\dfrac{r}{\delta}\right), & 0\leqslant r\leqslant\delta,\\ 0, & r\geqslant\delta.\end{cases}$$

令

$$\psi_\delta(z)=\left(\frac{\partial U_\delta}{\partial x}-\frac{\partial V_\delta}{\partial y}\right)+i\left(\frac{\partial U_\delta}{\partial y}+\frac{\partial V_\delta}{\partial x}\right),$$

则我们有

1° 当 $|z|\leqslant R_0$ 时,有

$$|f(z)-\varphi_\delta(z)|\leqslant\omega(\delta);\tag{2.2}$$

2° 当 $|z|\leqslant R_0$ 时,有

$$|\psi_\delta(z)|\leqslant\frac{8\omega(\delta)}{\delta};\tag{2.3}$$

3° 若函数 $f(z)$ 在闭集 $F$ 的内点 $F^\circ$ 上解析,且用 $G_\delta\subset F$ 记作 $F$ 内所有的点到 $F$ 的余集 $CF$ 的距离大于 $\delta$ 的集合,则有

$$\varphi_\delta(z)=f(z),z\in G_\delta\subset F.\tag{2.4}$$

**证** 首先我们有

$$\iint\limits_{-\infty}^{+\infty}K_\delta(|\zeta-z|)d\xi d\eta=\iint\limits_{-\infty}^{+\infty}K_\delta(|\zeta|)d\xi d\eta$$

$$=\int_0^{2\pi}\int_0^\delta\frac{3}{\pi\delta^2}\left(1-\frac{r}{\delta}\right)rdrd\theta=1,\tag{2.5}$$

因此从(2.1),利用(2.5)就得到

$$\begin{aligned}&|f(z)-\varphi_\delta(z)|\\ =&\left|\iint\limits_{-\infty}^{+\infty}f(z)K_\delta(|\zeta-z|)d\xi d\eta\right.\\ &\left.-\iint\limits_{-\infty}^{+\infty}f(\zeta)K_\delta(|\zeta-z|)d\xi d\eta\right|\\ \leqslant&\iint\limits_{|\zeta-z|<\delta}|f(z)-f(\zeta)|K_\delta(|\zeta-z|)d\xi d\eta\\ \leqslant&\ \omega(\delta)\iint\limits_{|\zeta-z|<\delta}K_\delta(|\zeta-z|)d\xi d\eta=\omega(\delta),\end{aligned}$$

这就证明了(2.2).

现在来证明(2.3). 首先我们有

$$\iint\limits_{-\infty}^{+\infty}\frac{\partial}{\partial x}K_\delta(|\zeta-z|)d\xi d\eta$$

$$=\iint\limits_{|\zeta-z|<\delta}\frac{\partial K_\delta(r)}{\partial r}\frac{\xi-x}{\sqrt{(\xi-x)^2+(\eta+y)^2}}d\xi d\eta$$

$$=\int_0^\delta\int_0^{2\pi}\frac{\partial K_\delta(r)}{\partial r}(\cos\theta)r\,dr\,d\theta=0, \tag{2.6}$$

同样也有

$$\iint\limits_{-\infty}^{+\infty}\frac{\partial}{\partial y}K_\delta(|\zeta-z|)d\xi d\eta=0. \tag{2.7}$$

此外还有

$$\iint\limits_{-\infty}^{+\infty}\left|\frac{\partial}{\partial x}K_\delta(|\zeta-z|)\right|d\xi d\eta$$

$$=4\int_0^\delta\int_0^{\frac{\pi}{2}}\left|\frac{\partial K_\delta(r)}{\partial r}\right||\cos\theta|r\,dr\,d\theta$$

$$=4\int_0^\delta\left[\int_0^{\frac{\pi}{2}}\frac{3}{\omega\delta^3}\cos\theta d\theta\right]r\,dr=\frac{6}{\pi\delta}<\frac{2}{\delta}, \tag{2.8}$$

同样地有

$$\iint\limits_{-\infty}^{+\infty}\left|\frac{\partial}{\partial y}K_\delta(|\zeta-z|)\right|d\xi d\eta<\frac{2}{\delta}. \tag{2.9}$$

为了要估计偏导数 $\psi_\delta(x)$, 我们先作出其差分比:

$$\frac{\triangle U_\delta}{\triangle x}=\frac{\triangle}{\partial x}\left(\iint\limits_{-\infty}^{+\infty}U(\zeta)K_\delta(|\zeta-z|)d\xi d\eta\right)$$

$$=\frac{1}{\triangle x}\left\{\begin{array}{l}\displaystyle\iint\limits_{|\zeta-z-\triangle x|<\delta}U(\zeta)K_\delta(|\zeta-z-\triangle x|)d\xi d\eta\\ \displaystyle-\iint\limits_{|\zeta-z|<\delta}U(\zeta)K_\delta(|\zeta-z|)d\xi d\eta\end{array}\right\}$$

$$= \frac{1}{\triangle x}\left\{\iint\limits_{|\zeta - z - \triangle x| < \delta} U(\zeta)[K_\delta(|\zeta - z - \triangle x|) - K_\delta(|\zeta - z|)]d\xi d\eta\right\}$$

$$+ \frac{1}{\triangle x}\left\{\begin{array}{l}\iint\limits_{|\zeta - z - \triangle x| < \delta} U(\zeta)K_\delta(|\zeta - z|)d\xi d\eta \\ -\iint\limits_{|\zeta - z| < \delta} U(\zeta)K_\delta(|\zeta - z|)d\xi d\eta\end{array}\right\}$$

$$= I_1 + I_2. \tag{2.10}$$

对于 $I_1$，我们有

$$\lim_{\triangle x \to 0} I_1 = \iint\limits_{|\zeta - z| < \delta} U(\zeta)\frac{\partial}{\partial x}K_\delta(|\zeta - z|)d\xi d\eta. \tag{2.11}$$

此外，由(2.6)得

$$\iint\limits_{|\zeta - z| < \delta} U(z)\frac{\partial}{\partial x}K_\delta(|\zeta - z|)d\xi d\eta = 0. \tag{2.12}$$

将(2.11)减去(2.12)，取绝对值后放大，再利用(2.8)后得到

$$\begin{aligned}\left|\lim_{\triangle x \to 0} I_1\right| &\leqslant \iint\limits_{|\zeta - z| < \delta} |U(\zeta) - U(z)|\left|\frac{\partial}{\partial x}K_\delta(|\zeta - z|)\right|d\xi d\eta \\ &\leqslant \omega(\delta)\frac{2}{\delta}.\end{aligned} \tag{2.13}$$

对于 $I_2$，注意到积分区域是右边的月形区域上的积分减去左边月形区域上的积分．但被积函数在右边的月形区域上取值为零．于是

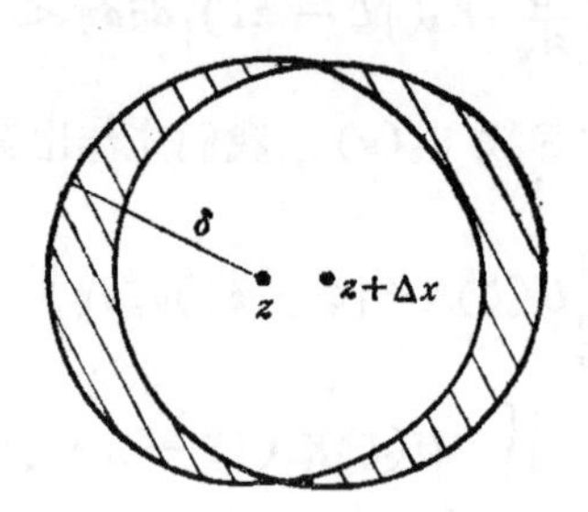


$$I_2 = -\frac{1}{\Delta x}\iint\limits_{\text{左边月形区域}} U(\zeta)K_\delta(|\zeta - z|)d\xi d\eta. \tag{2.14}$$

由于函数 $f(z)$ 在 $|z|\leqslant 2R_0$ 上连续,因此其实部 $U(z)$ 在此区域上连续且有界. 设

$$|U(z)|\leqslant M,\ |z|\leqslant 2R_0. \tag{2.15}$$

显然,左边月形区域上每一点与 $z$ 的距离 $\geqslant\delta-|\Delta x|$, 因此在此月形区域上,有

$$K_\delta(|\zeta-z|)\leqslant\frac{3}{\pi\delta^3}\left(1-\frac{\delta-|\Delta x|}{\delta}\right)=\frac{3|\Delta x|}{\pi\delta^3}. \tag{2.16}$$

此外,若用 $S$ 记作左边月形区域的面积,则显然有

$$\lim_{\Delta x\to 0}S=0. \tag{2.17}$$

将(2.15),(2.16)及(2.17)应用到(2.14)后,就得到

$$|I_2|\leqslant\frac{1}{|\Delta x|}M\cdot\frac{3|\Delta x|}{\pi\delta^3}S=\frac{3M}{\pi\delta^3}S\to 0\ (\Delta x\to 0). \tag{2.18}$$

这样一来,由(2.10),(2.13)及(2.18)就得到

$$\begin{aligned}\left|\frac{\partial U_\delta}{\partial x}\right|&=\left|\lim_{\Delta x\to 0}\frac{\Delta U_\delta}{\Delta x}\right|\leqslant\left|\lim_{\Delta x\to 0}I_1\right|+\left|\lim_{\Delta x\to 0}I_2\right|\\&\leqslant\frac{2}{\delta}\omega(\delta),\ |z|\leqslant R_0.\end{aligned} \tag{2.19}$$

用同样的方法,在 $|z|\leqslant R_0$ 中可以得到其他三个估计式:

$$\left|\frac{\partial U_\delta}{\partial y}\right|\leqslant\frac{2\omega(\delta)}{\delta},\ \left|\frac{\partial V_\delta}{\partial x}\right|\leqslant\frac{2\omega(\delta)}{\delta}$$

$$\text{及}\ \left|\frac{\partial V_\delta}{\partial y}\right|\leqslant\frac{2\omega(\delta)}{\delta}. \tag{2.20}$$

因此,由(2.19)及(2.20),注意到 $\phi_\delta(z)$ 的定义,就可以得到(2.3).

现在我们来证明(2.4). 设 $z_0\in G_\delta$, 则函数 $f(z)$ 就在圆 $|z-z_0|\leqslant\delta$ 上解析. 根据 $\varphi_\delta(z)$ 的定义,我们有

$$\begin{aligned}\varphi_\delta(z_0)&=\frac{3}{\pi\delta^3}\iint\limits_{|\zeta-z_0|<\delta}f(\zeta)\left(1-\frac{|\zeta-z_0|}{\delta}\right)d\xi d\eta\\&=\frac{3}{\pi\delta^3}\iint\limits_{|\zeta|<\delta}f(z_0+\zeta)\left(1-\frac{|\zeta|}{\delta}\right)d\xi d\eta\end{aligned}$$

$$= \frac{3}{\pi\delta^3}\int_0^\delta \left[\int_{|\zeta|=r} f(z_0+\zeta)\left(1-\frac{|\zeta|}{\delta}\right)|d\zeta|\right]dr$$

$$= \frac{3}{\pi\delta^3}\int_0^\delta \left[\int_{|\zeta|=r} f(z_0+\zeta)\left(1-\frac{r}{\delta}\right)r\frac{d\zeta}{i\zeta}\right]dr.$$

利用 $f(z)$ 在 $|z-z_0|\leqslant\delta$ 的解析性，用 Cauchy 公式后得到

$$\varphi_\delta(z_0) = \frac{3}{\pi\delta^3}\, 2\pi f(z_0)\int_0^\delta\left(1-\frac{r}{\delta}\right)r\,dr = f(z_0),$$

这就是(2.4)．引理证毕．

**引理 2** 设区域 $B$ 是由有限条互不相交的、光滑的 Jordan 曲线 $L^{(k)}(k=1,2,\cdots,s)$ 所围成的有界区域．设函数

$$F(z) = \alpha(z) + i\beta(z) \tag{2.21}$$

在 $\bar{B}$ 上有连续的偏导数，则对 $z\in B$，有

$$F(z) = \frac{1}{2\pi i}\int_L \frac{F(\zeta)}{\zeta - z}d\zeta - \frac{1}{2\pi}\iint_B \frac{(\alpha_\xi-\beta_\eta)+i(\beta_\xi+\alpha_\eta)}{\zeta - z}d\xi d\eta, \tag{2.22}$$

其中 $\zeta=\xi+i\eta$，而

$$L = \bigcup_{k=1}^{s} L^{(k)}.$$

**证** 我们以 $z\in B$ 为圆心，充分小的数 $\delta>0$ 为半径作圆 $C_\delta\subset B$，且设 $C_\delta$ 的边界为 $K_\delta$（逆时针方向）．用 $B_\delta$ 记作 $B$ 除去闭圆 $\bar{C}_\delta$ 后得到的区域，其边界记作 $L_\delta$．

设

$$\frac{1}{\zeta - z} = s(\zeta) + it(\zeta). \tag{2.23}$$

由于 $\dfrac{1}{\zeta - z}$ 在 $B_\delta$ 上解析，因此它在 $B_\delta$ 上满足 Cauchy Riemann 方程：

$$s'_\xi - t'_\eta + i(s'_\eta + t'_\xi) = 0. \tag{2.24}$$

注意到(2.21)及(2.23)，我们有

$$I = \int_{L_\delta} \frac{F(\zeta)}{\zeta - z} d\zeta = \int_{L_\delta} (\alpha + i\beta)(s + it)(d\xi + id\eta)$$

$$= \int_{L_\delta} (\alpha s - \beta t) d\xi - (\alpha t + \beta s) d\eta$$

$$+ i \int_{L_\delta} (\alpha t + \beta s) d\xi + (\alpha s - \beta t) d\eta.$$

应用 Green 公式后得到

$$I = -\iint_{B_\delta} (\alpha'_\eta s + \alpha s'_\eta - \beta'_\eta t - \beta t'_\eta + \alpha'_\xi t + \alpha t'_\xi$$

$$+ \beta'_\xi s + \beta s'_\xi) d\xi d\eta$$

$$+ i \iint_{B_\delta} (-\alpha'_\eta t - \alpha t'_\eta - \beta'_\eta s - \beta s'_\eta$$

$$+ \alpha'_\xi s + \alpha s'_\xi - \beta'_\xi t - \beta t'_\xi) d\xi d\eta$$

$$= \iint_{B_\delta} i[(\alpha'_\xi - \beta'_\eta) + i(\alpha'_\eta + \beta'_\xi)][s + it] d\xi d\eta$$

$$- \iint_{B_\delta} i[(s'_\xi - t'_\eta) + i(s'_\eta + t'_\xi)][s + it] d\xi d\eta.$$

将(2.24)及(2.23)代入上式后得到

$$I = i \iint_{B_\delta} \frac{(\alpha'_\xi - \beta'_\eta) + i(\alpha'_\eta + \beta'_\xi)}{\zeta - z} d\xi d\eta. \tag{2.25}$$

另一方面，有

$$I = \int_L \frac{F(\zeta)}{\zeta - z} d\zeta - \int_{K_\delta} \frac{F(\zeta)}{\zeta - z} d\zeta. \tag{2.26}$$

在(2.26)后一个积分中，令 $\zeta = z + \delta e^{i\theta}$, $0 \leqslant \theta \leqslant 2\pi$, 则有

$$I = \int_L \frac{F(\zeta)}{\zeta - z} d\zeta - i \int_0^{2\pi} F(z + \delta e^{i\theta}) d\theta. \tag{2.27}$$

比较(2.25)及(2.27)，两边除以 $2\pi i$, 令 $\delta \to 0$, 利用 $F(z)$ 的连续性，就可以立刻得到(2.22). 引理 2 证毕.

**注** 这个引理是 Cauchy 公式的推广. 事实上，若 $F(z)$ 在

$\bar{B}$ 上解析，则它满足 Cauchy-Riemann 方程，因此(2.22)右边的重积分中的被积函数恒为零，由此就得到 Cauchy 公式.

**引理 3** 设 $\Sigma$ 是复平面上的有界闭集，直径为 $\Delta$. 又设 $G_\infty$ 是 $\Sigma$ 的余集中含有$\infty$点的单连通区域. 设函数

$$z = \psi(w) = aw + b + \sum_{n=1}^{+\infty} \frac{a_n}{w^n}. \tag{2.28}$$

将区域 $|w| > 1$ 双方单值保角变换到 $G_\infty$，则我们有

1° $|a| \leqslant \Delta$，$|a_n| \leqslant \Delta$，$n = 1, 2, \cdots$；

2° $|a| \geqslant c_1\Delta$，其中 $c_1 > 0$ 是绝对常数；

3° 若闭集 $\Sigma$ 位于 $|z| \leqslant 1$ 中，则 $|b| \leqslant 1$.

**证** 我们用 $B$ 记作 $G_\infty$ 关于整个扩充平面的余集，即 $B = CG_\infty$，则 $B$ 是闭集，且 $\Sigma \subset B$，$B$ 的直径也是 $\Delta$.

不妨设 $0 \in B$，否则可将闭集 $B$ 作平移来做到这一点. 此时将区域 $|w| > 1$ 映射到 $G_\infty$ 形如(2.28)的保角变换与原来的保角变换只差一个常数. 由于 $B$ 内每一点与 $z = 0 \in B$ 的距离 $\leqslant \Delta$，因此 $B \subset (|z| \leqslant \Delta)$，由此推出 $G_\infty$ 的边界(在 $B$ 上)也整个地位于圆 $|z| \leqslant \Delta$ 中.

由保角变换的性质可知，对任意的 $\varepsilon > 0$，存在 $r_0 > 1$，使得当 $1 < r < r_0$ 时，总有

$$|\psi(re^{i\theta})| \leqslant \Delta + \varepsilon,\ 0 \leqslant \theta \leqslant 2\pi. \tag{2.29}$$

根据(2.28)，对 $1 < r < r_0$，我们有

$$\frac{1}{2\pi i}\int_{|w|=r} \psi(w)w^{n-1}dw = \begin{cases} a, n = -1, \\ b, n = 0, \\ a_n, n = 1, 2, 3, \cdots. \end{cases} \tag{2.30}$$

利用(2.29)，对(2.30)进行估计，可以分别得到，

$$|a| \leqslant (\Delta + \varepsilon)r^{-1},\ |b| \leqslant \Delta + \varepsilon,$$

$$|a_n| \leqslant (\Delta + \varepsilon)r^n,\ n = 1, 2, \cdots.$$

令 $r \to 1$，然后再令 $\varepsilon \to 0$，就可以得到

$$|a| \leqslant \Delta,\ |b| \leqslant \Delta$$

及

$$|a_n| \leqslant \Delta, \quad n = 1, 2, \cdots.$$

这就是结论 1°。

若 $\Sigma$ 位于 $|z| \leqslant 1$ 中，则(2.29)中的 $\Delta$ 可以取为 1，并且也不必再作如前面所作的平移。于是(2.28)中的常数项 $b$ 没有变化。从上面结果可知 $|b| \leqslant 1$。这就是结论 3°。

现在我们来证明结论 2°，

设在保角变换(2.28)下，圆周 $|w| = r > 1$ 的象为 $L_r$。由于$\infty \leftrightarrow \infty$，区域对应于区域，因此 $|w| \geqslant r$ 的象也应在 $G_\infty$ 中，且含有$\infty$点。这表示集合 $B$ 包含在由曲线 $L_r$ 所围的区域的内部，因此 $L_r$ 的直径 $\Delta_r \geqslant \Delta$。

我们用 $l_r$ 记作曲线 $L_r$ 的长度，则显然有

$$l_r \geqslant 2\Delta_r \geqslant 2\Delta, \tag{2.31}$$

但另一方面，我们又有

$$l_r = \int_{|w|=r} |\psi'(w)||dw| = r\int_0^{2\pi} |\psi'(re^{i\theta})|d\theta.$$

利用 Hölder 不等式，从上式得到

$$\begin{aligned} l_r &\leqslant r\sqrt{\int_0^{2\pi} d\theta \int_0^{2\pi} |\psi'(re^{i\theta})|^2 d\theta} \\ &= r\sqrt{2\pi\int_0^{2\pi} \left|a - \sum_{n=1}^{+\infty} \frac{na_n}{w^{n+1}}\right|^2 d\theta} \\ &= r\sqrt{2\pi\int_0^{2\pi} \left[a - \sum_{n=1}^{+\infty} \frac{na_n}{r^{n+1}} e^{-i(n+1)\theta}\right]\left[a - \sum_{n=1}^{+\infty} \frac{na_n}{r^{n+1}} e^{-i(n+1)\theta}\right] d\theta} \\ &= r\sqrt{(2\pi)^2\left(|a|^2 + \sum_{n=1}^{+\infty} \frac{n^2|a_n|^2}{r^{2n+2}}\right)}. \end{aligned} \tag{2.32}$$

比较 (2.31) 与 (2.32) 后得到

$$\Delta^2 \leqslant \pi^2 r^2 \left(|a|^2 + \sum_{n=1}^{+\infty} \frac{n^2|a_n|^2}{r^{2n+2}}\right),$$

即

$$|a|^2 \geqslant \left(\frac{\Delta^2}{\pi^2} - \sum_{n=1}^{+\infty} \frac{n^2|a_n|^2}{r^{2n}}\right)\frac{1}{r^2}.$$

令 $\frac{1}{r^2}=u$，由 $1<r<+\infty$ 知，$0<u<1$．由此得

$$|a|^2 \geqslant n\left(\frac{\Delta^2}{\pi^2}-\sum_{n=1}^{+\infty} n^2|a_n|^2 u^n\right).$$

利用 $0<u<1$ 的任意性以及结论 1° 中的估计式，$|a_n| \leqslant \Delta$，$n=1,2,\cdots$，从上式得到

$$\begin{aligned}|a|^2 &\geqslant \sup_{0<u<1} \Delta^2 u\left(\frac{1}{\pi^2}-\sum_{n=1}^{+\infty} n^2 u^n\right) \\ &= \sup_{0<u<1} \Delta^2 u\left(\frac{1}{\pi^2}-\frac{u(1+u)}{(1-u)^3}\right)=\Delta^2 c_1^2,\end{aligned}$$

其中

$$c_1=\sqrt{\sup_{0<u<1} u\left(\frac{1}{\pi^2}-\frac{u(1+u)}{(1-u)^2}\right)}.$$

显然有

$$c_1 \leqslant \sqrt{\frac{1}{\pi^2}}=\frac{1}{\pi},$$

且若以

$$u=\frac{1}{20}$$

代入，得到

$$c_1 \geqslant \sqrt{\frac{1}{20}\left(\frac{1}{\pi^2}-\frac{1}{20}\cdot\frac{21}{20}\left(\frac{20}{19}\right)^3\right)} \geqslant 0.04>0,$$

这就证明了结论 3°．引理 3 证毕．

**注** 在保角变换(2.28)中，数 $|a|$ 称为闭集 $\Sigma$ 的解析容量．用别的方法，可以证明

$$\frac{\Delta}{4} \leqslant |a| \leqslant \Delta,$$

且上式两端的等号对一些特殊的闭集分别是可以达到的（参看文献[63]）．

**引理 4** 设 $E$ 是有界闭集，不妨设 $E$ 位于闭圆 $|z| \leqslant R$ 中，

设对任意的 $\zeta\in E$，在圆 $|z-\zeta|<\delta$（$\delta$ 是固定的常数）内总含有 $E$ 的余集中某个开集 $G$ 内的一条 Jordan 弧，其直径 $\geqslant d>0$. 于是对任意的 $\zeta\in E$，总存在有理函数 $R(z;\zeta)$，它的极点位于开集 $G$ 内，且满足:

1° 若记开集 $G$ 关于 $|z|\leqslant R$ 的余集为 $F_1$，显然有 $E\subset F_1$，则对 $z\in F_1$，总有

$$|R(z;\zeta)|\leqslant A\frac{\delta}{d^2},\tag{2.33}$$

其中 $A$ 为某个绝对常数;

2° 对 $z\in F_1$，且 $|z-\zeta|\geqslant c\delta>0$ 时（$c$ 为某个绝对常数），总有

$$\left|\frac{1}{\zeta-z}-R(z;\zeta)\right|\leqslant B\frac{\delta^2}{|\zeta-z|^3}+B\frac{\delta^4}{d|\zeta-z|^4},\tag{2.34}$$

其中 $B$ 也是一个绝对常数;

3° 对于所有的 $\zeta\in E$，有理函数 $R(z;\zeta)$ 的极点个数是有界的.

**证** 首先不妨假设 $\zeta=0\in E$，否则作一个平移即可. 根据引理的条件，若设 $|z|<\delta$ 内含有 $E$ 的余集中某个开集 $G$ 内的 Jordan 弧 $l$，则可以找出一个单连通区域 $\sigma$，使得满足:

1° $\sigma$ 的边界是一条 Jordan 曲线;

2° 弧 $l\subset\sigma$;

3° $\bar{\sigma}\subset(|z|<\delta)\cap G$;

4° $\sigma$ 的直径 $d'$ 与弧 $l$ 的直径 $d''$ 有相同的级，即满足 $d''\leqslant d'\leqslant c_2d''$.

事实上，若用 $\alpha$ 记作 $l$ 到区域 $(|z|<\delta)\cap G$ 的边界的距离. 令 $\beta=\min(\alpha,d'')$，显然有 $\beta\leqslant d''$. 以 $l$ 上每一点为圆心，$\frac{\beta}{2}$ 为半径作圆. 显然，这些圆都在开集 $(|z|<\delta)\cap G$ 内，并且覆盖了闭集 $l$. 根据有限覆盖定理，存在有限个这样的开圆，它们的全体记作 $\sigma'$，也覆盖 $l$. $\sigma'$ 可能是多连通区域，但必是有限连通

的．我们可以适当地将 $\sigma'$ 中的组成圆，换上另外一些组成圆，但其半径比原来的半径要来得小，这样所得到的小圆全体 $\sigma$ 仍可覆盖弧 $l$，但 $\sigma$ 已是单连通区域了．

由于 $\sigma$ 的边界是由有很多个圆弧组成，因此它必是 Jordan 曲线．根据我们的作法，就有 $l\subset\sigma$ 及 $\bar{\sigma}\subset(|z|<\delta)\cap G$．因此显然有 $d''\leqslant d'$，且由 $\sigma$ 的作法，可以看出

$$d'\leqslant d''+2\cdot\frac{\beta}{2}=d''+\beta\leqslant d''+d''=2d''.$$

这样选出的 $\sigma$ 就满足上述的 4 个要求了．若认为 $l$ 的直径 $d''=d$，则有

$$d\leqslant d'\leqslant 2d. \tag{3.35}$$

现在我们考虑将 $|w|>\delta$ 双方单值保角变换到闭区域 $\bar{\sigma}$ 的余集 $C\bar{\sigma}$ 的正则函数 $z=z(w)$，其反函数记作 $w=w(z)$．因此，函数

$$\psi(\tau)=\frac{1}{\delta}z(\delta\tau)$$

将 $|\tau|>1$ 双方单值保角变换到某个闭集 $\Sigma$ 的余集 $C\Sigma$．由于 $C\bar{\sigma}$ 的边界在 $|z|\leqslant\delta$ 中，因此 $\Sigma$ 的边界位于 $|z|\leqslant 1$ 中，若用 $\Delta$ 记作 $\Sigma$ 的直径，则由(2.35)得

$$\frac{d}{\delta}\leqslant\Delta\leqslant\frac{2d}{\delta}. \tag{2.36}$$

设

$$\psi(\tau)=\frac{1}{\delta}z(\delta\tau)=a\tau+b+\sum_{n=1}^{+\infty}\frac{a_n}{\tau^n}. \tag{2.37}$$

由引理 3，注意到(2.36)，我们有

$$\frac{c_1d}{\delta}\leqslant c_1\Delta\leqslant|a|\leqslant\Delta\leqslant\frac{2d}{\delta} \tag{2.38}$$

及

$$|b|\leqslant 1,\ |a_n|\leqslant\Delta\leqslant\frac{2d}{\delta},\ n=1,2,\cdots. \tag{2.39}$$

对于函数

$$z = \delta\psi\left(\frac{w}{\delta}\right),$$

由(2.37)得

$$z = \delta\psi\left(\frac{w}{\delta}\right) = aw + b\delta + \sum_{n=1}^{+\infty} \frac{a_n \delta^{n+1}}{w^n}, \quad |w| > \delta.$$

利用(2.39)，就得

$$|z(w) - aw - b\delta| = \left|\sum_{n=1}^{+\infty} \frac{a_n \delta^{n+1}}{w^n}\right|$$

$$\leqslant \sum_{n=1}^{+\infty} \frac{|a_n| \delta^{n+1}}{|w|^n} \leqslant \sum_{n=1}^{+\infty} 2d\left(\frac{\delta}{|w|}\right)^n$$

$$= \frac{2d\delta}{|w| - \delta}, \quad |w| > \delta.$$

因此有

$$|z(w) - aw - b\delta| \leqslant \frac{4d\delta}{|w|}, \quad |w| \geqslant 2\delta,$$

即

$$\left|\frac{1}{z - \delta b} - \frac{1}{w(z)}\right| \leqslant \frac{4d\delta}{|a||w|^2|z - \delta b|}, \quad |w| \geqslant 2\delta. \tag{2.40}$$

考虑函数

$$g(w) = \frac{z(w)}{w},$$

它在 $|w| > \delta$ 上解析，且以 $w = \infty$ 为可去奇点. 当 $w$ 趋向于边界 $|w| = \delta$ 时，$z(w)$ 趋向于 $\bar{\sigma}$ 的边界，而这个边界又位于圆 $z \leqslant \delta$ 中. 因此

$$\lim_{|w| \to \delta} |g(w)| \leqslant 1.$$

根据最大模原理，有

$$|g(w)| < 1, |w| > \delta,$$

即

$$|z(w)| < |w|, \ |w| > \delta. \tag{2.41}$$

比较(2.41)及(2.40)就得到

$$\left|\frac{1}{z-\delta b}-\frac{1}{aw(z)}\right| \leqslant \frac{4d\delta}{|a||z|^2|z-\delta b|}, \quad |z| \geqslant 2\delta. \tag{2.42}$$

由于 $|b| \leqslant 1$，因此有

$$|z| \leqslant |z-\delta b| + |\delta b| \leqslant |z-\delta b| + |\delta|.$$

这样，当 $|z| \geqslant 2\delta$ 时，由于 $\delta \leqslant \frac{1}{2}|z|$，代入上式后得到

$$|z| \leqslant |z-\delta b| + \frac{1}{2}|z|,$$

即

$$|z| \leqslant 2|z-\delta b|, |z| \geqslant 2\delta. \tag{2.43}$$

将(2.43)代入(2.42)，利用(2.38)得到

$$\left|\frac{1}{z-\delta b}-\frac{1}{aw(z)}\right| \leqslant \frac{4d\delta}{|a||z|^2} \cdot \frac{2}{|z|}$$

$$\leqslant \frac{4d\delta}{c_1 d/\delta} \cdot \frac{2}{|z|^3} = \frac{8}{c_1} \frac{\delta^2}{|z|^3}, \quad |z| \geqslant 2\delta. \tag{2.44}$$

注意到函数 $w(z)$ 在 $\bar{\sigma}$ 的余集 $C\bar{\sigma}$ 上解析，且无零点，因此函数 $\frac{1}{aw(z)}$ 也在 $\bar{\sigma}$ 的余集 $C\bar{\sigma}$ 上解析。因此必存在区域 $\sigma''$，$G \supset \sigma'' \supset \bar{\sigma}$，使得函数 $\frac{1}{aw(z)}$ 在 $\bar{\sigma}''$ 的余集的闭包（闭区域）上解析。利用上面提到的 Runge 定理知，对任给的 $\varepsilon$，

$$0 < \varepsilon < \min\left(\frac{\delta^2}{R^3}, \frac{1}{c_1 d}, \frac{\delta}{dR}\right). \tag{2.45}$$

存在有理函数 $Q(z)$，它的极点位于 $G$ 内，使得在 $\bar{\sigma}''$ 余集的闭包上，一致地有

$$\left|\frac{1}{aw(z)} - Q(z)\right| < \varepsilon. \tag{2.46}$$

由于 $\bar{\sigma}''$ 与 $F_1$（见引理 4 中结论 1°的定义）不交，因此 $F_1$ 位于 $\bar{\sigma}''$ 的余集中。因而，特别地，当 $z \in F_1$ 时，(2.46)成立。

由(2.45)，从(2.46)可以得到下列三个不等式：

$$\left|\frac{1}{aw(z)}-Q(z)\right|\leqslant\frac{\delta^2}{R^3}\leqslant\frac{\delta^2}{|z|^3},\quad z\in F_1;\tag{2.47}$$

$$|Q(z)|\leqslant\varepsilon+\left|\frac{1}{aw(z)}\right|\leqslant\frac{1}{c_1d}+\frac{1}{|a|\delta}$$

$$\leqslant\frac{1}{c_1d}+\frac{1}{c_1d}=\frac{2}{c_1d},\quad z\in F_1\tag{2.48}$$

(这里用到了,当 $z\in F_1$ 时($F_1\subset\bar{\sigma}$ 的余集),$|w|\geqslant\delta$ 以及(2.38)中 $|a|$ 的下界估计式)以及

$$|Q(z)|\leqslant\varepsilon+\left|\frac{1}{aw(z)}\right|\leqslant\frac{\delta}{dR}+\frac{1}{|a||z|}$$

$$\leqslant\frac{\delta}{d|z|}+\frac{1}{\frac{c_1d}{\delta}|z|}=c_3\frac{\delta}{d|z|},\quad z\in F_1,\tag{2.49}$$

其中

$$c_3=1+\frac{1}{c_1}$$

(这里用到(2.41),$|z|\leqslant R$ 以及(2.38)中 $|a|$ 的下界估计式).

合并(2.44)与(2.47),就得到

$$\left|\frac{1}{z-\delta b}-Q(z)\right|\leqslant\frac{\delta}{c_1}\frac{\delta^3}{|z|^3}+\frac{\delta^2}{|z|^3}$$

$$=c_4\frac{\delta^2}{|z|^3},\quad z\in F_1,\quad |z|\geqslant 2\delta,\tag{2.50}$$

其中

$$c_4=1+\frac{8}{c_1}.$$

注意到 $|b|\leqslant 1$,$d\leqslant 2\delta$,弧 $l$ 的直径为 $d$,且 $l\subset(|z|\leqslant\delta)$. (2.50),(2.43)及(2.49),当 $z\in F$,$|z|\geqslant 2\delta$ 时有

$$\left|\frac{\delta b}{(z-\delta b)^2}-\delta bQ^2(z)\right|$$

$$\leqslant\delta\left|\frac{1}{z-\delta b}-Q(z)\right|\left|\frac{1}{z-\delta b}+Q(z)\right|$$

$$
\leqslant \delta c_4 \frac{\delta^2}{|z|^3}\left(\frac{1}{|z-\delta b|}+\frac{1}{|Q(z)|}\right)
$$

$$
\leqslant \delta c_4 \frac{\delta^2}{|z|^3}\left(\frac{2}{|z|}+\frac{c_3\delta}{d|z|}\right)
$$

$$
=\frac{\delta^4}{|z|^4 d} c_4\left(\frac{2d}{\delta}+c_3\right) \leqslant \frac{\delta^4}{|z|^4 d} c_4(4+c_3)
$$

$$
=c_5 \frac{\delta^4}{|z|^4 d}, \tag{2.51}
$$

其中 $c_5=c_4(4+c_3)$.

现在对 $\zeta=0 \in E$，我们取对应于它的有理函数 $R(z;0)$ 为

$$
R(z;0)=Q(z)-\delta b Q^2(z). \tag{2.52}
$$

由 $d \leqslant 2\delta$ 以及(2.48)得到

$$
|R(z;0)| \leqslant |Q(z)|+\delta|Q^2(z)| \leqslant \frac{2}{c_1 d}+\delta \frac{4}{c_1^2 d^2}
$$

$$
\leqslant \frac{2}{c_1 d} \frac{2\delta}{d}+\frac{4\delta}{c_1^2 d^2}=c_6 \frac{2}{d^2}, \quad z \in F_1, \tag{2.53}
$$

其中

$$
c_6=\frac{4}{c_1}+\frac{4}{c_1^2}
$$

是绝对常数. 这就是结论 1°.

此外，容易验证

$$
\frac{1}{z}=\frac{1}{z-\delta b}-\frac{\delta b}{(z-\delta b)^2}+\frac{\delta^2 b^2}{z(z-\delta b)^2},
$$

因此就有

$$
\left|\frac{1}{z}-R(z;0)\right| \leqslant\left|\frac{1}{z-\delta b}-Q(z)\right|
$$

$$
+\left|\frac{\delta b}{(z-\delta b)^2}-\delta b Q^2(z)\right|
$$

$$
+\left|\frac{\delta^2 b^2}{z(z-\delta b)^2}\right|,
$$

将(2.50),(2.51)及(2.43)代入上式后得到

$$\left|\frac{1}{z}-R(z;0)\right| \leqslant c_4\frac{\delta^2}{|z|^3}+c_5\frac{\delta^4}{d|z|^4}+\frac{4\delta^2}{|z|^3}$$

$$=B\frac{\delta^2}{|z|^3}+B\frac{\delta^4}{d|z|^4},\quad z\in F_1,\quad |z|\geqslant 2\delta,$$

其中 $B=\max(4+c_4,c_5)$. 这就是结论 2°.

这样一来,我们就证明了,对于任意的 $\zeta\in E$, 不等式(2.43)与(2.44)成立. 现在我们证明,可以选择 $R(z;\zeta)$, 使得其极点的个数,对所有的 $\zeta\in E$ 而言,是有界的.

取任意的 $\zeta_1\in E$, 但满足

$$|\zeta_1-\zeta|<\delta^*<\delta, \tag{2.54}$$

其中 $\delta^*$ 是由下面来确定的正常数. 由(2.34)(其中 $c=2$), 我们有

$$\begin{aligned}
\left|\frac{1}{\zeta_1-z}-R(z;\zeta)\right| &\leqslant \left|\frac{1}{\zeta-z}-R(z;\zeta)\right| \\
&\quad+\left|\frac{1}{\zeta_1-z}-\frac{1}{\zeta-z}\right| \\
&\leqslant B\left(\frac{\delta^2}{|\zeta-z|^3}+\frac{\delta^4}{d|\zeta-z|^4}\right) \\
&\quad+\left|\frac{1}{\zeta_1-z}-\frac{1}{\zeta-z}\right| \\
&\leqslant B\left(\frac{\delta^2}{|\zeta_1-z|^3}+\frac{\delta^4}{d|\zeta_1-z|^4}\right) \\
&\quad+\left|\frac{1}{\zeta_1-z}-\frac{1}{\zeta-z}\right| \\
&\quad+B\left(\frac{\delta^2}{|\zeta-z|^3}-\frac{\delta^2}{|\zeta_1-z|^3}\right. \\
&\quad\left.+\frac{\delta^4}{d|\zeta-z|^4}-\frac{\delta^4}{d|\zeta_1-z|^4}\right), \\
&\quad z\in F_1,\quad |z-\zeta|\geqslant 2\delta>0.
\end{aligned} \tag{2.55}$$

现在考虑 $z\in F_1, |z-\zeta_1|\geqslant 3\delta$, 由(2.51)知, $|z-\zeta|\geqslant 2\delta>0$, 因此不等式(2.52)成立.

由于

$$|z-\zeta|\geqslant 2\delta,\quad |z-\zeta_1|\geqslant 3\delta$$

以及 $F_1$ 的有界性，当 $\zeta_1\to\zeta$ 时，不等式(2.52)右边的后两项是趋向于零的，且在 $|z-\zeta_1|\geqslant 3\delta$ 以及 $|z-\zeta|\geqslant 2\delta$ 中还是一致的。同样，由于 $F_1$ 的有界性，不等式(2.52)右边的第一项是有正下界的，因此我们可以选择足够小的 $\delta^*$，使得

$$\left|\frac{1}{\zeta_1-z}-R(z;\zeta)\right|\leqslant 2B\left(\frac{\delta^2}{|z-\zeta_1|^3}+\frac{\delta^4}{d(z-\zeta_1)^4}\right),$$

$$z\in F_1,\quad |z-\zeta_1|\geqslant 3\delta.$$

这样一来，对任意的 $\zeta\in E$，可以找到一个邻域，它是以 $\zeta$ 为中心，$\delta^*$ 为半径的圆，使得在此邻域中，对所有的 $\zeta_1\in E$，它所对应的有理函数是同一个函数 $R(z;\zeta)$，且满足引理中的结论 1° 与 2°。所有这些圆的全体就覆盖了有界闭集 $E$。用有限覆盖定理后知，存在有限个点 $\zeta_1,\zeta_1,\cdots,\zeta_r\in E$ 以及它们的邻域，这些邻域的全体就覆盖了 $E$。

现在对任意的 $\zeta\in E$，它必属于上述以 $\zeta_{k_1},\zeta_{k_2},\cdots,\zeta_{k_r}$ 为中心的邻域。设 $k_1$ 是这些点中的最小足标，则我们取对应于 $\zeta$ 的有理函数为 $R(z;\zeta_{k_1})$，显然它就满足引理中的结论 1° 与 2°（取其中的 $c=3$）。由于这些有理函数全体是有限多个，因此全体极点的个数是有界的。

引理 4 全部证毕。

**注** 上述有理函数 $R(z;\zeta)$，对于固定的 $z$（非极点），作为 $\zeta\in E$ 的函数是可测函数，这是因为它只取有限个值，且每一个值所对应的集合是 $E$ 上的可测集。

**引理 5** 设 $E_1$ 是复平面上的有界闭集，其余集中有一个开集 $G$ 是 $n$ 个互不相交的区域 $G_i$ 的和集，$i=1,2,\cdots,n$。设 $E_1$ 中每一点到 $G$ 的距离 $\leqslant\delta$，则对于任意的 $\zeta\in E_1$，总存在极点只位于 $G$ 中的有理函数 $R(z;\zeta)$，使得成立：

1°

$$|R(z;\zeta)| \leqslant \frac{A'}{\delta},\quad z \in E_1; \tag{2.56}$$

2° 对于 $z \in E_1$ 且 $|z-\zeta| \geqslant c'\delta > 0$（$c'$ 为某个绝对常数，有

$$\left|\frac{1}{\zeta - z} - R(z;\zeta)\right| \leqslant B' \frac{\delta^2}{|\zeta - z|^3}, \tag{2.57}$$

其中 $A'$ 与 $B'$ 是依赖于区域 $G_i$ 的直径 $\delta_i$ 的数，$i=1,2,\cdots,n$，且当

$$\min_{1 \leqslant i \leqslant n} \delta_i \geqslant \delta$$

时，$A'$ 与 $B'$ 是绝对常数。

**证** 令

$$d = \min(\delta_1, \delta_2, \cdots, \delta_n, \delta),$$

则 $d \leqslant \delta$，且当

$$\min_{1 \leqslant i \leqslant n} \delta_i \geqslant \delta$$

时，$d = \delta$。

对任意的 $\zeta_1 \in E_1$，由于 $\zeta_0$ 到

$$G = \bigcup_{i=1}^{n} G_i$$

的距离 $\leqslant \delta$，因此存在 $\zeta_1 \in G$（此时，$\zeta_1$ 位于某个 $G_i$ 中），使

$$|\zeta_1 - \zeta_0| < 2\delta. \tag{2.58}$$

下面分三种情况分别进行讨论：

1. 设 $G_i$ 的直径 $\delta_i > \delta$ 且 $G_i \subset (|z-\zeta_0| \leqslant 3\delta)$。

此时，必存在点 $\zeta_3 \in G_i$ 与 $\zeta_4 \in G_i$，使 $|\zeta_3 - \zeta_4| \geqslant \delta$，且存在连接 $\zeta_3$ 与 $\zeta_4$ 的 Jordan 弧 $l \subset (G_i \cap |z - z_0| \leqslant 3\delta)$，$l$ 的直径 $d_1$ 满足

$$d_1 \geqslant \delta \geqslant d > \frac{d}{2}.$$

2. 设 $G_i$ 的直径 $\delta_i > \delta$，但 $G_i$ 不是整个地位于圆 $|z-\zeta_0| < 3\delta$ 中。

此时，由(2.58)知，$G_i$ 与圆周

$$|z-\zeta_0|=\frac{5}{2}\delta$$

必有一交点，记作 $\zeta_5$. 由于 $\zeta_1\in G_i$，$\zeta_5\in G_i$，因此必存在连接 $\zeta_1$ 与 $\zeta_5$ 的 Jordan 弧 $l\subset(G_i\cap|z-z_0|\leqslant 3\delta)$，且

$$|\zeta_5-\zeta_1|\geqslant|\zeta_5-\zeta_0|-|\zeta_1-\zeta_0|\geqslant\frac{5}{2}\delta-2\delta=\frac{\delta}{2},$$

于是弧 $l$ 的直径 $d_1$ 满足

$$d_1\geqslant|\zeta_5-\zeta_1|\geqslant\frac{\delta}{2}\geqslant\frac{d}{2}.$$

3. 设 $G_i$ 的直径 $\delta_i\leqslant\delta$.

此时，$G_i$ 中任一点 $\zeta$ 与 $\zeta_1$ 的距离 $\leqslant\delta$，因此由(2.58)知，$G_i$ 整个地位于圆 $|z-\zeta_0|<3\delta$ 中. 此外，显然存在 $\zeta_6\in G_i$ 及 $\zeta_7\in G_i$，使

$$|\zeta_6-\zeta_7|\geqslant\frac{\delta_i}{2}.$$

因此，$G_i$ 中连接 $\zeta_6$ 与 $\zeta_7$ 的 Jordan 弧 $l$ 必位于 $(G_i\cap|z-\zeta_0|<3\delta)$ 中，且其直径 $d_1$ 满足

$$d_1\geqslant|\zeta_6-\zeta_7|\geqslant\frac{\delta_i}{2}\geqslant\frac{d}{2}.$$

总结上述三种情况，对任意的 $\zeta_0\in E_1$，在圆 $|z-z_0|<3\delta$ 内总包有 $E_1$ 的余集中某个开集 $G_i$ 内的一段 Jordan 弧 $l$，其直径 $d_1\geqslant\frac{d}{2}$.

用引理 4 知，对任意 $\zeta_0\in E$，存在有理函数 $K(z;\zeta_0)$，其极点位于 $G_i$ 满足(2.33)与(2.34)，只要将那里的 $\delta$ 换成 $3\delta$，$d$ 换成 $\frac{d}{2}$ 即可. 此外，容易看出 $c'=3c=9$，因而当 $z\in E_1$ 时，有

$$|R(z;\zeta_0)|\leqslant A\frac{3\delta}{(d/2)^2}=12A\frac{\delta^2}{d^2}\frac{1}{\delta}=\frac{A'}{\delta},$$

其中

$$A' = \frac{12A\delta^2}{d^2},$$

而当 $z \in E_1$，且 $|z - \zeta_0| \geqslant c'\delta$ 时，有

$$\left|\frac{1}{\zeta_0 - z} - R(z;\zeta_0)\right| \leqslant B\frac{9\delta^2}{|\zeta_0 - z|^3} + B\frac{162\delta^4}{d|\zeta_0 - z|^4}$$

$$\leqslant B\frac{9\delta^2}{|\zeta_0 - z|^3} + B\frac{18\delta^3}{d|\zeta_0 - z|^3} = \frac{B'\delta^2}{|\zeta_0 - z|^3},$$

其中

$$B' = 9B\left(1 + \frac{2\delta}{d}\right).$$

因此，当 $\min\limits_{1 \leqslant i \leqslant n} \delta_i \geqslant \delta$ 时，$d = \delta$，则 $A'$ 与 $B'$ 是绝对常数．引理 5 证毕．

**注** 这里也证明了引理 4 后面的结论成立．

在有了上面的 5 个引理后，我们就可以来证明 Мергелян 定理了．

**定理 1** (Мергелян[93]) 设 $F$ 是复平面上有界闭集，它的余集 $CF$ 是由 $n$ 个区域 $G_i(1 \leqslant i \leqslant n)$ 所组成的． 又设存在包有 $F$ 在其内部的开集 $D$，而函数 $F(z) = U(z) + iV(z)$ 定义在 $D$ 上且在 $D$ 上有连续一阶偏导数．设 $F(z)$ 在 $F$ 上不解析的点的全体组成的集合为 $E_1 \subset F$，且 $E_1$ 中每一点到

$$CF = \bigcup_{i=1}^{n} G_i$$

的距离 $\leqslant \delta$．记

$$M = \sup_{z \in F_1}\left|\left(\frac{\partial U}{\partial x} - \frac{\partial V}{\partial y}\right) + i\left(\frac{\partial U}{\partial y} + \frac{\partial V}{\partial x}\right)\right|,$$

则存在有理函数 $R(z)$，其极点在 $CF$ 上，使得下式成立：

$$\max_{z \in F} |F(z) - R(z)| \leqslant c_6 M\frac{\delta^3}{d^2}, \tag{2.59}$$

其中 $c_6$ 为绝对常数，且

$$d = \min(\delta_1\delta_2, \cdots, \delta_n, \delta)$$

而 $\delta_i(1 \leqslant i \leqslant n)$ 为区域 $G_i$ 的直径。

特别地，当 $\min\limits_{1\leqslant i\leqslant n} \delta_i \geqslant \delta$ 时，则不等式(2.59)右端的量为 $c_6 M\delta$。

**证** 取 $\varepsilon$ 满足

$$0 < \varepsilon < M\frac{\delta^3}{d^2}. \tag{2.60}$$

由于 $F$ 是闭集，当然是可测的。因此，对上述 $\varepsilon > 0$，存在开集 $D_1$（不妨认为 $\overline{D}_1 \subset D$），使得 $F \subset D_1$ 及

$$\operatorname{mes}(D_1 - F) < \varepsilon. \tag{2.61}$$

同时

$$\max_{z\in F} \frac{1}{2\pi}\iint\limits_{D_1-F} \left|\frac{(U'_x - V'_y) + i(U'_y + V'_x)}{\zeta - z}\right| dxdy < \varepsilon. \tag{2.62}$$

这是因为被积函数的分子在 $\overline{D}_1$ 上连续，因此有界，而 $\left|\frac{1}{\zeta - z}\right|$ 在面积意义下绝对可积。这样，根据积分的绝对连续性，(2.62)成立。

设 $F$ 与 $D_1$ 的余集 $CD_1$ 的距离为 $\sigma$，则以 $F$ 的点为中心，半径为 $\frac{\sigma}{2}$ 的圆全体就覆盖 $F$，且全部位于 $D_1$ 内。根据有限覆盖定理知，存在有限多个这样的圆覆盖 $F$。这有限多个圆构成的开集记作 $B$，因而有

$$F \subset B \subset D_1 \subset D,$$

且 $B$ 的边界是由有限条逐段光滑曲线组成的。由(2.62)得到

$$\underset{z\in F}{m<x} \frac{1}{2\pi}\iint\limits_{B-F} \left|\frac{(U'_x + V'_y) + i(U'_y + V'_x)}{\zeta - z}\right| d\xi d\eta < \varepsilon. \tag{2.63}$$

类似地，可以找到由有限条逐段光滑的 Jordon 曲线所围成的开集 $B_1$，使得

$$F \subset B_1 \subset \overline{B}_1 \subset B \subset D_1$$

可以证明，$E_1$ 是闭集。事实上，若 $z_0$ 是 $z_n \in E_1$ 的极限点，由于 $E_1 \subset F$，且 $F$ 是闭集，因此 $z_0 \in F$。由于 $z_0$ 的每一个邻域中都有 $F(z)$ 的不解析的点，因此 $F(z)$ 在 $z = z_0$ 处也不解

析，即 $z_0 \in E_1$。因此 $E_1$ 是闭集。

由引理 5 知，对任意 $\zeta \in E_1$，总存在有理函数 $R(z;\zeta)$，其极点位于 $G = \bigcup\limits_{i=1}^{n} G_i$，且满足

$$|R(z;\zeta)| \leqslant \frac{A'}{\delta}, \quad z \in E_1, \tag{2.64}$$

及

$$\left|\frac{1}{\zeta - z} - R(z;\zeta)\right| \leqslant B' \frac{\delta^2}{|\zeta - z|^3},$$
$$z \in E_1, |\zeta - z| \geqslant c'\delta, \tag{2.65}$$

其中

$$A' = 12A\frac{\delta^2}{d^2}, \quad B' = 9B\left(1 + \frac{2\delta}{d}\right), \quad c' = 9,$$

而 $A$ 与 $B$ 为绝对常数。

定义

$$R^*(z) = \frac{1}{2\pi}\iint_{E_1}[(U'_\xi - V'_\eta) + i(U'_\eta + V'_\xi)]K(z;\zeta)d\xi d\eta.$$

由引理 5 的注知道，$R^*(z)$ 是一个极点位于

$$G = \bigcup_{i=1}^{n} G_i$$

的有理函数。

我们有

$$\begin{aligned} I &= \left|\frac{1}{2\pi}\iint_{E_1}\frac{(U'_\xi - V'_\eta) + i(U'_\eta + V'_\xi)}{\zeta - z}\, d\xi d\eta - R^*(z)\right| \\ &\leqslant \frac{1}{2\pi}\iint_{E_1}|(U'_\xi - V'_\eta) - i(U'_\eta + V'_\xi)| \\ &\quad \cdot \left|\frac{1}{\zeta - z} - R(z;\zeta)\right| d\xi d\eta \\ &= \frac{1}{2\pi}\iint_{E_1\cap|\zeta - z|>c'\delta} + \frac{1}{2\pi}\iint_{E_1\cap|\zeta - z|<c'\delta} = I_1 + I_2. \end{aligned} \tag{2.66}$$

将(2.65)代入 $I_1$ 中，有

$$I_1 \leqslant \frac{M}{2\pi} B'\delta' \int_{c'\delta}^{+\infty} \int_0^{2\pi} \frac{1}{r^3} r\,dr\,d\theta = \frac{MB'}{c'}\delta$$

$$= MB\delta\left(1 + \frac{2\delta}{d}\right) \leqslant MB\delta\frac{3\delta}{d} \leqslant 3MB\frac{\delta^3}{d^2}, \quad (2.67)$$

这里用到了明显的不等式 $d \leqslant \delta$.

将(2.64)代入 $I_2$ 中,有

$$I_2 \leqslant \frac{M}{2\pi}\int_0^{c'\delta}\int_0^{2\pi}\left(\frac{1}{r} + A'\frac{1}{\delta}\right) r\,dr\,d\theta$$

$$= M\left(c'\delta + \frac{1}{2}A(c')^2\delta\right) \leqslant M(9 + 6.9^2 A)\frac{\delta^3}{d^2}. \quad (2.68)$$

将(2.67)与(2.68)代入(2.66)后得到

$$I \leqslant I_1 + I_2 \leqslant c_7 M\frac{\delta^3}{d^2}, \quad (2.69)$$

其中 $c_7 = 3B + 9 + 486A$ 是绝对常数.

由于 $F(z)$ 在 $F - E_1$ 上解析,因此有

$$\iint_{F-E_1} \frac{(U'_\xi - V'_\eta) + i(U'_\eta + V'_\xi)}{\zeta - z} d\xi d\eta \equiv 0. \quad (2.70)$$

用 $L$ 记作开集 $B$ 的边界,则函数

$$\frac{1}{2\pi i}\int_L \frac{F(\zeta)}{\zeta - z} d\zeta$$

在 $B$ 内解析,因而在 $\bar{B}_1$ 解析. 根据 Runge 定理,存在有理函数 $Q(z)$, 使得在 $\bar{B}_1$ 上,因而在 $F$ 上有

$$\left|\frac{1}{2\pi i}\int_L \frac{F(\zeta)}{\zeta - z} d\zeta - Q(z)\right| < \varepsilon, \ z \in F. \quad (2.71)$$

现在我们令所需求的有理函数为

$$R(z) = Q(z) - R^*(z), \quad (2.72)$$

它的极点位于 $\bigcup_{i=1}^{n} G_i$ 内. 根据引理 2,我们有

$$F(z) = \frac{1}{2\pi i}\int \frac{F(\zeta)}{\zeta - z} d\zeta$$

$$-\frac{1}{2\pi}\iint_B \frac{(U'_\xi - V'_\eta) + i(U'_\eta + V'_\xi)}{\zeta - z} d\xi d\eta, \quad z \in F.$$

根据(2.62),(2.69)—(2.72),由上式得到

$$\begin{aligned} |F(z) - R(z)| &< \varepsilon + \varepsilon + c_7 M \frac{\delta^3}{d^2} \\ &< 2M\frac{\delta^3}{d^2} + c_7 M \frac{\delta^3}{d^2} \\ &= c_6 M \frac{\delta^3}{d^2}, \quad z \in F. \end{aligned}$$

这里又用到了 (2.60), 且其中 $c_6 = 2 + c_7$ 是绝对常数. 此即(2.59).

显然,当 $\min\limits_{1 \leqslant i \leqslant n} \delta_i \geqslant \delta$ 时,有 $d = \delta$, 因此(2.59)右边为 $c_6 M\delta$. 定理 1 证毕.

**注** 若 $F(z)$ 在 $F$ 的内点集 $F^\circ$ 上都解析,那么 $E_1$ 就位于 $F$ 的边界上,即 $E_1$ 上每一点与 $CF = \bigcup\limits_{i=1}^{n} G_i$ 的距离 $\delta$ 可以任意小. 因此这表明,在现在的情况下,函数 $F(z)$ 可以被具有极点在 $CF$ 上的有理函数任意逼近.

现在仍假设有界闭集 $F$ 的余集 $CF$ 是由 $n$ 个区域 $G_i(1 \leqslant i \leqslant n)$ 所组成的, 但其直径 $d_i$ 满足 $\min\limits_{1 \leqslant i \leqslant n} d_i \geqslant \delta > 0$,则存在一个全平面上连续的函数 $F_0(z)$, 它在全平面上至多除去个别点外有连续偏导数, 且 $F_0(z)$ 在 $F$ 上不解析的点集 $E_1$ 和 $CF$ 的距离 $\leqslant \delta$. 此时,对任意一个有理函数 $R(z)$, 都有

$$\max_{z \in F} |F_0(z) - R(z)| \geqslant \frac{1}{2} M\delta, \tag{2.73}$$

其中

$$M = \sup_{z \in \bar{B}_1} \left| \left( \frac{\partial U_0}{\partial x} - \frac{\partial V_0}{\partial y} \right) + i\left( \frac{\partial U_0}{\partial y} + \frac{\partial V_0}{\partial x} \right) \right|, \tag{2.74}$$

而 $F_0(z) = U_0(z) + iV_0(z)$.

这里结果说明了,定理 1 中的估计式 (2.59) 在除了一个常数

因子以外还是精确的.

事实上,我们取$F$上最大圆的半径为$\delta$,不妨设$\delta>0$,此圆的圆心记作$z_0\in F$. 由$\delta$的定义知,$F$上每一点到$CF$的距离$\leqslant\delta$.

令

$$F_0(z)=M[\delta-|z-z_0|]=U_0+iV_0.$$

显然,$F_0(z)$在$E_1=F$上不解析,且平面上除了$z=z_0$以外都有连续偏导数. 此外,容易证明

$$\sup_{z\in F_1}\left|\left(\frac{\partial U_0}{\partial x}-\frac{\partial V_0}{\partial y}\right)+i\left(\frac{\partial U_0}{\partial y}+\frac{\partial V_0}{\partial x}\right)\right|=M,$$

这里在$z=z_0$处不存在偏导数是没有关系的,因为在定理1中,若有个别点没有偏导数,但在这些点上连续时,定理1仍成立.

现在我们用反证法来证明(2.73)成立. 假定不然,则存在一个极点位于$CF$的有理函数$R_0(z)$,它满足

$$\max_{z\in F}|F_0(z)-R_0(z)|<\frac{1}{2}M\delta, \tag{2.75}$$

因此就有

$$\max_{|z-z_0|=\delta}|R_0(z)|<\max_{|z-z_0|=\delta}\left|F_0(z)\right|+\frac{1}{2}M\delta_1=\frac{1}{2}M\delta.$$

由于$R_0(z)$的极点在$CF$上,因此它在$|z-z_0|\leqslant\delta$上解析. 根据最大模原理,由上面不等式可以得到

$$\max_{|z-z_0|\leqslant\delta}|R_0(z)|<\frac{1}{2}M\delta. \tag{2.76}$$

另一方面,由(2.75),我们有

$$|F_0(z_0)-R_0(z_0)|<\frac{1}{2}M\delta,$$

因此利用函数$F_0(z)$的定义,由上式可以得到

$$|R_0(z_0)|>|F_0(z_0)|-\frac{1}{2}M\delta=\frac{1}{2}M\delta,$$

这就与(2.76)相矛盾了.由此说明(2.73)成立.

**定理2** (Мергелян[93]) 设$F$是复平面上的有界闭集,它位于

$|z| \leqslant R_0$ 中,且$F$的余集 $CF$ 是由$n$个区域 $G_i(1 \leqslant i \leqslant n)$ 所组成的. 设 $G_i$ 的直径为 $d_i(1 \leqslant i \leqslant n)$. 设函数$f(z)$ 在$F$上连续. 我们用$R$表示 $f(z)$ 在$F$上不解析的点所组成的集合,且$R$上每一点到 $CF$ 的距离$\leqslant \delta$. 于是存在极点在 $CF$ 上的有理函数$R(z)$, 使得

$$\max_{z \in F} |f(z) - R(z)| \leqslant c_9 \omega(\delta) \frac{\delta^2}{d^2}, \tag{2.77}$$

其中 $c_9$ 为绝对常数, $\omega(\delta)$ 为函数 $f(z)$ 连续地开拓到全平面后在圆 $|z| \leqslant 2R_0$ 上的连续模,而

$$d = \min(d_1, d_2, \cdots, d_n, \delta)$$

当 $\min\limits_{1 \leqslant i \leqslant n} d_i \geqslant \delta$ 时,对应于(2.74)就有

$$\max_{z \in F} |f(z) - R(z)| \leqslant c_9 \omega(\delta). \tag{2.78}$$

**证** 首先应用引理 1, 对于平均函数 $\varphi_\delta(z)$, 它在平面上有连续偏导数,且由引理 1 的结论 2° 知

$$|f(z) - \varphi_\delta(z)| \leqslant \omega(\delta), |z| \leqslant R_0. \tag{2.79}$$

令 $D_\delta$ 为 $F \backslash R$ 的某个内点集, 其中每一点离集合 $R \cup CF$ 的距离$\geqslant \delta$. 根据引理 1 的结论 3°, $\varphi_\delta(z)$ 在 $D_\delta$ 上解析且等于$f(z)$.

令 $M_\delta$ 是 $D_\delta$ 关于$F$的余集, 则 $\varphi_\delta(z)$ 在$F$上不解析的点均属于 $M_\delta$. 下面将证明: $M_\delta$ 上每一点$z$到 $CF$ 的距离 $d_z \leqslant 2\delta$.

事实上,我们知道 $M_\delta = R + P_\delta$,其中$P_\delta$是 $F \backslash R$ 中离 $R \cup CF$ 的距离$\leqslant \delta$ 的点组成的集合. 设 $z \in M_\delta$, 则可以分别以两种情况来进行讨论:

1. 若 $z \in R$, 则由条件知

$$d_z \leqslant \delta < 2\delta;$$

2. 若 $z \bar{\in} R$, 则 $z \in P_\delta$. 根据 $P_\delta$ 的定义知, 存在点 $z^* \in R + CF$, 使 $|z - z^*| \leqslant \delta$. 下面对 $z^*$ 再区别两种情况:

*A*. 若 $z^* \in R$, 则由定理条件知, $z^*$ 到 $CF$ 的距离 $d_{z^*} \leqslant$

$\delta$，因而有

$$d_z \leqslant |z - z^*| + d_{z^*} \leqslant 2\delta;$$

*B*. 若 $z^* \in R$，则 $z^* \in CF$，因而

$$d_z \leqslant |z - z^*| \leqslant \delta < 2\delta.$$

这就证明了，$M_\delta$ 上每一点 $z$ 到 $CF$ 的距离 $d_z \leqslant 2\delta$。

根据引理 1 中的结论 2°，对于这里的函数 $\varphi_\delta(z)$，有以下估计式：

$$M = \max_{z \in F} \left| \left( \frac{\partial U_\delta}{\partial x} - \frac{\partial V_\delta}{\partial y} \right) + i \left( \frac{\partial U_\delta}{\partial y} + \frac{\partial y_\delta}{\partial x} \right) \right| \leqslant \frac{8\omega(\delta)}{\delta},$$

其中 $\varphi_\delta(z) = U_\delta(z) + iV_\delta(z)$。

现在应用定理 1，将这里的集合 $M_\delta$ 看作定理 1 中的 $E_1$，将这里的 $2\delta$ 看作定理 1 中的 $\delta$，于是可以知道，存在具有极点位于 $CF$ 的有理函数 $R(z)$，使得下式成立：

$$\begin{aligned} \max_{z \in F} |\varphi_\delta(z) - R(z)| &\leqslant c_6 M \frac{(2\delta)^3}{d^2} \\ &\leqslant c_6 \frac{8\omega(\delta)}{\delta} \frac{(2\delta)^3}{d^2} = 64 c_6 \omega(\delta) \frac{\delta^2}{d^2}. \end{aligned} \tag{2.80}$$

合并(2.79)与(2.80)得到

$$\begin{aligned} \max_{z \in F} |f(z) - R(z)| &\leqslant \omega(\delta) + 64 c_6 \omega(\delta) \frac{\delta^2}{d^2} \\ &\leqslant \omega(\delta) \frac{\delta^2}{d^2} + 64 c_6 \omega(\delta) \frac{\delta^2}{d^2} \\ &= c_9 \omega(\delta) \frac{\delta^2}{d^2}, \end{aligned}$$

其中 $c_9 = 1 + 64c_6$ 是绝对常数。这就是(2.77)。(2.78)是显然的。定理 2 证毕。

**定理 3** (Мергелян[93]) 设 $F$ 是复平面上有界闭集，则要使任意一个在 $F$ 上连续、在 $F$ 的内点上解析的函数能够在 $F$ 上被多项式一致逼近的充要条件是，$F$ 的余集 $CF$ 是一个含有$\infty$的区域。

这个定理的充分性是定理 2 的简单推论，只要注意到应用§1

的引理 1 就可以将极点移到 $|z|\leqslant R_0$ 外(这里设 $F\subset(|z|\leqslant R_0)$)，然后利用 Taylor 展开就可以将极点移到$\infty$点，而必要性是在本章一开始已经讨论过了.

定理 3 的一个完全等价的定理是下列定理.

**定理 3'** (Мергелян[93]) 设 $F$ 是复平面上的有界闭集，则要使任意一个在 $F$ 上连续、在 $F$ 的内点上解析函数能在 $F$ 上展开为一致收敛的多项式级数的充要条件是，$F$ 的余集 $CF$ 是一个含有$\infty$点的区域.

**注** 上述 Мергелян 定理中的证明是构造性的，即在给定了函数 $f(z)$ 后，可以具体地构造出逼近 $f(z)$ 的多项式.

**定理 4** 设 $F$ 是复平面上的有界闭集，它的余集 $CF$ 是由 $n$ 个区域组成. 设函数 $f(z)$ 在 $F$ 上连续，在 $F$ 的内点上解析，则对任意的 $\varepsilon>0$ 存在极点位于 $CF$ 的有理函数 $R(z)$，使得下式成立:

$$\max_{z\in F}|f(z)-R(z)|<\varepsilon.$$

这定理显然可以从定理 2 推导出来.

若 $F$ 是复平面上有界闭集，其余集 $CF$ 是由可数个区域组成时，则有例子指出，一般地说，定理 4 不成立. 现在给出 Мергелян 的例.

设 $D$ 是复平面上的单连续区域，其边界 $\Gamma$ 是可求长 Jordan 曲线. 现在我们在 $D$ 内除去一个由 Jordan 区域组成的集合 $M$，每一个区域的边界 $\gamma_k,k=1,2,\cdots$ 是互不相交的光滑曲线，且 $M$ 在区域 $D$ 内是稠密的，即在 $D$ 内任何一点邻域中都包有 $M$ 中的点. 此外还设

$$\sum_{k=1}^{+\infty}|\gamma_k|<+\infty, \tag{2.81}$$

其中 $|\gamma_k|$ 表示曲线 $\gamma_k$ 的长度. 这样的区域所生成的集合 $M$ 是一定存在的. 事实上，我们可以考虑 $D$ 内所有的有理点(此点的横坐标及纵坐标都是有理数) $a_1,a_2,\cdots,a_n,\cdots$. 考虑在 $D$ 内以 $a_1$

为中心，半径小于 1 的圆 $C_1$，然再在 $D$ 内取 $a_2$ 为中心，半径小于 $\frac{1}{2}$ 的圆 $C_2$，且此圆不与圆 $C_1$ 相交. 如果这种圆不存在，则不取. 再在 $D$ 内取以 $a_3$ 为中心，半径为 $\frac{1}{2^2}$ 的圆 $C_3$，且此圆与圆 $C_1$ 及 $C_2$ 都不相交. 不断应用这方法，可以构造出可数个圆 $\{C_k\}$，每一个圆 $C_k$ 都位于 $D$ 内，且互不相交. 这些圆的边界 $\gamma_k$ 为光滑曲线，且满足

$$\sum_{k=1}^{+\infty}|\gamma_k| < \sum_{k=1}^{+\infty} 2\pi \frac{1}{2^k} = 4\pi,$$

即满足(2.81).显然，这些圆构成的集合 $M = \bigcup\limits_{k=1}^{+\infty} C_k$ 在 $D$ 中稠密.

现在我们证明，在集合 $\overline{D}\backslash M = F$ 上，必存在一个连续函数 $f_0(z)$:

$$\max_{z\in F}|f_0(z)| = K,$$

其中 $K$ 为某个给定的常数，使得对于任何一个有理函数 $R(z)$，满足

$$\max_{z\in F}|f_0(z) - R(z)| \geqslant \frac{K}{2} \frac{\sum\limits_{k=1}^{+\infty}|\gamma_k|}{|\Gamma| + \sum\limits_{k=1}^{+\infty}|\gamma_k|} > 0. \tag{2.82}$$

事实上，设 $\varepsilon > 0$ 是任意小正数，取数 $n$ 满足

$$3K \sum_{k=n+1}^{+\infty}|\gamma_k| < \varepsilon. \tag{2.83}$$

现在考虑函数

$$\varphi_n(z) = \begin{cases} 0, & z\in\Gamma, \\ Ke^{-i\arg dz}, & z\in\gamma_k,\ k = 1,2,\cdots,n, \text{其中} \\ \arg dz \text{ 是曲线 } \gamma_k \text{ 上切线与正实轴的夹角.} \end{cases} \tag{2.84}$$

显然，$\varphi_n(z)$ 是一个在闭集

$$\Gamma+\sum_{k=1}^{n}\gamma_k$$

上的连续函数且满足

$$\max_{z\in\Gamma+\sum_{k=1}^{n}\gamma_k}|\varphi_n(z)|=K.$$

现在将 $\varphi_n(z)$ 连续地开拓到闭集 $F=\overline{D}\backslash M$ 上，且保持其最大模不变。这样的开拓是可以实现的，因为只要考虑其模及幅角的正弦开拓即可。将开拓以后的函数记作 $g_n(z)$，它满足

$$\max_{z\in F}|g_n(z)|=K.$$

设 $R(z)$ 是任意一个有理函数，其极点在 $F$ 外，则或

$$\max_{z\in F}|g_n(z)-R(z)|>K,$$

或

$$\max_{z\in F}|g_n(z)-R(z)|\leqslant K.$$

此时有

$$\max_{z\in F}|R(z)|\leqslant\max_{z\in F}|g_n(z)|+K\leqslant 2K. \tag{2.85}$$

对第一种情况，显然成立（将 $f_0(z)$ 换以 $g_n(z)$）。

对第二种情况，利用 Cauchy 定理，我们有

$$\max_{z\in F}|g_n(z)-R(z)|\cdot|\Gamma|\geqslant\left|\int_{\Gamma}(g_n(z)-R_n(z))dz\right|$$

$$=\left|\int_{\Gamma}R(z)dz\right|=\left|\sum_{k=1}^{+\infty}\int_{\gamma_k}R(z)dz\right| \qquad (\text{用到}(2.84))$$

$$\geqslant\left|\sum_{k=1}^{n}\int_{\gamma_k}R(z)dz\right|-2K\sum_{k=n+1}^{+\infty}|\gamma_k| \qquad (\text{用到}(2.85))$$

$$\geqslant\left|\sum_{k=1}^{n}\int_{\gamma_k}g_n(z)dz\right|-\sum_{k=1}^{n}\int_{\gamma_k}(R(z)-g(z))dz\Bigg|$$

$$-2K\sum_{k=n+1}^{+\infty}|\gamma_k|\geqslant K\sum_{k=1}^{n}|\gamma_k|\max_{-z\in F}|g_n(z)-R(z)|$$

$$
\cdot \sum_{k=1}^{n} |\gamma_k| - 2K \sum_{k=n+1}^{+\infty} |\gamma_k|
$$

$$
\geqslant K \sum_{k=1}^{+\infty} |\gamma_k| \max_{-z \in F} |g_n(z) - R(z)|
$$

$$
\cdot \sum_{k=1}^{+\infty} |\gamma_k| - 3K \sum_{k=n+1}^{+\infty} |\gamma_k|
$$

$$
\geqslant K \sum_{k=1}^{+\infty} |\gamma_k| \max_{-z \in F} |g_n(z) - R(z)| \cdot \sum_{k=1}^{+\infty} \gamma_k - \varepsilon,
$$

因而有

$$
\max_{z \in F} |g_n(z) - R(z)| \geqslant K \frac{\sum_{k=1}^{+\infty} |\gamma_k| - \frac{\varepsilon}{K}}{|\Gamma| + \sum_{k=1}^{+\infty} |\gamma_k|}.
$$

利用 $\varepsilon$ 的任意性,取

$$
\varepsilon \leqslant \frac{K}{2} \sum_{k=1}^{+\infty} |\gamma_k|,
$$

这显然也满足(2.78),只要取 $n$ 满足

$$
\sum_{k=n+1}^{+\infty} |\gamma_k| \leqslant \frac{1}{6} \sum_{k=1}^{+\infty} |\gamma_k|
$$

就够了.

我们自然地会提出以下问题：若有界闭集 $F$ 分割平面，需要对闭集加上什么条件才能使 Мергелян 定理仍然成立. Мергелян 给出了一个充分性条件.

**定理 5** (Мергелян[93]) 设 $F$ 是复平面上有界闭集，不含内点且对任意一个半径为 $\delta > 0$ 的圆，都含有一个属于闭集 $F$ 的余集 $CF$ 中的 Jordan 弧,其直径$\geqslant l(\delta)$. 若

$$
\lim_{\delta \to 0} \frac{\delta^3}{(l(\delta))^2} = 0, \tag{2.86}
$$

则任意一个在闭集 $F$ 上连续的函数 $f(z)$ 都可以在 $F$ 上被有理函

数一致逼近.

**证** 由于 $f(z)$ 在有界闭集 $F$ 上连续，因此根据二元函数的 Weierstrass 定理，对于任意给定的 $\varepsilon>0$，都存在一个 $x$ 与 $y$ 的多项式 $P(x,y)$，使得

$$|f(z)-P(x,y)|<\varepsilon,\ z\in F.$$

因此，为了证明定理 5，只要对函数 $x=\mathrm{Re}z$ 及 $y=\mathrm{Im}z$ 证明就够了.

设有界闭集 $F$ 位于正方形 $|x|\leqslant N,|y|\leqslant N$ 内. 为了要利用定理 1，必须通过闭集 $F$ 构造一个含有闭集 $F$ 的闭集 $E$，使得 $E$ 的余集 $CE$ 是由有限个区域组成的，且满足定理 1 中的一些条件.

由条件(2.86)知，存在数列 $\{\delta_n\},\delta_n\downarrow 0$，且满足

$$\frac{\delta_n^3}{(l(\delta_n))^2}<\frac{1}{n}. \tag{2.87}$$

令

$$T=\left[\frac{N+1}{\delta_n}\right],$$

考虑覆盖闭集 $F$ 的正方形集合，其中每一个正方形边长为 $\delta_n$:

$$p\delta_n\leqslant x\leqslant(p+1)\delta_n,\ q\delta_n\leqslant y\leqslant(q+1)\delta_n,$$
$$p,q=-T,-T+1,\cdots,0,1,\cdots,T. \tag{2.88}$$

用 $\tau_{p,q}$ 表示在定理的条件下所假设的，位于上述正方形与 $CF$ 交集中直径为 $l(\delta_n)$ 的 Jordan 弧.

设 $\Delta_\infty$ 是 $CF$ 中包有$\infty$点的构成区域，而 $\Delta_{p,q}$ 是 $CF$ 中含有弧 $\tau_{p,q}$ 的构成区域. 考虑闭集 $E$,

$$E=\text{全平面}\Big\backslash\Big(\Delta_\infty+\sum_{-T}^{T}\Delta_{p,q}\Big).$$

显然，$E$ 是有界闭集，且含有闭集 $F$. 因此，$E$ 是由集合 $F$ 以及 $CF$ 中那些不可能包有整个弧 $\tau_{p,q}$ 的有界构成区域 $\Delta_i$ 所组成的. 区域 $\Delta_i$ 的边界都属于闭集 $F$.

设 $z_0$ 是 $E$ 中任意点，则 $z_0$ 不必属于(2.88)的某个正方形. 此正方形包有在 $F$ 外的 Jordan 弧，且 $\tau_{p,q}$ 不可能全部位于 $E$ 中，

否则必位于某个 $\Delta_i$ 中，而这与 $\Delta_i$ 的定义是矛盾的。$\tau_{p,q}$ 也不可能部分地位于$E$中，否则此时它必部分地位于 $\Delta_i$ 中，因此必与 $\Delta_i$ 的边界相交，即与$F$相交，这也是矛盾的。因此，$\tau_{p,q}$ 必须全部位于$E$外。由此推出，以 $z_0$ 为中心，半径为$\sqrt{2}\,\delta_n$的圆中必包有一个位于$E$外，且直径为 $l(\delta_n)$ 的 Jordan 弧。特别地推出，$E$中每一点到集合

$$\Delta_\infty+\sum_{-T}^{T}\tau_{p,q}$$

的距离$\leqslant\sqrt{2}\,\delta_n$。显然，这个集合的每一个构成区域的直径 $\leqslant\sqrt{2}\,\delta_n$（因为包有 Jordan 弧，且 $\Delta_\infty$ 为无界区域）。因此，应用定理 1 后得到，对每一个函数 $x=\operatorname{Re}z$ 及 $y=\operatorname{Im}z$，存在有理函数 $R_n(z)$ 及 $Q_n(z)$，使得

$$|\operatorname{Re}z-R_n(z)|\leqslant c_7\frac{\delta_n^3}{(l(\delta_n))^2}<\frac{c_7}{n}$$

及

$$|\operatorname{Im}z-Q_n(z)|\leqslant c_7\frac{\delta_n^3}{(l(\delta_n))^2}\leqslant\frac{c_7}{n}.$$

定理 5 证毕。

从定理 5 及上面的例看出，集合$F$的余集 $CF$ 必须充分“大”时，才有可能使逼近实现。

当集合$F$有内点时，类似地有下面定理。

**定理 6** (Мергелян[93]) 设数列$\{\delta_n\}$是单调下降地趋向于零，且每一个中心在有界闭集$F$的余集的边界上，半径为 $\delta_n$ 的圆内，含有直径为 $r_n$ 且位于 $CF$ 内的 Jordan 弧。若

$$\lim_{n\to+\infty}\omega(\delta_n)\left(\frac{\delta_n}{r_n}\right)=0, \tag{2.89}$$

其中 $\omega(\delta)$ 是函数 $f(z)$ 在有界闭集$F$上的连续模，则每一个在$F$上连续，$F$的内点上解析的函数 $f(z)$ 都可以在闭集$F$上被有理函数一致逼近。

**证** 设 $\Delta_\infty$ 是 $CF$ 中含有$\infty$点的区域。考虑以集合 $CF-\Delta_\infty$

上每一点 $z_0$ 为中心，半径为 $\delta_n$ 的圆。若 $z_0 \in \overline{CF} - CF$，则上述圆包有直径为 $r_n$ 的在 $CF$ 中的 Jordan 弧；若 $z_0 \in CF - \Delta_\infty$，则上述圆不一定有上面提到的性质。但是，在这种情况下，这些圆内必有 $\overline{CF} - CF$ 上的点。根据有限覆盖定理，必存在上述有限个圆，它们的全体覆盖 $\overline{CF - \Delta_\infty}$。设对应的直径为 $r_n$，在 $CF$ 中的 Jordan 弧为 $\gamma_i$，$1 \leqslant i \leqslant n$。考虑 $CF$ 的构成区域 $D_k$，其中每一个 $D_k$ 包有上述的 Jordan 弧 $\gamma_k$，$1 \leqslant k \leqslant m \leqslant n$。

令

$$E = \text{全平面} - \left( \Delta_\infty + \sum_{k=1}^{+\infty} D_k \right),$$

我们可以将函数 $f(z)$ 连续地开拓到全平面且保持其连续模不变。显然，在 $E$ 中，$f(z)$ 不解析的点必位于 $\overline{CF} - CF$ 以及 $CF$ 中那些不含有位于 $CF$ 中直径为 $r_n$ 的 Jordan 弧的构成区域。设 $z_0 \in \overline{CF} \backslash CF$，则显然，以 $z_0$ 为中心，半径为 $2\delta_n$ 的圆必含有位于 $CF$ 中直径为 $r_n$ 的 Jordan 弧，此弧不可能有一部分位于 $\Delta_i$ 中，否则存在这弧的两部，它分别属于不同区域，但其边界是 $F$ 中的点，这是矛盾的。因此，它必在

$$\Delta_\infty + \sum_{k=1}^{m}$$

中。当 $z_0 \in \Delta_i$ 时，则 $z_0$ 必属于上述某个覆盖圆，而此圆必与集合 $\overline{CF} - CF$ 有交点。因此，以 $z_0$ 为中心，半径为 $3\delta_n$ 的圆必包有位于 $CF$ 中直径为 $r_n$ 的 Jordan 弧 $r_k$。根据上面的讨论，$r_k$ 必位于

$$\Delta_\infty + \sum_{k=1}^{m} D_k$$

中。因此，在 $E$ 中使 $f(z)$ 可能不解析的点为中心，半径为 $3\delta_n$ 的圆必包有其余集 $\Delta_\infty + \sum_{k=1}^{m} D_k$ 中的点。显然，$D_k$ 的直径 $\geqslant r_n$。由此应用定理 2 及条件(2.89)就立刻得到了定理 6。

我们指出，最一般的结果是由 Витушкин 得到的。他证明了，要使得任意一个在有界闭集 $F$ 上连续，$F$ 的内点上解析的函数可

以在此 $F$ 上被有理函数逼近而加在闭集 $F$ 上的充要条件．这个充要条件是要用集合的解析容量的概念．由于篇幅关系，这里不准备介绍了，有兴趣的读者可以参看 Витушкин 的文章[196,197]．

现在我们介绍 Мергелян 定理的一个简单的应用．

**定理 7** 设 $D$ 是由可求长 Jordan 闭曲线 $\Gamma$ 所围的区域，函数 $f(z)$ 在 $D$ 内解析，$\bar{D}$ 上连续，则广义 Cauchy 公式成立：

$$f(z)=\frac{1}{2\pi i}\int_{\Gamma}\frac{f(\zeta)}{\zeta-z}d\zeta, z\in D. \tag{2.90}$$

广义 Cauchy 定理也成立：

$$\int_{\Gamma}f(z)dz=0. \tag{2.91}$$

**证** 我们只证明广义 Cauchy 定理，由此用常规方法很易导出广义 Cauchy 公式．

由于区域 $\bar{D}$ 的余集 $C\bar{D}$ 不分割平面，因此应用 Мергелян 定理：任给 $\varepsilon>0$，存在多项式 $P(z)$，使得下式成立：

$$\max_{z\in\bar{D}}|f(z)-P(z)|<\varepsilon. \tag{2.92}$$

对于多项式 $P(z)$，由于它在 $\bar{D}$ 上解析，因此 Cauchy 定理成立：

$$\int_{\Gamma}P(z)dz=0.$$

由此应用(2.92)可以得到

$$\begin{aligned}\left|\int_{\Gamma}f(z)dz\right|&=\left|\int_{\Gamma}f(z)dz-\int_{\Gamma}P(z)dz\right|\\&\leqslant\int_{\Gamma}|f(z)-P(z)||dz|\\&\leqslant\varepsilon|\Gamma|\to 0.\end{aligned}$$

这就证明了(2.91)．定理 7 证毕．

## §3. Смирнов 平均逼近定理

设有界区域 $D$ 以可求长的 Jordan 曲线 $\Gamma$ 为边界，自然会提出下面的平均逼近问题：设函数 $f(z)$ 定义在 $\Gamma$ 上，且属于 $L^p(\Gamma)$，$p>0$，这表示函数 $f(z)$ 在 $\Gamma$ 上 $L^p$ 意义下可积，则能否在 $L^p(\Gamma)$ 空间被多项式逼近呢？即任给 $\varepsilon>0$，能否找到多项式 $P(z)$，使得

$$\int_\Gamma |f(z)-P(z)|^p ds<\varepsilon \tag{3.1}$$

成立？这个问题的回答是否定的，我们有下列定理。

**定理1** 设 $D$ 是单位圆 $|z|<1$，$\Gamma$ 是 $|z|=1$。设函数 $f(z)\in L^p(|z|=1), p>0$。若任给 $\varepsilon>0$，存在多项式 $P(z)$，使得下式成立：

$$\int_{|z|=1} |f(z)-P(z)|^p|dz|<\varepsilon, \tag{3.2}$$

则函数 $f(z)$ 是类 $H^p$ 中函数的角度边界值。

**证** 由条件(3.2)推出，存在多项式序列 $\{P_n(z)\}$，使得 $n>N$ 时有

$$\int_{|z|=1} |f(z)-P_n(z)|^p|dz|<\varepsilon, \tag{3.3}$$

因而当 $n,m>N$ 时，有

$$\int_{|z|=1} |P_n(z)-P_m(z)|^p|dz|<c\varepsilon, \tag{3.4}$$

其中 $c$ 为依赖于 $p$ 的常数。

利用 $H^p$ 空间的性质推出，对任意的 $R, 0\leqslant R<1$ 成立

$$\int_{|z|=R} |P_n(z)-P_m(z)|^p|dz|<c\varepsilon. \tag{3.5}$$

因为函数 $|P_n(z)-P_m(z)|^p$ 是次调和函数，因此有

$$|P_n(z)-P_m(z)|^p\leqslant\frac{1}{2\pi}$$

$$\cdot\int_0^{2\pi}\frac{R^2-r^2}{R^2-2Rr\cos(\varphi-\theta)+r^2}\cdot|P_n(e^{i\varphi})-P_m(e^{i\varphi})|^p d\theta,$$

$$0\leqslant r<R,\ z=re^{i\theta}.$$

（或者利用函数 $P_n(z)-P_m(z)$ 在 $|z|<R$ 内零点，构造 Blaschke 乘积 $B(z)$，$|B(Re^{i\theta})|=1$ 几乎处处成立，再利用

$|z|<R$ 内解析函数 $(P_n(z)-P_m(z))/B(z)$ 在 $|z|=R$ 上的边界值的 Poisson 积分表示，也可以得到上式）。由此得

$$|P_n(z)-P_m(z)|^p \leqslant \frac{1}{2\pi}\frac{R+r}{R-r}c\varepsilon,$$

$$z=re^{i\theta}, 0\leqslant r<R<1.$$

利用 $R<1$ 的任意性推出，序列 $\{P_n(z)\}$ 在单位圆 $|z|<1$ 内闭一致收敛到某个解析函数 $g(z)$。由(3.5)得到，对任意的 $R<1$，当 $n>N$ 时，有

$$\int_{|z|=R}|g(z)-P_n(z)|^p|dz|<c\varepsilon.$$

由此推出 $g(z)\in H^p$，因而它在 $|z|=1$ 上几乎处处有角度边界值。利用 Fatou 定理，由上式得到

$$\int_{|z|=1}|g(z)-P_n(z)|^p|dz|<c\varepsilon. \tag{3.6}$$

由(3.5)及(3.6)推出，在单位圆周 $|z|=1$ 上，几乎处处地有 $g(z)=f(z)$。 定理 1 证毕。

对于一般的以可求长 Jordan 曲线 $\Gamma$ 为边界的区域 $D$，也有类似的定理。

**定理 2** 若函数 $f(z)\in L^p(\Gamma), p>0$，且对任何 $\varepsilon>0$，存在多项式 $P(z)$ 满足

$$\int_\Gamma |f(z)-P(z)|^p ds<\varepsilon, \tag{3.7}$$

则 $f(z)$ 是类 $E^p(D)p>0$ 中函数的角度边界值。

这个定理的证明是容易的，只要通过将区域 $D$ 双方单值保角变换到单位圆 $|w|<1$ 的函数 $w=\varphi(z)$（其反函数记作 $z=\phi(w)$），就可以将问题转化到单位圆上。事实上，由(3.7)可以得到

$$\int_{|w|=1}|f(\phi(w))\sqrt[p]{\phi'(w)}-P(\phi(w))\sqrt[p]{\phi'(w)}|^p|dw|<\varepsilon.$$

用在证明定理 1 时的方法，可以证明函数 $f(\phi(w))\sqrt[p]{\phi'(w)}$ 是 $H^p$ $(|w|<1)$ 中函数的边界值，因此 $f(z)$ 是 $E^p(D)$ 中函数的边

界值。定理 2 证毕。

从定理 2 看出，我们只能提出下列问题：若函数 $f(z) \in E^p(D)$, $p > 0$，则(3.1)是否成立？

以后我们将会看到，为了要使对于任意函数 $f(z) \in E^p(D)$, $p > 0$，(3.1) 成立，必须对区域 $D$ 的边界 $\Gamma$ 加上一个充要条件。现在我们先来进行一些分析。

若函数 $f(z) \in E^p(D)$，$p > 0$，则 $f(\psi(w))\sqrt[p]{\psi'(w)} \in H^p$。由 $H^p$ 空间理论知，任给 $\varepsilon > 0$，存在数 $r, 0 < r < 1$，使得

$$\int_{|w|=1} |f(\psi(w))\sqrt[p]{\psi'(w)} - f(\psi(rw))\sqrt[p]{\psi'(rw)}|^p |dw| < \varepsilon,$$

即

$$\int_{\Gamma} |f(z) - F(r\varphi(z))\sqrt[p]{\varphi'(z)}|^p |dz| < \varepsilon, \tag{3.8}$$

其中

$$F(w) = f(\psi(w))\sqrt[p]{\psi'(w)} \in H^p,\ p > 0.$$

由此看出，要希望(3.1)成立，只要函数 $F(r\varphi(z))\sqrt[p]{\varphi'(z)}$ 能在空间 $L^p(\Gamma)$ 中被多项式逼近就够了。显然，函数 $F(r\varphi(z))$ 在闭区域 $\bar{D}$ 上解析，因此根据 Runge 定理，它在闭区域 $\bar{D}$ 上一定能被多项式一致逼近，因而也一定能在空间 $L^p(\Gamma)$ 中被多项式逼近。因此，如果我们能证明，在一定的条件下，函数 $\sqrt[p]{\varphi'(z)}$ 在空间 $L^p(\Gamma)$ 上也能被多项式逼近，则应用 Minkowski 不等式，可以看出函数 $F(r\varphi(z))\sqrt[p]{\varphi'(z)}$ 在 $L^p(\Gamma)$ 中就可以被多项式逼近了。因此，关键是要研究函数 $\sqrt[p]{\varphi'(z)}$ 在 $L^p(\Gamma)$ 上被多项式逼近的问题。为此，我们首先研究函数 $\sqrt[p]{\varphi'(z)}$ 的一些性质。

现在我们设区域 $D$ 包有原点，否则作一个平移即可。我们认为，映射函数满足 $\psi(0) = 0$，$\psi'(0) > 0$，因此 $\varphi(0) = 0, \varphi'(0) > 0$。我们使函数 $\sqrt[p]{\varphi'(z)}$ 规格化，即令

$$f_p(z) = \left[\frac{\varphi'(z)}{\varphi'(0)}\right]^{\frac{1}{p}},\ p > 0,\ f_p(0) = 1.$$

显然有

$$\int_\Gamma |f_p(z)|^p ds = \int_\Gamma \left|\frac{\varphi'(z)}{\varphi'(0)}\right| ds$$

$$= \frac{1}{\varphi'(0)}\int_{|w|=1} |\varphi'(\psi(w))||\psi'(w))||dw|$$

$$= \frac{1}{\varphi'(0)}\int_{|w|=1} |dw| = 2\pi\psi'(0). \tag{3.9}$$

现在证明函数 $f_p(z)$ 有下列极值性质.

**定理 3** 考虑 $E_p$ 类中所有的函数 $f(z)$, $f(0)=1$, $p>0$, 则只有函数 $f_p(z)$ 使积分

$$I = \int_\Gamma |f(z)|^p |dz|, \quad p>0 \tag{3.10}$$

达到最小值,且此值为 $2\pi\psi'(0)$.

**证** 显然有

$$I = \int_{|w|=1} |f(\psi(w))\sqrt[p]{\psi'(w)}|^p |dw|$$

$$= \int_0^{2\pi} |F(e^{i\theta})|^p d\theta, \tag{3.11}$$

其中

$$F(w) = f(\psi(w))\sqrt[p]{\psi'(w)} \in H^p,\ p>0,$$

且 $F(0)=\sqrt[p]{\psi'(0)}$. 因此,原来的极值问题就化归到在 $H^p$ 函数 $F(w)$, 且满足 $F(0)=\sqrt[p]{\psi'(0)}$ 来寻找函数使得 $I$ 达到最小值.

可以证明,只要考虑 $H^p$ 中没有零点的函数即可. 事实上,若假设函数 $F(w)\in H^p$ 在 $|w|<1$ 上有零点, 则令 $B(w)$ 为其零点所构成的 Blaschke 乘积. 显然,函数

$$F_1(w) = \frac{F(w)}{B(w)}B(0)\in H^p, p>0, F_1(0)=\sqrt[p]{\psi'(0)},$$

但此时 $F_1(w)$ 在 $|w|<1$ 内已没有零点了.已知 $|B(w)|\leqslant 1$, 且 $|B(e^{i\theta})|$ 几乎处处为1,因而有

$$\int_{|w|=1}|F_1(w)|^p|dw| = \int_{|w|=1}\left|\frac{F(w)}{B(w)}\right||B(0)||dw|$$

$$= \int_{|w|=1}|F(w)||B(0)||dw|$$

$$\leqslant \int_{|w|=1}|F(w)||dw|.$$

因此,可以设函数 $F(w)$ 在 $|w|<1$ 中没有零点。

显然 $[f(w)]^{\frac{p}{2}}\in H^2$,因此有

$$[f(w)]^{\frac{p}{2}} = \sum_{n=0}^{+\infty}c_n w^n,\quad c_0=\sqrt{\psi'(0)},$$

因而

$$I = \int_0^{2\pi}|F(e^{i\theta})|^p d\theta = \lim_{r\to 1}\int_0^{2\pi}|F(re^{i\theta})^{\frac{p}{2}}|^2 d\theta$$

$$= \lim_{r\to 1}2\pi\sum_{n=0}^{+\infty}|c_n|^2 r^{2n} \geqslant 2\pi|c_0|^2 = 2\pi\psi'(0),$$

且等号达到当且仅当 $c_n=0$ 时,$n=1,2,\cdots$,即

$$F(w) \equiv c_0^{\frac{2}{p}} = (\psi'(0))^{\frac{1}{p}},$$

即

$$f(\psi'(w))\sqrt[p]{\psi'(w)} = (\psi'(0))^{\frac{1}{p}},$$

由此得

$$f(z) = \left[\frac{\varphi'(z)}{\varphi'(0)}\right]^{\frac{1}{p}}.$$

这样一来,从(3.9)看出定理证毕。

既然函数

$$f_p(z) = \left[\frac{\varphi'(z)}{\varphi'(0)}\right]^{\frac{1}{p}}$$

具有上述性质,因此想到此函数能否被具有同样极值性质的多项式在空间 $L^p(\Gamma)$ 中来逼近呢?以后可以看出,要使逼近能够实现,需要对区域 $D$ 的边界 $\Gamma$ 加上一些条件。

在 $E^p$ 类中考虑子类 $\Pi_n$,它是由所有次数$\leqslant n$ 的多项式 $q_n$

$(z)$ 组成，且 $q_n(0)=1$，我们同样可以提出积分(3.10)的极值问题。

**定理 4** 在类 $\Pi_n$ 中，积分(3.10)的极值多项式是存在的。

**证** 对固定的 $n$，设

$$\inf_{q_n(z)\in\Pi_n}\int_\Gamma |q_n(z)|^p|dz| = M_n,$$

则存在 $n$ 次多项式序列 $q_{n,k}(z)$，使

$$\lim_{k\to+\infty}\int_\Gamma |q_{n,k}(z)|^p|dz| = M_n. \tag{3.12}$$

利用(3.12)，我们来证明多项式序列 $\{q_{n,k}(z)\}$ 中所有的系数序列，对 $k$ 是一致有界的。为此只要证明序列 $\{q_{n,k}(z)\}$ 在 $D$ 内闭一致有界就够了，因为其系数可以通过在 $D$ 内部任取 $n+1$ 个点，以及在此 $n+1$ 个点上的函数值(一致有界)所确定。

由于多项式 $q_{n,k}(z)$ 在 $D$ 内可能有零点，因此考虑函数 $f^*_{n,k}(z)=q_{n,k}(z)/B(\varphi(z))$，其中 $B(w)$ 是函数 $q_{n,k}(\psi(w))$ 在单位圆 $|w|<1$ 内的零点的 Blaschke 乘积。显然，函数 $f^*_{n,k}(z)$ 在 $D$ 内就没有零点了。因此 $f_{n,k}(z)=(f^*_{n,k}(z))^p\in E_1$，所以有

$$f_{n,k}(z)=\frac{1}{2\pi i}\int_\Gamma \frac{f_{n,k}(\zeta)}{\zeta-z}d\zeta.$$

考虑区域 $D$ 内某个有界闭集 $F$，其中每一点到边界 $\Gamma$ 的距离 $\geqslant 2\delta>0$，则当 $z\in F$ 时，由(3.12)得到

$$\begin{aligned}|f_{n,k}(z)| &\leqslant \frac{1}{2\pi\delta}\int_\Gamma |f_{n,k}(\zeta)||d\zeta| \\ &= \frac{1}{2\pi\delta}\int_\Gamma |q_{n,k}(\zeta)|^p|d\zeta| \leqslant \frac{2M_n}{2\pi\delta},\end{aligned}$$

即对 $k$ 一致有界。因此，$|q_{n,k}(z)|$ 在 $F$ 上对 $k$ 也一致有界，由此推出多项式序列 $\{q_{n,k}(z)\}$ 的系数序列对 $k$ 也一致有界。根据 Weierstrass 定理，序列 $\{q_{n,k}(z)\}$ 有子序列，它在闭区域 $\overline{D}$ 上一致收敛到某一个多项式 $P_{n,p}(z)$，$P_{n,p}(0)=1$，且满足

$$\int_\Gamma |P_{n,p}(z)|^p|dz| = M_n,$$

定理4证毕。

自然地可以期望。

$$\lim_{n\to+\infty}\int_\Gamma |P_{n,p}(z)|^p|dz| = 2\pi\psi'(0) \tag{3.13}$$

(这里随着 $n$ 增大，根据极值性质，量 $\int_\Gamma |P_{n,p}(z)|^p|dz|$ 单调下降，因此必存在极限)。但是有例子说明，在一般的情况下，(3.13)不成立。这个例子是由 Келдыш 及 Лаврентьев 给出的[70]。我们在这里不准备讨论了。但是成立下列重要定理。

**定理5** 设 $D$ 是以闭可求长 Jordan 曲线 $\Gamma$ 为边界的区域，且包有原点，则

$$\lim_{n\to+\infty}\int_\Gamma |P_{n,p}(z)|^p|dz| = 2\pi d(0),$$

其中

$$d(w) = \exp\left[\frac{1}{2\pi}\int_0^{2\pi} \ln|\psi'(e^{i\theta})|\frac{e^{i\theta}+w}{e^{i\theta}-w}d\theta\right],\ |w|<1. \tag{3.14}$$

在证明此重要定理以前，我们先来研究函数 $d(w)$ 的一些性质。

1° 由于 $\psi'(w)\in H^1$，因此 $\ln|\psi'(e^{i\theta})|$ 可积，这就表示(3.14)中的积分是有意义的，且在 $|w|<1$ 内确定了一个解析函数 $d(w)$。

2° $d(w)\in H'$。事实上，令 $w=re^{i\varphi}, 0\leqslant r<1$，则有

$$|d(w)| = \exp\left[\frac{1}{2\pi}\int_0^{2\pi}\frac{1-r^2}{1-2r\cos(\varphi-\theta)+r^2}\ln|\psi'(e^{i\theta}|d\theta\right].$$

不妨设 $|\ln\psi'(e^{i\theta})|\leqslant M$，因此任给 $\varepsilon>0$，必存在连续函数 $\ln s(\theta)$，使得

$$\int_0^{2\pi}|\ln|\psi'(e^{i\theta})|-\ln s(\theta)|d\theta<\varepsilon, \tag{3.15}$$

可以认为

$$\max_{0\leqslant\theta\leqslant 2\pi}|\ln s(\theta)|\leqslant 2\pi \triangleq M_1.$$

由(3.15)推出

$$
\begin{aligned}
&\int_0^{2\pi} |\psi'(e^{i\theta}) - s(\theta)|\,d\theta \\
&\quad = \int_0^{2\pi} |e^{\ln|\psi'(e^{i\theta})|} - e^{\ln s(\theta)}|\,d\theta \\
&\quad \leqslant \int_0^{2\pi} |\ln|\psi'(e^{i\theta})| - \ln s(\theta)| \\
&\qquad \cdot \left(1 + \frac{|\ln|\psi'|| + |\ln s|}{2!}\right. \\
&\qquad \left. + \frac{|\ln|\psi'||^2 + |\ln|\psi'|||\ln s| + |\ln s|^2}{3!} + \cdots\right) d\theta \\
&\quad \leqslant \varepsilon\left(1 + \frac{2M_1}{2!} + \frac{3M_1^2}{3!} + \cdots + \frac{nM_1^{n-1}}{n!} + \cdots\right) \\
&\quad = \varepsilon e^{M_1}.
\end{aligned}
\tag{3.16}
$$

现在我们将区间 $[0,2\pi]$ 分成 $n$ 等份，其分点为 $\theta_i$, $i=0,1,2,\cdots,n$, 则我们有

$$
\begin{aligned}
&\exp\left[\frac{1}{2\pi}\int_0^{2\pi} [\ln s(\theta)] \frac{1-r^2}{1-2r\cos(\varphi-\theta)+r^2}\,d\theta\right] \\
&\quad = \lim_{n\to+\infty} \exp\left[\frac{1}{\sum\limits_{i=0}^{n-1} \frac{1-r^2}{1-2r\cos(\varphi-\theta_i)+r^2}\cdot\frac{2\pi}{n}}\right. \\
&\qquad \left. \cdot \sum_{i=0}^{n-1} [\ln s(\theta_i)] \cdot \frac{1-r^2}{1-2r\cos(\varphi-\theta_r)+r^2}\cdot\frac{2\pi}{n}\right] \\
&\quad \leqslant \lim_{n\to+\infty} \frac{\sum\limits_{i=0}^{n-1} \frac{1-r^2}{1-2r\cos(\varphi-\vartheta_i)+r^2}\cdot\frac{2\pi}{n}\cdot s(\theta_i)}{\sum\limits_{i=0}^{n-1} \frac{1-r^2}{1-2r\cos(\varphi-\theta_i)+r^2}\cdot\frac{2\pi}{n}} \\
&\quad = \frac{1}{2\pi}\int_0^{2\pi} s(\theta)\frac{1-r^2}{1-2r\cos(\varphi-\theta)+r^2}\,d\vartheta.
\end{aligned}
\tag{3.17}
$$

这里倒数第二个不等式是利用了几何平均数是不大于算术平均数的这个性质的推广（见文献 [112] 第 4 章）。由此利用 (3.15), (3.17) 及(3.16)推出

$$|d(re^{i\varphi})| \leqslant \exp\left[\frac{1}{2\pi}\int_0^{2\pi} [\ln s(\theta)] \frac{1-r^2}{1-2r\cos(\varphi-\theta)+r^2}d\theta\right]$$

$$\cdot \exp\left[\frac{1}{2\pi}\max_{0\leqslant\theta\leqslant 2\pi}\frac{1-r^2}{1-2r\cos(\varphi-\theta)+r^2}\cdot \varepsilon\right]$$

$$\leqslant \frac{1}{2\pi}\int_0^{2\pi} s(\theta)\frac{1-r^2}{1-2r\cos(\varphi-\theta)+r^2}d\theta\cdot[1+o(1)]$$

$$\leqslant \frac{1}{2\pi}\int_0^{2\pi} |\psi'(e^{i\theta})|\cdot\frac{1-r^2}{1-2r\cos(\varphi-\theta)+r^2}d\theta$$

$$\cdot [1+o(1)]+O(1)[1+o(1)],$$

即

$$|d(re^{i\varphi})| \leqslant \frac{1}{2\pi}\int_0^{2\pi} |\psi'(e^{i\theta})| \frac{1-r^2}{1-2r\cos(\varphi-\theta)+r^2}d\theta,$$

因此就有

$$\int_0^{2\pi} |d(re^{i\theta})|d\varphi \leqslant \frac{1}{2\pi}\int_0^{2\pi} |\psi'(e^{i\theta})|$$

$$\cdot\left[\int_0^{2\pi}\frac{1-r^2}{1-2r\cos(\varphi-\theta)+r^2}d\varphi\right]d\theta$$

$$=\int_0^{2\pi} |\psi'(e^{i\theta})|d\theta,$$

因而 $d(w)\in H^1$。

3° 在 $|w|=1$ 上，几乎处处地有 $|d(e^{i\theta})|=|\psi'(e^{i\theta})|$，这从解析函数的边界性质可以看出。

4° 在 $|w|<1$ 上有

$$|\psi'(w)|\leqslant|d(w)| \text{ 及 } |\psi'(0)|\leqslant|d(0)|.$$

为了证明这个性质，首先设 $|\psi'(e^{i\theta})|\geqslant m>0$。因此

$$\frac{1}{|\psi'(e^{i\theta})|}$$

在区间 $[0,2\pi]$ 上可积。在此情况下，可以像在 2°中一样证明

$$\int_0^{2\pi}\frac{d\theta}{|d(re^{i\theta})|}\leqslant\int_0^{2\pi}\frac{d\theta}{|\psi'(e^{i\theta})|},$$

因此 $\frac{1}{d(w)}\in H^1$。由于函数 $d(w)$ 在圆 $|w|<1$ 内没有零点，

因此利用 Hölder 不等式知

$$g(w)=\sqrt{\frac{\phi'(w)}{d(w)}}\in H^1.$$

由性质 3°知，其角度边界值满足 $|g(e^{i\theta})|=1$ 几乎处处成立，因而就有 $w=re^{i\varphi}$，

$$|g(w)|\leqslant\frac{1}{2\pi}\int_0^{2\pi}|g(e^{i\theta})|\frac{1-r^2}{1-2r\cos(\varphi-\theta)+r^2}d\theta,$$

$$\leqslant\frac{1}{2\pi}\int_0^{2\pi}\frac{1-r^2}{1-2r\cos(\varphi-\theta)+r^2}d\theta=1.$$

即在 $|w|<1$ 内有

$$|\phi'(w)|\leqslant|d(w)|.$$

对于一般的函数 $|\phi'(e^{i\theta})|$，令

$$P_m(\theta)=\begin{cases}|\phi'(e^{i\theta})|, & 当\ |\phi'(e^{i\theta})|\geqslant m\ 时,\\ m, & 当\ |\phi'(e^{i\theta})|<m.\end{cases}$$

显然几乎处处地有

$$|\phi'(e^{i\theta})|\leqslant P_m(\theta).$$

构造函数

$$d_m(w)=\exp\left[\frac{1}{2\pi}\int_0^{2\pi}\ln P_m(\theta)\frac{e^{i\theta}+w}{e^{i\theta}-w}d\theta\right].$$

像在证明性质 3°时一样，可以证明 $d_m(w)$ 与 $\dfrac{1}{d_m(w)}$ 皆属于 $H^1$，且 $|d_m(w)|$ 的角度边界值几乎处处等于 $P_m(\theta)\geqslant|\phi'(e^{i\theta})|$. 因此，用 Hölder 不等式得到 $\sqrt{\dfrac{\phi'(w)}{d_m(w)}}\in H^1$，且其角度边界值的模几乎处处小于 1. 像上面一样，可以证明

$$|\phi'(w)|\leqslant|d_m(w)|,\ |w|<1.$$

对于固定的 $w$，$|w|<1$，令 $m\to 0$，可以得到

$$|\phi'(w)|\leqslant|d(w)|.$$

因此特别地推出

$$|\phi'(0)|\leqslant|d(0)|,$$

即

$$\psi'(0) \leqslant d(0), \tag{3.18}$$

这里由于这两个量都是正数。

自然地会问，在什么情况下，函数 $\psi'(w)$ 与函数 $d(w)$ 相等呢？从函数 $d(w)$ 的意义，容易看出下面的性质。

5° 要使 $d(w) = \psi'(w)$ 的充要条件是，

$$\ln|\psi'(w)| = \frac{1}{2\pi}\int_0^{2\pi} \ln|\psi'(e^{i\theta})| \frac{1-r^2}{1-2r\cos(\varphi-\theta)+r^2} \cdot d\theta, w = re^{i\varphi}, 0 \leqslant r < 1, \tag{3.19}$$

即调和函数 $\ln|\psi'(w)|$ 可以用其在 $|w| = 1$ 上的角度边界值的 Poisson 积分未表示。应该指出，不是每一个区域 $D$（其边界是闭可求长 Jordan 曲线）所对应的映射函数的导函数 $\psi'(w)$ 具有这样的性质（前面已提到，Келдыш 与 Лаврентьев 给出了这样的例[70]，因此必须对区域 $D$ 的边界 $\Gamma$ 再作一些附加条件才行。我们称满足条件(3.19)的边界 $\Gamma$ 为满足 $(S)$ 条件，或称区域 $D$ 是 $(S)$ 区域，这是由 Смирнов 所引进的。

若边界 $\Gamma$ 是闭的光滑曲线，则由解析函数边界性质知 $\ln\psi'(w) \in H'$（见[117]），因此由已知定理知(3.19)成立。更一般地，若 $|w| < 1$ 时，有 $\arg\psi'(w) \leqslant M$ 或 $\arg\psi'(w) \geqslant m$；尽管 $D$ 的边界 $\Gamma$ 不是光滑曲线，但 $\Gamma$ 仍满足条件 $(S)$[117]。Лаврентьев 还指出[117]，若边界 $\Gamma$ 上任意两点的弧长与弦长之比有界，则 $\Gamma$ 也满足条件 $(S)$。

6° 要使得 $d(w) = \psi'(w)$ 成立，即(3.19)成立的充要条件是，

$$d(0) = \psi'(0). \tag{3.20}$$

事实上，由(3.19)容易推出(3.20)。反过来，若(3.20)成立，即有平均值公式

$$\frac{1}{2\pi}\int_0^{2\pi} \ln|\psi'(e^{i\theta})| d\theta = \ln|\psi'(0)|.$$

由此，利用调和函数的平均值公式，由上式得

$$\frac{1}{2\pi}\int_0^{2\pi} \ln|\psi'(e^{i\theta})|d\theta = \lim_{r\to 1}\frac{1}{2\pi}\int_0^{2\pi} \ln|\psi'(re^{i\theta})|d\theta, \quad (3.21)$$

这表示积分号下可以取极限。

另一方面，还可以证明另一个积分号下取极限的公式：

$$\frac{1}{2\pi}\int_0^{2\pi} \ln^+|\psi'(e^{i\theta})|d\theta = \lim_{r\to 1}\frac{1}{2\pi}\int_0^{2\pi} \ln^+|\psi'(re^{i\theta})|d\theta. \quad (3.22)$$

事实上，由于

$$\ln^+ x \leqslant \frac{x^p}{p},\ p>0,\ x>0,\ 取\ p=\frac{1}{2},$$

则积分

$$\int_0^{2\pi}(\ln^+|\psi'(re^{i\theta})|)^2 d\theta \leqslant 4\int_0^{2\pi}|\psi'(re^{i\theta})|d\theta$$

$$\leqslant 4\int_0^{2\pi}|\psi'(e^{i\theta})|d\theta \triangleq M_2.$$

关于 $r, 0\leqslant r<1$ 是一致有界的。因此，对区间 $[0,2\pi]$ 上任意可测集 $e$，有

$$\int_e \ln^+|\psi'(re^{i\theta})|d\theta \leqslant \sqrt{\int_e (\ln^+|\psi'(e^{i\theta})|)^2 \cdot \int_e d\theta}$$

$$\leqslant \sqrt{M_2}\cdot\sqrt{|e|},$$

即函数族 $\ln^+|\psi'(re^{i\theta})|$，$0\leqslant r<1$，对 $\theta$ 的积分具有等度绝对连续性。根据实变函数上的 Vitali 定理，它可以积分号下取极限，因此(3.22)成立。

由(3.21)与(3.22)可以得到

$$\frac{1}{2\pi}\int_0^{2\pi} |\ln|\psi'(e^{i\theta})||d\theta$$

$$= \lim_{r\to 1}\frac{1}{2\pi}\int_0^{2\pi} |\ln|\psi'(re^{i\theta})||d\theta, \quad (3.23)$$

这是因为 $|\ln|\psi'(w)|| = 2\ln^+|\psi'(w)| - \ln|\psi'(w)|$。这又是一个积分号下取极限。我们来证明，对任意序列 $r_n\uparrow 1$ 成立，

$$\lim_{n\to+\infty}\frac{1}{2\pi}\int_0^{2\pi} |\ln|\psi'(r_n e^{i\theta})| - \ln|\psi'(e^{i\theta})||d\theta = 0, \quad (3.24)$$

事实上，已知几乎处处成立

$$\lim_{r\to 1}\ln|\psi'(re^{i\theta})|=\ln|\psi'(e^{i\theta})|. \tag{3.25}$$

根据 Егоров 定理，序列 $r_n\uparrow 1$，任给 $\delta>0$，存在集合 $e_1$，$|e_1|>2\pi-\delta$，在 $e_1$ 上一致地有(3.25)，由此得

$$\lim_{n\to+\infty}\int_{e_1}|\ln|\psi'(r_ne^{i\theta})|-\ln|\psi'(e^{i\theta})||d\theta=0 \tag{3.26}$$

及

$$\lim_{n\to+\infty}\int_{e_1}|\ln|\psi'(r_ne^{i\theta})||d\theta=\int_{e_1}|\ln|\psi'(e^{i\theta})||d\theta. \tag{3.27}$$

任给 $\varepsilon>0$，利用函数 $\ln|\psi'(e^{i\theta})|$ 的可积性可知，存在数 $\delta>0$，使得对任何集合 $E\subset[0,2\pi]$，只要 $|E|<\delta$，就有

$$\int_E|\ln|\psi'(e^{i\theta})||d\theta<\varepsilon.$$

若取 $E=e_2\triangleq[0,2\pi]\backslash e_1$，就有

$$\int_{e_2}|\ln|\psi'(e^{i\theta})||d\theta<\varepsilon. \tag{3.28}$$

利用(3.23)及(3.27)有

$$\lim_{n\to+\infty}\int_{e_2}|\ln|\psi'(r_ne^{i\theta})||d\theta=\int_{e_2}|\ln|\psi'(e^{i\theta})||d\theta, \tag{3.29}$$

因此由(3.28)与(3.29)知，当 $n$ 充分大时，有

$$\int_{e_2}|\ln|\psi'(r_ne^{i\theta})||d\theta<2\varepsilon. \tag{3.30}$$

最后利用

$$\begin{aligned}&\frac{1}{2\pi}\int_0^{2\pi}|\ln|\psi'(r_ne^{i\theta})|-\ln|\psi'(e^{i\theta})||d\theta\\&=\frac{1}{2\pi}\int_{e_1}|\ln|\psi'(r_ne^{i\theta})|-\ln|\psi'(e^{i\theta})||d\theta\\&\quad+\frac{1}{2\pi}\int_{e_2}|\ln|\psi'(r_ne^{i\theta})|d\theta\\&\quad+\frac{1}{2\pi}\int_{e_2}|\ln|\psi'(e^{i\theta})|d\theta,\end{aligned}$$

(3.26)，(3.30)及(3.28)就立刻得到(3.24)。因而也有

$$\lim_{r\to 1}\frac{1}{2\pi}\int_0^{2\pi}|\ln|\psi'(re^{i\theta})|-\ln|\psi'(e^{i\theta})||d\vartheta=0. \quad (3.31)$$

现在我们已有条件证明(3.19)了.

根据 Poisson 公式,对任意 $0\leqslant r<\rho<1$, 有

$$\ln|\psi'(re^{i\theta})| = \frac{1}{2\pi}\int_0^{2\pi}\ln|\psi'(\rho e^{i\theta})| \frac{\rho^2-r^2}{\rho^2-2\rho r\cos(\varphi-\theta)+r^2}d\theta,$$

因而由上式得

$$\begin{aligned}&\left|\ln|\varphi'(re^{i\theta})|-\frac{1}{2\pi}\int_0^{2\pi}\ln|\psi'(e^{i\theta})| \cdot\frac{1-r^2}{1-2r\cos(\varphi-\theta)+r^2}d\theta\right|\\&\leqslant\frac{1}{2\pi}\int_0^{2\pi}\Big|\ln|\psi'(\rho e^{i\theta})|-\ln|\psi'(e^{i\theta})|\Big| \cdot\frac{\rho^2-r^2}{\rho^2-2\rho r\cos(\varphi-\theta)+r^2}d\vartheta\\&+\frac{1}{2\pi}\int_0^{2\pi}|\ln|\psi'(e^{i\theta})||\left|\frac{\rho^2-r^2}{\rho^2-2\rho r\cos(\varphi-\theta)+r^2}\right.\\&\left.-\frac{1-r^2}{1-2r\cos(\varphi-\theta)+r^2}\right|d\theta. \quad (3.32)\end{aligned}$$

由于(3.32)的第一个积分中的 Poisson 核,在固定 $r<1$ 时,是有界的:

$$\frac{\rho^2-r^2}{\rho^2-2\rho r\cos(\varphi-\theta)+r^2}\leqslant\frac{\rho+r}{\rho-r}, r<\rho<1.$$

因此利用(3.31),令 $\rho\to 1$ 时, 第一个积分趋向于零. 对于(3.32)中第二个积分,当 $re^{i\varphi}$ 固定时, $\rho\to 1$ 时,被积函数是几乎处处趋向于零, 且不超过 $M_3|\ln|\psi'(e^{i\theta})||$, 其中 $M_3$ 是不依赖于 $\rho$ 的常数. 因此,根据 Lebesgue 的极限过渡定理推出, 当 $\nu\to 1$ 时, 第二个积分也趋向于零. 由此得到了(3.19);此即成立 $d(w)=\psi'(w)$, $|w|<1$.

现在我们来着手证明定理 5.

设 $B_{n,p}(w)$ 是函数 $P_{n,p}(\psi'(w))$ 的 Blaschke 乘积，且 $P_{n,p}(\psi(w))=B_{n,p}(w)h_{n,p}(w)$. 由 $P_{n,p}(\psi(0))=P_{n,p}(0)=1$ 以及 $|B_{n,p}(0)|\leqslant 1$ 推出 $|h_{n,p}(0)|\geqslant 1$. 利用 $d(w)$ 的性质 3°，我们有

$$
\begin{aligned}
\int_{\Gamma}|p_{n,p}(z)|^{p}|dz| &= \int_{0}^{2\pi}|P_{n,p}(\psi(e^{i\theta}))|^{p}|\psi'(e^{i\theta})|d\theta \\
&= \int_{0}^{2\pi}|h_{n,p}(e^{i\theta})|^{p}|\psi'(e^{i\theta})|d\theta \\
&= \int_{0}^{2\pi}|h_{n,p}(e^{i\theta})|^{p}|d(e^{i\theta})|d\theta. \qquad (3.33)
\end{aligned}
$$

设 $|w|\leqslant 1$ 时，$|P_{n,p}(\psi(w))|\leqslant A$，因此由解析函数的边界性质知 $|h_{n,p}(w)|^{p}\leqslant A^{p}$. 再利用 $d(w)$ 的性质 2° 知，$(h_{n,p}(w))^{p}d(w)\in H'$. 由此得到

$$
\begin{aligned}
|h_{n,p}(0)|^{p}d(0) &\leqslant \frac{1}{2\pi}\int_{0}^{2\pi}|h_{n,p}(e^{i\theta})|^{p}|d(e^{i\theta})|d\theta \\
&= \frac{1}{2\pi}\int_{p}|P_{n,p}(z)|^{p}|dz|,
\end{aligned}
$$

因而

$$
\begin{aligned}
\int_{\Gamma}|P_{n,p}(z)|^{p}|dz| &\geqslant 2\pi|h_{n,p}(0)|^{p}d(0) \\
&\geqslant 2\pi d(0). \qquad (3.34)
\end{aligned}
$$

为了要得到相反的不等式，利用 $\Pi_n$ 类中极值多项式的性质，要设法构造 $\Pi_n$ 中的多项式，使得对应平均模的积分可以与 $2\pi d(0)$ 任意接近. 这可以通过逼近来实现，先设法构造一个函数，对应的平均模积分与 $2\pi d(0)$ 可以很接近，且在原点的值也与 1 很接近.

由于

$$
\ln|d(0)|=\frac{1}{2\pi}\int_{0}^{2\pi}\ln|d(e^{i\theta})|d\theta,
$$

因此令

$$g(\theta)=\frac{|d(e^{i\theta})|}{d(0)},$$

则 $g(\theta)$ 在区间 $[0,2\pi]$ 上可积，且

$$\int_0^{2\pi}\ln g(\theta)d\theta=0. \tag{3.35}$$

由(3.35)知 $\ln g(\theta)$ 在区间 $[0,2\pi]$ 上几乎处处取有穷值，因而在区间 $[0,2\pi]$ 上，存在可测集 $P$，$|P|$ 与 $2\pi$ 可以任意接近，在 $P$ 上函数 $g(\theta)$ 与 $\frac{1}{g(\theta)}$ 都是有界的，且利用函数 $g(\theta)$ 及 $|\ln g(\theta)|$ 的积分的绝对连续性，集合 $P$ 关于区间 $[0,2\pi]$ 的余集 $CP$ 还满足

$$\frac{1}{2\pi}\int_{CP}|\ln g(\theta)|d\theta<\ln(1+\varepsilon) \tag{3.36}$$

及

$$\frac{1}{2\pi}\int_{CP}g(\theta)d\theta<\varepsilon, \tag{3.37}$$

其中 $\varepsilon$ 是预先给定的正数。

令

$$\varphi_1(\theta)=\begin{cases}\frac{1}{g(\theta)}, & \theta\in P,\\ 1, & \theta\in CP,\end{cases}$$

及

$$\phi_1(w)=\exp\left[\frac{1}{2\pi p}\int_0^{2\pi}\ln\varphi_1(\theta)\cdot\frac{e^{i\theta}+w}{e^{i\theta}-w}d\theta\right].$$

显然，$\phi_1(w)$ 在 $|w|=1$ 上几乎处处有角度边界值，且从 $\varphi_1(\theta)$ 的定义知，

$$|\phi_1(e^{i\theta})|^p=\begin{cases}\frac{1}{g(\theta)}, & \theta\in P,\\ 1, & \theta\in CP,\end{cases}$$

是有界可测函数。

我们在利用函数 $d(w)$ 的性质 3°及(3.37)后，有

$$\int_0^{2\pi} |\psi_1(e^{i\theta})|^p |\psi'(e^{i\theta})| d\theta$$

$$= \int_P \frac{1}{g(\theta)} |d(e^{i\theta})| d\theta + \int_{CP} |d(e^{i\theta})| d\theta$$

$$= \int_P |d(0)| d\theta + |d(0)| \int_{CP} g(\theta) d\theta$$

$$\leqslant 2\pi d(0) + 2\pi \varepsilon d(0) = 2\pi d(0)(1+\varepsilon). \qquad (3.38)$$

其次,在利用了(3.35)及(3.36)后,得到

$$\psi_1(0) = \exp\left[\frac{1}{2\pi p}\int_0^{2\pi} \ln \varphi_1(\theta) d\theta\right]$$

$$= \exp\left[\frac{-1}{2\pi p}\int_P \ln g(\theta) d\theta\right]$$

$$= \exp\left[\frac{-1}{2\pi p}\int_{CP} \ln g(\theta) d\theta\right] \geqslant \left(\frac{1}{1+\varepsilon}\right)^{\frac{1}{p}}. \qquad (3.39)$$

现在考虑有界可测函数 $\psi_1(e^{i\theta})$ 在 $L[0,2\pi]$ 中被其 Fourier 级数的 Fejér 求和 $\sigma_n(e^{i\theta})$ 逼近. 在 Fourier 级数理论中知, 这种逼近是可实现的,且 $\sigma_n(e^{i\theta})$ 一致有界, $\psi_1(0) = \sigma_n(0)$. 因此,根据积分号下求极限的 Lebesgue 定理,有

$$\lim_{n\to+\infty}\int_0^{2\pi} |\sigma_n(e^{i\theta})|^p |\psi'(e^{i\theta})| d\theta$$

$$= \int_0^{2\pi} |\psi_1(e^{i\theta})|^p |\psi'(e^{i\theta})| d\theta.$$

这样,应用(3.35),当 $n$ 充分大时,有

$$\int_0^{2\pi} |\sigma_n(e^{i\theta})|^p |\psi'(e^{i\theta})| d\theta \leqslant 2\pi d(0)(1+2\varepsilon),$$

且

$$\sigma_n(0) = \psi_1(0) \geqslant \left(\frac{1}{1+\varepsilon}\right)^{\frac{1}{p}},$$

由此得到

$$\int_0^{2\pi} |\sigma_n(\varphi(z))|^p |dz| \leqslant 2\pi d(0)(1+2\varepsilon), \qquad (3.40)$$

及

$$\sigma_n(\varphi(0)) = \sigma_n(0) \geqslant \left(\frac{1}{1+\varepsilon}\right)^{\frac{1}{p}}. \tag{3.41}$$

由于函数 $\sigma_n(\varphi(z))$ 在闭区域 $\overline{D}$ 上连续，$D$内解析，因此根据 Мергелян 定理(实际上，由于这里区域$D$的边界$\Gamma$是 Jordan 曲线，只要用 Walsh 定理就够了)，利用(3.40)与(3.41)，必存在多项式 $P(z)$，使得满足

$$\int_\Gamma |P(z)|^p |dz| \leqslant 2\pi d(0)(1+3\varepsilon), \tag{3.42}$$

$$P(0) \geqslant \left(\frac{1}{1+\varepsilon}\right)^{\frac{1}{p}}. \tag{3.43}$$

这是因为可以选择 $P(z)$，使得 $P(0)=\sigma_n(\varphi(0))$。令

$$Q(z) = \frac{P(z)}{P(0)},\ Q(0) = 1.$$

由(3.42)及(3.43)推出，函数 $Q(z)$ 满足，

$$\begin{aligned}\int_\Gamma |Q(z)|^p |dz| &\leqslant \frac{1}{P(0)}\, 2\pi d(0)(1+3\varepsilon) \\ &\leqslant 2\pi d(0)(1+3\varepsilon)(1+\varepsilon)^{\frac{1}{p}}.\end{aligned}$$

利用类 $\Pi_n$ 中多项式的极值性质以及 $|P_{n,p}(z)|^p$ 积分的单调下降性，由上式推出

$$\lim_{n\to+\infty} \int_\Gamma |P_{n,p}(z)|^p |dz| \leqslant 2\pi d(0)(1+3\varepsilon)(1+\varepsilon)^{\frac{1}{p}}.$$

令 $\varepsilon \to 0$ 后就得到

$$\lim_{n\to+\infty} \int_\Gamma |P_{n,p}(z)|^p |dz| \leqslant 2\pi d(0). \tag{3.44}$$

比较(3.34)及(3.44)后就立刻证明了定理 5.

**引理 1** 设函数 $G_n(w) \in H^p, p>0$，且满足

$$\lim_{n\to+\infty} \int_0^{2\pi} |G_n(e^{i\theta})|^p d\theta = 2\pi.$$

于是有

$$\lim_{n\to+\infty} \int_0^{2\pi} |G_n(e^{i\theta}) - 1|^p d\theta = 0.$$

这是 Riesz 定理的一部分。这也可以模仿在证明 $d(w)$ 性质 5°时，由(3.25)以下的方法来处理。

现在可以证明一个重要定理，当 $p=2$ 时可参看 Смирнов 工作[134](或[63])。对于一般的 $p>0$，可参看 Келдыш-Лаврентьев 的工作[70]。

**定理 6** 极值多项式 $P_{n,p}(z)$，$P_{n,p}(0)=1$ 在 $\Gamma$ 上 $L^p(\Gamma)$ 空间收敛到函数

$$f_p^*(z)=\sqrt[p]{\frac{d(0)}{d(\varphi(z))}},\quad f_p^*(0)=1, \tag{3.45}$$

即

$$\lim_{n\to+\infty}\int_\Gamma |f_p^*(z)-P_{n,p}(z)|^p|dz|=0. \tag{3.46}$$

**证** 由 $|\psi'(e^{i\theta})|=|d(e^{i\theta})|$ 几乎处处成立以及定理 5，我们得到

$$\lim_{n\to+\infty}\int_0^{2\pi} |P_{n,p}(\psi(e^{i\theta}))|^p\frac{|d(e^{i\theta})|}{d(0)}d\theta=2\pi.$$

显然，

$$G_n(w)=P_{n,p}(\psi(w))\left(\frac{d(w)}{d(0)}\right)^{\frac{1}{p}}\in H^p,$$

因此引用引理 1 后得到

$$\lim_{n\to+\infty}\int_0^{2\pi} \left|P_{n,p}(\psi(e^{i\theta}))\left(\frac{d(e^{i\theta})}{d(0)}\right)-1\right|^p d\theta=0,$$

即

$$\lim_{n\to+\infty}\int_\Gamma \left|P_{n,p}(z)\left(\frac{d(\varphi(z))}{d(0)}\right)^{\frac{1}{p}}-1\right|^p|\varphi'(z)||dz|=0,$$

定理 6 证毕。

**定理 7** 设

$$f_p(z)=\left(\frac{\varphi'(z)}{\varphi'(0)}\right)^{\frac{1}{p}},\quad f_p(0)=1, \tag{3.47}$$

则要使

$$\lim_{n\to+\infty}\int_\Gamma |P_{n,p}(z)-f_p(z)|^p|dz|=0 \tag{3.48}$$

的充要条件是区域$D$的边界$\Gamma$满足条件（$S$）.

**证** 必要性．若（3.48）成立，则用 Cauchy 公式可知序列$\{P_{n,p}(z)\}$在区域$D$内闭一致收敛到函数$f_p(z)$.同样由定理6知，序列$\{P_{n,p}(z)\}$在区域$D$内闭一致收敛到函数$f_p^*(z)$。由此得到

$$f_p^*(z)=f_p(z),$$

即

$$\frac{d(0)}{d(\varphi(z))}=\frac{\varphi'(z)}{\varphi'(0)},\ z\in D,$$

即

$$d(w)=\frac{d(0)}{\psi'(0)}\psi'(w),|w|<1.$$

由此函数$d(w)$的性质3°，知$|d(e^{i\theta})|=|\psi'(e^{i\theta})|$几乎处处成立,因此由上式知$d(0)=\psi'(0)$由此得

$$d(w)=\psi'(w),|w|<1,$$

这表示区域$D$的边界$\Gamma$满足条件（$S$）.

充分性．若边界$\Gamma$满足条件（$S$），即$d(w)=\psi'(w),|w|<1$，因此有

$$f_p^*(z)=\left(\frac{d(0)}{d(\varphi(z))}\right)^{\frac{1}{p}}=\left(\frac{d(0)}{\psi'(\varphi(z))}\right)^{\frac{1}{p}}$$

$$=\left(\frac{\varphi'(z)}{\varphi'(0)}\right)^{\frac{1}{p}}=f_p(z).$$

由此利用定理6就得到(3.48)．定理证毕.

设$p=1$，令

$$P_{n,1}^*(z)=\int_0^z P_{n,1}(\zeta)d\zeta.$$

显然，$n+1$次多项式$P_{n,1}^*(z)$满足

$$\int_\Gamma |P_{n,1}^*(z)||dz|=\min\left\{\int_\Gamma |Q_n'(z)||dz|;\right.$$

$$Q_n(0)=0,\ Q_n'(0)=1,\ Q_n(z)\in \Pi'_{n+1}\}$$

其中 $\Pi'_{n+1}$ 是所有 $n+1$ 次多项式构成的集合。

由上面定理容易得到下面的定理。

**定理 8** 要使多项式序列 $\{P^*_{n,1}(z)\}$ 在区域 $D$ 内闭一致收敛到函数 $\dfrac{\varphi(z)}{\varphi'(0)}$ 的充分条件，是区域 $D$ 的边界 $\Gamma$ 满足条件 $(S)$。此时序列 $\{P^*_{n,1}(z)\}$ 必在闭区域上收敛到函数 $\dfrac{\varphi(z)}{\varphi'(0)}$.

**证** 这个定理的前一半可从定理 7 的充分性的证明得到. 此外，若注意到

$$P^*_{n,1}(z)-\frac{\varphi(z)}{\varphi'(0)}=\int_0^z\left(P^*_{n,1}(\zeta)'-\frac{\varphi'(\zeta)}{\varphi'(0)}\right)d\zeta$$

$$=\int_0^z\left(P_{n,1}(\zeta)-\frac{\varphi'(\zeta)}{\varphi'(0)}\right)d\zeta,$$

再利用前一半的结论，$H^1$ 空间中性质以及定理 7 就能证明后一个结论。定理 8 证毕。

现在设函数 $f(z)\in E^p(D), p>0$，$P_n(z)$ 是多项式，它满足

$$\int_\Gamma|f(z)-P_n(z)|^p|dz|=\inf_{Q_n(z)\in \Pi'_n}\int_\Gamma|f(z)-Q_n(z)|^p|dz|$$

(这里像在证明定理 4 时一样，可以证明多项式 $P_n(z)$ 确实存在)。若对于任意 $f(z)\in E^p(D), p>0$，有

$$\lim_{n\to+\infty}\int_\Gamma|f(z)-P_n(z)|^p|dz|=0, \tag{3.49}$$

则我们说多项式系在 $E^p(D)$ 中是完备的。

现在我们可以证明本节的最主要的定理了。

**定理 9** (Смирнов-Келдыш-Лаврентьев[134,70]) 要使多项式系在 $E^p(D)$ 中是完备的充要条件是区域 $D$ 的边界 $\Gamma$ 满足条件 $(S)$。

当 $p=2$ 时，这定理首先是由 Смирнов 证明的[134,63]，后来 Келдыш 与 Лаврентьев 把它推广到一般的 $p>0$[70]。

**证** 必要性. 函数 $w=\varphi(z)$ 将$D$双方单值保角变换到 $|w|<1$, $\varphi(0)=0$, $\varphi'(0)>0$, 显然函数

$$F_0(z)=\left(\frac{\varphi'(z)}{\varphi'(0)}\right)^{\frac{1}{p}}\in E^p(D).$$

则由定理的条件知,

$$\lim_{n\to+\infty}\int_\Gamma|F_0(z)-P_n(z)|^p|dz|$$

$$=\lim_{n\to+\infty}\inf_{Q_n(z)\in\Pi'_n}\int_\Gamma|f(z)-Q_n(z)|^p|dz|=0. \qquad (3.50)$$

因此,利用下面的不等式,

$$\int_\Gamma|P_n(z)|^p|dz|\leqslant c\left(\int_\Gamma|P_n(z)-F_0(z)|^p|dz|+\int_\Gamma|F_0(z)|^p|dz|\right),$$

其中 $c$ 为依赖于 $p$ 的常数,得到

$$\overline{\lim_{n\to+\infty}}\int_\Gamma|P_n(z)|^p|dz|\leqslant 2\pi\phi'(0). \qquad (3.51)$$

现在我们证明

$$\lim_{n\to+\infty}P_n(0)=1. \qquad (3.52)$$

事实上,令

$$F_0(z)-P_n(z)=b_n(z)g_n(z),$$

其中 $b_n(z)$ 是函数 $F_0(z)-P_n(z)$ 在区域$D$中的 Blaschke 乘积. 由于函数 $g_n^p(z)$ 可以用其在$\Gamma$上的边界值的Cauchy积分表示,再利用(3.50)是不满足的性质,可以得到

$$\lim_{n\to+\infty}g_n^p(0)=0,$$

即

$$\lim_{n\to+\infty}g_n^p(0)b_n(0)=0,$$

由此就得到(3.52).

考虑函数

$$q_n(z) = \frac{P_n(z)}{P_n(0)},$$

它是 $n$ 次多项式，且满足 $q_n(0)=1$. 由 $n$ 次多项式 $P_{n,p}(z)$ 的极值性质，从(3.51)及(3.50)，就立刻得到

$$\begin{aligned}&\lim_{n\to+\infty}\int_\Gamma |P_{n,p}(z)|^p|dz|\\&\quad\leqslant \lim_{n\to+\infty}\int_\Gamma \left|\frac{P_n(z)}{P_n(0)}\right|^p|dz| \leqslant 2\pi\psi'(0),\end{aligned}$$

这样一来，由定理 5 就得到

$$d(0)\leqslant \psi'(0). \tag{3.53}$$

此外，从函数 $\psi'(w)\in H^1$ 的分解，知道 $d(w)$ 是它的外函数，因此有

$$|\psi'(w)|\leqslant |d(w)|, |w|<1.$$

特别地有

$$\psi'(0)\leqslant d(0). \tag{3.54}$$

比较(3.52)及(3.53)后就得到

$$d(0)=\psi'(0), \tag{3.55}$$

再利用函数 $d(w)$ 的性质 6°，由(3.55)知，区域 $D$ 的边界 $\Gamma$ 就满足条件($S$)了.

充分性. 若区域 $D$ 边界 $\Gamma$ 满足条件($S$)，则由定理 7 知，对于函数

$$f_p(z) = \left(\frac{\varphi'(z)}{\varphi'(0)}\right)^{\frac{1}{p}},$$

它在 $L^p(\Gamma)$ 上可以被多项式逼近：

$$\lim_{n\to+\infty}\int_\Gamma |f_p(z)-P_{n,p}(z)|^p|dz|=0.$$

由本节一开始所作的说明知道，任意一个函数 $f(z)\in E^p(D)$, $p>0$, 在 $L^p(\Gamma)$ 上可以被多项式逼近.

定理 9 证毕.

## §4. Carathéodory 区域上的逼近

在这一节中，我们要在另外的度量下来研究逼近定理，即按面积平均逼近意义下来研究逼近定理. 这里所谈论的区域是比 Jordan 区域更为广泛的所谓 Carathéodory 区域. 对于非 Carathéodory 区域上的逼近定理，将在下一节中介绍.

**定义** 设 $G$ 是有界单连通区域，若闭区域 $\overline{G}$ 的余集 $C\overline{G}$ 中含有 $\infty$ 点的区域 $G_\infty$ 的边界与区域 $G$ 的边界相重合，则称区域 $G$ 为 Carathéodory 区域.

例如，单位圆 $|z|<1$ 中除去割线[0, 1]的区域就不是 Carathéodory 区域；二个相切的圆周所围的有界区域也不是 Carathéodory 区域，这种区域称为"月形"区域；但是图中的区域却是 Carathéodory 区域，尽管此区域的闭包的余集是由二个区域所组成，其中一个是整个的圆.

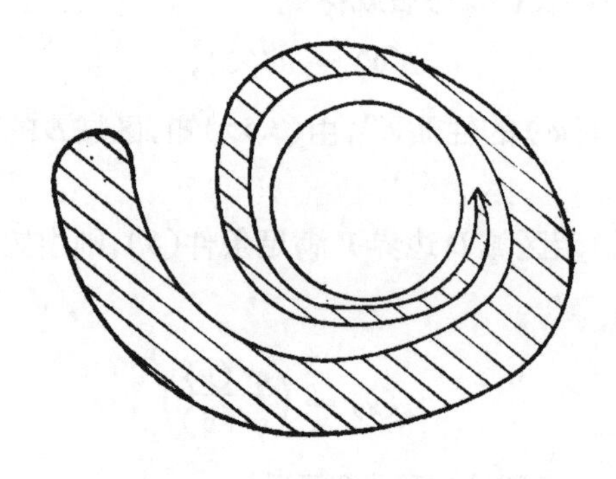

Carathéodory 区域有一些重要性质，这些性质是与变动区域的保角映射密切有关的，现在我们来进行详细的讨论.

首先我们引入区域序列的核的概念.

**定义** 设 $\{G_n\}$ 是 $z$ 平面上的单连通区域序列，且每一个 $G_n$ 都含有以某个点 $z_0$ 为中心的某个圆 $K$，设 $E$ 是平面上所有具有下列性质的点集：对于$E$中每一个点，存在此点的一个邻域，使得当$n$充分大时，此邻域属于所有的$G_n$。显然，$K\subset E$且$E$是一个非空开集。因此，它由至多可数个互不相交的区域组成。我们称含有$z_0$的那个构成区域为区域序列$\{G_n\}$的核(关于$z_0$)，记作$G_{z_0}$。

核$G_{z_0}$有下列等价的定义：区域$G_{z_0}$是包有$z_0$的最大区域，使得对此区域内任意闭集，当$n$充分大时，$F\subset G_n$。这可请读者自己证明。

**定义** 我们称单连通区域序列$\{G_n\}$收敛到它的核$G_{z_0}$，如果此区域序列的任意一个子序列也以$G_{z_0}$作为其核。

一般地说，区域序列可以有核，但不一定收敛到此核。读者很容易找出这样的例子。

**引理1** 设$G$是有界Carathéodory区域，则存在单连通区域序列$\{G_n\}$收敛到核$G_{z_0}$，其中$z_0$是$G$内任意一点，且满足

$$\overline{G}\subset\cdots\subset G_{n+1}\subset\overline{G}_{n+1}\subset G_n\subset\cdots,\quad n=1,2,\cdots. \tag{4.1}$$

**证** 对任意的自然数$n$，考虑平面上所有与闭区域$\overline{G}$的距离小于$\frac{1}{n}$的点所构成的集合$G'_n$。显然，$G'_n$是开的连通集，即$G'_n$是一个区域，且$\overline{G}\subset G'_n$。设$G'_{n,\infty}$是$\overline{G}'_n$的余集$C\overline{G}'_n$中包有$\infty$点的区域。显然$C\overline{G}'_n$中其他构成区域都是有界的，且它们的边界都是$G'_n$的部分边界。显然有$G'_{n+1,\infty}\supset\overline{G}'_{n,\infty}$。现在令$G_n$为$C\overline{G}'_{n,\infty}$，即闭区域$\overline{G}'_{n,\infty}$的余集。因而有

$$G\subset\overline{G}_{n+1}\subset G_n,\quad n=1,2,\cdots,$$

且$G_n$是单连通区域。由于$G_n$的边界是$G'_{n,\infty}$的边界，因而是一个连续统（非空有界闭连通集）。这样一来，单连通区域序列$\{G_n\}$满足条件(4.1)，因此$G$是包含在序列$\{G_n\}$的核$G_{z_0}$内。

现在证明$G_\infty$(区域$\overline{G}$的余集中包有$\infty$点的区域，按引理的条件，其边界与$G$的边界相重合)中的点$z'$不能属于核$G_{z_0}$。事实上，将$z'$与$\infty$点用一条位于$G_\infty$内的Jordan曲线$\gamma$连接起来(这里是指经过$\infty$点的广义Jordan曲线)。显然，曲线$\gamma$与区

域 $\bar{G}$ 的距离 $\rho > 0$. 因此，当 $\frac{1}{n} < \rho$ 时，曲线 $\gamma$ 上每一点都不可能属于区域 $\bar{G}'_n$. 显然它也不属于 $\bar{G}'_n$ 余集中的有界构成区域，否则曲线 $\gamma$ 必与 $G'_n$ 的边界相交，这就会产生矛盾. 因此，$z'$ 必属于 $G'_{n,\infty}$，即 $z' \bar{\in} G_n$，因而 $z' \bar{\in} G_{z_0}$.

现在只要证明 $G$ 的任何边界点也不可能属于核 $G_{z_0}$. 根据引理条件假设，$G$ 的边界点集与 $G_\infty$ 的边界点集相重合. 因此，若 $z'' \in G$ 边界，且 $z'' \in G_{z_0}$，则必存在一点 $z' \in G_\infty$，使得 $z' \in G_{z_0}$. 这表示，当 $n$ 充分大时，$z' \in G_n$，这就与上面得到的结果矛盾.

由此，根据上面的讨论知道 $G = G_{z_0}$. 显然，对序列 $\{G_n\}$ 任何的子序列，上述讨论也成立，所以单连通区域序列 $\{G_n\}$ 收敛到核 $G = G_{z_0}$. 引理 1 证毕.

**注** 这个引理的逆也成立，即上述区域序列是完全地刻划了 Carathéodory 区域的特性. 由于后面不用到这个事实，我们就不讨论了.

关于收敛到核 $G = G_{z_0}$ 的单连通区域序列 $\{G_n\}$，成立下面著名的 Carathéodory 定理.

**定理 1** (Carathéodory[24,53,92]) 设 $z_0$ 是有界 Carathéodory 区域 $G$ 中的点，且有界单连通区域序列 $\{G_n\}$ 收敛到核 $G_{z_0} = G$. 设函数 $w = \varphi_n(z)$ 把区域 $G_n$ 保角映射到单位圆 $|w| < 1$，且满足 $\varphi_n(z_0) = 0$，$\varphi'_n(z_0) > 0$. 用 $z = \psi_n(w)$ 记作其反函数，函数 $w = \varphi(z)$ 把区域 $G$ 保角映射到单位圆 $|w| < 1$，且满足 $\varphi(z_0) = 0$，$\varphi'(z_0) > 0$. 用 $z = \psi(w)$ 记作其反函数，则函数序列 $\{\varphi_n(z)\}$ 在 $G$ 内闭一致收敛到函数 $\varphi(z)$，函数序列 $\{\psi_n(w)\}$ 在单位圆 $|w| < 1$ 内闭一致收敛到函数 $\psi(w)$. 反之，由函数序列 $\{\psi_n(z)\}$ 在 $G$ 内闭一致收敛到 $\varphi(z)$（或函数序列 $\{\psi_n(w)\}$ 在单位圆 $|w| < 1$ 内闭一致收敛到 $\psi(w)$），则有界单连通区域序列 $\{G_n\}$ 收敛到其核 $G_{z_0} = G$.

**证** 暂时我们不假设单连通区域序列 $\{G_n\}$ 是收敛的，而考虑函数序列 $\{\varphi_n(z)\}$，它们各自在区域 $G_n$ 中有定义，有可能发生，函数 $\varphi_n(z)$ 不是在 $\{G_n\}$ 的核 $G_{z_0}$ 上每一点都有定义，但是对于区域 $G_{z_0}$ 中任意一个闭集，当 $n$ 充分大时，这个闭集均含于区域 $G_n$ 中．因此，从某一个 $n$ 开始，可以认为所有的函数 $\varphi_n(z)$ 也都定义并解析于此闭集上．因为所有的概念与定理，只要有关于解析函数致密性问题的，都只与函数在所给的区域内的闭集上的性状有关，所以可以认为，上述的概念与有关致密性的定理及其他有关结果都可以应用到序列 $\{\varphi_n(z)\}$ 及区域 $G_{z_0}$ 上．

现在设 $\{n_k\}$ 是无限增加的某个自然数序列，且 $G'_{z_0}$ 是区域序列 $\{G_{n_k}\}$ 的核．因为函数序列 $\{\varphi_n(z)\}$ 在 $G'_{z_0}$ 上内闭一致有界（$|\varphi_{n_k}(z)|<1$），所以根据 Montel 的致密性定理从 $\{n_k\}$ 可以选出子序列 $\{n'_k\}$，使得序列 $\{\varphi_{n'_k}(z)\}$ 在区域 $G'_{z_0}$ 内闭一致收敛[63]，从 $\{n'_k\}$ 中又可以选出子序列 $\{\tilde{n}_k\}$，使得函数序列 $\{\psi_{\tilde{n}_k}(w)\}$ 在单位圆 $|w|<1$ 内闭一致收敛（这是由于 $G_n$ 有界，预先可以假设它们一致有界，因此同样应用 Montel 的致密性定理），显然，序列 $\{\varphi_{\tilde{n}_k}(z)\}$ 也在区域 $G'_{z_0}$ 内闭一致收敛．但是，区域序列 $\{G_{\tilde{n}_k}\}$ 的核 $\tilde{G}_{z_0}$ 可能与 $G'_{z_0}$ 不同，但一定满足 $\tilde{G}_z\supset G'_{z_0}$，这是因为区域序列 $\{G_{\tilde{n}_k}\}$ 是 $\{G_{n'_k}\}$ 的子序列．

由于函数序列 $\{\varphi_{\tilde{n}_k}(z)\}$ 在 $\tilde{G}_{z_0}$ 内闭一致有界，且在其一部分，即 $G'_{z_0}$ 内收敛，因此根据 Vitali 定理[63]，它在 $\tilde{G}_{z_0}$ 内闭一致收敛．因此，对于任何自然数序列 $\{n_k\}$，可以找到一个子序列 $\{\tilde{n}_k\}$，使得函数序列 $\{\varphi_{\tilde{n}_k}(z)\}$ 在区域序列 $\{G_{\tilde{n}_k}\}$ 的核 $\tilde{G}_{z_0}$ 内闭一致收敛于某个解析函数 $\tilde{\varphi}(z)$，而它们的反函数序列 $\{\psi_{\tilde{n}_k}(w)\}$ 则在单位圆 $|w|<1$ 内闭一致收敛到某一个解析函数 $\tilde{\psi}(w)$．显然有

$$\tilde{\varphi}(z_0)=\lim_{\tilde{n}_k\to+\infty}\varphi_{\tilde{n}_k}(z_0)=0,\tilde{\varphi}'(z_0)=\lim_{\tilde{n}_k\to\infty}\varphi'_{\tilde{n}_k}(z_0)\geqslant 0,$$

及

$$\tilde{\psi}(0)=\lim_{\tilde{n}_k\to+\infty}\psi_{\tilde{n}_k}(0)=z_0,\ \tilde{\psi}'(z_0)=\lim_{\tilde{n}_k\to+\infty}\psi'_{\tilde{n}_k}(0)\geqslant 0.$$

因此，数列 $\psi'_{\tilde{n}_k}(z_0)$ 及其倒数

$$\psi'_{\tilde{n}_k}(0)=\frac{1}{\varphi'_{\tilde{n}_k}(z_0)}$$

均有有穷极限,由此推得两个极限均非零,因而有

$$\tilde{\varphi}'(z_0)>0 \text{ 及 } \tilde{\psi}'(0)>0,$$

$\tilde{\varphi}'(z_0)\tilde{\psi}'(0)=1$.由此还可以看出 $\tilde{\varphi}(z)\neq$ 常数,$\tilde{\psi}(w)\neq$ 常数. 因此,根据 Hurwitz 定理(参看[92]上 245 页), 函数 $\tilde{\varphi}(z)$ 与 $\tilde{\psi}(z)$ 分别就在 $\tilde{G}_{z_0}$ 与 $|w|<1$ 上单叶解析.

由 $|\varphi_{\tilde{n}_k}(z)|<1$ 推出 $|\tilde{\varphi}(z)|\leqslant 1$, 即像 $\tilde{\varphi}(\tilde{G}_{z_0})$ 完全包含在单位圆 $|w|<1$ 内. 此外, $\tilde{\varphi}(\tilde{G}_{z_0})$ 包有原点,像 $\tilde{\psi}(|w|<1)$ 包有点 $z_0$. 现在证明 $\tilde{\psi}(|w|<1)$ 位于区域 $\tilde{G}_{z_0}$ 内. 设 $|\tilde{w}|<1$, 此时 $\tilde{z}=\tilde{\psi}(\tilde{w})$ 便是区域 $\tilde{\psi}(|w|<1)$ 中一个点. 现在证明,点 $\tilde{z}$ 有一个邻域, 当 $\tilde{n}_k$ 充分大时, 此邻域位于所有的区域 $G_{\tilde{n}_k}$ 内. 事实上,函数 $z=\tilde{\psi}(w)$ 把包含于 $\tilde{\psi}(|w|<1)$ 内的圆周 $\delta\cdot|w-\tilde{w}|=\tilde{\rho}$ 映射成包含于区域 $\tilde{\psi}(|w|<1)$ 内的闭 Jordan 曲线 $\gamma$. 这时,曲线 $\gamma$ 的内部属于 $\tilde{\psi}(|w|<1)$ 而且包有点 $\tilde{z}$. 今作出在 $\gamma$ 内部的闭圆 $C:|z-\tilde{z}|\leqslant\tilde{\gamma}$, 并以 $\varepsilon$ 表示 $C$ 与 $\gamma$ 之间的距离, 显然有 $\varepsilon>0$. 对于 $w\in\delta$ 与 $\zeta\in C$, 我们有

$$|\tilde{\psi}(w)-\zeta|\geqslant\varepsilon,$$

另一方面,由于 $\{\psi_{\tilde{n}_k}(w)\}$ 在 $|w|<1$ 内闭一致收敛性,存在自然数 $N$. 当 $\tilde{n}_k>N$ 时,在圆周 $\delta$ 上,下式成立:

$$|\psi_{\tilde{n}_k}(w)-\tilde{\psi}(w)|<\varepsilon.$$

由此,根据 Rouche 定理,函数 $\tilde{\psi}(w)-\zeta$ 与函数 $\psi_{\tilde{n}_k}(w)-\zeta=(\tilde{\psi}(w)-\zeta)+(\psi_{\tilde{n}_k}-\tilde{\psi}(w))$ 在 $\gamma$ 内部有同样个数的零点,即当 $\tilde{n}_k>N$ 时,圆 $C$ 的每一点 $\zeta$ 都属于像 $\psi_{\tilde{n}_k}(|w|<1)=G_{\tilde{n}_k}$. 因此,每一点 $\tilde{z}\in\tilde{\psi}(|w|<1)$ 都有一个邻域 $|z-\tilde{z}|<\tilde{\gamma}$, 当 $\tilde{n}_k>N$ 时, 它属于所有的区域 $G_{\tilde{n}_k}$. 因为 $\tilde{\psi}(|w|<1)$ 是包有 $z_0$ 的区域,所以由序列 $\{G_{\tilde{n}_k}\}$ 的核的定义知, $\tilde{\psi}(|w|<1)\subset\tilde{G}_{z_0}$,这就是所要证的.

由于 $z=\psi(w)$ 把单位圆 $|w|<1$ 保角映射到 $\tilde{\psi}(|w|<1)\subset\tilde{G}_{z_0}$, 而 $w=\tilde{\varphi}(z)$ 把区域 $\tilde{G}_{z_0}$ 保角映射到区域 $\tilde{\varphi}(\tilde{G}_{z_0})\subset$

$\{(w)<1\}$. 由此可以推出，复合函数 $g(w)=\tilde{\varphi}(\tilde{\psi}(w))$ 把单位圆 $|w|<1$ 保角映射到 $\tilde{\varphi}(\tilde{G}_{z_0})\subset\{|w|<1\}$. 若注意到 $g(0)=\tilde{\varphi}(\tilde{\psi}(0))=\tilde{\varphi}(z_0)=0$ 以及 $g'(0)=\tilde{\varphi}'(z_0)$, $\tilde{\psi}'(0)=1$, 则根据 Schwarz 引理得到 $g(w)=e^{i\alpha}w$, 且 $e^{i\alpha}=g'(0)=1$. 因此

$$g(w)\equiv\tilde{\varphi}(\tilde{\psi}(w))\equiv w \text{ 或 } \tilde{\psi}(w)=\tilde{\varphi}^{-1}(w),\ |w|<1,$$

即 $\tilde{\varphi}(w)$ 是 $\tilde{\varphi}(w)$ 的反函数.

这样一来，若 $w$ 是圆 $|w|<1$ 内任意点，而

$$z=\tilde{\psi}(w)\in\tilde{\psi}(|w|<1)\subset\tilde{G}_{z_0}, \text{则 } \tilde{\varphi}(z)=w\in\tilde{\varphi}(\tilde{G}_{z_0}).$$

因此，包含于 $|w|<1$ 内的区域 $\tilde{\varphi}(\tilde{G}_{z_0})$ 又包含了 $|w|<1$ 中任一点，即 $\tilde{\varphi}(\tilde{G}_{z_0})\equiv\{|w|<1\}$. 同样地，可以证明 $\tilde{\psi}(|w|<1)\equiv\tilde{G}_{z_0}$. 因此，函数 $w=\tilde{\varphi}(z)$ 与 $z=\tilde{\psi}(w)$ 互为反函数，且 $w=\tilde{\varphi}(z)$ 把单连通区域序列 $\{G_{\tilde{n}_k}\}$ 的核 $\tilde{G}_{z_0}$ 保角映射成单位圆 $|w|<1$, 且适合条件 $\tilde{\varphi}(z_0)=0$, $\tilde{\varphi}'(z_0)>0$.

有了这些事实后，就容易证明定理的第一部分了.

设单连通区域序列 $\{G_n\}$ 收敛到其核 $G_{z_0}$. 这时，对于任意一个子序列 $\{G_{\tilde{n}_k}\}$, 其核完全一样，即 $\tilde{G}_{z_0}=G_{z_0}$. 因此，极限函数 $\tilde{\varphi}(z)=\lim\limits_{k\to\infty}\varphi_{\tilde{n}_k}(z)$ 把同一的区域 $\tilde{G}_{z_0}=G_{z_0}$ 保角映射到单位圆 $|w|<1$, 且满足 $\tilde{\varphi}(z_0)=0$ 及 $\tilde{\varphi}'(z_0)>0$. 由此，根据保角映射的唯一性定理可以推出，一切可能一致收敛序列 $\{\varphi_{\tilde{n}_k}(z)\}$ 均有同一个极限 $\varphi(z)=\tilde{\varphi}(z)$.

现在证明，函数序列 $\{\varphi_n(z)\}$ 在 $G_{z_0}$ 内闭一致收敛到 $\varphi(z)$. 假设不然，则必存在一个闭集 $F\subset G_{z_0}$, 上述一致收敛性不成立. 因此，存在数 $\alpha>0$ 以及属于 $F$ 的点列 $\{z_k\}$ 以及无限地增大的自然数序列 $\{n_k\}$, 使得

$$\varphi(z_k)-\varphi_{n_k}(z_k)|\geqslant\alpha>0,\ n=1,2,\cdots.$$

但是，根据 Montel 的致密性定理，从序列 $\{\varphi_{n_k}(z)\}$ 可以选出子序列 $\{\varphi_{\tilde{n}_k}(z)\}$, 使得它在 $G_{z_0}$ 内部，特别地在闭集 $F$ 上一致收敛，且由上面已证明的，此极限函数必为 $\varphi(z)$. 由于可以推出，对于所有充分大的 $\tilde{n}_k$, 在闭集 $F$ 上，有

$$|\varphi(z)-\varphi_{\tilde{n}_k}(z)|<d,\ z\in F.$$

但这与下列事实相矛盾,即在点 $z_{n_k}$ 处,因该有不等式

$$|\phi(z_{n_k})-\varphi_{n_k}(z_{n_k})|>\alpha,$$

所得到的矛盾说明了，函数序列 $\{\varphi_n(z)\}$ 在 $G_{z_0}$ 上内闭一致收敛到函数 $\varphi(z)$.

由此容易看出,函数序列 $\{\phi_n(w)\}$ 在单位圆 $|w|<1$ 上内闭一致收敛到函数 $\phi(w)$.

定理的第二部分,即逆命题可以用下法得到.

假设区域序列 $\{G_n\}$ 不收敛到其核 $G_{z_0}$. 此时必存在一子序列 $\{G_{n_k}\}$ 其核与 $G_{z_0}$ 不同,即包有 $G_{z_0}$ 作为其真子的部分. 现在再根据 Montel 的致密性定理，从序列 $\{\varphi_{n_k}(z)\}$ 中选出新的子序列 $\{\varphi_{n_k}(z)\}$，使之在相应的子序列 $\{G_{n_k}\}$ 的核 $\tilde{G}_{z_0}$ 内闭一致收敛. 其极限函数 $\tilde{\varphi}(z)=\lim\limits_{k\to\infty}\varphi_{n_k}(z)$ 就将区域 $\tilde{G}_{z_0}$ 保角映射到单位圆 $|w|<1$. 显然，$\tilde{\varphi}(z)\neq\varphi(z)$，因为后者只将 $\tilde{G}_{z_0}$ 的部分 $G_{z_0}$ 保角映射到单位圆 $|w|<1$. 这说明了，函数序列 $\{\varphi_n(z)\}$ 在 $G_{z_0}$ 上不内闭一致收敛到函数 $\varphi(z)$. 这就产生了矛盾. 定理完全证毕.

**引理 2** 设区域 $G$ 是 Carathéodory 区域,且单连通区域序列 $\{G_n\}$ 单调减少地 $(\bar{G}\subset G_{n+1}\subset\bar{G}_{n+1}\subset G_n\subset\cdots,n=1,2,\cdots)$ 收敛到其核 $G$. 设 $w=\varphi_n(z)$, $\varphi_n(z_0)=0$, $\varphi_n'(z_0)>0$, $n=1,2,\cdots$ 及 $w=\varphi(z)$, $\varphi(z_0)=0$, $\varphi'(z_0)>0$ 是定理 1 中的映射函数,则对任何自然数 $k$，成立

$$\lim_{n\to+\infty}\iint_G|[\varphi_n(z)]^k\varphi_n'(z)^{\frac{2}{p}}-[\varphi(z)]^k\varphi'(z)^{\frac{2}{p}}|^p dxdy=0,$$

其中 $p>0$.

**证** 容易看出,利用 $|\varphi_n(z)|<1,n=1,2,\cdots$及 $|\varphi(z)|<1$ 可以得到

$$\begin{aligned}&|[\varphi_n]^k\cdot\varphi_n'^{\frac{2}{p}}-[\varphi]^k\varphi'^{\frac{2}{p}}|^p\\&\leqslant c_{p,k}[|\varphi_n-\varphi|^p+|\varphi_n'^{\frac{2}{p}}-\varphi'^{\frac{2}{p}}|^p],\end{aligned}\tag{4.2}$$

其中 $c_{p,k}$ 是只依赖于 $p$ 与 $k$ 的常数. 事实上，利用不等式,对任

意实数 $a$ 与 $b$，有

$$|a+b|^p \leqslant \begin{cases} 2^{p-1}(|a|^p+|b|^p), & p \geqslant 1, \\ |a|^p+|b|^p, & 0<p<1, \end{cases}$$

可以得到

$$\begin{aligned} &|[\varphi_n]^k \varphi_n'^{\frac{2}{p}} - [\varphi]^k \varphi'^{\frac{2}{p}}|^p = |[\varphi_n]^k \varphi_n'^{\frac{2}{p}} \\ &\quad - [\varphi_n]^k \varphi'^{\frac{2}{p}} + [\varphi_n]^k \varphi'^{\frac{2}{p}} - [\varphi]^k \varphi'^{\frac{2}{p}}|^p \\ &\leqslant c_p(|[\varphi_n]^k|^p|\varphi_n'^{\frac{2}{p}} - \varphi'^{\frac{2}{p}}|^p + |\varphi'|^2|[\varphi_n]^k \\ &\quad - [\varphi]^k|^p) \leqslant c_p(|\varphi_n'^{\frac{2}{p}} - \varphi'^{\frac{2}{p}}|^p \\ &\quad + k|^p\varphi'|^2|\varphi_n - \varphi|^p), \end{aligned}$$

其中 $c_p$ 为只依赖于 $p$ 的常数．由此就立刻得到(4.2)．

现在设 $g_r$ 是圆 $|w|<r<1$ 在映射 $w=\varphi(z)$ 下的原象．对于任意的闭集 $F\subset G$，当 $r$ 充分大时，$F\subset g_r$．选择数 $\rho_0$，$0<\rho_0<1$，使得

$$\pi - \pi\rho_0^2 < \varepsilon^p,$$

其中 $\varepsilon>0$ 为预先给定的数．再选择 $r_0>\rho_0$，利用定理 1，存在自然数 $N$，使得当 $n>N$ 时，在闭区域 $\bar{g}_{r_0}$ 上满足

$$|\varphi_n(z)-\varphi(z)| < r_0-\rho_0 < \varepsilon \tag{4.3}$$

及

$$|\varphi_n'^{\frac{2}{p}} - \varphi'^{\frac{2}{p}}(z)| < \varepsilon, \tag{4.4}$$

于是

$$\begin{aligned} &\iint_G |\varphi_n'^{\frac{2}{p}} - \varphi'^{\frac{2}{p}}|^p dxdy \\ &= \iint_{g_{r_0}} + \iint_{G-g_{r_0}} \leqslant \varepsilon^p |g_{r_0}| + c_{p,k} \\ &\cdot \iint_{G-g_{r_0}} |\varphi_n'^{\frac{2}{p}}|^p dxdy + c_{p,k} \iint_{G-g_{r_0}} |\varphi'^{\frac{2}{p}}|^p dxdy, \end{aligned} \tag{4.5}$$

其中 $|g_{r_0}|$ 表示区域 $g_{r_0}$ 的面积．(4.5) 中第二个积分表示在映

射 $\varphi_n(z)$ 下，$G-g_{r_0}$ 的象的面积，因此等于 $\pi-\pi r_0^2$ 第一个积分表示在映射 $\varphi_n(z)$ 下，$G-g_{r_0}$ 的像的面积．由于(4.3)，此像必在圆环 $\rho_0\leqslant|w|<1$ 内，因此其面积也小于 $\pi-\pi\zeta_0^2<\varepsilon^p$．由此，从(4.5)得到

$$\iint_G |\varphi_n'^{\frac{2}{p}}-\varphi'^{\frac{2}{p}}|^p dxdy$$

$$\leqslant \varepsilon^p(|G|+c_{p,k}). \tag{4.6}$$

此外，利用(4.3)我们有

$$\iint_G |\varphi'|^2|\varphi_n-\varphi|^p dxdy=\iint_{g_{r_0}}+\iint_{G-g_{r_0}}$$

$$\leqslant(r_0-\rho_0)^p\iint_{g_{r_0}}|\varphi'|^2dxdy+c_p\iint_{G-g_{r_0}}|\varphi'|^2dxdy$$

$$\leqslant\varepsilon^p+c_p(\pi-\pi r_0^2)\leqslant\varepsilon^p(1+c_p), \tag{4.7}$$

其中 $c_p$ 为常数．

比较(4.6)，(4.7)与(4.2)，就得到当 $n>N$ 时，有

$$\iint_G |[\varphi_n(z)]^k\varphi_n'^{\frac{2}{p}}(z)-[\varphi(z)]^k\varphi'^{\frac{2}{p}}(z)|^p dxdy$$

$$\leqslant c'_{p,k}\varepsilon^p,$$

其中 $c'_{p,k}=c_{p,k}(|G|+c_{p,k}+1+c_p)$．

这就证明了引理 2．

现在我们就区域 $D$ 是单位圆 $|w|<1$ 时来证明平均逼近定理

**定理 2** 设函数 $F(w)\in B^p(|w|<1)$，这表示函数 $F(w)$ 在单位圆 $|w|<1$ 内解析，且满足

$$\iint_{|w|<1}|F(w)|^p d\xi d\eta<+\infty,\quad w=\xi+i\eta, p>0,$$

则任给 $\varepsilon>0$，存在多项式 $P(w)$，使得下式成立

$$\iint_{|w|<1}|F(w)-P(w)|^p d\xi d\eta<\varepsilon.$$

这表示多项式系在空间 $B^p(|w|<1), p>0$ 是完备的。

**证** 令

$$F_n(w)=F\left(\left(1-\frac{1}{n}\right)w\right),$$

则显然有

$$\lim_{n\to+\infty} F_n(w)=F(w), |w|<1 \tag{4.8}$$

及

$$\lim_{n\to+\infty}\iint_{|w|<1}|F_n(w)|^p d\xi d\eta=\iint_{|w|<1}|F(w)|^p d\xi d\eta, \tag{4.9}$$

且第一式在 $|w|<1$ 内闭一致地成立。

对任意 $\varepsilon_1>0$，存在数 $r_0<1$，使

$$\iint_{r_0<|w|<1}|F(w)|^p d\xi d\eta<\varepsilon_1. \tag{4.10}$$

此外，由于函数 $F_n(w)$ 在闭圆 $|w|\leqslant 1$ 上解析，因此存在多项式序列 $P_n(w)$，使得在利用了(4.8)与(4.9)后，它满足

$$\lim_{n\to+\infty} P_n(w)=F(w), \ |w|<1, \tag{4.11}$$

及

$$\lim_{n\to+\infty}\iint_{|w|<1}|P_n(w)|^p d\xi d\eta=\iint_{|w|<1}|F(w)|^p d\xi d\eta, \tag{4.12}$$

且(4.11)在 $|w|<1$ 内闭一致地成立。

由(4.11)及(4.12)就可以得到，当 $n$ 充分大时有

$$\left|\iint_{|w|<1}|P_n(w)|^p d\xi d\eta-\iint_{|w|<1}|F(w)|^p d\xi d\eta\right|<\varepsilon_1, \tag{4.13}$$

$$\max_{|w|\leqslant r_0}|P_n(w)-F(w)|<\varepsilon_1, \tag{4.14}$$

及

$$\left|\iint_{|w|\leqslant r_0}|P_n(w)|^p d\xi d\eta-\iint_{|w|\leqslant r_0}|F(w)|^p d\xi d\eta\right|<\varepsilon_1. \tag{4.15}$$

从(4.10)，(4.13)及(4.15)得到，当 $n$ 充分大时，

$$\iint\limits_{r_0<|w|<1} |P_n(w)|^p d\xi d\eta < 3\varepsilon_1, \tag{4.16}$$

于是利用已知不等式以及(4.14),(4.10),(4.16),

$$\iint\limits_{|w|<1} |F(w) - P_n(w)|^p d\xi d\eta$$

$$= \left(\iint\limits_{|w|\leqslant r_0} + \iint\limits_{r_0<|w|<1}\right)|F(w) - P_n(w)|^p d\xi d\eta$$

$$\leqslant \varepsilon_1^p \iint\limits_{|w|\leqslant r_0} d\xi d\eta + 2^p\left(\iint\limits_{r_0<|w|<1} |F(w)|^p d\xi d\eta\right.$$

$$\left. + \iint\limits_{r_0<|w|<1} |P_n(w)|^p d\xi d\eta\right)$$

$$\leqslant \varepsilon_1^p \pi + 2^p(4\varepsilon_1).$$

这就证明了定理 2。

现在我们可以研究Carathéodory 区域上的平均逼近问题了。

**定理 3** (Маркушевич-Farrell[92]) 设$G$是 Carathéodory 区域,函数 $f(z)\in B^p(G)$, $p>0$, 这表示函数 $f(z)$ 在区域$G$内解析且满足

$$\iint\limits_G |f(z)|^p dxdy < +\infty, \quad p>0,$$

则函数 $f(z)$ 在$G$上可按面积意义下被多项式平均逼近, 即任给 $\varepsilon>0$, 存在多项式 $Q(z)$, 使

$$\iint\limits_G |f(z) - Q(z)|^p dxdy < \varepsilon. \tag{4.17}$$

这表示多项式系在空间 $B^p(G), p>0$ 中是完备的, 其中$G$是 Carathéodory 区域。

**证** 首先考虑函数 $F(w) = f(\phi(w))\phi'(w)^{\frac{2}{p}}$,它显然在单位圆 $|w|<1$ 内解析,且满足

$$\iint\limits_{|w|<1} |F(w)|^p d\xi d\eta = \iint\limits_G |f(w)|^p dxdy < +\infty.$$

由此，应用定理 2 知，任给 $\varepsilon_1>0$，存在多项式

$$P(w)=\sum_{k=0}^{N}a_k^N w^k,$$

使得有

$$\iint\limits_{|w|<1}|F(w)-P(w)|^p d\xi d\eta<\varepsilon_1,$$

即

$$\iint\limits_{G}\left|f(z)-\sum_{k=0}^{N}a_k^N[\varphi(z)]^k\varphi'(z)^{\frac{2}{p}}\right|^p dxdy<\varepsilon_1. \qquad (4.18)$$

应用引理 2 知，当 $n$ 充分大时，就有

$$\iint\limits_{G}\left|\sum_{k=0}^{N}a_k^N[\varphi(z)]^k\varphi'(z)^{\frac{2}{p}}\right.$$
$$\left.-\sum_{k=0}^{N}a_k^N[\varphi_n(z)]^k\varphi_n'(z)^{\frac{2}{p}}\right|^p dxdy<\varepsilon_1. \qquad (4.19)$$

显然，函数

$$\sum_{k=0}^{N}a_k^N[\varphi_n(z)]^k\varphi_n'(z)^{\frac{2}{p}}$$

在单连通区域 $G_n\supset\bar{G}$（$G_n$ 必包有 $\bar{G}$ 余集中的全部有界构成区域）上解析，因此利用 Runge 定理，此函数可以在闭区域 $\bar{G}$ 上被多项式一致逼近，特别地可以被多项式平均逼近，即存在多项式 $Q(z)$，使得

$$\iint\limits_{G}\left|\sum_{k=0}^{N}a_k^N[\varphi_n(z)]^k\varphi_n'(z)^{\frac{2}{p}}-Q(z)\right|^p dxdy<\varepsilon_1, \quad (4.20)$$

由此比较(4.18)，(4.19)及(4.20)，利用已知不等式就立刻证明了定理 3.

**注 1** 从定理 3 可以看出，存在多项式序列 $Q_n(z)$，使得

$$\lim_{n\to+\infty}\iint\limits_{G}|f(z)-Q_n(z)|^p dxdy=0,\quad p>0. \qquad (4.21)$$

**注 2** 从定理 3 的证明过程还可以看出，此多项式序列 $Q_n(z)$

在区域$G$内闭一致收敛到函数 $f(z)$.

这也可以从(4.21)直接来证明，这只要证明下面一个引理就行。

**引理 3**[131] 设函数 $Q(z)$ 在一个有界区域$G$内解析．若它满足

$$\iint_G |P(z)|^p dxdy \leqslant L^p,\ p > 0,$$

则对任意闭集 $F \subset G$，我们有

$$\max_{z \in F} |P(z)| \leqslant LL',$$

其中 $L'$ 是只依赖于闭集 $F$，不依赖于$L$及 $P(z)$ 的常数.

**证** 设有界闭集$F$与区域$G$的边界的距离为 $2\rho > 0$,则利用 $|P(z)|^p$ 是次调和函数的性质,就有

$$|P(z_0)|^p \leqslant \frac{1}{2\pi}\int_0^{2\pi} |P(z_0 + re^{i\theta})|^p d\theta, z_0 \in F,$$

其中 $0 \leqslant r \leqslant \rho$ (这也可以将解析函数 $P(z)$ 除以其 Blaschke 乘积后,利用解析函数的 Cauchy 积分来直接证明)．上式两边乘 $r$ 后对 $r$ 积分 ($r$ 从 0 到 $\rho$) 得到

$$\begin{aligned}|P(z_0)|^p &\leqslant \frac{1}{\pi\rho^2}\iint_{|z-z_0| \leqslant \rho} |P(z)|^p dxdy \\ &\leqslant \frac{1}{\pi\rho^2}\iint_G |P(z)|^p dxdy,\end{aligned}$$

由此就立刻得到引理 3.

现在设(4.21)成立,即(4.17)成立,则应用引理 3,对任意有界闭集 $F \subset G$，就有

$$\begin{aligned}&\max_{z \in F} |f(z) - Q(z)| \\ &\leqslant L'\left[\iint_G |f(z) - Q(z)|^p dxdy\right]^{\frac{1}{p}} \leqslant L'\varepsilon^{\frac{1}{p}},\end{aligned}$$

由此就证明了注 2.

对于多连通区域,也有类似于定理 3 的定理.

**定理4** 设$D$是复平面上的$n$连通区域，其边界为$n$个互不相交的闭曲线$K_i(i=1,2,\cdots,n)$。又设闭区域$\overline{D}$的余集中包有$\infty$点的构成区域$B_\infty$的边界与$K_1$相重合，其余集中包有$z_s\bar{\in}D$的构成区域$B_s$的边界与$K_s$相重合，$2\leqslant s\leqslant n$。若函数$f(z)$在$D$内解析，且满足

$$\iint_D |f(z)|^p dxdy < +\infty,\ p>0,$$

则任给$\varepsilon>0$，存在有理函数$R(z)$，其极点位于$\infty$及$z_s, 2\leqslant s\leqslant n$，使得下式成立：

$$\iint_D |f(z)-R(z)|^p dxdy < \varepsilon,\ \ p>0.$$

**证** 设可求长曲线$\Gamma^s\subset D$，$2\leqslant s\leqslant n$分别包有$K_s$在其所围的区域内部，且互不相交，其内部也互不相包含。令

$$f_s(z)=\frac{1}{2\pi i}\int_{\Gamma^s}\frac{f(\zeta)}{\zeta-z}d\zeta,\ 2\leqslant s\leqslant n,$$

利用解析开拓容易证明，它们分别在以$B_s$为边界的无界区域$D_s\supset D$内解析，且在$D_s$内的任意有界区域内按面积$p$次可积，而函数

$$f_1(z)=f(z)-\sum_{s=2}^{n}f_s(z)$$

在包有$D$的区域$D_1$内解析且按面积$p$次平方可积。这里$\overline{D}_s(2\leqslant s\leqslant n)$的余集中包有$z_s$的区域$B_s$的边界与$K_s$相重合；$\overline{D}_1$余集中包有$\infty$点的区域$B_\infty$的边界与$K_1$相重合。

作变换

$$w=\frac{1}{z-z_s},\ \ 2\leqslant s\leqslant n,$$

区域$D_s$就变为$D_s'$，而函数

$$f_s\left(z_s+\frac{1}{w}\right)\triangleq\varphi_s(w)$$

就在$D_s'$解析。显然有

$$\iint_{D_s'}|\varphi_s(w)|^p d\xi d\eta$$

$$=\iint_{D_s}|f_s(z)|^p\frac{1}{|z-z_s|^4}dxdy<+\infty,$$

且 $D_s'$ 是 Carathéodory 区域．由此应用定理 3 得到，存在多项式 $\pi_s(w)$，使得下式成立：

$$\iint_{D_s'}|\varphi_s(w)-\pi_s(w)|^p d\xi d\eta<\varepsilon,\quad 2\leqslant s\leqslant n.$$

由此得到

$$\iint_D\left|f_s(z)-\pi_s\left(\frac{1}{z-z_s}\right)\right|^p dxdy<c\varepsilon,2\leqslant s\leqslant n,\tag{4.22}$$

其中 $c$ 是某个不依赖于 $\varepsilon$ 的常数．

同样，由于 $D_1$ 也是 Carathéodory 区域，因此存在多项式 $\pi_1(z)$，使得

$$\iint_D|f_1(z)-\pi_1(z)|^p dxdy<\varepsilon.\tag{4.23}$$

这样一来，利用 $f_s(z)$，$1\leqslant s\leqslant n$ 与 $f(z)$ 关系，比较(4.22)及(4.23)，应用广义三角不等式，就可以得到

$$\iint_D\left|f(z)-\sum_{s=2}^n\pi_s\left(\frac{1}{z-z_s}\right)-\pi_1(z)\right|^p dxdy<c_1\varepsilon,$$

其中 $c_1$ 是常数．因此定理 4 得证．

## §5. 非 Carathéodory 区域上的逼近

上一节中，我们在 Carathéodory 区域上研究了多项式系在按面积平均逼近意义下的完备性问题．所得到的定理只依赖于区域的拓扑性质，即对于所有的 Carathéodory 区域，多项式系在按面积平均逼近意义下总是完备的．如果考虑在非 Carathéodory 区域上多项式的完备性问题，情况就会不同了；多项式系在这样的区

域上是否完备的问题，不仅依赖于此区域的拓扑性质，而且还依赖于此区域的度量性质. 这个特点首先是由 Келдыш 在 1939 年发现的. 在这一节中，我们将讨论这个问题.

非 Carathéodory 区域中第一个典型的例子是具有割线的单连通区域，设 $D_0$ 是单位圆 $|z|<1$ 内除去割线[0,1]后得到的区域，我们指出，多项式系在按面积平均逼近意义下在区域 $D_0$ 上是不完备的. 事实上，在相反的情况下，假设多项式系在按面积平均逼近意义下在 $D_0$ 上是完备的，则特别地，对于函数

$$w=\sqrt{z}\in B^2(D_0),$$

它在区域 $D_0$ 内解析且满足

$$\iint_{D_0}|\sqrt{z}|^2dxdy<+\infty,$$

存在多项式序列 $\{Q_n(z)\}$，使得满足

$$\lim_{n\to+\infty}\iint_{D_0}|Q_n(z)-\sqrt{z}|^2dxdy=0. \tag{5.1}$$

由(5.1)推出，对任意的 $\varepsilon>0$，存在自然数 $N$，使得对任意的 $n,m>N$，就有

$$\iint_{|z|<1}|Q_n(z)-Q_m(z)|^2dxdy$$

$$=\iint_{D_0}|Q_n(z)-Q_m(z)|^2dxdy<\varepsilon. \tag{5.2}$$

应用上一节定理 3 后证明注 2 的方法及利用 Cauchy 序列的收敛性可知，存在单位圆 $|z|<1$ 内解析函数 $g(z)$，使得

$$\lim_{n\to+\infty}\iint_{|z|<1}|Q_n(z)-g(z)|^2dxdy=0.$$

因而 $g(z)$ 与 $\sqrt{z}$ 在区域 $D_0$ 相重合. 这表示函数 $\sqrt{z}$ 可以解析开拓到整个单位圆 $|z|<1$ 内. 这就产生了矛盾.

非 Carathéodory 区域第二个典型的例子是所谓"月形"区域. 设 $\Delta_0$ 是两个内部相切的圆周

$$|z| = 1 \text{ 与 } \left|z - \frac{1}{2}\right| = \frac{1}{2}$$

所围的区域. 如果区域拓扑等价于区域 $\Delta_0$, 则称 $\Delta$ 为"月形"区域.

Келдыш 指出,能够构造出月形区域 $\Delta_1$, 使得多项式系在按面积平均逼近意义下在区域 $\Delta_1$ 上是完备的; 也能够构造出月形区域 $\Delta_2$, 使得多项式系在按面积平均逼近意义下在区域 $\Delta_2$ 上是不完备的[71].

**定理 1** (Келдыш[71]) 存在月形区域 $\Delta_1$, 使得多项式在空间 $B^2(\Delta_1)$ 上是完备的.

**证** 我们指出,为了要证明, 对任意的 $f(z) \in H^2(\Delta_1)$, 下式成立:

$$\inf_{\{P\}} \iint_{\Delta_1} |f(z) - P(z)|^2 dxdy = 0, \tag{5.3}$$

其中下确界是对所有的多项式 $P(z)$ 而取的. 只要证明,对于特殊的函数 $f(z) = \frac{1}{\sqrt{z}}$ (设月形区域 $\Delta_1$ 内边界内部包有一个点 $z = 0$),(5.3) 成立就够了. 事实上函数 $w = \sqrt{z}$ 将区域 $\Delta_1$ 变为一个由 Jordan 曲线所围的区域 $\Delta_1^*$, 因此根据上一节的定理 3,对于函数 $wf(w^2) \in B^2(\Delta_1^*)$, 下式成立:

$$\inf_{\{Q\}} \iint_{\Delta_1^*} |wf(w^2) - Q(w)|^2 dudv = 0, w = u + iv,$$

其中下确界是对于所有的多项式 $Q(w)$ 而取的. 回到变量 $z$,由上式容易得到

$$\inf_{\{P_1, P_2\}} \iint_{\Delta_1} \left|f(z) - P_1(z) - \frac{1}{\sqrt{z}} P_2(z)\right|^2 dxdy = 0,$$

其中下确界是对于所有的多项式 $P_1(z)$, $P_2(z)$ 而取的. 这样一来, 多项式系在空间 $B^2(\Delta_1)$ 的完备性问题就化归为特殊函数 $\frac{1}{\sqrt{z}}$ 在空间 $H^2(\Delta_1)$ 中被多项式平均逼近问题.

现在我们来逐步地构造区域 $\Delta_1$.

设区域 $\widetilde{D}_1$ 是

$$\frac{1}{2} < |z| < 1, \ |\arg z| > \frac{\pi}{2}.$$

由上节定理 3, 存在多项式 $P_1(z)$, 使得下式成立:

$$\iint\limits_{\widetilde{D}_1} \left| \frac{1}{\sqrt{z}} - P_1(z) \right|^2 dxdy < \frac{1}{2^2}. \tag{5.4}$$

用 $D_1$ 表二连通区域, 它是将点集

$$\frac{1}{2} < r_1 < |z| < 1, \quad |\arg z| \leqslant \frac{\pi}{2},$$

加到区域 $\widetilde{D}_1$ 后得到的区域. 显然, 若选择 $r_1$ 充分接近于 1 时, 由(5.4)可以得到

$$\iint\limits_{D_1} \left| \frac{1}{\sqrt{z}} - P_1(z) \right|^2 dxdy < \frac{1}{2^2}. \tag{5.5}$$

用 $\widetilde{D}_2$ 表示区域 $D_1$ 中位于角 $|\arg z| > \frac{\pi}{2^2}$ 中的那部分所构成的区域. 显然, 区域 $\widetilde{D}_2$ 的边界是 Jordan 曲线, 因此利用上节定理 3 知, 存在多项式 $P_2(z)$, 使得下式成立:

$$\iint\limits_{\widetilde{D}_2} \left| \frac{1}{\sqrt{z}} - P_2(z) \right|^2 dxdy < \frac{1}{2^3}. \tag{5.6}$$

同样, 将点集

$$r_1 < r_2 < |z| < 1, \quad |\arg z| \leqslant \frac{\pi}{2^2}$$

附加到 $\widetilde{D}_2$ 上得到二连通区域 $D_2$. 由于(5.6)可以选择 $r_2$ 充分接近于 1, 使得

$$\iint\limits_{D_2} \left| \frac{1}{\sqrt{z}} - P_2(z) \right|^2 dxdy < \frac{1}{2^3}. \tag{5.7}$$

因此, 这样地一直作下去, 当我们构造了区域 $\widetilde{D}_1, \cdots, \widetilde{D}_n$ 及 $D_1, \cdots, D_n$ 以及数 $r_1, \cdots, r_n$ 后, 可以构造 Jordan 区域 $\widetilde{D}_{n+1}$ 及数 $r_{n+1}$, 从而二连通区域 $D_{n+1}$, 作为 $\widetilde{D}_{n+1}$ 可以取作为区域 $D_n$

内位于 $|\arg z| > \frac{\pi}{2^{n+1}}$ 内的那部分。根据上节定理 3，存在多项式 $P_{n+1}(z)$，

使得满足

$$\iint_{\tilde{D}_{n+1}} \left|\frac{1}{\sqrt{z}} - P_{n+1}(z)\right|^2 dxdy < \frac{1}{2^{n+1}}, \tag{5.8}$$

令 $D_{n+1}$ 是将点集

$$r_n < r_{n+1} < |z| < 1, \quad |\arg z| \leqslant \frac{\pi}{2^{n+1}}$$

附加到 $\tilde{D}_{n+1}$ 后得到的区域。当 $r_{n+1}$ 充分接近于 1 时，由(5.8)得到

$$\iint_{D_{n+1}} \left|\frac{1}{\sqrt{z}} - P_{n+1}(z)\right|^2 dxdy < \frac{1}{2^{n+1}}. \tag{5.9}$$

现在设 $\Delta_1 = \cap D_n = \cup \tilde{D}_n$，显然 $\Delta_1$ 是月形区域。由于 $\Delta_1 \subset D_n, n = 1, 2, \cdots$，因此有

$$\iint_{\Delta_1} \left|\frac{1}{\sqrt{z}} - P_n(z)\right|^2 dxdy < \frac{1}{2^n}, \quad n = 1, 2, \cdots,$$

因此函数 $\frac{1}{\sqrt{z}}$ 在空间 $B^2(\Delta_1)$ 上可以被多项式逼近。

定理 1 证毕。

现在要构造一个使多项式系在 $B^2(\Delta_2)$ 中不完备的月形区域 $\Delta_2$。从上面的定理可以看出，“月形”区域 $\Delta_1$ 在其中重点 $z = 1$ 处“收缩”得“很快”。这一点与直观也是符合的，因为对于这类区域，在考虑逼近时，$z = 1$ 附近处的积分值可以“忽略”，因此“月形”区域 $\Delta_1$ 近似地可以看作 Carathéodory 区域。这样，逼近定理就可能成立。由此可以想到，这里所需要构造的区域 $\Delta_2$，在重点 $z = 1$ 处不应该“收缩得很快”。事实也果真如此。我们下面引入一个刻划此“收敛”的特征。

设 $\Delta_2$ 是圆 $|z| < 1$ 内的单连通区域，它是以 $z = 1$ 为重点，位于圆 $|z| < 1$ 内的月形区域，$E$ 是 $\Delta_2$ 的内边界所围的区域，

且$E$包有某个圆 $|z|<r_0$. 我们用 $Q(r)$ 记作圆周 $|z|=r$ 位于集合$E$中那部分的线性测度. 下列定理成立.

**定理 2** (Келдыш[71]) 设 $\Delta_2$ 是上述月形区域,且

$$Q(r)\leqslant K(1-r)^2,\quad r_1\leqslant r<1, \tag{5.10}$$

其中$K$与 $r_1$ 是某个常数,以后设 $K\leqslant \frac{6}{5}\pi^{\dagger}$, 则多项式系在空间 $B^2(\Delta_2)$ 中不完备.

**证** 显然函数 $f(z)=\frac{1}{z}\in B^2(\Delta_2)$, 因此只要证明不可能存在多项式,它在空间 $B^2(\Delta_2)$ 中能逼近函数 $\frac{1}{z}$ 即可.

设 $0<\rho<1$, 而 $D_\rho$ 为圆环 $\rho<|z|<1$ 与区域 $\Delta_2$ 相交成的区域, $S_\rho$ 是区域 $D_\rho$ 关于圆环 $\rho<|z|<1$ 的余集.为此,只要证明,必存在 $\rho, 0<\rho<1$, 使得对任意的多项式

$$P_n(z)=\sum_{k=0}^{n}a_kz^k, \text{ 量}$$

$$I_{P_n}(\rho)=\iint_{D_\rho}\left|\frac{1}{z}-P_n(z)\right|^2dxdy \tag{5.11}$$

满足

$$\inf_{\{P_n\}}I_{P_n}(\rho)>0 \tag{5.12}$$

就够了.

现在来计算(5.10)所确定的值 $I_{P_n}(\rho)$. 显然,

$$I_{P_n}(\rho)=\iint_{\rho<|z|<1}-\iint_{S_\rho}=I_1-I_2, \tag{5.13}$$

其中

$$I_1=\iint_{\rho<|z|<1}\left(\frac{1}{z}-\sum_{k=0}^{n}a_kz^k\right)$$

---

† 在 Келдыш 的文献[71]中的条件是 $Q(r)\leqslant K(1-r)^{2+\varepsilon},\varepsilon>0$, 但从证明来看,$\varepsilon$ 是可以删去的,只要对常数$K$加上这里的条件即可.

$$\cdot\left(\frac{1}{z}-\sum_{k=0}^{n} a_k z^k\right)dxdy$$

$$=\int_{\rho}^{1}\int_{0}^{2\pi}\left(\frac{1}{r}e^{-i\theta}-\sum_{k=0}^{n} a_k r^k e^{ik\theta}\right)$$

$$\cdot\left(\frac{1}{\gamma}e^{i\theta}-\sum_{k=0}^{n} \bar{a}_k r^k e^{-ik\theta}\right) r\,dr\,d\theta$$

$$=2\pi\left(\ln\frac{1}{\rho}+\sum_{k=0}^{n}|a_k|^2\frac{1-\rho^{2(k+1)}}{2(k+1)}\right)$$

$$\geqslant \pi(1-\rho)\left(2+\sum_{k=0}^{n}\frac{|a_k|^2}{k+1}\right), \tag{5.14}$$

且在利用 Cauchy-Буняковский 不等式及(5.10)后得到

$$I_2=\iint_{S_\rho}\left|\frac{1}{z}-\sum_{k=0}^{n} a_k z^k\right|^2 dxdy$$

$$\leqslant\iint_{S_\rho}\left(2+\sum_{k=0}^{n}\frac{|a_k|^2}{k+1}\right)\left(\frac{1}{2|z|^2}+\sum_{k=0}^{n}(k+1)|z|^{2k}\right)dxdy$$

$$\leqslant\iint_{S_\rho}\left(2+\sum_{k=0}^{n}\frac{|a_k|^2}{k+1}\right)\left(\frac{1}{2|z|^2}+\frac{1}{(1-|z|^2)^2}\right)dxdy$$

$$=\left(2+\sum_{k=0}^{n}\frac{|a_k|^2}{k+1}\right)\int_{\rho}^{1}\left(\frac{1}{2r^2}+\frac{1}{(1-r^2)^2}\right)Q(r)dr$$

$$\leqslant\left(2+\sum_{k=0}^{n}\frac{|a_k|^2}{k+1}\right)\int_{\rho}^{1}\left(\frac{1}{2r^2}\right.$$

$$\left.+\frac{1}{(1-r)^2(1+r)^2}\right)K(1-r)^2dr$$

$$\leqslant K-\frac{5}{6}\left(2+\sum_{k=0}^{n}\frac{|a_k|^2}{k+1}\right)(1-\rho),\ \frac{1}{2}<\rho<1. \tag{5.15}$$

比较(5.13),(5.14)与(5.15),利用 $K\leqslant\frac{6}{5}\pi$, 得到

$$I_{P_n}(\rho) > \left(\pi - \frac{5}{6}K\right)\left(2 + \sum_{k=0}^{n} \frac{|a_k|^2}{k+1}\right)(1-\rho)$$

$$\geqslant 2\left(\pi - \frac{5}{6}K\right)(1-\rho), \frac{1}{2} < \rho < 1.$$

上式右边部分是不依赖于多项式 $P_n(z)$ 的正常数，因此就得到了(5.12)。定理 2 证毕。

满足条件 (5.10) 的区域很多，这种区域在几何上也很容易构造出来。Келдыш 本人也给出了这种区域的边界曲线：

$$y^2 = 1 - x^2$$

及

$$y^2 = (x+\lambda)(1-x)^{\alpha}, 0 < \lambda < 1, \alpha > \phi_0.$$

在 Келдыш 得到了上述二个定理后，自然地会问，能否得到一个刻划月形区域的一个充要条件，使得多项式系在此月形区域上按面积平均逼近意义下是完备的?

苏联的 Шагинян 曾对这个问题作出了深刻的研究，后来知道其中必要性判别法是精确的，而充分性判别法是精确到一次近似．后来 Джрбашян 完美地解决了这个问题，其充分性判别法是精确地与 Шагинян 的必要性判别法相符合．现在我们就来介绍他们的工作．

设 $\Delta$ 是月形区域，其外部边界为 $\Gamma_1$，内部边界为 $\Gamma_2$，又设 $G$ 是以 $\Gamma_1$ 为边界所围的单连通区域，它包有月形区域 $\Delta$.

若多项式系在月形区域 $\Delta$ 中按面积平均逼近意义下是完备的，则对于任意函数 $f(z) \in H^2(\Delta)$，存在多项式序列 $\{P_n(z)\}$，使得

$$\iint_{\Delta} |f(z) - P_n(z)|^2 dxdy < \varepsilon_n, \tag{5.16}$$

其中 $\varepsilon_n \downarrow +0$，因此得到

$$\iint_{\Delta} |P_n(z)|^2 dxdy < M, \tag{5.17}$$

其中 $M$ 是不依赖于 $n$ 的常数。

首先证明下列引理.

**引理1** 设满足条件

$$\iint_{\Delta}|P_n(z)|^2dxdy \leqslant M,$$

(其中$M$是不依赖于$n$的常数)的任意一个多项式族$\{P_n(z)\}$在区域$G_1 \supset \Delta$中都构成正规族,则多项式系在空间$B^2(\Delta)$上是不完备的.

**证** 设$d_1$是$G_1$内任意区域,它与$\Delta$及$\Delta$关于$G_1$的余集都有公共点,且$\bar{d}_1 \subset G_1$. 若多项式系在空间$B^2(\Delta)$中是完备的,则对任意函数$f(z) \in B^2(\Delta)$,存在多项式系列$\{P_n(z)\}$,满足条件(5.16). 因而(5.17)成立.

根据引理1的条件,多项式序列$\{F_n(z)\}$在$G_1$内构成正规族. 设$P_{n_k}(z)$是区域$\bar{d}_1$中一致收敛的子序列. 另一方面,由于(5.16)成立,因此完全可以像在上节定理3的注2证明一样,可以认为多项式序列$P_n(z)$,因而多项式序列$P_{n_k}(z)$在$\Delta$内一致收敛到函数$f(z)$. 这说明,函数$f(z)$可以解析开拓到区域$\bar{d}_1$,即可以开拓到$\Delta$关于$G_1$的余集中. 显然,不是任意一个函数$f(z) \in H^2(\Delta)$有此性质. 这矛盾就证明了引理1是成立的.

由此看出,任意一个正规族判别法,同时也给出了多项式系在$B^2(\Delta)$中是不完备的判别法. 当然,一般地可以讨论在区域$G_1$内的解析函数系,而不一定是多项式系. Шагинян 在这方面作出了研究.

为了简单起见,设月形区域$\Delta$的边界$\Gamma_1$及$\Gamma_2$有连续改变的切线,其公共点在$z=1$,且$\Gamma_1$的内部所围的区域记作$G_1$,而$G_1$的内部包有$\Gamma_2$($z=1$除外). 再设月形区域$\Delta$位于单位圆$|z|<1$内,而在重点处曲线$\Gamma_1$与$\Gamma_2$都与直线$\mathrm{Re}\, z=1$相切. 用$L$表示曲线$\Gamma_1$与$\Gamma_2$之间在$z=1$附近的"平均曲线",即曲线$L$经过点$z=1$,且在$z=1$附近的其它点上与曲线$\Gamma_1$及$\Gamma_2$是等距的,在其他处位于$\Gamma_1$与$\Gamma_2$之间. 设$L$是闭的光滑曲线. 又设对于充分小的$r$,圆周$|z-1|=r$与$L$的两个交点分别为

$z_1(r)$ 与 $z_2(r)$，且 $z_i(r)$ 到月形区域$\Delta$的边界的距离为 $\sigma_i(r)$，$i=1,2$. 令

$$\sigma(r)=\min(\sigma_1(r),\sigma_2(r)),$$

函数 $\sigma(r)$ 单调下降地趋向于零. 这是刻划月形区域$\Delta$在重点 $z=1$ 处的"宽度".

设 $\rho(r)$ 是一个当 $r\to+0$ 时单调地趋向于$+\infty$的函数.

用 $S_{\rho(r)}(\bar{G}_1)$ 表示在区域 $G_1$ 解析，闭区域 $\bar{G}_1$ 上至多除去 $z=1$ 连续的函数类，其中每一个函数 $f(z)$ 满足

$$|f(z)|\leqslant e^{A_f\rho(|z-1|)},z\in\bar{G}_1,z\neq 1, \tag{5.18}$$

其中常数 $A_f$ 可以依赖于 $f$. 显然，任意一个多项式必属于此函数类.

我们有下列的定理

**定理 3** (Шагинян[124-127]) 在上述条件下，若函数族 $\{f_\eta(z)\}$ 中每一个函数 $f_\eta(z)\in S_{\rho(r)}(\bar{G})$，且 $\rho(r)$ 满足

$$\int_0 \rho(r)dr<+\infty, \tag{5.19}$$

又设

$$\iint_\Delta |f_\eta(z)|^2dxdy\leqslant M, \tag{5.20}$$

其中$M$是不依赖于 $\eta$ 的常数.

若刻划月形区域$\Delta$"宽度"的函数 $\sigma(r)$ 满足

$$\int_0 \ln\sigma(r)dr>-\infty, \tag{5.21}$$

则函数族 $\{f_\eta(z)\}$ 在区域 $G_1$ 内构成正规族.

在证明这个定理以前，我们先证明一个估计式，这是最大模定理的一个应用.

**引理 2** 设单位圆 $|z|<1$ 内的有界调和函数 $u(z)$ 满足

$$u(z)=\begin{cases}1,z\in\{|z|=1\}\cap\{|z-1|<R\},\\0,z\in\{|z|=1\}\cap\{|z-1|\geqslant R\},\end{cases} \tag{5.22}$$

则有下列的估计式

$$u(z) > \frac{2}{\pi} \arcsin \frac{R-r}{R+r}, \ |z| < 1,$$

$$\text{且 } |z-1| = r < R < 1. \tag{5.23}$$

**证** 考虑函数

$$w(z) = \frac{2}{\pi} \cdot \frac{1}{i} \ln \frac{i(\sqrt{R} - \sqrt{z-1})}{\sqrt{R} + \sqrt{z-1}},$$

它是单位圆 $|z| < 1$ 内的解析函数. 显然有

$$v(z) = \operatorname{Re} w(z) = \frac{2}{\pi} \arcsin \frac{R - |z-1|}{|R-(z-1)|},$$

它是单位圆 $|z| < 1$ 内有界调和函数. 容易看出,函数 $v(z)$ 在弧 $\{|z|=1\} \cap \{|z-1|<R\}$ 上的极限值 $\leqslant 1$,而在弧 $\{|z|=1\} \cap \{|z-1| \geqslant R\}$ 上的极限值 $\leqslant 0$. 利用最大模原理可以得到

$$u(z) > v(z) = \frac{2}{\pi} \arcsin \frac{R-|z-1|}{|R-(z-1)|}, \ |z| < 1.$$

特别地在 $|z-1| = r$ 上就得到了(5.23).

**推论** 设 $l$ 是单位圆周 $|z| = 1$ 被 $|z-1| < R < 1$ 所截得的圆弧,则对于单位圆内的正值调和函数,

$$u(z) = \frac{1}{2\pi} \int_l P(r, t-\theta) dt, \ z = re^{i\theta}, r < 1, \tag{5.24}$$

其中 $P(r,\theta)$ 为 Poisson 核,

$$P(r,\theta) = \frac{1-r^2}{1-2r\cos\theta + r^2},$$

于是(5.23)式成立.

现在我们来证明定理. 这里所用的方法与证明 Phragmén-Lindelöf 定理时所用的方法有某些类似.

由(5.19)与(5.21),必存在单调函数 $\mu(r) < 0, \mu(r) \to -\infty$ ($r \to 0$ 时), 使得满足

$$1° \qquad \frac{\mu(3r)}{\mu(r)} \to -\infty, \tag{5.25}$$

$$2° \qquad \mu(3r) - 3\ln\sigma(r) \to -\infty, \tag{5.26}$$

3° $$\int_0 \mu(r)dr > -\infty. \tag{5.27}$$

现在来构造一个函数 $u(z)$. 设 $g(e^{i\theta}) < 0$ 是除去 $\theta = 0$ 以外的连续函数，它在 $\theta = 0$ 的邻域中与 $\mu(r)$ 的取值相同：

$$g(e^{i\theta}) = \mu(|e^{i\theta} - 1|), |\theta| < \alpha,$$

其中 $\alpha$ 是某个小数.

令
$$u(z) = \frac{1}{2\pi}\int_0^{2\pi} g(e^{it})P(r, t-\theta)dt, z = re^{i\theta}.$$

由于(5.27)，它是单位圆 $|z| < 1$ 内的调和函数. 用调和函数的极限值定理，我们知道

$$\lim_{z \to e^{i\theta}} u(z) = g(e^{i\theta}), \theta \neq 0$$

以及

$$\lim_{z \to 1} u(z) = -\infty.$$

这里都是考虑单位圆 $|z| < 1$ 内的角度极限值. 现在我们要估计它趋向于$-\infty$的速度.

利用引理 2 的推论，当 $R < \frac{\alpha}{2}$ 时，设 $l = \{|z| = 1 \cap |z - 1| < R\}$，我们有

$$\begin{aligned} u(z) &< \frac{1}{2\pi}\int_l g(e^{it})P(r, t-\theta)dt \\ &= \frac{1}{2\pi}\int_l \mu(|e^{it} - 1|)P(r, t-\theta)dt \\ &\leqslant \mu(R) \cdot \frac{\pi}{2} \arcsin\frac{R-r}{R+r}, \ |z-1| \leqslant r < R < 1. \end{aligned}$$

令 $R = 3r$，得到

$$u(z) < \frac{1}{3}\mu(3r), |z-1| \leqslant r, |z| < 1.$$

设 $v(z)$ 是函数 $u(z)$ 的调和共轭函数，令

$$G(z) = e^{u(z)+iv(z)}, |z| < 1,$$

则在 $|z-1| = r$ 时(这里 $r$ 充分小)，

$$|G(z)| < e^{\frac{1}{3}\mu(3r)}. \tag{5.28}$$

考虑函数

$$g_\eta(z)=f_\eta(z)G(z),f_\eta(z)\in S_{\rho(r)}(\overline{G}_r).$$

显然,函数 $g_\eta(z)$ 在 $G_1$ 内解析,在闭区域 $\overline{G}_1$ 上除去 $z=1$ 以外是连续的。在 $z\in\overline{G}_1,z\neq 1$ 处,由于(5.28)及(5.25)得到

$$|g_\eta(z)|\leqslant e^{\frac{1}{3}\mu(3r)}e^{A_f\rho(r)},\ |z-1|=r,\ |z|<1.$$

因此,当 $z\to 1$ 时 $(z\in\overline{G}_1)$, 由(5.25)得到

$$\lim g_\eta(z)=0.$$

由此推出, $g_\eta(z)$ 是区域 $G_1$ 内解析,闭区域 $\overline{G}_1$ 上的连续函数。

现在我们来估计函数 $g_\eta(z)$ 在曲线 $L$ 上的模。

因为以曲线 $L$ 上的点 $z_i(r)$ 为中心,半径为 $\sigma(r)$ 的圆都位于区域 $\Delta$ 内,其中 $i=1,2$, 因此根据平均值定理,利用(5.20)得到

$$\begin{aligned}&\pi[\sigma(r)]^2|f_\eta(z_i(r))|^2\\&\leqslant\iint\limits_{|\zeta-z_i(r)|<\sigma(r)}|f_\eta(\zeta)|^2d\xi d\eta,\zeta=\xi+i\eta,\\&\leqslant\iint\limits_{\Delta}|f_\eta(\zeta)|^2d\xi d\eta\leqslant M,\ i=1,2,\end{aligned}$$

即

$$|f_\eta(z_i(r))|\leqslant\frac{\sqrt{M}}{\sqrt{\pi}\,\sigma(r)},i=1,2.$$

注意到上式右边的量不依赖于 $\eta$, 即不依赖于函数族 $\{f_\eta(z)\}$ 中每一个函数,因此在利用了(5.28)后知,

$$|g_\eta(z)|=|G(z)||f_\eta(z)|\leqslant\sqrt{\frac{M}{\pi}}\,e^{-\ln\sigma(r)}e^{\frac{1}{3}\mu(3r)},$$

$$|z-1|=r,|z|<1.$$

利用(5.26),由上式知,函数族 $\{g_\eta(z)\}$ 在 $L$ 上一致有界:

$$|g_\eta(z)|\leqslant c_1,z\in L,$$

其中 $c_1$ 是不依赖于 $\eta$ 的常数。

由于函数 $g_\eta(z)$ 在 $G_1$ 解析, $\overline{G}_1$ 上连续,因此上述不等式在 $L$ 所围的区域上也成立,即函数族 $\{g_\eta(z)\}$ 在 $L$ 所围的区域上构成正规族。从证明的过程可以看出,函数族 $\{g_\eta(z)\}$ 就在区域

$\bar{G}_1$ 上构成正规族.

由于函数 $G(z)$ 的模在任何有界闭集 $F\subset G_1$ 上有正的下界，因此函数族 $\{f_\eta(z)\}$ 在 $G_1$ 内也构成正规族. 定理 3 证毕.

因为任何一个多项式显然属于 $S_{\rho(r)}(\bar{G}_1)$，其中函数 $\rho(r)$ 满足条件(5.19)，因此从定理 3 立刻得到定理 4.

**定理 4** 在定理 3 的条件下，若多项式族 $\{P_\eta(z)\}$ 满足条件

$$\iint_{\Delta}|P_\eta(z)|^2dxdy\leqslant M,$$

其中常数$M$不依赖于 $\eta$，且刻划月形区域$\Delta$在重点 $z=1$ 处的宽度 $\sigma(r)$ 满足.

$$\int_0 \ln\sigma(r)dr>-\infty,$$

则多项式族 $\{P_\eta(z)\}$ 在区域 $G_1$ 内构成正规族.

由引理 1 及定理 4 容易得到下列定理.

**定理 5** (Шагинян[124]-[128]) 若刻划月形区域$\Delta$在重心 $z=1$ 处附近的宽度函数 $\sigma(r)$ 满足条件(5.21)，则多项式系在空间 $B^2(\Delta)$ 中是不完备的.

由此看出，刻划月形区域 $\Delta$ 在重点 $z=1$ 附近的宽度函数 $\sigma(r)$ 满足

$$\int_0 \ln\sigma(r)dr=-\infty \tag{5.29}$$

是多项式系在空间 $B^2(\Delta)$ 上完备的必要条件. 类似的方法也可以证明，条件(5.29)是多项式系在空间 $B^p(\Delta),p>0$ 完备的必要条件.

此外，我们还想对定理 3 作些补充. 从定理 3 的证明可以看出，条件(5.20)是用来估计函数 $f_\eta(z_i(r))$ 在曲线 $L$ 上的模

$$|f_\eta(z_i(r))|\leqslant\sqrt{\frac{M}{\pi}}\frac{1}{\sigma(r)}, \tag{5.30}$$

其中$M$是不依赖于$\eta$的常数，若进一步地，对于 $\rho(r)$ 与 $\sigma(r)$ 分别满足条件(5.19)与(5.21)，则可以得到在$L$所围的闭区域上除去重心 $z=1$ 的任意一个邻域中的估计式. 这个情况可以更清楚地

用下面的定理来表示.

**定理 6** 若函数类 $S_{\rho(r)}(\bar{G}_1)$ 中的函数族 $\{f_\eta(z)\}$ 在 $G_1$ 的边界曲线 $L$† 上满足条件.

$$|f_\eta(z)| \leqslant M_1 e^{\varphi(|z-1|)},$$

其中 $M_1$ 是不依赖于 $\eta$ 的常数,而函数 $\varphi(r)$ 单调地趋向于 $+\infty$ (当 $r \to 0$ 时),则当积分

$$\int_0 \rho(r) dr < +\infty \tag{5.31}$$

与

$$\int_0 \varphi(r) dr < +\infty \tag{5.32}$$

收敛时,必存在一个在 $r > 0$ 时的正连续函数 $\Phi(r)$, 它不依赖于 $\eta$ 及 $M_1$, 使得在由 $L$ 所围的,位于圆 $|z-1| < r$ 外的区域上,对族 $\{f_\eta(z)\}$ 中所有的函数,都满足

$$|f_\eta(z)| \leqslant M_1 \Phi(r).$$

证明是很显然的,只要将 $\ln \sigma(r)$ 看作 $\varphi(r)$ 即可.

**推论** 设 $g_n(z)$ 是函数类 $S_{\rho(r)}(\bar{G}_1)$ 中的函数,其中 $\rho(r)$ 满足(5.31),且函数 $e^{-\varphi(|z-1|)}$ 中的函数 $\varphi(r) \uparrow +\infty$ 满足条件(5.32).又设函数系 $\{g_n(z)\}$ 在 $L$ 上,加权 $e^{-\varphi(|z-1|)}$ 收敛,即任给 $\varepsilon > 0$,存在自然数 $N$, 使得当 $n > N, m > n$ 时,

$$e^{-\varphi(|z-1|)} |g_n(z) - g_m(z)| < \varepsilon, z \in L, z \neq 1$$

(若将 $z = 1$ 看作极限值,也可认为此式在 $z = 1$ 时也成立),则函数系 $\{g_n(z)\}$ 在 $L$ 所围的除去 $z = 1$ 的邻域后的闭区域中也是一致收敛的,且其极限函数是由函数 $g_n(z)$ 在 $L$ 上的极限函数经过解析开拓后得来的.

事实上,由推论的条件可知

$$|g_n(z) - g_m(z)| < \varepsilon e^{\varphi(|z-1|)}, z \in L, z \neq 1.$$

因此,由定理 6 得到在 $L$ 所围的闭区域内,除去 $|z-1| < r$ 后,有

$$|g_n(z)| - g_m(z)| < \varepsilon \Phi(r).$$

由此可得到推论.

† 以前用"中间曲线" $L$ 是为了得到估计式(5.30).

用此结果可以用来研究单位圆内曲线上具有权的一致逼近加在权上的必要条件，也可以研究单位圆内月形区域上具有权一致逼近加在权上的必要条件。这里不准备讨论了，有兴趣的读者可以参看文献[100]，[101]与[102]。

此外，利用上述方法还可以研究曲线上加权平均逼近，加在权上的条件。

**定理 7**[124-128] 若多项式系 $\{P_n(z)\}$ 在曲线 $L$ 上具有权 $e^{-\varphi(|z-1|)}$ 平均收敛，即任给 $\varepsilon>0$，存在自然数 $N$，使得当 $n>N, m>N$ 时，

$$\int_L e^{-\varphi(|z-1|)}|P_n(z)-P_m(z)|^2|dz|<\varepsilon, \tag{5.33}$$

则若 $\varphi(r)\uparrow+\infty$ 且满足条件(5.32)，多项式系 $\{P_n(z)\}$ 就在 $L$ 所围的区域 $G_1$ 内部一致收敛，且极限函数是多项式系 $\{P_n(z)\}$ 在曲线 $L$ 上的极限函数的解析开拓。

**证** 完全可以像在证明定理 3 时一样，构造 $L$ 所围区域内解析函数 $G(z)$，使得函数 $G(z)(P_n(z)-P_m(z))$ 在 $L$ 所围的闭区域 $\bar{G}_1$ 上连续，内部解析，且满足

$$|G(z)|^2<e^{-\varphi(|z-1|)}. \tag{5.34}$$

设 $F$ 是曲线 $L$ 所围的区域 $G_1$ 内部任意闭集，则对任意 $z\in F$ 有

$$(P_n(z)-P_m(z))G(z)=\frac{1}{2\pi i}\int_L\frac{(P_n(\zeta)-P_m(\zeta))G(\zeta)}{\zeta-z}\,d\zeta.$$

因此，当 $z\in F$ 时，利用(5.34)得到

$$|P_n(z)-P_m(z)|\leqslant\frac{1}{|G(z)|}\frac{\sqrt{|L|}}{2\pi}\sqrt{\int_L|P_n(\zeta)-P_m(\zeta)|^2|G(\zeta)|^2|d\zeta|}\frac{1}{\min\limits_{\substack{\zeta\in L\\ z\in F}}|\zeta-z|}\leqslant C(F)\sqrt{\varepsilon},$$

即多项式序列在有界闭集 $F\subset G_1$ 上一致收敛到某个极限函数 $S(z)$。

现在证明函数 $S(z)$ 是多项式系 $P_n(z)$ 在曲线 $L$ 上的极限函数的解析开拓。

事实上，由(5.33)及(5.34)，对任给 $\varepsilon > 0$，存在 $N$，使当 $n > N, m > N$ 时，

$$\int_L |G(z)|^2 |P_n(z) - P_m(z)|^2 |dz| < \varepsilon. \tag{5.35}$$

利用将 $L$ 所围的区域 $G_1$ 保角映射到单位圆 $|w| < 1$ 的函数 $w = \varphi(z)$（其反函数记作 $z = \phi(w)$），在(5.35)得到

$$\int_{|w|=1} |G(\phi(w))\phi'(w)^{\frac{1}{2}}|^2 |P_n(\phi(w)) - P_m(\phi(w))|^2 |dw| < \varepsilon.$$

利用 Hardy 空间 $H^2$ 的性质，由上式推出，对于任意的 $\rho, 0<\rho<1$，

$$\int_{|w|=\rho} |G(\phi(w))\phi'(w)^{\frac{1}{2}}|^2 |P_n(\phi(w)) - P_m(\phi(w))|^2 |dw| < \varepsilon,$$

由此得到

$$\int_{|w|=\rho} |G(\phi(w))\phi'(w)^{\frac{1}{2}}|^2 |P_n(\phi(w)) - S(\phi(w))|^2 |dw| < \varepsilon. \tag{5.36}$$

这就推出函数 $G(\phi(w))\phi'(w)^{\frac{1}{2}}S(\phi(w))$ 属于 Hardy 空间 $H^2$，因此 $G(\phi(w))\phi'(w)^{\frac{1}{2}}S(\phi(w))$ 几乎处处有角度边界值，且属于 $L^2(|w| = 1)$。这就推出 $S(\phi(w))$，因而 $S(z)$ 在 $L$ 上几乎处处有边界值，记作 $S_1(z)$。利用解析函数的边界性质，由(5.36)可得

$$\int_{|w|=1} |G(\phi(w))\phi'(w)^{\frac{1}{2}}|^2 |P_n(\phi(w)) - S_1(\phi(w))|^2 |dw| < \varepsilon,$$

因此有

$$\int_L |G(z)|^2 |P_n(z) - S_1(z)|^2 |dz| < \varepsilon.$$

这表示多项式系 $P_n(z)$ 在曲线 $L$ 上的极限函数 $S_1(z)$ 可以解析开拓到 $G_1$ 内，得到函数 $S(z)$。

定理 7 证毕。

从定理 7 看出，条件

$$\int_0 \varphi(r)dr = +\infty \tag{5.37}$$

是上述加权 $e^{-\varphi(|z-1|)}$ 多项式平均逼近(见(5.33))的必要条件;因为不是每一个实现逼近的多项式 $P_n(z)$ 序列在 $L$ 上的极限函数，可以解析开拓到由 $L$ 所围的区域 $G_1$ 上。

现在我们准备给出一个在空间 $B^2(\Delta)$ 中多项式系是完备的，加在非 Carathéodory 区域$\Delta$上的一个充分性判别法. 这里我们介绍 Джрбашян 的工作[39,40],它的充分性判别法与 Шагинян 的必要性判别法是一致的[121-129].

设 $\Delta_0$ 是圆周 $|z-1|=1$, $\left|z-\frac{1}{2}\right|=\frac{1}{2}$ 所围的月形区域，其重点在 $z=0$, 而$\Delta$是位于 $\Delta_0$ 内且拓扑等价于 $\Delta_0$ 的月形区域，其重点也位于 $z=0$. 我们用 $l(r)$ 表示圆周 $z=r$ 与$\Delta$交集的线性测度，这是刻划月形区域$\Delta$在重点 $z=0$ 附近的宽度。从前面的定理 3 知道,条件

$$\int_0 \ln l(r)dr = -\infty \tag{5.38}$$

是多项式系在空间 $B^2(\Delta)$ 上是完备的必要条件.

Джрбашян 在对函数 $l(r)$ 的分析性质作出一些假定后，证明这个条件也是充分的,其证明的方法是用 Cauchy 积分变换法,这方法还可以用到无界曲线及区域上多项式系的完备性问题上去. 在证明 Джрбашян 定理以前,我们只补充一些有关整函数理论中的 Newton 折线法,它本身也有独立的意义.

设函数

$$f(z) = \sum_{n=0}^{+\infty} a_n z^n \tag{5.39}$$

是超越整函数,即它不是多项式且满足

$$\lim_{n\to+\infty} \sqrt[n]{|a_n|} = 0. \tag{5.40}$$

虽然满足条件(5.40)的序列 $\{|a_n|\}$ 很快地趋向于零,但是其变化规律仍然可以很复杂. 现在我们构造整函数 $f(z)$ 的控制函数,使

得其系数都非负，且满足条件(5.40)，但其系数变化的规律就比较正规，此时控制函数与原来的函数 $f(z)$ 仍有一些公共的重要特性。这样的方法称为序列的正则化方法，我们在这里所介绍的 Newton 折线法是正则化方法中的一种。有兴趣的读者可参看 Мандельбройт 的著作[91]。序列正则化方法在拟解析函数理论中有很大的应用。

令

$$C_n=|a_n|,\ \ln C_n=-g_n,\ |z|=r.$$

由条件(5.40)知，

$$\lim_{n\to+\infty}\frac{g_n}{n}=+\infty,\tag{5.41}$$

且对任意的 $r$，序列 $C_nr^n$，收敛到零(当 $n\to+\infty$时)。因此必存在最大项，

$$\mu(r)=\mu(r,f)=\max_{n\geq 0}C_nr^n,\tag{5.42}$$

它被称为函数 $f(z)$ 的最大项，使(5.38)中达到最大值的 $n$ 可能有 $n$ 个，但必是有限个，其中最大者称为最大项的中心指标，记作 $N(r)$ 或 $N(r,f)$。

$$\mu(r)=\max_{n\geq 0}C_nr^n=C_{N(r)}r^{N(r)}.$$

可以证明，$N(r)$ 是非减，取非负整数值且趋向于$+\infty$(当 $r\to+\infty$时)的右连续函数。

事实上，设 $r_1>r$，则

$$\mu(r_1)=C_{N(r_1)}r^{N(r_1)}\geq C_{N(r)}r_1^{N(r)}\geq C_{N(r)}r^{N(r)}\left(\frac{r_1}{r}\right)^{N(r)}$$

$$\geq C_{n(r_1)}r^{N(r_1)}\left(\frac{r_1}{r}\right)^{N(r)},$$

由此得

$$\left(\frac{r_1}{r}\right)^{N(r_1)}\geq\left(\frac{r_1}{r}\right)^{N(r)},$$

即 $N(r_1)\geq N(r)$。此外，若 $N(r)$ 是有界的，则显然有

$$\mu(r)=\max_{n\geqslant 0}C_n r^n=C_{n(r)}r^{N(r)}=O(r^k),$$
其中 $k$ 为某个固定整数．由此不难证明函数 $f(z)$ 是一个多项式：这就违反了函数 $f(z)$ 是超越整函数的假定． 因此 $N(r)\uparrow+\infty$．最后，利用

$$C_{N(r_1)}r_1^{N(r_1)}\geqslant C_{n(r)}r_1^{N(r)},r_1>r,$$

令 $r_1\to r+o$，得到

$$C_{n(r+o)}r^{N(r+o)}\geqslant C_{n(r)}r^{N(r)},$$

因此由 $N(r)$ 的定义得到

$$N(r+o)=N(r).$$

此外，函数 $\mu(r)$ 也是非减，趋向于$+\infty$(当 $r\to+\infty$时)的右连续函数．事实上，非减性是明显的．若函数 $\mu(r)$ 有界，则容易推出 $C_n=0,n\geqslant 1$，即 $f(z)=$常数．最后，$\mu(r)$ 的右连续性可以从 $N(r)$ 的右连续性推导出来．

现在我们在 $(x,y)$ 平面上考虑坐标为 $(n,g_n)$ 的点 $A_n,n=0,1,2,\cdots$；若 $C_n=0$，则 $g_n=+\infty$，此时不考虑这种点．由于(5.41)，线段 $OA_n$ (见图)与 $x$ 轴的夹角趋向于 $\frac{\pi}{2}$，即其角系数趋向于$+\infty$．

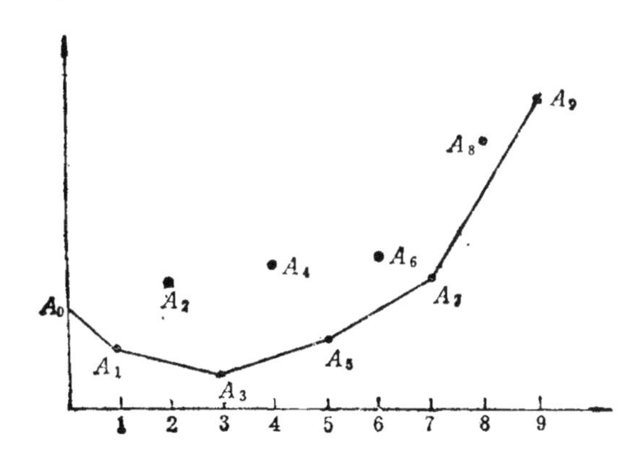


现在我们利用这些点 $A_n,n=0,1,\cdots$ 作一个折线，使得所有的点 $A_n$ 或都在此折线上，或其无穷子序列位于此折线上，但其

余的点必在此折线上面．事实上，设 $g_0 \neq +\infty$，则以 $A_0$ 为起点，负 $y$ 轴的方向的射线在按逆时针改变方向时必与点列 $A_n$ 中某个点相交，将在逆时针改变方向时，首先与 $A_n$ 中点列相交的点记作 $A_{i_1}, A_{i_2}, \cdots, A_{i_k}$. 此方向记作 $l_1$（由于(5.41)，这种交点只可能有限多个）．我们取指标最大的一个，设为 $A_{i_k}$，作折线 $A_0A_{i_k}$，显然所有的点 $A_n, n = 0, 1, \cdots, i_k$ 必在此折线上或在此折线的上面，然后以 $A_{i_k}$ 为起点，方向为 $l_1$ 的射线再按逆时针改变方向（起点 $A_{i_k}$ 保持不变），又会再一次地与序列 $A_n(n = i_k + 1 \cdots)$ 中的点相交．像上面一样取点，如此不断地进行，就能够得到我们所需要的折线．若 $g_0 = g_1 = \cdots = g_{p-1} = +\infty$，但 $g_p \neq +\infty$，则我们从 $A_p$ 出发，像上面一样地进行考虑，只是对所得到的折线再加上从 $A_p$ 出发平行于 $Oy$ 轴的射线，这样我们仍得到一条具有上述性质的折线．显然，在任何情况下，折线是一个下凸曲线，此折线称为 Newton 折线或 Hadamard 折线，记作 $\pi(f)$.

考虑折线上所有具有横坐标为 $n$ 的点 $G_n, n = 0, 1, \cdots$，若 $g_0 = g_1 = \cdots = g_{p-1} = -\infty, g_p \neq +\infty$，则令 $G_n = +\infty$，$n = 0, 1, \cdots, p-1$. 显然有

$$G_n \leqslant g_n, n = 0, 1, 2, \cdots,$$

且在无穷点列上相等，即

$$|C_n| \leqslant e^{-G_n}, n = 0, 1, 2, \cdots.$$

考虑函数

$$w(r, \pi(f)) = \sum_{n=0}^{+\infty} e^{-G_n} r^n,$$

它是函数 $f(z)$ 的控制函数，且 $\pi(w) = \pi(f)$.

现在我们证明函数 $f(z)$ 的最大项 $\mu(r)$. 最大项的中心指标 $N(r)$ 与函数 $w(r, \pi(f))$ 的完全一样，且可以通过几何方式表示出来．由(5.42)得

$$\begin{aligned} \ln \mu(r) &= \max_{n \geqslant 0}(\ln |C_n| + n \ln r) = \max_{n \geqslant 0}(n \ln r - g_n) \\ &= -\min_{n \geqslant 0}(g_n - n \ln r). \end{aligned} \tag{5.43}$$

考虑斜率为 $\ln r$ 的直线，其中 $r_0 < r < +\infty$ 为任意数，$r_0$ 为某个固定数，必存在一条直线，它与 $\pi(f)$ 的顶点相交，可能交于多个点，且此直线下面没有序列 $(n, G_n)$ 及 $A_n$ 中点. 设此直线与折线的交点为 $(n, G_n), n_1 \leqslant n \leqslant n_l$，而其中有些 $G_{n_k} = g_{n_k}$，即在这一段上有点 $(n_k, g_{n_k}), n_1 \leqslant n_k \leqslant n_l$. 容易看出，此直线与 $y$ 轴相交的纵坐标为

$$G_n - n\ln r = g_{n_k} - n_k \ln r, 1 \leqslant k \leqslant l,$$

而通过点 $(n, G_n)$ 以 $\ln r$ 为斜率的直线与 $y$ 轴相交的纵坐标为 $G_n - n\ln r$. 从图形上可以看出，显然有

$$G_n - n\ln r > g_{n_k} - n_p \ln r, n \neq n_k, 1 \leqslant k \leqslant l.$$

因此通过点 $(n, g_n)$ 以 $\ln r$ 为斜率的直线与 $y$ 相交的纵坐标满足

$$g_n - n\ln r \geqslant g_{n_k} - n_k \ln r,$$

且在且只在 $n = n_k$, $1 \leqslant k \leqslant l$ 上达到函数 $g_n - n\ln r$ 的最小值. 因而函数 $\ln|C_n| + n\ln r$ 在点 $n = n_k, 1 \leqslant k \leqslant l$ 上达到最大值.

此外，由(5.43)以及 $N(r)$ 的定义看出，

$$N(r) = n_l.$$

从几何上来看，即以斜率为 $\ln r$ 的直线. 若与折线 $\pi(f)$ 相交时，且此直线下没有折线上的点，则交点的最大横坐标等于 $N(r)$. 反过来，容易看出，对于折线 $\pi(f)$ 上的任意顶点，必存在 $r$ 使得此顶点所对应的横坐标是函数 $\mu(r)$ 的中心指标. 从上面的讨论容易看出，函数 $f(z)$ 与 $w(r, \pi(f))$ 的最大项与最大项的中心指标是一样的.

现在用 $G_n$ 来具体计算 $\mu(r)$ 与 $N(r)$ 的值. 显然，$\pi(f)$ 上相邻两点 $(n-1, G_{n-1}), (n, G_n)$ 的斜率为 $G_n - G_{n-1}$. 令

$$R_n = e^{G_n - G_{n-1}}.$$

因为 $G_n - G_{n-1}$ 是单调上升且趋向于 $+\infty$，因此 $R_n \uparrow +\infty$.

若 $G_0 \neq +\infty$，即 $C_0 \neq 0$，则

$$e^{G_n}=R_n\cdot R_{n-1}\cdots R_1\frac{1}{C_0};\tag{5.44}$$

若 $G_0=G_1=\cdots=G_{p-1}=+\infty$，但 $G_p\neq+\infty$，即 $C_0=C_1=\cdots=C_{p-1}=0, C_p\neq 0$，则

$$e^{G_n}=R_n\cdot R_{n-1}\cdots R_{p+1}\frac{1}{C_p},\quad n=p+1\cdots.\tag{5.45}$$

比较斜率 $\ln r$ 与折线斜率 $G_n-G_{n-1}$，即比较 $r$ 与 $e^{G_n-G_{n-1}}=R_n$，容易得到

$$R_{n(r)}\leqslant r<R_{N(r)+1},\tag{5.46}$$

且当 $C_0\neq 0$ 时

$$\begin{aligned}\mu(r)&=C_{N(r)}r^{N(r)}=e^{-g_{N(r)}}r^{N(r)}=e^{-G_{N(r)}}r^{N(r)}\\&=\frac{C_0r^{N(r)}}{R_1\cdot R_2\cdots R_{N(r)}};\end{aligned}\tag{5.47}$$

而当 $C_0=C_1=\cdots C_{p-1}=0, C_p\neq 0$ 时，

$$\begin{aligned}\mu(r)&=C_{N(r)}r^{N(r)}=e^{-g_{N(r)}}r^{N(r)}=e^{-G_{N(r)}}r^{N(r)}\\&=\frac{C_pr^{N(r)}}{R_{p+1}\cdot R_{p+2}\cdots R_{N(r)}}.\end{aligned}\tag{5.48}$$

顺便指出，在这种情况下，$\pi, N(0)=p$. 由此看出，$N(r)$ 是右连续，分段取非负整数值的单调上升趋向于$+\infty$的函数.

反过来，Valiron 证明，任给一个右连续，分段取整数值的单调上升函数 $H(r), r>0$，可以构造一个整函数 $g(z)$，其中心指标为$H(r)$. 事实上，考虑其所有的间断点，将这些间断点记作 $R_i$，其中指标 $i$ 是按公式(5.46)来编号，其中取 $N(r)=H(r)$. 一般地说，指标 $i$ 只是自然数的一个子序列，因此补上一些 $R_j$，它的值是原来 $R_i$ 中的值，并保持(5.46)不变，且全部 $\{R_j\}$ 与全部 $\{R_i\}$ 中指标的全体是全体自然数，或全体自然数除去前面有限多个自然数. 这样一来，我们就得到了数列:

$0<R_1\leqslant R_2\cdots\leqslant R_n\leqslant\cdots$，$R_n\uparrow+\infty$，当 $H(0)=0$ 时，

或

$0<R_{p+1}\leqslant R_{p+2}\cdots\leqslant R_n\leqslant\cdots, R_n\uparrow+\infty$，当 $H(0)=0$ 时，

利用数列 $\{R_n\}$，可以按(5.44)或(5.45)来确定所有的 $G_n$ 以及按(5.47),(5.48)来确定函数 $\mu(r)$，其中 $N(r)=H(r)$，且 $C_0$ 及 $C_p$ 是任取的正数．利用 $e^{G_n}$ 构造整函数 $R(z)$：

$$R(z)=\sum_{n=0}^{+\infty} e^{-G_n}z^n$$

(当 $H(0)=p\neq 0$ 时,前 $p$ 的系数为零)．显然,整函数 $R(z)$ 的最大项即是我们所构造的 $\mu(r)$，最大项的中心指标即是 $H(r)$．

如果对于上面所构造的 $\{R_n\}$ 的方法不大习惯的话，则可以用下面的方式来构造．

设 $0<K_1<K_2<\cdots<K_n<\cdots$ 是函数 $H(r)$ 的跳跃点，其右端的极限值对应地为 $\alpha_n, n=1,2,\cdots,\alpha_n$ 为非负整数，$\alpha_n\uparrow+\infty$．

$$H(r)=\alpha_n, K_n\leqslant r<K_{n+1}.$$

构造函数

$$\mu(r)=\frac{\mu(r_0)}{r_0^{\alpha_0}}\frac{r^{\alpha_n}}{K_1^{\alpha_1-\alpha_0}K_2^{\alpha_2-\alpha_1}\cdots K_n^{\alpha_n-\alpha_{n-1}}},$$

$$K_n\leqslant r<K_{n+1}, n=0,1,\cdots,$$

其中当 $H(0)=0$ 时,取 $\alpha_0=0$,而 $\mu(r_0)=C_0$ 是任意正数,且

$$R_1=R_2=\cdots=R_{\alpha_1}=K_1,$$

$$R_{\alpha_1+1}=R_{\alpha_1+2}=\cdots=R_{\alpha_2}=K_2,\cdots;$$

当 $H(0)=p\neq 0$ 时,则取

$$\alpha_0=p,\ \frac{\mu(r_0)}{r_0^p}=C_p$$

是任意正数,且

$$R_{p+1}=\cdots=R_{\alpha_1}=K_1,$$

$$R_{\alpha_1+1}=R_{\alpha_1+1}=\cdots K_{\alpha_2}=K_2,\cdots.$$

这样一来，就确定了全部 $\{R_n\}$，以后的讨论就与上面完全一样了．

现在我们证明最大项 $\mu(r)$ 与最大项的中心指标 $N(r)$ 之间的一个关系式．

**引理 3** 对任意的 $r_0>0$，当 $r>r_0$ 时，有

$$\ln\mu(r)=\ln\mu(r_0)+\int_{r_0}^{r}\frac{N(t)}{t}dt. \tag{5.49}$$

**证** 不妨设 $C_0\neq 0$，若 $R_{(N)}<R_{N+1}$，则因为当 $R_N\leqslant t<R_{N+1}$ 时，$N(t)=N$，因此有

$$\int_{R_N}^{R_{N+1}}\frac{N(t)}{t}dt=N\ln\frac{R_{N+1}}{R_N}=\ln\frac{R_{N+1}^N}{R_N^N}. \tag{5.50}$$

显然，当 $R_N=R_{n+1}$ 时，(5.46)也成立. 因此

$$\int_{R}^{R_N}\frac{N(t)}{t}dt=\ln\frac{R_N^{N-1}}{R_{N-1}^{N-1}}\cdot\frac{R_{N-1}^{N-2}}{R_{N-2}^{N-2}}\cdots\frac{R_3^1}{R_2^1}\cdot\frac{R_2}{R_1}$$

$$=\ln\frac{R_N^{N-1}}{R_{N-1}\cdots R_1}.$$

若 $R_N\leqslant r<R_{N+1}$，则有

$$\int_{R_N}^{r}\frac{N(t)}{t}dt=N\ln\frac{r}{R_N}=\ln\frac{r^N}{R_N^N},$$

因此就有

$$\int_{R_1}^{r}\frac{N(t)}{t}dt=\ln\frac{r^N}{R_N\cdots R_1}.$$

由此容易证明，当 $r_0\geqslant R_1, r\geqslant R_1$ 时，(5.49)成立.

当 $0<r_0<R_1, r>r_0$ 时，也易证明(5.48)成立.

若 $C_0\neq 0$，即 $N(0)=0$ 时，则容易看出，(5.48)中的 $r_0$ 可以取为零.

引理 3 证毕.

现在利用上面的引理来证明另一个引理，后者在逼近论上是起了很大作用的.

设实函数 $p_0(r)$ 定义在半射线 $[a,+\infty]$ 上，其中 $a\geqslant 0$，且当 $r$ 充分大时 $(r\geqslant r_0)$，可以表示为

$$p_0(r)=p_0(r_0)+\int_{r_0}^{r}\frac{\omega(t)}{t}dt, \tag{5.51}$$

其中函数 $\omega(t)\geqslant 0$ 且 $\uparrow+\infty$. 以后我们把满足这样条件的函数记作 $p_0(r)\in A$. 若 $p_0(r)\in A$，则对任意自然数 $n$，存在积分

$$m_n = \int_a^{+\infty} e^{-p_0(r)} r^n dr, n = 0,1,2,\cdots. \quad (5.52)$$

事实上，对任何 $n$，必存在 $r_1$，使当 $r > r_1$ 时，$w(r) \geq n+2$。由此从(5.47)推出，当 $r > r_1 > r_0$ 时，

$$p_0(r) \geq c + (n+2)\ln r, \quad (5.53)$$

其中 $c$ 为常数。由(5.49)就容易推出积分(5.49)收敛。

考虑函数

$$T(r) = \max_{n \geq 1} \frac{r^n}{\sqrt{m_{2n}}}, \quad r \geq 0. \quad (5.54)$$

它类似于整函数中的最大项。容易看出，函数 $T(r)$，当 $r \geq 0$ 是单调上升函数。

若 $T(r^*) \neq +\infty$，则 $T(r) = +\infty$。当 $r \geq r^*$ 时，只要研究 $T(r)$ 在 $[0, r^*)$ 上的变化就够了。

完全像在前面对整函数的最大项所进行的讨论一样，可以证明，$T(r)$ 是非减、右连续函数。

这个函数是 Островский (Ostrowski) 引进的[109]，它在函数逼近论、在拟解析函数论上起了重要的作用。

下面我们将对函数 $T(r)$ 的下界作出估计。这个估计式是通过函数 $p_0(r)$ 来实现的，在证明中需要充分地用到函数 $p_0(r)$ 的特性。

**引理 4** 存在常数 $\sigma > 0$，它不依赖于 $r$，使当 $r$ 充分大时，

$$\ln T(r) \geq \sigma p_0(r). \quad (5.55)$$

**证** 我们要估计 $m_{2n}$ 的上界。现在设法使(5.48)中的被积函数与某一个整函数的最大项相联系，而此最大项的估计式又与函数 $p_0(r)$ 有关。这样就能实现要求。

用 $N(t)$ 表示函数 $\frac{1}{2}\omega(t)$ 在 $t \geq r_0(r_0 > a)$ 时的整数部分，因此它是一个右连续、单调上升、趋向于$+\infty$的函数。不妨认为，函数 $N(t)$ 在整个正实轴$[0, +\infty)$上具有这些性质。

根据上面提到的 Valiron 的结果，存在整函数

$$\Phi(z) = \sum_{n=0}^{+\infty} d_n z^n, d_n \geqslant 0, n = 0, 1, \cdots,$$

使得 $N(t)$ 是其最大项

$$m(r) = \max_{n \geqslant 0} d_n r^n,$$

的中心指标，则由引理 3 知，

$$\ln m(r) = \ln m(r_0) + \int_{r_0}^{r} \frac{N(t)}{t} dt. \tag{5.56}$$

由于

$$\frac{1}{2}\omega(t) = N(t) + \alpha(t), 0 \leqslant \alpha(t) < 1.$$

因此，对于函数 $\frac{1}{2}p_0(r)$，从(5.51)可以得到下列估计式，

$$\begin{aligned}\frac{1}{2}p_0(r) &= \frac{1}{2}p_0(r_0) + \frac{1}{2}\int_{r_0}^{r} \frac{\omega(t)}{t} dt \\ &= \frac{1}{2}p_0(r_0) + \int_{r_0}^{r} \frac{N(t)}{t} dt + \int_{r_0}^{r} \frac{\alpha(t)}{t} dt,\end{aligned}$$

因而有

$$\begin{aligned}\frac{1}{2}p_0(r_0) + \int_{r_0}^{r} \frac{N(t)}{t} dt &\leqslant \frac{1}{2}p_0(r) \\ &\leqslant \frac{1}{2}p_0(r_0) + \ln\frac{r}{r_0} + \int_{r_0}^{r} \frac{N(t)}{t} dt.\end{aligned} \tag{5.57}$$

比较(5.56)与(5.57)后得到

$$\begin{aligned}\ln m(r) - \ln m(r_0) + \frac{1}{2}p_0(r_0) &\leqslant \frac{1}{2}p_0(r) \\ &\leqslant \ln m(r) - \ln m(r_0) + \frac{1}{2}p_0(r_0) + \ln\frac{r}{r_0}.\end{aligned}$$

因此，必存在两个常数 $c_1$ 与 $c_2, c_1 < c_2$（不依赖于 $r$，以后把常数记作 $c_i, i = 1, 2, \cdots$），使得

$$\frac{c_1}{r_m(r)} \leqslant e^{-\frac{1}{2}p_0(r)} \leqslant \frac{c_2}{m(r)}, \quad r \geqslant r_0 \tag{5.58}$$

因为对于任意的 $n \geqslant 1, m(r) \geqslant d_n r^n$，因此由(5.58)的右边

不等式可以得到 $m_n$ 的上界估计式:

$$m_n=\int_a^{+\infty}e^{-p_0(r)}r^n dr\leqslant\frac{c_2}{d_n}\int_a^{+\infty}e^{-\frac{1}{2}p_0(r)}dr$$

$$=\frac{c_3}{d_n},d_n\neq 0,\qquad(5.59)$$

因此

$$T(r)\geqslant c_4\max_{n\geqslant 0}\sqrt{d_{2n}}\,r^n.\qquad(5.60)$$

用 $E_1$ 表示$[1,+\infty)$上的点 $r$ 的集合,使得

$$m(r)=\max_{n\geqslant 1}d_{2n}r^{2n};$$

用 $E_2$ 表示 $E_1$ 关于$[1,+\infty)$的余集.

因此

$$m(r)=\max_{n\geqslant 1}d_{2n}r^{2n},r\in E_1;$$

$$m(r)=\max_{n\geqslant 1}d_{2n-1}r^{2n-1},r\in E_2.$$

由(5.60),当 $r\in E_1$ 时,可以得到

$$T(r)\geqslant c_4\max_{n\geqslant 1}\sqrt{d_{2n}r^{2n}}=c_4\sqrt{m(r)},$$

因此从(5.58)的左边得到

$$\ln T(r)\geqslant c_5-\frac{1}{2}\ln r+\frac{1}{4}p_0(r).$$

利用(5.53),取 $0<\sigma<\frac{1}{4}$, 当 $r$ 充分大时, 就可以得到 (5.55).

当 $r\in E_2$ 时,像在得到(5.59)时一样,可以得到

$$m_{2n}\leqslant\frac{c_6}{d_{2n-1}},$$

因此有

$$T(r)\geqslant c_7\max_{n\geqslant 1}\sqrt{d_{2n-1}r^{2n}}$$

$$=c_7r^{\frac{1}{2}}\max_{n\geqslant 1}\sqrt{d_{2n-1}r^{2n-1}}\geqslant c_7\sqrt{r_m(r)}.$$

完全像上面一样也可以得到(5.55).

引理 4 证毕。

现在我们再介绍由 Carleman 所得到的一个唯一性定理，这是在证下一个定理时要用到的，我们用引理的形式写出。

**引理 5** (Carleman[25]或[81]) 设函数 $f(z)$ 在右半平面 $\mathrm{Re}\ z>0$ 解析，$\mathrm{Re}\ z\geqslant 0$ 上连续。若函数 $f(z)$ 满足下列三个条件：

1° 它在右半平面上的增长不高于一个指数型整函数。

$$|f(z)|\leqslant Ae^{\sigma|z|},\mathrm{Re}\ z\geqslant 0,$$

其中 $A$ 与 $\sigma$ 为常数。

2°

$$|f(\pm iy)|<\mu(y)\to 0,(y\to+\infty).$$

3°

$$\int_0^{+\infty}\frac{\ln\mu(y)}{1+y^2}dy=-\infty,$$

则 $f(z)\equiv 0$。

**证** 若 $f(z)\not\equiv 0$，则根据已知的 Carleman 公式(类似于 Jensen 公式，可参看文献[81])，我们有

$$\begin{aligned}0&\leqslant\sum_{0<d\leqslant r_k\leqslant R}\left(\frac{1}{r_k}-\frac{r_k}{R^2}\right)\cos\theta_k\\&\leqslant\frac{1}{\pi R}\int_{-\frac{\pi}{2}}^{\frac{\pi}{2}}\ln|f(\mathrm{Re}^{i\theta})|\cos\theta d\theta\\&\quad+\frac{1}{2\pi}\int_d^R\ln|f(iy)||f(-iy)|\cdot\left(\frac{1}{y^2}-\frac{1}{R^2}\right)dy+O(1)\\&=I_1+I_2+O(1),\end{aligned}\tag{5.61}$$

其中 $r_ke^{i\theta_k}$ 是函数 $f(z)$ 在区域 $\{(0<d<|z|<R)\cap\mathrm{Re}\ z>0\}$ 内的零点。

由条件 1° 容易得到

$$I_1=O(1).$$

由条件 2°及 3°得到

$$I_2\leqslant\frac{1}{2\pi}\int_d^R\left(1-\frac{y^2}{R^2}\right)\frac{2\ln\mu(y)}{y^2}dy$$

$$\leqslant \frac{1}{2\pi}\int_{\alpha}^{R}\left(1-\frac{y^2}{R^2}\right)\frac{2\ln\mu(y)}{y^2}dy+O(1)$$

$$\text{（认为当 } y\geqslant\alpha \text{ 时，} \mu(y)<1\text{）}$$

$$\leqslant \frac{1}{2\pi}\int_{\alpha}^{\frac{R}{2}}\left(1-\frac{y^2}{R^2}\right)\frac{2\ln\mu(y)}{y^2}dy+O(1)$$

$$\leqslant \frac{1}{2\pi}\int_{\alpha}^{\frac{R}{2}}\frac{3}{4}\cdot\frac{2\ln\mu(y)}{y^2}dy+O(1)\leqslant-\infty,$$

这显然是与(5.61)相矛盾．引理 5 得证．

现在我们证明下列的重要定理．

**定理 8**(Джрбашян[39]) 设$\Delta$是月形区域，其重点为 $z=0$ 且位于圆周 $|z-1|=1$ 及 $\left|z-\frac{1}{2}\right|=\frac{1}{2}$ 所围的月形区域 $\Delta_0$ 中．用 $l(r)$ 表示圆周 $|z|=r$ 与月形区域$\Delta$交集的线性测度，设 $l(r)=e^{-p(r)}$，其中函数 $rp'(r)$ 存在且单调地趋向于$-\infty$，则

$$\int_0 \ln l(r)dr=-\infty \tag{5.62}$$

是多项式系在$\Delta$上，在按面积平均逼近意义下在空间 $B^2(\Delta)$ 上是完备的充分条件．

**证** 从泛函分析中定理知道，若对任意二个函数 $g(z)\in B^2(\Delta)$ 与 $f(z)\in B^2(\Delta)$，引进内积

$$(g,f)=\iint_{\Delta}g(z)\overline{f(z)}\,dxdy,$$

则 $B^2(\Delta)$ 是一个 Hilbert 空间，其中任意一个线性泛函 $l(g)$ 可以表示为

$$l(g)=\iint_{\Delta}g(z)\overline{f(z)}\,dxdy,\quad f(z)\in H^2(\Delta).$$

根据 Hahn-Banach 定理，要使多项式系在空间 $B^2(\Delta)$ 上是完备的充要条件是对空间 $B^2(\Delta)$ 中任意一个线性泛函 $l(g)$，若由

$$l(z^n)=0,\quad n=0,1,2,\cdots,$$

可以推出

$$l(g)=0,\ g\in H^2(\Delta),$$

因此根据上面讨论,只要假设

$$l(z^n)=\iint\limits_{\Delta}\overline{f(z)}\,z^n dxdy=0, n=0,1,2,\cdots, f\in B^2(\Delta), \tag{5.63}$$

能推出 $f(z)\equiv 0$ 就够了.

为此,考虑 Cauchy 积分变换

$$F(z)=\iint\limits_{\Delta}\frac{\overline{f(\zeta)}}{\zeta-z}\,d\xi d\eta, \zeta=\xi+i\eta, \tag{5.64}$$

将它的 Cauchy 核在无穷远点展开为 Laurent 级数. 从(5.63)容易看出, 当 $|z|>1$ 时, $F(z)$ 解析且 $F(z)\equiv 0$, 因此就有闭区域 $\Delta$ 的余集中包有 $z=\infty$ 的构成区域 $\Delta_\infty$ 上 $F(z)\equiv 0$. 现在我们要证明,在闭区域 $\bar{\Delta}$ 的余集中不包含有 $z=\infty$ 的构成区域 $\Delta_2$ 中 $F(z)\equiv 0$.

由于当 $r\to 0$ 时, $rp'(r)$ 单调地趋向于$-\infty$, 且 $l(r)=e^{-p(r)}$ 满足条件(5.62),因此可以像在得到(5.53)时一样可以证明,在(5.64)中可以在 $z=0$ 处积分号下求导数:

$$F^{(n)}(0)=n!\iint\limits_{\Delta}\frac{\overline{F(\zeta)}}{\zeta^{n+1}}\,d\xi d\eta=0, n=0,1,\cdots, \tag{5.65}$$

其中最后一个等式是利用当 $z\in\Delta_\infty$ 时, $F(z)\equiv 0$ 而得到的.

由于有下列的恒等式

$$\frac{1}{\zeta-z}=\frac{1}{\zeta}+\frac{z}{\zeta^2}+\cdots+\frac{z^{n-1}}{\zeta^n}+\frac{z^n}{\zeta^n(\zeta-z)},$$

因此根据(5.60),对于区域 $\Delta_2$ 中的解析函数 $F(z)$, 下列的表示式成立:

$$F(z)=z^n\iint\limits_{\Delta}\frac{\overline{f(\zeta)}}{\zeta^n(\zeta-z)}\,d\xi d\eta, n=0,1,\cdots, z\in\Delta_2.$$

我们只考虑圆 $\left|z-\frac{1}{4}\right|\leqslant\frac{1}{4}$ 内的 $z$. 显然,当 $\zeta\in\Delta$ 时,

$$|\zeta-z|\geqslant c_8|\zeta|^2,\ c_8>0,$$

因而在圆 $\left|z-\frac{1}{4}\right| \leqslant \frac{1}{4}$ 上，对任意的 $n$，利用 $f(z) \in B^2(\Delta)$，就得到

$$|F(z)| \leqslant c_9 |z|^n \iint_\Delta \frac{|f(\zeta)|}{|\zeta|^{n+2}} d\xi d\eta$$

$$\leqslant c_{10} |z|^n \left\{\iint_\Delta \frac{d\xi d\eta}{|\zeta|^{2n+4}}\right\}^{\frac{1}{2}}, \quad \left|z-\frac{1}{4}\right| \leqslant \frac{1}{4}. \tag{5.66}$$

令 $w=\frac{1}{z}$，区域 $\Delta$ 就变为 $w$ 平面上的区域 $D$，它显然位于半平面 $\mathrm{Re}\, w > \frac{1}{2}$ 上，而区域 $\left|z-\frac{1}{4}\right| < \frac{1}{4}$ 变为半平面 $\mathrm{Re} w > 2$。因此，函数 $F_1(w)=F\left(\frac{1}{w}\right)$ 就在半平面 $\mathrm{Re} w \geqslant 2$ 上解析，且由(5.66)得到其估计式：

$$|F_1(w)| \leqslant \frac{c_{11}}{|w|^n} \left\{\iint_D |s|^{2n} d\sigma dt\right\}^{\frac{1}{2}},$$

$$s=\sigma+it, \mathrm{Re} w \geqslant 2. \tag{5.67}$$

容易证明，半径为 $t$ 的圆周 $|w|=t$ 与区域 $D$ 相交的线性测度为

$$e^{-(p(\frac{1}{t})-2\ln t)} \triangleq e^{-p_0(t)},$$

其中

$$tp_0'(t) = -\left[\frac{1}{t} p'\left(\frac{1}{t}\right)+2\right].$$

由于 $rp'(r)$ 单调地趋向于 $-\infty$，因此 $tp_0'(t)$ 单调地趋向于 $+\infty$，即 $p_0(r)$ 有积分表示式(5.51)，其中 $\omega(t)=tp_0'(t) \geqslant 0$，$\uparrow +\infty$。除此以外，还有

$$\int^{+\infty} \frac{p_0(t)}{t^2} dt = \int_0 p_0\left(\frac{1}{r}\right) dr = \int_0 (p(r)+2\ln r) dr$$

$$= c_{11} + \int_0 p(r) dr = c_8 - \int_0 \ln l(r) dr = +\infty. \tag{5.68}$$

由(5.67)推出，当 $\mathrm{Re} w \geqslant 2$ 时，

$$|F_1(w)| \leqslant \frac{c_{12}}{|w|^n}\left\{\int_{\frac{1}{2}}^{+\infty} e^{-p_0(r)} r^{2n} dr\right\}^{\frac{1}{2}} = \frac{c_{12}}{\frac{|w|^n}{\sqrt{m_{2n}}}}, \quad n = 0, 1, \cdots,$$

其中 $m_{2n}$ 由公式(5.52)所确定．由于 $n$ 的任意性，可以得到

$$|F_1(w)| \leqslant \frac{c_{12}}{\max\limits_{n \geqslant 0} \frac{|w|^n}{\sqrt{m_{2n}}}}, \quad \mathrm{Re}\, w \geqslant 2.$$

利用引理 4，当 $\mathrm{Re}\, w \geqslant 2$，$|w|$ 充分大时，

$$|F_1(w)| \leqslant c_{13} e^{-\sigma p_0(t)}, \tag{5.69}$$

其中 $\sigma$ 为某个正数．

比较(5.69)，(5.68)与 Carleman 定理(即这里的引理 5)中三个条件，可以推出

$$F_1(w) \equiv 0, \ \mathrm{Re}\ w \geqslant 2,$$

即

$$F(z) \equiv 0, \ \left|z - \frac{1}{4}\right| \leqslant \frac{1}{4},$$

因而在 $\Delta_2$ 上，

$$F(z) \equiv 0.$$

由此任取一点 $a \in \Delta_2$，就有 $F^{(n)}(a) = 0$．即

$$I\left(\frac{1}{(z-a)^n}\right) = \iint\limits_{\Delta} \frac{\overline{f(\zeta)}}{(\zeta - a)^n} d\xi d\eta = 0, n = 0, 1, \cdots. \tag{5.70}$$

利用§4 中定理 4，函数系 $\left\{z^n, \frac{1}{(z-a)^m}\right\}$，$n = 0, 1, \cdots, m = 0, 1, \cdots$ 在空间 $B^2(\Delta)$ 中是完备的，即 $B^2(\Delta)$ 中任意一个函数可以在空间 $B^2(\Delta)$ 中被函数系 $\left\{z^n, \frac{1}{(z-a)^m}\right\}$ 中函数的线性组合来逼近．再根据 Hahn-Banach 定理，由泛函作用在这个函数系中每一个函数时，取值为零(见(5.63)及(5.70))，可以推出这个泛函恒为零，即 $f(z) \equiv 0$．定理 8 证毕．

**注 1** 前面已经讲过，只要区域 $\Delta$ 的边界满足 Шагинян 定理

(见本节定理 3) 中的条件，则条件 (5.62) 也是多项式系在空间 $B^2(\Delta)$ 中完备的必要条件.

需要指出，在文献 [100] 中，当考虑加权一致逼近时，若把 $e^{-\ln l(r)}$ 看作权函数,则对区域$\Delta$的边界不需加上分析条件,也可以证明，条件(5.62) 也是多项式系在加权一致逼近意义下的必要条件. 那里是先证得了加权一致逼近的结果,然后再导出 Шагинян-Джрбашян 按面积平均逼近意义下的结果，因此可以在空间 $B^p(\Delta)$，$p>0$ 中来考虑. 用本书上方法,我们也可以得到在空间 $B^p(\Delta)$,$p\geqslant 1$ 中的结果.

**注 2** 若 Carathéodory 区域$\Delta$不是位于区域 $|z-1|<1$ 中，而是位于某个角形区域中，则用保角变换可以化为这里的情况,只是将条件(5.62)换成另一个依赖于此角形区域宽度的积分. 在此,我们就不准备详细讨论了.

如果考虑另一类典型的非 Carathéodory 区域,如单位圆 $|z|<1$ 中除去剖线[0,1)后的区域,显然这里不能考虑 $B^2(\Delta)$ 中逼近,因为 $B^2(\Delta)$ 与 $H^2(|z|<1)$ 中的范数是一样的,但函数 $f(z)\in B^2(\Delta)$ 或 $f(z)\in H^2(|z|<1)$ 却有很大的差别. 在这种情况下,可以考虑加权一致逼近,其中权函数与点 $z$ 到割线之间的距离有关. 有关这方面可以参看 Шагинян 的工作[129]或[101],[102].

## §6. 无界集合上的逼近

在实变函数逼近论中知道，我们不能提出在实轴上用多项式进行一致逼近的问题，也不能提出在实轴上用多项式进行平均逼近的问题. 早在 1924 年 Бернштейн (Bernstein)[17] 就提出了下列形式的加权一致逼近问题: 设 $\mu(x)$ 是实轴上定义的非负值函数,且对任意的自然数 $n$ 满足,

$$\lim_{x\to\pm\infty}\mu(x)x^n=0.$$

考虑在所有实轴上连续,且满足

$$\lim_{x\to\pm\infty} \wp(x)f(x) = 0$$

的函数 $f(x)$ 所构成的集合 $C[\wp(x)]$. 试问，若要多项式系在实轴上，在空间 $C[\wp(x)]$ 中在一致逼近意义下是完备的，即

$$\inf \sup_{-\infty<x<+\infty} \wp(x)|f(x) - P(x)| = 0,$$

$$f(x) \in C[\wp(x)],$$

其中下确界是对所有的多项式而取的，则加在权 $\wp(x)$ 上的充要条件是什么? Бернштейн 在对权 $\wp(x)$ 的分析性质作了一些限制后得到了完备的充要条件. 以后很多数学家对这个问题作出了深刻研究. 1956 年 Мергелян 彻底地解决了这个问题(见文献 [96] 或 Ахиезер 的文章[10]). 同时人们也有兴趣地来研究复平面的无界曲线或无界区域上加权多项式一致逼近问题. 在这方面 Шагинян[129,128] 与 Джрбашян[40,41] 都有深刻的研究. 这里我们介绍 Джрбашян 的工作.

设 $L$ 是复平面上由有限条无界连通曲线 $L_i$, $1 \leqslant i \leqslant n$ 所组成的集合，而每一条连通曲线都只可能有有限个延伸到无穷的分支. 集合 $L$ 具有下面二个性质.

1° 它不包有圈圈，这表示 $L$ 的余集的构成区域都是无界区域，且在平面的任意一个有界部分是可求长的.

2° 它的余集的构成区域都是无界单连通区域 $G_i$, $1 \leqslant i \leqslant m$, 且每一个区域 $G_i$ 相应地都包有一个幅度为 $\dfrac{\pi}{\alpha_i}$, $\dfrac{1}{2} \leqslant \alpha_i < +\infty$ 的直线角 $\Delta_i$.

设在 $L$ 上定义了一个实连续函数 $p(z)$, 当 $|z|$ 充分大时，它满足

$$p(z) \geqslant p_0(|z|) = p_0(a) + \int_a^{|z|} \frac{\omega(t)}{t}\, dt, \tag{6.1}$$

其中 $a$ 为常数，函数 $\omega(t) \geqslant 0, \omega(t) \uparrow +\infty$. 这表示函数 $p_0(r)$ 是 $\ln r$ 的凸函数，粗糙地说，由于

$$\frac{dp_0(r)}{d\ln r} = rp_0'(r) = \omega(r) \uparrow +\infty,$$

因此 $p_0(e^t)$ 是 $t$ 的凸函数.

设 $C[e^{-p(z)}]$ 是 $L$ 上的连续函数类,其中每一个函数 $f(z)$ 在 $L$ 上连续且满足

$$\lim_{\substack{z\to\infty \\ z\in L}} e^{-p(z)}f(z) = 0.$$

像前面一样,可以证明

$$z^n \in C[e^{-p(z)}],\ n = 0, 1, \cdots.$$

若对函数类 $C[e^{-p(z)}]$ 引进范数,

$$||f|| = \sup_{z\in L} e^{-p(z)}|f(z)|,$$

则容易证明,函数类 $C[e^{-p(z)}]$ 是一个 Banach 空间. 由泛函分析中表示的定理可知,此空间中任意一个线性泛函 $I[f(z)]$ 有下列表示式:

$$I[f(z)] = \int_L e^{-p(z)}f(z)dg(\sigma), \tag{6.2}$$

其中函数 $g(\sigma)$ 是曲线 $L$ 上弧长为 $\sigma$ 的有界变差函数(这里,在 $L$ 的每一条构成曲线 $L_i$ 的每一个分支上适当取一点作为弧长的起点,且如果必要的话,可以认为弧长也可取负值),即

$$\int_L |dg(\sigma)| < +\infty. \tag{6.3}$$

我们也有类似于 §5 中引理 4 的引理.

**引理 1** 设函数 $p_0(r)$ 满足条件(6.1),令

$$S_n = \sup_{r\geq 1} e^{-p_0(r)}r^n \tag{6.4}$$

(若函数 $p_0(r)$ 在 $1\leqslant r\leqslant a$ 处没有定义,则可以开拓过去,仍使满足条件(6.1))及

$$T_1(r) = \sup_{n\geqslant 0}\frac{r^n}{S_n}, \tag{6.5}$$

则存在常数 $\sigma_1 > 0$,使得当 $r$ 充分大时,

$$\ln T_1(r) \geqslant \sigma_1 p_0(r). \tag{6.6}$$

**证** 容易看出,在(6.4)中,代替 $n$,可以考虑任何的正实数 $t$,即考虑

$$S_t = \sup_{r\geq 1} e^{-p_0(r)} r^t, \quad t \geq 0.$$

显然

$$S_{[t]} \leqslant S_t, \quad r^t \leqslant r^{[t]+1}, \quad r \geq 1,$$

因此对任意 $t \geqslant 0$ 得到

$$T_1(r) \geqslant \frac{r^{[t]}}{S_{[t]}} \geqslant \frac{1}{r}\frac{r^{[t]+1}}{S_t} \geqslant \frac{1}{r}\frac{r^t}{S_t}. \tag{6.7}$$

此外,我们再证明,对任意 $r_1 \geqslant 1$,必存在数 $t_1 \geqslant 0$,使得

$$S_{t_1} = e^{-p(r_1)} r_1^{t_1}. \tag{6.8}$$

事实上,我们有

$$\begin{aligned}\ln S_t &= \sup_{r\geq 1}(t\ln r - p_0(r)) \\ &= \sup_{x\geq 0}(tx - p_0(e^x)).\end{aligned}$$

因为 $p_0(e^x)$ 是下凸曲线,因此在给定了 $r_1$ 后,对于 $x_1 = \ln r_1$,可以考虑曲线 $y = p_0(e^x)$ 在点 $(x_1, p_0(e^{x_1}))$ 处的切线,其斜率记作 $t_1$。现在我们来证明,

$$\begin{aligned}\ln S_{t_1} &= \ln \max_{r\geq 1} r^{t_1} e^{-p_0(r)} = \max_{x\geq 0}(t_1 x - p_0(e^x)) \\ &= t_1 x_1 - p_0(e^{x_1}).\end{aligned}$$

证明的方法与在 §4 中证明引理 4 的方法有些类似。考虑直线族,

$$y = t_1 x + b.$$

如果此直线族通过点 $(X, p_0(e^X))$,则此直线为

$$y = t_1 x + (p_0(e^X) - t_1 X),$$

因此它与 $y$ 轴交点的纵坐标为 $p_0(e^X) - t_1 X$。特别地,若此直线通过点 $(x_1, p_0(e^{x_1}))$,则它与 $y$ 轴交点的纵坐标为 $p_0(e^{x_1}) - t_1 x_1$。从下凸曲线的性质容易看出,对所有的 $X \geqslant 0$,

$$p_0(e^X) - t_1 X \geqslant p_0(e^{x_1}) - t_1 x_1,$$

这就证明了上面的结论(6.8)。

这样,对任意的 $r_1$,取刚才作出的 $t_1$,由(6.7)就可以得到

$$T_1(r_1) \geqslant \frac{1}{r_1}\frac{r_1^{t_1}}{S_{t_1}},$$

再根据(6.6),对任意的 $r_1 \geqslant 1$,就有

$$\ln T_1(r_1) \geqslant p_0(r_1) - \ln r_1.$$

利用 $p_0(r)$ 的性质(6.1)，容易证明(6.6)成立，且可取 $\sigma_1$ 为任意一个小于 1 的正数。

引理 1 证毕。

现在来证明下列 Джрбашян 定理。

**定理 1** (Джрбашян[41]) 在上述的条件下，若

$$\int^{+\infty} \frac{p_0(r)}{r^{1+\omega}} dr = +\infty, w = \max(\alpha_1, \cdots, \alpha_n), \tag{6.9}$$

则多项式系在 $L$ 上，在空间 $C[e^{-p(z)}]$ 上是完备的，即

$$\inf_{\{P\}} \|f(z) - P(z)\| = 0,$$

其中下确界是对所有的多项式 $P(z)$ 而取的。

**证** 根据泛函分析中的 Hahn-Banach 定理我们知道，为了要证明这定理，只要证明对于空间 $C[e^{-p(z)}]$ 中的任意一个线性泛函 $l(f)$, $f \in C[e^{-p(z)}]$. 由 $l[z^n] = 0$, $n = 0, 1, 2, \cdots$, 能推出 $l(f) \equiv 0$ 就够了. 利用空间 $C[e^{-p(z)}]$ 中线性泛函的表示式(6.2)，只要从

$$l(z^n) = \int_L e^{-p(z)} z^n dg(\sigma) = 0, \quad n = 0, 1, 2, \cdots \tag{6.10}$$

推出函数 $g(\sigma)$ 在 $L$ 上几乎处处为常数即可。其中函数 $g(\sigma)$ 满足条件(6.3)。因此，这里就假设(6.10)成立。

像前面一样，考虑 Cauchy 积分变换，

$$F(z) = \int_L \frac{e^{-p(\zeta)}}{\zeta - z} dg(\sigma),$$

它表示一个在不同区域 $G_i$, $1 \leqslant i \leqslant m$ 上的解析函数。现在要证明，当 $z \in G_i$ 时，$F(z) \equiv 0$，其中 $1 \leqslant i \leqslant m$.

同样将 Cauchy 核表示为

$$\frac{1}{\zeta - z} = -\left[\frac{1}{z} + \frac{\zeta}{z^2} + \cdots + \frac{\zeta^{n-1}}{z^n} + \frac{\zeta^n}{z^n(z - \zeta)}\right].$$

因此，由条件(6.10)，当 $z \in G_i$ 时，$1 \leqslant i \leqslant m$. 对任意的 $n \geqslant 0$，我们有

$$|F(z)| = \left|\int_L \frac{e^{-p(\zeta)}\zeta^n}{z^n(z-\zeta)} dg(\sigma)\right|$$
$$\leqslant \frac{1}{|z|^n}\int_L \frac{e^{-p(\zeta)}|\zeta|^n}{|z-\zeta|} |dg(\sigma)|.$$

现在在区域 $G_i$ 的直线角 $\Delta_i$ 内部，再取一个具有同样幅度的直线角 $\Delta_i^*$，则当 $z\in\Delta_i^*, \zeta<L$时，有 $|z-\zeta|\geqslant c_{11}>0$，因此用记号(6.4)，再利用(6.3)，就可以得到

$$|F(z)|\leqslant \frac{c_{12}}{|z|^n}+\frac{c_{12}S_n}{|z|^n}\leqslant c_{13}\frac{S_n}{|z|^n},\quad z\in\Delta_i^*, 1\leqslant i\leqslant m.$$

因此，利用 $n$ 的任意性，就得到

$$|F(z)|\leqslant c_{13}\frac{1}{\max\limits_{n\geqslant 0}\frac{|z|^n}{S_n}},\quad z\in\Delta_i^*, 1\leqslant i\leqslant m.$$

这样一来，在利用引理 1 后，就得到

$$|F(z)|\leqslant c_{13}e^{-\sigma_1 p_0(|z|)},\quad z\in\Delta_i^*,\ 1\leqslant i\leqslant m. \tag{6.11}$$

现在设角 $\Delta_i^*$ 的顶点在 $A_i$，其分角线与正实轴的夹角为 $r_i$. 由于角 $\Delta_i^*$ 的幅度角为 $\frac{\pi}{\alpha_i}$，因此函数 $w=[e^{-ir_i}(z-A_i)]^{\alpha_i}$ 就将角 $\Delta_i^*$ 变为右半平面. 这样一来，当 Re $w\geqslant 0$ 且 $|w|$ 充分大时，由(6.11)得到

$$|F_1(w)| = |F_1(z)|\leqslant c_{13}e^{-\sigma_1 p_0(|e^{ir_i}w^{1/\alpha_i}+A_i|)}$$
$$\leqslant c_{13}e^{-\sigma_1 p_0(|w|^{1/\alpha_i}-|A_i|)}. \tag{6.12}$$

由此容易看出

$$\int_0^{+\infty}\frac{\ln|F_1(\pm it)|}{1+t^2}dt\leqslant -\sigma_1\int^{+\infty}\frac{p_0(t^{1/\alpha_1}-|A_i|)}{1+t^2}+O(1)$$
$$\leqslant -c_{14}\int^{+\infty}\frac{p_0(r)}{(r+|A_i|)^{1+\alpha_1}}dr+O(1)\ c_{14}>0,$$
$$=-\infty, \tag{6.13}$$

其中最后一个等式是利用定理 1 的条件(6.9)后得到的.

这样一来，比较(6.12)，(6.13)与 Carlemen 定理中的条件（见§5 中引理 5 中的三个条件）推出

$$F_1(w)\equiv 0,\ \mathrm{Re}w\geqslant 0.$$

由此根据函数 $F(w)$ 在 $G_i$ 上的解析性，$1\leqslant i\leqslant m$ 以及 $\Delta_i^*\subset G_i$ 推出，

$$F(z)\equiv 0,\ z\in G_i,\ 1\leqslant i\leqslant m. \tag{6.14}$$

下面我们来证明，利用(6.14)就可以得到函数 $g(\sigma)$ 在 $L$ 上几乎处处地为常数.

不妨设 $z=0\in L$，则作变换 $w=\frac{1}{z}$，在此变换下，集合 $L$ 就映射到某个集合 $L'$. 它是由有限条在 $w=0$ 处有重点的互不相交的可求长曲线组成，它们全体的余集的构成区域记作 $G_i'$（这是区域 $G_i$ 在映射 $w=\frac{1}{z}$ 下的像），函数 $g(\sigma)$ 变为函数 $g^*(\sigma')$，其中 $\sigma'$ 是 $L'$ 上的弧长. 显然有

$$\int_L |dg(\sigma)|=\int_{L'}|dg^*(\sigma')|,$$

因此函数

$$F_2(w)=F\left(\frac{1}{w}\right)=\int_{L'}\frac{e^{-p\left(\frac{1}{\zeta}\right)}dg^*(\sigma')}{\frac{1}{\zeta}-\frac{1}{w}}\equiv 0,$$

$$w\in G_i',\ 1\leqslant i\leqslant m,$$

即

$$F_2(w)=\int_{L'}\frac{e^{-p\left(\frac{1}{\zeta}\right)}\zeta dg^*(\sigma')}{\zeta-w}\equiv 0,$$

$$w\in G_i',\ 1\leqslant i\leqslant m.$$

由此在每一个区域 $G_i'$ 内取一点 $a_i'$，利用上述积分可以在点 $a_i'$ 处积分号下求微商，可以得到

$$F_2^{(n)}(a_i')=(n+1)!\int_{L'}\frac{e^{-p\left(\frac{1}{\zeta}\right)}\zeta dg^*(\sigma')}{(\zeta-a_i')^{n+1}}=0,$$

$$n=0,1,2,\cdots,\quad i=1,2,\cdots m. \tag{6.15}$$

此外，由于 $z=0\in L$，因此 $F(0)=0$，由此得

$$\int_{L'} e^{-p\left(\frac{1}{\zeta}\right)} \zeta d g^*(\sigma') = 0. \tag{6.16}$$

现在考虑线性泛函,

$$G[\phi] = \int_{L'} e^{-p\left(\frac{1}{\zeta}\right)} \zeta \phi(\zeta) d g^*(\sigma'), \tag{6.17}$$

其中 $\phi(\zeta) \in L'[e^{-p\left(\frac{1}{\zeta}\right)}\zeta]$,即 $\phi(\zeta)$ 在 $L'$ 上至多除去点 $\zeta=0$ 以外是连续的,且

$$\lim_{\zeta \to 0} e^{-p\left(\frac{1}{\zeta}\right)} \zeta \phi(\zeta) = 0. \tag{6.18}$$

我们证明,空间 $L'[e^{-p\left(\frac{1}{\zeta}\right)}\zeta]$ 上任意一个函数 $\phi(\zeta)$, 一定可以被此空间中在整个 $L'$ 上都连续且在 $\zeta = 0$ 处取值为零的函数 $\psi(\zeta)$ 一致逼近. 事实上,由于(6.18),对任给 $q > 0$,存在 $\zeta = 0$ 的邻域 $U'_\varepsilon(0)$, 使得在 $C_\varepsilon \triangleq U_\varepsilon(0) \cap L'$ 上成立.

$$|e^{-p\left(\frac{1}{\zeta}\right)} \zeta \phi(\zeta)| < \varepsilon. \tag{6.19}$$

现在定义

$$\psi(\zeta) = \begin{cases} \phi(\zeta), & \zeta \in L' - C_\varepsilon, \\ 0, & \zeta = 0, \\ \text{线性函数}, & \zeta \in C_\varepsilon, \end{cases}$$

则由(6.19)显然地有

$$|e^{-p\left(\frac{1}{\zeta}\right)} \zeta \psi(\zeta)| < \varepsilon, \ \zeta \in C_\varepsilon,$$

因而就有

$$e^{-p\left(\frac{1}{\zeta}\right)} |\zeta| \, |\phi(\zeta) - \psi(\zeta)| < 2\varepsilon, \ \zeta \in L'_0. \tag{6.20}$$

对于函数 $\psi(\zeta)$, 利用§1 中巳知逼近定理, 它能在 $L'$ 上被函数系 $\left\{1, \frac{1}{(\zeta - a'_i)^n}\right\}$, $i = 1, 2, \cdots, m$, $n = 1, 2, \cdots$ 中的函数的线性组合一致逼近. 由于函数 $e^{-p\left(\frac{1}{\zeta}\right)}\zeta$ 在 $L'$ 上是有界的, 因此函数 $\psi(\zeta)$ 在加权 $e^{-p\left(\frac{1}{\zeta}\right)}\zeta$ 意义下能被上述函数系的线性组合一致逼近. 由 (6.15) 与 (6.16), 再用 Hahn-Banach 定理知 $I[\varphi] = 0$, 即 $g^*(\sigma')$ 在 $L'$ 上几乎处处为常数,因而函数 $g(\sigma)$

在$L$上也几乎处处为常数.

定理1证毕.

由定理1立刻导出下面的定理.

**定理2** 设函数 $p(x)$ 是定义在实轴上的实连续函数，且具有定理1中的性质. 若

$$\int_{-\infty}^{+\infty}\frac{p_0(x)}{1+x^2}dx=+\infty, \tag{6.21}$$

则多项式系在实轴上在空间 $C[e^{-p(x)}]$ 中是完备的.

这定理的原始形式是属于 Бернштейн (Bernstein) 的[17].

现在研究在集合$L$上加权平均逼近意义下的完备性问题.

设集合$L$除了满足上述二个条件外，还具有第三个性质:

3° $L$的每一个分支的弧长$\sigma$在 $|z|$ 充分大时(设 $r=|z|\geqslant r_1>0$) 是 $|z|$ 的单值函数,且

$$d\sigma(z)\leqslant Me^{\frac{1-\delta}{1+\delta}p(z)}dz, \tag{6.22}$$

其中$M$是不依赖于$z$的常数,$\delta$是某个固定常数,$0<\delta<1$,且函数 $p(z)$ 具有上面提到的性质.

满足条件3°的曲线是很多的,若$L$是由有限条射线组成时即是.

我们用 $L^p[e^{-p(z)}]$ 记作$L$上的函数类,其中每一个函数$f(z)$满足

$$\int_L e^{-p(z)}|f(z)|^p d\sigma<+\infty,\ p>0. \tag{6.23}$$

像前面一样,利用(6.22)容易证明 $z^n\in L^p[e^{-p(z)}]$, $n=0,1,2,\cdots$.

我们有下列加权平均逼近定理.

**定理3** (Джрбашян[40]) 在上述条件下，若定理1的条件(6.9)满足,则多项式系在$L$上在空间 $L^p[e^{-p(z)}]$中是完备的,其中$p>0$,即

$$\inf_{\{P\}}\int_L e^{-p(z)}|f(z)-p(z)|^p d\sigma=0,\ p>0,$$

其下确界是对所有的多项式 $P(z)$ 而取的.

**证** 设函数 $f(z)\in L^p[e^{-p(z)}]$，则根据定义，必存在函数 $f(z)\in[e^{-p(z)}]$，它当 $|z|$ 充分大时为零，使得满足

$$\left\{\int_L e^{-p(z)}|f(z)-f_1(z)|^p d\sigma\right\}^{\frac{1}{p}}\triangleq\|f-f_1\|<\varepsilon,\qquad(6.24)$$

其中 $\varepsilon$ 为任意小的数.

此外，显然所有的连续函数在 $L$ 的任意有界部分，在空间 $L^p[e^{-p(z)}]$ 中是完备的，因此必存在连续函数 $f_2(z)$，它在 $|z|$ 充分大时为零，使得满足

$$\left\{\int_L e^{-p(z)}|f_1(z)-f_2(z)|^p d\sigma\right\}^{\frac{1}{p}}\triangleq\|f_1-f_2\|<\varepsilon.\qquad(6.25)$$

显然，$f_2(z)\in C[e^{\frac{\delta}{(1+\delta)p}p(z)}]$，因此由条件(6.9)，根据定理1，存在多项式 $Q(z)$，使得满足

$$e^{-\frac{\delta}{(1+\delta)p}p(z)}|f_2(z)-Q(z)|<\varepsilon,\ z\in L\qquad(6.26)$$

因此，当 $p\geqslant 1$ 时，由(6.24)，(6.25)与(6.26)得

$$\begin{aligned}\|f-Q\|&\leqslant\|f-f_1\|+\|f-f_2\|+\|f_2-Q\|\\&\leqslant 2\varepsilon+\left[\int_L e^{-p(z)}|f_2(z)-Q(z)|^p d\sigma\right]^{\frac{1}{p}}\\&\leqslant 2\varepsilon+\varepsilon\left[\int_L e^{-\frac{1}{1+\delta}p(z)}e^{-\frac{\delta}{1+\delta}p(z)}|f_2(z)-Q(z)|^p d\sigma\right]^{\frac{1}{p}}\\&\leqslant 2\varepsilon+\varepsilon\left[\int_L e^{-\frac{1}{1+\delta}p(z)}d\sigma\right]^{\frac{1}{p}}\\&\leqslant 2\varepsilon+\varepsilon\left[c_{14}+\left(M\int_{r1}^{+\infty}e^{-\frac{1}{1+\delta}p_0(r)}e^{-\frac{1-\delta}{1+\delta}p_0(r)}dr\right)^{\frac{1}{p}}\right]\\&\leqslant 2\varepsilon+\varepsilon\left[c_{14}+c_{15}\left(\int_{r_1}^{+\infty}e^{-\frac{\delta}{1+\delta}p_0(r)}dr\right)^{\frac{1}{p}}\right]\\&=2\varepsilon+c_{16}\varepsilon.\end{aligned}\qquad(6.27)$$

而当 $p<1$ 时，则用同样的方法可得

$$\|f-Q\|^p\leqslant\|f-f_1\|^p+\|f_1-f_2\|^p+\|f_2-Q\|^p$$

$$\leqslant 2\varepsilon + \varepsilon^p \int_l e^{-\frac{1}{1+\delta} p(z)} d\sigma \leqslant 2\varepsilon + c_{17}\varepsilon. \qquad (6.28)$$

因此，利用 $\varepsilon$ 的任意性，由(6.27)与(6.28)立刻证明了定理 3.

从定理 3 可以得到下面的结果. 设无界曲线拓扑等价于半射线，即它的任意有界部分是可求长的且不分割平面，且位于某个抛物线 $y^2 = 2ax$ $(a > 0)$ 内，则有下列定理.

**定理 4** 设在曲线 $L$ 上定义的实连续函数 $p(z)$ 满足条件(6.1)，则条件

$$\int^{+\infty} \frac{p_0(r)}{r^{\frac{3}{2}}} dr = +\infty \qquad (6.29)$$

是使多项式系在 $L$ 上在空间 $L^p[e^{-p(z)}]$ 上完备的充分条件.

**证** 像在证明定理 1 时一样，可以看出，函数 $F(z)$ 在 $|z|$ 充分大且位于抛物线 $y^2 = 2a\left(x + \frac{a}{2}\right)$ 中时，成立估计式:

$$|F(z)| \leqslant c_{17} e^{-\sigma_2 p(|z|)}, \qquad (6.30)$$

其中 $\sigma_2$ 是某个常数. 显然，函数，$w = \sqrt{z}$ 将抛物线

$$y^2 = 2a\left(x + \frac{a}{2}\right)$$

的不包有 $L$ 的余区域保角映射到半平面

$$\operatorname{Im} w > \sqrt{\frac{a}{2}} > 0.$$

因此函数 $\phi(w) = F(w^2)$ 在半平面 $\operatorname{Im} w \geqslant \sqrt{\frac{a}{2}}$ 上解析，且满足

$$|\phi(w)| \leqslant c_{10} e^{-\sigma_2 p_0(|w|^2)}, \quad |w| \text{ 充分大} \qquad (6.31)$$

比较(6.31)与(6.29)可知，

$$\int_{-\infty}^{+\infty} \frac{\ln\left|\phi\left(\lambda + i\sqrt{\frac{a}{2}}\right)\right|}{1+\lambda^2} d\lambda = -\infty.$$

这样一来，将 Carlemen 定理 1 (见 §5 中引理 5) 应用到这里的半

平面上就立刻得到

$$\phi(w)=0, \quad \mathrm{Im}\ w \geqslant \sqrt{\frac{a}{2}}.$$

利用 $\phi(w)$ 的解析性就推出在 $L$ 的外部上有 $\phi(w)=0$. 以下的讨论完全与前面相类似的了.

定理 4 证毕.

**推论** 若 $L$ 是由有限个平行的直线所组成，则在定理 4 的条件下,多项式系在 $L$ 上,在空间 $C[e^{-p(z)}]$ 中是完备的.

事实上,这只要注意到可以找到一条抛物线 $y^2=2ax, a>0$, 使得它包有 $L$ 在其内部即行.

Джрбашян 还在各种曲线以及区域类上研究多项式系的完备性问题,这里不再作介绍了.

Шагинян 很深刻地研究在各种情况下多项式系加权一致逼近意义下完备的必要条件. 下面将要看出，Джрбашян 的充分性判别法还是必要的. 实际上，Шагинян 本人也得到了一些充分条件,但是只是在一级近似的意义下才与必要性条件相符合[129].

设连续函数 $e^{-p(z)}$ 定义在射线 $l_\alpha$: $\arg z=\pm\frac{\pi}{2\alpha}$ 上，其中 $\alpha\geqslant\frac{1}{2}$, 且满足条件:

$$\lim_{\substack{z\to\infty\\ z\in l_\alpha}} z^n e^{-p(z)}=0, \quad n=0,1,2,\cdots. \tag{6.32}$$

**定理 5** 若

$$\int^{\infty}\frac{p\left(re^{\pm i\frac{\pi}{2\alpha}}\right)}{r^{1+\alpha}}dr<+\infty, \tag{6.33}$$

则多项式系在 $l_\alpha$ 上,在 $C[e^{-p(z)}]$ 空间中是不完备的.

**证** 反证法. 设在条件 (6.33) 下，多项式系在 $l_\alpha$ 上在 $C[e^{-p(z)}]$ 中是完备的，则对任意函数 $f_0(z)\in C[e^{-p(z)}]$，存在多项式序列 $\{Q_n(z)\}$，它满足

$$\lim_{n\to+\infty}\max_{z\in l_\alpha} e^{-p(z)}|f_0(z)-Q_n(z)|=0, \tag{6.34}$$

由此得到

$$\max_{z\in l_\alpha}|Q_n(z)|\leqslant ke^{-p(z)}, \tag{6.35}$$

其中 $k$ 是不依赖于 $n$ 的常数. 现在我们利用多项式序列 $\{Q_n(z)\}$ 在角形区域边界 $l_\alpha$ 上的估计式来导出其内部的估计式.为此,需要有积分表示式.

通过保角映射,容易证明,在 $|\varphi|<\dfrac{\pi}{2\alpha}$ 中,对 $0<r<+\infty$,有

$$\begin{aligned}
\ln|Q_n(re^{i\varphi})| &\leqslant \frac{r^\alpha\cos\alpha\varphi}{\pi}\left\{\int_0^{+\infty}\frac{\ln|Q_n(\rho e^{i\frac{\pi}{2\alpha}})|\,d\rho^\alpha}{r^{2\alpha}\cos^2\alpha\varphi+(\rho^\alpha-r^\alpha\sin\alpha\varphi)^2}\right.\\
&\quad\left.+\int_0^{+\infty}\frac{\ln|Q_n(\rho e^{-i\frac{\pi}{2\alpha}})|\,d\rho^\alpha}{r^{2\alpha}\cos\alpha\varphi+(\rho^\alpha+r^\alpha\sin\alpha\varphi)^2}\right\}\\
&\leqslant \ln k+\frac{r^\alpha\cos\alpha\varphi}{\pi}\left\{\int_0^{+\infty}\frac{p(\rho e^{-i\frac{\pi}{2\alpha}})\,d\rho^\alpha}{r^{2\alpha}\cos^2\alpha\varphi+(\rho^\alpha-r^\alpha\sin\alpha\varphi)^2}\right.\\
&\quad\left.+\int_0^{+\infty}\frac{p(\rho e^{-i\frac{\pi}{2\alpha}})\,d\rho^\alpha}{r^{2\alpha}\cos^2\alpha\varphi+(\rho^\alpha+r^\alpha\sin\alpha\varphi)^2}\right\}.
\end{aligned}$$

因此由(6.33)知, $\ln|Q_n(re^{i\varphi})|$在角 $|\varphi|<\dfrac{\pi}{2\alpha}$ 内构成正规族.不妨设 $Q_n(z)$在 $|\varphi|<\dfrac{\pi}{2\alpha}$ 内一致收敛到解析函数 $F_0(z)$.

应用 §5 证明定理 7 的方法,可以证明函数 $F_0(z)$ 在 $l_\alpha$: $|\varphi|=\dfrac{\pi}{2\alpha}$ 的角度边界值为 $f_0(z)$, 这说明了任意一个函数 $f_0(z)\in C[e^{-p(z)}]$ 可以从 $|\varphi|=\dfrac{\pi}{2\alpha}$ 上解析开拓到 $|\varphi|<\dfrac{\pi}{2\alpha}$ 内. 但不是每一个这样的函数有此性质. 这就产生了矛盾. 定理 5 证毕.

将此定理与定理 1 中条件比较,可以知道定理 1 中的条件是必要的.

目前还有一些工作研究函数系 $\{z^{n_i}\}$ 在无界曲线上的完备性问题，其中 $\{n_i\}$ 为某个自然数的子序列，例如可参看 Леонтьев 的著作[82],[83]. 还有一些工作研究更一般的函数系 $\{z^{\lambda_i}\}$ 在无界曲线上的完备性问题，其中 $\{\lambda_i\}$ 是实数序列，例如参看沈燮昌[136]，余家荣[211]，Fuchs[60]，Мандельбройт[91] 等人的著作. 此外还可以考虑更一般的函数系 $\{z^{\tau_i}\ln^j z\}$，其中 $\{\tau i\}$ 可以是复数序列，它可以分析在一个包有实轴的带形区域中，或者更一般地在一个角形区域中，研究这个函数系在无界曲线及各种区域上的完备性问题，例如可见沈燮昌[137]—[141],[143]的文章. 此外也还有文章（如Ибрагимов[48]）研究缺项的 Faber 多项式系 $\{F_{n_i}(z)\}$ 在无界曲线上的完备性问题，研究 $\{f(\lambda_n z)\}$ 的完备性问题（例如参看沈燮昌[142]的文章）. 这些都不在这里作介绍了.

# 第二章　复平面上多项式最佳逼近阶的估计

在这一章，我们将研究在复平面区域上用多项式进行逼近时，其最佳逼近的阶的估计．这里将介绍几种典型的实现逼近的方法．首先将介绍 Faber 多项式，这是一个特殊的多项式，它们与所考虑的区域$D$(一般说来，可以是一个集合）密切有关．当区域$D$是圆时，Faber 多项式就是普通的幂函数 $(z-z_0)^n, n=0,1,2,\cdots$．此外，也研究将区域$D$内的解析函数(或在闭区域 $\bar{D}$ 上的解析函数）在此区域内展开为 Faber 多项式所组成的级数问题．这也是实现逼近的一种方法且是幂级数展开的推广．这里还要介绍一种 Faber 变换及其逆变换，它能将普通的幂函数变到 Faber 多项式以及将 Faber 多项式变到幂函数．利用 Faber 变换，在一定的条件下，可以将一般区域上的逼近阶的估计转化到圆上多项式逼近的阶估计问题，这样就可以得到所期望的结果．我们还将介绍用 Cauchy 积分变换来实现逼近，利用插值多项式来实现逼近等．

## §1. Faber 多项式

在研究函数逼近的理论中，Faber 多项式起了很大的作用．设$K$是一个有界连续统(非空有界闭的连通集）且至少含有两个点．而 $D_\infty$ 是其余集 $CK$ 中含有$\infty$点的构成区域，它显然是一个单连通区域，且其边界 $\Gamma_\infty$ 是集合$K$中的点集．

设函数 $w=\Phi(z), \Phi(\infty)=\infty, \Phi'(\infty)=1$ 将区域 $D_\infty$ 保角映射到某个圆外 $|w|>\rho$($\rho$ 是保角半径)，它在 $z=\infty$ 处的 Laurent 展开式为

$$\Phi(z)=z+a_0+\sum_{n=1}^{+\infty}\frac{a_{-n}}{z^n},$$

设

$$[\Phi(z)]^n=\varphi_n(z)+\psi_n(z),$$

其中 $\varphi_n(z)$ 为首项系数是1的 $n$ 次多项式，而函数 $\psi_n(z)$ 在 $z=\infty$ 的邻域上解析，$\psi_n(\infty)=0$。我们称多项式 $\varphi_n(z)$ 为由连续统 $K$ 所产生的 $n$ 阶 Faber 多项式.

**例1** $K$：$|z-a|\leqslant b$，这时有

$$w=\Phi(z)=z-a,$$

因此有

$$\varphi_n(z)=(z-a)^n,\quad n=0,1,\cdots.$$

这是幂函数.

因此 Faber 多项式是幂函数的推广.

**例2** $K$：$|z^2-1|\leqslant 1$，这时有

$$w=\Phi(z)=z\left(1-\frac{1}{z^2}\right)^{\frac{1}{2}}.$$

这是认为根号是取在 $z=\infty$ 处值为1的那个分支. 显然有

$$w=\Phi(z)=z\left[1+\frac{1}{2}\left(-\frac{1}{z^2}\right)+\frac{\frac{1}{2}\left(\frac{1}{2}-1\right)}{2!}\left(-\frac{1}{z^2}\right)^2+\cdots\right]$$

$$=z-\frac{1}{2z}-\frac{1}{2^2\cdot 2!}\frac{1}{z^3}-\frac{1\cdot 3}{2^3\cdot 3!}\frac{1}{z^5}\cdots.$$

因此

$$\varphi_0(z)=1,\quad \varphi_1(z)=z,\quad \varphi_2(z)=z^2-1,\cdots.$$

**例3** $K$：实轴上的线段 $-1\leqslant x\leqslant 1$. 这时

$$w=\Phi(z)=\frac{1}{2}\left(z+\sqrt{z^2-1}\right).$$

将区域 $D_\infty$ 保角映射到圆 $|w|>\frac{1}{2}$ 外.

由于函数 $\frac{1}{4}\frac{1}{\Phi(z)}=\frac{1}{2}\left(z-\sqrt{z^2-1}\right)$在 $z=\infty$ 处取值为零,因此函数 $[\Phi(z)]^n$ 与函数

$$[\Phi(z)]^n+\left[\frac{1}{4\Phi(z)}\right]^n=\left[\frac{1}{2}(z+\sqrt{z^2-1})\right]^n$$
$$+\left[\frac{1}{2}(z-\sqrt{z^2-1})\right]^n$$

在 $z=\infty$ 处的非负幂项是完全相同的.这样一来,根据 Faber 多项式的定义,注意到上式右边是一个首项系数为 1 的 $n$ 次多项式,就可以得到:

$$\varphi_n(z)=\frac{1}{2^n}\left[(z+\sqrt{z^2-1})^n+(z-\sqrt{z^2-1})^n\right],$$
$$n=0,1,2,\cdots. \tag{1.1}$$

令 $z=\cos t$ 后得到

$$\varphi_n(\cos t)=\frac{1}{2^n}\left[(\cos t+i\sin t)^n+(\cos t-i\sin t)^n\right]$$
$$=\frac{1}{2^{n-1}}\cos nt,$$

即

$$\varphi_n(z)=\frac{1}{2^{n-1}}\cos\left[n\cos^{-1}z\right]\triangleq T_n(z).$$

这是区间 $[-1,1]$ 上第一类 Чебышев 多项式.

现在我们利用保角变换函数来给出 Faber 多项式的积分表示式,这在今后是很有用的.

设集合 $K\subset(|z|<R_1)$, 显然当 $|z|<R_1$ 时,

$$\frac{1}{2\pi i}\int_{|\zeta|=R_1}\frac{[\Phi(\zeta)]^n}{\zeta-z}d\zeta=\frac{1}{2\pi i}\int_{|\zeta|=R_1}\frac{\varphi_n(\zeta)}{\zeta-z}d\zeta$$
$$+\frac{1}{2\pi i}\int_{|\zeta|=R_1}\frac{\psi_n(\zeta)}{\zeta-z}d\zeta$$
$$=\varphi_n(z). \tag{1.2}$$

利用函数 $[\Phi(\zeta)]^n$ 在区域 $D_\infty$ 上的解析性, 可以用一个任意包有连续统 $K$ 在其内部的闭 Jordan 可求长曲线 $\Gamma$ 来代替 (1.2) 中

的积分路线 $|\zeta| = R_1$，且若$K$为闭 Jordan 可求长曲线时，利用映射函数 $\Phi(z)$ 在闭区域 $\overline{D}_\infty$ 上的连续性及广义 Cauchy 公式，可以取$\Gamma = K$的边界. 特别地，可以取$\Gamma$为等势线 $C_R(R > \rho)$，它是圆周 $|w| = R$ $(R > \rho)$ 在变换 $w = \Phi(z)$ 下的原像. 因此，当 $z$ 在曲线 $C_R$ 所围的区域内时 $(R > \rho)$，

$$\varphi_n(z) = \frac{1}{2\pi i}\int_{C_R}\frac{[\Phi(\zeta)]^n}{\zeta - z}d\zeta = \frac{1}{2\pi i}\int_{|w|=R}\frac{\Psi'(w)}{\Psi(w) - z}w^n dw, \quad (1.3)$$

其中 $\Psi(w)$ 为函数 $w = \Phi(z)$ 的逆函数.

**定理1** 设$K$为连续统，则对任意一个有界闭集 $F\subset C\overline{D}_\infty$(显然 $K\subset CD_\infty$)，有下列估计:

$$|\varphi_n(z)| \leqslant C(F)\rho^n, \; n = 0, 1, 2, \cdots,$$

其中 $C(F)$ 是只依赖于闭集$F$的常数.

**证** 由(1.2)容易看出，对任意的 $R > \rho$，

$$|\varphi_n(z)| \leqslant C(F)R^n, \quad z\in F\subset C\overline{D}_\infty, \quad n = 0, 1, 2, \cdots \quad (1.4)$$

再令 $R \to \rho$，就能得到定理1.

现在考虑函数

$$\chi(w,z) = \frac{\Psi'(w)}{\Psi(w) - z},$$ $z$ 固定在 $C_R$ 内，$R > \rho$，它在 $|w| \geqslant R$ 上解析且 $\chi(\infty, z) = 0$. 因此，它在 $w = \infty$ 邻域中的 Laurent 展开式中，只含有负幂项. 由(1.2)看出，它的 Laurent 展开式中，$\frac{1}{w^{n+1}}$ 项的系数就是 $n$ 阶 Faber 多项式，即

$$\chi(w, z) = \frac{\Psi'(w)}{\Psi(w) - z} = \sum_{n=0}^{+\infty}\frac{\varphi_n(z)}{w^{n+1}}, \quad (1.5)$$

因此我们称它为 Faber 多项式的生成函数.

当 $z$ 在 $C_R$ 所围的区域外部时，不妨设 $z$ 位于某个 $C_{R'}$ 所围的区域内，$R' > R$，则利用 Cauchy 公式，容易得到

$$\varphi_n(z) = \frac{1}{2\pi i}\int_{C_{R'}}\frac{[\Phi(\zeta)]^n}{\zeta - z}d\zeta$$

$$= [\Phi(z)]^n + \frac{1}{2\pi i}\int_{C_R} \frac{[\Phi(\zeta)]^n}{\zeta - z} d\zeta. \qquad (1.6)$$

特别是，当 $K$ 为区域，其边界为闭 Jordan 可求长曲线 $\Gamma$ 时，则由 (1.6) 可以得到

$$\varphi_n(z) = [\Phi(z)]^n + \frac{1}{2\pi i}\int_\Gamma \frac{[\Phi(\zeta)]^n}{\zeta - z} d\zeta, \ z \in D_\infty. \qquad (1.7)$$

利用 (1.6) 或 (1.7) 可以得到 Feber 多项式 $\varphi_n(z)$ 与函数 $[\Phi(z)]^n$ 之间的估计式.

**引理 2** 设 $z$ 位于任意的 $C_{R'}$ 所围的区域外，其中 $R' > \rho$，则当 $n$ 充分大时 ($n \geqslant N(R')$)，

$$\frac{1}{2}|\Phi(z)|^n < |\varphi_n(z)| < \frac{3}{2}|\Phi(z)|^n. \qquad (1.8)$$

**证** 取 $R$ 满足 $R' > R > \rho$，则利用 (1.6)，当 $z$ 满足 $|\Phi(z)| \geqslant R'$ 时，(1.6) 右边第二项的模不大于 $\frac{1}{2\pi}\frac{R^n}{d_{R',R}}|C_R|$，其中 $d_{R',R}$ 为曲线 $C_{R'}$ 与 $C_R$ 之间的距离，$|C_R|$ 为曲线 $C_R$ 的长度. 因此，存在自然数 $N(R')$，使得当 $n \geqslant N(R')$ 时，

$$\left|\frac{1}{2\pi}\frac{R^n}{d_{R'R}}|C_R|\right| < \frac{1}{2}(R')^n.$$

因此利用 (1.6) 及上面估计式就证明了引理 2.

对于上面例子中的 $K$: $-1 \leqslant x \leqslant 1$，可以得到再精确的不等式：当 $|\Phi(z)| = \left|\frac{1}{2}(z + \sqrt{z^2 - 1})\right| \geqslant R' > \frac{1}{2}$ 时，

$$|\Phi(z)|^n\left(1 - \frac{1}{4^n|\Phi(z)|^{2n}}\right) \leqslant |\varphi_n(z)| \leqslant |\Phi(z)|^n \times\left(1 + \frac{1}{4^n|\Phi(z)|^{2n}}\right). \qquad (1.9)$$

事实上，当 $|\Phi(z)| = \left|\frac{1}{2}(z + \sqrt{z^2 - 1})\right| \geqslant R' > \frac{1}{2}$ 时，显

然有

$$\left|\frac{1}{2}(z-\sqrt{z^2-1})\right|=\frac{1}{4\left|\frac{1}{2}(z+\sqrt{z^2-1})\right|}.$$

这样一来，由(1.1)及上面不等式就立刻得到(1.9).

由不等式(1.8)立刻可以得到两个推论.

**推论 1°** 当 $|\Phi(z)|\geqslant R'>\rho$ 时，一致地有

$$\lim_{n\to+\infty}\sqrt[n]{|\varphi_n(z)|}=|\Phi(z)|\ . \tag{1.10}$$

**推论 2°** 当 $|\Phi(z)|=R'>\rho$，即 $z\in C_R$ 时，一致地有

$$\lim_{n\to+\infty}\sqrt[n]{|\varphi_n(z)|}=R'. \tag{1.11}$$

由此看出，Faber 多项式有类似于幂级数的性质，只是这里将幂级数中的圆周 $|z|=R'$ 换成等势线 $C_{R'}$ 而已. 因此，可以期望由 Faber 多项式所生成的级数也具有幂级数的一些性态，这将在下面§2中来讨论.

Faber 多项式还有一个重要的性质.

**引理 3** 设$K$是区域，其边界是 Jordan 闭曲线.

则

$$\frac{1}{2\pi i}\int_{|w|=\rho}\frac{\varphi_n[\Psi(w)]}{w^{m+1}}dw=\begin{cases}1, & 当\ m=n\ 时,\\ 0, & 当\ m\neq n\ 时,\end{cases}$$

$$m,n=0,1,2,\cdots.$$

**证** 由上面知，

$$\begin{aligned}\frac{1}{2\pi i}\int_{|w|=\rho}\frac{\varphi_n[\Psi(w)]}{w^{m+1}}dw&=\frac{1}{2\pi i}\int_{|w|=\rho}\frac{(\Phi[\Psi(w)])^n}{w^{m+1}}dw\\&\quad-\frac{1}{2\pi i}\int_{|w|=\rho}\frac{\phi_n[\Psi(w)]}{w^{m+1}}dw\\&=\frac{1}{2\pi i}\int_{|w|=\rho}\frac{w^n}{w^{m+1}}dw\\&=\begin{cases}1, & 当\ n=m,\\ 0, & 当\ n\neq m.\end{cases}\end{aligned} \tag{1.12}$$

这里用到了函数 $\psi_n[\Psi(w)]$ 在 $|w|>\rho$ 解析，$|w|\geqslant\rho$ 上连续且 $\psi_n[\Psi(\infty)]=0$. 因此，第一个等式右边的第二个积分对于所有的 $m=0,1,2,\cdots$ 都等于零. 证毕.

我们再给出 Faber 多项式 $\varphi_n(z)$，当 $z$ 在区域边界 $\Gamma$ 上变化时的积分表示式，这在今后也是有用的.

**引理 3** 设区域 $D$ 的边界是闭 Jordan 可求长曲线，且设外映射函数 $\Phi(z)$ 在 $\Gamma$ 上满足 Lipschitz 条件，则在 $\Gamma$ 上几乎处处地有

$$\varphi_n(z)=\frac{1}{2\pi i}\int_\Gamma\frac{[\Phi(\zeta)]^n-[\Phi(z)]^n}{\zeta-z}d\zeta+[\Phi(z)]^n,\ z\in\Gamma. \tag{1.13}$$

**证** 由于映射函数 $\Phi(z)$ 在 $\Gamma$ 上满足 Lipschitz 条件，因此根据 Привалов 定理[117]，Cauchy 主值积分几乎处处存在，因此由 (1.7) 可以得到，在 $\Gamma$ 上几乎处处地有

$$\begin{aligned}\varphi_n(z)&=[\Phi(z)]^n+\frac{1}{2\pi i}v\cdot p\int_\Gamma\frac{[\Phi(\zeta)]^n}{\zeta-z}d\zeta-\frac{1}{2}[\Phi(z)]^n\\&=\frac{1}{2}[\Phi(z)]^n+\frac{1}{2\pi i}v\cdot p\int_\Gamma\frac{[\Phi(\zeta)]^n-[\Phi(z)]^n}{\zeta-z}d\zeta\\&\quad+\frac{1}{2\pi i}v\cdot p\int_\Gamma\frac{[\Phi(z)]^n}{\zeta-z}d\zeta=[\Phi(z)]^n\\&\quad+\frac{1}{2\pi i}\int_\Gamma\frac{[\Phi(\zeta)]^n-[\Phi(z)]^n}{\zeta-z}d\zeta,\quad z\in\Gamma.\end{aligned}$$

引理 4 证毕。

使区域 $D$ 的映射函数 $\Phi(z)$ 满足 Lipschitz 条件的区域是很多的，下面将进一步来讨论.

**定义** 我们说闭 Jordon 可求长曲线 $\Gamma$ 具有有界的弦弧比，记作 $\Gamma\in BAC$. 若对于曲线 $\Gamma$ 上任意两点 $\zeta_1,\zeta_2$，其在 $\Gamma$ 上最短弧长 $\widehat{\zeta_1\zeta_2}$ 满足

$$\frac{\widehat{\zeta_1\zeta_2}}{|\zeta_1-\zeta_2|}\leqslant c, \tag{1.14}$$

其中 $c$ 是一个不依赖于点 $\zeta_1,\zeta_2$，只依赖于曲线 $\Gamma$ 的常数.

显然,所有的闭光滑曲线,或逐段光滑曲线,但其外角不为零,都属于 $BAC$。

对于曲线 $\Gamma\in BAC$，下面的引理成立

**引理 4** (Warschawski[202],[203]，也可见 Gaier[61]) 设区域 $D$ 的边界 $\Gamma\in BAC$，且 $D$ 的内部含有某个圆 $|z|\leqslant 2\sigma,\sigma>0$。设函数 $w=\varphi(z),\varphi(0)=0$, 将区域 $D$ 保角映射到圆 $|w|<1$,令

$$\rho_0=\min\left[\frac{\sigma}{2c},\ \exp(-4\pi^2)\right],$$

其中 $c$ 为(1.14)中常数,则下列三个结论成立.

1° 若 $z_1,z_2\in\overline{D}$，且存在一圆 $|z-z_0|<\rho<\frac{1}{2}\rho_0$, 使得此圆内含有 $z_1$ 与 $z_2$，但不含有 $z=0$, 则

$$|\varphi(z_1)-\varphi(z_2)|\leqslant M\rho^{\mu}, \tag{1.15}$$

其中 $\mu=\frac{1}{2}\left[1-\frac{1}{\pi}\sin^{-1}\frac{1}{c}\right]^{-1},\qquad M=6\pi\rho_0^{-\mu}$. (1.16)

2° 若 $z_1,z_2\in\Gamma$，则

$$|\varphi(z_1)-\varphi(z_2)|\leqslant H|z_1-z_2|^{\mu}, \tag{1.17}$$

其中 $H=2cM$.

3° 若 $z_1\in\Gamma,z_2\in D$，则(1.17)也成立.

**证** 设圆周 $|z-z_0|=\rho<\rho_0$ 上的一段弧 $k_\rho$ 构成区域 $D$ 上的一段割线,它将 $z=z_0$ 与 $z=0$ 分开,而 $z_1'$ 与 $z_2'$ 是此弧的两个端点. 于是弧 $z_1'z_0z_2'$ (记作 $b_\rho$，它在 $\Gamma$ 上)及弧 $k_\rho$ 构成一个闭 Jordan 区域,其内部记作 $D_\rho\subset D,D_\rho$ 不包有 $z=0$.因此, $\overline{D}_\rho$ 关于 $D$ 的余区域 $G_\rho$ 的边界由 $k_\rho$ 及 $\Gamma\backslash b_\rho$ 组成,且其内部包有 $|z|=\sigma$. 因此，$G_\rho$ 的边界曲线 $k_\rho\cup(\Gamma\backslash b_\rho)$ 的长 $\geqslant 2\pi\sigma$. 由于 $|k_\rho|\leqslant 2\pi\rho$，因此

$$|\Gamma\backslash b_\rho|\geqslant 2\pi\sigma-2\pi\rho>\pi\sigma. \tag{1.18}$$

由 (1.14) 及 $\rho_0$ 的选法可知，$z_1'$ 与 $z_2'$ 之间的一个弧长 $\Delta s\leqslant 2\rho c<\sigma$，因此比较(1.18)可知，$b_\rho$ 是曲线 $\Gamma$ 上连结 $z_1'$ 与 $z_2'$ 较

短的一段弧.

由于二点之间弧长比弦长大，因此显然有 $|b_\rho|\geqslant 2\rho$. 这样一来，由 (1.14) 及上面的讨论知，

$$|z_1'-z_2'|\geqslant\frac{2\rho}{c}.$$

因此弦 $\overline{z_1'z_2'}$ 所对应的夹角 $\alpha\triangleq\angle z_1'z_0z_2'\geqslant 2\sin^{-1}\frac{1}{c}\triangleq 2\omega$, 其中 $\omega<\frac{\pi}{2}$. 因此，在任何情况下，

$$|k_\rho|\leqslant 2\pi\rho-\rho\alpha\leqslant 2\zeta(\pi-\omega). \tag{1.19}$$

不妨设 $\varphi(z_0)=1$, 因此 $\varphi(D_\rho)$ 是内 Jordan 区域，其边界为 $\varphi(k_\rho)$ 及 $\varphi(b_\rho)$, 后者位于 $|w|=1$ 上且包有点 $w=1$, 而 $w=0$ 位于 $\varphi(D_\rho)$ 的外部.

由保角映射理论知道(参看 Wolf 著作[204]第217页或 Walsh 著作[198]第27—31页), $\varphi(D_\rho)$ 位于圆 $|w-1|\leqslant\frac{2\pi}{\sqrt{\ln\frac{1}{\rho}}}\triangleq\delta$ 中.

考虑保角映射函数

$$\zeta=i\frac{1-w}{1+w}. \tag{1.20}$$

它把圆 $|w|<1$ 映射到 $\operatorname{Im}\zeta>0$, 且将 $w=0,1,-1$ 分别映射到 $\zeta=i,0,\infty$. 容易证明，圆 $|w-1|<\frac{2\pi}{\sqrt{\ln\frac{1}{\rho}}}\triangleq\delta$ 在映射 (1.20) 下的像为

$$\left|\zeta-\frac{i\delta^2}{4-\delta^2}\right|<\frac{2\delta}{4-\delta^2}\triangleq R, \tag{1.21}$$

因此函数

$$\psi(z)=i\frac{1-\varphi(z)}{1+\varphi(z)}. \tag{1.22}$$

将区域 $D_\rho$ 保角映射到某个区域 $\Delta\rho$，其边界为 $\psi(k_\rho)\triangleq\gamma_\rho$ 及实轴上的线段 $\psi(b_\rho)$，它包有点 $\zeta=0$。

利用(1.19)，我们有

$$|\gamma_\rho|^2=\left(\int_{k_\rho}|\psi'(z)|\rho d\theta\right)^2\leqslant\int_{k_\rho}|\psi'(z)|^2\rho d\theta\cdot|k_\rho|$$

$$\leqslant\int_{k_\rho}|\psi'(z)|^2\rho d\theta\cdot[2\rho(\pi-\omega)]. \tag{1.23}$$

因此，对$0<r\leqslant\rho_0$，

$$\int_0^r\frac{|\gamma_\rho|^2}{\rho}d\rho\leqslant\int_0^r\int_{k_\rho}|\psi'(z)|^2\rho d\theta d\rho\cdot2(\pi-\omega)$$

$$=A(r)\cdot2(\pi-\omega), \tag{1.24}$$

其中 $A(r)$ 是区域 $\Delta r$ 的面积.因此，几乎对所有的 $\rho,0<\rho<\rho_0$，$|\gamma_\rho|$是有穷数，即 $\gamma_\rho$ 是可求长。

将曲线 $\gamma_\rho$ 关于实轴作对称变换得 $\gamma_\rho^*$，总长为 $2|\gamma_\rho|$，而其所围的面积为 $2A(\rho)$。由已知的等周不等式，

$$2A(\rho)=\frac{(2|\gamma_\rho|)^2}{\psi\pi},\qquad 即\qquad A(\rho)\leqslant\frac{|\gamma_\rho|^2}{2\pi}. \tag{1.25}$$

因为几乎对所有的 $r,0\leqslant r\leqslant\rho_0$，

$$A'(r)=\int_{k_r}|\psi'(z_0+re^{i\theta})|^2rd\theta,$$

因此由(1.23)，得

$$|\gamma_r|^2\leqslant A(r)\cdot2(\pi-\omega)r. \tag{1.26}$$

比较(1.25)与(1.26)得到

$$\frac{1}{\left(1-\frac{\omega}{\pi}\right)r}\leqslant\frac{A'(r)}{A(r)}.$$

两边从 $\rho$ 到 $\rho_1\leqslant\rho_0$ 积分后得

$$\frac{A(\rho)}{\rho^{2\mu}}\leqslant\frac{A(\rho_1)}{\rho_1^{2\mu}},\quad 其中\ 2\mu=\frac{1}{1-\frac{\omega}{\pi}}. \tag{1.27}$$

由于 $\varphi(D_\rho)\subset|w-1|<\delta<1$，区域 $\Delta\rho$ 位于区域(1.21)中，因此

$$\frac{A(\rho_0)}{\rho_0 2\mu}\leqslant\frac{\pi R^2}{\rho_0 2\mu}\leqslant\frac{4\pi}{9\rho_0 2\mu}\leqslant\frac{\pi}{2\rho_0 2\mu}.$$

因此，从(1.27)，取 $\rho_1=\rho_0$，就得

$$A(\rho)\leqslant\frac{\pi}{2\rho_0 2\mu}\rho^{2\mu}.$$

这样一来，由(1.24)，只要 $2\rho\leqslant\rho_0$，

$$\int_\rho^{2\rho}\frac{|r_r|^2}{r}dr\leqslant 2(\pi-\omega)A(2\rho)\leqslant\frac{\pi^2}{\rho_0 2\mu}(2\rho)^{2\mu}.$$

因此存在 $\rho_1,\rho\leqslant\rho_1\leqslant\rho$ 使

$$|\gamma_{\rho 1}|^2\ln 2\leqslant\frac{4\pi^2}{\rho_0 2\mu}\rho^{2\mu}. \tag{1.28}$$

由于 $\rho\leqslant\frac{\rho_0}{2}$ 时，区域 $\Delta\rho$ 的直径 $\leqslant|\gamma_{\rho 1}|$，因此对任意 $z_1,z_2\in D_\rho$，由(1.28)得到

$$|\phi(z_1)-\phi(z_2)|\leqslant M_0\rho^\mu, \tag{1.29}$$

其中

$$M_0=\sqrt{\frac{4\pi^2}{\rho_0^{2\mu}\ln 2}}<\frac{3\pi}{\rho_0^\mu}.$$

注意到，由映射(1.20)有

$$\left|\frac{dw}{d\zeta}\right|=\left|\frac{-2i}{(\zeta+i)^2}\right|\leqslant 2,\zeta\in\Delta\rho.$$

(这里用到了，$\zeta\in\Delta\rho$ 时，$|\zeta+i|\geqslant 1$)。由此由(1.29)就立刻得到

$$|\varphi(z_1)-\varphi(z_2)|\leqslant 2M_0\rho^\mu,$$

这就是(1.15)。

现在来证明(1.16)。设 $d=|z_1-z_2|,z_1,z_2\in\Gamma$。

若 $d<\frac{\rho_0}{2c}$，则在 $dc<\rho<\min\left(\frac{\rho_0}{2},2cd\right)$ 时圆 $|z-z_1|\leqslant\rho$ 内部包有在 $\Gamma$ 上连结 $z_1$ 与 $z_2$ 的较短的弧，因此在圆周 $|z-z_1|=\rho$ 上，存在子弧 $k_\rho$，使得它在 $D$ 上将 $z_1,z_2$ 与 $z=0$ 分开.

因此,可以利用 1°中结果就得到了

$$|\varphi(z_1)-\varphi(z_2)|\leqslant M\rho^{\mu}<M(2cd)^{\mu}$$
$$=M(2c)^{\mu}|z_1-z_2|^{\mu}.$$

若 $d>\frac{\rho_0}{2c}$,则

$$|\varphi(z_1)-\varphi(z_2)|\leqslant 2\leqslant\frac{z}{\left(\frac{\rho_0}{2c}\right)^{\mu}}|z_1-z_2|^{\mu}$$

$$\leqslant 2\left(\frac{2c}{\rho_0}\right)^{\mu}|z_1-z_2|^{\mu}.$$

显然有

$$2\left(\frac{2c}{\rho_0}\right)^{\mu}\leqslant M(2c)^{\mu}\leqslant 2cM,$$

因此(1.16)得证.

结论 3°的证明是类似的.

引理 4 得证.

**注 1°** 从证明可以看出,结论 1°是局部性质,即若在 $z_0\in\Gamma$ 的一个邻域中,曲线 $\Gamma$ 可求长,且在这一段弧上满足(1.14),则结论 1°成立.

**注 2°** 容易用例说明,引理 4 中的 $\mu$ 是最好的.事实上,若考虑区域 $D=\left\{z\,|\,|z-z_0|<1,|\arg(z-z_0)|>\frac{\alpha}{2}\right\}$,其中 $0<\alpha<\pi$,则由保角映射理论知,

$$\varphi(z_1)-\varphi(z_0)\sim a(z-z_0)^{\frac{\pi}{2\pi-\alpha}},\ z\to z_0\ (z\in\overline{D}),$$ 而

(1.14)中的 $c=\left(\sin\frac{\alpha}{2}\right)^{-1}$.这里的指数为

$$\frac{\pi}{2\pi-\alpha}=\frac{1}{2}\left(1-\frac{\alpha}{2\pi}\right)^{-1}=\frac{1}{2}\left[1-\frac{1}{\pi}\ \sin^{-1}\frac{1}{c}\right]^{-1},$$

这就说明(1.15)中的指数 $\mu$ 不能再改进.

此处也可以看出,当在 $z=z_0$ 邻域 $c=1$(如 $\Gamma$ 在 $z=z_0$ 的邻域中含有直线段),则 $\mu=1$;若在 $z=z_0$ 邻域中 $c=+\infty$,

则 $\mu=\frac{1}{2}$.

**注 3** 在 Warschawski 的文章[202]中证明了,映射函数 $\varphi(z)$ 的反函数 $\phi(w)$ 也满足 Lipschitz 条件，其指数为 $\frac{2}{(1+c)^2}$. 证明的方法与引理 4 的证明是类似的.

**引理 5** (Lesley-Vinge-Warschawski[84]) 设区域 $D$ 的边界 $\Gamma\in BAC$，则对任意 $a\in\Gamma$，有

$$\int_\Gamma \frac{|dz|}{|z-a|}\leqslant A\left|\ln\frac{1}{d}\right|+B, \tag{1.30}$$

其中 $A$ 与 $B$ 是只依赖于 $|\Gamma|$ 及 $c$ (见 (1.14) 的常数，$d=\operatorname{dist}(a,\Gamma)$).

**证** 设 $z_0\in\Gamma$，使

$$|a-z_0|=\operatorname{dist}(a,\Gamma).$$

令 $K$ 为圆周 $|z-z_0|=\delta=\min\left(d,\frac{|\Gamma|}{4c}\right)$，且曲线 $\Gamma$ 的参数方程为 $z=z(s),z(0)=0,-\frac{|\Gamma|}{2}\leqslant s\leqslant\frac{|\Gamma|}{2}$.

设 $b=z\left(\frac{|\Gamma|}{2}\right)$，则由 (1.14) 得

$$|b-z_0|=\left|z\left(\frac{|\Gamma|}{2}\right)-z(0)\right|\geqslant\frac{|\Gamma|}{2c}.$$

因此 $b$ 在圆周 $|z-z_0|\leqslant\delta$ 的外部.

现在从 $b$ 出发，沿着 $\Gamma$ 在二个不同方向上与 $K$ 的第一个交点分别为 $z_1$ 与 $z_2$. 令 $\gamma=\widehat{z_1z_0z_2}$. 由于在 $\Gamma$ 上，$z_i(i=1,2)$ 与 $z_0$ 的最短长度为 $\leqslant c|z_i-z_0|=c\delta\leqslant\frac{|\Gamma|}{4}$，因此 $\gamma=\widehat{z_1z_0z_2}$ 不含有点 $b$，否则其长度要超过 $\frac{|\Gamma|}{2}$ 了. 因此 $\gamma$ 是 $\Gamma$ 上点 $z_1$ 与 $z_2$ 之间的短弧,且 $|\gamma|\leqslant 2c\delta\leqslant 2cd$.

我们有

$$\int_{\gamma}\frac{|dz|}{|z-a|}\leqslant\frac{|\gamma|}{d}\leqslant\frac{2cd}{d}=2c.$$

由于当 $z\in\Gamma\backslash\gamma$ 时，$|z-a|\geqslant d$，因此有

$$|z-z_0|\leqslant|z-a|+d\leqslant 2|z-a|.$$

因而由 (1.14) 得

$$\int_{\Gamma\backslash\gamma}\frac{|dz|}{|z-a|}\leqslant 2\int_{\delta}^{\frac{|\Gamma|}{2}}\frac{|dz|}{|z-z_0|}+2\int_{-\frac{|\Gamma|}{2}}^{-\delta}\frac{|dz|}{|z-z_0|}$$

$$\leqslant 4c\int_{\delta}^{\frac{|\Gamma|}{2}}\frac{ds}{s}=4c\left(\ln\frac{1}{\delta}+\ln\frac{|\Gamma|}{2}\right).$$

由此得到

$$\int_{\Gamma}\frac{|dz|}{|z-a|}\leqslant 2c+4c\left(\ln\frac{1}{\delta}+\ln\frac{|\Gamma|}{2}\right). \tag{1.31}$$

若 $\delta\geqslant d$，则由 (1.31) 立刻得到 (1.30)。

若 $\delta<d$，即 $\delta=\frac{|\Gamma|}{4c}$，因此由 (1.31) 得

$$\int_{\Gamma}\frac{|dz|}{|z-a|}\leqslant 2c+4c\left(\ln\frac{4c}{|\Gamma|}+\ln\frac{|\Gamma|}{2}\right)$$

$$\leqslant 2c(1+2\ln 2c).$$

令 $B=2c(1+2\ln 2c)$，由此也能得到 (1.30)。

引理 5 证毕。

现在我们可以得到 Faber 多项式在区域边界上的估计式。

**定理 2** 设区域 $D$ 的边界 $\Gamma\in BAC$，则对 $n$ 次 Faber 多项式 $\varphi_n(z)$ 在曲线 $\Gamma$ 上有下面的估计式：

$$|\varphi_n(z)|\leqslant(A_1\ln n+B_1)\rho^n,\qquad z\in\Gamma, \tag{1.32}$$

其中 $A_1$ 与 $B_1$ 是不依赖于 $n$ 的常数，$\rho$ 为保角半径。

**证** 设 $0<\delta<\frac{|\Gamma|}{2}$. 令 $\gamma=\{\zeta(s)\,|\,|s|<\delta\}$，则有

$$\frac{1}{2\pi i}\int_{\Gamma}\frac{[\Phi(\zeta)]^n-[\Phi(z)]^n}{\zeta-z}d\zeta$$

$$=\frac{1}{2\pi i}\int_{\gamma}+\frac{1}{2\pi i}\int_{\Gamma\backslash\gamma}=I_1+I_2, \tag{1.33}$$

其中利用了(1.14)及引理4(对外映射函数也成立)后就有

$$|I_1| \leqslant \frac{1}{2\pi}\int_{\gamma}\frac{n\rho^{n-1}H|\zeta - z|^{\mu}}{|\zeta - z|}|d\zeta|$$

$$\leqslant \frac{\rho^{n-1}}{2\pi}\cdot 2nHc^{1-\mu}\int_0^{\delta}\frac{ds}{s^{1-\mu}}$$

$$\leqslant \frac{n}{\pi\mu}Hc^{1-\mu}\delta^{\mu}\cdot s^{n-1} \leqslant 2Hc^{1-\mu}\rho^{n-1}. \tag{1.34}$$

这里的$H$是常数(见(1.17)),且选 $\delta = \left(\frac{1}{n}\right)^{\frac{1}{\mu}}$,

$$|I_2| \leqslant \frac{1}{2\pi}\int_{\Gamma\setminus\gamma}\frac{|\Phi(\zeta)|^n + |\Phi(z)|^n}{|\zeta - z|}|d\zeta|$$

$$\leqslant \frac{2\rho^n\cdot c}{F}\int_{\left(\frac{1}{n}\right)^{\frac{1}{\mu}}}\frac{ds}{s} \leqslant \frac{2\rho^n c}{\pi}\left(\frac{1}{\mu}\ln n + \ln\frac{|\Gamma|}{2}\right). \tag{1.35}$$

由此利用引理3中Faber多项式的表示式(1.13),比较(1.33)—(1.35)就立刻证明了定理2.

为了估计一般的连续统$K$所构成的 Faber 多项式的估计,我们还需要下面的引理.

**引理6** 考虑连续统$K$余集含有$z=\infty$的区域$D_\infty$及上面的外映射函数 $w=\Phi(z)$, $\Phi(\infty)=\infty$, $\Phi'(\infty)=1$, 它将$D_\infty$保角映射到 $|w|>\rho$, 而 $z=\Psi(w)$ 是其反函数. 令

$$F(t,w) = \ln\frac{\Psi(t)-\Psi(w)}{t-w}, \quad |t|>\rho, \ |w|>\rho,$$

则对任意的 $r>\rho$,

$$\left|\frac{\partial^m F(re^{i\theta},w)}{\partial\theta^m}\right| \leqslant \frac{\sqrt{(2m-1)}\,\rho r^{2m-1}}{(r^2-\rho^2)^m}\cdot\sqrt{\ln\frac{|w|^2}{|w|^2-\rho^2}}, \quad |w|>\rho. \tag{1.36}$$

**证** 考虑函数 $\Phi(t,w)=\ln(\Psi(t)-\Psi(w))$. 当 $|w|>\rho$ 时,它在区域 $\rho<|t|<|w|$ 上单叶解析且在此圆环上有展开

式:

$$\Phi(t, w) = F(t, w) + \ln(-w) + \ln\left(1 - \frac{t}{w}\right)$$

$$= \sum_{n=1}^{+\infty} \frac{a_n(w)}{t^n} + \ln(-w) - \sum_{n=1}^{+\infty} \frac{1}{n}\left(\frac{t}{w}\right)^n. \quad (1.37)$$

由此利用面积的积分表示式及(1.37),容易证明在映射 $\Phi(t,w)$下($w$ 是固定数, $|w| > \rho$),对于 $\rho < R < |w|$ 圆周 $|t| = R$ 的像 $C_R$ 所围的有界区域的面积 $S$ 有下列表示式:

$$S = \pi\left(-\sum_{n=1}^{+\infty} \frac{n|a_n(w)|^2}{R^{2n}} + \sum_{n=1}^{+\infty} \frac{1}{n}\left(\frac{R}{|w|}\right)^{2n}\right).$$

因为 $S \geqslant 0$,因此有

$$\sum_{n=1}^{+\infty} \frac{n|a_n(w)|^2}{R^{2n}} \leqslant \sum_{n=1}^{+\infty} \frac{1}{n}\left(\frac{R}{|w|}\right)^{2n} = -\ln\left(1 - \frac{R^2}{|w|^2}\right).$$

令 $R \to \rho$,由上式得到

$$\sum_{n=1}^{+\infty} \frac{n|a_n(w)|^2}{\rho^{2n}} \leqslant \ln \frac{|w|^2}{|w|^2 - \rho^2}. \quad (1.38)$$

这样一来,利用 Cauchy 不等式,(1.38)及不等式,

$$\sum_{n=1}^{+\infty} n^m \cdot x^n \leqslant \frac{m!x}{(1-x)^{m+1}}, \quad 0 < x < 1, m = 0,1,2,\cdots.$$

用归纳法可以证明

$$\left|\frac{\partial^m F(re^{i\theta}, w)}{\partial \theta^m}\right| \leqslant \sum_{n=1}^{+\infty} \frac{n^m |a_n(w)|}{r^n} = \sum_{n=1}^{+\infty} \frac{n^{m-\frac{1}{2}}\rho^n}{r^n} \cdot \frac{n^{\frac{1}{2}}|a_n(w)|}{\rho^n}$$

$$\leqslant \sqrt{\sum_{n=1}^{+\infty} \frac{n^{2m-1}\rho^{2n}}{r^{2n}} \sum_{n=1}^{+\infty} \frac{n|a_n(w)|^2}{\rho^{2n}}}$$

$$\leqslant \sqrt{\frac{(2m-1)!\rho^2 r^{4m-2}}{(r^2-\rho^2)^{2m}} \cdot \ln \frac{|w|^2}{|w|^2-\rho^2}}$$

$$\leqslant \frac{\sqrt{(2m-1)!}\,\rho r^{2m-1}}{(r^2-\rho^2)^m} \sqrt{\ln \frac{|w|^2}{|w|^2-\rho^2}}, \ |w| > \rho,$$

这就是(1.36).

**定理3** 设有界闭集$K$的余集是含有 $z=\infty$ 的单连通区域，则对于$K$的 Faber 多项式，

$$\varphi_n(z)=[\Phi(z)]^n-\psi_n(z), \tag{1.39}$$

有下列估计式。

1. $$|\psi_n(z)|\leqslant\begin{cases}\sqrt{\ln\dfrac{r^2}{r^2-\rho^2}}\sqrt{n}\,\rho^n, z\in\overline{D}'_r, r>\rho, & (1.40)\\ \left(1+\sqrt{e}+\sqrt{n\ln(n+1)}\dfrac{\rho}{r}\right)\rho^n, z\in\overline{D}'_r, r>\rho, & (1.41)\end{cases}$$

2. $$|\varphi_n(z)|\leqslant\begin{cases}r^n+\sqrt{\ln\dfrac{r^2}{r^2-\rho^2}}\sqrt{n}\,\rho^n, z\in\overline{D}_r, r>\rho, & (1.42)\\ (\sqrt{e}+\sqrt{n\ln(n+1)})\rho^n, z\in K. & (1.43)\end{cases}$$

其中 $|w|=r>\rho$ 的原象 $C_r$ 所围的区域记作 $D_r$，其外部区域记作 $D'_r$。

**证** 从(1.37)知，

$$F(t,w)=\ln\frac{\Psi(t)-\Psi(w)}{t-w}=\sum_{n=1}^{+\infty}\frac{a_n(w)}{t^n}, \tag{1.44}$$

两边对 $t$ 求导数后得到

$$\frac{t\Psi(t)}{\Psi(t)-\Psi(w)}-\frac{t}{t-w}=\sum_{n=1}^{\infty}\frac{-na_n(w)}{t^n}. \tag{1.45}$$

另一方面，由 Faber 多项式的生成函数得

$$\frac{t\Psi(t)}{\Psi(t)-\Psi(w)}-\frac{t}{t-w}$$

$$=\sum_{n=1}^{\infty}\frac{\varphi_n(z)}{t^n}-\sum_{n=1}^{+\infty}\frac{[\Phi(z)]^n}{t^n},\quad w=\Phi(z), \tag{1.46}$$

比较(1.39)与(1.45)，(1.49)得到

$$\psi_n(z)=na_n(w),\quad w=\Phi(z), \tag{1.47}$$

由此从(1.38)得到

$$\sum_{n=1}^{+\infty}\frac{|\psi_n(z)|^2}{n\rho^{2n}}\leqslant\ln\frac{|w|^2}{|w|^2-\rho^2},\quad w=\Phi(z),\quad z\in D_\infty, \tag{1.48}$$

由此就立刻得到估计式(1.40)。

由(1.39)与(1.40)就可以得到估计式(1.42).

在(1.42)中，令$\left(\frac{r}{\rho}\right)^2 = 1 + \frac{1}{n}$就可以得到估计式(1.43).

由(1.39),(1.43),利用最大模原理及 Schwarz 引理就可以得到(1.41).

定理 3 证毕.

**定理 4** 在定理 3 的条件下,对于(1.39)中的函数 $\psi_n(z)$, 还有渐近估计.

$$\psi_n(z) = \theta_n^*(z) G(r) r^n, \ z \in \overline{D}_r', \tag{1.49}$$

其中

$$G(r) = \max_{|t|=r, |w|=r} \left| \frac{r\Psi'(t)}{\Psi(t) - \Psi(w)} - \frac{t}{t-w} \right| \quad \rho < r < +\infty$$

$$\leqslant \frac{r\rho}{r^2 - \rho^2} \sqrt{\ln \frac{r^2}{r^2 - \rho^2}} \quad , \tag{1.50}$$

且 $|\theta_n^*(z)| \leqslant 1$.

**证** 由引理 6, 令 $m = 1$,得到

$$\left| \frac{t\Psi'(t)}{\Psi(t) - \Psi(w)} - \frac{t}{t-w} \right| \leqslant \frac{|t|\rho}{|t|^2 - \rho^2} \sqrt{\ln \frac{|w|^2}{|w|^2 - \rho^2}},$$

$$|t| > \rho, \ |w| > \rho.$$

由此就得到了 $G(r)$ 的估计式(1.50).

此外,由(1.45)及(1.47),利用幂级数的系数估计,从 $G(r)$ 的定义可知,

$$|\psi_n(z)| \leqslant G(r) r^n, \ w = \Phi(z), \ |w| = r. \tag{1.51}$$

由此函数 $\psi_n(z)$在 $z = \infty$处为零,且在 $D_\infty$ 中解析, 因此估计式(1.51)在 $|w| \geqslant r$ 上成立.

这样就证明了定理 4.

**注** 由定理 4 就得到了 Faber 多项式的渐近估计,

$$\varphi_n(z) = [\Phi(z)]^n - \psi_n(z),$$

其中 $\psi_n(z)$ 满足(1.49).

**推论** 在定理 3 的条件下,成立

1° 在区域 $D_\infty$ 内闭一致地成立，

$$\lim_{n\to+\infty}\frac{\varphi_{n+1}(z)}{\varphi_n(z)}=w,\quad w=\Phi(z).\tag{1.52}$$

2° 在区域 $D_\infty$ 内闭一致地成立，

$$\lim_{n\to+\infty}\sqrt[n]{|\varphi_n(z)|}=|w|,\quad w=\Phi(z).\tag{1.53}$$

事实上，由(1.39)及(1.49)得

$$\varphi_n(z)=w^n,\psi_n(z)=w^n\left(1+\theta_n(z)G(r)\left(\frac{r}{w}\right)^n\right),\quad \begin{array}{l}w=\Phi(z),\\ |w|\geqslant r>\rho.\end{array}$$

由此对任意的 $r$ 与 $r_0$，$r_0>r>\rho$，$|w|\geqslant r_0$，我们有

$$\left|\frac{\varphi_{n+1}(z)}{\varphi_n(z)}-w\right|=\left|w\frac{1+\theta_{n+1}(z)G(r)\left(\dfrac{r}{w}\right)^{n+1}}{1+\theta_n(z)G(r)\left(\dfrac{r}{w}\right)^n}-w\right|$$

$$\leqslant|w|\frac{\left[|\theta_{n+1}(z)|\left(\dfrac{r}{|w|}\right)^{n+1}+|\theta_n(z)|\left(\dfrac{r}{|w|}\right)^n\right]G(r)}{1-G(r)\left(\dfrac{r}{|w|}\right)^n}$$

$$\leqslant r_0\frac{2G(r)\left(\dfrac{r}{r_0}\right)^n}{1-G(r)\left(\dfrac{r}{r_0}\right)^n}.\tag{1.54}$$

由于函数 $\varphi_n(z)$当 $n$ 充分大时，在区域 $|w|=|\Phi(z)|\geqslant r_0$ 中没有零点(见(1.39)及(1.49))，因此函数$\dfrac{\varphi_{n+1}(z)}{\varphi_n(z)}-\Phi(z)$ 当 $n$ 充分大时在区域 $|\Phi(z)|\geqslant r_0$ 中解析. 这样一来，(1.54) 对所有的 $|w|=|\Phi(z)|\geqslant r_0$ 都成立. 由此就得到了(1.52).

类似的方法可以证明(1.53).

现在我们介绍广义 Faber 多项式，它在函数逼近及正交多项式的研究中是很有用的.

这里仍设 $K$ 是有界闭集，某余集是单连通区域 $D_\infty$. 设函数

$$K(t)=\sum_{n=0}^{+\infty}\frac{c_n}{t^n},\quad c_0\neq 0$$

是区域 $|t|>\rho$ 上解析函数，其中 $\rho$ 是 $K$ 的保角半径. 设 $C_r$, $\rho<r<+\infty$ 是在映射 $w=\Phi(z)$ 下，圆周 $|w|=r$ 的原象. 当 $z\in C_r$ 时，考虑函数

$$K(z,t)=\frac{t\Psi'(t)}{\Psi(t)-z}R(t)$$
$$=\sum_{n=0}^{+\infty}\frac{\varphi_n(z)}{t^n}\sum_{n=0}^{+\infty}\frac{c_n}{t^n}$$
$$=\sum_{n=0}^{+\infty}\frac{\Pi_n(z)}{t^n}, \tag{1.55}$$

其中 $\Pi_n(z)=c_0\varphi_n(z)+c_1\varphi_{n-1}(z)+\cdots+c_n\varphi_0(z)$, (1.56)

而 $\varphi_n(z)$ 是首项系数为 1 的集合 $K$ 的 Faber 多项式. 当 $z\in K$ 时，级数(1.55)在 $|t|>\rho$ 上收敛，且当 $z\in\overline{D}_r$, $\rho<r<+\infty$ 时，级数(1.55)在 $|t|>r$ 上收敛，因此对任意固定的 $z\in D_r$, 级数(1.55)在闭区域 $|t|\geqslant r$ 上一致收敛.

我们称多项式 $\Pi_n(z)$, $n=0,1,2,\cdots$ 为广义 Faber 多项式，显然它与有界闭集 $K$ 及函数 $R(t)$ 有关，称 $K(z,t)$ 为广义 Faber 多项式 $\Pi_n(z)$ 的生成函数.

从展开式(1.55)可以得到

$$\Pi_n(z)=\frac{1}{2\pi i}\int_{|t|=r_1}\frac{t\Psi'(t)}{\Psi(t)-z}R(t)t^{n-1}dt,$$
$$z\in\overline{D}_r,\quad \rho\leqslant r<r_1<+\infty,$$
$$=\frac{1}{2\pi i}\int_{C_{r_1}}\frac{R(\Phi(\zeta))[\Phi(\zeta)]^n}{\zeta-z}d\zeta,$$
$$z\in\overline{D}_r,\quad \rho\leqslant r<r_1<+\infty. \tag{1.57}$$

这是公式(1.3)的推广.

类似于(1.6)，我们有

$$\Pi_n(z)=R[\Phi(z)][\Phi(z)]^n$$
$$+\frac{1}{2\pi i}\int_{C_R}\frac{R[\Phi(\zeta)][\Phi(\zeta)]^n}{\zeta-z}d\zeta,$$
$$z\in\overline{D}'_R,\quad \rho<R<+\infty. \tag{1.58}$$

特别是，当$K$为区域，其边界为闭 Jordan 可求长曲线 $\Gamma$，且 $R(t)$ 在 $|t| \geqslant \rho$ 连续，$|t| > \rho$解析时，

$$\Pi_n(z) = R[\Phi(t)][\Phi(z)]^n + \frac{1}{2\pi i}\int_\Gamma \frac{R[\Phi(\zeta)][\Phi(\zeta)]^n}{\zeta - z} d\zeta, \quad z \in D_\infty \tag{1.59}$$

$$\triangleq R[\Phi(z)][\Phi(z)]^n + w_n(z), \tag{1.60}$$

其中

$$w_n(z) = \frac{1}{2\pi i}\int_\Gamma \frac{R[\Phi(\zeta)][\Phi(\zeta)]^n}{\zeta - z} d\zeta, z \in D_\infty, \tag{1.61}$$

或

$$w_n(z) = \frac{1}{2\pi i}\int_{C_R} \frac{R[\Phi(\zeta)][\Phi(\zeta)]^n}{\zeta - z} d\zeta, z \in \overline{D}_R^1, \tag{1.62}$$

因此函数 $w_n(z)$在区域 $D_\infty$ 内解析，且$w_n(\infty) = 0$.

利用映射函数 $\Phi(z)$在 $z = \infty$邻域中的展开式以及 $R(t)$的展开式，容易得到

$$R[\Phi(z)][\Phi(z)]^n$$

$$= c_0 z^n + c_1^{(n)} z^{n-1} + \cdots + c_n^{(n)} + \frac{\alpha_1^{(n)}}{z} + \frac{\alpha_2^{(n)}}{z} + \cdots, \tag{1.63}$$

因此比较(1.57)可以得到

$$\Pi_n(z) = c_0 z^n + c_1^{(n)} z^{n-1} + \cdots + c_n^{(n)}. \tag{1.64}$$

这样由(1.63)与(1.64)也可以得到

$$\Pi_n(z) = R[\Phi(z)][\Phi(z)]^n + w_n(z), \tag{1.65}$$

因此也可以用(1.65)来定义广义 Faber 多项式.

现在设 $z \in D_\infty$, $w = \Phi(z)$，则由(1.55)及(1.60)，得到：当 $|t| > \rho$, $|w| > \rho$ 时

$$M(t,w) = \frac{t\Psi'(t)}{\Psi(t) - \Psi(w)} R(t) - \frac{t}{t - w} R(w)$$

$$= \sum_{n=0}^{+\infty} \frac{\Pi_n(z)}{t^n} - \sum_{n=0}^{+\infty} \frac{w^n}{t^n} R(w)$$

$$= \sum_{n=1}^{+\infty} \frac{\Pi_n(z) - [\Phi(t)]^n R[\Phi(z)]}{t^n}$$

$$= \sum_{n=1}^{+\infty} \frac{w_n(t)}{t^n}. \tag{1.66}$$

这样一来，我们有下列定理。

**定理 5** 对于上面的有界闭集 $K$ 及函数 $R(t)$，我们有(1.60)，其中

$$w_n(t) = \theta_n(z)S(r)r^n, \quad z \in \overline{D}'_r, \tag{1.67}$$

而 $|\theta_n(z)| \leqslant 1$，

$$S(r) = \max_{|t|=r, |w|=r} |M(t,w)|, \quad \rho < r < +\infty. \tag{1.68}$$

**证** 由(1.66)，利用幂级数的系数估计，从 $S(r)$的定义(1.68)可知，

$$|w_n(t)| \leqslant S(r)r^n, w = \Phi(z), \quad |w| = r. \tag{1.69}$$

利用函数 $w_n(z)$在 $D_\infty$ 中解析，$w_n(\infty) = 0$，因此估计式(1.64)在 $|w| \geqslant r$ 即 $\overline{D}'_r$ 中成立。这就证明了(1.67)。

**推论** 在定理 5 的条件下，在任意一个闭集 $E \subset D_\infty$ 上，只要函数 $R[\Phi(z)]$ 没有零点，一致地有

$$1° \quad \lim_{n\to+\infty} \frac{\Pi_{n+1}(z)}{\Pi_n(z)} = w, \quad w = \Phi(z); \tag{1.70}$$

$$2° \quad \lim_{n\to+\infty} \sqrt[n]{|\Pi_n(z)|} = |w|, w = \Phi(z). \tag{1.71}$$

且在 $\overline{D}_r, \rho < r < +\infty$ 上一致地有

$$\varlimsup_{n\to+\infty} \sqrt[n]{|\Pi_n(z)|} \leqslant r,$$

即任给 $\varepsilon > 0$，存在自然数 $N$，使当 $n > N$时，有

$$\sqrt[n]{|\Pi_n(z)|} \leqslant r + \varepsilon, z \in \overline{D}_r.$$

像在证明定理 4 的推论一样，利用(1.67) 就容易地得到这个推论，这里不准备进行讨论了。

现在设 $K: |z| \leqslant \rho, \rho > 0$，此时 $\Psi(t) = t$，且生成函数为

$$\frac{t}{t-z} R(t) = \sum_{n=0}^{+\infty} z^n \frac{1}{t^n} \sum_{n=0}^{+\infty} \frac{c_n}{t^n} = \sum_{n=0}^{+\infty} \frac{q_n(z)}{t^n}.$$

这里广义 Faber 多项式记作$q_n(z), n = 0, 1, 2, \cdots$。

显然有

$$q_n(z) = c_0 z^n + c_1 z^{n-1} + \cdots + c_n = z^n S_n\left(\frac{1}{z}\right),$$

其中$S_n\left(\frac{1}{z}\right)$是函数 $R(z)$的 $n$ 次部分和. 因而在区域 $|z| > \rho$ 内闭一致地有

$$\lim_{n\to+\infty} \frac{q_n(z)}{z^n} = R(z)$$

或
$$q_n(z) = z^n(R(z) + \varepsilon_n(z)),$$

其中 $\varepsilon_n(z)$在 $|z| > \rho$ 内闭一致地趋向于零.

由此可以推出,在任意一个有界闭集 $E \subset \{|z| > \rho\}$ 上,只要 $R(z)$不取零值,一致地有

$$\lim_{n\to+\infty} \sqrt[n]{|q_n(z)|} = |z|.$$

现在再对一般的有界闭集 $K$,给出 $R(t)$的二个特殊的例,并对广义 Faber 多项式作出估计.

1° 设 $R(t) = [\Psi'(t)]^{-1}$,此时有

$$K(z,t) = \frac{t}{\Psi(t) - z}.$$

若 $z \in \overline{D}_r, \rho \leqslant r < +\infty$,则函数

$$f(\zeta) = \frac{\frac{r}{\zeta}\cdot\zeta}{\Psi\left(\frac{r}{\zeta}\right) - z} = \sum_{n=0}^{+\infty}(\Pi_n(z) r^{-n})\zeta^{n+1}, |\zeta| < 1. \quad (1.72)$$

在圆 $|\zeta| < 1$内单叶解析,且 $f(0) = 0, f'(0) = 1$,因此根据 De Brange 有关 Bieberbach 系数定理[167]得

$$|\Pi_n(z) r^{-n}| \leqslant n + 1, \quad n = 0, 1, \cdots,$$

即

$$|\Pi_n(z)| \leqslant (n+1) r^n, z \in \overline{D}_r, \rho \leqslant r < +\infty, n = 0, 1, \cdots. \quad (1.73)$$

2° 设 $R(t) = [\Psi'(t)]^{-\alpha}$,其中 $\alpha$ 为实数,则

$$K(z,t) = \frac{t[\Psi'(t)]^{1-\alpha}}{\Psi(t) - z}.$$

若 $z \in \overline{D}_r, \rho \leqslant r < +\infty$,则

$$K\left(z,\frac{r}{\zeta}\right)=\left(\frac{f(\zeta)}{\zeta}\right)^{2\alpha-1}(f'(\zeta))^{1-\alpha}$$

$$=\sum_{n=0}^{+\infty}(\Pi_n(z)r^{-n})\zeta^n,\ |\zeta|<1,$$

其中函数 $f(\zeta)$由(1.72)所确定.

注意到 Голузин 书上[63]第 145 页的估计式.可以得到

a. 当$\alpha\geqslant 0$时有

$$\left|K\left(z,\frac{r}{\zeta}\right)\right|=\left|\frac{f(\zeta)^2}{\zeta^2f'(\zeta)}\right|\left|\frac{\zeta f'(\zeta)}{f(\zeta)}\right|\leqslant\frac{1}{(1-|\zeta|^2)^\alpha}\frac{1+|\zeta|}{1-|\zeta|}$$

$$=\frac{(1+|\zeta|)^{1-\alpha}}{(1-|\zeta|)^{1+\alpha}}.$$

b. 当$\alpha<0$时,类似地也有

$$1<\left|\left(z,\frac{r}{\zeta}\right)\right|\leqslant\frac{(1+|\zeta|)^{1+\alpha}}{(1-|\zeta|)^{1-\alpha}}.$$

根据幂级数的系数估计式,在两种情况下都有

$$|\Pi_n(z)r^{-n}|\leqslant\frac{(1+|\zeta|)^{1-|\alpha|}}{(1-|\zeta|)^{1+|\alpha|}|\zeta|^n},\ |\zeta|<1.$$

令$|\zeta|=\dfrac{n}{n+1+|\alpha|}$, 得到

$$|\Pi_n(t)|\leqslant\left(\frac{e}{1+|\alpha|}\right)^{1+|\alpha|}\frac{(n+1+|\alpha|)^{2|\alpha|}}{(2n+1+|\alpha|)^{|\alpha|-1}}r^n,$$

$$z\in\bar{B}_r,\rho\leqslant r<+\infty,n=0,1,\cdots. \tag{1.74}$$

## §2. 将函数展开为 Faber 级数

这一节我们将利用上一节的讨论将解析函数展开为 Faber 多项式级数. 这是圆内解析函数展开为幂级数的推广. 我们沿用上一节中记号.

**定理 1** 设有界闭集$K$的余集是一个含有$z=\infty$的单连通区域 $D_\infty$. 若函数 $f(z)$在区域 $D_R$, $f<R<+\infty$ 内解析, 且在

等势线 $C_R$ 上有奇点，则

1° 函数 $f(z)$在 $D_R$ 内可以展开为 Faber 多项式级数：

$$f(z)=\sum_{n=0}^{+\infty}a_n\varphi_n(z),\quad z\in D_R,\tag{2.1}$$

其中

$$a_n=\frac{1}{2\pi i}\int_{|t|=r_1}f[\Psi(t)]\frac{1}{t^{n+1}}dt,\quad \rho<r_1<R.\tag{2.2}$$

2° 成立

$$\overline{\lim_{n\to+\infty}}\sqrt[n]{|a_n|}=\frac{1}{R},\tag{2.3}$$

且级数(2.1)在区域 $D_R$ 内闭一致收敛并在区域 $\overline{D}_R$ 外发散.

3° 若函数 $f(z)$的 Faber 多项式级数在某个区域 $D\supset K$ 内闭一致收敛，则其展开式必是唯一的.

4° 反过来，若(2.3)成立，则级数(2.1)在区域 $D_R$ 内闭一致收敛，在闭区域 $\overline{D}_R$ 外发散，而由级数(2.1)所确定的函数 $f(z)$在区域 $D_R$ 内解析，在等势线 $C_R$ 上有奇点.

**证** 1° 设 $z\in D_R$，则存在 $r_2,\rho<r_2<R$，且 $z\in C_{r_2}$，选择 $r_1$ 满足 $r_2<r_1<R$，于是有

$$\begin{aligned}f(z)&=\frac{1}{2\pi i}\int_{C_{r_1}}\frac{f(\zeta)}{\zeta-z}d\zeta=\frac{1}{2\pi i}\int_{|t|=r_1}f[\Psi(t)]\frac{\Psi'(t)}{\Psi(t)-z}dt\\&=\frac{1}{2\pi i}\int_{|t|=r_1}f[\Psi(t)]\sum_{n=0}^{+\infty}\frac{\varphi_n(z)}{t^{n+1}}dt\\&=\sum_{n=0}^{+\infty}\frac{1}{2\pi i}\int_{|t|=r_1}\frac{f[\Psi(t)]}{t^{n+1}}dt\cdot\varphi_n(z)\\&=\sum_{n=0}^{+\infty}a_n\varphi_n(z),\end{aligned}$$

其中 $a_n$ 是由公式(2.2)所确定（这里例数第二个等式是用到了生成函数所展开的级数当 $z\in C_{r_2}$ 上固定时关于 $t$ 在 $|t|=r_1>r_2$ 上的一致收敛性）. 同时，由于函数$\dfrac{f[\Psi(t)]}{t^{n+1}}$在圆环 $\rho<|t|<R$

内解析，因此 $r_1$ 可以取满足 $\rho < r_1 < R$ 中任何的数。

2° 由系数表示式(2.2)得到

$$|a_n| \leqslant \frac{1}{2\pi} \frac{M(r_1)}{r_1^{n+1}} \cdot 2\pi r_1 = \frac{M(r_1)}{r_1^n},$$

其中

$$M(r_1) = \max_{|t|=r_1} |f(\Psi(t))|, \quad \rho < r_1 < R,$$

因而有 $\sqrt[n]{|a_n|} \leqslant \sqrt[n]{M(r_1)} \dfrac{1}{r_1}$,

由此得到 $\overline{\lim\limits_{n\to+\infty}} \sqrt[n]{|a_n|} \leqslant \dfrac{1}{r_1}$.

由于 $r_1$ 的任意性，$\rho < r_1 < R$，因而有

$$\overline{\lim_{n\to+\infty}} \sqrt[n]{|a_n|} \leqslant \frac{1}{R}. \tag{2.4}$$

现在假设，若存在某个 $r_0 > R$，使得

$$\overline{\lim_{n\to+\infty}} \sqrt[n]{|a_n|} = \frac{1}{r_0} < \frac{1}{R}, \tag{2.5}$$

于是对 $z \in C_{r_1}, \rho < r_1 < r_0$，对于级数(2.1)的每一项，利用 §1 中定理 4 的推论 2(见1.53)得到

$$\overline{\lim_{n\to+\infty}} \sqrt[n]{|a_n| |\varphi_n(z)|} = \frac{r_1}{r_0} < 1.$$

因此，根据 Cauchy 级数收敛判别法，级数(2.1)在 $C_{r_1}$，因而在 $\overline{D}_r$ 上一致收敛．由于 $r_1$ 是满足 $\rho < r_1 < r_0$ 中任何值，因此级数(2.1)在区域 $D_{r_0}$ 内闭一致收敛．由于 $D_r \subset D_{r_0}$，根据解析开拓的唯一性，函数 $f(z)$在开拓后必在区域 $D_{r_0}$ 内解析，这就违反了函数 $f(z)$在 $C_R \subset D_{r_0}$ 上有奇点的假设．这个矛盾说明了必须有

$$\overline{\lim_{n\to+\infty}} \sqrt[n]{|a_n|} = \frac{1}{R}.$$

再重复前面的讨论，可以知道对任意 $r_1$，$\rho < r_1 < R$，当 $z \in C_r$ 上时，就有

$$\overline{\lim_{n\to+\infty}} \sqrt[n]{|a_n||\varphi_n(z)|} = \frac{r_1}{R} < 1.$$

由此得到级数(2.1)在 $C_{r_1}$，因而在闭区域 $\overline{D}_{r_1}$ 上的一致收敛性. 利用 $r_1$ 的任意性，$\rho < r_1 < R$，就证明了级数 (2.1)在区域 $D_R$ 内闭一致收敛.

现在来证明级数(2.1)在闭区域 $\overline{D}_R$ 外的发散性. 设 $z \in D_{r'}$，$R < r' < +\infty$，于是用(1.53)，得到

$$\overline{\lim_{n\to+\infty}} \sqrt[n]{|a_n||\varphi_n(z)|} = \frac{r'}{R} > 1.$$

因而必定存在无限多个 $n$，使得

$$\sqrt[n]{|a_n||\varphi_n(z)|} > 1,$$

即

$$|a_n||\varphi_n(z)| > 1.$$

这表示级数(2.1)在闭区域 $\overline{D}_r$ 外发散.

3° 设函数 $f(z)$的 Faber 多项式展开式

$$f(z) = \sum_{n=0}^{+\infty} a_n\varphi_n(z)$$

在某个区域 $D \supset K$ 内一致收敛. 因此，它必在某个等势线 $C_{r''}$，$r'' > \rho$ 上一致收敛. 令 $z = \Psi(t)$，$|t| = r''$，则

$$f[\Psi(t)] = \sum_{n=0}^{+\infty} a_n\varphi_n[\Psi(t)], \quad |t| = r''.$$

两边除以函数 $2\pi i t^{m+1}$，然后在 $|t| = r''$ 上积分. 利用一致收敛性，可以积分下求极限以及再利用 §1 中引理 2(见(1.12))，得到

$$a_m = \frac{1}{2\pi i}\int_{|t|=r''} \frac{f[\Psi(t)]}{t^{m+1}}\, dt.$$

这就证明了展开系数 $a_m$ 的唯一性，$m = 0,1,2,,\cdots$.

4° 设(2.3)成立. 由 2° 中证明可以看出，级数(2.1) 在区域 $D_r$ 内闭一致收敛，因此由 Weierstrass 定理，由(2.1)所确定的函数 $f(z)$在区域 $D_R$ 上没有奇点，则它必在某个包有闭区域 $\overline{D}_R$ 的

区域 $D_{r_0}$，$R < r_0$ 内解析，于是根据2°中的证明，就会有

$$\overline{\lim}\ \sqrt[n]{|a_n|} \leqslant \frac{1}{r_0} < \frac{1}{R}.$$

这就与条件(2.3)相矛盾。因此，函数 $f(z)$ 在等势线 $C_R$ 上必有奇点。

定理 1 证毕。

**注** 若函数 $f(z)$ 在某个单连通区域$D$内解析，$\overline{D}$ 上连续，且区域$D$的边界$\Gamma$ 是解析，则利用映射函数 $\Psi(t)$在 $|t| > \rho$ 上可以解析开拓到某个圆$|t| > \rho_1, \rho_1 > \rho$,因此映射函数 $w = \Phi(z)$ 也可以解析开拓到由曲线 $C_{\rho_1}$ 所围的区域 $D'_{\rho_1}$ 中去，即函数 $f(z)$ 的解析性区域与 $w = \Phi(z)$的解析性区域有交集．因此，完全可以用上面的方法将函数 $f(z)$在区域$D$内展开为 Faber 多项式级数，且展开系数 $a_n$ 表示式为

$$a_n = \frac{1}{2\pi i}\int_{|t|=r_1} \frac{f[\Psi(t)]}{t^{n+1}}\,dt,\quad \rho < r_1 < \rho.$$

由此可得

$$\overline{\lim_{n\to+\infty}}\ \sqrt[n]{|a_n|} \leqslant \frac{1}{\rho}.$$

现在我们给出 Feber 多项式级数展开的余项估计式．

**定理2** 设有界闭集 $K$ 的余集是一个包有 $z=\infty$ 的区域 $D_\infty$．又设函数 $f(z)$在区域 $D_R$ 内解析，$\rho < R < +\infty$，且

$$\frac{1}{2\pi}\int_0^{2\pi} |f[\Psi(re^{i\theta})]d\theta \leqslant M, \tag{2.6}$$

其中$\rho < r < R$且常数$M$不依赖于 $r$．令

$$S_n(z) = \sum_{k=0}^{+\infty} a_k\varphi_k(z), \tag{2.7}$$

其中 $a_k$ 为 Faber 多项式 $\varphi_k(z)$的展开系数(见(2.2))，则

1° $\max\limits_{z\in\overline{D}_r} |f(z) - S_n(z)|$

$$\leqslant M\left[\frac{R}{R-r}+\left(\frac{\rho}{r}\right)^{n+1}\sqrt{\left[\frac{(n+1)R^2}{R^2-\rho^2}+\frac{\rho^2R^2}{(R^2-\rho^2)^2}\ln\frac{r^2}{r^2-\rho^2}\right]}\right]\left(\frac{r}{R}\right)^{n+1}.$$

$$\rho<r<R \tag{2.8}$$

2° $\max\limits_{z\in K}|f(z)-S_n(z)|$

$$\leqslant M\left[\frac{2\sqrt{e}\,R}{R-\rho}+\sqrt{\left[\frac{(n+1)R^2}{R^2-\rho^2}+\frac{\rho^2R^2}{(R^2-\rho^2)^2}\right]\ln(n+2)}\right]\left(\frac{\rho}{R}\right)^{n+1}。$$

$$n+1>\frac{\sqrt{\rho}}{\sqrt{R}-\sqrt{\rho}}. \tag{2.9}$$

3° 若$K$的边界$\Gamma$是闭解析曲线，且映射函数 $z=\Psi(w)$ 在区域 $\rho_1<|w|<+\infty$内解析，$\rho_1<\rho$,则

$\max\limits_{z\in \bar{D}_r}|f(z)-S_n(z)|$

$$\leqslant M\left[\frac{R}{R-r}+\left(\frac{\rho_1}{r}\right)^{n+1}\sqrt{\left[\frac{(n+1)R^2}{R^2-\rho_1^2}+\frac{\rho_1^2R^2}{(R^2-\rho_1^2)^2}\right]\ln\frac{r^2}{r^2-\rho_1^2}}\right]\left(\frac{r}{R}\right)^{n+1},$$

$$\rho\leqslant r\leqslant R. \tag{2.10}$$

**证** 1° 利用系数 $a_n$ 的表示式，

$$a_n=\frac{1}{2\pi i}\int_{|t|=r_1}f[\Psi(t)]\frac{1}{t^{n+1}}dt,\quad \rho<r<r_1<R,$$

由(2.6)可以得到

$$|a_n|\leqslant\frac{M}{r_1^n},\ n=0,1,2,\cdots. \tag{2.11}$$

当 $z\in C_r$ 时,利用(1.39)及(2.11)可以得到

$$|f(z)-S_n(z)|\leqslant\sum_{k=n+1}^{+\infty}|a_k||\varphi_k(z)|$$

$$\leqslant M\sum_{k=n+1}^{+\infty}(|\Phi(z)|^k+|\phi_k(z)|)\frac{1}{r_1^k}$$

$$\leqslant M\left[\sum_{k=n+1}^{+\infty}\left(\frac{r}{r_1}\right)^k+\sum_{k=n+1}^{+\infty}\sqrt{k}\left(\frac{\rho}{r_1}\right)^k\frac{|\phi_k(z)|}{\sqrt{k}\cdot\rho^k}\right]$$

$$\leqslant M\left[\frac{r^{n+1}}{r_1^n(r_1-r)}+\sqrt{\sum_{k=n+1}^{+\infty} k\left(\frac{\rho}{r_1}\right)^{2k} \sum_{k=n+1}^{+\infty} \frac{|\phi_k(z)|}{k\rho^{2k}}}\right].$$

因此利用 §1 中不等式(1.48)，令 $r_1 \to R$就能得到(2.8).

2° 令$\left(\frac{r}{\rho}\right)^2 = 1 + \frac{1}{n+1}$，由(2.8)就立刻得到(2.9).

3° 由(2.8)及定理 1 的注就容易得到(2.10).

定理 2 证毕.

下面我们要研究广义 Faber 多项式的展开问题，为此先作一些准备.

设有界闭集$K$的余集是一个包有 $z=\infty$的连通区域. Cauchy 核$\frac{1}{\zeta - z}$作为 $z$ 的函数. 当 $\zeta \in D_r'$，$\rho < r < +\infty$ 时是区域 $D_r$ 内的解析函数且有

$$\frac{1}{\zeta - z} = \frac{1}{2\pi i}\int_{C_r} \frac{du}{(\zeta - u)(u - z)}.$$

令 $u = \Psi(t)$ 则得到

$$\frac{1}{\zeta - z} = \frac{1}{2\pi i}\int_{|t|=r} \frac{1}{\zeta - \Psi(t)} \cdot \frac{t\Psi'(t)}{\Psi(t) - z}\frac{dt}{t}.$$

设函数 $R(t)$在 $|t| > \rho$ 时解析且不取零值，令

$$R^*(t) = \frac{1}{R(t)},$$

$$K(z,t) = \frac{t\Psi'(t)}{\Psi(t) - z}R(t) \text{ 及 } K_*(\zeta,t) = \frac{1}{\zeta - \Psi(t)}R_*(t),$$

则有

$$\frac{1}{\zeta - z} = \frac{1}{2\pi i}\int_{|t|=r} K_*(\zeta,t)K(z,t)\frac{dt}{t}, \quad z \in D_r,\ \zeta \in D_r'.$$

将 §1 中函数 $K(z,t)$的展开式 (1.55) 代入上式，再利用在 $|t| = r$ 上的一致收敛性，进行逐项积分后得到

$$\frac{1}{\zeta - z} = \sum_{n=0}^{+\infty} \Pi_n(z) \frac{1}{2\pi i} \int_{|t|=r} K_*(z,t) \frac{1}{t^{n+1}} dt$$

$$= \sum_{n=0}^{+\infty} Q_n(\zeta)\Pi_n(z),\ z \in D_r,\ \zeta \in D'_r, \quad (2.12)$$

其中

$$Q_n(\zeta) = \frac{1}{2\pi i} \int_{|t|=r} K_*(\zeta,t) \frac{1}{t^{n+1}} dt. \quad (2.13)$$

我们称函数 $Q(\zeta)$, $n = 0,1,\cdots$, 为广义 Faber 多项式 $\Pi_n(z)$ 的共轭函数。

在公式(2.13)中作变量替换 $t = \Phi(u)$, 得到

$$Q_n(\zeta) = \frac{1}{2\pi i} \int_{C_r} \frac{R_*[\Phi(u)]\Phi'(u)}{[\Phi(u)]^{n+1}} du,\ \zeta \in D'_r.$$

考虑到函数$\frac{R_*[\Phi(u)]\Phi'(u)}{[\Phi(u)]^{n+1}}$, $n = 0,1,\cdots$, 在区域 $D'_r$ 内解析，在 $u = \infty$处取值为零,由上面积分表示式得到

$$Q_n(\zeta) = \frac{R_*[\Phi(\zeta)]\Phi'(\zeta)}{[\Phi(\zeta)]^{n+1}},\ \zeta \in D'_r. \quad (2.14)$$

因此函数 $Q_n(\zeta)$ 在区域 $D_\infty$ 内解析且以 $\zeta = \infty$ 为 $n+1$ 级零点。因而就有

$$\lim_{n \to +\infty} \sqrt[n]{|Q_n(\zeta)|} = \frac{1}{|w|},\ w = \Phi(\zeta), \quad (2.15)$$

且(2.15)在区域 $D_\infty$ 内闭一致成立。

利用 §1 中 $\Pi_n(z)$的估计式(1.60)与(1.62)知，Cauchy 核的展开式(2.12),对任意固定的 $r, \rho < r < +\infty$,对 $z$ 在 $D_r$ 内部，对 $\zeta$ 在 $D'_r$ 内部绝对且一致收敛。

类似地,若$K$的边界 $\Gamma$ 是解析曲线,且映射函数 $z = \Psi(w)$可以开拓到某个圆外 $|w| > \rho_1$, $\rho_1 < \rho$,而函数 $R(t)$在$|t| > \rho_1$解析且不取零值,则这里的讨论对所有的 $\rho$ 换成 $\rho_1$ 后仍成立。

我们有下列引理，这说明两个函数系$\{\Pi_n(z)\}$与$\{Q_n(z)\}$为双正交系。

**引理1** 对上述有界闭集$K$及函数$R(t)$，若闭 Jordan 可求长曲线$C$内部包有集合 $K$，则

$$1^\circ\quad \frac{1}{2\pi i}\int_C \Pi_n(z)\Pi_m(z)dz = 0,\ n,m = 0,1,2,\cdots;$$

$$2^\circ\quad \frac{1}{2\pi i}\int_C Q_n(z)Q_m(z)dz = 0,\ n,m = 0,1,2,\cdots;$$

$$3^\circ\quad I_{n,m}= \frac{1}{2\pi i}\int_C \Pi_n(z)Q_m(z)dz = \begin{cases}1, & \text{当 } n = m,\\ 0, & \text{当 } n \neq m,\end{cases}$$

$$n,m = 0,1,2,\cdots.$$

**证** 由于函数$\Pi_n(z)\Pi_m(z)$在由曲线$C$所围的闭区域上解析，因此由 Cauchy 定理得结论$1^\circ$。

由于函数$Q_n(z)\ Q_m(z)$在由曲线$C$所围的区域的余区域上解析且以 $z = \infty$为$n + m + 2$级零点，因此，也显然地有结论$2^\circ$。

当$n < m$时，函数$\Pi_n(z)Q_m(z)$也在由$C$所围的区域的余区域上解析，且在 $z = \infty$上至少为二级零点，因此由 Cauchy 定理知，结论$3^\circ$对$n < m$时成立。

现在考虑$n \geqslant m$时的情况．我们将多项式 $\Pi_n(z)$展开为$\Pi_m(z)$，$m = 0,1,\cdots$的级数．利用 Cauchy 核的展开式(2.12)，其中 $\zeta \in C$，而$z$位于$C$的内部，可以得到

$$\Pi_n(z)=\frac{1}{2\pi i}\int_C \frac{\Pi_n(\zeta)}{\zeta - z}d\zeta=\sum_{m=0}^{+\infty}\Pi_m(z)\frac{1}{2\pi i}\int_C \Pi_n(z)Q_m(\zeta)d\zeta$$

$$=\sum_{m=0}^{+\infty}I_{n,m}\Pi_m(\zeta) = \sum_{m=0}^{+\infty}I_{n,m}\Pi_m(z).$$

比较 $z^n$ 项的系数，知 $I_{n,m} = 1$，因此有

$$\sum_{m=0}^{n-1}I_{n,m}\Pi_m(z) = 0.$$

由此再比较 $z$ 的 $n-1$ 次幂项的系数，依次地可以得到

$$l_{n,k}=0,\ k=n-1,n-2,\cdots,0.$$

引理 1 证毕.

**定理 3** 对于上面的有界闭集 $K$ 及函数 $R(t)$，设函数 $f(z)$ 在区域 $D_r$ 内解析 $\rho<r<+\infty$ 且在等势线 $C_r$ 上有奇点，则

1° 函数 $f(z)$ 可以在区域 $D_r$ 内展开为广义 Faber 多项式级数，

$$f(z)=\sum_{n=0}^{+\infty}a_n\Pi_n(z),\ z\in D_r; \tag{2.16}$$

其中

$$a_n=\frac{1}{2\pi i}\int_{C_{r_1}}f(\zeta)Q_n(\zeta)d\zeta,\ \rho<r_1<r. \tag{2.17}$$

2° $$\overline{\lim_{n\to+\infty}}\sqrt[n]{|a_n|}=\frac{1}{r},\ \rho<r<+\infty, \tag{2.18}$$

且级数(2.16)在区域 $D_r$ 内闭一致收敛，在闭区域 $\overline{D}_r$ 外发散

3° 若函数 $f(z)$ 关于广义 Faber 多项式的展开式(2.16)在某个包有 $K$ 的区域 $D$ 内一致收敛，则其展开系数是唯一的且具有表示式(2.17).

4° 反过来，若(2.18)成立，则级数(2.16)在区域 $D_r$ 内闭一致收敛，在闭区域 $\overline{D}_r$ 外发散，而由级数(2.16)所确定的函数 $f(z)$ 在区域 $D_r$ 内解析，在等势线 $C_r$ 上必有奇点.

**证** 证明是与定理 1 的证明类似的.

1° 设 $z\in D_r$，可以认为必存在等势线 $C_{r_2}$，$\rho<r_2<r$，使 $z\in C_{r_2}$. 选 $r_1$ 满足 $r_2<r_1<r$，于是利用 Cauchy 核 $\dfrac{1}{\zeta-z}$ 的展开式(2.12)，它在 $C_{r_1}$ 上类于 $\zeta$ 一致收敛. 我们有

$$\begin{aligned}f(z)&=\frac{1}{2\pi i}\int_{C_{r_1}}\frac{f(\zeta)}{\zeta-z}d\zeta=\sum_{n=0}^{+\infty}\Pi_n(z)\frac{1}{2\pi i}\int_{C_r}f(\zeta)Q_n(\zeta)d\zeta\\&=\sum_{n=0}^{+\infty}a_n\Pi_n(z),\end{aligned}$$

其中系数 $a_n$ 由公式(2.17)所确定.

2° 由(2.15)知,当 $n$ 充分大时,有

$$\sqrt[n]{|Q_n(z)|} \leqslant \frac{1}{r_1} + \varepsilon,\ \varepsilon > 0, z \in C_{r_1},$$

因而对充分大的 $n$,有

$$|a_n| = \left|\frac{1}{2\pi i}\int_{C_{r_1}} f(\zeta)Q_n(\zeta)d\zeta\right| \leqslant \frac{1}{2\pi} M(r_1)\left(\frac{1}{r_1}+\varepsilon\right)^n |C_{r_1}|,$$

其中 $M(r_1) = \max\limits_{\zeta \in C_{r_1}} |f(\zeta)|$, $|C_{r_1}|$是等势线 $C_{r_1}$ 的长度.

由此得

$$\overline{\lim_{n\to+\infty}} \sqrt[n]{|a_n|} \leqslant \frac{1}{r_1} + \varepsilon.$$

由于 $\varepsilon > 0$ 的任意性及 $r_1$ 的任意性, $r_2 < r_1 < r$, 因此有

$$\overline{\lim_{n\to\infty}} \sqrt[n]{|a_n|} \leqslant \frac{1}{r}. \tag{2.19}$$

下面完全可以像在证明定理 1 中的 2°一样,只是代替利用 §1 中定理 4 的推论 2, 而用 §1 中定理 5 的推论(见公式(1.66))可以证明(2.19)中严格的等式成立,且整个结论 2°成立.

3° 设

$$f(z) = \sum_{n=0}^{+\infty} a_n \Pi_n(z)$$

在区域 $D \supset K$ 中一致地成立, 因此也必在某个 $\overline{D}_{r_1}$ 上一致地成立,其中 $\rho < r_1 < +\infty$ 且 $\overline{D}_{r_1} \subset D$. 将上述展开式两边乘以$\frac{1}{2\pi i}$ $Q_m(z), m = 0,1,2,\cdots$, 在 $C_{r_1}$ 上积分, 利用逐项可积性及引理 1 的结论 3°就可以得到

$$\frac{1}{2\pi i}\int_{C_{r_1}} f(z)Q_m(z)dz = a_m,\ m = 0,1,\cdots.$$

这就推出了展开的唯一性.

4° 这一点的证明与定理 1 中结论 4°的证明是类似的, 这里

不详细讨论了。

**定理 3 证毕。**

类似地可以证明下面两个定理。

**定理 4** 设函数 $F(z)$ 在区域 $D'_r$ 解析，$\rho < r < +\infty$，且在等势线 $C_r$ 上有奇点，则

1° 函数 $F(z)$ 可以在 $D'_r$ 上展开为广义 Faber 多项式的共轭函数 $Q_n(z)$的级数：

$$F(z) = \sum_{n=0}^{+\infty} b_n Q_n(z) + F(\infty), \tag{2.20}$$

其中

$$b_n = \frac{1}{2\pi i} \int_{C_{r_1}} F(\zeta) \Pi_n(\zeta) d\zeta, \quad r < r_1 < +\infty. \tag{2.21}$$

2° 成立

$$\overline{\lim_{n \to +\infty}} \sqrt[n]{|b_n|} = r, \quad \rho < r < +\infty, \tag{2.22}$$

且级数(2.20)在区域 $D'_r$ 内闭一致收敛，在闭区域 $\overline{D}'_r$ 外发散。

3° 若函数 $F(z)$ 的展开式(2.20)在 $z = \infty$ 的某个邻域中一致收敛，则其展开式是唯一的，且展开式系数 $b_n$ 有积分表示式(2.21)。

4° 反过来，若(2.22)成立，则级数(2.20)在区域 $D'_r$ 内闭一致收敛，在闭区域 $\overline{D}'_r$ 内，即 $D_r$ 内发散，而由(2.22)所确定的函数 $F(z)$在区域 $D'_r$ 内解析，在等势线 $C_r$ 上有奇点。

对于定理 3 与定理 4 也有类似于定理 1 的注。

**定理 5** 设函数 $f(z)$ 在二连通区域 $D_{r_1,r_2}$，$\rho < r_1 < r_2 < +\infty$内解析，其中区域 $D_{r_1,r_2}$的边界为二条等势线 $C_{r_1}$ 及 $C_{r_2}$，且在这二条等势线上都有奇点，则

1° 函数 $f(z)$在 $D_{r_1,r_2}$ 内可以展开为级数

$$f(z) = \sum_{n=0}^{+\infty} a_n \Pi_n(z) + \sum_{m=0}^{+\infty} b_m Q_m(z), \tag{2.23}$$

其中

$$a_n = \frac{1}{2\pi i}\int_{C_{r'}} f(\zeta)Q_n(\zeta)d\zeta,$$

$$b_m = \frac{1}{2\pi i}\int_{C_{r'}} f(\zeta)\Pi_n(\zeta)d\zeta, \quad r_1 < r' < r_2,$$

$$n, m = 0, 1, 2, \cdots. \tag{2.24}$$

2° 成立

$$\overline{\lim_{n\to+\infty}} \sqrt[n]{|a_n|} = \frac{1}{r_2}, \qquad \overline{\lim_{m\to+\infty}} \sqrt[m]{|b_m|} = r_1, \tag{2.25}$$

而级数$\sum_{n=0}^{+\infty} a_n \Pi_n(z)$在区域 $D_{r_2}$ 内闭一致收敛且在闭区域 $\overline{D}_{r_2}$ 外发散；级数$\sum_{m=0}^{+\infty} b_m Q_m(z)$在区域 $D'_{r_1}$ 内闭一致收敛，且在闭区域$\overline{D}'_{r_1}$外发散.

3° 若函数 $f(z)$ 的展开式(2.23)在某个等势线 $C_r$，$r_1 < r < r_2$ 上一致收敛，则其展开式必唯一且展开系数 $a_n$ 与 $b_m$ 有积分表示式(2.24).

4° 反过来，若关系式(2.25)成立，则关于级数$\sum_{n=0}^{+\infty} a_n \Pi_n(z)$与$\sum_{m=0}^{+\infty} b_m Q_m(z)$成立结论2°且由级数(2.23)所确定的函数 $f(z)$ 在区域 $D_{r_1,r_2}$ 内解析，在二个等势线 $C_{r_1}$ 与 $C_{r_2}$上都有奇点.

如果我们只研究广义 Faber 多项式展开的唯一性问题，则无论从区域$K$还是从被展开函数的性质来看，条件都可以同时减弱. 我们就以普通的 Faber 多项式展开为例给出一个定理.

**定理6** 设有界闭集$K$的边界是用 Jordan 可求长曲线，且函数 $f(z) \in A(K)$，即 $f(z)$在$K$内点上解析，在$K$上连续. 若$f(z)$的所有 Faber 展开的系数 $a_n = 0, n = 0, 1, 2, \cdots$（见(2.2)），则 $f(z) \equiv 0$.

**证** 由条件 $a_n = 0, n = 0, 1, \cdots$ 及定理 6 的条件，用广义 Cauchy 定理可以得到

$$\frac{1}{2\pi i}\int_{|t|=\rho} f[\Psi(t)]\frac{1}{t^{n+1}}\,dt = 0,\ n = 0,1,2,\cdots.$$

由此对所有 $w$，$|w| < \rho$ 得到

$$\sum_{n=0}^{+\infty}\frac{1}{2\pi i}\int_{|t|=\rho} f[\Psi(t)]\left(\frac{w}{t}\right)^{n+1} dt = 0,$$

即

$$\frac{1}{2\pi i}\int_{|t|=\rho}\frac{f[\Psi(t)]}{t-w}\,dt = 0,\ |w| < \rho.$$

设上面 Cauchy 型积分分别确定于圆 $|z| < 1$ 内及圆 $|w| > \rho$ 外的两个解析函数 $H_1(w)$（这里 $H_1(w) \equiv 0$）与 $H_2(w)$，$H_2(\infty) = 0$. 由于

$$H_1(w) - H_2\left(\frac{1}{\bar{w}}\right)$$
$$= \frac{1}{2\pi}\int_0^{2\pi} f[\Psi(\rho e^{i\varphi_1}]\frac{\tau^2-\rho^2}{\tau^2 - 2\tau\rho\cos(\varphi-\theta)+\rho^2}\,d\varphi,$$

其中 $w = \tau e^{i\Omega}$，$|\tau| < \rho$. 利用调和函数的极限值性质 $f[\phi(w)]$ 在 $|w| = \rho$ 上的连续性以及 $H_1(w) \equiv 0$，$|w| < 1$ 可以知道，函数 $H_2(w)$ 在 $|w| \geqslant \rho$ 上连续，且有

$$H_2(w) = f[\Psi(w)],\ |w| = \rho.$$

现在令

$$g(z) = \begin{cases} f(z), & z \in K, \\ H(\Phi(z)), & z \in CK, \end{cases}$$

这个函数在 $K$ 内部及 $CK$ 内点解析，且在这二个区域的公共边界上有公共的极限值 $f(z)$，$g(\infty) = 0$. 因此，根据 Morera 定理，$g(z)$ 是整函数，再由 Liouville 定理知 $g(z) \equiv 0$，因而有 $f(z) \equiv 0$，$z \in K$.

定理 6 证毕.

我们也可以对有界闭集 $K$ 及被展开函数 $f(z)$ 略加一些条件时研究展开问题，这里介绍下面的 Джрбашян 定理.

**定理 7** （Джрбашян[44,45]） 设区域 $D$ 是以闭 Jordan 可求

长的曲线 $\Gamma$ 为边界,设映射函数 $z=\Psi(w)$满足条件 $U_s$,

$$\int_0^{2\pi} |\Psi(e^{i\theta})|^{2(1-s)}d\theta < +\infty,\ 0 \leqslant s \leqslant 1. \tag{2.26}$$

这里为了简单起见,假设保角半径为 1,又设函数 $f(z)\in K_2^{(s)}(D)$,即存在函数 $g(\zeta)\in L_2^{(s)}(\Gamma)$,这表示有

$$g(\zeta)=(\Phi'(\zeta))^{s-\frac{1}{2}}\tilde{g}(\zeta),\ \tilde{g}(\zeta)\in L_2(\Gamma), \tag{2.27}$$

使

$$f(z)=\frac{1}{2\pi i}\int_\Gamma \frac{g(\zeta)}{\zeta - z}d\zeta,\ z\in D, \tag{2.28}$$

则函数 $f(z)$在区域$D$内闭一致地有展开式:

$$f(z)=\sum_{n=0}^{+\infty} c_n \Pi_n^{(s)}(z),z\in D, \tag{2.29}$$

其中

$$\begin{aligned} c_n &= \frac{1}{2\pi i}\int_\Gamma g(\zeta)[\Phi'(\zeta)]^{1-s}\overline{\Phi(\zeta)^n}\frac{d\zeta}{\Phi(\zeta)} \\ &= \frac{1}{2\pi i}\int_{|t|=1} g[\Psi(t)][\Psi'(t)]^s\frac{dt}{t^{n+1}}, \end{aligned} \tag{2.30}$$

而 $\Pi_n^{(s)}(z)$是区域 $\overline{D}$ 及 $R(t)=[\Psi'(t)]^{-s},0\leqslant s\leqslant 1$ (见(1.55))的广义 Faber 多项式,且

$$\sum_{n=0}^{+\infty}|c_n|^2<+\infty. \tag{2.31}$$

**证** 设 $z\in D$ 固定,考虑函数

$$K_s(z,w)=\frac{\Psi'(w)}{\Psi(w)-z}[\Psi'(w)]^{-s},$$

它在 $|w|>1$ 上解析,所以函数

$$K_s^*(z,w)=\frac{1}{w}\overline{K_s\left(z,\frac{1}{\overline{w}}\right)}$$

在 $|w|<1$ 上解析. 现在证明,对于固定的 $z\in D$. $K_s^*(z,w)\in H^2(|w|<1)$,即是 Hardy 空间。

事实上,令

$$d(z) = \inf_{\zeta \in \Gamma} |\zeta - z| > 0.$$

对任意的 $w, |w| \geqslant \rho > 1$,

$$|\Psi(w) - z| \geqslant d(z)$$

因此

$$\overline{\lim_{\rho \to 1+0}} \int_0^{2\pi} |K_s(z, \rho e^{i\theta})|^2 d\theta$$

$$\leqslant \frac{1}{[d(z)]^2} \overline{\lim_{\rho \to 1+0}} \int_0^{2\pi} |\Psi'(\rho e^{i\theta})|^{2(1-s)} d\theta < +\infty,$$

这里用到了定理的条件(2.26),因而有

$$\lim_{r \to 1-0} \int_0^{2\pi} |K_s^*(z, re^{i\theta})|^2 d\theta$$

$$= \lim_{r \to 1-0} \int_0^{2\pi} \left| K_s\left(z, \frac{1}{r} e^{-i\theta}\right) \right|^2 d\theta < +\infty,$$

即
$$K_s^*(z, w) \in H^2(|w| < 1).$$

由于以 $2\pi$ 为周期,且在$[0, 2\pi]$上平方可积的函数在 $L^2[0, 2\pi]$中可以被其 Fourier 级数平均逼近,因此 $H^2(|w| < 1)$ 中函数,利用其边界值平方可积,可以被其幂级数在 $L^2(|w| = 1)$ 上平均逼近,即

$$K_s^*(z, w) = \sum_{n=0}^{+\infty} a_n(z) w^n, z \in D, |w| < 1. \tag{2.32}$$

在圆周 $|w| = 1$ 上 $L^2$ 意义下收敛,在$|w| < 1$ 内闭一致收敛,其中

$$a_n = \frac{1}{2\pi} \int_{|w|=1} K_s^*(z, w) \bar{w}^n |dw|, \quad n = 0, 1, 2, \cdots, \tag{2.33}$$

且

$$\sum_{n=0}^{+\infty} |a_n|^2 < +\infty. \tag{2.34}$$

因而利用广义 Faber 多项式的积分表示式(1.57)(这里取 $R(t) = [\Psi'(t)]^{-s}$)就有

$$a_n(z) = \frac{1}{2\pi} \int_{|w|=1} \overline{w K_s(z, w)}\ \overline{w^n} |dw|$$

$$=\frac{1}{2\pi}\int_{|w|=1}\frac{[\Psi'(w)]^{1-s}w^n}{\Psi(w)-z}dw=\overline{\Pi_n^{(s)}(z)},\quad(2.35)$$

且由(2.34)知

$$\sum_{n=0}^{+\infty}|\Pi_n^{(s)}(z)|^2<+\infty,\quad z\in D,\qquad(2.36)$$

因此由(2.32)及(2.36)得

$$K_s\left(z,\frac{1}{\overline{w}}\right)=\sum_{n=0}^{+\infty}\Pi_n^{(s)}(z)w^{n+1},\quad z\in D,$$

即

$$K_s(z,w)=\frac{[\Psi'(w)]^{1-s}}{\Psi(w)-z}$$

$$=\sum_{n=0}^{+\infty}\Pi_n^{(s)}(z)\frac{1}{w^{n+1}},\ |w|>1,\quad z\in D,\qquad(2.37)$$

且在 $|w|=1$ 上 $L^2$ 收敛,在 $|w|>1$ 内闭一致收敛.

由函数 $f(z)$ 的表示式(2.28)得

$$f(z)=\frac{1}{2\pi i}\int_{|w|=1}\frac{g[\Psi(w)]\Psi'(w)}{\Psi(w)-z}dw$$

$$=\frac{1}{2\pi i}\int_{|w|=1}g[\Psi(w)][\Psi'(w)]^sK_s(z,w)dw.$$

利用(2.27)知

$$\int_{|w|=1}|g[\Psi(w)][\Psi'(w)]^s|^2|dw|=\int_\Gamma|\tilde{g}(\zeta)|^2|d\zeta|<+\infty.\quad(2.38)$$

现在将(2.37)代入(2.38),利用在 $|w|=1$ 上的平均收敛性就立刻得到展开式(2.29)且其系数 $c_n$ 由公式(2.30)所确定.由于(2.38),比较(2.30)由 Parseval 等式知(2.31)也成立.

由(2.31)及(2.36)知,

$$\sum_{n=0}^{+\infty}|c_n\Pi_n^{(s)}(z)|\leqslant\sqrt{\sum_{n=0}^{+\infty}|c_n|\sum_{n=0}^{+\infty}|\Pi_n^{(s)}(z)|}<+\infty,\quad z\in D,$$

因此级数(2.39)在 $D$ 内绝对收敛.

此外，由(2.37)得

$$\sum_{k=0}^{+\infty} c_k \Pi_k^{(s)}(z) = \frac{1}{2\pi i}\int_{|w|=1} \frac{\left(\sum_{k=0}^{n} c_k w^k\right)[\Psi'(w)]^{1-s}}{\Psi(w)-z} dw, z \in D. \quad (2.39)$$

由于(2.31)，因此级数 $\sum_{k=0}^{+\infty} c_k w^k$ 在 $|w|=1$ 上 $L^2$ 意义下收敛，将其极限函数记作 $\rho(w)$，显然有 $\rho(w) \in H^2$，$(|w|<1)$.

令

$$g_1(\zeta) = \rho[\Phi(\zeta)][\Phi'(\zeta)]^s, \quad \zeta \in \Gamma,$$

利用 $\rho(w) \in H^2$ 及(2.26)，

$$\int_\Gamma |g_1(\zeta)|^2 |d\zeta| = \int_{|w|=1} \rho(w)[\Psi'(w)]^{1-s}|dw| < +\infty.$$

这样一来

$$\frac{1}{2\pi i}\int_\Gamma \frac{g_1(\zeta)}{\zeta - z} d\zeta - \sum_{k=0}^{n} c_k \Pi_k^{(s)}(z)$$

$$= \frac{1}{2\pi i}\int_{|w|=1} \frac{\left[\rho(w) - \sum_{k=0}^{n} c_k w^k I\Psi'(w)\right]^{1-s}}{\Psi(w)-z} dw, z \in D. \quad (2.40)$$

再一次利用(2.26)，利用 $\sum_{k=0}^{+\infty} c_k w^k$ 在 $|w|=1$ 上平均收敛到 $\rho(w)$，由(2.40)可知在区域 $D$ 内闭一致地有

$$\sum_{k=0}^{+\infty} c_k \Pi_k^{(s)}(z) = \frac{1}{2\pi i}\int_\Gamma \frac{g_1(\zeta)}{\zeta - z} d\zeta.$$

定理 6 证毕.

目前还有一些工作研究各种函数系所构成的级数在区域的边界上的平均收敛以及将函数在各种不同平均收敛意义下对各种函数系的展开问题，这里不准备作详细介绍了，有兴趣的读者可以参看沈燮昌的文章[147,149,151,154−156,159−166,168−170,172,173].

## § 3. 解析区域上多项式最佳逼近的阶

首先我们研究特殊的解析区域 $|z|<1$ 时的情况. 设函数 $f(z)\in A(|z|\leqslant 1)$,即它在区域 $|z|<1$ 内解析,在闭区域 $|z|\leqslant 1$ 上连续. 定义它在圆周 $|z|=1$ 上的 $l$ 阶连续模为,

$$\omega_l(\delta,f)=\sup_{0\leqslant h\leqslant\delta}|\Delta_h^l f(e^{i\theta})|, \tag{3.1}$$

其中

$$\Delta_h^l f(e^{i\theta})=\sum_{m=0}^{l}(-1)^{l-m}\binom{l}{m}f(e^{i(\theta+mh)}). \tag{3.2}$$

若函数 $f(z)$ 的 $k$ 阶导数在 $|z|=1$ 上满足 Lipschitz 条件, 则显然 $f(e^{i\theta})$ 作为 $\theta$ 的函数在区间 $[0,2\pi]$ 上的 $k$ 阶导数也满足 Lipschitz 条件.

**引理 1** 设以 $2\pi$ 为周期的函数 $g(\theta)$在区间 $[0,2\pi]$ 上的 $k$ 阶导数 $g^{(k)}(\theta)\in\mathrm{Lip}\alpha, 0<\alpha\leqslant 1$,则

$$|\Delta_h^{k+1}g(\theta)|\leqslant L|h|^{k+\alpha},$$

其中 $L$ 是 Lipschitz 条件中的常数.

**证** 用数学归纳法,容易证明

$$\Delta_h^{k+1}g(\theta)=\int_0^h\cdots\int_0^h[g^{(k)}(\theta+h+t_1+\cdots+t_k)-g^{(k)}\cdot(\theta+t_1+\cdots+t_k)]\,dt_1\cdots dt_k.$$

由此就立刻得到引理 1.

**定理 1** ([131]) 设函数 $f(z)\in A(|z|\leqslant 1)$,则

$$E_n(f)=\inf_{\{P_n\}}\max_{|z|\leqslant 1}\left|f(z)-P_n(z)\right|\leqslant c\,\omega_l\left(\frac{1}{n},f\right), \tag{3.3}$$

其中 $l$ 为任何自然数, $c$ 为只依赖于 $l$ 的常数,而上面的下确界是对所有次数至多为 $n$ 的多项式而取的.此外,还必定存在函数 $f(z)$ 的 Taylor 展开式中前 $n$ 项的部分和的适当求和来达到所需要的逼近阶.

**证** 令 $g(\theta)=f(e^{i\theta})$,考虑核函数

$$\left(\frac{\sin\frac{n\varphi}{2}}{n\sin\frac{\varphi}{2}}\right)^{2\alpha} \tag{3.4}$$

及积分

$$h_n=\int_{-\pi}^{\pi}\left(\frac{\sin\frac{n\varphi}{2}}{n\sin\frac{\varphi}{2}}\right)^{2\alpha}d\varphi=2\int_{-\frac{\pi}{2}}^{\frac{\pi}{2}}\left(\frac{\sin nt}{n\sin t}\right)^{2\alpha}dt, \tag{3.5}$$

其中 $\alpha$ 为某个待确定的自然数，以后可以取$\alpha>\frac{2+l}{2}$的任意自然数。

考虑函数

$$\begin{aligned}I_n(\theta)=\frac{1}{h_n}\int_{-\pi}^{\pi}&\left[(-1)^{l+1}g(\theta+lt)+(-1)^l\binom{l}{1}g(\theta+(l-1)t)\right.\\&+(-1)^{l-1}\binom{l}{2}g(\theta+(l-2)t)+\cdots\\&\left.+\binom{l}{l-1}g(\theta+t)\right]\left(\frac{\sin\frac{nt}{2}}{n\sin\frac{t}{2}}\right)^{2\alpha}dt,\end{aligned} \tag{3.6}$$

因此有

$$\begin{aligned}|I_n(\theta)-g(\theta)|&=\frac{2}{h_n}\left|\int_{-\frac{\pi}{2}}^{\frac{\pi}{2}}(-1)^{l+1}\Delta_{2t}^{l}g(\theta)\left(\frac{\sin nt}{n\sin t}\right)^{2\alpha}dt\right|\\&\leqslant\frac{2}{h_n}\int_{-\frac{\pi}{2}}^{\frac{\pi}{2}}\omega_l(2t,g)\left(\frac{\sin nt}{n\sin t}\right)^{2\alpha}dt.\end{aligned} \tag{3.7}$$

利用 $l$ 阶连续模的性质(可见 Тиман 的著作[192]第 116 页),

$$\omega_l(nt,g)\leqslant n^l\omega_l(t,g),$$

其中 $n$ 为自然数,由(3.7)可以得到

$$\begin{aligned}|I_n(\theta)-g(\theta)|&\leqslant\frac{4}{h_n}\omega_l\left(\frac{1}{n},g\right)\int_0^{\frac{\pi}{2}}([2nt]+1)^l\left(\frac{\sin nt}{n\sin t}\right)^{2\alpha}dt\\&\leqslant\frac{2^l\omega_l\left(\frac{1}{n},g\right)}{h_n}\int_0^{\frac{\pi}{2}}[(2nt)^l+1]\left(\frac{\sin nt}{n\sin t}\right)^{2\alpha}dt.\end{aligned} \tag{3.8}$$

由(3.5)得到 $h_n$ 的下界估计:

$$h_n = 4\int_0^{\frac{\pi}{2}}\left(\frac{\sin nt}{n\sin t}\right)^{2\alpha} dt \geqslant 4\int_0^{\frac{\pi}{2}}\left(\frac{\sin nt}{nt}\right)^{2\alpha} dt$$

$$= \frac{4}{n}\int_0^{\frac{n\pi}{2}} \frac{\sin^{2\alpha}x}{x^{2\alpha}} dx = \frac{c_\alpha}{n} > 0, \tag{3.9}$$

其中 $c_\alpha$ 是某个依赖于 $\alpha$ 的常数。

由于当 $0 \leqslant t \leqslant \frac{\pi}{2}$ 时, $\sin t \geqslant \frac{2}{\pi} t$, 因此对于任何非负整数 $m$,

$$\int_0^{\frac{\pi}{2}} t^m\left(\frac{\sin nt}{n\sin t}\right)^{2\alpha} dt \leqslant \left(\frac{\pi}{2}\right)^{2\alpha} \int_0^{\frac{\pi}{2}} t^m\left(\frac{\sin nt}{nt}\right)^{2\alpha} dt$$

$$= \left(\frac{\pi}{2}\right)^{2\alpha} \int_0^{\frac{n\pi}{2}} \frac{x^m}{n^m} \frac{\sin^{2\alpha}x}{x^{2\alpha}} \frac{dx}{n}$$

$$= \left(\frac{\pi}{2}\right)^{2\alpha} \cdot \frac{1}{n^{m+1}} \int_0^{\frac{n\pi}{2}} \frac{\sin^{2\alpha}x}{x^{2\alpha-m}} dt.$$

因此当 $2\alpha > l+2$,若取 $m=0$ 及 $m=l$,则

$$\int_0^{\frac{\pi}{2}}\left(\frac{\sin nt}{n\sin t}\right)^{2\alpha} dt \leqslant \left(\frac{\pi}{2}\right)^{2\alpha} \frac{1}{n}\int_0^{\frac{n\pi}{2}} \frac{\sin^{2\alpha}x}{x^{2x}} dt \leqslant \frac{c_\alpha^1}{n} \tag{3.10}$$

及

$$\int_0^{\frac{\pi}{2}} t^l\left(\frac{\sin nt}{n\sin t}\right)^{2\alpha} dt \leqslant \left(\frac{\pi}{2}\right)^{2\alpha} \frac{1}{n^{l+1}} \int_0^{\frac{n\pi}{2}} \frac{\sin^{2\alpha}x}{x^{2\alpha-l}} dx \leqslant \frac{c_\alpha^2}{n^{l+1}}, \tag{3.11}$$

其中 $c_\alpha^1$ 与 $c_\alpha^2$ 都是只依赖于 $\alpha$ 的常数。

比较(3.8),(3.9),(3.10)与(3.11),就立刻得到

$$|I_n(\theta) - g(\theta)| \leqslant c_l\omega_l\left(\frac{1}{n}, g\right), \tag{3.12}$$

这里常数 $c_l$ 是依赖于 $\alpha$,因此可以认为依赖于 $l$。

现在研究函数 $I_n(\theta)$ 的表示式. 为此,可以像在证明实变函数逼近论中的 Jackson 定理一样处理.

我们证明

$$I_n(\theta) = \int_{-\pi}^{\pi} g(t)T_{\alpha(n-1)}(t-\theta)dt, \tag{3.13}$$

其中

$$T_{\alpha(n-1)}(t-\theta)=\sum_{m=0}^{\alpha(n-1)}A_{n,m}\cos m(t-\theta), \quad (3.14)$$

而 $A_{n,m}$ 是不依赖于 $g(\theta)$的常数。

从前面 $I_n(\theta)$的定义(3.6)可以看出,只要证明每一个函数,

$$\int_{-\frac{\pi}{2}}^{\frac{\pi}{2}} g(\theta+2ru)\left(\frac{\sin nu}{n\sin u}\right)^{2\alpha}du$$

$$=\frac{1}{2r}\int_{\theta-r\pi}^{\theta+r\pi} g(t)\left(\frac{\sin\frac{n(t-\theta)}{2r}}{n\sin\frac{t-\theta}{2r}}\right)^{2\alpha}dt, \quad (3.15)$$

具有(3.13)与(3.14)的形式即可,其中$r=1,2,\cdots,l$.

若不考虑乘数因子$\frac{1}{2r}$,利用周期性,上式右边部分可以改写为

$$\int_{-r\pi}^{-r\pi+2\pi} g(t)\sum_{j=0}^{r-1}\left[\frac{\sin n\left(\frac{t-\theta}{2r}+\frac{2j\pi}{2r}\right)}{n\sin\left(\frac{t-\theta}{2r}+\frac{2j\pi}{2r}\right)}\right]^{2\alpha}dt. \quad (3.16)$$

已知函数$\left(\frac{\sin n\cdot\frac{\varphi}{2}}{n\sin\frac{\varphi}{2}}\right)^2$是只包有余弦的 $n-1$ 次三角多项式,因此函数$\left(\frac{\sin n\cdot\frac{\varphi}{2}}{n\sin\frac{\varphi}{2}}\right)^{2\alpha}$是只包有余弦的 $\alpha(n-1)$ 次三角多项式. 这样一来,在(3.16)求和中,每一项都具有形状为:

$$\sum_{m=0}^{\alpha(n-1)}B_i\cos m\left(\frac{t-\theta}{r}+\frac{2j\pi}{r}\right).$$

其中 $B_i$ 为常数 $i=0,1,\cdots\alpha(n-1)$. 因此 (3.16) 中被积函数的求和项为

$$\sum_{m=0}^{\alpha(n-1)} B_m\left[\cos m\frac{t-\theta}{r}\sum_{j=0}^{r-1}\cos\frac{2mj\pi}{r}-\sin m\frac{t-\theta}{r}\right.$$

$$\left.\cdot\sum_{j=0}^{r-1}\sin\frac{2mj\pi}{r}\right]. \tag{3.17}$$

显然当 $m$ 是 $r$ 的倍数时,

$$\sum_{j=0}^{r-1}\cos\frac{2mj\pi}{r}=r,\quad \sum_{j=0}^{r-1}\sin\frac{2mj\pi}{r}=0. \tag{3.18}$$

当 $m$ 不是 $r$ 的倍数时,有

$$\sum_{j=0}^{r-1}\cos\frac{2mj\pi}{r}+i\sum_{j=0}^{r-1}\sin\frac{2mj\pi}{r}$$

$$=\sum_{j=0}^{r-1}e^{i\frac{2mj\pi}{r}}=\frac{1-e^{i\frac{2mr\pi}{r}}}{1-e^{i\frac{2m\pi}{r}}}=0.$$

因此,

$$\sum_{j=0}^{r-1}\cos\frac{2mj\pi}{r}=\sum_{j=0}^{r-1}\sin\frac{2mj\pi}{2}=0. \tag{3.19}$$

这样一来,比较(3.17)与(3.18),(3.19)可知,在(3.17)的求和中,只有依赖于 $t-\theta$ 的整数倍的余弦,且其次数 $\leqslant\alpha(n-1)$。这就证明了(3.13)与(3.14)。

利用(3.13)与(3.14)就容易得到

$$I_n(\theta)=\pi A_{n_0}a_0+\pi\sum_{m=1}^{\alpha(n-1)}A_{nm}(a_m\cos m\theta+b_m\sin m\theta), \tag{3.20}$$

其中

$$a_m=\frac{1}{\pi}\int_{-\pi}^{\pi}g(t)\cos mt\,dt,\ m=0,1,2,\cdots, \tag{3.21}$$

$$b_m=\frac{1}{\pi}\int_{-\pi}^{\pi}g(t)\sin mt\,dt,\ m=0,1,2,\cdots. \tag{3.22}$$

因为 $g(t)=f(e^{it})$,且 $f(z)$ 在 $|z|<1$ 内解析,$|z|\leqslant 1$ 上连续,若其在 $z=0$ 处的 Taylor 级数展开为

$$f(z)=\sum_{m=0}^{+\infty}\alpha_m z^m, \tag{3.23}$$

其中

$$\alpha_m = \frac{1}{2\pi i}\int_{|z|=1}\frac{f(z)}{z^{m+1}}dz$$

$$= \frac{1}{2\pi}\int_{-\pi}^{\pi} f(e^{it})(\cos mt - i\sin mt)dt,$$

由(3.21)及(3.22)看出

$$\alpha_m = \frac{1}{2}(a_m - ib_m),\quad m = 0,1,2,\cdots, \tag{3.24}$$

此外还有

$$0 = \frac{1}{2\pi i}\int_{|z|=1} f(z)z^m dz, m = 0,1,2,\cdots,$$

$$= \frac{1}{2\pi}\int_{-\pi}^{\pi} f(e^{it})(\cos(m+1)t + i\sin(m+1)t)dt$$

$$= \frac{1}{2}(a_{m+1} + ib_{m+1}),\quad m = 0,1,2,\cdots. \tag{3.25}$$

因此由(3.24)及(3.25),由(3.20),利用 Euler 公式可以得到

$$I_n(\theta) = A_{n0}\alpha_0 + \sum_{m=1}^{\alpha(n-1)} A_{nm}\alpha_m z^m, z = e^{i\theta}. \tag{3.26}$$

这样一来,利用最大模原理由(3.12)及(3.26)得到

$$\max_{|z|\leqslant 1}|f(z) - Q_{\alpha(n-1)}(z)| \leqslant c_l\omega_l\left(\frac{1}{n},g\right)$$

$$\leqslant c_l'\omega_l\left(\frac{1}{n},f\right), \tag{3.27}$$

其中 $c_l'$ 是只依赖于 $l$ 的常数,而

$$Q_{\alpha(n-1)}(z) = A_{n0}\alpha_0 + \sum_{m=1}^{\alpha(n-1)} A_{nm}\alpha_m z^m. \tag{3.28}$$

由此再利用高阶连续模性质可以看出,对于任意的自然数 $n$,存在 $f(z)$在 $z=0$ 处 Taylor 展开的 $n$ 次部分和的一种求和 $P_n(z)$,使得

$$\max_{|z|\leq 1}|f(z)-P_n(z)|\leq c_l''\omega_l\left(\frac{1}{n},f\right),$$

定理 1 得证.

**推论** 若函数 $f(z)\in A(|z|\leq 1)$, 且存在 $f^{(k)}(z)\in \text{Lip}\alpha$, $0<\alpha\leq 1$, 则

$$E_n(f)\leq \frac{C_{k,\alpha}}{n^{k+\alpha}},\quad n=0,1,2,\cdots, \tag{3.29}$$

其中 $c_{k,\alpha}$ 是只依赖于 $k$ 与 $\alpha$ 的常数.

事实上,若取定理 1 中的 $l=k+1$,利用引理 1 及定理 1 就立刻得到推论.

**注** 如果考虑圆内的 Hardy 空间 $H^p$,令

$$\|f\|_p\triangleq \lim_{r\to 1-0}\left(\frac{1}{2\pi}\int_{-\pi}^{\pi}|f(re^{i\theta})|^p d\theta\right)^{\frac{1}{p}}$$

$$\triangleq \lim_{r\to 1-0} M_p(r,f)<+\infty,$$

及 $H^p$ 空间中 $l$ 级连续模,

$$\omega_l(\delta,f)_p\triangleq \sup_{0<h<\delta}\left(\int_0^{2\pi}\left|\sum_{m=0}^{l}(-1)^{l-m}\binom{l}{m}f(e^{i(\theta+mh)})\right|^p d\theta\right)^{\frac{1}{p}}$$

$$=\sup_{0<h\leq\delta}\left(\int_0^{2\pi}\left|\Delta_h^l f(e^{i\theta})\right|^p d\theta\right)^{\frac{1}{p}}, \tag{3.30}$$

则当 $p\geq 1$ 时也成立,

$$E_n(f)_p\triangleq \inf_{\{P_n\}}\|f-P_n\|_p\leq c\,\omega_l\left(\frac{1}{n},f\right)_p, \tag{3.31}$$

其中 $c$ 也是不依赖于 $n$,而只依赖于 $l$ 的常数.

证明的方法完全与定理 1 相类似,这里不准备重复讨论了.

对于 Hardy 空间 $H^p(|z|<1)$,当 $0<p<1$ 时, 情况就较为复杂, 但是也有类似于定理 1 及其注中的结果. 现在我们准备进行讨论,为此先证明几个引理,它们本身也有独立的意义.

**引理 2** (Стороженко[186]) 设函数 $F(z)$在圆 $|z|<R$ 内解析, $0<p<1$,则对于 $0\leq r<\rho<R$,

$$\left(\int_{-\pi}^{\pi}|F(re^{i\varphi})|d\varphi\right)^p \leqslant c_p(\rho-r)^{p-1}$$
$$\cdot \int_{-\pi}^{\pi}|F(\rho e^{i\varphi})|^p d\varphi. \tag{3.32}$$

若 $F(z)\in H^p$,则(3.32)中可以取 $\rho=R=1$。

**证** 设序列 $r_n\uparrow\rho$, $n=0,1,2,\cdots,r_0=r$。由 Cauchy 公式

$$F(z)=\frac{1}{2\pi i}\int_{|\zeta|=r_k}\frac{F(\zeta)}{\zeta-z}d\zeta,\ |z|=r_{k-1},$$

推出

$$\sup_{0\leqslant\varphi\leqslant 2\pi}|F(r_{k-1}e^{i\varphi})|\leqslant r_k(r_k-r_{k-1})^{-1}\sup_{0\leqslant t\leqslant 2\pi}|F(r_ke^{it})|^{1-p}$$
$$\cdot\frac{1}{2\pi}\int_{-\pi}^{\pi}|F(r_ke^{it})|^p dt,$$

即

$$M_\infty(r_{k-1},F)\leqslant r_k(r_k-r_{k-1})^{-1}M_\infty(r_k,F)^{1-p}M_p^p(r_k,F),$$
$$k=1,2,\cdots, \tag{3.33}$$

其中

$$M_\infty(r,F)=\sup_{0\leqslant t\leqslant 2\pi}|F(re^{it})|.$$

另一方面,显然有

$$M_1(r,F)\leqslant M_\infty^{1-p}(r,F)M_p^p(r,F). \tag{3.34}$$

依次地将(3.33)代入(3.34),令 $k=1,2,\cdots,n$ 得到

$$M_1(r,F)\leqslant M_\infty^{(1-p)^{n+1}}(r_n,F)M_p^p(r,F)\prod_{k=1}^{n}\left(\frac{r_k}{r_k-r_{k-1}}\right)^{(1-p)^k}$$
$$\cdot M_p^{p(1-p)^k}(r_k,F)=M_\infty^{(1-p)^{n+1}}(r_n,F)\prod_{k=0}^{n}\left(\frac{r_k}{r_k-r_{k-1}}\right)^{(1-p)^k}$$
$$\cdot M_p^{p(1-p)^k}(r_k,F),r_{-1}=0. \tag{3.35}$$

根据平均模 $M_p(r,F)$ 的单调上升性(见 Привалов 的著作[117],也可以利用次调和函数性质,而不用 Blaschke 乘积来证明)有

$$\overline{\lim_{n\to+\infty}}M_\infty^{(1-p)^{n+1}}(r_n,F)\leqslant\lim_{n\to\infty}M_\infty^{(1-p)^{n+1}}(\rho,F)=1 \tag{3.36}$$

及

$$\overline{\lim_{n\to+\infty}}\prod_{k=0}^{n}M_p^{p(1-p)^k}(r_k,F)\leqslant\lim_{n\to+\infty}\prod_{k=0}^{n}M_p^{p(1-p)^k}(\rho,F)$$

$$=\lim_{n\to+\infty}M_p^{p\sum_{k=0}^{n}(1-p)^k}(\rho,F)=M_p(\rho,F). \quad (3.37)$$

令 $r_k-r_{k-1}=(\rho-r)(\tau k^2)^{-1}$,其中 $\tau=\sum_{k=1}^{+\infty}\frac{1}{k^2}$, 我们有

$$\prod_{k=0}^{n}\left(\frac{r_k}{r_k-r_{k-1}}\right)^{(1-p)^k}\leqslant\prod_{k=1}^{+\infty}\left(\frac{r_k^2}{\rho-r}\right)^{(1-p)^k}$$

$$\leqslant(\rho-r)^{1-\frac{1}{p}}\prod_{k=1}^{+\infty}(\tau k^2)^{(1-p)^k}\triangleq(\rho-r)^{1-\frac{1}{p}}c_p. \quad (3.38)$$

由此合并(3.35)—(3.38)就得到

$$M_1(r,F)\leqslant c_p(\rho-r)^{1-\frac{1}{p}}M_p(\rho,F),$$

此即不等式(3.32).

若 $F(z)\in H^p$,利用已知极限关系式

$$\lim_{\rho\to1-0}M_p(\rho,F)=M_p(1,F)$$

$$=\left(\frac{1}{2\pi}\int_{-\pi}^{\pi}|F(e^{i\varphi})|^pd\varphi\right)^{\frac{1}{p}},$$

(可参看 Привалов[117] 的著作)

$$M_1(r,F)\leqslant c_p\lim_{\rho\to1-0}(\rho-r)^{1-\frac{1}{p}}M_p(\rho,F)$$

$$=c_p(1-r)^{1-\frac{1}{p}}\left(\frac{1}{2\pi}\int_{-\pi}^{\pi}|F(e^{i\varphi})|^pd\varphi\right)^{\frac{1}{p}},$$

这就是不等式(3.32)在 $\rho=1$ 时的情况.

引理 2 证毕.

为了要在 $H^p,0<p<1$ 空间中得到多项式最佳逼近的阶的估计式，代替使用在定理 1 证明过程中用的 Jackson 型核(3.4),这里考虑核

$$K_n^\alpha(re^{it})=(A_n^\alpha)^{-1}\frac{(re^{it})^{-n}}{(1-re^{it})^{1+\alpha}},\ 0<r<1,$$

其中实数 $\alpha>\frac{l+2}{p}-1$，$l$ 是某个自然数，$A_n^\alpha=\frac{1}{n!}\cdot(\alpha+1)\cdots(\alpha+n)$且

$$\frac{1}{(1-z)^{1+\alpha}}=\sum_{m=0}^{+\infty}A_m^\alpha z^m,\ |z|<1. \tag{3.39}$$

由于单位圆 $|z|<1$ 内解析函数 $f(z)$ 的 Taylor 级数展开的 $(c,\alpha)$ 求和的积分表示式为

$$\sigma_n^\alpha(re^{it},f)=\frac{(A_n^\alpha)^{-1}}{2\pi}\int_{-\pi}^{\pi}f(re^{i(\varphi+t)})\frac{(re^{i\varphi})^{-n}}{(1-re^{i\varphi})^{1+\alpha}}d\varphi,$$

因此利用核 $K_n^\alpha(re^{it})$，构造另一种求和，

$$T_n(z)=(-1)^{l-1}\sum_{m=1}^{l}(-1)^{l-m}\binom{l}{m}\cdot\frac{1}{2\pi}\int_{-\pi}^{\pi}f(zr^me^{im\varphi})K_n^\alpha(re^{i\varphi})d\varphi, \tag{3.40}$$

其中 $|z|\leqslant 1$，$l$ 是某个自然数。

我们有

**引理 3** 函数 $T_n(z)$ 是次数不超过 $n$ 的多项式。

**证** 令

$$f(w)=\sum_{\lambda=0}^{+\infty}c_\lambda w^\lambda,\ |w|<1.$$

由(3.39)与(3.40)得

$$f(w_1)(1-w_2)^{-(1+\alpha)}=\sum_{\mu=0}^{+\infty}\sum_{\lambda=0}^{+\infty}c_\lambda A_{\mu-\lambda}^\alpha w_1^\lambda w_2^{\mu-\lambda}.$$

令 $w_1=zr^me^{im\varphi}$，$w_2=re^{i\varphi}$，得到

$$f(zr^me^{im\varphi})(1-re^{i\varphi})^{-(1+\alpha)}=\sum_{\mu=0}^{+\infty}\sum_{\lambda=0}^{+\infty}c_\lambda A_{\mu-\lambda}^\alpha z^\lambda(re^{i\varphi})^{(m-1)\lambda+\mu}.$$

上式两边乘上 $(re^{i\varphi})^{-n}$，然后对 $\varphi$ 从 $-\pi$ 到 $\pi$ 积分，只剩下 $(m-1)\lambda+\mu=n$ 的这些项，其中 $m$ 与 $n$ 是固定数，$n=0,1,2,\cdots$，$m=1,2,\cdots,l$，因此 $\mu$ 不超过 $n$，且这里不出现 $r$。这就证明了函数 $T_n(z)$ 是次数不超过 $n$ 的多项式。引理 3 证毕。

**定理 2** (Стороженко[185,186]) 设函数 $f(z)\in H^p(|z|<1)$，$0<p\leqslant 1$，$l$ 是任意的自然数，则

$$E_n(f)_p\leqslant c_{l,p}\omega_l\left(\frac{\pi}{n+1},\ f\right),\ n=0,\ 1,2,\cdots, \tag{3.41}$$

其中 $c_{l,p}$ 是只依赖于 $l$ 与 $p$ 的常数。

**证** 现在我们证明，当 $\alpha>\dfrac{l+2}{p}-1$ 时，引理 3 中的 $n$ 次多项式 $T_n(z)$（见(3.40)）在 $H^p(|z|<1)$ 空间逼近函数 $f(z)$ 时，就有估计式(3.41)。

由(3.40)及

$$\frac{1}{2\pi}\int_{-\pi}^{\pi}K_n^\alpha(re^{i\varphi})d\varphi=1,\ 0\leqslant r<1, \tag{3.42}$$

得到

$$T_n(e^{it})-f(e^{it})=\frac{(-1)^{l-1}}{2\pi}\int_{-\pi}^{\pi}K_n^\alpha(re^{i\varphi})$$
$$\cdot\sum_{m=0}^{l}(-1)^{l-m}\binom{l}{m}f(r^m e^{i(m\varphi+t)})d\varphi. \tag{3.43}$$

由于对于任何一个在圆 $|z|<1$ 内解析函数 $\phi(z)$ 有

$$\int_{-\pi}^{\pi}\phi(re^{i\varphi})\frac{(re^{i\varphi})^{(k-1)(n+1)+1}}{(1-re^{i\varphi})^{1+\alpha}}d\varphi=0,k=1,2,\cdots,0<r<1,$$

因此

$$\int_{-\pi}^{\pi}\phi(re^{i\varphi})\frac{(re^{i\varphi})^{-n}}{(1-re^{i\varphi})^{1+\alpha}}d\varphi$$
$$=\int_{-\pi}^{\pi}\phi(re^{i\varphi})(re^{i\varphi})^{-n}\left(\frac{1-(re^{i\varphi})^{n+1}}{1-re^{i\varphi}}\right)^{1+\alpha}d\varphi,\ 0<r<1.$$

这样一来，由上式，将核 $K_n^\alpha(re^{i\varphi})$ 的表示式代入后得

$$|T_n(e^{it})-f(e^{it})| \leqslant \frac{(A_n^\alpha r^n)^{-1}}{2\pi}\int_{-\pi}^{\pi}\left|\sum_{m=0}^{l}(-1)^{l-m}\binom{l}{m}\right.$$

$$\cdot f(r^m e^{i(m\varphi+t)})\Bigg|\left|\frac{1-(re^{i\varphi})^{n+1}}{1-re^{i\varphi}}\right|d\varphi, 0 \leqslant r < 1. \qquad (3.44)$$

函数

$$F(z)=\sum_{m=0}^{l}(-1)^{l-m}\binom{l}{m}f(z^m e^{it})\left(\frac{1-z^{n+1}}{1-z}\right)^{1+\alpha}$$

属于 $H^p(|z|<1)$，因此对于(3.44)右边的积分用引理 2 中的不等式(3.32)，其中取 $\rho=1$，可以得到

$$|T_n(e^{it})-f(e^{it})|^p \leqslant (A_n^\alpha r^n)^{-p}\left(\frac{c_p}{1-r}\right)^{1-p}$$

$$\cdot \frac{1}{2\pi}\int_{-\pi}^{\pi}\left|\sum_{m=0}^{l}(-1)^{l-m}\binom{l}{m}f(e^{i(m\varphi+t)})\right|^p$$

$$\cdot \left|\frac{1-e^{i(n+1)\varphi}}{1-e^{i\varphi}}\right|^{(1+\alpha)p}d\varphi.$$

两边对 $t$ 积分后得

$$\int_{-\pi}^{\pi}|T_n(e^{it})-f(e^{it})|^p dt \leqslant (A_n^\alpha r^n)^{-p}\left(\frac{c_p}{1-r}\right)^{1-p}$$

$$\cdot \frac{1}{\pi}\int_0^{\pi}\omega_l^p(\varphi,f)_p\left|\frac{\sin(n+1)\frac{\varphi}{2}}{\sin\frac{\varphi}{2}}\right|^{(1+\alpha)p}d\varphi. \qquad (3.45)$$

利用 $L^p$ 空间中 $l$ 级连续模的性质(可见 Тиман 的著作[192])，

$$\omega_l^p(\lambda\delta,f)_p \leqslant (\lambda+1)^l\omega_l^p(\delta,f)_p, \lambda,\delta>0,$$

可以得到

$$\omega_l^p(\varphi,f)_p \leqslant \left(\frac{n+1}{\pi}\varphi+1\right)^l\omega_l^p\left(\frac{\pi}{n+1},f\right)_p$$

$$=\omega_l^p\left(\frac{\pi}{n+1},f\right)\sum_{m=0}^{l}\binom{l}{m}\left((n+1)\frac{\varphi}{\pi}\right)^m, \quad n=0,1,\cdots,$$

及

$$\frac{1}{\pi}\int_0^{\pi} \omega_l^p(\varphi,f)_p \left|\frac{\sin(n+1)\frac{\varphi}{2}}{\sin\frac{\varphi}{2}}\right|^{(1+\alpha)p} d\varphi \leqslant$$

$$\omega_l^p\left(\frac{\pi}{n+1},\ f\right)\sum_{m=0}^{l}\binom{l}{m} I_m, \tag{3.46}$$

其中

$$I_m = \int_0^{\pi}\left[(n+1)\frac{\varphi}{\pi}\right]^m \left|\frac{\sin(n+1)\frac{\varphi}{2}}{\sin\frac{\varphi}{2}}\right|^{(1+\alpha)p} d\varphi. \tag{3.47}$$

由条件$\alpha > \frac{l+2}{p} - 1$ 推出 $(\alpha+1)p - l > 2$，因而对所有的 $m = 0, 1, \cdots l$，有$(1+\alpha)p - m > 2$. 由此利用在定理 1 证明中对(3.47)估计的方法可得

$$I_m \leqslant c'_{\alpha,p,m}(n+1)^{(1+\alpha)p-1}, \tag{3.48}$$

其中 $c'_{\alpha,p,m}$ 为依赖于 $\alpha, p, m$ 的常数。

这样一来，比较(3.45)，(3.46)—(3.48)就得到

$$\int_{-\pi}^{\pi} |T_n(e^{it}) - f(e^{it})|^p dt$$

$$\leqslant (A_n^{\alpha} r^n)^{-p}\left(\frac{c_0}{1-r}\right)^{1-p} c'_{p,l}(n+1)^{(1+\alpha)p-1}\omega_l\left(\frac{\pi}{n+1},\ f\right)_p,$$

其中 $0 \leqslant r < 1$ 为任意数，$c'_{p,l}$ 为只依赖于 $p$ 与 $l$ 的常数.

取$r = 1 - \frac{1}{n+2}$，容易得到以下结果：

$$\|T_n(z) - f(z)\|_p^p \leqslant c_{p,l}\omega_l^p\left(\frac{\pi}{n+1},\ f\right)_p,$$

定理 2 全部证毕.

**注 1** $l = 1$ 时，即用 1 级连续模来进行估计的结果可见 Стороженко 文章[183,184]，这已是 Hardy-Littlewood 关于用 Taylor

级数 $(c,\alpha)$，当 $\alpha > \frac{1}{p} - 1$，$0 < p < 1$ 时求和的推广[166]。

**注 2** 在 Стороженко 与 Освальд 的工作[188] 中，在空间 $L^p[0,2\pi]$，$0 < p < 1$ 考虑类似于这里的 Jackson 型的逼近定理，至于 $l = 1$ 时的结果早在 Иванов[69] 及 Стороженко-Кротов-Освальд 的文章[187]中就有.但是这种 Jackson 型定理在 $L^p[0,2\pi]$ 上成立以及 $H^p \subset e^p$ 还不能自动地保证能证明定理 2，因为在 $L^p$ 与 $H^p$ 中实现逼近的三角多项式与代数多项式有不同的形状，前者为 $T_n = \sum_{k=-n}^{n} b_k e^{ik\theta}$，而后者为 $T_n = \sum_{k=0}^{n} a_k z^k$.

我们还希望函数 $f(z)$ 在 $|z| < 1$ 内的高阶导数 $f^{(k)}(z) \in H_p$ $(|z| < 1)$ 时研究更精确的多项式最佳逼近的估计式。但是由于 $0 < p < 1$，因此不像在 $1 \leqslant p < +\infty$ 时的情况，这里没有类似于引理 2 的结果。因此需要另外的讨论。

首先我们证明一个类似于引理 7 的 Бернштейн 型不等式.

**引理 4** (Стороженко[186]) 设函数 $f(z)$ 在单位圆 $|z| < 1$ 内解析，$k$ 是任何的自然数，$0<p<1$，则

$$M_p\left(r, \frac{\partial^k f}{\partial \varphi^k}\right) \leqslant k!\left(\frac{A_0}{R-r}\right)^k M_p(R, f),\ 0 \leqslant r < R < 1, \tag{3.49}$$

其中若

$$f(z) = \sum_{n=0}^{+\infty} c_n z^n,$$

则

$$\frac{\partial f(re^{i\varphi})}{\partial \varphi} = i \sum_{n=1}^{+\infty} c_n n r^n e^{in\varphi}.$$

因此也在 $|z| < 1$ 内解析且

$$\frac{\partial^k f(re^{i\varphi})}{\partial \varphi^k} = (i)^k \sum_{n=1}^{+\infty} c_n n^k r^n e^{in\varphi} = a_k^{(k)} f^{(k)}(z) \cdot z^k + a_{(k-1)}^{(k)} f^{(k-1)}(z) z^{k-1} + \cdots + a_1^{(k)} f'(z) \cdot z,$$

而 $a_i^{(m)}$, $i=1,2,\cdots,k$ 都是复常数.

若函数 $f(z)\in H^p(|z|<1)$, $0<p<1$, 则不等式(3.49)中的 $R$ 可以取为 1.

**证** 考虑 $|z|<r_1<\rho<1$,将函数 $\dfrac{f(ze^{i\varphi})}{(\rho-z)^\lambda}$ 用在 $|z|=r_1$ 上的 Cauchy 公式表示,其中 $\lambda>0$ 是在下面待定的数,然后两边对 $z$ 求导可得

$$\frac{f'(ze^{i\varphi})e^{\varphi}}{(\rho-z)^\lambda}+\frac{f(ze^{i\varphi})\cdot\lambda}{(\rho-z)^{1+\lambda}}$$

$$=\frac{1}{2\pi i}\int_{|\zeta|=r_1}\frac{f(\zeta e^{i\varphi})}{(\rho-\zeta)^\lambda(\zeta-z)^2}d\zeta,\quad |z|<r_1<\rho.$$

因此,当 $z=r<r_1$ 时,得到

$$f'(re^{i\varphi})+\frac{\lambda f(re^{i\varphi})e^{-i\varphi}}{\rho-r}=(\rho-r)^\lambda r_1e^{-i\varphi}$$

$$\times\frac{1}{2\pi}\int_{-\pi}^{\pi}f(r_1e^{i(\theta+\varphi)})\cdot\frac{1}{(r_1e^{i\theta}-r)^2(\rho-r_1e^{i\theta\lambda})}e^{i\theta}d\theta.$$

由此得到

$$|f'(re^{i\varphi})|\leqslant\frac{\lambda|f(re^{i\varphi})}{\rho-r}+\frac{r_1(\rho-r)^\lambda}{(r_1-r)^2}$$

$$\cdot\frac{1}{2\pi}\int_{-\pi}^{\pi}|f(r_1e^{i(\theta+\varphi)})|\frac{1}{|\rho-r_1e^{i\theta}|^\lambda}d\theta.$$

将上式两边进行 $p$ 次方,然后利用引理 2(见公式(3.32))后可以得到

$$|f'(re^{i\varphi})|^p\leqslant\frac{\lambda^p|f(re^{i\varphi})|}{(\rho-r)^p}+\frac{c'_p r_1^p(\rho-r)^{p\lambda}(r_2-r_1)^{p-1}}{(r_1-r)^{2p}}$$

$$\cdot\int_{-\pi}^{\pi}\frac{|f(r_2e^{i(\theta+\varphi)})|^p}{|\rho-r_2e^{i\theta}|\lambda^p}d\theta,$$

其中 $c'_p$ 为依赖于 $p$ 的常数. 两边对 $\varphi$ 积分后得

$$M_p^p(r,f')\leqslant\left(\frac{\lambda}{\rho-r}\right)^pM_p^p(r,f)+c'_p\frac{r_1^p(\rho-r)^{\lambda p}(r_2-r_1)^{p-1}}{(r_2-r_1)^{2p}}$$

$$\cdot M_p^p(r_2 \cdot f)\int_{-\pi}^{\pi}\frac{1}{|\rho - r_2e^{i\theta}|^{\lambda p}}\,d\theta. \tag{3.50}$$

现在令 $\lambda p = 2$, $r_1 - r = r_2 - r_1 = \rho - r_2$。已知 Poisson 核 $P(r, t) = \frac{1}{2}\frac{1 - r^2}{|1 - re^{it}|^2}$, $0 \leqslant r < 1$,满足

$$\frac{1}{\pi}\int_{-\pi}^{\pi}P(r,t)dt = 1,\ 0 \leqslant r < 1,$$

因此

$$\int_{-\pi}^{\pi}\frac{1}{|\rho - r_2e^{i\theta}|^2}\,d\theta = \frac{2\pi}{\rho^2 - r_2^2}. \tag{3.51}$$

由此利用 $M_p(r,f)$ 的单调性,由(3.50),利用(3.51)得

$$M_p^p(r,f') \leqslant c_p\frac{1}{(\rho - r)^p}M_p^p(\rho,f),\ 0 \leqslant r < \rho < 1. \tag{3.52}$$

因为 $\frac{\partial f}{\partial \varphi} = f'(z)\cdot zi$,因此

$$M_p\left(r, \frac{\partial f}{\partial \varphi}\right) \leqslant M_p(r, f').$$

因而由 (3.52) 得

$$M_p^p\left(r, \frac{\partial f}{\partial \varphi}\right) = c_p\frac{1}{(\rho - r)^p}M_p^p(\rho,f),\ 0\leqslant r\leqslant \rho<1. \tag{3.53}$$

令 $r = \rho_0 < \rho_1 < \rho_2 \cdots < \rho_k = R$,则连续地应用(3.53) $k$ 次得到

$$\begin{aligned}M_p^p\left(r, \frac{\partial^k f}{\partial \varphi^k}\right) &\leqslant c_p\frac{1}{(\rho_1 - r)^p}M_p^p\left(\rho, \frac{\partial^{k-1}f}{\partial \varphi^{k-1}}\right)\\ &\leqslant c_p^2\frac{1}{(\rho_1 - r)^p}\cdot\frac{1}{(\rho_2 - \rho_1)_p}M_p^p\left(\rho, \frac{\partial^{k-2}f}{\partial \varphi^{k-2}}\right)\\ &\leqslant \cdots\\ &\leqslant c_p^k M_p^p(R, f)\prod_{m=1}^{k}\frac{1}{(\rho_m - \rho_{m-1})^p}.\end{aligned}$$

若令 $\rho_m - \rho_{m-1} = \frac{R - r}{k}$, $m = 1,2,\cdots k$,则由上式可得

$$M_p^p(r,f)\leqslant c_p^k k^{kp}\frac{1}{(R-r)^{kp}}\ M_p^p(R,f)$$

$$\leqslant k!\left(\frac{A_p}{R-r}\right)^{kp}\ M_p^p(R,f).$$

若 $f(z)\in H^p(|z|<1)$，则由于

$$\lim_{R\to 1-0}M_p(R,f)=M_p(1,f),$$

因此不等式(3.48)对 $R=1$ 时成立。

引理 4 证毕。

**引理 5** 设函数 $f(z)$在单位圆$|z|<1$ 内解析 $k$ 是自然数，则

$$M_\infty\left(r,\ \frac{\partial^k f}{\partial\varphi^k}\right)\leqslant k!\ \frac{1}{(R-r)^k}M_\infty(R,f),$$

$$0\leqslant r<R<1. \tag{3.54}$$

**证** 对于 Cauchy 公式，

$$f(re^{i\varphi})=\frac{R}{2\pi}\int_{-\pi}^{\pi}\frac{f(Re^{i\theta})e^{i\theta}}{Re^{i\theta}-re^{i\varphi}}d\theta,\ 0\leqslant r<R<1.$$

两边关于 $\varphi$ 求导后得

$$\frac{\partial^k f(re^{i\varphi})}{\partial\varphi^k}=\frac{R}{2\pi}\int_{-\pi}^{\pi}f(Re^{i\theta})e^{i\theta}\frac{\partial^k}{\partial\varphi^k}$$

$$\cdot\left(\frac{1}{Re^{i\theta}-re^{i\varphi}}\right)d\theta,\ 0\leqslant r<R<1. \tag{3.55}$$

现在来证明

$$\frac{\partial^k}{\partial\varphi^k}\left(\frac{1}{Re^{i\theta}-re^{i\varphi}}\right)=\frac{1}{(Re^{i\theta}-re^{i\varphi})^{1+k}}\sum_{m=1}^{k}b_m^{(k)}e^{im\varphi}, \tag{3.56}$$

其中

$$\sum_{m=1}^{k}|b_m^{(k)}|\leqslant k!$$

事实上，当 $k=1$ 时，

$$\frac{\partial}{\partial\varphi}\left(\frac{1}{Re^{i\theta}-re^{i\varphi}}\right)=\frac{1}{(Re^{i\theta}-re^{i\varphi})^2}\ rie^{i\varphi},$$

因此

$$|b_1^{(1)}| = r < 1.$$

这表示(3.56)在 $k=1$ 时成立。 现在假设(3.56)对某个自然数 $n$ 成立，于是

$$\frac{\partial^{n+1}}{\partial\varphi^{n+1}}\left(\frac{1}{Re^{i\theta}-re^{i\varphi}}\right)$$

$$=\frac{\partial}{\partial\varphi}\left(\frac{1}{(Re^{i\theta}-re^{i\varphi})^{1+n}}\sum_{m=1}^{n}b_m^{(n)}e^{im\varphi}\right), \tag{3.57}$$

其中按归纳假设，就有

$$\sum_{m=1}^{n}|b_m^{(n)}| \leqslant n!$$

因此由(3.57)得

$$\frac{\partial^{n+1}}{\partial\varphi^{n+1}}\left(\frac{1}{Re^{i\theta}-re^{i\varphi}}\right)$$

$$=\frac{(Re^{i\theta}-re^{i\varphi})\sum\limits_{m=1}^{n}imb_m^{(n)}e^{im\varphi}+(n+1)rie^{i\varphi}\sum\limits_{m=1}^{n}b_m^{(n)}e^{im\varphi}}{(Re^{i\theta}-re^{i\varphi})^{2+n}}$$

$$=\frac{1}{(Re^{i\theta}-re^{i\varphi})^{2+n}}\sum_{m=1}^{n+1}b_m^{(n+1)}e^{im\varphi},$$

其中

$$b_1^{(n+1)}=Re^{i\theta}ib_1^{(n)},\quad b_{n+1}^{(n+1)}=rib_n^{(n)},$$

$$b_m^{(n+1)}=imRe^{i\theta}b_m^{(n)}+rib_{m-1}^{(n)}(n+2-m),\quad 2\leqslant m\leqslant n.$$

由此得到

$$\sum_{m=1}^{n}|b_m^{(n+1)}| \leqslant |b_1^{(n)}|+|b_n^{(n)}|+\sum_{m=2}^{n}(M|b_m^{(n)}|+(n+2-m)|b_{m-1}^{(n)}|)$$

$$=(n+1)|b_n^{(n)}|+\sum_{m=2}^{n-1}m|b_m^{(n)}|+(n+1)\sum_{m=1}^{n-1}|b_m^{(n)}|-\sum_{m=2}^{n-1}m|b_m^{(n)}|$$

$$=(n+1)\sum_{m=1}^{n}|b_m^{(n)}| \leqslant (n+1)!,$$

即(3.56)对于 $k=n+1$ 也成立。因此(3.56)证毕。

由此，从不等式 $|Re^{i\theta}-re^{i\varphi}|\geqslant R-r$，利用 (3.56) 与(3.51),由(3.55)可得

$$\sup_{\varphi}\left|\frac{\partial^k f(re^{i\varphi})}{\partial\varphi^k}\right|\leqslant\frac{R}{2\pi}k!(R-r)^{-k+1}\sup_{\theta}|f(Re^{i\theta})|$$
$$\cdot\int_{-\pi}^{\pi}\frac{1}{|Re^{i\theta}-r|^2}d\theta\leqslant k!\frac{1}{(R-r)^k}\sup_{\theta}|f(Re^{i\theta})|.$$

引理 5 证毕。

现在我们着手证明类似于在 $L^p[0,2\pi],p\geqslant 1$ 空间连续模的估计式.

$$\omega_{l+k}(\delta,f)_p\leqslant\delta^k\omega_l(\delta,f^{(k)})_p. \qquad (0<\delta\leqslant\pi)$$

这里由于 $0<p<1$,因此证明较为复杂了.

我们指出,在 $H^p$ 空间中,当 $0<p<1$ 时,代替 $\omega_l(\delta,f^{(k)})_p$,考虑 $\omega_l\left(\delta,\frac{\partial^k f(e^{i\varphi})}{\partial\varphi^k}\right)$，它是解析函数 $\frac{\partial^k f(re^{i\varphi})}{\partial\varphi^k}$ 的边界值. 我们指出,当 $f^{(k)}(z)\in H^p(|z|<1)$时，由于 Hardy-Littlewood 定理(见 Duren 著作[36],定理(5.12))有 $f^{(k-1)}(z)\in H^q(|z|<1)$，其中 $q=\frac{p}{1-p}>p$,因此有 $f^{(k-1)}(z)\in H^p(|z|<1)$. 这样一直推导下去可知,所有 $f^{(k-2)}(z),\cdots,f(z)$都属于 $H^p(|z|<1)$. 因此,由引理 4 中函数 $\frac{\partial^k f(re^{i\varphi})}{\partial\varphi^k}$ 的表示式可知,它也属于 $H^p(|z|<1)$,因而就有边界值 $\frac{\partial^k f(e^{i\varphi})}{\partial\varphi^k}\in L^p$, 且

$$M_p^p\left(r,\frac{\partial^m f}{\partial\varphi^m}\right)\leqslant\sum_{l=1}^{m}|a_l^{(k)}|M_p^p(r,f^{(l)}),\ 0<r<1, \qquad (3.58)$$

$m=1,2,\cdots,k$.

此外,我们还要指出函数 $f(re^{i\varphi})$ 作为 $\varphi$ 的函数的 Taylor 级数.

$$f(re^{i(\varphi+h)})=f(re^{i\varphi})+\sum_{k=1}^{+\infty}\frac{\partial^k f(re^{i\varphi})}{\partial\varphi^k}\frac{h^k}{k!},\ 0\leqslant r<1, \qquad (3.59)$$

在 $|h|<1-r$ 内收敛. 事实上,当 $|h|<R-r<1-r$ 时,由引理 5 得

$$\sum_{k=1}^{+\infty}\left|\frac{\partial^k f(re^{i\varphi})}{\partial\varphi^k}\right|\frac{|h|^k}{k!}\leqslant M_\infty(R,f)\sum_{k=1}^{+\infty}\left(\frac{|h|}{R-r}\right)^k<+\infty.$$

现在我们给出函数差分的平均模被函数对自变量幅角的偏导数的平均模的估计式.

**引理 6** 设函数 $f(z)$ 在单位圆 $|z|<1$ 内解析, $k$ 是自然数, $A_p$ 是引理 4 中的常数, $0\leqslant r<R<1$, 于是对所有的 $h$, $0<h<\dfrac{R-r}{2A_pk}$, 下式成立

$$M_p(r,\Delta_h^k f)=\left\{\frac{1}{2\pi}\int_{-\pi}^{\pi}\left|\sum_{m=0}^{k}(-1)^{k-m}\binom{k}{m}f(re^{i(\varphi+mh)})\right|^p d\varphi\right\}^{\frac{1}{p}}$$

$$\leqslant B_p h^k M_p\left(R,\frac{\partial^k f}{\partial\varphi^k}\right),\ B_p \text{ 为常数}, \tag{3.60}$$

且若 $f^{(k)}(z)\in H^p(|z|<1)$,则上式中的 $R$ 可以取为 1.

**证** 由(3.60), 当 $0<h<\dfrac{R-r}{2A_pk}<\dfrac{R-r}{k}$ $\left(\text{可以认为 } A_p\geqslant\dfrac{1}{2}\right)$,

$$\begin{aligned}\Delta_h^k f(re^{i\varphi})&=\sum_{m=0}^{k}(-1)^{k-m}\binom{k}{m}f(re^{i(\varphi+h)})\\&=\sum_{m=0}^{k}(-1)^{k-m}\binom{k}{m}\sum_{n=0}^{+\infty}\frac{\partial^n f(re^{i\varphi})}{\partial\varphi^n}\frac{(mh)^n}{n!}\\&=\sum_{n=0}^{+\infty}\frac{\partial^n f(re^{i\varphi})}{\partial\varphi^n}\frac{h^n}{n!}\sum_{m=0}^{k}(-1)^{k-m}\binom{k}{m}m^n\\&=\sum_{n=0}^{k-1}\frac{\partial^n f(re^{i\varphi})}{\partial\varphi^n}\frac{h^n}{n!}\sum_{m=0}^{k}(-1)^{k-m}\binom{k}{m}m^n\\&\quad+\sum_{n=k}^{+\infty}\frac{\partial^n f(re^{i\varphi})}{\partial\varphi^n}\frac{h^n}{n!}\sum_{m=0}^{k}(-1)^{k-m}\binom{k}{m}m^n\end{aligned}\tag{3.61}$$

由于$\sum_{m=0}^{k}(-1)^{k-m}\binom{k}{m}m^n$ 表示函数 $x^n$ 在点 $x=0$ 处步长为1的 $k$ 级差分，因此

$$\sum_{m=0}^{k}(-1)^{k-m}\binom{k}{m}m^n=0,\quad n\leqslant k-1,$$

及

$$\left|\sum_{m=0}^{k}(-1)^{k-m}\binom{k}{m}m^n\right|\leqslant n(n-1)\cdots(n-k+1)k^{n-k},\quad n\geqslant k.$$

因此由(3.61)得到

$$|\Delta_h^k f(re^{i\varphi})|\leqslant\sum_{n=k}^{+\infty}\left|\frac{\partial^{k+n}f(re^{i\varphi})}{\partial\varphi^{k+m}}\right|\frac{h^n}{n!}n(u-1)\cdots(u-k+1)_k^{n-k}$$

$$=h^k\sum_{m=0}^{+\infty}\left|\frac{\partial^{k+n}f(re^{i\varphi})}{\partial\varphi^{k+m}}\right|\frac{(kh)^m}{m!}$$

将上面不等式两边 $p$ 次方，然后对 $\varphi$ 积分，利用引理4与 $h$ 的选择，得到

$$M_p^p(r,\Delta_h^k f)\leqslant h^{kp}\sum_{m=0}^{+\infty}\frac{(kh)^{mp}}{(m!)^p}M_p^p\left(r,\frac{\partial^{k+m}f}{\partial\varphi^{k+m}}\right)$$

$$\leqslant h^{kp}M_p^p\left(R,\frac{\partial^k f}{\partial\varphi^k}\right)\left(1+\sum_{m=1}^{+\infty}(A_p kh(R-r)^{-1})^{mp}\right)$$

$$\leqslant B_p h^{kp}M_p^p\left(R,\frac{\partial^k f}{\partial\varphi^k}\right).$$

若 $f^{(k)}\in H^p(|z|<1)$，则上面已说明了 $\dfrac{\partial^p f}{\partial\varphi^k}\in H^p(|z|<1)$，因此令 $R\to1-0$，就证明了引理6.

**引理7** 设 $f'(z)\in H^p(|z|<1)$，$0<p<\infty$，则

$$\int_{-\pi}^{\pi}|f(re^{i\varphi})-f(e^{i\varphi})|^p d\varphi\leqslant c_p(1-r)^p M_p^p\left(1,\frac{\partial f}{\partial\varphi}\right),$$

$$r\geqslant\frac{1}{2}.\qquad(3.62)$$

**证** 由等式

$$f(Re^{i\varphi})-f(re^{i\varphi})=\int_r^R\frac{\partial f(\rho e^{i\varphi})}{\partial\varphi}d\rho,\quad 0<r<R<1,$$

得到

$$\begin{aligned}|(f(Re^{i\varphi})-f(re^{i\varphi})|&\leqslant(R-r)\sup_{r\leqslant\rho\leqslant R}\left|\frac{\partial f(\rho e^{i\varphi})}{\partial\rho}\right|\\&\leqslant\frac{R-r}{r}\sup_{0<\rho<1}\left|\frac{\partial f(\rho e^{i\varphi})}{\partial\varphi}\right|,\end{aligned}\tag{3.63}$$

由 Hardy-Littlewood 的极大函数定理(见 Duren 著作[36]，定理(1.8))，

$$\int_{-\pi}^{\pi}\sup_{0<r<1}|F(re^{i\varphi})|^pd\varphi\leqslant c_p'\int_{-\pi}^{\pi}|F(e^{i\varphi})|^pd\varphi,$$

其中 $c_p'$ 为常数．从(3.63)可以得到，

$$\int_{-\pi}^{\pi}|f(Re^{i\varphi})-f(re^{i\varphi})|^pd\varphi\leqslant\left(\frac{R-r}{r}\right)^pc_p'M_p^p\left(1,\frac{\partial f}{\partial\varphi}\right).$$

令 $R\to1-0$，就得到了引理 7.

现在我们来证明一个重要的定理．

**引理 8** 设函数 $f^{(k)}(z)\in H^p(|z|<1)$，$0<p<1$，$k$ 是某个自然数，则存在正数 $\delta_0=\delta_0(p,k)$，使得当 $0<\delta\leqslant\delta_0$ 时，下式成立：

$$\omega_{l+k}(\delta,f)_p\leqslant c_{p,k}\delta^k\omega_l\left(\delta,\frac{\partial^kf}{\partial\varphi^k}\right)_p,\tag{3.64}$$

其中 $l$ 是任意的自然数．

**证** 令 $\delta_0=(4A_pk)^{-1}$，其中常数 $A_p$ 由引理 4 所确定．固定 $h$，$0<h\leqslant\delta_0$，确定数 $r$，满足等式

$$1-r=2A_pkh,\tag{3.65}$$

显然有 $\frac{1}{2}\leqslant r<1$.

若 $m\leqslant k$，则有

$$h=(2A_pk)^{-1}(1-r)\leqslant(2A_pm)^{-1}(1-r).$$

因此，可以利用引理 6，其中考虑差分 $\Delta_h^m f$，且 $m=1,2,\cdots,k$，$R=1$，

$$M_p(r,\Delta_h^m f)\leqslant B_p h^m M_p\left(1,\frac{\partial^m f}{\partial\varphi^m}\right). \tag{3.66}$$

由引理 7 得

$$\begin{aligned}\int_{-\pi}^{\pi}&|\Delta_h^{m-1}f(re^{i\varphi})-\Delta_h^{m-1}f(e^{i\varphi})|^p d\varphi\\ &\leqslant c_p(1-r)^p M_p^p\left(1,\frac{\partial}{\partial\varphi}\Delta_h^{m-1}f\right)\\ &=c_p(1-r)^p M_p^p\left(1,\Delta_h^{m-1}\frac{\partial f}{\partial\varphi}\right),\end{aligned} \tag{3.67}$$

$$m=1,2,\cdots,k,\quad \Delta_k^0 f=f.$$

由明显的等式

$$\begin{aligned}\Delta_h^m f(e^{i\varphi})=\Delta_h^m f(re^{i\varphi})&+(\Delta_h^{m-1}f(re^{i\varphi})-\Delta_h^{m-1}f(e^{i\varphi}))\\ &-(\Delta_h^{m-1}f(re^{i(\varphi+h)})-\Delta_h^{m-1}f(e^{i(\varphi+h)})),\end{aligned}$$

利用(3.66)与(3.67)得到

$$\begin{aligned}\frac{1}{2\pi}\int_{-\pi}^{\pi}|\Delta_h^m f(e^{i\varphi})|^p d\varphi\leqslant B_p^p h^{mp}M_p^p\left(1,\frac{\partial^m f}{\partial\varphi^m}\right)\\ +2c_p(1-r)^p\cdot M_p^p\left(1,\Delta_h^{m-1}\frac{\partial f}{\partial\varphi}\right).\end{aligned}$$

若用 $\dfrac{\partial^{k-m}}{\partial\varphi^{k-m}}$ 代替 $f$，则由上式得

$$\begin{aligned}M_p^p\left(1,\Delta_h^m\frac{\partial^{k-m}f}{\partial\varphi^{k-m}}\right)\leqslant B_p' h^{mp}M_p^p\left(1,\frac{\partial^k f}{\partial\varphi^k}\right)+c_p'(1-r)^p\\ \cdot M_p^p\left(1,\Delta_k^{m-1}\frac{\partial^{k-m+1}f}{\partial\varphi^{k-m+1}}\right),\quad m=1,2,\cdots,k.\end{aligned} \tag{3.68}$$

将(3.68)，逐次用 $m=1,2,\cdots,k$ 写出，将前一个逐次地代入后一个，利用(3.65)可以得到

$$M_p^p(1,\Delta_h^k f)\leqslant c_{p,k}h^{kp}M_p^p\left(1,\frac{\partial^k f}{\partial\varphi^k}\right). \tag{3.69}$$

由此就有

$$M_p^p(1,\Delta_h^{k+l}f)\leqslant c_{p,k}h^{kp}M_p^p\left(1,\Delta_h^l\frac{\partial^k f}{\partial\varphi^k}\right).$$

过渡到上界，$0<h\leqslant\delta\leqslant\delta_0$，就可以得到(3.64)。

引理 8 证毕。

由定理 2 与引理 8 可以得到下面的定理。

**定理 3** (Стороженко[185,186]) 设 $k$ 与 $l$ 为自然数. 若 $f^{(k)}(z)\in H^p(|z|<1)$，$0<p<1$，则有*

$$E_n(f)_p\leqslant c_{k,l,p}\frac{1}{(n+1)^k}\,\omega_l\left(\frac{\pi}{n+1},\ \frac{\partial^k f}{\partial\varphi^k}\right)_p,\quad n=0,1,2,\cdots. \tag{3.70}$$

**证** 由定理 2 得

$$E_n(f)_p\leqslant c^{(1)}_{k,l,p}\omega_{k+l}\left(\frac{\pi}{n+1},f\right)_p,\ n=0,1,2,\cdots. \tag{3.71}$$

选择足标 $n_0=n_0(p,k)$，使得 $n\geqslant n_0\,\dfrac{\pi}{n+1}$ 及 $\dfrac{n_0\pi}{n+1}<\dfrac{1}{4A_pk}$.
于是根据引理 8，

$$\omega_{k+l}\left(\frac{\pi}{n+1},\ f\right)_p\leqslant c_{k,p}\left(\frac{\pi}{n+1}\right)^k\omega_l\left(\frac{\pi}{n+1},\frac{\partial^k f}{\partial\varphi^k}\right)_p. \tag{3.72}$$

比较(3.71)与(3.72)就有

$$E_n(f)_p\leqslant c^{(2)}_{k,p}\frac{1}{(n+1)^k}\,\omega_l\left(\frac{\pi}{n+1},\ \frac{\partial^k f}{\partial\varphi^k}\right)_p,\quad n\geqslant n_0.$$

因为

$$\frac{\pi}{n+1}\leqslant(n_0+1)\,\frac{\pi}{n_0+1},\quad n=0,1,2\cdots,$$

所以根据连续模的性质，当 $n\leqslant n_0$ 时，由引理 8 得到

$$\omega_{k+l}\left(\frac{\pi}{n+1},\ f\right)_p\leqslant n_0^{\frac{k+l}{p}}\,\omega_{k+l}\left(\frac{\pi}{n_0+1},\ f\right)_p$$

---

* 在 Э. А. Стороженко 的文章(Об одной задаче харди-Литлвуда, 119 (161) No. 4(12) (1982), 564—583)，用差商分法引进了一类新的连续模，后来 Ю.В Крякин 在文章(О теоремах джексона В$H^p$，$0<p<\infty$，Изв.，Вуз，Матем，1985，8，19—23) 中用此新连续模，得到了类似于 (3.70)估计式，但是用 $f^{(k)}(z)$ 代替了 $\dfrac{\partial^k f}{\partial\varphi^k}$.

$$\leqslant n_0^{\frac{k+l}{p}}\left(\frac{\pi}{n_0+1}\right)^k \omega_l\left(\frac{\pi}{n_0+1}, \frac{\partial^p f}{\partial\varphi^k}\right)$$

$$\leqslant c_{k,l,p}^{(3)}\left(\frac{\pi}{n+1}\right)^k \omega_l\left(\frac{\pi}{n+1}, \frac{\partial^k f}{\partial\varphi^k}\right).$$

因而

$$E_n(f)_p \leqslant c_{k,l,p}^{(4)}\frac{1}{(n+1)^k}\ \omega_l\left(\frac{\pi}{n+1}, \frac{\partial^k f}{\partial\varphi^k}\right),\ n \leqslant n_0.$$

若令 $c_{k,l,p}=\max(c_{k,l,p}^{(2)}, c_{k,l,p}^{(4)})$，就证明了定理 3.

**注** 在定理 3 中，假设 $f^{(k)}(z)\in H^p(|z|<1)$, $0<p<1$. 自然可以问，边界函数 $f(e^{i\theta})$的$m$阶导数，$1\leqslant m\leqslant k$，是否存在？且在什么意义下可以等于 $\lim\limits_{r\to 1-0}\dfrac{\partial^m f(re^{i\varphi})}{\partial\varphi^m}$? 这里只介绍一个简单的结果.

设 $f''(z)\in H^p(|z|<1)$, $0<p\leqslant 1$,则

$$\left\|\frac{\Delta_h f}{h}-\frac{\partial f}{\partial\varphi}\right\|_p \leqslant c_p h\left\|\frac{\partial^2 f}{\partial\varphi^2}\right\|_p,\ |h|\leqslant h_0(p,k), \tag{3.73}$$

其中 $h_0(p,k)$是某个依赖于$p$与$k$的常数.

事实上，我们有

$$\left\|\Delta_h f-h\frac{\partial f}{\partial\varphi}\right\|_p^p=\frac{1}{2\pi}\int_{-\pi}^{\pi}\left|f(e^{i(\varphi+h)})-f(e^{i\varphi})-\frac{\partial f(e^{i\varphi})}{\partial\varphi}\right|^p d\varphi$$

$$\leqslant\frac{1}{2\pi}\int_{-\pi}^{\pi}\left|f(re^{i(\varphi+h)})-f(re^{i\varphi})-h\frac{\partial f(re^{i\varphi})}{\partial\varphi}\right|^p d\varphi$$

$$+\frac{1}{2\pi}\int_{-\pi}^{\pi}|f(e^{i(\varphi+h)})-f(re^{i(\varphi+h)})-f(e^{i\varphi})+f(re^{i\varphi})|^p$$

$$+\frac{1}{2\pi}|h|^p\int_{-\pi}^{\pi}\left|\frac{\partial f(e^{i\varphi})}{\partial\varphi}-\frac{\partial f(re^{i\varphi})}{\partial\varphi}\right|^p d\theta$$

$$=I_1+I_2+I_3. \tag{3.74}$$

设数 $h_0$, $h$ 与 $r$ 满足关系式

$$h_0=(4A_p)^{-1},\ 0<|h|\leqslant h_0,\ 1-r=2A_p|h|, \tag{3.75}$$

其中 $A_p$ 由引理 4 所确定. 利用函数 $f(re^{i(\varphi+h)})-f(re^{i\varphi})$ 的

Taylor 公式，应用引理 4，可以估计 $I_1$:

$$I_1 \leqslant \sum_{n=2}^{+\infty} \frac{|h|^{np}}{(n!)^p} \frac{1}{2\pi} \int_{-\pi}^{\pi} \left|\frac{\partial^n f(re^{i\varphi})}{\partial \varphi^n}\right|^p d\varphi$$

$$\leqslant |h|^{2p} M_p^p\left(1, \frac{\partial^2 f}{\partial \varphi^2}\right) \sum_{n=0}^{+\infty} \left(\frac{A_p |h|}{1-r}\right)^{np}$$

$$\leqslant c_p^1 |h|^{2p} M_p^p\left(1, \frac{\partial^2 f}{\partial \varphi^2}\right). \tag{3.76}$$

对于 $I_2$，利用引理 7 及不等式(3.69)(设 $k=1$)(3.75)，可以得到

$$I_2 = \frac{1}{2\pi} \int_{-\pi}^{\pi} |f(re^{i(\varphi+h)}) - f(re^{i\varphi}) - f(e^{i(\varphi+h)})$$

$$+ f(e^{i\varphi})|^p d\varphi$$

$$\leqslant c_p^{(2)}(1-r)^p M_p^p\left(1, \frac{\partial f(e^{i(\varphi+h)})}{\partial \varphi} - \frac{\partial f(e^{i\varphi})}{\partial \varphi}\right)$$

$$\leqslant c_p^{(3)} |h|^{2p} M_p^p\left(1, \frac{\partial^2 f}{\partial \varphi^2}\right). \tag{3.77}$$

由引理 7 还得到

$$I_3 \leqslant |h|^p \frac{1}{2\pi} \int_{-\pi}^{\pi} \left|\frac{\partial f(e^{i\varphi})}{\partial \varphi} - \frac{\partial f(re^{i\varphi})}{\partial \varphi}\right|^p d\varphi$$

$$\leqslant c_p^{(4)} |h|^{2p} M_p^p\left(1, \frac{\partial^2 f}{\partial \varphi^2}\right). \tag{3.78}$$

因此，从(3.74)及(3.76)—(3.78)得到

$$\left\|\Delta_h f - h \frac{\partial f}{\partial \varphi}\right\|_p^p \leqslant c_p |h|^{2p} M_p^p\left(1, \frac{\partial^2 f}{\partial \varphi^2}\right), \quad |h| \leqslant h_0,$$

由此推出

$$\lim_{h \to 0} \left\|\frac{\Delta_h f}{h} - \frac{\partial f}{\partial \varphi}\right\|_p = 0.$$

因此可以说，函数 $f$ 在边界 $|z|=1$ 上在 $L^p$ 意义下的导数为 $\frac{\partial f}{\partial \varphi}$.

类似地也可以得到更一般的结果.

若 $f^{(k+1)}(z) \in H^p(|z|<1)$, $0<p<1$, $k$ 为自然数, 则函数 $f(z)$在 $|z|=1$ 上, $L^p$ 意义下,有 $k$ 级导数为 $\frac{\partial^k f}{\partial \varphi^k}$,即

$$\lim_{h\to 0}\left\|\frac{\Delta_h^k f}{h^k}-\frac{\partial^k f}{\partial \varphi^k}\right\|_p=0.$$

现在$D$是由解析曲线$\Gamma$所围的单连通区域. 设函数 $f(z)$在$D$内解析, $\bar{D}$上连续, 且其$k$级微商在曲线$\Gamma$上满足$\alpha$级 Lipschitz 条件,记作 $f(z)\in L(k,\alpha)$, $0<\alpha\leqslant 1$,对于这样的区域 Jackson 型定理也成立.

**定理 4** 设$D$是由解析曲线$\Gamma$所围的单连通区域,函数 $f(z)\in L(k,\alpha)$,$k$ 是非负整数,$0<\alpha\leqslant 1$, 则对任何自然数 $n$,存在$n$次多项式 $P_n(z)$, 使得

$$\max_{z\in\bar{D}}|f(z)-P_n(z)|\leqslant\frac{M}{n^{k+\alpha}},\tag{3.79}$$

其中$M$为只依赖于$k$及$\alpha$的常数.

**证** 由保角映射理论知道, 将区域$D$映射到 $|w|<1$ 的函数 $w=\varphi(z)$及其反函数 $z=\psi(w)$在相应的闭区域$\bar{D}$及$|w|\leqslant 1$上都是解析函数(参见 Маркушевич[92]). 考虑函数 $F(w)=f[\psi(w)]$,由此 $f(z)\in L(k,\alpha)$,利用 $\psi(w)$在$|w|\leqslant 1$上的解析性,容易证明在 $|w|\leqslant 1$ 上也成立 $F(w)\in L(k,\alpha)$. 由此应用定理 1 的注知道,对任意的自然数 $n$,存在$n$次多项式 $Q_n(w)$,使得

$$\max_{|w|\leqslant 1}|F(w)-Q_n(w)|\leqslant\frac{c_{k,\alpha}}{n^{k+\alpha}},\ c_{k,\alpha}\text{ 为常数},\tag{3.80}$$

即

$$\max_{z\in\bar{D}}|f(z)-Q_n[\varphi(z)]|\leqslant\frac{c_{k,\alpha}}{n^{k+\alpha}}.\tag{3.81}$$

由于函数 $\varphi(z)$在闭区域 $\bar{D}$ 上解析,因此它必在某个等势线 $C_{\rho_0}$, $\rho_0>1$ 内解析. 这样一来, 函数 $Q_n[\varphi(z)]$ 也在等势线 $C_{\rho_0}$ 内解析. 利用 §2 的定理 2 知,任给 $\varepsilon>0$,存在$N$,使得当 $n>N$

时，存在多项式 $P_n(z)$，满足

$$\max_{z\in \bar{D}} |Q_n[\varphi(z)] - P_n(z)| \leqslant \frac{c}{(\rho_0-\varepsilon)^n}, \rho_0 > \varepsilon, \qquad (3.82)$$

其中 $c$ 为常数。

比较(3.81)与(3.82)就证明了定理 4.

**注** 这个定理对任何 $E^p(D)$空间也成立，$0<p<+\infty$（见第一章 §3 中的定义）. 事实上，利用定理 1 中的注（对 $1\leqslant p<+\infty$）及定理 3（对 $0<p\leqslant 1$）可知，(3.81)在 $H^p(|w|<1)$ 上也成立. 下面讨论完全一样，利用(3.82)可以得到所需的结论.

现在我们研究逆定理，即要从函数 $f(z)$ 被多项式逼近时的阶的估计式来推出被逼近函数 $f(z)$ 的结构性质. 为此，我们需要几个引理.

**引理 9** 设 $P_n(z)$为 $n$ 次多项式，$K$ 是有界闭集，其余集是包有 $z=\infty$的单连通区域 $D_\infty$，$C_R$ 是等势线，$R>\rho$，其中 $\rho$ 是保角半径。若

$$\max_{z\in K} |P_n(z)| = M, \qquad (3.83)$$

则

$$\max_{z\in C_R} |P_n(z)| \leqslant M\left(\frac{R}{\rho}\right)^n. \qquad (3.84)$$

**证** 考虑函数

$$h(z) = \frac{P_n(z)}{[\Phi(z)]^n},$$

其中 $\Phi(z)$是外映射函数，即 $w=\Phi(z)$ 把区域 $D_\infty$ 保角映射到 $|w|>\rho$，$\Phi(\infty)=0$，$\Phi'(\infty)=1$. 显然，函数 $h(z)$在区域 $D_\infty$ 内解析，且以 $z=\infty$ 为可去奇点. 此外，由(3.83)可得

$$\overline{\lim_{z\to D_\infty\text{边界}}} |h(z)| \leqslant \overline{\lim_{z\to D_\infty\text{边界}}} \frac{|P_n(z)|}{\rho^n} \leqslant \frac{\max_{z\in K}|P_n(z)|}{\rho^n}$$

$$\leqslant \frac{M}{\rho^n}.$$

因此，根据最大模原理，

$$\max_{z \in C_R} |h(z)| \leqslant \frac{M}{\rho^n}, \ R > \rho,$$

即

$$\max_{z \in C_R} \frac{|P_n(z)|}{R^n} \leqslant \frac{M}{\rho^n}, R > \rho.$$

因此就得到了(3.84)，引理 9 证毕.

**引理 10** 设区域$D$的边界 $\Gamma \in C^{1+\varepsilon}$，$\varepsilon > 0$，这表示曲线$\Gamma$为 Jordan 闭曲线，且其参数方程 $z = z(t)$，$0 \leqslant t \leqslant b$，$z(0) = z(b)$，$z'(t) \neq 0$，且 $z'(t) \in \mathrm{lip}\varepsilon$，则

$$\max_{z \in \bar{D}} |P'_n(z)| \leqslant cn \max_{z \in \bar{D}} |P_n(z)|, \tag{3.85}$$

其中 $c$ 为常数.

**证** 根据 Kellogg 定理（见 Голузин 著作[63], 486 页），若 $\Gamma \in C^{1+\varepsilon}$，则函数 $\arg\Psi'(w)$ 及 $\Psi'(w)$ 在 $|w| > \rho$ 上连续(其中 $\rho$ 为保角半径)，且 $\Psi'(w)$ 在 $|w| = \rho$ 上属于 $\mathrm{Lip}\varepsilon$.

$$0 < A \leqslant |\Psi'(w)| \leqslant B < +\infty, \ |w| \geqslant 1, \tag{3.86}$$

$$0 < \frac{1}{B} \leqslant |\Phi'(z)| \leqslant \frac{1}{A} < +\infty, \ z \in \bar{D}_\infty, \tag{3.87}$$

其中 $A$ 与 $B$ 是二个常数. 由此存在常数 $c_1$，$c_2$，使得

$$0 < c_2|z_1 - z_2| \leqslant |\Phi(z_1) - \Phi(z_2)| \leqslant c_1|z_1 - z_2|, \quad z_1, \ z_1 \in \bar{D}_\infty. \tag{3.88}$$

这样一来，曲线$\Gamma$上任意点 $z$ 到等势线 $C_R$，$R > \rho$ 的距离 $\rho_R(z) \geqslant \frac{1}{c_1}(R - \rho)$.

由 Cauchy 公式及上面关于 $\rho_R(z)$的估计式得

$$P'_n(z) = \frac{1}{2\pi i}\int_{|\zeta - z| = \rho_R(z)} \frac{P_n(\zeta)}{(\zeta - z)^2} d\zeta, \ z \in \Gamma,$$

及

$$|P'_n(z)| \leqslant \frac{\max\limits_{|\zeta - z| = \rho_R(z)} |P_n(\zeta)|}{\rho_R(z)} \leqslant \frac{\max\limits_{|\zeta - z| = \rho_R(z)} |P_n(\zeta)|}{\frac{1}{c_1}(R - \rho)}.$$

再利用引理9得到，当 $z \in \Gamma$ 时，

$$|P'_n(z)| \leqslant \frac{\max\limits_{\zeta \in c_R} |P_n(\zeta)|}{\frac{1}{c_1}(R-\rho)} \leqslant \frac{c_1}{(R-\rho)}\left(\frac{R}{\rho}\right)^n \max_{z \in \bar{D}} |P_n(z)|.$$

因此，取 $\frac{R}{\rho} = 1 + \frac{1}{n}$ 后得到

$$\max_{z \in \bar{D}} |P'_n(z)| \leqslant \frac{c_1 e}{\rho} n \max_{z \in \bar{D}} |P_n(z)|,$$

引理10证毕.

**定理5** 设区域$D$的边界 $\Gamma \in C^{1+\varepsilon}$，$\varepsilon > 0$，函数 $f(z)$ 在区域$D$内解析，$\bar{D}$ 上连续. 令

$$\omega_l(\delta, f) = \sup_{0 \leqslant h \leqslant \delta} |\Delta_h^l f(z(s))|, \tag{3.89}$$

其中 $s$ 为 $\Gamma$ 上的弧长，$l$ 为自然数，而

$$\Delta_h^l(f(z(s))) = \sum_{m=0}^{l} (-1)^{l-m} \binom{l}{m} f(z(s+mh)), \tag{3.90}$$

则

$$\omega_l\left(\frac{1}{n}, f\right) \leqslant \frac{c_l}{n^l} \sum_{\nu=0}^{n} (\nu+1)^{l-1} E_\nu(f), \tag{3.91}$$

其中

$$E_\nu(f) \triangleq E_\nu(f, \bar{D}) = \inf_{\{P_\nu\}} \max_{z \in \bar{D}} |f(z) - P_\nu(z)|, \tag{3.92}$$

而下确界是对于所有次数不大于 $\nu$ 的多项式 $P_\nu(z)$ 所取的.

**证** 设 $Q_n(z)$ 是 $n$ 次最佳逼近多项式，即

$$E_n(f) = \max_{z \in \bar{D}} |f(z) - Q_n(z)|, \quad n = 0, 1, 2, \cdots,$$

则对任意的整数 $m \geqslant 0$，

$$\omega_l\left(\frac{1}{n}, f\right) \leqslant \omega_l\left(\frac{1}{n}, f - Q_{2^{m+1}}\right) + \omega_l\left(\frac{1}{n}, Q_{2^{m+1}}\right)$$

$$\leqslant 2^l E_{2^{m+1}}(f) + \omega_l\left(\frac{1}{n}, Q_{2^{m+1}}\right). \tag{3.93}$$

利用类似于证明引理 1 中的不等式，可以得到

$$\omega_l\left(\frac{1}{n}, Q_{2^{m+1}}\right) \leqslant \frac{1}{n^l} \max_{z \in I} \left| Q_{2^{m+1}}^{(l)}(z) \right| \triangleq \frac{1}{n^l} \| Q_{2^{m+1}}^{(l)} \|$$

$$= \frac{1}{n^l}\left[ \| Q_1^{(l)} \| + \sum_{\nu=0}^{m} \| Q_{2^{\nu+1}}^{(l)} - Q_{2^\nu}^{(l)} \| \right]. \quad (3.94)$$

利用引理 10 中不等式(3.85)，对所有 $\nu = 0, 1, \cdots, m$,

$$\| Q_{2^{\nu+1}}^{(l)} - Q_{2^\nu}^{(l)} \| \leqslant c_l 2^{(\nu+1)l} \| Q_{2^{\nu+1}} - Q_{2^\nu} \|$$

$$\leqslant c_l 2^{(\nu+1)l+1} E_{2^\nu}(f), \quad (3.95)$$

且

$$\| Q_1^{(l)} \| = \| Q_1^{(l)} - Q_0^{(l)} \| \leqslant 2c_l E_0(f). \quad (3.96)$$

因此，比较(3.94)—(3.96)得到

$$\omega_l\left(\frac{1}{n}, Q_{2^{m+1}}\right) \leqslant \frac{2}{n^l}\left[ E_0(f) + \sum_{\nu=0}^{m} 2^{(\nu+1)l} E_{2^\nu}(f) \right]. \quad (3.97)$$

由初等不等式

$$2^{2l} \sum_{\mu=2^{\nu-1}+1}^{2^\nu} \mu^{l-1} \geqslant 2^{2l} \sum_{\mu=2^{\nu-1}+1}^{2^\nu} \int_{\mu-1}^{\mu} t^{l-1} dt$$

$$= 2^{2l} \int_{2^{\nu-1}}^{2^\nu} t^{l-1} dt$$

$$= \frac{2^{2l}}{l} 2^{l(\nu-1)} (2^l - 1) \geqslant 2^{l(\nu+1)}.$$

因此由(3.91)利用 $E_\nu(f)$ 的单调性得到

$$\omega_l\left(\frac{1}{n}, Q_{2^{m+1}}\right) \leqslant \frac{2^{2l+1}}{n^l}\left[ E_0(f) + E_1(f) + \sum_{\nu=1}^{m} \sum_{\mu=2^{\nu-1}+1}^{2^\nu} \mu^{l-1} E_\mu(f) \right]$$

$$\leqslant \frac{c_l^*}{n^l} \sum_{\nu=0}^{2^m} (\nu+1)^{l-1} E_\nu(f), \quad c_l^* \text{ 为常数} \quad (3.98)$$

现在选择 $m$ 满足 $2^m \leqslant n < 2^{m+1}$，利用初等不等式

$$\frac{1}{n^l} \sum_{2^m+1}^{n} (\nu+1)^{l-1} \geqslant c_l^{**}, \quad c_l^{**} \text{为常数},$$

利用(3.93)与(3.98)以及 $E_\nu(f)$的单调性就立刻得到(3.91)，定理5证毕.

**定理6** 在定理5的条件下，若对于任意的非负整数 $n$，存在 $2^n$ 次多项式 $Q_{2^n}(z)$，使得

$$\max_{z\in\bar{D}}|f(z)-Q_{2^n}(z)|\leqslant\frac{c}{(2^n)^{k+\alpha}},\tag{3.99}$$

其中 $c$ 为常数，$k$ 是非负整数，$0<\alpha\leqslant 1$，则在 $\bar{D}$ 上存在 $f^{(k)}(z)$，且满足

1° 当 $0<\alpha<1$ 时，

$$f(z)\in L(k,\alpha);$$

2° 当 $\alpha=1$ 时，

$$\omega(\delta,f^{(k)})=O(\delta\ln\delta).$$

**证** 由(3.99)，首先可以看出，在闭区域 $\bar{D}$ 上，一致地有

$$\lim_{n\to+\infty}Q_{2^n}(z)=f(z),\quad z\in\bar{D}.$$

因而在闭区域 $\bar{D}$ 上一致地有

$$f(z)=Q_1(z)+\sum_{\nu=0}^{+\infty}[Q_{2^{\nu+1}}(z)-Q_{2^\nu}(z)].\tag{3.100}$$

对于任意的 $l$，$0\leqslant l\leqslant k$，由(3.95)及(3.99)得

$$\begin{aligned}\|Q_{2^{\nu+1}}^{(l)}(z)-Q_{2^\nu}^{(l)}(z)\|&\leqslant c_l2^{(\nu+1)l+1}E_{2^\nu}(f)\\&\leqslant c_l2^{(\nu+1)l+1}\frac{c}{(2^\nu)^{k+\alpha}}\\&=2^{l+1}\cdot c_lc\frac{1}{2^{\nu(k+\alpha-l)}}\\&\leqslant c_l'\frac{1}{(2^\alpha)^\nu},\end{aligned}\tag{3.101}$$

其中 $c_l'=2^{l+1}c_l\cdot c$，因此在闭区域 $\bar{D}$ 上一致地有

$$f^{(l)}(z)=Q_1^{(l)}(z)+\sum_{\nu=0}^{+\infty}[Q_{2^{\nu+1}}^{(l)}(z)-Q_{2^\nu}^{(l)}(z)],\tag{3.102}$$

且 $f^{(l)}(z)$在闭区域 $\bar{D}$ 上连续，$l=1,2,\cdots,k$.

对任意的 $\delta<1$，$z$，$z_1\in\overline{D}$，$|z-z_1|\leqslant\delta$，选自然数 $m$，满足 $2^{m-1}\leqslant\dfrac{1}{\delta}<2^m$，我们有

$$
\begin{aligned}
|f^{(k)}(z)-f^{(k)}(z_1)|\leqslant&|Q_1^{(k)}(z)-Q_1^{(k)}(z_1)|\\
&+\sum_{\nu=0}^{m-1}|[Q_{2^{\nu+1}}^{(k)}(z)-Q_{2^\nu}^{(k)}(z)]-[Q_{2^{\nu+1}}^{(k)}(z_1)-Q_{2^\nu}^{(k)}(z_1)]|\\
&+\sum_{\nu=m}^{+\infty}|Q_{2^{\nu+1}}^{(k)}(z)-Q_{2^\nu}^{(k)}(z)|+\sum_{\nu=m}^{+\infty}|Q_{2^{\nu+1}}^{(k)}(z_1)-Q_{2^\nu}^{(k)}(z_1)|\\
=&I_1+I_2+I_3+I_4.
\end{aligned}
\tag{3.103}
$$

显然，$Q_1^{(k+1)}(z)$是常数，设为 $M_1$，则有

$$
I_1=|Q_1^{(k)}(z)-Q_1^{(k)}(z_1)|\leqslant M_1|z-z_1|\leqslant M_1\delta. \tag{3.104}
$$

此外，由(3.95)，对于 $l=k+1$，

$$
\|Q_{2^{\nu+1}}^{(k+1)}(z)-Q_{2^\nu}^{(k+1)}(z)\|\leqslant c_2 2^{\nu(1-\alpha)}, \tag{3.105}
$$

其中 $c_2$ 为常数。因此

$$
I_2=\sum_{\nu=0}^{m-1}\left|\int_{z_1}^{z}[Q_{2^{\nu+1}}^{(k+1)}(z)-Q_{2^\nu}^{(k+1)}(z)]dz\right|.
$$

利用(3.104)以及(3.88)，可以得到

$$
\begin{aligned}
I_2&\leqslant c_3|z-z_1|\sum_{\nu=0}^{m-1}2^{\nu(1-\alpha)}\\
&\leqslant\begin{cases}c_3\delta\dfrac{2^{m(1-\alpha)}-1}{2^{1-\alpha}-1}, & \text{当 } 0<\alpha<1 \text{ 时},\\ c_3\delta(m-1), & \text{当 } \alpha=1 \text{ 时}.\end{cases}
\end{aligned}
\tag{3.106}
$$

最后由(3.101)得到

$$
I_3=I_4\leqslant c_2\sum_{\nu=m}^{+\infty}\left(\frac{1}{2^\alpha}\right)^\nu=\frac{c_2 2^\alpha}{2^\alpha-1}\frac{1}{2^{m\alpha}}=c_4\left(\frac{1}{2^m}\right)^\alpha. \tag{3.107}
$$

由于 $2^{m-1}\leqslant\dfrac{1}{\delta}<2^m$，因此有 $m-1\leqslant|\ln\delta|<m$，这样，从(3.106)与(3.107)得到

当 $0<\alpha<1$ 时，有

$$I_2 \leqslant c_3\delta \frac{2^{1-\alpha}}{2^{1-\alpha}-1} \cdot 2^{(m-1)(1-\alpha)}$$

$$= c_5\delta\left(\frac{1}{\delta}\right)^{1-\alpha} = c_5\delta^\alpha, \quad c_5 \text{ 为常数;} \tag{3.108}$$

当 $\alpha=1$ 时,有

$$I_2 \leqslant c_3\delta|\ln\delta|; \tag{3.109}$$

当 $0<\alpha\leqslant 1$ 时,都有

$$I_3 = I_4 \leqslant c_4\delta^\alpha. \tag{3.110}$$

比较(3.103)与(3.108)—(3.110)就得到定理 6 的结论.

**注** 从定理 6 的证明可以看出, 定理 6 的二个结论都是在闭区域 $\bar{D}$ 上成立(不仅是在$D$的边界$\Gamma$上成立! ). 此外, 从定理 4 的条件可以看出,若在区域$D$的边界$\Gamma$上 $f(z)\in L(k,\alpha)$, 则就有估计式(3.80),因而有(3.89),这就推出,当 $0<\alpha<1$ 时,在闭区域 $\bar{D}$ 上 $f(z)\in L(k,\alpha)$.

这种类型的结果也可以在 Sewell 书上看到(参见文献[131],第 10—12 页),那里考虑$D$是单位圆$|z|<1$. 若函数$f(z)$在单位圆$|z|<1$内解析,$|z|\leqslant 1$上连续且在$|z|=1$上,$f(z)\in L(0,\alpha)$(这里的$\alpha$已经可以为 1 了!). 显然,用同样的方法可以证明,若在 $|z|=1$上, $f(z)\in L(k,\alpha)$, $k$ 为非负整数,$0<\alpha\leqslant 1$,则在闭单位圆 $|z|\leqslant 1$ 上也有 $f(z)\in L(k,\alpha)$(这里还需参看 Sewell 的著作,文献[131]定理 1.2.12).

我们还希望在 $E^p(D)$, $0<p<+\infty$中得到逆定理. 首先代替引理 9,下列引理也成立.

**引理 11** 设区域$D$的边界$\Gamma$是闭 Jordan 可求长曲线. 令

$$\int_\Gamma |P_n(z)|^p|dz| \leqslant L^p, \quad p>0, \tag{3.111}$$

其中 $P_n(z)$是任意一个 $n$ 次多项式,于是我们有

$$\max_{z\in C_R}|P_n(z)| \leqslant KL\left(\frac{R}{\rho}\right)^n, \tag{3.112}$$

其中$\rho$为区域 $\bar{D}$ 的保角半径, $R>\rho$,$K$ 是只依赖于 $\rho$, $p$,但并不依赖于多项式 $P_n(z)$,$n$ 与 $z$ 的常数.

**证** 设 $z_1, z_2, \cdots, z_\lambda$ 是多项式 $P_n(z)$ 在 $\Gamma$ 外部区域 $D_\infty$ 上的零点，有几重零点，就算几个，因此 $0 \leqslant \lambda \leqslant n$。当函数 $P_n(z)$ 在区域 $D_\infty$ 内没有零点时，$\lambda = 0$。

因此函数

$$Q(z) = \frac{P_n(z)}{[\Phi(z)]^n} \prod_{k=1}^{\lambda} \frac{\rho - \overline{\Phi(z_k)}\Phi(z)}{\Phi(z) - \Phi(z_k)}$$

在区域 $D_\infty$ 内单值解析，且 $Q(z) \neq 0$，并以 $z = \infty$ 为其可去奇点。由于当 $z$ 在区域 $D_\infty$ 的边界上时，$|\Phi(z)| = \rho$，因此

$$\left| \prod_{k=1}^{\lambda} \frac{\rho - \overline{\Phi(z_k)}\Phi(z)}{\Phi(z) - \Phi(z_k)} \right| = 1,$$

因而

$$|Q(z)| = |P_n(z)|/\rho^n.$$

这样一来，由(3.111)在 $D_\infty$ 内的解析函数 $[Q(z)]^p$ 满足

$$\int_\Gamma |Q(z)|^p |dz| \leqslant \left(\frac{L}{\rho^n}\right)^p. \qquad (3.113)$$

函数 $[Q(z)]^p/\Phi(z)$ 在区域 $D_\infty$ 内解析，且 $z = \infty$ 处取值为零，因此由区域外 Cauchy 公式得到

$$\frac{[Q(z)]^p}{\Phi(z)} = -\frac{1}{2\pi i}\int_\Gamma \frac{[Q(\zeta)]^p}{\Phi(\zeta)} \frac{1}{\zeta - z} d\zeta, \quad z \in D_\infty. \qquad (3.114)$$

由此，利用(3.113)及(3.114)，可以得到

$$|Q(z)| \leqslant \left(\frac{R}{2\pi\rho d(C_R, \Gamma)}\right)^{\frac{1}{p}} L\left(\frac{1}{\rho}\right)^n, \quad z \in C_R, \quad R > \rho,$$

其中

$$d(C_R, \Gamma) = \inf_{z \in C_R, \zeta \in \Gamma} |\zeta - z|.$$

由此从 $Q(z)$ 的定义得到

$$|P_n(z)| \leqslant KL\left(\frac{R}{\rho}\right)^n, \quad z \in C_R, \quad R > \rho,$$

其中

$$K = \left[\frac{R}{2\pi\rho d(C_R, \Gamma)}\right]^{\frac{1}{p}}.$$

引理 11 证毕.

这个引理对于由 $L^p(\Gamma)$ 上有逼近速度 $q^n$, $0 < q < 1$ 时来推出函数在更大区域上的解析性及具有其他结构性质时是有用的,这里不准备讨论了.

**引理 12** 设区域$D$的边界 $\Gamma \in C^{1+\varepsilon}$, $\varepsilon > 0$,则

$$\left\{\int_\Gamma |P_n'(z)|^p |dz|\right\}^{\frac{1}{p}} \leqslant cn\left\{\int_\Gamma |P_n(z)|^p |dz|\right\}^{\frac{1}{p}}, p > 1, \quad (3.115)$$

其中 $c$ 为常数, $P_n(z)$为任意 $n$ 次多项式.

**证** 设

$$P_n(z) = \sum_{k=0}^{n} a_k \varphi_k(z),$$

其中 $\varphi_k(z)$为 $k$ 次 Faber 多项式. 令

$$F_n(w) = \sum_{k=0}^{n} a_k w^k,$$

已知有

$$P_n(z) = \frac{1}{2\pi i}\int_\Gamma \frac{F_n[\Phi(\zeta)]}{\zeta - z} d\zeta,$$

两边求导后,再分部积分后得

$$P_n'(z) = \frac{1}{2\pi i}\int_\Gamma \frac{F_n'[\Phi(\zeta)]\Phi'(\zeta)d\zeta}{\zeta - z}.$$

由此利用 §4 中(4.74)及映射函数的性质(见 §5 中引理 1)得

$$\left\{\int_\Gamma |P_n'(z)|^p |dz|\right\}^{\frac{1}{p}} \leqslant c\left\{\int_{|w|=1} |F_n'(w)|^p |dw|\right\}^{\frac{1}{p}}$$

$$\leqslant cn\left\{\int_{|w|=1} |F_n(w)|^p |dw|\right\}^{\frac{1}{p}}, \ p > 1,$$

其中最后一个不等式是利用三角多项式的 Бернштейн 不等式后得到的.

由此再利用积分表示式，

$$F_n(w) = \frac{1}{2\pi i}\int_{|\tau|=1} \frac{P_n[\Psi(\tau)]}{\tau - w}\, d\tau,$$

由 Riesz 定理及映射函数的性质，从上面不等式就立刻证得了(3.115)。

设区域$D$的边界$\Gamma$为闭 Jordan 可求长曲线. 设 $f(z) \in E^p(D)$，$p > 0$，定义其连续模为

$$w(\delta, f)_p \triangleq \sup_{0\leqslant h\leqslant\delta}\left[\int_\Gamma |f(\zeta(s+h)) - f(\zeta(s))|^p ds\right]^{\frac{1}{p}},$$

其中 $\zeta = \zeta(s)$ 为曲线$\Gamma$的参数方程，$s$ 为弧长.

**定理 7** 设区域$D$的边界 $\Gamma \in C^{1+\varepsilon}$，$\varepsilon > 0$，函数 $f(z) \in E^p(D)$，$p \geqslant 1$. 若对于任意的非负整数 $n$，存在 $2^n$ 次多项式 $Q_{2^n}(z)$，使得

$$\|f - Q_{2^n}\|_p \triangleq \left[\int_\Gamma |f(z) - Q_{2^n}(z)|^p |dz|\right]^{\frac{1}{p}} \leqslant \frac{c}{2^{n(k+\alpha)}}, \quad (3.116)$$

其中 $k$ 是非负整数，$0<\alpha \leqslant 1$，则函数 $f^{(k)}(z) \in E^p(D)^*$，$p \geqslant 1$，且

1° 当 $0<\alpha<1$ 时，

$$\omega(\delta, f)_p = O(\delta^\alpha);$$

2° 当 $\alpha = 1$ 时，

$$\omega(\delta, f)_p = O(\delta|\ln\delta|).$$

这个定理的证明与定理 6 的证明是类似的，这表示函数 $f(z)$ 几乎处处与一个具有 $k$ 阶导数的函数相同，此函数仍记作 $f(z)$，只要注意到代替应用引理 10 而这里需要应用引理 12，以及在由(3.115)得到(3.116)时，由于 $p \geqslant 1$，因此可以应用 Hölder 不等式得到类似的结果. 这样一来，可以认为定理 7 证毕.

**注** 当 $0<p<1$，由于在定理 7 证明中，不能应用 Hölder 不等式(指由 (3.105) 得到 $L^p$ 中的 (3.106))，因此需用其他的方法来研究逆定理，这里就不再进行讨论了.（可参看沈-邢的工作[179]）.

## §4. Faber 变 换

上一节中，我们考虑边界的解析曲线 $\Gamma$ 所围的区域上的逼近，今后我们还要研究更为一般的区域上的逼近．Faber 变换将起到将一般区域上的逼近问题转化到单位圆上，然后利用圆上的逼近阶估计就可以推出在一般区域上逼近的阶的估计．

设区域 $D$ 的边界是闭 Jordan 可求长曲线 $\Gamma$． 为了方便起见，不妨认为区域 $\overline{D}$ 的保角半径 $\rho=1$．我们仍记 $w=\Phi(z)$，$\Phi(\infty)=\infty$，$\Phi'(\infty)=1$ 为将区域 $\overline{D}$ 余集保角映射 $|w|>1$ 的函数，$z=\Psi(w)$为其反函数．

我们认为，通过积分关系式

$$\frac{1}{2\pi i}\int_{|w|=1}\frac{w^n\Psi'(w)}{\Psi(w)-z}d\tau=\varphi_n(z),n=0,1,2,\cdots,z\in D,\quad(4.1)$$

确定了一个从幂函数 $w^n$，$n=0,1,2,\cdots$，到函数 $\varphi_n(z)$ 的变换 $T$．从 §1 的(1.3)可以看出，函数 $\varphi_n(z)$ 是一个首项系数为 1 的 Faber 多项式．

$$T:w^n\mapsto\varphi_n(z),n=0,1,2,\cdots.\quad(4.2)$$

我们将这个变换称为 Faber 变换．

因此，对于任意一个 $n$ 次多项式 $P_n(w)$，按照变换 $T$ 可以写出

$$P_n(w)=\sum_{k=0}^{n}a_kw^k\mapsto(TP_n)(z)=\sum_{k=0}^{n}a_k\varphi_k(z).$$

$n$ 次多项式 $P_n$ 与 $TP_n$ 之间的变换是双注入式的．事实上，若 $TP_n=0$，由于 $\varphi_k(z)$ 精确地为 $k$ 次多项式，$k=0,1,\cdots,n$，因此依次地考虑最高项系数，就可以得到 $a_0=0,a_1=0,\cdots,a_n=0$，即 $P_n(z)\equiv0$．

由(4.1)可知，对任意的多项式 $P(w)$，

$$(TP)(z)=\frac{1}{2\pi i}\int_{|w|=1}\frac{P(w)\Psi'(w)}{\Psi(w)-z}dw$$

$$= \frac{1}{2\pi i}\int_{\Gamma} \frac{P(\Phi(\zeta))}{\zeta - z}\, d\zeta, z \in D. \tag{4.3}$$

此外，由 §1 的引理 2 可知(将 Cauchy 核展开为幂级数)，

$$\frac{1}{2\pi i}\int_{|\tau|=1} \frac{\varphi_n[\Psi(\tau)]}{\tau - w}\, d\tau = w^n, |w| < 1, \tag{4.4}$$

则对任意的多项式 $P(w)$，

$$\frac{1}{2\pi i}\int_{|\tau|=1} \frac{(TP)(\Psi(\tau))}{\tau - w} d\tau = P(w), |w| < 1. \tag{4.5}$$

这表示 Faber 变换在多项式空间中有逆变换.

我们准备将变换 $T$ 开拓到 Banach 空间 $A(|w| \leqslant 1)$到另一个 Banach 空间 $A(\bar{D})$ 内的变换. 这里像通常一样，对任意一个紧集 $K$，用 $A(K)$表示在$K$内点集 $K^0$ 上解析，$K$上连续的函数集，且令

$$\|f\|_\infty = \max_{z \in K} |f(z)|.$$

若算子 $T$ 在 $A(|w| \leqslant 1)$ 中有界，即对任意 $f \in A(|w| \leqslant 1)$，

$$\|Tf\|_\infty \leqslant c\|f\|_\infty, \tag{4.6}$$

其中常数 $c$ 不依赖于 $f$，则称区域 $\bar{D}$ 为 Faber 集.

若用 $\Pi_n$ 表示所有次数不大于 $n$ 的多项式的集合，则通过算子 $T$(见(4.3))，它将 $\Pi_n \subset A(|w| \leqslant 1)$注入到 $\Pi_n \subset A(\bar{D})$. 为了要在全空间进行开拓，一般地说，我们需对区域$D$的边界加上一些条件. 这一节我们将讨论这个重要的问题. 首先，我们有下列定理.

**定理 1** 设对任意 $P_n \in \Pi_n, n = 0,1,2,\cdots$，下式成立:

$$\|TP_n\|_\infty \leqslant c\|P_n\|_\infty, n = 0,1,\cdots, \tag{4.7}$$

其中 $c$ 为不依赖于多项式 $P_n(z)$ 及 $n = 0,1,2,\cdots$,的常数，则定义在 $\cup \Pi_n = \Pi$ 上的算子 $T$ 可以开拓到整个空间 $A(|w| \leqslant 1)$ 上去:

$$Tf = \frac{1}{2\pi i}\int_{\Gamma} \frac{f[\Phi(\zeta)]}{\zeta - z}\, d\zeta, \tag{4.8}$$

$Tf \in A(\overline{D})$，且(4.6)成立.

**证** 由于多项式系在空间 $A(|w| \leqslant 1)$ 上的完备性，因此对任意的函数 $f(w) \in A(|w| \leqslant 1)$，任给 $\varepsilon > 0$，存在多项式 $P_n(w)$，使

$$\|f(w) - P_n(w)\|_\infty < \varepsilon.$$

因此由(4.7)知，

$$\|TP_n - TP_m\|_\infty \leqslant c\|P_n - P_m\|_\infty \to 0.$$

根据 Weierstrass 定理，在 $A(\overline{D})$ 中存在函数 $F(z)$，使得

$$\lim_{n \to +\infty} \|TP_n - F\|_\infty = 0. \tag{4.9}$$

此外，显然对任意 $z \in D$，下式成立：

$$TP_n = \frac{1}{2\pi i}\int_\Gamma \frac{P_n(\Phi(\zeta))}{\zeta - z} d\zeta \to \frac{1}{2\pi i}\int_\Gamma \frac{f(\Phi(\zeta))}{\zeta - z} d\zeta,$$

因此就有

$$Tf = F. \tag{4.10}$$

最后，由(4.7)—(4.10)就能得到

$$\|Tf\|_\infty \leqslant c\|f\|_\infty,$$

定理 1 证毕.

我们还有下列的唯一性定理.

**定理 2** 设$f(w) = \sum_{n=0}^{+\infty} a_n w^n \in A(|w| \leqslant 1)$. 闭区域 $\overline{D}$ 为 Faber 集，则由算子(4.8)确定的 $Tf$ 的 Faber 系数

$$b_n(Tf) = \frac{1}{2\pi i}\int_{|w|=1} \frac{(Tf)(\Psi(w))}{w^{n+1}} dw = a_n, n = 0, 1, 2, \cdots.$$

**证** 令 $f_r(w) = f(rw)$，$0 < r < 1$，$|w| < 1$，则已知

$$\|f_r(w) - f(w)\|_\infty \to 0 \quad (r \to 1-0).$$

因此，由 Faber 集的定义知，

$$\|Tf_r - Tf\|_\infty \to 0 \quad (r \to 1-0).$$

这样一来，它们所从属的 Faber 系数之差为

$$|b_n(Tf) - b_n(Tf_r)| = \left|\frac{1}{2\pi}\int_{|w|=1} \frac{[(Tf)(\Psi(w)) - (Tf_r)(\Psi(w))]}{w^{n+1}} dw\right|$$

$$\leqslant \|Tf - Tf_r\|_\infty \to 0 \quad (r \to 1-0).$$

容易证明，$b_n(Tf_r) = a_n r^n$，$n = 0,1,2,\cdots$. 事实上，由于在 $|w| \leqslant 1$ 上，一致地有

$$\lim_{n\to+\infty} \sum_{k=0}^{n} a_k r^k w^k = f_r(w),$$

由此由 Faber 集的定义知，在 $\overline{D}$ 上一致地有

$$\lim_{n\to+\infty} \sum_{k=0}^{n} a_k r^k \varphi_k(z) = (Tf_r)(z).$$

这样一来，利用 §1 引理 2 可得，$b_n(Tf_r) = a_n r^n$. 再令 $r \to 1$，以及 Faber 集的定义，可知 $b_n(Tf) = a_n$，$n = 0,1,2,\cdots$.

定理 2 证毕.

**推论** 设 $\overline{D}$ 是 Faber 集，则对于 $f \in A(|w| \leqslant 1)$，从 $Tf \equiv 0$ 可以推出 $f \equiv 0$.

因此变换 $T$ 给一个由 $A(|w| \leqslant 1)$ 到 $A\overline{D}$ 中的闭子空间 $\{F | F = Tf,\ f \in A(|w| \leqslant 1)\}$ 间的双注入变换.

为了研究逆变换，我们首先有下列定理.

**定理 3** 设闭区域 $\overline{D}$ 是 Faber 集，要使任意的 $F(z) \in A(\overline{D})$，存在 $f(w) \in A(|w| \leqslant 1)$，使 $F = Tf$ 成立的充要条件是 Cauchy 型积分:

$$h(w) = \frac{1}{2\pi i} \int_{|\tau|=1} \frac{F[\Psi(\tau)]}{\tau - w} d\tau,\ |w| < 1, \tag{4.11}$$

是 $A(|w| \leqslant 1)$ 中的函数. 此时 $Th = F$，且 $h = f$.

**证** 必要性. 设存在 $f \in A(|w| \leqslant 1)$，使 $F = Tf$. 若对于多项式序列 $P_n(w)$，

$$\|P_n(w) - f(w)\|_\infty \to 0.$$

则

$$\|TP_n - Tf\|_\infty \to 0.$$

因此由(4.5)得

$$\frac{1}{2\pi i} \int_{|\tau|=1} \frac{F[\Psi(\tau)]}{\tau - w} d\tau = \frac{1}{2\pi i} \int_{|\tau|=1} \frac{(Tf)[\Psi(\tau)]}{\tau - w} d\tau = f(w).$$

这表示 $h(w)=f(w)\in A(|w|\leqslant 1)$，且 $Th=Tf=F$.

充分性．设对于 $F\in A(\overline{D})$，由(4.11)所定义的$h(w)\in A(|w|\leqslant 1)$，则

$$h(w)=\sum_{n=0}^{+\infty}w^n\frac{1}{2\pi i}\int_{|\tau|=1}\frac{F[\Psi(\tau)]}{\tau^{n+1}}d\tau,\ |w|<1.$$

由定理 3 知，$Th$ 与 $F$ 有相同的 Faber 系数，由此根据 §2 的定理 6，$Th\equiv F$，$z\in\overline{D}$.

定理 3 证毕.

**注** 从(4.11)可以看出，若 $f\in A(|w|\leqslant 1)$，且 $Tf\in A\overline{D}$，则

$$f(w)=\frac{1}{2\pi i}\int_{|\tau|=1}\frac{(Tf)(\Psi(\tau))}{\tau-w}d\tau,\ |w|<1. \tag{4.12}$$

因此，(4.12)右边的积分可以看作逆算子.

为了研究如何时 $F(z)\in A(\overline{D})$ 能保证由 (4.11) 所定义的 $h(w)\in A(|w|\leqslant 1)$，我们有下列定理.

**定理 4** 要使对任意的 $F(z)\in A(\overline{D})$，存在 $f(w)\in A(\overline{D})$，使 $Tf=F$ 的充要条件是，函数 $g(w)=F[\Psi(w)]$ 及其在 $|w|=1$ 上的 Fourier 共轭函数 $\tilde{g}(w)$都在 $|w|=1$ 上连续.

**证** 设

$$G(z)=\frac{1}{2\pi}\int_{-\pi}^{\pi}g(e^{it})P(r,t-\theta)dt,\quad z=re^{i\theta}, \tag{4.13}$$

及

$$\tilde{G}(z)=\frac{1}{2\pi}\int_{-\pi}^{\pi}\tilde{g}(e^{it})P(r,t-\theta)dt,\quad z=re^{i\theta}, \tag{4.14}$$

其中 $P(r,t-\theta)$ 为 Poisson 核，

$$P(r,t-\theta)=\frac{1-r^2}{1-2r\cos(t-\theta)+r^2}, \tag{4.15}$$

设

$$g(e^{it})\sim\frac{a_0}{2}+\sum_{n=1}^{+\infty}(a_n\cos n\theta-b_n\sin n\theta),$$

其中

$$a_n = \frac{1}{\pi}\int_{-\pi}^{\pi} g(e^{it})\cos nt dt,$$

$$b_n = \frac{1}{\pi}\int_{-\pi}^{\pi} g(e^{it})\sin nt dt,$$

而

$$\tilde{g}(e^{it}) \sim \sum_{n=1}^{+\infty}(-b_n\cos n\theta + a_n\sin n\theta).$$

由此容易得到

$$G(z) + i\tilde{G}(z) = \frac{1}{2\pi}\int_{-\pi}^{\pi}\frac{e^{it}+z}{e^{it}-z}g(e^{it})dt. \tag{4.16}$$

另一方面，由(4.11)得

$$2h(w) - h(0) = \frac{1}{\pi}\int_{-\pi}^{\pi} g(e^{it})\left[\frac{e^{it}}{e^{it}-z} - \frac{1}{z}\right]dt$$

$$= \frac{1}{2\pi}\int_{-\pi}^{\pi}\frac{e^{it}+z}{e^{it}-z}g(e^{it})dt. \tag{4.17}$$

比较(4.16)与(4.17)得到

$$h(w) = \frac{1}{2}h(0) + \frac{1}{2}[G(w) + i\tilde{G}(w)].$$

由(4.13)与(4.14)，利用 Poisson 积分的性质知，若 $g(w)$ 与 $\tilde{g}(w)$ 都在 $|w|=1$ 上连续，则 $G(w)$与 $\tilde{G}(w)$ 就都在$|w|\leqslant 1$ 上连续，因此函数 $h(w)$ 也在 $|w|\leqslant 1$ 上续．且

$$h(e^{i\varphi}) = \frac{1}{2}h(0) + \frac{1}{2}[g(e^{i\varphi}) + i\tilde{g}(e^{i\varphi})]. \tag{4.18}$$

**注** 从 Тиман 著作[192],第162页 知，若 $g(w)=F[\psi(w)]$，在 $|w|=1$ 的 $p$ 阶连续模 $\omega_p(t,g)$ 满足条件

$$\int_0^1\frac{\omega_p(t,g)}{t}dt < +\infty,$$

则 $g$ 的共轭函数 $\tilde{g}$ 的 $p$ 阶连续模 $\omega_p(t,\tilde{g})$ 满足 $\omega_p(t,\tilde{h})\leqslant c_p$

$\cdot \left\{\int_0^t \frac{\omega_p(u,g)}{u} du - t\int_t^1 \frac{\omega_p(u,g)}{u^{p+1}} du\right\}$，$p=1, 2, \cdots$，其中 $c_p$ 为常数. 因此由(4.18)知，$g$ 的所属的 Cauchy 型积分(4.11)所确定的函数 $h(w)$ 在 $|w|\leqslant 1$ 上连续，且

$$\omega_p(t,h) \leqslant c_p'\left\{\omega_p(t,g) + \int_0^1 \frac{\omega_p(u,g)}{u} du + t^p \cdot \int_0^1 \frac{\omega_p(u,g)}{u^{p+1}} du, \right. \tag{4.19}$$

其中 $c_p'$ 为常数.

若闭区域 $\overline{D}$ 是 Faber 集，则可以定义 $T$ 的逆算子 $T^{-1}$ 为

$$(T^{-1}F)(u) = \frac{1}{2\pi i}\int_{|\tau|=1} \frac{F[\Psi(\tau)]}{\tau - w} d\tau, \quad F \in A(\overline{D}) \tag{4.20}$$

(若 $\overline{D}$ 不是 Faber 集，则(4.20)也有意义). 显然，$T^{-1}$ 为有界的充要条件是，$T$ 是满射的，且此时 $T$ 建立了 $A(|w|\leqslant 1)$ 与 $A(\overline{D})$ 之间的同构.

若闭区域 $\overline{D}$ 使得 $T$ 与 $T^{-1}$ 都有界，则称 $\overline{D}$ 为逆 Faber 集[2],第3页.

为了进一步地研究闭区域 $\overline{D}$ 是不是 Faber 集及逆 Faber 集，需要对区域 $D$ 的边界附加一些条件.

**定义** 我们称区域 $D$ 满足 Альпер 条件 (I)，若 $D$ 的边界 $\Gamma$ 是闭 Jordan 可求长曲线，且其映射函数满足条件，

$$\frac{1}{2\pi}\int_{|\tau|=1} \left|\frac{1}{\tau - w} - \frac{\Psi'(\tau)}{\Psi(\tau) - \Psi(w)}\right| |d\tau| < c < +\infty, \quad |w| = 1, \tag{4.21}$$

其中 $c$ 是与 $w$ 无关的常数(参见文献[2]).

满足 Альпер 条件 (I) 即(4.21)的区域是很多的，如区域 $D$ 的边界 $\Gamma \in C^{1+\varepsilon}$，则区域 $D$ 就满足 Альпер 条件 (I). 事实上，由 Kellogg 定理(参见文献[63]，486页)知，$\Psi'(w) \in \mathrm{Lip}\varepsilon(|w|=1)$，且(3.86)与(3.87)成立. 因此，

$$\int_{|\tau|=1} \left|\frac{1}{\tau - w} - \frac{\Psi'(\tau)}{\Psi(\tau) - \Psi(w)}\right| |d\tau|$$

$$= \int_{|\tau|=1} \left| \frac{\int_w^\tau \Psi'(t)dt - \int_w^\tau \Psi'(\tau)dt}{(\tau - w)\int_w^\tau \Psi'(t)dt} \right| |d\tau|$$

$$\leqslant \int_{|\tau|=1} \frac{\left|\int_w^\tau |(\Psi'(z) - \Psi'(\tau)||dt|\right|}{A|\tau - w| \cdot |\tau - w|}$$

$$\leqslant \int_{|\tau|=1} \frac{\frac{\pi}{2}|\tau - w|^{\varepsilon}|\tau - w|}{A|\tau - w|^2}|d\tau| \leqslant c < +\infty, \quad |w| = 1.$$

我们有下列定理.

**定理 5**　设区域$D$满足 Альпер 条件 (I) 即 (4.21), 则由(4.8)及(4.20)分别定义的$T$与 $T^{-1}$ 是对应地在 $A(|w|=1)$ 及 $A(\overline{D})$ 上的有界算子,且互为逆算子.

**证**　设 $F \in A(\overline{D})$,则 Cauchy 型积分

$$\frac{1}{2\pi i}\int_{|\tau|=1} \frac{F[\Psi(\tau)]}{\tau - w} d\tau$$

分别在 $|w| < 1$ 及 $|w| > 1$ 上确定了二个解函数 $h_1(w)$ 与 $h_2(w)$. 若 Cauchy 主值积分

$$\frac{1}{2\pi i}\oint_{|\tau|=1} \frac{F[\Psi(\tau)]}{\tau - \widetilde{w}} d\tau, |\widetilde{w}| = 1$$

存在,则根据 Привалов 定理[117], 函数 $h_1(w)$ 与 $h_2(w)$ 在 $|w| = 1$ 上几乎处处存在角度边界值 $h_1(\widetilde{w})$与 $h_2(\widetilde{w})$, 且满足

$$h_1(\widetilde{w}) = \frac{1}{2\pi i}\oint_{|\tau|=1} \frac{F[\Psi(\tau)]}{\tau - \widetilde{w}} d\tau + \frac{1}{2} F[\Psi(\widetilde{w})], \qquad (4.22)$$

$$h_2(\widetilde{w}) = \frac{1}{2\pi i}\oint_{|\tau|=1} \frac{F[\Psi(\tau)]}{\tau - \widetilde{w}} d\tau - \frac{1}{2} F[\Psi(\widetilde{w})]. \qquad (4.23)$$

在 $z$ 平面上,也考虑主值积分,

$$\frac{1}{2\pi i}\oint_{\Gamma} \frac{F(\zeta)}{\zeta - \widetilde{z}} d\zeta = \frac{1}{2\pi i}\oint_{|\tau|=1} \frac{F[\Psi(\tau)]\Psi'(\tau)}{\Psi(\tau) - \Psi(\widetilde{w})} d\tau,$$

$$\tilde{z} = \Psi(\tilde{w}) \in \Gamma. \qquad (4.24)$$

由于函数 $F(z)$ 在区域$D$内解，$\bar{D}$ 上连续，则根据广义 Cauchy 定理及 Привалов 定理，

$$F(\tilde{z}) = \frac{1}{2\pi i}\int_\Gamma \frac{F(\zeta)}{\zeta - \tilde{z}} d\zeta + \frac{1}{2} F(\tilde{z}), \quad \tilde{z} \in \Gamma.$$

因此，主值积分在 $\Gamma$ 上几乎处处地有

$$\frac{1}{2\pi i}\int_\Gamma \frac{F(\zeta)}{\zeta - \tilde{z}} d\zeta = \frac{1}{2} F(\tilde{z}), \quad \tilde{z} \in \Gamma. \qquad (4.25)$$

因为函数 $F(z)$在 $z \in \Gamma$ 上连续，因此(4.25)在 $\Gamma$ 上处处成立。

比较(4.23)与(4.25)知，

$$h_2(\tilde{w}) = \frac{1}{2\pi i}\int_{|\tau|=1} \left(\frac{1}{\tau - \tilde{w}} - \frac{\Psi'(\tau)}{\Psi(\tau) - \Psi(\tilde{w})}\right) \cdot F[\Psi(\tau)]d\tau. \qquad (4.26)$$

由定理 5 的条件(4.21)可知，$h_2(\tilde{w})$ 在 $|\tilde{w}| = 1$ 上处处存在，因而由(4.25)知，(4.23)中主值积分也处处存在，且

$$\|h_2(\tilde{w})\|_\infty \leqslant c\|F(z)\|_\infty.$$

由此从(4.22)可知，

$$\|h(\tilde{w})\|_\infty \leqslant c\|F(\tilde{z})\|_\infty,$$

即

$$\|(T^{-1}F)(\tilde{w})\|_\infty \leqslant c\|F(\tilde{w})\|_\infty, \qquad (4.27)$$

其中 $c$ 是不依赖于函数 $F(z)$ 的常数。

特别地，对任意 $n$ 次多项式 $P_n(z)$，

$$\|(T^{-1}P_n)(\tilde{w})\|_\infty \leqslant c\|P_n(\tilde{w})\|_\infty.$$

由 $T^{-1}$ 的定义知，$T^{-1}P_n$ 是多项式，因此是连续函数，由此得

$$\|(T^{-1}P_n)\|_\infty \leqslant c\|P_n\|_\infty. \qquad (4.28)$$

对于任意的函数 $F(z) \in A(\bar{D})$，由第一章中定理 2′ 知，存在多项式序列 $P_n(z)$，$n = 0,1,2,\cdots$，使当 $n \to \infty$ 时，

$$\|P_n - F\|_\infty \to 0. \qquad (4.29)$$

利用(4.28)与(4.29)，像在证明定理 1 时一样，可以证明 $T^{-1}P_n$ 在 $|w| \leqslant 1$ 上一致收敛到某个函数 $f(w)$。显然，根据 Weierstrass

定理有 $f\in A(|w|\leqslant 1)$，且 $T^{-1}F=f$，

$$\|T^{-1}F\|_\infty\leqslant c\|F\|_\infty,$$

即 $T^{-1}$ 是有界算子.

类似地可以证明：对任何 $f\in A(|w|\leqslant 1)$，有 $Tf\in A(\overline{D})$ 且

$$\|Tf\|_\infty\leqslant c\|f\|_\infty,$$

即 $T$ 也是有界算子.

$T$ 与 $T^{-1}$ 互为逆算子是容易直接验证的.

定理 5 证毕.

现在仍设区域 $D$ 的边界 $\Gamma$ 是闭 Jordan 可求长曲线，则 $\Gamma$ 上每一点切线几乎处处存在．设切线与正实轴的夹角为 $\theta(s)$，则 $\theta(s)$ 在区间 $[0,L]$ 上几乎处处存在，其中 $L$ 为曲线 $\Gamma$ 的长度.

**定义** (Radon[118]) 我们称曲线 $\Gamma$ 是有界旋转，记作 $\Gamma\in BR$. 若函数 $\theta(s)$ 在区间 $[0,L]$ 上可以开拓成为一个有界变差函数.

Radon[118], 1133 页或[62] 指出，若曲线 $\Gamma$ 是由有限多个凸子弧所组成的曲线，则 $\Gamma\in BR$，它可以允许有角. 若 $\Gamma\in BR$，则在 $\Gamma$ 上每一点有两个半切线，且对每一点 $z\in\Gamma$，进一步成立

$$\int_\Gamma |d_\zeta\arg(\zeta-z)|\leqslant\int_\Gamma|d\theta(s)|\triangleq V<+\infty,\qquad(4.30)$$

其中规定在点 $z$ 处 $\arg(\zeta-z)$ 的跳跃度等于曲线 $\Gamma$ 在 $z$ 处的角度. $V$ 称为曲线 $\Gamma$ 的全旋转.

今后我们要在以有界旋转曲线所围的区域上，研究算子 $T$ 在集合 $A(|w|\leqslant 1)$ 上的有界性，为此需要一个有关映射函数 $\Psi(w)$ 及 Faber 多项式的积分表示式.

**引理 1** (Paatero[110] 及 Pommerenke[114]) 仍设区域 $D$ 的保角半径 $\rho=1$，其边界 $\Gamma\in BR$. 令

$$\arg(\zeta-z)=\arg(\Psi(e^{it})-\Psi(e^{i\theta}))\triangleq\nu(t,\theta),\qquad(4.31)$$

则

$$1^\circ\quad \ln\frac{\Psi(w)-\Psi(e^{i\theta})}{w}=\frac{1}{\pi}\int_0^{2\pi}\ln\left(1-\frac{e^{it}}{w}\right)d_t\nu(t,\theta),$$

$$|w|>1,\qquad(4.32)$$

$$2^\circ \quad \varphi_n[\Psi(e^{i\theta})] = \frac{1}{\pi}\int_0^{2\pi} e^{int} d_t\nu(t,\theta), \quad n = 1,2,\cdots, \tag{4.33}$$

其中由(4.30)知,

$$\int_0^{2\pi} |d_t\nu(t,\theta)| \leqslant V. \tag{4.34}$$

**证** 由圆外的 Schwartz 公式,当 $|w| > r > 1$ 时,

$$\ln\frac{\Psi(w)-\Psi(e^{i\theta})}{w} = \frac{i}{2\pi}\int_0^{2\pi}\frac{1+re^{it}w^{-1}}{1-re^{it}w^{-1}}[\arg(\Psi(re^{it}) - \Psi(e^{it}) - t]dt.$$

由于 $\theta(s)$ 存在半切线,即存在左右极限,因此函数 $\arg(\Psi(w) - \Psi(e^{i\theta}))$在区域$|w| > 1$ 上有界. 此外,当 $r \to 1+0$, $t \neq \theta$ 时,就有

$$\arg(\Psi(re^{it}) - \Psi(e^{i\theta})) \to \nu(t,\theta).$$

因此,由控制收敛定理,当 $|w| > 1$ 时,

$$\begin{aligned}
\ln\frac{\Psi(w)-\Psi(e^{i\theta})}{w} &= \frac{i}{2\pi}\int_0^{2\pi}\frac{1+e^{it}w^{-1}}{1-e^{it}w^{-1}}[\nu(t,\theta)-t]dt \\
&= \frac{i}{\pi}\int_0^{2\pi}\frac{e^{it}w^{-1}}{1-e^{it}w^{-1}}[\nu(t,\theta)-t]dt \\
&\quad + \frac{i}{2\pi}\int_0^{2\pi}(\nu(t,\theta)-t)dt \\
&= \frac{i}{\pi}\int_0^{2\pi}\frac{e^{it}w^{-1}}{1-e^{it}w^{-1}}[\nu(t,\theta)-t]dt,
\end{aligned} \tag{4.35}$$

其中左边在$w=\infty$处取值为零.

用分部积分,最后一个积分为

$$\begin{aligned}
&\frac{1}{\pi}\int_0^{2\pi}\ln\left(1-\frac{e^{it}}{w}\right)d_t\nu(t,\theta) - \frac{1}{\pi}\int_0^{2\pi}\ln\left(1-\frac{e^{it}}{w}\right)dt, \quad |w| > 1 \\
&= \frac{1}{\pi}\int_0^{2\pi}\ln\left(1-\frac{e^{it}}{w}\right)d_t\nu(t,\theta).
\end{aligned} \tag{4.36}$$

由(4.35)及(4.36)就得到(4.32).

将(4.32)两边对$w$求导,然后再乘 $w$, 在 $|w| > 1$中可以得

到

$$\frac{w\Psi'(w)}{\Psi(w)-\Psi(e^{i\theta})}-1=\frac{1}{\pi}\int_0^{2\pi}\sum_{m=1}^{+\infty}\left(\frac{e^{it}}{w}\right)d_t\nu(t,\theta).$$

将它与 Faber 多项式的生成函数相比较，

$$\frac{w\Psi'(w)}{\Psi(w)-\Psi(e^{i\theta})}=\sum_{n=0}^{+\infty}\frac{\varphi_n(z)}{w^n},\quad z=\Psi(e^{i\theta}),$$

就可以得到 Faber 多项式的表示式(4.33)。

引理 1 证毕。

**定理 6** 设区域$D$的边界 $\Gamma\in BR$，则由(4.3)所定义的算子 $T$ 可以从 $\cup\Pi_n$ 开拓到 $A(|w|\leqslant 1)$，且满足

$$\|Tf\|_\infty\leqslant\left(1+\frac{2V}{\pi}\right)\|f\|_\infty,\quad f\in A(|w|\leqslant 1).\tag{4.37}$$

**证** 由(4.1)，(4.3)以及 Faber 多项式的积分表示式知，对任意的 $n$ 次多项式 $P_n(w)=\sum_{k=0}^{n}a_kw^k$，

$$\begin{aligned}\|TP_n\|_\infty&=\left\|\sum_{k=0}^{n}a_kT(w)^k\right\|_\infty=\left\|\sum_{k=0}^{n}a_k\varphi_k(z)\right\|_\infty\\&=\left\|a_0+\frac{1}{\pi}\int_0^{2\pi}\sum_{k=1}^{n}a_ke^{ikt}d_t\nu(t,\theta)\right\|_\infty\\&\leqslant|a_0|+\left(|a_0|+\left\|\sum_{k=0}^{n}a_kw^k\right\|_\infty\right)\frac{V}{\pi}.\end{aligned}$$

利用 $|a_0|=|P_n(0)|\leqslant\|P_n\|_\infty$ 及上式就得到

$$\|TP_n\|_\infty\leqslant\left(1+\frac{2V}{\pi}\right)\|P_n\|_\infty.$$

再利用定理 1 就立刻得到定理 6。

应用引理 1，我们还可以得到一个函数 Faber 多项式的级数展开定理。

**定理 7** (Kövari-Pommerenke[77]) 设区域$D$的边界 $\Gamma\in BR$，

若函数 $f(z)\in A(\overline{D})$，且函数 $g(\theta)=f[\Psi(e^{i\theta})]$ 与其共轭函数 $\tilde{g}(\theta)$ 的 Fourier 级数展开式一致收敛，则函数 $f(z)$ 在闭区域 $\overline{D}$ 上可以展开为一致收敛的 Faber 级数。

**证** 设

$$g(\theta)=\sum_{k=-\infty}^{+\infty}c_k e^{ik\theta},$$

则

$$\tilde{g}(\theta)=\sum_{k=-\infty}^{+\infty}\tilde{c}_k e^{ik\theta},$$

其中

$$\tilde{c}_k=\begin{cases}-ic_k, & k\geqslant 0,\\ ic_k, & k<0,\end{cases}$$

$$c_k=\frac{1}{2\pi}\int_0^{2\pi}g(\theta)e^{-ik\theta}d\theta,\quad k=0,\pm 1,\pm 2,\cdots,\tag{4.38}$$

$$\frac{1}{2}(g(\theta)+\tilde{g}(\theta))=\sum_{k=0}^{+\infty}c_k e^{ik\theta}.\tag{4.39}$$

在区间 $[0,2\pi]$ 上一致收敛，其极限函数是连续的，记作 $F^*(\theta)=\frac{1}{2}(g(\theta)+\tilde{g}(\theta))$，因而有

$$\lim_{n\to+\infty}\max_{0\leqslant\theta\leqslant 2\pi}|S_n^*(\theta)-F^*(\theta)|=0,\tag{4.40}$$

其中

$$S_n^*(\theta)=\sum_{k=0}^{n}c_k e^{ik\theta}.\tag{4.41}$$

利用函数 $f(z)$ 的 Faber 系数 $a_n$ 的积分表示式（见 §2 中的(2.2)），由(4.38)可知，

$$a_n=c_n,\quad n=0,1,2,\cdots.\tag{4.42}$$

考虑 $f(z)$ 的对应 Faber 级数的部分和，由(4.42)(4.33)知，

$$S_n[\Psi(e^{i\theta})]=\sum_{k=0}^{n}c_k\varphi_k[\Psi(e^{i\theta})]$$

$$= \sum_{k=0}^{n} c_k \frac{1}{\pi} \int_0^{2\pi} e^{ikt} d_t \nu(t,\theta)$$

$$= \frac{1}{\pi} \int_0^{2\pi} S_n^*(t) d_t \nu(t,\theta),$$

其中 $S_n^*(t)$ 由公式(4.41)所确定。

因此，由(4.40)及(4.34)可知，

$$\left| S_n[\Psi(e^{i\theta})] - \frac{1}{\pi} \int_0^{2\pi} F^*(t) d_t \nu(t,\theta) \right|$$

$$\leqslant \frac{1}{\pi} \int_0^{2\pi} |S_n^*(t) - F^*(t)| \, |d_t \nu(t,\theta)|$$

$$\leqslant \frac{1}{\pi} \max_{0 \leqslant t \leqslant 2\pi} |S_n^*(t) - F^*(t)| \cdot V \to 0.$$

这就说明了级数

$$\sum_{k=0}^{+\infty} c_k \varphi_k(z)$$

在 $\Gamma$ 上一致收敛，因而在闭区域 $\overline{D}$ 上一致收敛，其极限函数记作 $f^*(z) \in A(\overline{D})$. 由 §1 的(2.2)知道，$f^*(z)$ 的 Faber 展开系数为 $c_k$，$k = 0, 1, 2, \cdots$，即与函数 $f(z)$ 的 Faber 展开系数是完全相同的. 因此，根据 §2 的定理6，$f^*(z) \equiv f(z), z \in \overline{D}$.

定理 7 证毕.

现在我们要在空间 $H^p(|w| < 1)$，$p \geqslant 1$ 中研究广义 Faber 变换.

令 $q = \frac{p}{p-1}$，即 $\frac{1}{q} + \frac{1}{p} = 1$，通过关系式

$$\frac{1}{2\pi i} \int_{|w|=1} \frac{w^n \Psi'(w)}{\Psi(w) - z} [\Psi'(w)]^{-\frac{1}{p}} dw$$

$$= \frac{1}{2\pi i} \int_{|w|=1} \frac{w^n \Psi'(w)^{\frac{1}{q}}}{\Psi(w) - z} dw = \Pi_n(z), \quad z \in D \qquad (4.43)$$

确定了一个从幂函数 $w^n$，$n = 0, 1, 2, \cdots$，到函数 $\Pi_n(z)$ 的变换，我们记作 $T_p$，实际上变换 $T_p$ 已是与指数 $p$ 有关了. 由广义

Faber 多项式的定义（参看§1的(1.57)）可以知道，这是 $R(t) = [\Psi'(w)]^{-\frac{1}{p}}$ 的 $n$ 次广义 Faber 多项式，且由(1.56)及 $R(t)$ 的展开式可以看出，其首项系数为1.

$$T_p: \ w^n \mapsto \Pi_n(z), \ n = 0,1,2,\cdots, \tag{4.44}$$

我们称这个变换为广义 Faber 变换.

因此，对于任意一个 $n$ 次多项式 $P_n(w)$，按照变换 $T_p$ 可以写出

$$P_n(w) = \sum_{k=0}^{n} a_k w^k \mapsto (T_p P_n)(z) = \sum_{k=0}^{n} a_k \Pi_n(z).$$

像前面一样，$n$ 次多项式 $P_n$ 与 $T_p P_n$ 之间的变换是双注入式的.

由(4.43)可知，对任意的多项式 $P(w)$，

$$\begin{aligned}(T_p P) &= \frac{1}{2\pi i}\int_{|w|=1} \frac{P(w)\Psi'(w)^{\frac{1}{q}}}{\Psi(w) - z} dw \\ &= \frac{1}{2\pi i}\int_{\Gamma} \frac{P[\Phi(\zeta)]\Phi'(\zeta)^{\frac{1}{p}}}{\zeta - z} d\zeta, \ z \in D.\end{aligned} \tag{4.45}$$

反过来，由(1.57)，当 $|w| < 1$ 时，

$$\begin{aligned}&\frac{1}{2\pi i}\int_{|\tau|=1} \frac{\Pi_n[\Psi(\tau)]\Psi'(\tau)^{\frac{1}{p}}}{\tau - w} d\tau \\ &= \frac{1}{2\pi i}\int_{|\tau|=1} \left(\frac{1}{2\pi i}\int_{|t|=R} \frac{t^n\Psi'(t)^{\frac{1}{q}}}{\Psi(t) - \Psi(\tau)} dt\right)\frac{\Psi'(\tau)^{\frac{1}{p}}}{\tau - w} d\tau, \ R > 1 \\ &= \frac{1}{2\pi i}\int t^n\Psi'(t)^{\frac{1}{q}}\left(\frac{1}{2\pi i}\int_{|\tau|=1} \frac{\Psi'(\tau)^{\frac{1}{p}}}{(\tau - w)(\Psi(t) - \Psi(\tau))} d\tau\right)dt \\ &= \frac{1}{2\pi i}\int_{|t|=R} t^n\Psi'(t)^{\frac{1}{q}}\frac{\Psi'(t)^{\frac{1}{p}}}{(t - w)\Psi'(t)} dt = w^n,\end{aligned}$$

$$n = 0,1,2,\cdots, \tag{4.46}$$

这表示广义 Faber 变换在多项式空间中有逆变换.

这里也准备将变换 $T_p$ 开拓到 Banach 空间 $H^p(|w| < 1)$，$p \geqslant 1$ 中去，使得其像在另一个 Banach 空间 $E^p(D)$ 中(这里

的 Смирнов 空间，在第一章 §3 中已讨论过)，其范数

$$\|f\|_p \triangleq \left\{\int_\Gamma |f(z)|^p |dz|\right\}^{\frac{1}{p}}.$$

若算子 $T_p$ 在 $H^p(|w|<1)$ 中有界，即对于任意 $f\in H^p(|w|<1)$，

$$\|T_p f\| \leqslant c\|f\|_p, \tag{4.47}$$

其中常数 $c$ 不依赖于函数 $f$，则称区域 $\overline{D}$ 为广义 Faber 集（实际上与 $p$ 有关)。

类似于定理 1，这里也有下列定理.

**定理 8** 设对于任意的 $P_n\in\Pi_n$，$n=0,1,2,\cdots$，下式成立:

$$\|T_p P_n\|_p \leqslant c\|P_n\|_p,\quad n=0,1,2,\cdots,$$

其中常数 $c$ 为不依赖于多项式 $P_n(z)$，$n=0,1,2,\cdots$，则定义在 $\bigcup\Pi_n=\Pi$ 上的算子可以开拓到 $H^p(|w|<1)$ 中去:

$$T_p f=\frac{1}{2\pi i}\int_\Gamma \frac{f[\Phi(\zeta)]\Phi'(\zeta)^{\frac{1}{p}}}{\zeta-z}d\zeta,\ f\in H^p(|w|<1),\quad p\geqslant 1, \tag{4.48}$$

其中 $T_p f\in E^p(D)$，且(4.47)成立.

证明方法与定理 1 的证明是类似的，只要注意到空间 $E^p(D)$，$p\geqslant 1$ 是完备的即可.

若闭区域 $\overline{D}$ 是广义 Faber 集，则可以定义 $T_p$ 的逆算子 $T_p^{-1}$ 为

$$(T_p^{-1}F)(w)=\frac{1}{2\pi i}\int_{|\tau|=1}\frac{F[\Psi(\tau)]\Psi'(\tau)^{\frac{1}{p}}}{\tau-w}d\tau,\quad F(z)\in E^p(D) \tag{4.49}$$

（若 $\overline{D}$ 不是广义 Faber 集，则(4.49)也是有意义的)。

显然，$T_p^{-1}$ 为有界的充要条件是，$T_p$ 是满射的，且此时可以建立了 $H^p(|w|<1)$ 与 $E^p(D)$ 之间的同构，$p\geqslant 1$.

若闭区域 $\overline{D}$ 使得 $T_p$ 与 $T_p^{-1}$ 都有界，则称 $\overline{D}$ 为逆 Faber 集(显然是与 $p$ 有关的)。

为了进一步研究闭区域 $\bar{D}$ 是不是广义 Faber 集及逆广义 Faber 集，需要对区域 $D$ 的边界附加一些条件. 一般地说，这些条件也与 $p$ 有关.

这里与前面有些不同，若 $F \in E^p(D)$，$p > 1$，则由(4.49)所确定的算子 $T_p^{-1}F$ 一定是有界的. 为此，我们介绍一个重要定理如下.

**定理 9** (Riesz, 可参看 Бари 的著作[13],564—566 页) 设函数 $f(z) = u(z) + iv(z)$ 在单位圆 $|z| < 1$ 内解析，$v(0) = 0$，则对于任意 $0 \leqslant r < 1$ 及 $p > 1$，

$$\left\{\int_0^{2\pi} |v(re^{i\theta})|^p d\theta\right\}^{\frac{1}{p}} \leqslant A_p \left\{\int_0^{2\pi} |u(re^{i\theta})|^p d\theta\right\}^{\frac{1}{p}}, \quad (4.50)$$

其中 $A_p$ 是只依赖于 $p$ 的常数.

**证** 1° 首先设

$$u(z) > 0, \quad 1 < p \leqslant 2.$$

我们证明对于 $-\frac{\pi}{2} \leqslant \theta \leqslant \frac{\pi}{2}$，$1 < p \leqslant 2$，下面不等式成立:

$$|\sin\theta|^p \leqslant A_p|\cos\theta|^p - B_p\cos p\theta, \quad (4.51)$$

其中 $A_p$ 与 $B_p$ 是只依赖于 $p$ 的正常数. 事实上，只要考虑 $0 \leqslant \theta \leqslant \frac{\pi}{2}$ 够了.

因为对于 $\theta = \frac{\pi}{2}$，$1 < p \leqslant 2$，$\cos p\theta < 0$，因此只对于 $\frac{\pi}{2} - \delta \leqslant \theta \leqslant \frac{\pi}{2}$，只要 $\delta$ 充分小，可以取 $B_p$ 充分大，使得 $-B_p\cos p\theta > 1$. 由此得到(4.51). 固定了这样的 $B_p$ 后，我们指出，由于在 $0 \leqslant \theta \leqslant \frac{\pi}{2} - \delta$ 上，$|\cos\theta|^p$ 可以大于一个正常数，因此可以取 $A_p$ 充分大，使得 $A_p|\cos\theta|^p > 1 + B_p$，因此(4.51)也成立. 这样一来，(4.51)对所有的 $|\theta| \leqslant \frac{\pi}{2}$ 都成立.

现在令

$$F(z)=u(z)+iv(z)=Re^{i\theta},$$

于是

$$u(z)=R\cos\theta,\quad v(z)=R\sin\theta.$$

按假设 $u(z)>0$,因此可以认为$|\theta|<\frac{\pi}{2}$,且由于此时 $F(z)\neq 0$,因此 $[F(z)]^p$ 在 $|z|<1$ 内解析.

由 Cauchy 公式可以得到

$$[F(0)]^p=\frac{1}{2\pi i}\int_{|z|=r<1}\frac{[F(z)]^p}{z}\,dz,$$

于是

$$[u(0)]^p=Re[F(0)]^p=Re\frac{1}{2\pi i}\int_{|z|=r}\frac{[F(z)]^p}{z}\,dz$$
$$=\frac{1}{2\pi}\int_0^{2\pi}R^p\cos p\theta d\theta.$$

因为 $u(z)>0$,因此由上式得

$$\int_0^{2\pi}R^p\cos p\theta d\theta>0.\tag{4.52}$$

现在在不等式(4.51)两边乘 $R^p$ 且对 $\theta$ 积分,得到

$$\int_0^{2\pi}|v|^p d\theta\leqslant A_p\int_0^{2\pi}|u|^p dx-B_p\int_0^{2\pi}R^p\cos p\theta d\theta$$

由此从(4.52)及上式就立刻得到(4.50).

2° 现在只假设 $1<p\leqslant 2$,而不假设 $u(z)>0$.

为了书写简便起见,令 $\phi(\theta)=u(re^{i\theta})$,

$$\phi_1(\theta)=\begin{cases}\phi(\theta), & 若\ \phi(\theta)\geqslant 0,\\ 0, & 若\ \phi(\theta)<0.\end{cases}\tag{4.53}$$

$$\phi_2(\theta)=\begin{cases}0, & 若\ \phi(\theta)\geqslant 0,\\ -\phi(\theta), & 若\ \phi(\theta)<0,\end{cases}\tag{4.54}$$

因此有

$$\phi(\theta)=\phi_1(\theta)-\phi_2(\theta),\tag{4.55}$$

且 $\phi_1(\theta)$ 与 $-\phi_2(\theta)$ 都是连续非负函数. 因此,相应的共轭函数

$\tilde{\phi}_1$ 与 $\tilde{\phi}_2$ 都属于 $L^2$，由此知道 $\tilde{\phi}$ 也属于 $L^2$. 构成相对的调和函数 $\phi_1(r,\theta)$，$\phi_2(r,\theta)$，$\phi(r,\theta)$ 与共轭调和函数 $\tilde{\phi}_1(r,\theta)$，$\tilde{\phi}_2(r,\theta)$ 及 $\tilde{\phi}(r,\theta)$.

利用 $\phi_1(\theta)\geqslant 0$，$-\phi_2(\theta)\geqslant 0$ 及刚才已证明的 1°，有

$$\|\tilde{\phi}_1(r,\theta)\|_{L^p}\leqslant A_p\|\phi_1(r,\theta)\|_{L^p},\tag{4.56}$$

$$\|\tilde{\phi}_2(r,\theta)\|_{L^p}\leqslant A_p\|\phi_2(r,\theta)\|_{L^p}.\tag{4.57}$$

由于 $\phi_1(\theta)$，$\phi_2(\theta)$ 及 $\phi(\theta)$ 的连续性，因此

$$\phi_1(r,\ \theta)\to\phi_1(\theta),\ \phi_2(r,\ \theta)\to\phi_2(\theta),\ \phi(r,\ \theta)\to\phi(\theta).\tag{4.58}$$

这样一来，由(4.53)—(4.58)得到

$$\begin{aligned}\overline{\lim_{r\to 1}}\|\tilde{\phi}(r,\theta)\|_{L^p}&\leqslant A_p\|\phi_1(\theta)\|_{L^p}+A_p\|\phi_2(\theta)\|_{L^p}\\&\leqslant 2A_p\|\phi(\theta)\|_{L^p}.\end{aligned}\tag{4.59}$$

因为 $\tilde{\phi}(\theta)\in L^2$，因此由调和函数性质知，几乎处处地有 $\tilde{\phi}(r,\theta)\to\tilde{\phi}(\theta)$. 由此，根据 Fatou 定理，在不等式(4.59)中过渡到极限后，

$$\|\tilde{\phi}(\theta)\|_{L^p}\leqslant 2A_p\|\phi(\theta)\|_{L^p},$$

此即是(4.50)，只是将常数 $A_p$ 换为 $2A_p$ 而已.

3° 现在不假设 $1<p\leqslant 2$，我们证明，若不等式(4.50)对于某个 $p$ 成立，则它对于 $q$，$\frac{1}{p}+\frac{1}{q}=1$ 也成立，且 $A_q=A_p$.

考虑任何一个三角多项式 $g(\theta)$，它的共轭三角多项式记作 $\tilde{g}(\theta)$，可以证明

$$\int_0^{2\pi} vg\,d\theta=-\int_0^{2\pi} u\tilde{g}\,d\theta.\tag{4.60}$$

这可以利用二边的 Parseval 等式，再注意到 $u$ 与 $v$ 的共轭性以及它们都属于 $L^2$ 就可以得到这个等式.

现在选择三角多项式 $g(\theta)$，使得满足

$$\int_0^{2\pi}|g|^p d\theta\leqslant 1.\tag{4.61}$$

由(4.61)，用 Hölder 不等式以及(4.50)对 $p$ 成立可知

$$\left|\int_0^{2\pi} u\tilde{g}\,d\theta\right|\leqslant\|u\|_{L^q}\cdot\|\tilde{g}\|_{L^p}\leqslant A_p\|u\|_{L^q}\cdot\|g\|_{L^p}$$

$$\leqslant A_p \|u\|_{L^q}.$$

由(4.59)得

$$\left|\int_0^{2\pi} vg d\theta\right| \leqslant A_p \|u\|_{L^q}. \tag{4.62}$$

从泛函分析中已知

$$\sup_{\|g\|_{L^p} \leqslant 1} \left|\int_0^{2\pi} vg d\theta\right| = \|v\|_{L^q}. \tag{4.63}$$

比较(4.62)与(4.63)就得到

$$\|v\|_{L^q} \leqslant A_p \|u\|_{L^q},$$

即(4.50)对 $q$ 也成立，且 $A_q = A_p$.

定理 9 完全证毕.

这个定理有很多重要的推论，这里不准备讨论了，有兴趣的读者可以参看 Бари[13]，Zygmund[213]等人的专著. 这里只想指出一个重要的结果.

**推论** 若 $\varphi(\theta) \in L^p[0, 2\pi]$，$p > 1$，则其共轭函数 $\tilde{\varphi}(\theta) \in L^p[0, 2\pi]$，且

$$\|\tilde{\varphi}\|_{L^p} \leqslant A_p \|\varphi\|_{L^p}, \quad p > 1, \tag{4.64}$$

其中 $A_p$ 为某个只依赖于 $p$ 的常数.

事实上，设 $\varphi(r, \theta)$ 与 $\tilde{\varphi}(r, \theta)$ 分别为对应于 $\varphi(\theta)$及 $\tilde{\varphi}(\theta)$ 的调和函数，已知 $\varphi(r, \theta)$与 $\tilde{\varphi}(r, \theta)$互为调和共轭函数.

由 $\varphi(r, \theta)$ 通过 $\varphi(\theta)$ 的 Poisson 表示式，

$$\varphi(r, \theta) = \frac{1}{2\pi}\int_0^{2\pi} \varphi(t) P(r, t - \theta) dt,$$

其中 $P(r, t - \theta)$ 为 Poisson 核(见 (4.15)). 利用 Hölder 不等式，由 $p > 1$ 可知，

$$\left\{\int_0^{2\pi} |\varphi(r, \theta)|^p d\theta\right\}^{\frac{1}{p}} \leqslant \left\{\int_0^{2\pi} |\varphi(\theta)|^p d\theta\right\}^{\frac{1}{p}} \tag{4.65}$$

因此，由 Fatou 定理 10 就推出

$$\left\{\int_0^{2\pi} |\tilde{\varphi}(\theta)|^p d\theta\right\}^{\frac{1}{p}} \leqslant \varliminf_{r \to 1-0} \left(\int_0^{2\pi} |\tilde{\varphi}(r, \theta)|^p d\theta\right)^{\frac{1}{p}}$$

$$\leqslant A_p \lim_{r\to 1-0}\left(\int_0^{2\pi} |\varphi(r,\theta)|^p d\theta\right)^{\frac{1}{p}}$$

$$\leqslant A_p \left(\int_0^{2\pi} |\varphi(\theta)|^p d\theta\right)^{\frac{1}{p}},$$

这就证明了(4.64)。

**定理 10** (Riesz)(见文献[13]) 设 $g(z) \in L^p(|\tau|=1)$, $p>1$, 则 Cauchy 型积分

$$h_1(w) = \frac{1}{2\pi i}\int_{|\tau|=1} \frac{g(\tau)}{\tau - w} d\tau, \quad |w| < 1 \tag{4.66}$$

所确定的函数 $h_1(w) \in H^p(|w| < 1)$,且在 $|w| = 1$ 上有

$$\|h_1(w)\|_{L^p} \leqslant c_p \|g(w)\|_{L^p}, \tag{4.67}$$

其中 $c_p$ 为只依赖于 $p$ 的常数.

类似地,由(4.62)所确定的函数 $h_2(w)$, $|w| > 1$,也属于 $H^p$ $(|w| < 1)$, 且在 $|w| = 1$ 上也有

$$\|h_2(w)\|_{L^p} \leqslant c_p \|g(w)\|_{L^p}. \tag{4.68}$$

**证** 比较(4.11),(4.66),由(4.18)可以得到

$$h_1(w) = \frac{1}{2} h_1(0) + \frac{1}{2}(G(w) + \widetilde{G}(w)), \tag{4.69}$$

其中 $G(w)$ 与 $\widetilde{G}(w)$ 分别为函数 $g(e^{i\theta})$ 与 $\tilde{g}(e^{i\theta})$ 的 Poisson 积分表示式.

由定理 9 的推论知,由 $g(e^{i\theta}) \in L^p$,可知 $\tilde{g}(e^{i\theta}) \in L^p, p > 1$, 且

$$\left(\int_0^{2\pi} |\tilde{g}(e^{i\theta})|^p d\theta\right)^{\frac{1}{p}} \leqslant A_p \left(\int_0^{2\pi} |g(e^{i\theta})|^p d\theta\right)^{\frac{1}{p}} \tag{4.70}$$

由(4.65),利用(4.70)可以得到

$$\|G(w)\|_{L^p} \leqslant A_p \|g(w)\|_{L^p}, \tag{4.71}$$

$$\|\widetilde{G}(w)\|_{L^p} \leqslant A_p \|g(w)\|_{L^p}. \tag{4.72}$$

显然从(4.64)推出

$$|h_1(0)| \leqslant c\|g(w)\|_{L^p}, \tag{4.73}$$

其中 $c$ 是常数.

由此利用(4.71)—(4.73)，由(4.69)推出

$$\|h_1(w)\|_{L^p} \leqslant \frac{1}{2}(A_p + 1 + c)\|g(w)\|_{L^p}.$$

因此(4.67)得证，且显然有 $h_1(w) \in H^p(|w| < 1)$.

定理 10 证毕.

**定理 11** 设 $F(z) \in E^p(D), p > 1$，则由(4.49)所定义的算子 $T_p^{-1}F$ 是有界算子.

**证** 显然有

$$\int_{|\tau|=1} |F[\Psi(\tau)]|^p |\Psi'(\tau)^{\frac{1}{p}}|^p |d\tau| = \int_\Gamma |F(\zeta)|^p |d\zeta| < +\infty.$$

因此，根据 Riesz 定理(定理 10)，函数$(T_p^{-1}F)(w) \in H^p(|w|<1)$，且

$$\|(T_p^{-1}F)(w)\|_{L^p} \leqslant c_p \|F(z)\|_{L^p(\Gamma)}.$$

定理 11 证毕.

对于算子 $T_p$，$p > 1$，我们现在介绍 Альпер 的一个结果：设区域$D$的边界$\Gamma$是闭光滑曲线，用 $\theta(s)$ 记作$\Gamma$在弧长为$s$的切线与正实轴的夹角，而 $j(u)$ 表示其连续模，设

$$\int_0 \frac{j(u)}{u} du < +\infty \tag{4.74}$$

则对于任意的函数 $g(z) \in L^p(\Gamma)$，$p > 1$，Cauchy 型积分.

$$h(z) = \frac{1}{2\pi i} \int_\Gamma \frac{g(\zeta)}{\zeta - z} d\zeta$$

属于空间 $E^p(D)$，且

$$\|h(z)\|_{L^p(\Gamma)} \leqslant c_p \|g(z)\|_{L^p(\Gamma)} \tag{4.75}$$

其中 $c_p$ 为只依赖于$p$的常数(见[7]).

当$\Gamma$为圆周时，读者可在定理 10 中见到；当 $\theta(s) \in \mathrm{lip}\varepsilon$，$\varepsilon > 0$时(或 $\Gamma \in C^{1+\varepsilon}$ 时)，读者可以在 Хведелидзе 的工作[210] 中见到. 这里只需作一些改变，就可以证明(参见文献[7])，我们不准备进行讨论了.

在沈燮昌的文章[147,150] 中，引进 $K_p$ 类区域，$p > 1$，这是一

类区域 $D$,其边界记作 $\Gamma$. 如果对任意由 Cauchy 型积分所确定的函数,

$$F(z)=\frac{1}{2\pi i}\int_{\Gamma}\frac{f(\zeta)}{\zeta-z}d\zeta, z\in D_{\infty}, f(\zeta)\in L^{p}(\Gamma). \tag{4.76}$$

函数 $F[\Psi(w)]\Psi'(w)^{\frac{1}{p}}$ 积分表示式为

$$F[\Psi(w)]\Psi'(w)^{\frac{1}{p}}=\frac{1}{2\pi i}\int_{|\tau|=1}\frac{g(\tau)}{\tau-w}d\tau, |w|>1,$$

$$g(\tau)\in L^{p}(|\tau|=1). \tag{4.77}$$

(有关这方面还可以参看 Andersson 的著作[3]).

在文献[150]中还给出 $K_p$, $p>1$ 类区域的几个等价的定义. 为此,首先证明 $E^p(D)$ 中的一个有理函数的逼近定理.

**定理 12**(沈燮昌[150]) 设 $D\in K_p$, $p>1$, $\{b_k\}$ 是 $D_\infty$ 中点列, 则要使具有极点在 $\{b_k\}$ 的有理函数系在空间 $E^q(D)$, $\frac{1}{p}+\frac{1}{q}=1$ 中是完备的充要条件是成立

$$\sum_{k=1}^{+\infty}\left(1-\frac{1}{|a_k|}\right)=+\infty,\ a_k=\Phi(b_k). \tag{4.78}$$

**证** 设 $A(\varphi)$ 是空间 $E^q(D)$ 中的连续线性泛函. 由 Hahn-Banach 定理知,要使有理函数系$\left\{\frac{1}{z-b_k}\right\}$在空间 $E^q(D)$ 中是完备的充要条件,是对任意 $E^q(D)$ 中的 $A(\varphi)$, 只要

$$A\left(\frac{1}{z-b_k}\right)=0,\ k=1,\ 2,\ \cdots, \tag{4.79}$$

就有 $A(\varphi)=0$, $\varphi\in E^q(D)$.

像在单位圆中一样,可以证明线性泛函 $A(\varphi)$ 具有表示式:

$$A(\varphi)=\int_{\Gamma}\varphi(z)f(z)dz,$$

其中 $\varphi(z)\in E^q(D)$, $f(z)\in E^p(D_\infty)$, $f(\infty)=0$, $\frac{1}{p}+\frac{1}{q}=1$.

因此,要使 $\left\{\frac{1}{z-b_k}\right\}$ 在 $E^q(D)$ 中完备的充要条件是由

$$A\left(\frac{1}{z-b_k}\right)=\int_\Gamma \frac{f(z)}{z-b_k}=0,\ k=1,2,\cdots,f\in E^p(D_\infty),$$
$$f(\infty)=0 \quad (4.80)$$

来推出 $f(z)$ 几乎处处为零。

考虑函数

$$F(\xi)=\frac{1}{2\pi i}\int_\Gamma \frac{f(z)}{z-\xi}dz,\xi\in D_\infty,f(\zeta)\in E^p(D_\infty). \quad (4.81)$$

由于条件 $D\in K_p$，根据定义，函数 $F[\Psi(w)]\Psi'(w)^{\frac{1}{p}}$ 的积分表示式为

$$F[\Psi(w)]\Psi'(w)^{\frac{1}{p}}=\frac{1}{2\pi i}\int_{|\tau|=1}\frac{g(\tau)}{\tau-w}d\tau,|w|>1,$$
$$g(\tau)\in L^p(|\tau|=1). \quad (4.82)$$

由(4.80)知，$F(b_k)=0$，$k=1,2,\cdots$，因此由(4.82)推出

$$\frac{1}{2\pi i}\int_{|\tau|=1}\frac{g(\tau)}{\tau-a_k}d\tau=0,a_k=\Phi(b_k),k=1,2,\cdots. \quad (4.83)$$

已知函数 $\frac{1}{2\pi i}\int_{|\tau|=1}\frac{g(\tau)}{\tau-w}d\tau\in H^p(|w|>1)$（参看 Riesz 定理，即本节定理 10）。因此，由(4.83)及条件(4.78)，从解析函数的唯一性定理1（可参看 Привалов 的著作）推出

$$\frac{1}{2\pi i}\int_{|\tau|=1}\frac{g(\tau)}{\tau-w}d\tau\equiv 0,\quad |w|>1,$$

故由(4.82)及(4.81)推出，

$$\frac{1}{2\pi i}\int_\Gamma\frac{f(z)}{z-\xi}dz\equiv 0,\xi\in D_\infty.$$

由于 $f(z)\in E^p(D_\infty)$，$f(\infty)=0$，因此，

$$f(\xi)=-\frac{1}{2\pi i}\int_\Gamma\frac{f(z)}{z-\xi}dz\equiv 0,\ \xi\in D_\infty,$$

即 $A(\varphi)\equiv 0$。这就证明了定理的充分性。

现在来证明条件(4.78)的必要性。假设不然，即

$$\sum_{k=1}^{+\infty}\left(1-\frac{1}{|a_k|}\right)<+\infty,\ a_k=\Phi(b_k),\ k=1,2,\cdots,$$

我们就可以构造一个以 $\{a_k\}$ 为零点的区域 $|w| > 1$ 中的 Blaschke 乘积 $B(w)$，显然有

$$\frac{1}{2\pi i}\int_{|\tau|=1}\frac{B(\tau)}{\tau(\tau-a_k)}\,d\tau = -\frac{B(a_k)}{a_k} = 0,\ k = 1,2,\cdots.$$

因此，令 $S(w) = B(w)/w$，就得到

$$\frac{1}{2\pi i}\int\frac{S(\tau)}{\tau-a_k}\,d\tau = 0,\ k = 1,2,\cdots.$$

此外，

$$\frac{1}{2\pi i}\int_{|\tau|=1}\frac{S(\tau)}{\tau-w}d\tau = -S(w),\ |S(w)| \leqslant c,\ |w| > 1,$$

其中 $c$ 为常数. 由此令 $F(z) = S[\Phi(z)]\Phi'(z)^{\frac{1}{p}}$，则 $F(z)\in E^p(D_\infty)$，$F(\infty) = 0$，因此 $F(z)$ 的积分表示式为

$$F(z) = \frac{1}{2\pi i}\int_\Gamma\frac{f(\xi)}{z-\xi}d\xi,\ z\in D_\infty,\ f(\xi) = F(\xi)\in L^p(\Gamma).$$

此外，显然有

$$\frac{1}{2\pi i}\int_\Gamma\frac{f(\xi)}{b_k-\xi}d\xi = F(b_k) = S[\Phi(b_k)]\Phi'(b_k)^{\frac{1}{p}} = 0,$$

$$k = 1,2,\cdots,$$

即 (4.80) 式成立，但 $f(\xi)$ 不是几乎处处为零，因此，函数系 $\left\{\frac{1}{z-b_k}\right\}$ 在 $E^q(D)$ 中不完备. 这就与假设矛盾.

定理 12 证毕.

这个定理包含了文献 [54—56] 中所有的结果作为特殊情况.

**注 1** 利用对偶性质可以证明，若 $D\in K_p$，$p > 1$，则 $D\in K_q$，$\frac{1}{q}+\frac{1}{p} = 1$. 因此，在定理 12 的条件下要使函数系 $\left\{\frac{1}{z-b_k}\right\}$ 在 $E^p(D)$ 中是完备的充要条件是(4.78)成立.

**注 2** 从证明的方法也可以看出，多项式系在 $E^q(D)$ 中也是完备的，$q > 1$，其中 $D\in K_p$，$\frac{1}{p}+\frac{1}{q} = 1$，或 $D\in K_q$. 因此，根

据第一章§3中定理9知，$K_p$ 类区域必是 Смирнов 区域.

**定义** 我们认为,区域 $D\in K'_p$, $p>1$, 如果对于由 Cauchy 型积分所确定的函数

$$F^+(z)=\frac{1}{2\pi i}\int_\Gamma\frac{f(\xi)}{\xi-z}d\xi, z\in D, f(\xi)\in L^p(\Gamma). \qquad (4.84)$$

函数 $F^+(\phi(w))\phi'(w)^{\frac{1}{p}}$ 的积分表示式为

$$F^+(\phi(w))\phi'(w)^{\frac{1}{p}}=\frac{1}{2\pi i}\int_{|\tau|=1}\frac{g(\tau)}{\tau-w}d\tau, |w|<1,$$
$$g(\tau)\in L^p(|\tau|=1), \qquad (4.85)$$

其中 $z=\phi(w)$ 是将 $|w|<1$ 映射到 $D$.

**定理 13**(沈燮昌[150]) $D\in K'_p$ 的充要条件是 $D\in K_p$, $p>1$.

**证** 充分性. 由于 $D\in K_p$, 因此由(4.81)所确定的函数,

$$\frac{1}{2\pi i}\int_\Gamma\frac{f(\xi)}{\xi-z}d\xi=F(z)\in E^p(D_\infty), F(\infty)=0.$$

由(4.84),利用 Привалов 定理[117]知道,由(4.84)所确定的 $F^+(z)$ 在 $\Gamma$ 上几乎处处有角度边界值 $f(z)+F(z)\in L^p(\Gamma)$. 因此，从(4.84)得到

$$F^+(z)=\frac{1}{2\pi i}\int_\Gamma\frac{f(\xi)}{\xi-z}d\xi=\frac{1}{2\pi i}\int_\Gamma\frac{F^+(\xi)-F(\xi)}{\xi-z}d\xi$$
$$=\frac{1}{2\pi i}\int_\Gamma\frac{F^+(\xi)}{\xi-z}d\xi, z\in D.$$

因为 $F^+(\xi)\in L^p(\Gamma)$, 所以 $F^+(\xi)\in L^1(\Gamma)$, 由此得到 $F^+(z)\in E^1(D)$. 由定理12的注2知,多项式在 $E^p(D)$ 是完备的. 因此,由第一章§3中 Смирнов 定理知,$D$是 Смирнов 区域. 如果再注意到 $F^+(\xi)\in L^p(\Gamma)$, 应用 Смирнов 定理（参见文献[117]或 Duren 的著作[37]）知道，$F^+(z)\in E^p(D)$, 因而(4.85)成上.

必要性的证明是类似的,因此可以认为定理13证毕.

现在我们再给出 $K_p$, $p>1$ 类区域的另一个等价定理,然后用此定理来证明，$K_p$, $p>1$ 类区域必是广义 Faber 集及逆广义 Faber 集.

**定理 14** (沈燮昌[150]) 要使区域$D$是 $K_p$ 类区域，$p>1$ 的充要条件是：存在常数 $A$，使得对于任何极点位于 $|w|>1$ 的有理函数 $R(w)$, $\|R(w)\|_{L^q(|w|=1)}\leqslant 1$, $\frac{1}{q}+\frac{1}{p}=1$,可以推出

$$\|r(z)\|_{L^q(\Gamma)}\leqslant A, \tag{4.86}$$

其中 $r(z)$ 是函数 $R[\Phi(z)]\Phi'(z)^{\frac{1}{q}}$ 在其极点处的主要部分之和。

**证** 容易证明

$$r(z)=\frac{1}{2\pi i}\int_\Gamma\frac{R[\Phi(\zeta)]\Phi'(\zeta)^{\frac{1}{q}}}{\zeta-z}d\zeta, z\in D; \tag{4.87}$$

$$r(z)=\frac{1}{2\pi i}\int_\Gamma\frac{R[\Phi(\zeta)]\Phi'(\zeta)^{\frac{1}{q}}}{\zeta-z}d\zeta+R[\Phi(z)]\Phi'(z)^{\frac{1}{q}},$$

$$z\in D_\infty. \tag{4.88}$$

设 $l$ 是包含 $|w|=1$ 的 Jordan 可求长闭曲线，$l$ 的外部包含有 $R(w)$ 的全部极点。$l$ 在映射 $z=\Psi(w)$ 下的象记作 $L$，则$L$的内部包含有 $\Gamma$，其外部就包含有 $r(z)$ 的全部极点。又设 $l^*$ 以及对应的 $L^*$ 也是具有上述性质的曲线，但 $l^*$ 包含$l$ 的内部，$L^*$ 包含$L$的内部。

现在证明必要性。由条件(4.77)知，

$$\begin{aligned}\int_L r(z)F(z)dz&=\int_L r(z)\left[\frac{1}{2\pi i}\int_\Gamma\frac{f(\zeta)}{\zeta-z}d\zeta\right]dz\\&=\int_\Gamma f(\zeta)d\zeta\left[\frac{1}{2\pi i}\int_L\frac{r(z)}{\zeta-z}dz\right]\\&=-\int_\Gamma f(\zeta)r(\zeta)d\zeta.\end{aligned} \tag{4.89}$$

另一方面，从(4.78)及(4.87)可以得到，

$$\begin{aligned}\int_L r(z)F(z)dz&=\int_l r[\Psi(w)]F[\Psi(w)]\Psi'(w)dw\\&=\int_{|\tau|=1}g(\tau)d\tau\frac{1}{2\pi i}\int_l\frac{\Psi'(w)^{\frac{1}{q}}}{\tau-w}dw\end{aligned}$$

$$\cdot \frac{1}{2\pi i}\int_{L^*}\frac{R[\Phi(\xi)]\Phi'(\xi)^{\frac{1}{q}}}{\xi-\Psi(w)}\,d\xi$$

$$=\int_{|\tau|=1} g(\tau)d\tau\,\frac{1}{2\pi i}\int_{L^*}\frac{R[\Phi(\xi)]\Phi'(\xi)}{\tau-\Phi(\xi)}\,d\xi$$

$$=-\int_{|\tau|=1} g(\tau)R(\tau)d\tau. \tag{4.90}$$

比较(4.89)与(4.90),对于任意的 $f(\zeta)\in L^p(\Gamma)$,

$$\int_\Gamma r(z)f(z)dz=\int_{|\tau|=1} R(\tau)g(\tau)d\tau. \tag{4.91}$$

现在取极点在 $|w|>1$ 的有理函数序列 $\{R_n(w)\}$, $\|R_n(w)\|_{L^q(|w|=1)}\leqslant 1$. 通过(4.87),它对应了一个极点在 $D_\infty$ 的有理函数序列 $\{r_n(z)\}$. 对于任意函数 $f(z)\in L^p(\Gamma)$, 注意到(4.77)及(4.78),利用(4.91)得到

$$\left|\int_\Gamma r_n(z)f(z)dz\right|=\left|\int_{|\tau|=1} R_n(\tau)g(\tau)d\tau\right|$$
$$\leqslant \|R_n(\tau)\|_{L^q(|\tau|=1)}\cdot\|g(\tau)\|_{L^p(|\tau|=1)}$$
$$\leqslant \|g\|_{L^p(|\tau|=1)}. \tag{4.92}$$

现在将 $\int_\Gamma r_n(z)f(z)dz$ 看作泛函序列 $A_n(f)$. 根据(4.92), 它作用在每一个 $f(z)\in L^p(\Gamma)$ 上是一致有界的. 由此根据共鸣定理,此泛函序列的范数一致有界:

$$\|A_n(f)\|=\|r_n(z)\|_{L^q(\Gamma)}\leqslant A. \tag{4.93}$$

进一步我们还可以认为, 存在这样的常数 $A$, 使得对于所有由 $\{R_n(w)\}$, $\|R_n(w)\|_{L^q(|w|=1)}\leqslant c$ 所对应的 $\{r_n(z)\}$ 都具有同一个常数 $A$. 特别地,取 $r_n(z)=r(z)$, 其中 $r(z)$ 是定理条件中所给的具有极点在 $|w|>1$ 且满足 $\|R(w)\|_{L^q(|w|=1)}\leqslant 1$ 所对应的有理函数,则根据刚才的讨论, 就有 $\|r(z)\|_{L^q(\Gamma)}\leqslant A$. 这就证明了必要性.

为了证明充分性,我们需要一个引理.

**引理 2** 设 $D$ 是以 Jordan 可求长闭曲线 $\gamma$ 为边界所围的区域,设

$$A(s)=\frac{1}{2\pi i}\int_l s(\tau)u(\tau)d\tau, \tag{4.93}$$

其中 $s(w)$ 在 $\overline{D}$ 上解析，且在 $D_\infty$ 上至多只有有限个极点，并用 $\|s(w)\|_{L^p(\gamma)}$ 记作其范数，$p>1$. 此空间就称为 $S_{\overline{D}}$，$u(w)$ 在 $D_\infty$ 上解析，$u(\infty)=0$，而 $l$ 是包含 $\gamma$ 在其内部的 Jordan 可求长闭曲线，函数 $s(w)$ 在以 $l$ 所围的闭区域上解析. 于是要使函数 $u(w)$ 能表示为

$$u(w)=\frac{1}{2\pi i}\int_\gamma \frac{g(\tau)}{\tau-w}d\tau,\ w\in D_\infty,\ g(\tau)\in L^q(\gamma),$$

$$\frac{1}{q}+\frac{1}{p}=1 \tag{4.94}$$

的充要条件是，$A(s)$ 是 $S_{\overline{D}}$ 上的连续线性泛函.

**证** 必要性. $A(s)$ 的线性性质是明显的，关键在于证明有界性。为此，由(4.93)得

$$A(s)=\frac{1}{2\pi i}\int_l s(w)dw\frac{1}{2\pi i}\int_\gamma \frac{g(\tau)}{\tau-w}d\tau$$

$$=-\frac{1}{2\pi i}\int_\gamma g(\tau)s(\tau)d\tau,$$

因而

$$|A(s)|\leqslant\frac{1}{2\pi}\|g\|_{L^q(\gamma)}\|s\|_{L^p(\gamma)},$$

必要性证毕.

充分性. 由于 $S_{\overline{D}}$ 是线性赋范空间，因此我们可以将在 $S_{\overline{D}}$ 上的连续线性泛函开拓到 $L^p(\gamma)$ 中去，且保持其范数不变. 由泛函的表示式，容易证明，对任意的 $v(w)\in L^p(\Gamma)$，我们有

$$A(v)=\frac{1}{2\pi i}\int_\gamma v(\tau)g^*(\tau)d\tau\|A\|=\frac{1}{2\pi}\|g^*\|_{L^q(\gamma)}. \tag{4.95}$$

现在对任意的 $w\in D_\infty$，取 $v(\tau)=\phi_w(\tau)=\dfrac{1}{\tau-w}\in S_{\overline{D}}$，由(4.95)可以得到

$$A(\psi_w(\tau)) = \frac{1}{2\pi i}\int_\gamma \frac{g^*(\tau)}{\tau - w}\,d\tau. \tag{4.96}$$

但另一方面，由(4.93)得到

$$A(\psi_w(\tau)) = \frac{1}{2\pi i}\int_l \frac{w(\tau)}{\tau - w}\,d\tau = -u(w). \tag{4.97}$$

比较(4.96)与(4.97)就可得到(4.94)，其中 $g(\tau) = -g^*(\tau)$.

引理 2 证毕.

现在回过来证明定理 14 的充分性.

由定理的条件，对任意极点在 $D_\infty$ 的有理函数 $R(w)$ 由

$$\|R(w)\|_{L^q(|w|=1)} \leqslant 1$$

可以推出 $\|r(z)\|_{L^q(\Gamma)} \leqslant A$，其中 $r(z)$ 是 $R[\Phi(z)]\Phi'(z)^{\frac{1}{q}}$ 在其极点处的主要部分. 现证(4.77)成立，要证明(4.77)中的函数 $F[\Psi(w)]\Psi'(w)^{\frac{1}{p}}$ 有表示式(4.78).

由于(4.77)，(4.89)成立. 此外，由(4.88)，可得

$$\int_L r(z)F(z)dz = \int_l r[\Psi(w)]F[\Psi(w)]\Psi'(w)dw$$
$$= \int_l R(w)F[\Psi(w)]\Psi'(w)^{\frac{1}{p}}dw. \tag{4.98}$$

比较(4.89)与(4.98)得到

$$\left|\int_l R(w)F[\Psi(w)]\Psi'(w)^{\frac{1}{p}}\,dw\right| = \left|-\int_\Gamma f(\zeta)r(\zeta)d\zeta\right|$$
$$\leqslant \|r(\zeta)\|_{L^q(\Gamma)}\cdot\|f(\zeta)\|_{L^p(\Gamma)} \leqslant A\|f(\zeta)\|_{L^p(\Gamma)}, \tag{4.99}$$

现在考虑由 $u(w) = F[\Psi(w)]\Psi'(w)^{\frac{1}{p}}$ 所产生的线性泛函：

$$A(R) = \frac{1}{2\pi i}\int_l R(w)u(w)dw$$
$$= \frac{1}{2\pi i}\int_l R(w)F[\Psi(w)]\Psi'(w)^{\frac{1}{p}}dw,$$

其中 $R(w)$ 为所有具有极点在 $|w|>1$ 的有理函数，这些函数就构成一个线性赋范空间. 由(4.99)知，这个线性泛函是有界的且其范数 $\leqslant A\|f(\zeta)\|_{L^p(\Gamma)}$. 应用引理 2，得到

$$u(w)=F[\Psi(w)]\Psi'(w)^{\frac{1}{p}}=\frac{1}{2\pi i}\int_{\gamma}\frac{g(\tau)}{\tau-w}d\tau,$$

$$w\in D_{\infty},\ g(\tau)\in L^p(\gamma).$$

定理 14 完全证毕.

**注** 从引理 2 的充分性证明可以看出,

$$\|A\|=\frac{1}{2\pi}\|g^*(\tau)\|_{L^p(\gamma)}=\frac{1}{2\pi}\|g(\tau)\|_{L^p(\gamma)}.$$

由此,比较(4.99)可以得到

$$\|g\|_{L^p(\gamma)}\leqslant 2\pi A\|f\|_{L^p(\gamma)}. \tag{4.100}$$

这个公式对任意 $f\in L^p(\Gamma)$, 由(4.77)通过(4.78)所对应的 $g(\tau)$ 都成立的,其中$A$是只依赖于区域$D$的绝对常数.

**定理 15**(沈燮昌[150]) 要使$D$是 $K_p$, $p>1$ 类区域的充要条件是:对任何一个函数,

$$B(w)\in H^q(|w|<1),\ \frac{1}{p}+\frac{1}{q}=1,$$

积分

$$(TB)(z)=\frac{1}{2\pi i}\int_{\Gamma}\frac{B[\Phi(\zeta)]\Psi'(\zeta)^{\frac{1}{q}}d\zeta}{\zeta-z} \tag{4.101}$$

分别确定在 $E^q(D)$ 及 $E^q(D_\infty)$ 中二个解析函数 $F^+(z),F^-(z)$, 且若 $\|B(w)\|_{L^q(|w|=1)}\leqslant 1$, 则

$$\|F^+\|_{L^q(\Gamma)}\leqslant c,\quad \|F^-\|_{L^q(\Gamma)}\leqslant c,$$

而$c$是一个只依赖于区域$D$的绝对常数.

**证** 必要性. 设 $D\in K_p$, $p>1$ 且 $B(w)\in H^q(|w|<1)$, $\|B(w)\|_{L^q(|w|=1)}\leqslant 1$. 由有理函数逼近定理(参见文献[11]),存在一个极点位于 $|w|>1$ 的有理函数序列 $\{R_n(w)\}$, 使

$$\lim_{n\to+\infty}\|R_n(w)-B(w)\|_{L^q(|w|=1)}=0,$$

$$\|R_n(w)\|_{L^q(|w|=1)}\leqslant 2, \tag{4.102}$$

因而对任意的函数 $g(w)\in L^p(|w|=1)$ 就有

$$\lim_{n\to+\infty}\int_{|w|=1}R_n(w)q(w)dw=\int_{|w|=1}B(w)q(w)dw. \tag{4.103}$$

特别地，取 $q(w)=\dfrac{\Psi'(w)^{\frac{1}{p}}}{\Psi(w)-z}, z\bar{\in}\Gamma$，显然 $q(w)\in L^p(|w|=1)$.

因此根据(4.103)，就有

$$\lim_{n\to+\infty}\frac{1}{2\pi i}\int_\Gamma\frac{R_n[\Phi(\xi)]\Phi'(\xi)^{\frac{1}{q}}}{\xi-z}d\xi$$
$$=\frac{1}{2\pi i}\int_\Gamma\frac{B[\Phi(\xi)]\Phi'(\xi)^{\frac{1}{q}}}{\xi-z}d\xi. \tag{4.104}$$

若 $z\in D$，则(4.104)左边的积分就是通过(4.87)所确定的函数 $R_n[\Phi(\xi)]\ \Phi'(\xi)^{\frac{1}{q}}$ 在其极点处的主要部分之和 $r_n(z)$. 根据条件 $D\in K_p$, $p>1$，由(4.102)及定理 14 得到

$$\|r_n(z)\|_{L^q(\Gamma)}\leqslant 2A. \tag{4.105}$$

由于(4.104)及(4.102)，函数序列 $\{r_n(z)\}$ 在 $D$ 内闭地一致收敛，因此

$$\int_{|w|=\eta<1}|F^+[\phi(w)]\phi'(w)^{\frac{1}{q}}|^q|dw|$$
$$=\lim_{n\to+\infty}\int_{|w|=\eta<1}\left|r_n[\phi(w)]\ \phi'(w)^{\frac{1}{q}}\right|^q|dw|$$
$$=\lim_{n\to+\infty}\int_{C\eta}|r_n(z)|^p|dz|\leqslant(2A)^p,$$

其中 $C_\eta$ 是 $|w|=\eta$ 在映射 $z=\phi(w)$ 下的象，而后一个不等式是利用(4.105)及 $H^q$ 空间的性质后得到的，因此 $F^+(z)\in E^q(D)$，且 $\|F^+(z)\|_{L^q(\Gamma)}\leqslant 2A$.

若 $z\in D_\infty$，则根据(4.88)，(4.104)左边的积分为

$$\frac{1}{2\pi i}\int_\Gamma\frac{R_n[\Phi(\xi)]\Phi'(\xi)^{\frac{1}{q}}}{\xi-z}d\xi=r_n(z)-R_n[\Phi(z)]\Phi'(z)^{\frac{1}{q}}.$$

等式右边的函数在 $\bar{D}_\infty$ 上连续，在 $z=\infty$ 处取值为零，且根据(4.102)及上面的讨论，我们有

$$\|r_n(z)-R_n[\Phi(z)]\Phi'(z)^{\frac{1}{q}}\|_{L^q(\Gamma)}\leqslant 2A+2.$$

应用上面的方法，同样可以证得 $F^-(z)\in E^q(D_\infty)$，且 $\|F^-(z)\|_{L^q(\Gamma)}\leqslant 2A+2$. 必要性证毕.

充分性的证明很简单，只要取 $B(w)=R(w)$，它是具有极点在 $|w|>1$ 的有理函数，且 $\|B(w)\|_{L^q(|w|=1)}\leqslant 1$. 因此，根据定理 15 的假设，(4.101)所确定的函数 $F^+(z)\in E^q(D)$，且 $\|F^+(z)\|_{L^q(\Gamma)}\leqslant c$. 如果注意到(4.87)，$F^+(z)\equiv r(z)$，即 $\|r(z)\|_{L^q(\Gamma)}\leqslant c$. 因此，再应用定理 14 就推出 $D\in K_p$.

定理 15 证毕.

**定理 16**（沈燮昌[150]） 设 $D\in K_p, p>1$，则对任意的 $F(z)\in E^q(D)$，算子

$$S(w)=(NF)(w)=\frac{1}{2\pi i}\int_{|\tau|=1}\frac{F[\Psi(\tau)]\Psi'(\tau)^{\frac{1}{q}}}{\tau-w}\,d\tau,$$

$$\frac{1}{q}+\frac{1}{p}=1 \tag{4.106}$$

是 $E^q(D)$ 到 $H^q(|w|<1)$ 的有界线性算子，且是算子(4.101)的唯一的逆算子.

**证** 按条件 $F(z)\in E^q(D)$，即 $F[\Psi(w)]\Psi'(w)^{\frac{1}{q}}\in L^q(|w|=1)$. 因此，根据 Riesz 定理（见定理 10），$S(w)\in H^q(|w|<1)$，且 $\|S(w)\|_{L^q(|w|=1)}\leqslant c\|F(z)\|_{L^q(\Gamma)}$，其中 $c$ 为常数. 因此 $S(w)$ 是有界算子.

现在我们取 $F(z)$ 是算子 $H^q(|w|<1)$ 经由(4.101) 所确定的函数 $F^+(z)$. 由于 $D\in K_p$，$p>1$，因此根据定理 15，$F(z)=F^+(z)\in E^q(D)$. 从定理 15 的必要性证明中可以看出，存在极点位于 $|w|>1$ 的有理函数序列 $\{R_n(w)\}$，使得任给 $\varepsilon>0$，可以找到 $N$. 当 $n>N$，$m>N$ 时，

$$\|R_n(w)-R_m(w)\|_{L^q(|w|=1)}<\varepsilon. \tag{4.107}$$

因为 $D\in K_p$，因此由定理 14 知，对于 $\{R_n(w)\}$ 通过(4.87)所对应的序列 $\{r_n(z)\}$，

$$\|r_n(z)-r_m(z)\|_{L^q(\Gamma)}\leqslant\varepsilon A. \tag{4.108}$$

根据空间 $L^q(\Gamma)$ 的完备性，存在 $g(z)\in L^q(\Gamma)$，使

$$\lim_{n\to+\infty}\|r_n(z)-g(z)\|_{L^q(\Gamma)}=0. \tag{4.109}$$

此外，由于(4.108)以及函数 $r_n(z)$ 在区域 $\overline{D}$ 上的解析性，用 Cauchy 积分公式可以推出 $\{r_n(z)\}$ 在$D$内闭一致收敛到这个解析函数 $F^+(z)$ (见(4.104))，由(4.108)得到 $\|r_n(z)\|_{L^q(\Gamma)}$ 的一致有界性. 因此，根据文献[117]上 138 页的定理知，$g(z)$ 是 $E^q(D)$中某个函数 $G(z)$ 的角度边界值，再应用 Cauchy 公式可知 $G(z) = F^+(z)$. 因此，从(4.109)就可以得到

$$\lim_{n\to\infty}\|r_n(z) - F^+(z)\|_{L^q(\Gamma)} = 0. \tag{4.110}$$

这样一来，由(4.110)容易得到，对 $|w|<1$ 内闭一致地有

$$NTB = (NF^+)(w) = \lim_{n\to+\infty}\frac{1}{2\pi i}\int_{|\tau|=1}\frac{r_n[\Psi(\tau)]\Psi'(\tau)^{\frac{1}{q}}}{\tau - w}d\tau$$

$$= \lim_{n\to+\infty}\frac{1}{2\pi i}\int_{|\tau|=1}\frac{\Psi'(\tau)^{\frac{1}{q}}}{\tau - w}d\tau$$

$$\cdot\frac{1}{2\pi i}\int_{L_n^*}\frac{R_n[\Phi(\xi)]\Phi'(\xi)^{\frac{1}{q}}}{\xi - \Psi(\tau)}d\xi. \tag{4.111}$$

这里应用了(4.87)，而 $L_n^*$ 包含$\Gamma$在其内部，但不包含函数 $R_n[\Phi(\xi)]\Phi'(\xi)^{\frac{1}{q}}$ 任何极点的闭 Jordan 可求长曲线. 由(4.111)得到

$$NTB = (NF^+)(w) = \lim_{n\to+\infty}\frac{1}{2\pi i}\int_{L_n^*}R_n[\Phi(\xi)]\Phi'(\xi)^{\frac{1}{q}}d\xi$$

$$\cdot\frac{1}{2\pi i}\int_{|\tau|=1}\frac{\Psi'(\tau)^{\frac{1}{q}}d\tau}{(\tau - w)(\xi - \psi(\tau))}$$

$$= \lim_{n\to+\infty}\frac{1}{2\pi i}\int_{l_n^*}\frac{R_n(s)}{s - w}ds$$

$$= \lim_{n\to+\infty}R_n(w) = B(w), \tag{4.112}$$

其中最后一个等式是利用(4.101)，再利用 Cauchy 积分后得到的，而 $l_n^*$ 是 $L_n^*$ 在映射 $w = \Phi(\xi)$ 下的象.

反过来，对任意 $F(z)\in E^q(D)$，也可以证明

$$(TNF) = (TS)(z) = F(z). \tag{4.113}$$

首先，对于给定的 $F(z)\in E^q(D)$，由于 $D\in K_p$，$p>1$，因

此根据定理 12，存在具有极点在 $D_\infty$ 的有理函数序列 $\{r_n(z)\}$，使得任给 $\varepsilon>0$，可以找到 $N$，使得当 $n>N$，$m>N$ 时，就有

$$\|r_n(z)-r_m(z)\|_{L^q(\Gamma)}<\varepsilon \tag{4.114}$$

及

$$\lim_{n\to+\infty}\|r_n(z)-F(z)\|_{L^q(\Gamma)}=0. \tag{4.115}$$

由(4.115)推出，对任意 $p(\xi)\in L^p(\Gamma)$，就有

$$\lim_{n\to+\infty}\int_\Gamma r_n(\xi)p(\xi)d\xi=\int_\Gamma F(\xi)p(\xi)d\xi.$$

特别地，取 $p(\xi)=\dfrac{\Phi'(\xi)^{\frac{1}{p}}}{\Phi(\xi)-\omega}$，$|w|<1$。显然，$p(\xi)\in L^p(\Gamma)$，因此对于 $|w|<1$ 内任意一个闭区域上，一致地有

$$\lim_{n\to+\infty}R_n(w)=\frac{1}{2\pi i}\int_{|\tau|=1}\frac{F[\Psi(\tau)]\Psi'^{-1}(\tau)^{\frac{1}{q}}}{\tau-w}d\tau=S(w), \tag{4.116}$$

其中 $R_n(w)$ 是函数 $r_n[\Psi(\tau)]\Psi'(\tau)^{\frac{1}{q}}$ 在其极点处的主要部分之和：

$$R_n(w)=\frac{1}{2\pi i}\int_{|\tau|=1}\frac{r_n[\Psi(\tau)]\Psi'(\tau)^{\frac{1}{q}}}{\tau-w}\,d\tau. \tag{4.117}$$

利用(4.114)，

$$\begin{aligned}&\|r_n[\Psi(\tau)]\Psi'(\tau)^{\frac{1}{q}}-r_n[\Psi(\tau)]\Psi'(\tau)^{\frac{1}{q}}\|_{L^q(|\tau|=1)}\\&\quad=\|r_n(z)-r_n(z)\|_{L^q(\Gamma)}<\varepsilon.\end{aligned}$$

再应用 Riesz 定理(见定理 10)，由(4.117)可以推出，存在常数 $c$，使得

$$\begin{aligned}\|R_n(w)-R_m(w)\|_{L^q(|w|=1)}&\leqslant c\|r_n(z)\\&\quad-r_m(z)\|_{L^q(\Gamma)}<c\varepsilon.\end{aligned} \tag{4.118}$$

由此，由空间 $L^q(|w|=1)$ 的完备性可以知道，存在 $S^*(w)\in L^q(|w|=1)$，使得

$$\lim_{n\to+\infty}\|R_n(w)-S^*(w)\|_{L^q(|w|=1)}=0. \tag{4.119}$$

此外，由(4.119)知，$\|R_n(w)\|_{L^q(|w|=1)}\leqslant c$。由此根据文献[117]，$S^*(w)$是 $H^q(|w|=1)$空间中某个函数的角度边界值，而 $R_n(w)$ 显然在 $|w|<1$ 上收敛到此函数。再从(4.116)就可以看出，此函数就是 $S(w)$，因而从(4.119)推出

$$\lim_{n\to+\infty}\|R_n(w)-S(w)\|_{L^q(|w|=1)}=0. \tag{4.120}$$

因此，对 $z\in D$，从(4.106)及(4.101)推出

$$TNF=(TS)(z)=\lim_{n\to+\infty}\frac{1}{2\pi i}\int_\Gamma\frac{R_n[\Phi(\xi)]\Phi'(\xi)^{\frac{1}{q}}}{\xi-z}d\xi$$

$$=\lim_{n\to+\infty}\frac{1}{2\pi i}\int_\Gamma\frac{\Phi'(\xi)^{\frac{1}{q}}}{\xi-z}d\xi$$

$$\cdot\frac{1}{2\pi i}\int_{l_n^*}\frac{r_n[\Psi(\tau)]\Psi'(\tau)^{\frac{1}{q}}}{\tau-\Phi(\xi)}d\tau,$$

这里用到了(4.117)，且 $l_n^*$ 表示包含 $|\tau|=1$ 在其内，但不包含函数 $r_n[\Psi(\tau)]\Psi'(\tau)^{\frac{1}{q}}$ 的极点的 Jordan 闭可求长曲线。用上面的方法，注意到(4.117)，在交换积分次序后，从上式就立刻得到

$$TNF=(TS)(z)=\lim_{n\to+\infty}\frac{1}{2\pi i}\int_\Gamma\frac{r_n(\xi)}{\xi-z}d\xi$$

$$=\lim_{n\to+\infty}r_n(z)=F(z).$$

(4.113)证毕。

从(4.113)及(4.112)就说明了算子(4.101)有唯一的逆算子(4.106)，定理 16 完全证毕。

**注** 从定理 12 的注 1 及定理 13 及 16 知，$D\in K_p$，$p>1$，或 $D\in K_q$，$\frac{1}{q}+\frac{1}{p}=1$，或 $D\in K_p'$，或 $D\in K_q'$，都能保证区域 $\overline{D}$ 是逆广义 Faber 集（$p$次）。

什么样的区域是 $K_p$，$p>1$，类区域呢？我们有下列结果。

**定理 17**（沈燮昌[150]） 设区域$D$的边界 $\Gamma$ 满足 Альпер 条件(4.74)，则 $D\in K_p$，其中 $p>1$ 是任何数。

**证** 考虑由(4.77)所定义的函数

$$F(z)=\frac{1}{2\pi i}\int_{\Gamma}\frac{f(\xi)}{\xi-z}d\xi,\ z\in D_{\infty},\ f(\xi)\in L^{p}(\Gamma).$$

由(4.75)及(4.76)知(或见 Альпер[7]), $F(z)$ 的角度边界值属于 $L^{p}(\Gamma)$, 且在满足(4.74)的区域上,多项式系是完备的.因此,此区域必为 Смирнов 区域. 应用文献[117](或参见 Duren 的著作[36])上的 Смирнов 定理推出, $F(z)\in E^{p}(D)$. 由此从定义就立刻推出 $D\in K'_{p}$, 再应用定理 13 知, $D\in K_{p}$, $p>1$.

定理 17 证毕.

**注** 从文献[78]与[150]看出,存在一类很普遍的区域,它可以不满足 Алъпер 条件(4.74),甚至还可以有角点,但是仍属于 $K_{p}$, $p>1$ 类区域. 因此, $K_{q}$ 类区域是很一般的区域.

最近 David 证明[35],若 Jordan 区域$D$的边界上任意二点之间的弧长与弦长之比一致有界,则此区域必是 $K_{p}$ 类区域,其中 $p>1$ 是任何数.

**定义** 我们称区域$D$满足 Альпер 条件(II). 若$D$的边界$\Gamma$是闭 Jordan 可求长曲线,且其映射函数满足条件

$$\frac{1}{2\pi}\int\left|\frac{1}{\tau-w}-\frac{\Psi'(w)}{\Psi(\tau)-\Psi(w)}\right||d\tau|<c<+\infty,$$

$$|w|=1, \tag{4.121}$$

其中 $c$ 是与 $w$ 无关的常数(参见文献[2]).

像在前面 Альпер 条件 (I) 时一样,若 $\Gamma\in C^{1+\varepsilon}$, $\varepsilon>0$,则类似地可以证明$D$就满足 Альпер 条件 (II).

类似于定理 5,我们有下列定理.

**定理 18** 设区域$D$满足 Альпер 条件 (II),即(4.121),则由(4.48)及(4.49)所定义的算子 $T_1$ 与 $T_1^{-1}$ 是对应地为 $A(|w|\leqslant 1)$ 及 $A(\bar{D})$ 上的有界算子,且互为逆算子.

这里就不准备证明了.

## §5. 闭区域上多项式逼近阶的估计

在这一节中，我们不同于§3，不假设区域$D$的边界是解析曲线，而只假设区域$D$的边界是具有某种光滑性的光滑曲线，甚至可以是不光滑曲线来研究闭区域 $\overline{D}$ 上函数类 $A(\overline{D})$ 中的函数被$n$次多项式逼近时，其最佳逼近值 $E_n(D)$ 的阶的估计。在讨论中，我们需要用到上一节中所研究的 Faber 变换及逆 Faber 变换。

**定义** 我们说区域$D$(或说它的边界 $\Gamma$) 满足 Альпер 条件 $j$，如果$D$的边界$\Gamma$是闭光滑曲线，且若用 $\theta(s)$ 记作$\Gamma$上每一点处的切线方向与正实轴的交角(其中 $s$ 是$\Gamma$上的弧长参数)，则函数 $\theta(s)$ 的连续模 $j(h)$ 满足条件:

$$\int_0 \frac{j(h)}{h}|\ln h|dh<+\infty. \tag{5.1}$$

若区域$D$的边界 $\Gamma\in C^{1+\varepsilon}$,其中 $\varepsilon>0$，则已知(例如可参看吴学谋的工作[206])，$j(h)\in \mathrm{Lip}\varepsilon$，因此必满足条件(5.1).

我们仍设 $w=\Phi(z)$，$\Phi(\infty)=\infty$，$\Phi'(\infty)=1$ 是将区域 $\overline{D}$ 的余集 $D_\infty$ 保角映射到 $|w|>\rho$ 的函数，且为了书写简单起见，不妨认为 $\rho=1$，并用 $z=\Psi(w)$ 记作其逆函数.

我们有下列几个引理.

**引理1** 设区域$D$满足 Альпер 条件 $j$，则

1° 函数 $\Psi'(w)$ 在闭圆 $|w|\geqslant 1$ 上连续，且 $\Psi'(w)\neq 0$，$|w|\geqslant 1$，因此有

$$0<A\leqslant|\Psi'(w)|\leqslant B<+\infty,\ |w|\geqslant 1, \tag{5.2}$$

其中$A$与$B$为两个常数;

2° 若用 $\sigma(h)$ 记作函数 $\Psi'(w)$ 在 $|w|=1$ 上的连续模，则有

$$\int_0 \frac{\sigma(h)}{h}dh<+\infty. \tag{5.3}$$

**证** 不妨对内映射函数 $z=\psi(w)$，$|w|<1$，来证明这个定

理，否则作一个变换即可。

已知：

$$\arg\phi'(w)=\theta(z)-\left(\arg w+\frac{\pi}{2}\right),\ |w|=1,$$ [63]

且 $\phi'(w)\in H^p$，其中 $p>0$ 是任意数。

由此，对于 $\theta'<\theta$，我们有

$$|s-s'|=\int_{\theta'}^{\theta}|\phi'(e^{it})|dt\leqslant\sqrt{\int_{\theta'}^{\theta}|\phi'(e^{it})|^2dt\cdot\int_{\theta'}^{\theta}dt}$$
$$\leqslant c_1|\theta-\theta'|^{\frac{1}{2}},$$

因此有

$$|\arg\phi'(e^{i\theta})-\arg\phi'(e^{i\theta'})|\leqslant|\theta(s)-\theta(s')|+|\theta-\theta'|$$
$$\leqslant j(|s-s'|)+|\theta-\theta'|$$
$$\leqslant c_2j(|\theta-\theta'|^{\frac{1}{2}})+|\theta-\theta'|.$$

如果用 $\mu(h)$ 记作函数 $\arg\phi'(e^{i\theta})$ 的连续模，则由(5.1)知，

$$\int_0\frac{\mu(h)}{h}|\ln h|dh\leqslant c_2\int_0\frac{j(\sqrt{h})}{h}|\ln h|dh$$
$$+\int_0|\ln h|dh<+\infty. \tag{5.4}$$

考虑函数 $-i\ln\phi'(w)=\arg\phi'(w)-i\ln|\phi'(w)|\triangleq u(r,\theta)+iv(r,\theta)$，它在 $|w|<1$ 内解析，且由于(5.4)，其实部 $u(r,\theta)$ 在 $|w|\leqslant1$ 上连续且其连续模 $\eta_u(h)$ 满足条件

$$\int_0\frac{\eta_u(h)}{h}|\ln h|<+\infty,$$

则由 §4 中定理 4 的注可知，函数 $v(r,\theta)$ 的连续模 $\eta_v(h)$ 满足

$$\eta_v(t)\leqslant c_3\left\{\int_0^t\frac{\eta_u(s)}{s}ds+t\int_t^1\frac{\eta_u(s)}{s^2}ds\right\}, \tag{5.5}$$

由此得

$$\int_0\frac{\eta_v(t)}{t}dt\leqslant C_4\left\{\int_0\frac{\eta_u(s)}{s}|\ln s|ds+\int_0\frac{\eta_u(s)}{s}ds\right\}<+\infty.$$

这就说明了 $\ln\phi'(w)$ 在 $|w|\leqslant1$ 上连续，且其连续模，因而 $\phi'$

$(w)$ 的连续模就满足(5.3)。

由于 $\psi'(w)$ 在 $|w| \leqslant 1$ 上连续，且 $\psi'(w) \neq 0, |w| \leqslant 1$，因此它也满足(5.2)。

引理 1 证毕。

**注** 从证明过程也可以看出，若曲线 $\Gamma$ 满足 Альпер 条件(4.74)，则 $\Psi'(w)$ 也在 $|w| \geqslant 1$ 上连续且有估计式(5.2)，而其连续模有估计式(5.5)。

**引理 2** 设区域 $D$ 满足 Альпер 条件 $j$，则它必满足 Альпер 条件 (I) 及 (II)，即

**1°** 在 $|w| = 1$ 上有

$$\int_{|\tau|=1} \left| \frac{1}{\tau - w} - \frac{\Psi'(\tau)}{\Psi(\tau) - \Psi(w)} \right| |d\tau| < C. \tag{5.6}$$

**2°** 在 $|w| = 1$ 上有

$$\int_{|\tau|=1} \left| \frac{1}{\tau - w} - \frac{\Psi'(w)}{\Psi(\tau) - \Psi(w)} \right| |d\tau| < C.$$

**证** 由(5.2)容易推出，存在常数 $m_1 > 0$，使

$$\left| \frac{\Psi(\tau) - \Psi(w)}{\tau - w} \right| = \frac{1}{(\tau - w)} \left| \int_w^\tau \Psi'(t) dt \right| \geqslant m_1,$$

$$|\tau| = 1, |w| = 1, \tag{5.7}$$

其中最后一个不等式可利用圆周参数方程写出，分别考虑 $\Psi'(e^{ix})$ 的实部与虚部，利用(5.2)的下界估计而得到。因此

$$\int_{|\tau|=1} \left| \frac{1}{\tau - w} - \frac{\Psi'(\tau)}{\Psi(\tau) - \Psi(w)} \right| |d\tau|$$

$$\leqslant \frac{1}{m_1} \int_{|\tau|=1} \left| \frac{\Psi(\tau) - \Psi(w) - \Psi'(\tau)(\tau - w)}{(\tau - w)^2} \right| |d\tau|$$

$$\leqslant \frac{1}{m_1} \int_{|\tau|=1} \frac{|d\tau|}{|\tau - w|^2} \left| \int_w^\tau [\Psi'(t) - \Psi'(\tau)] dt \right|$$

$$\leqslant \frac{1}{m_1} \int_{|\tau|=1} \frac{|d\tau|}{|\tau - w|^2} \left| \int_w^\tau \sigma(|t - \tau|) |dt| \right|$$

$$\leqslant \frac{1}{m_1} \int_{|\tau|=1} \frac{\sigma(|\tau - w|)}{|\tau - w|} |d\tau|.$$

由此利用引理 1 中的(5.3),就立刻得到 1°.

结论 2° 的证明是类似的. 引理 2 证毕.

现在我们可以介绍 Альпер 的几个定理了.

**定理 1** (Альпер[5]) 设区域 $D$ 满足 Альпер 条件 $i$, 且函数 $F(z)\in A(\overline{D})$, 则对任意自然数 $n$, 存在函数 $F(z)$ 在 $D$ 内的 Faber 多项式展开的前 $n+1$ 项的某种求和.

$$P_n(z)=\sum_{k=0}^{n}a_kB_{n,k}\ \varphi_k(z), \tag{5.8}$$

使得

$$\max_{z\in\overline{D}}|F(z)-P_n(z)|\leqslant c\omega\left(\frac{1}{n}\right), \tag{5.9}$$

其中 $a_k$ 是函数 $F(z)$ 的 Faber 多项式展开系数:

$$a_k=\frac{1}{2\pi i}\int_{|\tau|=1}\frac{F[\Psi(\tau)]}{\tau^{k+1}}d\tau,\ k=0,1,2,\cdots; \tag{5.10}$$

$\varphi_k(z)$ 为 $k$ 次 Faber 多项式, $k=0,1,2,\cdots$, $c$ 为常数; $\omega(\delta)$ 为函数 $F(z)$ 在 $D$ 边界 $\Gamma$ 上的连续模, $B_{n,k}$, $0\leqslant k\leqslant n$ 为求和三角矩阵.

**证** 由于区域 $D$ 满足 Альпер 条件,因此根据引理 2, 区域 $D$ 就满足 Альпер 条件 (I),即(5.6)成立. 由此再根据 §4 的定理 5,由 §4 中(4.8)及(4.20)所确定的算子 $T$ 与 $T^{-1}$ 是有界线性算子且互为逆算子, 且由此定理还知存在函数 $h_1(w)\in A(|w|\leqslant 1)$, 其连续模 $\omega_1(\delta)$ 满足

$$\omega_1(\delta)\leqslant c\omega(\delta),$$

且 $h_1(w)=(T^{-1}F)(z)$. 因此, $F=Th_1$.

根据 §3 中的定理 1, 存在多项式

$$Q_n(w)=\sum_{k=0}^{n}b_kB_{n,k}w^k, \tag{5.11}$$

使得

$$\max_{|w|\leqslant 1}|h_1(w)-Q_n(w)|\leqslant c\omega_1\left(\frac{1}{n}\right)\leqslant c\omega\left(\frac{1}{n}\right), \tag{5.12}$$

其中 $b_k$ 为函数 $h_1(w)$ 在 $w=0$ 的 Taylor 展开系数. 由 §3 的定理 2 知, $b_k$ 就是函数 $F(z)$ 在 $D$ 内的 Faber 多项式展开系数 $a_k$, $k=0,1,2,\cdots$, 这也可以直接地从下式看出

$$b_k = \frac{1}{2\pi i}\int_{|\tau|=1} \frac{h_1(\tau)}{\tau^{k+1}}\, d\tau$$

$$= \frac{1}{2\pi i}\int_{|\tau|=1} \frac{F[\Psi(\tau)]}{\tau^{k+1}}\, d\tau + \frac{1}{2\pi i}\int \frac{h_2(\tau)}{\tau^{k+1}}\, d\tau$$

$$= \frac{1}{2\pi i}\int_{|\tau|=1} \frac{F[\Psi(\tau)]}{\tau^{k+1}}\, d\tau = a_k,\ k=0,1,2,\cdots,$$

这里 $h_2(\tau) = F[\Psi(\tau)] + h_1(\tau)$, $h_2(\tau) \in A(|w| \geqslant 1)$, $h_2(\infty) = 0$ (见 §4 中定理 5).

利用 $T(w^k) = \varphi_k(z)$, $k=0,1,2,\cdots$, 因此最后得到

$$\|F(z) - P_n(z)\| = \|(Th_1)(z) - (TQ_n)(z)\|$$

$$\leqslant c\|h_1(w) - Q_n(w)\| \leqslant c\omega\left(\frac{1}{n}\right),$$

这样就证明了定理 1.

利用定理 1 及实变函数逼近论中常用的方法可以得到下列的定理.

**定理 2** (Альпер[5]) 设区域 $D$ 满足 Альпер 条件 $j$, 且函数 $F(z)$ 在区域 $D$ 内解析, $F^{(k)}(z) \in A(\overline{D})$, 其中 $k$ 为某个自然数. 若用 $\omega(\delta, F^{(k)})$ 表示函数 $F^{(k)}(z)$ 在 $D$ 边界 $\Gamma$ 上的连续模,则对于任何自然数 $n$ 有

$$E_n = \inf_{\{P_n\}} \max_{z \in D} |F(z) - P_n(z)| \leqslant c_k \frac{1}{n^k}\omega\left(\frac{1}{n}, F^{(k)}\right), \tag{5.13}$$

其中下确界是对所有次数不超过 $n$ 的多项式 $P_n(z)$ 而取的, 而 $c_k$ 为不依赖 $n$, 只依赖于 $k$ 的常数.

**推论** 在定理 2 的条件下,若 $F^{(k)}(z) \in \mathrm{Lip}\alpha$ (在区域 $D$ 的边界 $\Gamma$ 上),则对任意的自然数 $n$,

$$E_n \leqslant \frac{c_k}{n^{k+\alpha}}. \tag{5.14}$$

**注** 由§3中定理6知，这个推论的逆命题也成立，即由(5.14)对所有的 $n=2^m$，$m=0,1,2,\cdots$，成立，其中 $k$ 为自然数，$0<\alpha\leqslant 1$，则可以推出 $F(z)$ 在 $\overline{D}$ 内的 $F^{(k)}(z)$ 连续，且

$$\omega(\delta,F^{(k)})=\begin{cases}O(\delta^{\alpha}), & 0<\alpha<1,\\ O(\delta|\ln\delta|), & \alpha=1.\end{cases}$$

这里也可以用二阶连续模来刻划正定理及逆定理。

若用函数 Faber 多项式展开的部分和来逼近时，我们有

**定理 3** (Альпер[5]) 设区域 $D$ 满足 Альпер 条件 $j$，函数 $F(z)\in A(\overline{D})$，则对任意自然数 $n$，

$$\max_{z\in\overline{D}}\left|F(z)-\sum_{k=0}^{n}a_k\varphi_k(z)\right|\leqslant(A_1+B_1\ln^{n})\omega\left(\frac{1}{n}\right),\quad(5.15)$$

其中 $a_k$ 与 $\varphi_k(z)$ 分别是函数 $F(z)$ 的 Faber 系数与 Faber 多项式，$k=0,1,2,\cdots,A_1$ 与 $B_1$ 是两个绝对常数. $\omega(\delta)$ 是函数 $F(z)$ 在区域 $D$ 的边界 $\Gamma$ 上的连续模.

**证** 用证明定理1时的方法，只要注意到对于 $h_1(w)\in A$ $(|w|\leqslant 1)$ 有

$$\max_{|w|\leqslant 1}|h_1(w)-\sum_{k=0}^{n}a_kw^k|\leqslant(A_2+B_2\ln^{n})\omega\left(\frac{1}{n},\ h_1\right),$$

其中 $A_2$ 与 $B_2$ 是两个绝对常数，$\omega\left(\frac{1}{n},\ h_1\right)$ 是函数 $h_1(w)$ 在 $|w|=1$ 上的连续模，$a_k$ 为 $h_1(w)$ 在 $w=0$ 处 Taylor 展开系数，即函数 $F(z)$ 的 Faber 展开系数（参看 Тиман[132] 或 Натансон[107]）. 利用引理3的结论就立刻可以得到定理3.

如果不假设区域 $D$ 的边界 $\Gamma$ 满足 Альпер 条件 $j$，而只假设 $\Gamma$ 是光滑曲线，此时利用保角映射的理论[94,95] 或 [106]可知映射函数 $\phi(\tau)\in \mathrm{Lip}(1-\varepsilon)$(在 $|\tau|=1$ 上)，其中 $\varepsilon>0$ 的任何数. 由此可知函数 $F[\phi(\tau)]$ 的连续模为 $\omega(\delta^{1-\varepsilon})$，其中 $\omega(\delta)$ 为函数 $F(z)$ 在曲线 $\Gamma$ 上的连续模. 因此，若应用§4中定理5，类似用证明定理1的方法，可以得到

**定理 4** 设区域 $D$ 的边界是光滑曲线 $\Gamma$，且函数 $F(z)\in A$

$(\bar{D})$，则对任何的自然数 $n$，

$$\max_{z\in\bar{D}}|F(z)-P_n(z)|\leqslant c\omega\left(\frac{1}{n^{1-\varepsilon}}\right), \tag{5.16}$$

其中 $P_n(z)$ 是由(5.8)所确定的 $n$ 次多项式，$\varepsilon>0$ 是任意数，常数 $c$ 在这里仍不依赖于 $n$，但依赖于 $\varepsilon>0$，$\omega(t)$ 为函数 $F(z)$ 在闭区域 $\bar{D}$ 上的连续模．

若区域 $D$ 的边界 $\Gamma$ 不光滑，且其有最小外角 $\alpha\pi$，$\alpha<1$ 时，则也有逼近的阶估计．例如，可以参看 Альпер-Иванов 的工作[8]，他对于 $k$ 级导数在 $\bar{D}$ 上连续的函数 $F(z)$，得到逼近阶为

$$E_n\leqslant\frac{c}{n^{k\alpha-\varepsilon}}\,\omega\left(\frac{1}{n^{\alpha-\varepsilon}}\right),$$

其中 $\varepsilon>0$ 是任意数，而 $c$ 是只依赖于 $\varepsilon$ 及 $k$ 的常数．

若区域 $D$ 的边界 $\Gamma$ 具有有界旋转，即 $\Gamma\in BR$（见 §4 中定义），但对函数 $h(\tau)=F[\Psi(\tau)]$ 加上一些条件，则有下面的定理．

**定理 5** [62] 设区域 $D$ 的边界 $\Gamma\in BR$，且有界旋转量为 $V$，又设函数 $F(z)\in A(\bar{D})$，且函数 $h(\tau)=F[\Psi(\tau)]$ 对某个自然 $l$，其在 $|\tau|=1$ 上的 $l$ 阶连续模 $\omega_l(t,h)$ 满足

$$\int_0\frac{\omega_l(t,h)}{t}\,dt<+\infty, \tag{5.17}$$

则对任意自然数 $n$，存在函数 $F(z)$ 的 Faber 多项式展开的某种求和 $P_n(z)$（见(5.8)），使

$$\max_{z\in D}|F(z)-P_n(z)|\leqslant c_lV\omega_l\left(\frac{1}{n},\phi\right), \tag{5.18}$$

其中 $c_l$ 为依赖于 $l$ 的常数，$\phi_1$ 为由 $h=F'[\phi(\tau)]$ 的 Cauchy 型积分(4.20)所确定的函数，且

$$\omega_l(\delta_1,\phi_1)\leqslant D_l\left\{\omega_l(\delta_1,h)+\int_0^{\delta}\frac{\omega_l(t,h)}{t}\,dt+\delta^l\int_0^1\frac{\omega_l(t,h)}{t^{l+1}}\,dt\right\}, \tag{5.19}$$

这里 $D_l$ 为只依赖于 $l$ 的常数。

**证** 在定理的条件下，首先由 §4 的定理 6 知道，由(4.8)所定义的算子 $T$ 是有界线性算子．然后，再由定理的条件，由 §4 定理 4 及注知，由 $h=F[\Psi(\tau)]$ 的 Cauchy 型积分(4.20)所定义的算子正好是 $T$ 的逆算子，且也是有界线性算子，即存在 $\phi_1(w)\in A$ $(|w|\leqslant 1)$，使 $F=T\phi_1$，且 $\phi_1(w)$ 在 $|w|=1$ 上的 $l$ 阶连续模有估计式(4.19)(见 §4 中定理 3 及定理 4)．对于函数 $\phi_1(w)$，存在它在 $w=0$ 的 Taylor 展开的某种求和

$$Q_n(w)=\sum_{k=0}^{n}a_kB_{n,k}w^k,\tag{5.20}$$

使

$$\max_{|w|=1}|\phi_1(w)-Q_n(w)|\leqslant c_l\omega_l\left(\frac{1}{n},\phi_1\right),\tag{5.21}$$

其中 $a_k$ 也是函数 $F(z)$ 在 $\bar{D}$ 上 Faber 多项式的展开系数．由于 $T(w^k)=\varphi_k(z)$，因此

$$\begin{aligned}\left\|F(z)-\sum_{k=0}^{n}a_kB_{n,k}\varphi_k(z)\right\|&=\left\|T\phi_1-T\left(\sum_{k=0}^{n}a_kB_{n,k}w^k\right)\right\|\\&\leqslant c\|T\|\left\|\phi_1(w)-\sum_{k=0}^{n}a_kB_{n,k}w^k\right\|\\&\leqslant c\left\|\phi_1(w)-\sum_{k=0}^{n}a_kB_{n,k}w^k\right\|.\end{aligned}$$

由此，利用(5.21)就证了定理 5.

**注** 应用 §4 定理 1，我们可以取 $Q_n(w)$ 中的 $B_{n,k}$ 为那里的求和矩阵，$0\leqslant k\leqslant n$.

我们也可以取

$$Q_n(w)=\sum_{k=0}^{n}a_k\frac{(n+1)^l-k^l}{(n+1)^l}w^k$$

(参看 Gaier 的著作[62]第4页)．显然，当 $p=1$ 时，这是函数 $\phi_1(w)$ 在 $w=0$ 处 Taylor 展开的 Fejér 平均和，因此 $P_n(z)$ 是

函数 $F(z)$ 在$D$上 Faber 多项式展开的 Fejer 平均和.

**推论 1** 若 $h(\tau)=F[\Psi(\tau)]\in \mathrm{Lip}\alpha$, $0<\alpha<1$,则由(5.19)可知, $\phi_1(w)\in \mathrm{Lip}\alpha$, 即 $\omega_1\left(\frac{1}{n},\phi_1\right)\leqslant\frac{c}{n^\alpha}$, 由此对于 $F(z)$ 的 Faber 多项式展开的平均值 $P_n^{(1)}(z)$ 有

$$\|F(z)-P_n^{(1)}(z)\|\leqslant\frac{c}{n^\alpha},\ (n=1,2,3\cdots).$$

**推论 2** 若 $h(\tau)=F[\Psi(\tau)]\in Z$, 即 $\omega_2(\delta,F)=0(\delta)$, 则由(5.19)可以推出 $\phi_1(w)\in Z$, 即 $\omega_2(\delta,\phi_1)=0(\delta)$, 因此对于

$$P_n^{(2)}(z)=\sum_{k=0}^n a_k\frac{(n+1)^2-k^2}{(n+1)^2}\varphi_k(z),$$

有

$$\|F(z)-P_n^{(2)}(z)\|\leqslant\frac{c}{n},\quad n=1,2,\cdots.$$

**注** 若函数 $h(\tau)$ 的连续模 $\omega(\delta,h)$ 满足条件: 对某个 $q>1$, 存在 $q>0$, 使得

$$\frac{\omega(q\delta,h)}{\omega(\delta,h)}\geqslant q^\varepsilon,$$

则称 $\omega(\delta,h)$ 是典型连续模. 此时对于

$$\omega_1(\delta)=\int_0^\delta\frac{\omega(t,h)}{t}dt+\omega(\delta,h),$$

成立

$$\omega_1(\delta)\leqslant c\omega(\delta,h), \tag{5.22}$$

其中 $c$ 为常数. 事实上, 我们有

$$\int_0^\delta\frac{\omega(t,h)}{t}\ dt=\sum_{n=0}^{+\infty}\int_{q^{-(n+1)}\delta}^{q^{-n}\delta}\frac{\omega(t,h)}{t}dt$$

$$=\sum_{n=0}^{+\infty}\int_{\frac{\delta}{q}}^{\delta}\frac{\omega(q^{-n}s,h)}{s}ds\leqslant\sum_{n=0}^{+\infty}\omega(q^{-n}\delta,\ h)\int_{\frac{\chi}{q}}^{\chi}\frac{ds}{s}$$

$$\leqslant\sum_{n=0}^{+\infty}(q^n)^{-\varepsilon}\omega(\delta,h)\cdot\ln q=\frac{\ln q}{1-q^{-\varepsilon}}\omega(\delta,h),$$

因此(5.22)成立。

这样一来，在定理5条件下，其中 $l=1$，即

$$\int_0 \frac{\omega(t,h)}{t}dt<+\infty,$$

且 $h(\tau)=F[\Psi(\tau)]$ 在 $|\tau|=1$ 上有典型连续模，则

$$\begin{aligned}\|F(z)-P_n^{(1)}(z)\| &\leqslant c\omega(\delta,h)\\ &\leqslant c\omega[\omega(\delta,\Psi(\tau),F].\end{aligned}$$

当 $l=1$ 时，定理5的结果是属于 Kövari 的[76]. 对于一般的 $l$，可参看 Gaier 的文章[62]. Kövari[76] 还考虑区域 $D$ 的边界 $\Gamma$ 是逐段凸曲线，且其最小外角为 $\pi\alpha$，$0<\alpha\leqslant 1$ 时情况，则由定理5可以推出

$$E_n\leqslant\|F(z)-P_n^{(1)}(z)\|\leqslant c\omega_1\left(\frac{1}{n^\alpha}\right), \tag{5.23}$$

其中

$$\omega_1(x)=\int_0^x\frac{\omega(t,F)}{t}dt+\omega(t,F),$$

且也假设 $\omega(t,F)$ 满足

$$\int_0\frac{\omega(t,F)}{t}dt<+\infty.$$

证明的关键是由条件可知，映射函数 $\Psi(\tau)$ 在 $|\tau|=1$ 上满足 $\alpha$ 级 Lipschitz 条件(参考 Kövari 的工作[76])，而这可利用 $\ln\Psi(\zeta)$ 的类似于§4中的积分表示式，首先得到估计式

$$|\Psi'(\zeta)|\leqslant\frac{c}{\left(1-\frac{1}{|\zeta|}\right)^{1-\alpha}},$$

然后利用 Hardy-Littlewood 结果可以得到(例如，参看 Голузин 的工作[63])。此外，利用 $\Gamma$ 是具有非零外角的逐段凸曲线，而区域 $D$ 边界 $\Gamma$ 上的弦弧比是有界的事实，可以推出

$$\omega(m\delta,\phi)\leqslant mc\omega(\delta,\phi),$$

其中 $m$ 为自然数，$c$ 为弦弧比中的常数。这样一来，利用定理5

就可以得到结论。

现在考虑具有有界旋转曲线所围的区域中函数被其 Faber 多项式展开的部分和所逼近的一个定理。

**定理 6**(Kövari-Pommerenke [77]) 设区域$D$的边界$\Gamma \in BR$，且函数 $F(z) \in A(\overline{D})$，则

$$\|F(z) - S_n(z)\| = \max_{z \in \overline{D}} |F(z) - S_n(z)| \leqslant (A_3 \ln n + B_3) E_n(F, \overline{D}), \quad (5.24)$$

其中

$$S_n(z) = \sum_{k=0}^{n} a_k \varphi_k(z),$$

$a_k$ 为函数 $F(z)$ 的 Faber 展开系数，$\varphi_k(z)$ 为 $k$ 次 Faber 多项式，$k = 0, 1, 2, \cdots$，$A_3$ 与 $B_3$ 是两个常数，$E_n(F, \overline{D})$ 是函数 $F(z)$ 在闭区域 $\overline{D}$ 上被 $n$ 次多项式逼近时的最佳逼近值，即

$$E_n(F, \overline{D}) = \inf_{\{P_n\}} \max_{z \in \overline{D}} |F(z) - P_n(z)|, \quad (5.25)$$

其中下确界是对所有次数不大于 $n$ 的多项式 $P_n(z)$ 而取的。

**证** 令

$$\Pi_n(z) = \sum_{k=0}^{n} c_k^{(n)} \varphi_k(z)$$

是函数 $F(z)$ 在闭区域 $\overline{D}$ 上的最佳逼近多项式，即

$$E_n(F, \overline{D}) = \max_{z \in \overline{D}} |F(z) - \Pi_n(z)|,$$

利用 §1 中引理 2，有

$$\frac{1}{2\pi i} \int_{|\tau|=1} \frac{\Pi_n[\Psi(\tau)]}{\tau^{k+1}} d\tau = c_k^{(n)}, \; k = 0, 1, 2, \cdots, n, \quad (5.26)$$

再由 Faber 系数 $a_k$ 的积分表示式可以得到

$$\begin{aligned} |F(z) - S_n(z)| &\leqslant |F(z) - \Pi_n(z)| + |\Pi_n(z) - S_n(z)| \\ &\leqslant |F(z) - \Pi_n(z)| + \left| \frac{1}{2\pi i} \int_{|\tau|=1} [\Pi_n[\Psi(\tau)] - f[\Psi(\tau)]] \right. \\ &\quad \left. \cdot \sum_{k=0}^{n} \frac{\varphi_k(z)}{\tau^{k+1}} d\tau \right| \leqslant E_n(F, \overline{D}) + E_n(F, \overline{D}) \cdot L_n, \quad (5.27) \end{aligned}$$

其中

$$L_n = \max_{z \in D} L_n(z) \triangleq \max_{z \in \bar{D}} \frac{1}{2\pi} \int_{|\tau|=1} \left| \sum_{k=0}^{n} \frac{\varphi_k(z)}{\tau^{k+1}} \right| |d\tau|. \quad (5.28)$$

利用 Faber 多项式的积分表示式(4.33)，在令 $z = \Psi(e^{i\theta})$ 后，得到

$$L_n(z) = \frac{1}{2\pi} \int_0^{2\pi} \left| \sum_{k=0}^{n} \varphi_k(\Psi(e^{i\theta}) e^{-ik\theta} \right| d\theta$$

$$= \frac{1}{(2\pi)^2} \int_0^{2\pi} \left| \int_0^{2\pi} \sum_{k=0}^{n} e^{ik(s-\theta)} d_s \nu(s,\varphi) \right| d\theta, \quad (5.29)$$

其中 $\nu(s,\varphi) = \arg(\Psi(e^{is}) - \Psi(e^{i\varphi}))$ 且

$$\int_0^{2\pi} |d_s \nu(s,\varphi)| \leqslant V. \quad (5.30)$$

由此从(5.29)与(5.30)得到

$$L_n[\phi(e^{i\varphi})] \leqslant \frac{1}{(2\pi)^2} \int_0^{2\pi} \int_0^{2\pi} \left| \sum_{k=0}^{n} e^{ik(s-\theta)} \right| |d_s \nu(s,\varphi)| d\theta$$

$$= \frac{1}{(2\pi)^2} \int_0^{2\pi} \int_0^{2\pi} \left| \frac{\sin \frac{n+1}{2}(s-\theta)}{\sin \frac{s-\theta}{2}} \right| |d_s \nu(s,\varphi)| d\theta.$$

由此利用 §1 中证明定理 1 时的处理方法可得

$$L_n(\Psi(e^{i\varphi})) \leqslant \frac{2}{\pi^3}(\ln n + c) \int_0^{2\pi} |d_s \nu(s,\varphi)|$$

$$\leqslant \frac{2}{\pi^3}(\ln n + c) \cdot V. \quad (5.31)$$

这样一来，从(5.27)及(5.31)就证得了(5.24)。

定理 6 证毕。

现在我们进一步减少对边界的要求．设区域$D$的边界 $\Gamma \in B\text{-}AC$，即$\Gamma$是闭 Jordan 可求长曲线，且$\Gamma$上任意两点间最短弧长与弦之比有界，但对被逼近的函数增加一些要求也可以得到用 $n$

次多项式进行逼近时逼近的阶的估计.

**定理 7** (Lesley-Vinge-Warschawski[64]) 设区域 $D$ 的边界 $\Gamma\in BAC$，且函数 $F(z)\in A(\overline{D})$. 若用 $\omega(t)$ 表示函数 $F(z)$ 在边界 $\Gamma$ 上的连续模，再设

$$\int_0 \frac{\omega(t)}{t}|\ln t|\,dt<+\infty \tag{5.32}$$

则对任意自然数 $n$，存在 $n$ 次多项式，

$$J_n(z)=\sum_{k=0}^{n} a_k\lambda_k^{(n)}z^k, \tag{5.33}$$

使得

$$\max_{z\in\overline{D}}|F(z)-J_n(z)|\leqslant c\left[\omega_1^*\left(\frac{1}{n}\right)\ln n+\int_0^{\frac{1}{n}}\frac{\omega_1^*(t)}{t}dt\right], \tag{5.34}$$

其中 $a_k$ 是函数 $F(z)$在区域$D$中的 Faber 展开系数(见(2.2)).

$$\lambda_k^{(n)}=\int_{-\pi}^{\pi}e^{ikt}K_n(t)dt,\ k=0,1,2,\cdots,n, \tag{5.35}$$

是求和系数矩阵，$K_n(t)=L_{n'}(t),n'=\left[\frac{n}{2}\right]+1$,

$$L_{n'}(t)=\frac{1}{\lambda_{n'}}\left(\frac{\sin\frac{n't}{2}}{\sin\frac{t}{2}}\right)^4, \tag{5.36}$$

$$\lambda_{n'}=\int_{-\pi}^{\pi}\left(\frac{\sin\frac{n't}{2}}{\sin\frac{t}{2}}\right)^4dt. \tag{5.37}$$

因此，$K_n(z)$ 是非负，偶的 $n$ 次三角多项式，$\omega_1(t)$ 是函数 $h(\theta)=F[\Psi(e^{i\theta})]$ 的连续模，$\omega_1^*(t)$ 是 $h(\theta)$ 的共轭函数 $\tilde{h}(\theta)$ 的连续模. 已知(见(4.19))

$$\omega_1^*(t)\leqslant c\left\{\int_0^t\frac{\omega_1(\tau)}{\tau}d\tau+t\int_t^{\pi}\frac{\omega_1(\tau)}{\tau^2}d\tau\right\},0<t\leqslant\pi. \tag{5.38}$$

**证** 由§1 中的引理 4 的注 3 知，在定理的条件下，映射函数

$\Psi(e^{i\theta})$ 满足 Lipschitz 条件,设其指数为 $\alpha$, $\alpha \geqslant \frac{2}{(1+\chi)^2}$,其中 $\chi$ 为弧与弦之比的最大比例常数。因此, $\omega_1(t) = O(\omega(t))$.这样一来,由定理条件(5.32)知,

$$\int_0 \frac{\omega_1(t)}{t} |\ln t| dt < +\infty,$$

因而由(5.38)容易证明(例如,参看 Walsh-Elliott 的著作[199, 第1060页]或参看本节引理 1 中的讨论)

$$\int_0 \frac{\omega_1^*(t)}{t} dt < +\infty. \tag{5.39}$$

由此从 Fourier 级数理论知

$$h^*(\theta) \triangleq \frac{1}{2}(h(\theta)+\tilde{h}(\theta)) = \sum_{k=0}^{+\infty} a_k e^{ik\theta}, \tag{5.40}$$

其中 $a_k$ 是函数 $h(\theta)$ 的 Fourier 展开系数,已知它也是函数 $F(z)$ 在 $D$ 内的 Faber 多项式展开系数(见(2.2)). 由(5.40)容易看出, $h^*(\theta)$ 的连续模

$$\omega(t, h^*) \leqslant 2\omega_1^*(t). \tag{5.41}$$

令 $e^{i\theta} = \Phi(z)$, $z \in \Gamma$, $h^*(\theta) = F^*(z)$, $z \in \Gamma$ 及

$$g(z) = F^*(z) + \frac{1}{2\pi i}\int_\Gamma \frac{F^*(\zeta) - F^*(z)}{\zeta - z} d\zeta, z \in \Gamma.$$

由(5.41)及(5.39)可知, $g(z)$ 在 $\Gamma$ 上连续.

利用 Faber 多项式的积分表示式(参看§1 中公式(1.13)),可以得到

$$\begin{aligned}|g(z) - J_n(z)| \leqslant & \left|F^*(z) - \sum_{k=0}^n a_k \lambda_k^{(n)} \Phi^k(z)\right| \\ & + \left|\frac{1}{2\pi i}\int_\Gamma \frac{F^*(\zeta) - F^*(z)}{\zeta - z} d\zeta\right. \\ & \left. - \frac{1}{2\pi i}\int_\Gamma \frac{\sum_{k=0}^n a_k \lambda_k^{(n)} (\Phi^k(\zeta) - \Phi^k(z))}{\zeta - z} d\zeta\right|\end{aligned}$$

$$= I_1 + I_2. \tag{5.42}$$

若令

$$J_n^{(1)}(\theta) = \int_{-\pi}^{\pi} h(\theta + t) K_n(t) dt,$$

则由实变函数逼近论中知(例如,见 Натансон 的工作[107]),

$$J_n^{(1)}(\theta) = \sum_{k=-n}^{n} a_k \lambda_k^{(n)} e^{ik\theta},$$

其中 $a_k$ 为函数 $h(\theta)$ 的 Fourier 系数，且 $\lambda_k^{(n)}$ 是由公式(5.35)所确定，$J_n^{(1)}(\theta)$ 的连续模可由函数 $h(\theta)$ 的连续模 $\omega_1(t)$ 来估计，且前面的常数不依赖于 $n$，且有

$$\max|J_n^{(1)}(\theta) - b(\theta)| = c\omega_1\left(\frac{1}{n}\right). \tag{5.43}$$

因此，由(5.41)，反(5.43)得

$$I_1 \leqslant c\omega_1^*\left(\frac{1}{n}\right). \tag{5.44}$$

对于 $I_2$，首先设曲线 $\Gamma$ 的参数方程为 $\zeta = \zeta(z)$，$-\frac{L}{2} \leqslant s \leqslant \frac{L}{2}$，$\zeta(0) = z$，其中 $L$ 为曲线 $\Gamma$ 的弧长. 令 $\gamma = \{\zeta(s) \mid |s| < \delta\}$，$0 < \delta < \frac{L}{2}$. 因此，可以将曲线 $\Gamma$ 分成两部分，$\gamma$ 及 $L\backslash\gamma$ 来进行估计. 为此，先研究一下函数 $F^*(z)$ 的连续模与 $h^*(\theta)$ 的连续模 $\omega_1^*(t)$ 之间的关系. 令

$$e^{it} = \Phi(\zeta), \quad e^{i\theta} = \Phi(z).$$

由 §1 中定理 4 知，函数 $\Phi(z)$ 满足 Lipschitz 条件. 设指数为 $\mu > 0$，则

$$|t - \theta| \leqslant \frac{\pi}{2}|e^{it} - e^{i\theta}| \leqslant K_1|\zeta - z|^\mu.$$

因此，$F^*(z) = h^*(\theta)$ 在 $z \in \Gamma$ 上的连续模 $\leqslant 2\omega_1^*(K_1 t^\mu)$. 利用 $|\zeta - z| \leqslant |s|$ 及弧弦比有界于 $\chi$ 的性质，我们有

$$\left|\frac{1}{2\pi i}\int_\gamma \frac{F^*(\zeta) - F^*(z)}{\zeta - z} d\zeta\right| \leqslant \frac{1}{\pi}\int_\gamma \frac{\omega_1^*(K_1|\zeta - z|^\mu)}{|\zeta - z|} |d\zeta|$$

$$\leqslant \frac{2\chi}{\pi}\int_0^\delta \frac{\omega_1^*(K_1 s^\mu)}{s}ds = \frac{2\chi}{\pi\mu}\int_0^{K_1\delta^\mu}\frac{\omega_1(s)}{s}ds. \tag{5.45}$$

利用 $J_n(\theta,h^*)$ 与 $h^*(\theta)$ 有同样的连续模，可以得到

$$\left|\sum_{k=0}^n a_k\lambda_k^{(n)}\Phi^k(\zeta) - \sum_{k=0}^n a_k\lambda_k^{(n)}\Phi^k(z)\right|$$

$$= \left|\sum_{k=0}^n a_k\lambda_k^{(n)}e^{ik\tau} - \sum_{k=0}^n a_k\lambda_k^{(n)}e^{ik\theta}\right|$$

$$= |J_n(\tau,h^*) - J_n(\theta,h^*)| \leqslant 2\omega_1^*(|\tau-\theta|)$$

$$\leqslant 2\omega_1^*(K_1|\zeta - z)^\mu),$$

因此有

$$\left|\frac{1}{2\pi i}\int_\gamma \frac{\sum_{k=0}^n a_k\lambda_k^{(n)}(\Phi^k(\zeta)-\Phi^k(z))}{\zeta - z}d\zeta\right|$$

$$\leqslant \frac{1}{\pi}\int_\gamma \frac{\omega_1^*(K_1|\zeta - z|^\mu)}{|\zeta - z|}|d\zeta|$$

$$\leqslant \frac{2\chi}{\pi}\int_0^\delta \frac{\omega_1^*(K_1 s^\mu)}{s}ds = \frac{2\chi}{\pi\mu}\int_0^{K_1\delta^\mu}\frac{\omega_1^*(s)}{s}ds. \tag{5.46}$$

由(5.42)及(5.44)及弧弦比有界，可以估计在 $\Gamma\backslash\gamma$ 上的积分：

$$\left|\frac{1}{2\pi i}\int_{\Gamma\backslash\gamma}\frac{F^*(\zeta)-\sum_{k=0}^n a_k\lambda_k^{(n)}\Phi^k(\zeta)+\sum_{k=0}^n a_k\lambda_k^{(n)}\Phi^k(z)-F^*(z)}{\zeta - z}d\zeta\right|$$

$$\leqslant c\omega_1^*\left(\frac{1}{n}\right)\int_\delta^{\frac{L}{2}}\frac{1}{|\zeta - z|}|d\zeta| \leqslant c\omega_1^*\left(\frac{1}{n}\right)|\ln\delta|. \tag{5.47}$$

因此选 $\delta$，使满足

$$K_1\delta^\mu = \frac{1}{n},\ n>1.$$

当 $z\in\Gamma$ 时，比较(5.42)，(5.44)，(5.45)，(5.46)与(5.47)，

$$|g(z) - J_n(z)| \leqslant c\omega_1^*\left(\frac{1}{n}\right) + c\int_0^{\frac{1}{n}}\frac{\omega_1^*(s)}{s}ds$$

$$+c\omega^*\left(\frac{1}{n}\right)\ln n \leqslant c\left(\omega_1^*\left(\frac{1}{n}\right)\ln n + \int_0^{\frac{1}{n}} \frac{\omega_1^*(t)}{t}dt\right). \quad (5.48)$$

由 (5.39) 知，上式右边当 $n \to +\infty$ 时，趋向于零. 由此根据 Weierstrass 定理可知，存在函数 $G(z) \in A(\bar{D})$，使得在闭区域 $\bar{D}$ 上一致地有

$$\lim_{n\to\infty} J_n(z) = G(z). \quad (5.49)$$

显然，函数 $G(z)$ 是函数 $g(z)$ 从 $\Gamma$ 上解析开拓到区域 $D$ 的解析函数，因此从(5.48)得到

$$|G(z) - J_n(z)| \leqslant c\left(\omega_1^*\left(\frac{1}{n}\right)\ln n + \int_0^{\frac{1}{n}} \frac{\omega_1^*(t)}{t}dt\right). \quad (5.50)$$

现在证明，函数 $F(z)$ 与 $G(z)$ 有相同的 Faber 展开系数. 事实上，对任意的 $m$，取 $n > m$，利用 §1 中引理 2 及(5.49)，我们有

$$a_m\lambda_m^{(n)} = \frac{1}{2\pi i}\int_{|\tau|=1} \frac{\sum_{k=0}^{n} a_k\lambda_k^{(n)}\varphi_k[\Psi(\tau)]}{\tau^{m+1}}d\tau$$

$$= \frac{1}{2\pi i}\int_{|\tau|=1} \frac{J_n[\Psi(\tau)]}{\tau^{m+1}}d\tau \to \frac{1}{2\pi i}\int_{|\tau|=1} \frac{G[\Psi(\tau)]}{\tau^{m+1}}d\tau.$$

已知

$$\lim_{n\to+\infty} \lambda_m^{(n)} = 1$$

(可参看 Lorentz 的著作[86],第110页，或者从 $K_n(t)$ 具有 $\delta$ 函数性质也容易看出)，由此可得.

$$a_m = \frac{1}{2\pi i}\int_{|\tau|=1} \frac{G[\Psi(\tau)]}{\tau^{m+1}}d\tau, \quad m = 0, 1, 2, \cdots.$$

因此，函数 $F(z)$ 与函数 $G(z)$ 有相同的 Faber 展开系数，利用 Faber 展开的唯一性 (参看 §2 中定理 6) 可知， $F(z) \equiv G(z)$. 因此，由(5.50)就立刻得到(5.34)，

定理 7 证毕.

若用函数 Faber 多项式展开的部分和进行逼近，则有下列定理.

**定理 8**[84]　设区域$D$的边界 $\Gamma \in BAC$ 且函数 $F(z) \in A(\overline{D})$，则有

$$\max_{z\in\overline{D}}|F(z)-S_n(z)| \leqslant (A_4\ln^2 n+B_4)E_n(F,\overline{D}), \quad (5.51)$$

其中 $S_n(z)$ 是函数 $F(z)$ 在$D$内 Faber 多项式展开的部分和(参看定理 6)，$E_n(F,\overline{D})$ 是函数 $F(z)$ 在闭区域 $\overline{D}$ 上被 $n$ 次多项式逼近时的最佳逼近值(参看(5.25))，$A_4$ 与 $B_4$ 是常数.

**证**　用在证明定理 7 时的方法，可以得到

$$\max_{z\in\overline{D}}|F(z)-S_n(z)| \leqslant E_n(F,\overline{D})(1+L_n), \quad (5.52)$$

其中

$$L_n=\max_{z\in D}\frac{1}{2\pi}\int_{|\tau|=1}\left|\sum_{k=1}^{n}\frac{\varphi_k(z)}{\tau^{k+1}}\right||d\tau|.$$

利用 Faber 多项式的积分表示式(1.3)，从上式得到

$$L_n=\max_{z\in\overline{D}}\frac{1}{2\pi}\int_{|\tau|=1}\left|\sum_{k=0}^{n}\int_{|w|=R>1}\frac{\Psi'(w)}{\Psi(w)-z}\left(\frac{w}{\tau}\right)^k dw\right||d\tau|$$

$$\leqslant \max_{z\in\overline{D}}\frac{1}{4\pi^2}\int_{|\tau|=1}\int_{|w|=R>1}\left|\frac{|\Psi'(w)}{\Psi(w)-z}\right|\left|\frac{\left(\dfrac{w}{\tau}\right)^{n+1}-1}{\dfrac{w}{\tau}-1}\right||dw||d\tau|$$

$$\leqslant \max_{z\in\overline{D}}\frac{2R^{n+1}}{4\pi^2}\int_{|w|=R>1}\left|\frac{\Psi'(w)}{\Psi(w)-z}\right|\left|\int_{|\tau|=1}\frac{|d\tau|}{|\tau-w|}|dw|\right. . \quad (5.53)$$

现在我们证明，对 $z\in\Gamma$，$1<R\leqslant 2$，当 $\Gamma\in BAC$ 时，

$$\int_0^{2\pi}\left|\frac{|\Psi'(Re^{i\theta})}{\Psi(Re^{i\theta})-z}\right|Rd\theta < A\ln\frac{1}{R-1}+B, \quad (5.54)$$

其中$A$与$B$是两个常数.

事实上，在定理的条件下，由 $\Gamma\in BAC$，利用 §1 中引理 4 及注 3 知，将区域 $D_\infty$ 映射到 $|w|>1$ 的映射函数 $w=\Phi(z)$ 及其反函数 $z=\Psi(w)$ 对应地在闭区域 $\overline{D}_\infty$ 及 $|w|\geqslant 1$ 上满足 Lipschitz 条件. 设在 $D_\infty\cap\{|z|\leqslant R_1\}$($R_1$ 充分大)上对任意 $z^1$ 与 $z_2$ 有

$$|\varphi(z_1)-\varphi(z_2)|\leqslant K_1|z_1-z_2|^{\mu}. \tag{5.55}$$

因此，由 (5.55) 推出，在等势线 $C_R=\{z=\Psi(Re^{i\theta}),-\pi\leqslant\theta\leqslant\pi\}$，$1<R\leqslant 2$ 上，

$$\operatorname{dist}(\Gamma,C_R)\geqslant K_2(R-1)^{\frac{1}{\mu}},\ K_2=K_1^{-\frac{1}{\mu}}. \tag{5.56}$$

对于区域$D$映射到 $|w|<1$ 的映射函数 $w=\varphi(z)$ 及其反函数 $z=\psi(z)$，根据 §1 中引理 4 及注 3,在对应的闭区域 $\overline{D}$ 及 $|w|\leqslant 1$ 上也满足 Lipschitz 条件. 因此，若令 $z=\psi(e^{i\theta_0})\in\Gamma$，$z_\rho=\psi(\rho e^{i\theta_0})$，$\rho<1$，则

$$|\Psi(Re^{i\theta})-z|\geqslant|\Psi(Re^{i\theta})-z_\rho|\left(1-\frac{|z_\rho-z|}{|\Psi(Re^{i\theta})-z_\rho|}\right).$$

由于映射函数满足 Lipschitz 条件,因此存在 $\nu>0$,使 $|z_\rho-z|\geqslant K_3(1-\rho)^{\nu}$，且由(5.54)得到

$$|\Psi(Re^{i\theta})-z_\rho|\geqslant\operatorname{dist}(\Gamma_R,\Gamma)\geqslant K_2(R-1)^{\frac{1}{\mu}}.$$

由此对固定 $R$，$1<R\leqslant 2$，可以选择 $\rho$，使得满足

$$\frac{|z_\rho-z|}{|\Psi(Re^{i\theta})-z_\rho|}\leqslant\frac{K_3}{K_2}\frac{(1-\rho)^{\nu}}{(R-1)^{\frac{1}{\mu}}}=\frac{1}{2}. \tag{5.57}$$

这样一来,我们就有

$$\int_0^{2\pi}\frac{|\Psi'(Re^{i\theta})|}{|\Psi(Re^{i\theta})-z|}Rd\theta\leqslant 2\int_0^{2\pi}\left|\frac{\Psi'(Re^{i\theta})}{\Psi(Re^{i\theta})-z_\rho}\right|Rd\theta$$

$$\leqslant 2\int_0^{2\pi}\left|\frac{\Psi'(e^{i\theta})}{\Psi(e^{i\theta})-z_\rho}\right|d\theta.$$

这里用到函数 $\dfrac{\Psi'(z)}{\Psi(z)-z_\rho}\in H(|w|\geqslant 1)$,因此有积分的单调性.

因而,再利用 §1 中引理 5,就得到

$$\int_0^{2\pi}\left|\frac{\Psi'(Re^{i\theta})}{\Psi(Re^{i\theta})-z}\right|Rd\theta<2\int_\Gamma\frac{|d\zeta|}{|\zeta-z_\rho|}\leqslant K_5\ln\frac{1}{\rho}+K_6, \tag{5.58}$$

其中 $K_5$ 与 $K_6$ 是两个常数，$\rho=\operatorname{dist}(z_\rho,\Gamma)$.

利用映射函数满足 Lipschitz 条件,因此存在数 $\lambda>0$,使

$$\rho=\operatorname{dist}(z_\rho,\Gamma)\geqslant K_4(1-\rho)^{\frac{1}{\lambda}}, \tag{5.59}$$

这样一来，利用(5.57)与(5.59)，由(5.58)就立刻得到了(5.54)。

利用(5.54)以及§1 中引理 5，从(5.53)就立刻得到

$$L_n = \max_{z \in \bar{D}} R^{n+1}\left(A_5 \ln \frac{1}{R-1} + B_5\right)\left(A_6 \ln \frac{1}{R-1} + B_6\right). \quad (5.60)$$

取 $R = 1 + \frac{1}{n}$，从(5.59)及(5.52)就立刻证明了定理 8。

**推论 1** 在定理 7 的条件下，由定理 8 就立刻得到

$$\max_{z \in \bar{D}} |F(z) - S_n(z)| \leqslant A_7 \ln^2 n \cdot \left[(\ln n)\omega_1^*\left(\frac{1}{n}\right) + \int_0^{\frac{1}{n}} \frac{\omega_1^*(t)}{t} dt\right].$$

**推论 2** 设区域$D$的边界 $\Gamma \in BAC$，若 $F(z) \in A(\bar{D})$，且在 $\Gamma$上 $F(z) \in \mathrm{Lip}\beta$，又若映射函数 $\psi(w)$ 在 $|w| = 1$ 上对应的 Lipschitz 条件的指数为 $\alpha$，则由定理 7 及定理 8 的推论 1，可以得到

1° $E_n(F, \bar{D}) \leqslant \max_{z \in \bar{D}} |F(z) - J_n(z)| = O\left(\frac{\ln n}{n^{\alpha\beta}}\right)$,

2° $\max_{z \in \bar{D}} |F(z) - S_n(z)| = O\left(\frac{(\ln n)^3}{n^{\alpha\beta}}\right)$.

Мергелян[94] 指出，阶 $\alpha\beta$ 不可能再改进。

此外，若 $\Gamma \in C^1$，即$\Gamma$是光滑曲线，则已知在 $|w| = 1$ 上 $\psi(w) \in \mathrm{Lip}(1-\varepsilon)$，其中 $\varepsilon > 0$ 任意数，则由2°得到了

$$\max_{z \in \bar{D}} |F(z) - S_n(z)| = O\left(\frac{1}{n^{\beta-\varepsilon}}\right).$$

这是对 Мергелян 在文献[93]中定理 4.2 的改进，因为他对最佳逼近才得到此估计式(也可参看定理 4)。此外，这估计式也对 Альпер 结果的改进，因为他对于 Faber 多项式展开的平均值才得到了这个估计。

若对实现逼近的集合$K$不加任何条件，则有下列定理。

**定理 9** (Kövari-Pommerenke[77]) 设有界闭集$K$的余集 $D_\infty$ 是一个单连通区域，函数 $F(z) \in A(K)$，则用函数 $F(z)$ 在$K$上

Faber 多项式展开式的部分和 $S_n(z)$（见定理 6）来逼近 $F(z)$ 时，有下列估计式：

$$\max_{z\in K}|F(z)-S_n(z)|\leqslant Cn^{\alpha}E_n(F,D),$$

其中 $C$ 为某个常数，$\alpha<\frac{1}{2}$ 为某个常数，$E_n(F,\bar{D})$ 是函数 $F(z)$ 在 $K$ 上被 $n$ 次多项式逼近时的最佳逼近值(见(5.25))。

**证** 像在证明定理 6 时一样，关键要估计 $L_n$（见公式(5.28)）。首先我们证明，对 $z\in K$，$R>1$，存在 $\alpha_0<\frac{1}{2}$，使得

$$\int_0^{2\pi}\left|\frac{\Psi'(Re^{i\theta})}{\Psi(Re^{i\theta})-z}\right|d\theta\leqslant\frac{A}{\left(1-\frac{1}{R}\right)^{\alpha_0}},\tag{5.61}$$

其中 $A$ 为某个常数。

为此，不妨设 $z=0\in E$，因此 $\Psi(w)\neq 0$，$|w|>1$。令 $0<\delta<1$，$t=Re^{i\theta}$，$\rho=\frac{1}{R}<1$，我们有

$$\left(\int_0^{2\pi}\left|\frac{\Psi'}{\Psi}\right|^{1+\delta}d\theta\right)^2\leqslant\int_0^{2\pi}\left|\frac{\Psi'}{\Psi}\right|^2d\theta\cdot\int_0^{2\pi}\left|\frac{\Psi'}{\Psi}\right|^{2\delta}d\theta$$

$$=I_1\cdot I_2.\tag{5.62}$$

为了估计 $I_1$，由 Faber 多项式的生成函数的展开式

$$\frac{\Psi'(w)}{\Psi(w)-z}=\sum_{n=0}^{+\infty}\frac{\varphi_n(z)}{w^{n+1}}$$

（这里认为 $z=0\in E$），得到

$$\int_0^{2\pi}\left|\frac{\Psi'}{\Psi}\right|^2d\theta=\sum_{n=0}^{+\infty}\frac{|\varphi_n(z)|^2}{R^{2(n+1)}}.$$

由 Смирнов-Лебедев 的著作[135], 第 134 页可知(也可见 §1 中 (1.43))，

$$\max_{z\in K}|\varphi_n(z)|\leqslant[n\ln(n+1)]^{\frac{1}{2}}+e^{\frac{1}{2}}.$$

因此，由上式得

$$\int_0^{2\pi}\left|\frac{\Psi'}{\Psi}\right|^2 d\vartheta \leqslant \sum_{n=0}^{+\infty}\frac{n\ln(n+1)+2e^{\frac{1}{2}}n^{\frac{1}{2}}(\ln(n+1))^{\frac{1}{2}}+e}{R^{2n}}. \tag{5.63}$$

用 Abel 求和方法，由

$$\sum_{n=m}^{+\infty} x^n = \frac{x^m}{1-x},$$

得

$$\sum_{n=m}^{+\infty} nx^n = \frac{mx^m}{1-x} + \frac{x^{m+1}}{(1-x)}.$$

令 $\alpha_m = \sum\limits_{n=m}^{+\infty} nx^n$，$nx^m = \alpha_m - \alpha_{m+1}$，可以得到估计式:

$$\sum_{n=1}^{+\infty} nx^n \ln n \leqslant \frac{A}{1-x}\ln\frac{1}{1-x}.$$

因此，由(5.63)可以得到

$$\int_0^{2\pi}\left|\frac{\Psi'}{\Psi}\right|^2 d\theta \leqslant \frac{A}{1-\rho}\ln\frac{1}{1-\rho},\quad \rho = \frac{1}{R}. \tag{5.64}$$

为了估计 $I_2$，令

$$J(\rho) = \int_0^{2\pi}\left|t\frac{\Psi'}{\Psi}\right|^{2\delta} d\theta,\quad t = Re^{i\theta}. \tag{5.65}$$

从函数 $t\dfrac{\Psi'}{\Psi}$ 的幂级数展开及 Parsevel 等式可得

$$\rho J''(\rho) + J(\rho) = 4\int_0^{2\pi}\left|\frac{d}{dt}\left(t\frac{\Psi'}{\Psi}\right)^{\delta}\right|^2 d\vartheta$$

$$= 4\delta^2\int_0^{2\pi}\left|\frac{1}{t}+\frac{\Psi''}{\Psi'}-\frac{\Psi'}{\Psi}\right|\left|t\frac{\Psi'}{\Psi}\right|^{2\delta} d\vartheta,$$

利用单叶函数理论中的变形定理(见 Голузин[65]) 得

$$\left|\frac{\Psi''}{\Psi'}\right| \leqslant \frac{A}{1-\rho},\quad \left|\frac{\Psi'}{\Psi}\right| \leqslant \frac{A}{1-\rho}.$$

由此我们得到

$$\rho J''(\rho)+J'(\rho)\leqslant A\delta^2(1-\rho)^{-2}J(\rho).$$

再利用 $J(\rho)$ 的单调上升性，$J'(\rho)\geqslant 0$,因此，

$$\rho J''(\rho)\leqslant A\delta^2(1-\rho^{-2})J(\rho),$$

通过积分就有

$$J(\rho)\leqslant A(1-\rho)^{-\alpha_1\delta^2}, \tag{5.66}$$

其中 $\alpha_1<\frac{1}{2}$ 是某个常数.

比较(5.62),(5.64)与(5.66)就得到

$$\left(\int_0^{2\pi}\left|\frac{\Psi'}{\Psi}\right|^{1+\delta}d\theta\right)^2\leqslant c\frac{1}{(1-\rho)^{1+\alpha_1\delta^2}}\ln\frac{1}{1-\rho}, \tag{5.67}$$

其中 $c$ 是常数，$0<\delta<\frac{1}{2}$, $\alpha_1<\frac{1}{2}$.

这样一来,利用 Hölder 不等式，

$$\int_0^{2\pi}\left|\frac{\Psi'}{\Psi}\right|d\theta\leqslant\left(\int_0^{2\pi}\left|\frac{\Psi'}{\Psi}\right|^{1+\delta}d\theta\right)^{\frac{1}{1+\delta}}\cdot(2\pi)^{\frac{1+\delta}{\delta}},$$

再注意到(5.67)就立刻得到(5.61).

由(5.53)知,对于 $1<R\leqslant 2$，利用(5.61)有

$$L_n=\max_{z\in D}\frac{1}{4\pi^2}\int_{|\tau|=1}\int_{|w|=R>1}\left|\frac{\Psi'(w)}{\Psi(w)-z}\right|\left|\frac{\left(\frac{w}{\tau}\right)^{n+1}-1}{\frac{w}{\tau}-1}\right|$$

$$\cdot|dw||d\tau|$$

$$=\max_{z\in\bar{D}}cR^{n+1}\ln\frac{1}{1-\frac{1}{R}}\int_{|w|=R}\left|\frac{\Psi'(w)}{\Psi(w)-z}\right||dw|$$

$$\leqslant cR^{n+1}\ln\frac{1}{R-1}\left(1-\frac{1}{R}\right)^{-\alpha_0}\leqslant cR^{n+1}\left(1-\frac{1}{R}\right)^{-\alpha},$$

其中 $\alpha_0<\alpha<\frac{1}{2}$.

选 $R=1+\frac{1}{n}$，则由上式就立刻得到

$$L_n \leqslant cn^{\alpha},\ \alpha<\frac{1}{2}. \tag{5.68}$$

由此从(5.52)及(5.68)看出，定理 9 证毕.

前面所讨论用多项式来逼近时，得到的估计式都是针对整个实现逼近的闭区域而言的. 大家知道，在实变函数逼近理论中，逼近的阶与实现逼近的区间上的点的位置有关，如 Тиман 定理(参见 Lorentz) 的工作[86]) 告诉我们，当点 $x$ 在实现逼近的区间 $[-1,1]$两个端点 $\pm 1$ 时，逼近的阶为 $\omega\left(\frac{1}{n^2}\right)$，而在区间内部时，逼近的阶只有 $\omega\left(\frac{1}{n}\right)$，其中 $\omega(t)$ 为被逼近函数在区间 $[-1,1]$ 上的连续模. 若把区间 $[-1,1]$ 看作复平面上的点集 $K$，则$K$在 $\pm 1$ 处的外角为 $2\pi$，而在区间 $[-1,1]$ 内处的外角只有 $\pi$. 大家知道，外角的大小与点 $z$ 到其等势线 $C_R$，$R>1$ 之间距离

$$d_R(z)=\operatorname{dist}(z,C_R)$$

密切相关. 因此，在复变函数逼近论中，代替 $\frac{1}{n}$，经常考虑量 $d_{1+\frac{1}{n}}(z)$（点 $z$ 到等势线 $C_{1+\frac{1}{n}}$ 的距离）. 当对区域$D$的边界 $\Gamma$ 加上一些条件时(例如，$\Gamma$ 是拟保角曲线，即存在复平面到另一个复平面的拟保角同态，使曲线 $\Gamma$ 变到 $|w|=1$)，那么逼近的阶为 $\omega(d_{1+\frac{1}{n}}(z))$，这与点 $z$ 的位置有关了(参看 Белый 的工作[14]). 此外，也研究逼近的逆问题，苏联 Дзядык 与他的学生们在这方面完成了一系列出色的工作(例如，可参看 Дзядык 的著作[46]). 他引进了一个算子.

$$\begin{aligned} D_n(z) &= \frac{1}{4\pi^2 i}\int_{-\pi}^{\pi} K_n(s)ds\int_{\Gamma}\frac{f[\Psi[\Phi(\zeta)e^{-ils}]]}{\zeta-z}d\zeta \\ &= \sum_{j=0}^{\left[\frac{2n-2}{l}\right]} c_{jl}\alpha_j\varphi_j(z), \end{aligned}$$

其中 $l$ 是任意自然数，例如可取 $l=1$. $K_n(s)$ 是某个 Jackson 型的核，如

$$K_n(s)=\frac{1}{\pi(2n^2+1)}\frac{\left(\sin\frac{n}{2}s\right)^4}{\left(\sin\frac{1}{2}s\right)^4}=\sum_{k=-(2n-2)}^{2n-2}c_k e^{iks}.$$

$\varphi_j(z)$ 为 $j$ 次 Faber 多项式，

$$\alpha_j=\frac{1}{2\pi_1}\int_{-\pi}^{\pi}f[\Psi(e^{ils})]e^{-ijls}ds$$

(这里也设区域 $\bar{D}$ 的保角半径 $\rho=1$), $f(z)\in A(\bar{D})$.

当区域 $D$ 为单位圆 $|z|<1$ 时，这个算子就是以 $K_n(s)$ 为核的 Jackson 型算子，

$$\frac{1}{2\pi}\int_{-\pi}^{\pi}K_n(s)f(ze^{-ils})ds.$$

为了要研究在闭区域 $\bar{D}$ 上，用算子 $D_n(z)$ 来逼近函数 $f(z)$ 的阶的估计，就需要深刻地来研究保角映射的边界性质，这种研究往往是很复杂的，我们不准备在这里介绍了，有兴趣的读者可以参看 Дзядык 著作[46]的最后一章.

关于 $E_p(D)$, $p\geqslant 1$ 中逼近，我们有下列定理

**定理 10** 设区域 $D\in K_q$ 型区域，$q>1$ (可参看在§4中的定义), $F(z)\in E^p(D)$, $\frac{1}{p}+\frac{1}{q}=1$, 则任给自然数 $n$，存在广义 Faber 多项式的一种求和，

$$P_n(z)=\sum_{k=0}^{n}a_k^{(p)}B_{n,k}^{(l)}\Pi_k(z),$$

使得

$$\|F(z)-P_n(z)\|_{L^p(\Gamma)}\leqslant c\,\|f(w)-\sum_{k=0}^{n}a_k B_{n,k}^{(l)}w^k\|_{L^p(|w|=1)}$$

$$\leqslant c\omega_l\left(\frac{1}{n},\ f\right)_p,\tag{5.69}$$

其中由公式(1.55)可确定广义 Faber 多项式 $\Pi_k(z)$, $k=0, 1, \cdots$, $a_k^{(p)}$ 是 $F(z)$ 的广义 Faber 多项式展开系数,

$$a_k^{(p)} = \frac{1}{2\pi i}\int_{|\tau|=1} \frac{F[\Psi(\tau)]\Psi'(\tau)^{\frac{1}{p}}}{\tau^{k+1}} d\tau, \ k=0,1,2,\cdots. \tag{5.70}$$

$$f(w) = \frac{1}{2\pi i}\int_{|\tau|=1} \frac{F[\Psi(\tau)]\Psi'(\tau)^{\frac{1}{p}}}{\tau - w} d\tau. \tag{5.71}$$

即 $T_p f = F$, 其中算子 $T_p$ 由(4.48)确定. $B_{n,k}^{(l)}$, $0 \leqslant k \leqslant n$ 为求和系数矩阵,它由§3 定理 1 中算子确定, $l$ 为任意自然数, $\omega_l(\delta, f)_p$ 为函数 $f(z)$ 在空间 $L^p(|w|=1)$ 中的 $l$ 次连续模.

**证** 只要注意到在定理 10 的条件下,根据§4 中定理 10 与 15,由(4.48)及(4.49)所确定的算子 $T_p$ 与 $T_p^{-1}$ 互为逆算子,且都是有界线性算子,因此有 $T_p f = F$. 利用§3 中定理 1 的注,像在证明定理 1 中一样处理,再利用函数 $f(w)$ 在 $w=0$ 的 Taylor 系数,即函数 $F(z)$ 在区域 $D$ 中的广义 Faber 多项式展开系数,就能立刻证明了定理 10.

**定理 11** 设区域 $D$ 的边界 $\Gamma$ 满足 Альпер 条件(II),且 $F(z) \in E'(D)$,则任给自然数 $n$,存在广义 Faber 多项式的一种求和.

$$P_n(z) = \sum_{k=0}^{n} a_k^{(1)} B_{n,k}^{(l)} \Pi_k(z) \tag{5.72}$$

使得

$$\|F(z) - P_n(z)\|_{L(\Gamma)} \leqslant c\|f(w) - \sum_{k=0}^{n} a_k^{(1)} B_{n,k}^{(l)} w^k\|_{L(|w|=1)}$$

$$\leqslant c w_l\left(\frac{1}{n}, f\right), \tag{5.73}$$

其中由公式(1.55)可确定广义 Faber 多项式 $\Pi_k(z)$. 这里在(1.55)中取 $p=1$, $a_k^{(1)}$ 是 $F(z)$ 的广义 Faber 多项式展开系数,

$$a_k^{(l)} = \frac{1}{2\pi i}\int_{|\tau|=1} \frac{F[\Psi(\tau)]\Psi'(\tau)}{\tau^{k+1}} d\tau,\ k = 0,1,2,\cdots,$$

$$f(w) = \frac{1}{2\pi i}\int_{|\tau|=1} \frac{f[\Psi(\tau)]\Psi'(\tau)}{\tau - w} d\tau.$$

$f(w) \in H(|w| < 1)$，$B_{n,p}^{(l)}$ 为上面定理中提到的求和系数矩阵，$l$ 为任意自然数，$\omega_l\left(\frac{1}{n}, f\right)$ 为在空间 $L(|w| = 1)$ 中函数 $f(w)$ 的 $l$ 次连续模。

**证** 只要注意到 §4 中定理 18 可知，由(4.48)及(4.49)(其中取 $p = 1$) 所定义的算子 $T_1$ 与 $T_1^{-1}$ 互为逆算子，且都是有界线性算子，用在证明定理 10 时的方法就容易得到定理 11。

当 $l = 1$ 时，这是苏兆龙[189]的结果。

存在区域，它比 Альпер 条件 (II) 更弱，它是 $K_1$ 型区域。

**定理 12** (Andersson[3]) 设区域 $D$ 的边界 $\Gamma$ 是闭可求长 Jordan 曲线，要使它为 $K_1$ 型区域的充分条件是，

$$\lim_{\rho\to 1+0} \left\| \int_{|u|=1} \frac{\partial}{\partial u} [\arg\Psi(\rho w) - \Psi(\lambda u)]\,|du| \right\|_\infty = c_1 < +\infty, \tag{5.74}$$

其中 $\rho > 1$，$\lambda = \frac{\rho + 1}{2}$.

**证** 应用 §4 中公式(4.35)，我们对 $|u| = 1$ 有

$$\ln \frac{\Psi(\tau) - \Psi(\lambda u)}{\tau} = \frac{1}{\pi}\int_{|w|=1} \frac{\rho}{\tau - \rho w} \arg\left[\frac{\Psi(\rho w - \Psi(\lambda u)}{\rho w}\right] dw,$$

其中 $|\tau| > 1$，且认为保角半径为1. 由此得到

$$\frac{\Psi'(\lambda w)}{\Psi(\tau) - \Psi(\lambda u)} = \frac{1}{\pi}\int_{|w|=1} \frac{\rho}{\tau - \rho w} \cdot \left(-\frac{1}{\lambda}\frac{\partial}{\partial u}\arg[\Psi(\rho w) - \Psi(\lambda u)]\right) dw, \tag{5.75}$$

其中 $\rho > 1$，$\lambda = \frac{\rho + 1}{2}$，$|\tau| > 1$，$|u| = 1$.

现在对于 $f(w)\in H(|w|<1)$ 定义算子

$$(\widetilde{T}^{\rho}f)(u)=-\frac{1}{\pi\lambda}\int_{|w|=1}f(w)\frac{\partial}{\partial u}\arg[\Psi(\rho w)-\Psi(\lambda u)]dw,$$

$$\rho>1. \tag{5.76}$$

由定理的条件(5.23)知，

$$\|(\widetilde{T}^{\rho}f)(u)\|_{L(|u|=1)}\leqslant\frac{1}{\pi}\left\|\int_{|u|=1}\left|\frac{\partial}{\partial u}(\arg[\Psi(\rho w)\right.\right.$$

$$\left.\left.-\Psi(\lambda u)])\right||dw|\right\|_{\infty}\cdot\|f\|_{L(|w|=1)}<+\infty. \tag{5.77}$$

因此，它将 $H(|w|<1)$ 映射到 $L(|u|=1)$。

从广义 Faber 多项式 $(p=1)\Pi_k(z)$ 的定义知，

$$\frac{\Psi'(\lambda u)}{\Psi(\tau)-\Psi(\lambda u)}=\sum_{k=0}^{+\infty}\frac{\Pi_k[\Psi(\lambda u)]\cdot\Psi'(\lambda u)}{\tau^{k+1}},\quad|\tau|>\lambda. \tag{5.78}$$

另一方面，由(5.75)，根据算子 $\widetilde{T}^{\rho}$ 的定义(5.76)，有

$$\frac{\Psi'(\lambda u)}{\Psi(\tau)-\Psi(\lambda u)}=\widetilde{T}^{\rho}\left(\frac{\rho}{\tau-\rho w}\right)=\sum_{k=0}^{+\infty}\left(\frac{\rho}{\tau}\right)^{k+1}\widetilde{T}^{\rho}(w^k)(u). \tag{5.79}$$

比较(5.78)与(5.79)就得到

$$\widetilde{T}^{\rho}(w)^k(u)=\frac{1}{\rho^{k+1}}\Pi_k[\Psi(\lambda u)]\Psi'(\lambda u),\ k=0,1,2,\cdots. \tag{5.80}$$

由于上式右边当 $\rho\to1+0$ 时有极限，因此可以规定算子

$$\widetilde{T}(w^k)(u)=\Pi_k[\Psi(u)]\Psi'(u),k=0,1,\cdots,$$

即对任意的多项式 $P(w)$，有

$$\lim_{\rho\to1+0}\widetilde{T}^{\rho}p=Tp. \tag{5.81}$$

由定理的条件或从(5.77)看出，

$$\lim_{\rho\to1-0}\|\widetilde{T}^{\rho}\|=c, \tag{5.82}$$

因此从(5.81)及(5.82)得

$$\|\widetilde{T}P\|_{L(|w|=1)}\leqslant c\|P\|_{L(|w|=1)}.$$

对于由(4.48)所确定的算子 $T_1$（取 $p=1$），对任意多项式 $P(w)$，就有

$$(T_1P)(\Psi(u))\cdot\Psi'(u)=(\tilde{T}P)(u),$$

由此得

$$\|T_1P\|_{L(\Gamma)}\leqslant c\|P\|_{L(|w|=1)},$$

其中 $c$ 为常数。

这样一来，类似于§4 中定理 1 以及 $E(D)$ 中多项式的完备性，算子 $T_1$ 可以从全体多项式空间开拓到空间 $E(D)$ 中的有界线性算子，即区域 $D$ 是 $K_1$ 型区域。

定理 12 证毕。

**注** 从条件(5.74)看出，从几何上，只要对区域 $D$ 外任意固定点，割线方向的变化一致有界就行。如当曲线 $\Gamma$ 由有限多个充分光滑弧所组成时，就能够满足要求。

## §6. 插值多项式的概念及收敛性问题

函数插值与函数逼近有密切的关系（有关实插值，参看文献[157] [158]），且插值多项式也可以看作实现逼近的一个重要工具。在这一节中，我们首先介绍插值基点选取的一些基本知识，插值多项式构造法，插值多项式的收敛性问题等，然后再在下一节中研究插值多项式实现逼近问题。今后我们还要介绍插值有理函数来实现逼近问题。

设在复平面上给定了 $n+1$ 个点 $z_0,z_1,\cdots,z_n$，它们之间互不相同，要求构造一个 $n$ 次多项式 $P_n(z)$，它在点 $z=z_i$ 上取得预先给定的值 $w_i$，$i=0,1,2\cdots,n$：

$$P_n(z_i)=w_i,\quad i=0,1,2,\cdots,n \tag{6.1}$$

设

$$P_n(z)=a_0+a_1z+\cdots+a_nz^n,$$

则由(6.1)得到 $n+1$ 个未知数为 $a_i$，$0\leqslant i\leqslant n$ 的 $n+1$ 个线性方程

$$
\begin{aligned}
a_0 z_0 + a_1 z_0 + \cdots + a_n z_0^n &= w_0, \\
a_0 z_1 + a_1 z_1 + \cdots + a_n z_1^n &= w_1, \\
&\cdots \\
a_0 z_n + a_1 z_n + \cdots + a_n z_n^n &= w_n,
\end{aligned}
\tag{6.2}
$$

其系数行列式为 Vandermonde 行列式:

$$
\begin{vmatrix}
1 & z_0 & z_0^2 \cdots z_0^n \\
1 & z_1 & z_1^2 \cdots z_1^n \\
 & \cdots & \\
1 & z_n & z_n^2 \cdots z_n^n
\end{vmatrix}
= \prod_{i<k} (z_i - z_k) \neq 0.
$$

因此,这个方程组(6.2)有唯一的解, 且可以用行列式把其清楚地表达出来.

这里我们模仿 $n+1$ 维向量可以用 $n+1$ 维空间中 $n+1$ 个基向量来表示的思想,也可以更清楚地写出其表示式: 对任何 $k$, $k=0,1,2,\cdots,n$, 构造 $n$ 次多项式 $l_k(z)$, 使得满足

$$
l_k(z_i) = \begin{cases} 1, & i = k, \\ 0, & i \neq k, 1 \leqslant i \leqslant n. \end{cases} \tag{6.3}
$$

显然,这个多项式为

$$
l_k(z) = \frac{\omega(z)}{(z - z_k)\omega'(z_k)}, \quad k = 0,1,\cdots,n, \tag{6.4}
$$

其中

$$
\omega(z) = \prod_{i=0}^{n} (z - z_i). \tag{6.5}
$$

我们称 $\{l_k(z)\}$, $0 \leqslant k \leqslant n$ 为基多项式. 因此,满足条件(6.1)的唯一的 $n$ 次多项式 $P_n(z)$ 的表示式为,

$$
P_n(z) = \sum_{k=0}^{n} w_k l_k(z) = \sum_{k=0}^{n} \frac{w_k \omega(z)}{(z - z_k)\omega(z_k)} \tag{6.6}
$$

这就称为 Lagrange 插值多项式.

现在我们对于每一个 $z_i$, $0 \leqslant i \leqslant n$, 对应着 $s_i$ 个数 $w_i^{(\nu)}$, $\nu = 0,1,\cdots,s_i - 1, i = 0,1,\cdots,n$. 要求构造一个 $N$ 次多项式 $P_N(z)$, $N = \left(\sum_{i=0}^{n} s_i\right) - 1$, 使得满足

$$P_N^{(h)}(z_i) = w_i^{(h)}, i = 0,1,\cdots,n, h = 0,1,\cdots,s_i - 1. \tag{6.7}$$

像上面一样，首先构造基多项式。若对任意的非负数 $i = 0, 1,\cdots,n$，及 $h = 0, 1,\cdots s_i - 1$，存在$N$次多项式 $L_{i,h}(z)$，使得满足

$$L_{i,h}^{(j)}(z_k) = \begin{cases} 0, i \neq k, i,k = 0,1,\cdots,n, j = 0,1,\cdots,s_k - 1, \\ 0, i = k, i = k = 0,1,\cdots,n, \\ \quad j \neq h, j,h = 0,1,\cdots,s_k - 1, \\ 1, i = k, i = k = 0,1,\cdots,n, \\ \quad j = h, j = h = 0,1,\cdots,s_k - 1, \end{cases} \tag{6.8}$$

则多项式

$$P_n(z) = \sum_{i=0}^{n} \sum_{h=0}^{s_i-1} w_i^{(h)} L_{i,h}(z), \tag{6.9}$$

就能满足要求。这个多项式称为 Hermite 插值多项式。

现在我们来寻找满足条件(6.8)的基多项式 $L_{i,h}(z)$，$i = 0, 1,\cdots,n, h = 0,1,\cdots,s_k - 1$。

由条件(6.8)知，多项式 $L_{i,h}(z)$ 以 $z_0,\cdots,z_{i-1}, z_{i+1},\cdots,z_n$ 为零点，且其重数分别为 $s_0,\cdots,s_{i-1},s_{i+1},\cdots,s_n$，且以 $z = z_i$ 为其 $n$ 级零点，因此它必有形式:

$$\begin{aligned} L_{i,h}(z) = &(z - z_0)^{s_0}\cdots(z - z_{i-1})^{s_{i-1}}(z_0 - z_i)^h \\ &\times (z - z_{i+1})^{s_{i+1}}\cdots(z - z_n)^{s_n} l_{i,h}(z), \end{aligned} \tag{6.10}$$

其中 $l_{i,h}(z)$ 是一个 $N - (s_0 + \cdots + s_{i-1} + h + s_{i+1} + \cdots + s_n) = s_i - h - 1$ 次多项式，令

$$A(z) = \prod_{j=0}^{n} (z - z_j)^{s_j}, \tag{6.11}$$

则由(6.10)知，多项式 $L_{i,h}(z)$ 可以改写为

$$L_{i,h}(z) = \frac{A(z)}{(z - z_i)^{s_i-h}} l_{i,h}(z). \tag{6.12}$$

为了确定 $l_{i,h}(z)$，再回到多项式 $L_{i,h}(z)$ 所满足的条件(6.8)。由

条件(6.8)知，多项式 $L_{i,h}(z)$ 在 $z=z_i$ 处的 Taylor 展开式具有下列形式:

$$L_{i,h}(z)=\frac{(z-z_i)^h}{h!}(1+c_1(z-z_i)^{s_i-h}+c_2(z-z_i)^{s_i-h+1}+\cdots), \tag{6.13}$$

其中 $c_i$ 为展开系数. 比较(6.12)与(6.13)得到

$$l_{i,h}(z)=\frac{1}{h!}\frac{(z-z_i)^{s_i}}{A(z)}(1+c_1(z-z_i)^{s_i-h}+c_2(z-z_i)^{s_i-h+1}+\cdots) \tag{6.14}$$

$$=\frac{1}{h!}\frac{(z-z_i)^{s_i}}{A(z)}+d_1\frac{(z-z_i)^{2s_i-h}}{}+d_2\frac{(z-z_i)^{2s_i-h+1}}{}+\cdots, \tag{6.15}$$

其中 $d_i$ 也是一些常数.

由于有理函数 $\frac{(z-z_i)^{s_i}}{A(z)}$ 在 $z=z_i$ 处解析，因此它在 $z=z_i$ 处有 Taylor 展开式:

$$\frac{(z-z_i)^{s_i}}{A(z)}=\sum_{j=0}^{+\infty}e_j(z-z_i)^j, \tag{6.16}$$

其中

$$e_j=\frac{1}{j!}\frac{d^j}{dz^j}\left(\frac{(z-z_i)^{s_i}}{A(z)}\right)\Bigg|_{z=z_i}, j=0,1,\cdots. \tag{6.17}$$

由于 $l_{i,h}(z)$ 是一个次数为 $s_i-h-1$ 次多项式,因此比较(6.16)与 $l_{i,h}(z)$ 的表示式(6.15)后知，$l_{i,h}(z)$ 只可能是函数 $\frac{1}{h!}\frac{(z-z_i)^{s_i}}{A(z)}$ 在 $z=z_i$ 处 Taylor 展开式(6.16)的前 $s_i-h$ 项之和:

$$l_{i,h}(z)=\frac{1}{h!}\sum_{j=0}^{s_i-h-1}e_j(z-z_i)^j. \tag{6.18}$$

由此得

$$L_{i,h}(z)=\frac{A(z)}{(z-z_i)^{s_i}}\cdot\frac{(z-z_i)^h}{h!}\sum_{j=0}^{s_i-(h+1)}e_j(z-z_i)^j. \tag{6.19}$$

事实上，这也可以通过 $L_{i,h}(z)$ 的表达式直接来验证条件(6.8)成立。这就得到了 $P_N(z)$ 的表示式(6.9)。

另一方面，显然满足条件(6.7)的 $N=\left(\sum_{j=0}^{n} s_i\right)-1$ 次多项式是唯一的。事实上，若还有一个 $N$ 次多项式 $G_N(z)$ 也满足条件(6.7)，则我们有

$$(G_N(z_i)-P_N(z_i))^{(h)}=0,\quad i=0,1,2,\cdots,n,$$
$$h=0,1,\cdots,s_i-1,$$

这表示 $N$ 次多项式 $G_N(z)-P_N(z)$ 以 $z_i$ 为 $s_i$ 级零点，$i=0,1,\cdots,n$，即共有 $\sum_{i=0}^{n} s_i=N+1$ 个零点，这里将 $n$ 级零点就算成 $n$ 个零点。根据代数基本定理，就有

$$G_N(z)-P_N(z)\equiv 0,$$

这就证明了满足条件(6.7)的多项式是唯一的，即是由公式(6.9)所表示的 $N$ 次多项式 $P_N(z)$。

现在设函数 $f(z)\in A(\bar{D})$，其中 $D$ 是区域，其边界 $\Gamma$ 是闭 Jordan 可求长曲线。设点列 $\{z_i\}_{i=0}^{n}\subset D$，根据上面的讨论，存在唯一的 $N=\left(\sum_{i=0}^{n} s_i\right)-1$ 次多项式 $P_N(z)$，它满足

$$P_N^{(\nu)}(z_i)=f^{(\nu)}(z_i),\quad i=0,1,\cdots,n,$$
$$\nu=0,1,\cdots,s_i-1,\tag{6.20}$$

其中 $s_i$，$0\leqslant i\leqslant n$ 是给定的非负整数。此时，我们称多项式 $P_N(z)$ 为函数 $f(z)$ 以 $\{z_i\}_{i=0}^{n}$ 为插值基点，重数分别为 $s_i, i=0,1,\cdots,n$ 的 $N$ 次插值多项式。我们可以给出这个插值多项式的一个积分表示式，同时也给出余项 $f(z)-P_N(z)$ 的一个积分表示式。

**定理 1** 在上述条件下，$N$ 次插值多项式 $P_N(z)$ 的积分表示式为，

$$P_N(z)=\frac{1}{2\pi i}\int_\Gamma\frac{A(\zeta)-A(z)}{A(\zeta)}\frac{f(\zeta)}{\zeta-z}d\zeta,\ z\in\bar{D},\quad(6.21)$$

其中函数 $A(z)$ 由公式(6.11)确定，且余项的积分表示式为，

$$f(z)-P_N(z)=\frac{1}{2\pi i}\int_\Gamma\frac{A(z)}{A(\zeta)}\frac{f(\zeta)}{\zeta-z}d\zeta,\ z\in D.\quad(6.22)$$

**证** 事实上，容易看出，在 (6.21) 中积分号下的函数 $\frac{A(\zeta)-A(z)}{\zeta-z}$ 是一个关于 $\zeta$ 与 $z$ 的 $N$ 次多项式，因此(6.21) 中积分表示一个 $N$ 次多项式．由(6.21)可以得到(6.22)．在 (6.22) 中右边有一个因子 $A(z)$，它显然满足

$$A^{(j)}(z_i)=0,\ i=0,1,\cdots,n,j=0,1,\cdots,s_i-1.\quad(6.23)$$

因此，由(6.22)及(6.23)知，(6.21) 所确定的 $N$ 次多项式满足插值条件，即 $P_N(z)$ 是 $N$ 次插值多项式．

定理 1 证毕．

公式(6.21)称为 Hermite 公式．

自然地会问；设函数 $f(z)\in A(\bar{D})$，在区域 $D$ 或闭区域 $\bar{D}$ 上是否存在点到 $z_i^{(n)}$，$i=0,1,2,\cdots n$，使得其对应的 Lagrange 多项式(若点列 $z_i^{(n)}$ 中有相同的点，则是 Hermite 多项式）在闭区域 $\bar{D}$ 上一致收敛到函数 $f(z)$?

首先考虑 $D$ 是单位圆 $|z|<1$ 时的情况．

**定理 2**[62] 设函数 $f(z)$ 在单位圆 $|z|<1$ 内解析，插值基点为

$$z_k^{(n)}=re^{\frac{2\pi ki}{n+1}},\ k=0,1,\cdots,\ n,\ r<1,\quad(6.24)$$

则对于任意的 $R<\frac{1}{\gamma}$，一致地有

$$\lim_{n\to+\infty}(L_n(z)-S_n(z))=0,\ |z|\leqslant R,\quad(6.25)$$

其中 $L_n(z)$ 是 $f(z)$ 以 (6.24) 为插值基点的 $n$ 次插值多项式，

$S_n(z)$ 是 $f(z)$ 在 $z=0$ 的 Taylor 展开的 $n$ 次部分和。

**证** 由定理 1，插值多项式 $L_n(z)$ 与 $S_n(z)$ 的积分表示式为，

$$L_n(z)=\frac{1}{2\pi i}\int_{|t|=r_1}\frac{(t^{n+1}-r^{n+1})-(z^{n+1}-r^{n+1})}{t^{n+1}-r^{n+1}}\times\frac{f(z)}{t-z}dt$$

及

$$S_n(z)=\frac{1}{2\pi i}\int_{|t|=r_1}\frac{t^{n+1}-z^{n+1}}{t^{n+1}}\frac{f(t)}{t-z}dt,$$

其中 $r<r_1<1$，因此

$$L_n(z)-S_n(z)=\frac{r^{n+1}}{2\pi i}\int_{|t|=r_1}\frac{t^{n+1}-z^{n+1}}{t^{n+1}(t^{n+1}-r^{n+1})}\times\frac{f(z)}{t-z}dt,\quad |z|<r_1.$$

由解析开拓知，上面等式对任意复函数都成立。因此，对于 $|z|=R>1$，我们有

$$L_n(z)-S_n(z)=O\left(\frac{r^nR^n}{r_1^{2n}}\right),(n\to+\infty).$$

因为 $r_1$ 可以任意地接近于 1，因此对于任何的 $R<\frac{1}{r}$，

$$\lim_{n\to+\infty}\max_{|z|\leqslant R}|L_n(z)-S_n(z)|=0.$$

定理 2 证毕。

**注** 利用序列 $S_n(z)$ 在 $|z|<1$ 内闭一致收敛到函数 $f(z)$，因此由定理 2 知，Lagrange 插值多项式 $L_n(z)$ 在 $|z|<1$ 内闭一致收敛。

顺便指出，由于这里假设函数 $f(z)$ 在 $|z|\leqslant r$ 上解析，而插值基点(6.24)位于 $|z|\leqslant r$ 上，因此得到了 Lagrange 插值多项式 $L_n(z)$ 在 $|z|\leqslant r$ 上的一致收敛到函数 $f(z)$的结论。若只考虑开圆内闭一致收敛性，则我们有下列定理。

**定理 3** (参见 Fejér 的著作[51],也可以参看文献[135]) 设函数 $f(z)\in A(|z|\leqslant 1)$. 考虑单位圆周 $|z|=1$ 上的等距离插值基点,

$$z_k^{(n)}=e^{\frac{2\pi ki}{n+1}},\ k=0,1,\cdots,n, \tag{6.26}$$

则函数 $f(z)$ 在 $\{z_k^{(n)}\}$, $k=0,1,\cdots,n$ 上的 $n$ 次 Lagrange 插值多项式 $L_n(z)$ 在单位圆 $|z|<1$ 内闭一致收敛到函数 $f(z)$.

**证** 设 $|z|<1$,则我们有

$$\begin{aligned}
L_n(z)&=\sum_{k=0}^{n}f(z_k^{(n)})\frac{z^{n+1}-1}{z-z_k^{(n)}}\frac{z_k^{(n)}}{n+1}\\
&=(z^{n+1}-1)\frac{1}{2\pi}\sum_{k=0}^{n}\frac{f(e^{\frac{2\pi ki}{n+1}})e^{\frac{2\pi ki}{n+1}}}{z-e^{\frac{2\pi ki}{n+1}}}\ \frac{2\pi}{n+1}\\
&\to-\frac{1}{2\pi}\int_0^{2\pi}\frac{f(e^{i\theta})e^{i\theta}}{z-e^{i\theta}}d\theta\\
&=\frac{1}{2\pi i}\int_{|\zeta|=1}\frac{f(\zeta)}{\zeta-z}d\zeta=f(z).
\end{aligned} \tag{6.27}$$

现在我们证明,插值多项式系 $\{L_n(z)\}$ 在单位圆 $|z|<1$ 内闭一致有界. 事实上,设

$$M=\max_{|z|\leqslant 1}|f(z)|,$$

则

$$|L_n(z)|\leqslant\frac{2}{n+1}\frac{M}{1-|z|}(n+1)=\frac{2M}{1-|z|}. \tag{6.28}$$

由此由 $\{L_n(z)\}$ 在 $|z|<1$ 内闭一致有界性(见(6.28))以及在 $|z|<1$ 内收敛到函数 $f(z)$(见(6.27)), 根据 Vitali 定理知, Lagrange 插值多项式 $L_n(z)$ 在单位圆 $|z|<1$ 内闭一致收敛到函数 $f(z)$.

定理 3 证毕.

自然地会问,对于函数类 $A(|z|\leqslant 1)$ 中的函数 $f(z)$, 若选取插值基点为(6.26),其 Lagrange 插值多项式 $L_n(z)$ 是否在闭圆 $|z|\leqslant 1$ 上一致收敛到函数 $f(z)$? 答案是否定的. 这首先是

由 Fejér 所发现的[51]或[135]. 我们在这里给出 Альпер 的一个简单的证明(参见文献[6]). 为此, 首先证明几个引理,它们本身也都有独立的意义.

考虑复平面上任意点列 $\{z_k^{(n)}\}$, $k=1, 2, \cdots, n$, 及由插值基函数 $l_k^{(n)}(z)$(见(6.4))所构成的函数

$$\lambda_n(z)=\sum_{k=1}^{n}|l_k^{(n)}(z)|, \tag{6.29}$$

它被称为 Lebesgue 函数. 若 $z_k^{(n)}\in\bar{D}$, $k=1,2,\cdots,n$, 其中 $D$ 是某个单连通区域,则称

$$\lambda_n=\max_{z\in\bar{D}}\lambda_n(z) \tag{6.30}$$

为区域 $D$ 上的关于点列 $\{z_k^{(n)}\}$, $k=1,2,\cdots,n$, 的 Lebesgue 常数, 或简单地称为 Lebesgue 常数. 它在研究函数插值理论中起很大的作用.

**引理 1** 对于 $|z|=1$ 上任何插值基点 $\{z_k^{(n)}\}$, $k=1, 2, \cdots, n$,

$$\lambda_n>\frac{\ln(n+1)}{4\lambda},\quad n=1,2,\cdots, \tag{6.31}$$

其中

$$\lambda=\int_0^{\pi}\frac{\sin x}{x}dx>0. \tag{6.32}$$

**证** 考虑二个多项式

$$A(z)=\frac{1}{n}+\frac{z}{n-1}+\cdots+\frac{z^{n-1}}{1}, \tag{6.33}$$

与

$$B(z)=\frac{z^{n+1}}{1}+\frac{z^{n+2}}{2}+\cdots+\frac{z^{2n}}{n}. \tag{6.34}$$

我们现在来证明

$$\max_{|z|\leqslant1}|A(z)-B(z)|\leqslant2\lambda=2\int_0^{\pi}\frac{\sin\theta}{\theta}d\theta. \tag{6.35}$$

事实上,令 $z=e^{i\theta}$, $0\leqslant\theta\leqslant2\pi$, 我们有

$$|A(e^{i\theta})-B(e^{i\theta})|=|e^{in\theta}|\left|\frac{e^{-in\theta}}{n}+\frac{e^{-i(n-1)\theta}}{n-1}\right.$$

$$\left.+\cdots+\frac{e^{-i\theta}}{1}-\frac{e^{i\theta}}{1}-\frac{e^{2i\theta}}{2}-\cdots-\frac{e^{in\theta}}{n}\right|=2\left|\frac{\sin n\theta}{n}\right.$$

$$\left.+\frac{\sin(n-1)\theta}{n-1}+\cdots+\frac{\sin\theta}{1}\right|. \qquad (6.36)$$

令

$$p_n(\theta)=\sum_{k=1}^{n}\frac{\sin k\theta}{k} \qquad (6.37)$$

由于 $p_n(z)$ 是奇函数且以 $2\pi$ 为周期，因此为了要估计其最大模，只要在区间 $[0,\pi]$ 上进行就行了.

容易看出，点

$$\theta_k'=\frac{2k}{n}\pi,\ k=1,2,\cdots,\left[\frac{n-1}{2}\right],$$

$$\theta_k''=\frac{2k-1}{2n}\pi,\ k=1,2,\cdots,\left[\frac{n+1}{2}\right].$$

对应地是函数 $p_n(\theta)$ 的极小值与极大值点，且除此以外再也没有极值点了. 现在证明，函数 $p_n(\theta)$ 的极大值与极小值都随着 $k$ 增长而减少. 例如，我们考虑极大值，就有

$$\lambda_n(\theta_{k+1}'')-\lambda_n(\theta_k'')$$

$$=\frac{1}{2}\int_{\frac{2k-1}{n+1}\pi}^{\frac{2k+1}{n+1}\pi}\left(\frac{\sin\frac{2n+1}{2}\theta}{\sin\frac{\theta}{2}}-1\right)d\theta$$

$$<\frac{1}{2}\int_{\frac{2k-1}{n+1}\pi}^{\frac{2k+1}{n+1}\pi}\frac{\sin\frac{2n+1}{2}\theta}{\sin\frac{\theta}{2}}d\theta.$$

注意到被积函数在区间 $\frac{2k-1}{n+1}\pi<\theta<\frac{4k}{2n+1}\pi$ 与 $\frac{4k}{2n+1}\pi<\theta<\frac{2k+1}{n+1}\pi$ 中分别取负值与正值，因此将积分表示为这二个区间中积分之和，然后对这二个积分进行上界估计，就可以得到

$$\lambda_n(\theta''_{k+1})-\lambda_n(\theta'_k)<\frac{1}{2\sin\frac{2k}{2n+1}\pi}\times\int_{\frac{2k-1}{n+1}\pi}^{\frac{2k+1}{n+1}\pi}\sin\frac{2n+1}{2}\theta d\theta$$

$$=\frac{\cos\frac{2k+1}{2(n+1)}\pi-\cos\frac{2k-1}{2(n+1)}\pi}{(2n+1)\sin\frac{2k}{2n+1}\pi}<0.$$

此外，我们还可以证明，函数 $p_n(\theta)$ 的最后一个极小值是正的．事实上，我们不妨设 $n=2m$（$n$ 是奇数时，一样地可以证明），就有

$$\lambda_n(\theta'_{m-1})=\lambda(\theta'_{m-1})-\lambda_n(\pi)$$

$$=\frac{1}{2}\int_{\frac{m-1}{m}\pi}^{\pi}\left[1-\frac{\sin\frac{4m+1}{2}\theta}{\sin\frac{\theta}{2}}\right]d\theta$$

$$\geqslant\frac{1}{2}\int_{\frac{m-1}{m}\pi}^{\pi}\left[1-\frac{\sin\frac{4m+1}{2}\theta}{\sin\frac{2m}{4m+1}\pi}\right]d\theta$$

$$=\frac{\pi}{2m}-\frac{\sin\frac{\pi}{2m}}{(4m+1)\sin\frac{2m}{4m+1}\pi}>0.$$

由此推出，

1° $\lambda_n(\theta) > 0$，$0 < \theta < \pi$，

2° $$\sup_\theta |\lambda_n(\theta)| = \lambda_n(\theta_1'') = \sum_{k=1}^{n} \frac{\sin \frac{k}{n+1}\pi}{k}$$

$$= \sum_{k=1}^{n} \frac{\sin \frac{k}{n+1}\pi}{\frac{k}{n+1}\pi} \frac{\pi}{n+1},$$

而后者是积分

$$\int_0^\pi \frac{\sin x}{x} dx$$

的积分和. 由于被积函数 $\frac{\sin x}{x}$ 在区间 $[0,\pi]$ 上单调下降，若将积分和与积分相比较，容易看出这个积分和小于上述积分. 由此，比较(6.36)与(6.37)就立刻得到了(6.35).

现在对于单位圆周 $|z| = 1$ 上任何的插值基点 $\{z_k^{(n)}\}$，$k = 1,2,\cdots,n$，构造其基函数 $l_k(z)$，它是 $n-1$ 次多项式，且满足

$$l_k(z_i^{(n)}) = \begin{cases} 1, & i = k, \\ 0, & i \neq k, \quad i = 1,2,\cdots,n, \end{cases} \quad k = 1,2,\cdots,n,$$

我们再构造一个只以 $z=0$ 及 $z=\infty$ 为极点的有理函数

$$U(z) = A(z^2) - \sum_{k=1}^{n} \left[ B(z_k^{(n)} z) + B\left(\frac{z_k^{(n)}}{z}\right) \right] l_k(z). \tag{6.38}$$

显然，根据代数基本定理，它必有一根 $\alpha \neq 0$，即

$$U(\alpha) = 0, \quad \alpha \neq 0. \tag{6.39}$$

由此，再构造一个 $n-1$ 次代数多项式：

$$P(z) = A(\alpha z) + A\left(\frac{z}{\alpha}\right) - \sum_{k=1}^{n} \left[ B(z_k^{(n)} \alpha) \right.$$

$$+ B\left(\frac{z_k^{(n)}}{\alpha}\right)\Big] l_k(z). \tag{6.40}$$

利用(6.35),我们有

$$|P(z_k^{(n)})| = A(\alpha z_k^{(n)}) + A\left(\frac{z_k^{(n)}}{\alpha}\right) - B(\alpha z_k^{(n)})$$

$$- B\left(\frac{z_k^{(n)}}{\alpha}\right)\Big| \leqslant 4\lambda,\ k = 1,2,\cdots,n, \tag{6.41}$$

且利用(6.38)与(6.39)得到

$$|P(\alpha)| = \Big|A(\alpha^2) + A(1) - \sum_{k=1}^{n}\Big[B(z_k^{(n)}\alpha)$$

$$+ B\left(\frac{z_k^{(n)}}{\alpha}\right)\Big] l_k(\alpha)\Big| = A(1) = \frac{1}{n} + \frac{1}{n-1}$$

$$+ \cdots + \frac{1}{1} > \int_1^{n+1}\frac{dx}{x} = \ln(n+1). \tag{6.42}$$

对于由(6.40)所定义 $n-1$ 次多项式 $P(z)$ 的表示式为

$$P(z) = \sum_{k=1}^{n} P(z_k^{(n)}) l_k(z).$$

由此利用(6.41)及(6 42),从上式得到

$$\ln(n+1) < |P(\alpha)| \leqslant \sum_{k=1}^{n} |P(z_k^{(n)})||l_k(\alpha)|$$

$$\leqslant 4\lambda \sum_{k=1}^{n} |l_k(\alpha)|,$$

这就得到了

$$\lambda_n = \max_{|z|\leqslant 1} \sum_{k=1}^{n} |\lambda_k(z)| \geqslant \frac{\ln(n+1)}{4\lambda}.$$

引理 1 证毕.

**引理 2** (Альпер[6])对在单位圆周 $|z| = 1$ 上任意的$\{z_k^{(n)}\}$, $k = 1,2,\cdots,n$. 任意 $n$ 个数 $\{w_k^{(n)}\}$, $|w_k^{(n)}| = 1, k = 1,2,\cdots,$

$n$ 以及任给 $\varepsilon > 0$,存在闭圆 $|z| \leqslant 1$ 上解析函数 $\varphi_n(z)$,使得满足

$$1° \quad \varphi_n(z_k^{(n)}) = w_k^{(n)}, \ k = 1,2,\cdots,n, \tag{6.43}$$

$$2° \quad \max_{|z|\leqslant 1} |\varphi_n(z)| \leqslant 1 + \varepsilon. \tag{6.44}$$

**证** 对于点列 $\{z_k^{(n)}\}$ 的基函数 $l_k(z)$,在 $|z| = 1$ 上,必存在以 $z_k^{(n)}$ 为中心的弧 $\sigma_k$,它们之间互不相交,且满足

$$\max_{z\in\sigma_k} |l_k(z)| \leqslant 1 + \frac{\varepsilon}{n}, \ k = 1,2,\cdots, n. \tag{6.45}$$

设函数 $P_k(z)$ 将 $|z| < 1$ 保角映射到 $|w - 2| < 1$,且满足 $P_k(z_k^{(n)}) = 1$,因而就有

$$|P_k(z)| > 1, \ |z| \leqslant 1, \ z \neq z_k^{(n)}. \tag{6.46}$$

令 $\tau_k = \{(|z| = 1)\backslash\{\sigma_k\}\}$,则可以选择正整数 $s_k$,使得满足

$$\max_{z\in\tau_k} \left|\frac{l_k(z)}{(P_k|z|)^{s_k}}\right| \leqslant \frac{\varepsilon}{n}. \tag{6.47}$$

现在构造函数

$$\varphi_n(z) = \sum_{k=1}^{n} \frac{l_k(z)}{[P_k(z)]^{s_k}} w_k^{(n)}. \tag{6.48}$$

它就能满足引理 2 的全部要求了.

显然,函数 $\varphi_n(z)$ 在闭圆 $|z| \leqslant 1$ 上解析,且

$$\varphi_n(z_i^{(n)}) = \sum_{k=1}^{n} \frac{l_k(z_i^{(n)})}{[P_k(z_i^{(n)})]^{s_k}} w_k^{(n)} = w_i^{(n)}, i = 1,2,\cdots,n.$$

为了估计 $\max\limits_{|z|=1} |\varphi_n(z)|$,对每一个 $z$, $|z| = 1$, 若 $z$ 属于某一个 $\sigma_k$, 则利用(6.45)及(6.46)就有

$$\left|\frac{l_k(z)}{[P_k(z)]^{s_k}} w_k^{(n)}\right| \leqslant 1 + \frac{\varepsilon}{n}.$$

此时 $z$ 必属于其它所有的 $\tau_i(i \neq k)$ 中,因此利用(6.47)就得到

$$\left|\frac{l_i(z)}{[P_i(z)]^{s_i}} w_i^{(n)}\right| \leqslant \frac{\varepsilon}{n}, i \neq k. \tag{6.49}$$

由此得到

$$|\varphi_n(z)| \leqslant 1+\varepsilon.$$

若 $z$（设 $|z|=1$）不在所有的 $\sigma_k$ 的和集中，则它必属于 $\bigcap \tau_k$，因此(6.49)对所有的 $i=1,2,\cdots,n$ 都成立，因此有

$$|\varphi_n(z)| \leqslant \varepsilon,$$

这就证明了引理 2.

现在我们已有条件证明下列定理了.

**定理 4**[62,67] 对于单位圆周 $|z|=1$ 上任何插值基点 $\{z_k^{(n)}\}$，$k=1,2,\cdots,n$，$n=1,2,\cdots$，可以找到函数 $f_0(z)\in A(|z|\leqslant 1)$，使得其 $n-1$ 次 Lagrange 插值多项式 $L_n(f_0, z)$ 在闭圆 $|z|\leqslant 1$ 上不一致收敛到函数 $f_0(z)$.

**证** 用反证法，设对任意函数 $f(z)\in A(|z|\leqslant 1)$，其 $n-1$ 次 Lagrange 插值多项式 $L_n(f; z)$ 都在闭圆 $|z|\leqslant 1$ 上一致收敛到函数 $f(z)$.

对于插值基点为 $\{z_k^{(n)}\}$，$k=1, 2,\cdots, n$ 所构造的基函数 $l_k^{(n)}(z), k=1,2,\cdots,n$，令

$$\psi_k^{(n)}=\arg l_k^{(n)}(\zeta_n),$$

其中

$$\lambda_n=\max_{|z|\leqslant 1}\lambda_n(z)=\lambda_n(\zeta_n), |\zeta_n|=1.$$

现在取引理 2 中的在闭圆 $|z|\leqslant 1$ 上的解析函数 $\varphi_n(z)$，它满足

$$\varphi_n(z_k^{(n)})=e^{-i\psi_k^{(n)}}, k=1,2,\cdots,n$$

及

$$\max_{|z|\leqslant 1}|\varphi_n(z)|\leqslant 1+\varepsilon. \tag{6.50}$$

显然有

$$L_n(\varphi_n;\zeta_n)=\sum_{k=1}^{n}\varphi_n(z_k^{(n)})l_k^{(n)}(\zeta_n)$$

$$=\sum_{k=1}^{n}e^{-i\psi_k^{(n)}}|l_k^{(n)}(\zeta_n)|e^{i\psi_k^{(n)}}$$

$$= \sum_{k=1}^{n} |l_k^{(n)}(\zeta_n)| = \lambda_n(\zeta_n) = \lambda_n. \tag{6.51}$$

利用反证法的假设，以及利用引理 1，我们可以找到一串自然数序列 $n_1 < n_2 < \cdots < n_m, \cdots, n'_m \uparrow +\infty$，使得满足

$$\left| L_{n_m}\left(\frac{\varphi_{n_1}}{3} + \frac{\varphi_{n_2}}{3^2} + \cdots + \frac{\varphi_{n_{m-1}}}{3^{m-1}}; z\right)\right| \leqslant 1, |z| \leqslant 1 \tag{6.52}$$

及

$$\lambda_{n_m} > 2(m+1)3^m. \tag{6.53}$$

现在我们取函数

$$f_1(z) = \sum_{k=1}^{+\infty} \frac{\varphi_{n_k}(z)}{3^k}. \tag{6.54}$$

由(6.50)及 Weierstrass 定理知，它是开圆 $|z| < 1$ 上的解析函数，闭圆 $|z| \leqslant 1$ 上的连续函数，即 $f_1(z) \in A(|z| \leqslant 1)$。

另一方面，由(6.50)—(6.54)，我们有

$$\begin{aligned}
|L_{n_m}(f_1;\zeta_{n_m})| &= \left| L_{n_m}\left(\sum_{k=1}^{m-1} \frac{\varphi_{n_k}(z)}{3^k}; \zeta_{n_m}\right)\right. \\
&\quad + L_{n_m}\left(\frac{\varphi_{n_m}(z)}{3^m}; \zeta_{n_m}\right) + \\
&\quad \left. L_{n_m}\left(\sum_{k=m+1}^{+\infty} \frac{\varphi_{n_k}(z)}{3^k}; \zeta_{n_m}\right)\right| \\
&\geqslant \lambda_{n_m} - \left| L_{n_m}\left(\sum_{k=1}^{m-1} \frac{\varphi_{n_k}(z)}{3^k}; \zeta_{n_m}\right)\right| \\
&\quad - \left| L_{n_m}\left(\sum_{k=m+1}^{+\infty} \frac{\varphi_{n_k}(z)}{3^k}; \zeta_{n_m}\right)\right| \\
&\geqslant \frac{1}{3^m}\lambda_{n_m} - 1 - \frac{1}{3^{m+1}}(1+\varepsilon) \cdot \frac{1}{1-\frac{1}{3}}\lambda_{n_m} \\
&= \lambda_{n_m}\left(\frac{1}{3^m} - \frac{1+\varepsilon}{2}\frac{1}{3^m}\right) - 1
\end{aligned}$$

$$\geqslant \frac{1}{3^m}\frac{1-\varepsilon}{2}\cdot 2(m+1)3^m - 1$$

$$= (1-\varepsilon)(m+1) - 1 \to +\infty.$$

这就说明，函数 $f_1(z) \in A(|z| \leqslant 1)$ 关于基点 $\{z_k^{(n)}\}$, $k=1,2,\cdots,n$ 的 Lagrange 插值多项式 $L_n(f_1; z)$ 在闭圆 $|z| \leqslant 1$ 上不一致收敛到函数 $f_1(z)$. 这样就产生了矛盾.

定理 4 证毕.

如果我们考虑平均逼近，情况就会不同. 若取单位圆周上的插值基点为

$$z_k^{(n)} = e^{i\frac{2k\pi}{n}}, k = 0,1,\cdots,n-1。 \tag{6.55}$$

则早在 1939 年 Лозинский[88,89] 就证明了对任意的 $f(z) \in A(|z| \leqslant 1)$ 及 $p > 0$, 有

$$\lim_{n\to+\infty}\int_{|z|=1} |L_n(f;z) - f(z)|^p |dz| = 0. \tag{6.56}$$

后来，1964 年 Walsh 与 Sharma[200]对 $p=2$ 重新证明了(6.56). 1983 年 Sharma 与 Vertesi[132] 对任意的 $p>0$, 对(6.56)给出了一个简洁的证明. 我们将介绍这个结果，为此需要几个引理.

**引理 3**[50,132] 对于插值基点 (6.55) 的基函数 $l_k(z)$:

$$l_k(z) = \frac{z^n - 1}{z - w^k}\frac{w^k}{n}, w = e^{\frac{2\pi i}{n}}, k = 1,2,\cdots,n, \tag{6.57}$$

有

$$1^\circ \quad \int_{|z|=1} l_\nu(z)\overline{l_\mu(z)}|dz| = \begin{cases} 0, & \mu \neq \nu, \\ \frac{2\pi}{n}, & \mu = \nu. \end{cases}$$

$$2^\circ \quad \int_{|z|=1} l_\nu(z)\overline{l_\mu(z)}z^{\lambda n}|dz| = 0,$$

其中 $\lambda \neq 0$ 是整数，而 $\nu, \mu = 1,2,\cdots,n$.

**证** 先证 $1^\circ$, 若 $\nu \neq \mu$, 则

$$\int_{|z|=1} l_\nu(z)\overline{l_\mu(z)}|dz| = \int_{|z|=1}\frac{z^n-1}{z-w^\nu}\cdot\frac{w^\nu}{n}$$

$$\cdot \frac{\bar{z}^n - 1}{\bar{z} - \bar{w}^\mu} \cdot \frac{\bar{w}^\mu}{n} |dz|$$

$$= \frac{1}{i} \int_{|z|=1} \frac{(z^n - 1)(1 - z^n)}{(z - w^\nu)(w^\mu - z)}$$

$$\times \frac{w^\nu}{n^2} \frac{1}{z^{n-1}} \frac{dz}{z}$$

$$= \frac{1}{i} \int_{|z|=1} \frac{-(z^{n-2} + \cdots)(1 - z^n)}{z^n}$$

$$\times \frac{w^\nu}{n^2} dz = 0$$

若 $\nu = \mu$,则

$$\int_{|z|=1} l_\nu(z) \overline{l_\nu(z)} |dz| = \int_{|z|=1} \frac{z^n - 1}{(z - w^\nu)}$$

$$\cdot \frac{\bar{z}^n - 1}{(\bar{z} - \bar{w}^\nu)} \cdot \frac{1}{n^2} \frac{dz}{z}$$

$$= \frac{2\pi w^\nu}{n^2} \frac{1}{2\pi i} \int_{|z|=1} \left(\frac{z^n - 1}{z - w^\nu}\right)^2 \frac{dz}{z^n}$$

$$= \frac{2\pi}{n^2} \frac{1}{2\pi i} \int_{|\zeta|=1} \left(\frac{\zeta^n - 1}{\zeta - 1}\right)^2 \frac{d\zeta}{\zeta^n} = \frac{2\pi}{n}.$$

现证 2°. 当 $\nu \neq \mu, \lambda \neq 0$ 为整数时,同证明 1° 时一样,可得

$$\int_{|z|=1} l_\nu(z) \overline{l_\mu(z)} z^{\lambda n} |dz|$$

$$= \frac{1}{i} \int_{|z|=1} \frac{-(z^{n-2} + \cdots)(1 - z^n)}{z^n} \frac{w^\nu}{n^2} z^{\lambda n} dz = 0。$$

而当 $\nu = \mu, \lambda \neq 0$ 为整数时,

$$\int_{|z|=1} l_\nu(z) \overline{l_\nu(z)} z^{\lambda n} |dz| = \frac{2\pi}{n^2} \frac{1}{2\pi i}$$

$$\times \int_{|\zeta|=1} \left(\frac{\zeta^n - 1}{\zeta - 1}\right)^2 \frac{\zeta^{\lambda n}}{\zeta^n} d\zeta = 0.$$

引理 3 证毕。

**引理 4**[56,132] 若 $\nu_i$, $\mu_i(i=1,2,\cdots,s)$ 为 $2s$ 个小于 $n$ 的互不相同的非负整数,则

$$\int_{|z|=1} l_{\nu_1}(z)\cdots l_{\nu_s}(z)\overline{l_{\mu_1}(z)}\cdots\overline{l_{\mu_s}(z)}\,|dz|=0$$

**证** 显然,

$$\frac{1}{\prod\limits_{k=1}^{s}(z-w^{\nu_k})}=\sum_{k=1}^{s}\frac{A_k}{z-w^{\nu_k}},$$

其中

$$A_k=\prod_{\substack{j=1\\ j\neq k}}^{s}(w^{\nu_k}-w^{\nu_j})^{-1}.$$

由此推出

$$\prod_{j=1}^{s} l_{\nu_j}(z)=\frac{w^{\nu}(z^n-1)^{s-1}}{n^{s-1}}\sum_{k=1}^{s}A_k w^{-\nu_k}l_{\nu_k}(z),$$

$$\nu=\sum_{k=1}^{s}\nu_k. \tag{6.58}$$

类似地有

$$\prod_{j=1}^{s} l_{\mu_j}(z)=\frac{w^{\mu}(z^n-1)^{s-1}}{n^{s-1}}\sum_{k=1}^{s}B_k w^{-\mu_k}l_{\mu_k}(z),$$

$$\mu=\sum_{k=1}^{s}\mu_k, \tag{6.59}$$

其中

$$B_k=\prod_{\substack{j=1\\ j\neq k}}^{s}(w^{\mu_k}-w^{\mu_j})^{-1}.$$

此外,当 $|z|=1$ 时,

$$(z^n-1)^j\overline{(z^n-1)}^j=\sum_{k=-j}^{j}c_k(z^n)^k, \tag{6.60}$$

其中

$$c_0=\sum_{k=0}^{j}\left[\binom{j}{k}\right]^2=\binom{2j}{j},\tag{6.61}$$

而最后一个等式可以利用 $(1+z)^j(1+z)^j=(1+z)^{2j}$ 的展开式,通过比较系数而得到。

这样一来,利用引理 3 中的 1° 与 2°, 由(6.60)及(6.61)就可以得到

$$\int_{|z|=1} l_\nu(z)\overline{l_\mu(z)}(z^n-1)^{s-1}\overline{(z^n-1)}^{(s-1)}|dz|=\begin{cases}0, \mu\neq\nu,\\ \binom{2s-2}{s-1}\frac{2\pi}{n},\\ \mu=\nu.\end{cases}\tag{6.62}$$

利用(6.62),注意到(6.58)与(6.59)就立刻可以证明引理 4。

**推论** 设

$$t_k(\theta)=\frac{\sin\frac{n\theta}{2}}{n\sin\frac{\theta-\theta_k}{2}},\quad \theta_k=\frac{2k\pi}{n}, k=0,1,\cdots,n-1\tag{6.63}$$

则对任意 $2r$ 个不同数 $\nu_1,\cdots,\nu_{2r}$,

$$\int_0^{2\pi} t_{\nu_1}(\theta)t_{\nu_2}(\theta)\cdots t_{\nu_{2r}}(\theta)d\theta=0.\tag{6.64}$$

事实上,若令 $z=e^{i\theta}$, 注意到 $w^\nu=e^{i\theta_\nu}$,我们有

$$l_\nu(z)=e^{i(n-1)\theta}\frac{e^{i\frac{\theta_\nu}{2}}}{n}\frac{\sin\frac{n\theta}{2}}{\sin\frac{\theta-\theta_\nu}{2}}\tag{6.65}$$

利用引理 4 就立刻可以得到(6.64)。

现在我们已有条件证明下列的定理 3。

**定理 5** 设单位圆周上的插值基点为(6.55),则对于任意的函数 $f(z)\in A(|z|\leqslant 1)$, 对应于(6.55)的插值多项式 $L_n(f;z)$ 必

在单位圆周上 $L^p, p>0$ 意义下收敛到函数 $f(z)$(见 (6.56)).

**证** 利用 Hölder 不等式,显然只要证明,对任何正整数$r$,成立.

$$\lim_{n\to+\infty}\int_{|z|=1}|f(z)-L_n(f;z)|^{2r}|dz|=0$$

就够了.

设 $P_{n-1}(z)$ 是函数 $f(z)$ 在 $|z|\leqslant 1$ 上的 $n-1$ 次最佳逼近多项式:

$$E_{n-1}(f)=\inf_{Q_{n-1}}\max_{|z|\leqslant 1}|f(z)-Q_{n-1}(z)|=\max_{|z|\leqslant 1}|f-P_{n-1}|,$$

其中下确界是对于所有 $n-1$ 次多项式 $Q_{n-1}(z)$ 而取的. 令 $\Delta(z)=f(z)-P_{n-1}(z)$, 已知(参看 §2 中定理 1)

$$\max_{|z|\leqslant 1}|\Delta(z)|\leqslant c\omega\left(f;\frac{1}{n}\right)\to 0, \tag{6.66}$$

其中 $\omega(f;\delta)$ 是函数 $f(z)$ 在 $|z|=1$ 上的连续模, $c$ 是常数.

我们有

$$\begin{aligned}\int_{|z|=1}|f(z)-L_n(f;z)|^{2r}|dz| &= \int_{|z|=1}|f(z)\\ &\quad -P_{n-1}(z)+P_{n-1}(z)-L_n(f;z)|^{2r}|dz|\\ &= \int_{|z|=1}|f(z)-P_{n-1}(z)+L_n(f-P_{n-1};\\ &\quad z|^{2r}|dz|\leqslant 2^{2r-1}\int_{|z|=1}|\Delta(z)|^{2r}|dz|\\ &\quad +2^{2r-1}\int_{|z|=1}|L_n(\Delta;z)|^{2r}|dz|\\ &\leqslant 2^{2r-1}\cdot 2\pi[E_{n-1}(f)]^{2r}\\ &\quad +2^{2r-1}\int_{|z|=1}|L_n(\Delta;\ z)|^{2r}|dz|.\end{aligned} \tag{6.67}$$

由(6.65)及(6.63)得

$$\begin{aligned}|L_n(\Delta;z)|^2 &= \left|\sum_{k=0}^{n-1}\Delta(w^k)e^{\frac{i\theta_k}{2}}t_k(\theta)\right|^2\\ &= S_{1,n}^2(\theta)+S_{2,n}^2(\theta), z=e^{i\theta},\end{aligned}$$

其中

$$S_{1,n}(\theta)=\sum_{k=0}^{n-1}c_kt_k(\theta),S_{2,n}(\theta)=\sum_{k=0}^{n}d_kt_k(\theta),\quad(6.68)$$

而

$$|c_k|=|\mathrm{Re}\Delta(w^k)e^{i\frac{\theta_k}{2}}|\leqslant\max_{|z|=1}|\Delta(z)|\leqslant c\omega\left(f;\frac{1}{n}\right),\quad(6.69)$$

$$|d_k|=|I_m\Delta(w^k)e^{i\frac{\theta_k}{2}}|\leqslant\max_{|z|=1}|\Delta(z)|\leqslant c\omega\left(f;\frac{1}{n}\right),\quad(6.70)$$

这里用到了(6.66).

由此得到

$$\int_{|z|=1}|L_n(\Delta;z)|^{2r}|dz|\leqslant 2^{2r-1}\left[\int_0^{2\pi}|S_{1,n}(\theta)|^{2r}d\theta+\int_0^{2\pi}|S_{2,n}(\theta)|^{2r}d\theta\right].\quad(6.71)$$

我们要证明

$$\int_0^{2\pi}|S_{1,n}(\theta)|^{2r}d\theta\leqslant A_1(\max_{|z|\leqslant1}|\Delta(z)|)^{2r}\leqslant A_2\left(\omega\left(f;\frac{1}{n}\right)\right)^{2r}\quad(6.72)$$

及

$$\int_0^{2\pi}|S_{2,n}(\theta)|^{2r}d\theta\leqslant A_1(\max_{|z|\leqslant1}|\Delta(z)|)^{2r}\leqslant A_2\left(\omega\left(f;\frac{1}{n}\right)\right)^{2r},\quad(6.73)$$

其中 $A_1$ 与 $A_2$ 为二个不依赖于 $n$ 的常数。

事实上，利用显然的不等式，

$$\sum_{k=0}^{n-1}|t_k(\theta)|^2\leqslant c,\ \sum_{k=0}^{n-1}|t_k(\theta)|^4\leqslant c,\cdots,\ \sum_{k=0}^{n-1}|t_k(\theta)|^{2r}\leqslant c,\quad(6.74)$$

其中 $c$ 是某个常数(也可以参看文献[50]),以及引理 4 的推论(见(6.64)),我们可以用数学的归纳法来证明(6.73).

考虑 $r=1$ 时的情况,由(6.74),(6.64)及(6.69)得

$$\int_0^{2\pi} |S_{1,n}(\theta)|^2 d\theta = \int_0^{2\pi} \left|\sum_{k=0}^{n-1} c_k t_k(\theta)|^2\right| d\theta$$

$$= \int_0^{2\pi} \left|\sum_{k=0}^{n-1} c_k^2 t_k^2(\theta)\right|^2 d\theta$$

$$\leqslant (\max_{|z|\leqslant 1} |\Delta(t)|)^2 \cdot 2\pi \max_{0\leqslant\theta\leqslant 2\pi} \sum_{k=0}^{n-1} |t_k(\theta)|^2$$

$$\leqslant A_3\left(\omega\left(f;\frac{1}{n}\right)\right)^2, A_3 \text{ 为常数} \tag{6.75}$$

现在设 $k\leqslant r-1$ 时,

$$\int_0^{2\pi} |S_{1,n}(\theta)|^{2k} d\theta \leqslant A_4(\max_{|z|\leqslant 1} |\Delta(z)|)^{2k} \leqslant A_5\left(\omega\left(f;\frac{1}{n}\right)\right)^{2k}, \tag{6.76}$$

其中 $A_4$ 及 $A_5$ 为常数. 我们有

$$\int_0^{2\pi} |S_{1,n}(\theta)|^{2r} d\theta = \sum_{i_1=0}^{n-1}\cdots\sum_{i_s=0}^{n-1} \sum_{\alpha_1+\alpha_2+\cdots+\alpha_s=2r}$$

$$\times \frac{(2r)!}{\alpha_1!\alpha_2!\cdots\alpha_s!} \cdot c_{i_1}^{\alpha_1} c_{i_2}^{\alpha_2}\cdots c_{i_s}^{\alpha_s} \int_0^{2\pi} t_{i_1}^{\alpha_1}(\theta)\cdots t_{i_s}^{\alpha_s}(\theta) d\theta. \tag{6.77}$$

若 $s=1$, 则上式右边为

$$\sum_{k=0}^{n-1} c_k^{2r} \int_0^{2\pi} t_k^{2r}(\theta) d\theta \leqslant A_6(\max_{|z|\leqslant 1} |\Delta(t)|)^{2r} \leqslant A_7\left(\omega\left(f;\frac{1}{n}\right)\right)^{2r}, \tag{6.78}$$

这里用到了(6.74)及(6.66), $A_6$ 与 $A_7$ 都是常数.

现在认为(6.77)中指标 $\alpha_i$ 的个数为 $s-1$ 时,(6.72)成立,我们要证明指标 $\alpha_i$ 的个数为 $s$ 时,(6.72)也成立.

(6.78)中的求和可以分三部分：第一部分求和中至少有一个指标为 $\alpha_i = 0$，此时，指标 $\alpha_i$ 不为零的个数 $\leqslant n-1$，因此根据归纳假设，(6.73)成立。第二部分求和中，所有的指标 $\alpha_i$ 都为1，此时这一部分求和为

$$\sum_{i_1=0}^{n-1}\cdots\sum_{i_{2r}=0}^{n-1}(2r)!\,c_{i_1}\cdots c_{i_{2r}}\int_0^{2\pi}t_{i_1}(\theta)\cdots t_{i_{2r}}(\theta)d\theta = 0,$$

这里用到了(6.65)。第三部分为

$$\begin{aligned}&\int_0^{2\pi}\left(\sum_{k=0}^{n-1}c_k^{\alpha_1}t_k^{\alpha_1}(\theta)\right)\left(\sum_{k=0}^{n-1}c_k^{\alpha_2}t_k^{\alpha_2}(\theta)\right)\cdots\left(\sum_{k=0}^{n-1}c_k^{\alpha_s}t_k^{\alpha_s}(\theta)\right)d\theta\\&\quad=\int_0^{2\pi}\left(\sum_{k=0}^{n-1}c_kt_k(\theta)\right)^{\beta_1}\left(\sum_{k=0}^{n-1}c_k^2t_k^2(\theta)\right)^{\beta_2}\\&\quad\cdots\left(\sum_{k=0}^{n-1}c_k^{2r}t_k^{2r}(\theta)\right)^{\beta_{2r}}d\theta,\end{aligned}$$

其中 $\beta_1$ 对应着 $\alpha_i = 1$ 的那些项的个数，它必须 $\leqslant 2r-2$，$\beta_2$ 对应着 $\alpha_i = 2$ 的那些项的个数，…，$\beta_{2r}$ 对应着 $\alpha_i = 2r$ 的那些项的个数。显然，

$$\beta_1 + 2\beta_2 + \cdots + 2r\beta_{2r} = 2r.$$

根据归纳假设，

$$\int_0^{2\pi}\left|\sum_{k=0}^{n-1}c_kt_k(\theta)\right|^{\beta_1}d\theta \leqslant A_8(\max_{|z|\leqslant 1}|\Delta(z)|)^{\beta_1} \leqslant A_9\omega\left(f;\frac{1}{n}\right)^{\beta_1}$$

$$\cdots\cdots$$

$$\begin{aligned}\int_0^{2\pi}\left|\sum_{k=0}^{n-1}c_k^{2r}t_k^{2r}(\theta)\right|^{\beta_{2r}}d\theta &\leqslant A_{10}(\max_{|z|\leqslant 1}|\Delta(z)|)^{2r\beta_{2r}}\\&\leqslant A_{11}\left(\omega\left(f;\frac{1}{n}\right)\right)^{2r\beta_{2r}}.\end{aligned}$$

这里用到了(6.74)及(6.66)，其中 $A_8,\cdots,A_{11}$ 都是常数。因此第三部分的估计式为

$$A_{12}(\max_{|z|\leqslant 1}|\Delta(z)|)^{\beta_1}(\max_{|z|\leqslant 1}|\Delta(z)|)^{2\beta_2}\cdots(\max_{|z|\leqslant 1}|\Delta(z)|)^{2r\beta_{2r}}$$

$$= A_{12}(\max_{|z|\leqslant 1}|\Delta(z)|)^{\beta_1+2\beta_2+\cdots+2r\beta_{2r}} = A_{12}(\max_{|z|\leqslant 1}|\Delta(z)|)^{2r}$$

$$\leqslant A_{13}\left(\omega\left(f;\frac{1}{n}\right)\right)^{2r},$$

其中 $A_{12}$ 与 $A_{13}$ 为常数。这就证明了(6.72)。

类似地也可以得到(6.73)。

由(6.71),(6.72)及(6.73)就可以得到

$$\int_{|z|=1}|L_n(\Delta;z)|^{2r}|dz| \leqslant A_{14}(\max_{|z|\leqslant 1}|\Delta(z)|^{2r}$$

$$\leqslant A_{15}\left(\omega\left(f;\frac{1}{n}\right)\right)^{2r}, \tag{6.79}$$

其中 $A_{14}$ 及 $A_{15}$ 为常数。

由(6.67),(6.50)及(6.66),利用

$$\lim_{n\to+\infty}\omega\left(f;\frac{1}{n}\right)=0,$$

就证明了定理 5.

**注** 实际上,在定理 5 中,我们证明了

$$\left\{\int_{|z|=1}|f(z)-L_n(f;z)|^p|dz|\right\}^{1/p} \leqslant A_{16}\omega\left(f;\frac{1}{n}\right), \tag{6.80}$$

其中 $A_{16}$ 是某个不依赖于 $n$ 的常数。

在下一节中我们将在一般区域上来研究(6.80)。

在实变函数插值中,尽管不是对于每一个连续函数。其 Lagrange 插值多项式能一致收敛到此函数,但是 Hermite-Fejér 插值多项式在选择 Чебышев 多项式零点为插值基点时却能一致收敛到此函数。因此,自然地会问,这个现象对复平面上的 Hermite-Fejér 插值是否仍成立。我们有下列二个定理。

**定理 6**[135] 考虑单位圆周 $|z|=1$ 上的插值基点:

$$z_k^{(n)}=e^{i\theta_k^{(n)}},\quad \theta_k^{(n)}=\frac{2k-1}{n}\pi, k=1,2,\cdots,n. \tag{6.81}$$

对于函数 $f(z)\in A(|z|\leqslant 1)$，考虑其在(6.81)上的 Hermite-Fejér 多项式 $H_{2n-1}(f;z)$，它是一个 $2n-1$ 次多项式且满足

$$\begin{aligned}&H_{2n-1}(f;z_k^{(n)})=f(z_k^{(n)}),k=1,2,\cdots,n,\\&H'_{2n-1}(f;z_k^{(n)})=0,k=1,2,\cdots,n,\end{aligned}\tag{6.82}$$

则多项式 $H_{2n-1}(f;z)$ 在单位圆 $|z|<1$ 内闭一致收敛到 $f(z)$。

**证** 我们首先根据(6.19)来求基函数 $L_{i,0}(z)$ ($L_{i,1}(z)$ 不需要求),因为在这里对于每一个 $z_k^{(n)},k=1,2,\cdots,n$，相当于对应着二个数 $w_k^{(0)}=f(z_k^{(n)})$ 与 $w_k^{(1)}=0$，$k=1,2,\cdots,n$，对应于(6.11) 中的 $A(z)$ 为

$$A(z)=\prod_{k=1}^{n}(z-z_k^{(n)})^2=(z^n+1)^2.\tag{6.83}$$

由(6.19)知，

$$L_{k,0}(z)=\frac{(z^n+1)^2}{(z-z_k^{(n)})^2}(e_0+e_1(z-z_k^{(n)})),\tag{6.84}$$

其中由(6.17)知

$$e_0=\frac{(z-z_k^{(n)})^2}{(z^n+1)^2}\bigg|_{z=z_k^{(n)}}=\left[\frac{1}{n(z_k^{(n)})^{n-1}}\right]^2=\frac{(z_k^{(n)})^2}{n^2},\tag{6.85}$$

$$\begin{aligned}e_1&=\left[\frac{(z-z_k^{(n)})^2}{(z^n+1)^2}\right]'\bigg|_{z=z_k^{(n)}}=\left[\left(-\frac{z_k^{(n)}}{n}\right.\right.\\&\quad\left.\left.+\frac{n-1}{2n}(z-z_k^{(n)})+\cdots)^2\right)'\right]\bigg|_{z=z_k^{(n)}}\\&=-\frac{n-1}{n^2}z_k^{(n)}.\end{aligned}\tag{6.86}$$

由此从(6.84),(6.85)及(6.9)可以得到

$$\begin{aligned}H_{2n-1}(f;z)=(z^n+1)^2\bigg[&\frac{n-1}{n}\ \frac{1}{2\pi i}\ \sum_{k=1}^{n}\frac{f(e^{i\theta_k^{(n)}})}{e^{i\theta_k^{(n)}}-z}\,i\,\frac{2\pi}{n}\\&+\frac{1}{n}\ \frac{1}{2\pi i}\ \sum_{k=1}^{n}\frac{f(e^{i\theta_k^{(n)}})(e^{i\theta_k^{(n)}})^2}{(e^{i\theta_k^{(n)}}-z)^2}\,i\,\frac{2\pi}{n}\bigg].\end{aligned}\tag{6.87}$$

当 $|z|<1$ 时，方括弧上第一个被加数，当 $n\to+\infty$ 时，趋向于积分

$$\frac{1}{2\pi i}\int_0^{2\pi}\frac{f(e^{i\theta})}{e^{i\theta}-z}e^{i\theta}id\theta=\frac{1}{2\pi i}\int_{|\zeta|=1}\frac{f(\zeta)}{\zeta-z}d\zeta=f(z).$$

第二个被加数，若不考虑因子，则趋向于积分

$$\frac{1}{2\pi i}\int_0^{2\pi}\frac{f(e^{i\theta})(e^{i\theta})^2}{(e^{i\theta}-z)^2}id\theta=\frac{1}{2\pi i}\int_{|\zeta|=1}\frac{f(\zeta)\cdot\zeta}{(\zeta-z)^2}d\zeta$$

$$=\frac{d}{dz}(zf(z)).$$

又因为当 $|z|<1$ 时，$(z^n+1)^2\to 1$，因此在 $|z|<1$ 内闭一致地有

$$\lim_{n\to+\infty}H_{2n-1}(f;z)=f(z).$$

定理 6 证毕。

**定理 7**[135] 在定理 6 的条件下，有 $f_2(z)\in A(|z|\leqslant 1)$，使

$$\overline{\lim_{n\to+\infty}}H_{2n-1}(f_2;1)=+\infty.$$

**证** 设

$$M=\max_{|z|\leqslant 1}|f_2(z)|,$$

则公式(6.87)方括弧中第二个被加数的估计式为，

$$I_2\leqslant\frac{M}{n^2}\sum_{k=1}^{n}\frac{1}{|e^{i\theta_k^{(n)}}-1|^2}=\frac{M}{2\pi n}\sum_{k=1}^{n}$$

$$\times\frac{1}{\sin^2\frac{\theta_k^{(n)}}{2}}\frac{\pi}{n}\leqslant\frac{M}{2\pi n}\left[\left(\frac{1}{\sin^2\frac{\pi}{2n}}\right.\right.$$

$$\left.+\frac{1}{\sin^2\frac{2n-1}{2n}\pi}\right)\frac{\pi}{n}$$

$$\left.+\sum_{k=2}^{n-1}\frac{1}{\sin^2\frac{2k-1}{2n}\pi}\cdot\frac{\pi}{n}\right]\leqslant\frac{M}{2\pi n}$$

$$\times\left[\frac{2\pi}{n\sin^2\frac{\pi}{2n}}+\int_{\frac{\pi}{n}}^{\frac{n-1}{n}\pi}\frac{d\theta}{\sin^2\theta}\right]$$

$$=\frac{M}{2\pi}\left[\frac{2\pi}{n^2\sin^2\frac{\pi}{2n}}+\frac{2}{n\,\mathrm{tg}\frac{\pi}{n}}\right]\to\frac{5M}{\pi^2},\tag{6.88}$$

因此这个量是有界的.

现在再重新考虑 $2n$ 次多项式,

$$P_{2n}(z)=A(z)-B(z),$$

其中 $A(z)$ 与 $B(z)$ 是对应地由公式(6.33)与(6.34)所确定的.由(6.35)知,

$$\max_{|z|=1}|P_{2n}(z)|\leqslant 2\lambda=2\int_0^{\pi}\frac{\sin x}{x}dx.\tag{6.89}$$

对于由(6.81)所确定的 $z_k^{(n)},k=1,2,\cdots,n$, 我们有

$$\begin{aligned}P_{2n}(z_k^{(n)})&=\frac{1}{n}+\frac{z_k^{(n)}}{n-1}+\cdots+\frac{(z_k^{(n)})^{n-1}}{1}\\&\quad-\frac{(z_k^{(n)})^{n+1}}{1}-\frac{(z_k^{(n)})^{n+2}}{2}-\cdots-\frac{(z_n^{(n)})^{2n}}{n}\\&=\frac{1}{n}+\frac{z_k^{(n)}}{n-1}+\cdots+\frac{(z_k^{(n)})^{n-1}}{1}\\&\quad+\frac{(z_k^{(n)})^{n-1}}{1}+\cdots+\frac{(z_k^{(n)})^{n-1}}{n-1}-\frac{1}{n}\\&=\left(1+\frac{1}{n-1}\right)z_k^{(n)}+\left(\frac{1}{2}+\frac{1}{n-2}\right)(z_k^{(n)})^2\\&\quad+\cdots+\left(\frac{1}{n-1}+1\right)(z_k^{(n)})^{n-1}.\end{aligned}$$

由于 $L_n(P_{2n};z)$ 是函数 $P_{2n}(z)$ 以 $\{z_k^{(n)}\},k=1,2,\cdots,n$ 为插值基点的 $n-1$ 次 Lagrange 插值多项式,由插值多项式的唯一性知,

$$L_n(P_{2n};z)=\left(1+\frac{1}{n-1}\right)z+\left(\frac{1}{2}+\frac{1}{n-2}\right)z^2$$

$$+\cdots+\left(\frac{1}{n-1}+1\right)z^{n-1},$$

由此推出

$$L_n(P_{2n};1)=2\left(1+\frac{1}{2}+\cdots+\frac{1}{n-1}\right)>2\ln n. \tag{6.90}$$

类似地可以证明，若 $m$ 是奇数，则

$$L_n(P_{2nm};1)=2\sum_{\nu=1}^{n-1}\left(\frac{1}{\nu}-\frac{1}{n+\nu}+\frac{1}{2n+\nu}-\cdots+\frac{1}{(m-1)n+\nu}\right)>0. \tag{6.91}$$

此外，若 $2m<n$，则

$$L_n(P_{2m};z)=P_{2m}(z),\ L_n(P_{2m};1)=P_{2m}(1)=0. \tag{6.92}$$

现在引入函数

$$f_2(z)=\sum_{k=1}^{+\infty}\frac{P_{2\cdot3^{k^3}}(z)}{k^2}.$$

由(6.89)知，$f_2(z)\in A(|z|\leqslant 1)$. 对于这个函数，由于 (6.90)—(6.92)，

$$L_{3^{n^2}}(f_2;1)=\sum_{k=1}^{+\infty}\frac{L_{3^{n^2}}(P_{2\cdot3^{k^3}};1)}{k^2}>\frac{L_{3^{n^2}}(P_{2\cdot3^{n^3}};1)}{n^2}$$

$$\geqslant\frac{2\ln 3^{n^3}}{n^2}=2n\ln 3.$$

因此有

$$\overline{\lim_{n\to+\infty}}L_n(f_2;1)=+\infty, \tag{6.93}$$

而(6.87)中第一个被加数正好是函数 $f_2(z)$ 的在基点(6.81)上的 $n-1$ 次 Lagrange 插值多项式. 因此，由(6.88),(6.93)及(6.87)知，

$$\lim_{n\to+\infty}H_{2n-1}(f_2;1)=+\infty.$$

定理 7 得证.

这就说明了在闭圆上 Hermite-Fejér 插值多项式$H_{2n-1}(f;z)$可以不一致收敛.

## §7. 插值多项式的逼近性质

在这一节中，我们要以插值多项式作为工具来逼近函数. 首先我们对插值基点的性质作一些分析.

设$K$是复平面上有界闭集，它至少含有两个点且其余集是一个只含有$\infty$的单连通区域 $D_\infty$. 以后将满足这些性质的有界闭集$K$，记作 $K\in\mathfrak{M}$. 设函数 $w=\Phi(z)$ 将 $D_\infty$ 双方单值保角变换到$|w|>1$,且满足 $\Phi(\infty)=\infty,\Phi'(\infty)>0$. 用 $z=\Psi(w)$ 记其反函数,设

$$z=\Psi(w)=dw+a_0+\frac{a_1}{w}+\frac{a_2}{w^2}+\cdots,|w|>1, \quad (7.1)$$

其中 $d$ 是闭集$K$的保角半径.

今后我们总是认为 $K\in\mathfrak{M}$ 且含有无穷多个点. 设在$K$上给定了插值基点序列

$$z_1^{(n)},z_2^{(n)},\cdots,z_{n+1}^{(n)},n=0,1,\cdots,z_k^{(n)}\in K. \quad (7.2)$$

令

$$\theta_n(z)=\frac{\sqrt[n+1]{\omega_n(z)}}{d\Phi(z)},n=0,1,\cdots,z\in D_\infty. \quad (7.3)$$

今后这个函数将起重要的作用,这里规定

$$\sqrt[n+1]{\omega_n(z)}=\sqrt[n+1]{\prod_{k=1}^{n+1}(z-z_k^{(n)})}=z\sqrt[n+1]{\prod_{k=1}^{n+1}\left(1-\frac{z_k^{(n)}}{z}\right)}$$

$$=z+\alpha_0^{(n)}+\frac{\alpha_1^{(n)}}{z}+\cdots.$$

因此,函数 $\theta_n(z)$ 在区域 $D_\infty$ 中单值解析,且不为零.

我们仍用 $C_\rho,\rho>1$ 记等势线,即圆周 $|w|=\rho>1$ 在映射 $z=\Psi(w)$ 下的象,用 $D_\rho$ 记作由 $C_\rho$ 所围的区域，由保角映射

理论知道，$D\rho \subset D\rho_1$。若 $\rho < \rho_1$，

令

$$M_n(\rho) = \sup_{z \in C_\rho} |\omega_n(z)|, \rho > 1, \tag{7.4}$$

$$M_n = \sup_{z \in C} |\omega_n(z)|, C = \partial K = \partial D_\infty, \tag{7.5}$$

容易看出

$$\lim_{\rho \to 1+0} M_n(\rho) = M_n. \tag{7.6}$$

我们有

$$\sup_{z \in C_\rho} |\theta_n(z)| = \frac{\sqrt[n+1]{M_n(\rho)}}{d\rho},$$

由最大模原理看出，量 $\frac{\sqrt[n+1]{M_n(\rho)}}{d\rho}$ 单调下降，因此有

$$|\theta_n(z)| \leqslant \frac{\sqrt[n+1]{M_n}}{d}, \ z \in D_\infty. \tag{7.7}$$

此外，若有界闭集的直径为 $g$，则由 $|\omega_n(z)| \leqslant g^{n+1}$，$z \in K$，知 $M_n \leqslant g^{n+1}$，因此由(7.7)得

$$|\theta_n(z)| \leqslant \frac{g}{d}, \ z \in D_\infty,$$

即一致有界．因为 $\theta_n(\infty) = 1$，因此由(7.7)得

$$\sqrt[n+1]{M_n} \geqslant d. \tag{7.8}$$

**定义** 我们称插值基点 $z_k^{(n)}, k = 1, 2, \cdots, n, \cdots$，在$K$上是一致分布的，若

$$\lim_{n \to +\infty} \sqrt[n+1]{M_n} = d. \tag{7.9}$$

关于一致分布点列，我们有下列定理．

**定理 1**[135] 设有界闭集 $K \in \mathfrak{M}$，插值点列 $\{z_k^{(n)}\} \in K$．要使任意一个$K$上解析函数 $f(z)$ 的插值多项式 $L_n(f; z)$ 在$K$上一致收敛到 $f(z)$ 的充要条件是，

1. 在 $D_\infty$ 内闭一致地有

$$\lim_{n \to +\infty} |\theta_n(z)| = \left| \frac{\sqrt[n+1]{\omega_n(z)}}{d\Phi(z)} \right| = 1, \tag{7.10}$$

或

**2.**

$$\lim_{n\to+\infty}\frac{\sqrt[n+1]{M_n}}{d}=1,\tag{7.11}$$

即 $\{z_k^{(n)}\}$ 在 $K$ 上是一致分布的.

进一步,若 $\{z_k^{(n)}\}$ 在 $K$ 上是一致分布,且函数 $f(z)$ 在 $D_{\rho_0}$, $\rho_0>1$, 解析,则对任意 $\rho_1, 1<\rho_1<\rho_0$, 有

$$\max_{z\in K}|f(z)-L_n(f;z)|\leqslant\frac{M_{\rho_1}}{\rho_1^{n+1}},\tag{7.12}$$

其中 $M_{\rho_1}$ 是不依赖于 $n$, 但依赖于 $\rho_1$ 的常数.

**证** 必要性. 设 $z_0\neq\infty$ 是区域 $D_\infty$ 中点,且存在 $\rho>1$, 使 $z_0\in D'_\rho(D'_\rho=C\overline{D}_\rho$, 这在 §1 中已有定义). 显然,函数 $\dfrac{1}{z_0-z}$ 在 $K$ 上解析(实际上 $D_\rho$ 内解析),由公式(6.21)知,其 Lagrange 插值多项式为

$$\begin{aligned}p_n(z)&=\frac{1}{2\pi i}\int_{C_\rho}\frac{\omega_n(\zeta)-\omega_n(z)}{(z_0-\zeta)(\zeta-z)\omega_n(\zeta)}d\zeta\quad z\in D_\rho,\\&=-\operatorname*{Res}_{\zeta=z_0}\frac{\omega_n(\zeta)-\omega_n(z)}{(z_0-\zeta)(\zeta-z)\omega_n(\zeta)}\\&=\frac{\omega_n(z_0)-\omega_n(z)}{(z_0-z)\omega_n(z_0)},\end{aligned}$$

其余项为

$$r_n(z)=\frac{1}{z_0-z}-p_n(z)=\frac{\omega_n(z)}{(z_0-z)\omega_n(z_0)}.$$

根据条件假设,在 $K$ 上一致地有

$$\lim_{n\to\infty}r_n(z)=0,$$

即

$$\lim_{n\to+\infty}\frac{M_n}{|\omega_n(z_0)|}=0, z_0\in D_\infty,$$

其中 $M_n$ 由(7.5)所确定.

因此对任意 $z \in C_\rho, \rho > 0$，存在数 $N_z(\rho)$，使当 $n > N_z(\rho)$ 时，就有

$$|\omega_n(z)| > M_n,$$

即

$$|\theta_n(z)| \geqslant \frac{\sqrt[n+1]{M_n}}{d\rho}, \quad z \in C_\rho, n > N_z(\rho). \tag{7.13}$$

现在我们来证明(7.11)成立．用反证法，假设不然，由(7.8)知，存在某个子序列，使

$$\frac{\sqrt[n+1]{M_{n_k}}}{d} \to q > 1 \quad (k \to +\infty). \tag{7.14}$$

由于 $\theta_n(z)$ 的一致有界性，从子序列 $\theta_{n_k}(z)$ 可以找到一个在 $D_\infty$ 内闭一致收敛的子序列，它收敛到 $D_\infty$ 内的某个解析函数，记作 $\vartheta(z)$。为了书写简单起见，不妨认为，在 $D_\infty$ 内闭一致地有

$$\lim_{k \to +\infty} \theta_{n_k}(z) = \vartheta(z).$$

由于 $\theta_n(\infty) = 1$，因此 $\theta(\infty) = 1$，选择 $\rho > 1$，使 $\frac{q}{\rho} > 1$。

现在在(7.13)中，令 $n = n_k$，且令 $k \to +\infty$，则结合(7.14)可以得到

$$|\theta(z)| \geqslant \frac{q}{\rho} > 1, \; z \in C_\rho. \tag{7.15}$$

因为 $\theta_n(z) \neq 0$，若 $\theta(z) \equiv$ 常数，则此常数必为 $1(\theta(\infty) = 1)$，这就与(7.15)相矛盾；若 $\theta(z) \not\equiv$ 常数，则由复变函数论中定理知 $\theta(z) \neq 0$，因此由最小模定理可知，$\theta(\infty) = 1$ 也与 (7.15) 相矛盾．这就证明了(7.11)。

现在证明(7.10)也成立．若某个子序列 $\theta_{n_k}(z)$ 在 $D_\infty$ 内闭一致收敛到某个解析函数 $\theta(z)$，则由(7.7)及(7.11)知，$|\theta(z)| \leqslant 1, z \in D_\infty$，而 $\theta(\infty) = 1$．因此，在 $D_\infty$ 中 $\theta(z) \equiv 1$，由此从 $\theta_n(z)$ 一致有界性(即是正规族)容易知道，整个序列 $\theta_n(z)$ 在 $D_\infty$ 中内闭一致收敛到 1．这就证明了(7.10)。

充分性．设(7.10)成立，且函数 $f(z)$ 在某个 $D_{\rho_0}, \rho_0 > 1$ 内

解析，固定 $\rho_1$，满足 $1<\rho_1<\rho_0$，且选择 $\rho_2$ 与 $\rho_3$ 满足

$$1<\rho_3<\rho_1<\rho_2<\rho_0, \rho_1\rho_3<\rho_2. \tag{7.16}$$

由于在 $C_{\rho_2}$ 与 $C_{\rho_3}$ 所围的区域 $D_{\rho_3\rho_2}$ 中(7.10)成立，因此

$$|\omega_n(z)| = [d|\Phi(z)| + \varepsilon_n(z)]^{n+1}, \ z\in\overline{D_{\rho_3\rho_2}},$$

其中

$$\lim_{n\to+\infty}\max_{z\in D_{\rho_3\rho_2}}|\varepsilon_n(z)| = 0,$$

由此推出

$$|\omega_n(z)| \leqslant (d\rho_3+\varepsilon_n)^{n+1}, \varepsilon_n = \sup_{z\in\rho}|\varepsilon_n(z)|, \ z\in C_{\rho_3} \tag{7.17}$$

及

$$|\omega_n(z)| \geqslant (d\rho_2-\varepsilon_n')^{n+1}, \varepsilon_n' = \sup_{z\in C_{\rho_2}}|\varepsilon_n(z)|. \ z\in C_{\rho_2}. \tag{7.18}$$

这里

$$\lim_{n\to+\infty}\varepsilon_n = 0, \ \lim_{n\to+\infty}\varepsilon_n' = 0.$$

由 (6.22) 可以得到

$$f(z) - \mathrm{Ln}(f;\ z) = \frac{1}{2\pi i}\int_{C_{\rho_2}}\frac{\omega_n(z)}{\omega_n(\zeta)}\cdot\frac{f(\zeta)}{\zeta - z}d\zeta, z\in K.$$

由最大模原理及(7.17)，(7.18)得，

$$|f(z)-\mathrm{Ln}(f;z)| \leqslant \left[M(\rho_2)\frac{1}{\min\limits_{\substack{\zeta\in C_{\rho_2}\\ z\in K}}|\zeta - z|}\times\left(\frac{d\rho_3+\varepsilon_n}{d\rho_2-\varepsilon_n'}\right)^{n+1}\right]\frac{1}{\rho_1^{n+1}}, z\in K.$$

显然，上式圆括弧中的项趋向于 $\frac{\rho_3}{\rho_2}\rho_1<1$(见(7.16))，而$M(\rho_2)=\max\limits_{z\in C_{\rho_2}}|f(z)|$，因此中括弧中的量是有界的。这就得到了(7.12)，也就证明了，在$K$上一致地有

$$\lim_{n\to+\infty} L_n(f;z) = f(z). \tag{7.19}$$

如果设(7.11)成立，则在证明必要性时已经证明，在 $D_\infty$ 内闭一致地有

$$\lim_{n\to+\infty} \theta_n(z) = 1,$$

因此(7.10)成立．上面已经证明了(7.19)也就成立．

定理 1 证毕．

**注** 从定理 1 的证明可以看出，条件(7.10)与(7.11)是等价的．

现在我们给出插值基点 $\{z_k^{(n)}\}$ 是一致分布的三个最典型的例子．

1. Fejér 插值基点

设 $K$ 是闭 Jordan 区域，因此映射函数 $z = \Psi(w)$ 在闭圆 $|w| \geqslant 1$ 上连续(除了 $\Psi(\infty) = \infty$ 以外)，我们称

$$z_k^{(n)} = \Psi(e^{\frac{2\pi i k}{n+1}}),\ k = 0,1,\cdots,n, \tag{7.20}$$

为 $K$ 上的 Fejér 插值基点，它是 $n+1$ 个单位根在映射 $\Psi(w)$ 下的象．

**定理 2** (Fejér[52]) Fejér 插值基点在 $K$ 上是一致分布的．

**证** 由(7.8)知，为了要证明(7.11)，只要证明

$$\overline{\lim_{n\to+\infty}} \sqrt[n+1]{M_n} \leqslant d \tag{7.21}$$

就够了．为此，令 $\rho > 1$ 是固定数，且考虑函数
$h(w,\varphi) \triangleq \ln|\Psi(w) - \Psi(e^{i\varphi})|, (w,\varphi) \in \{(|w| = \rho \times [0, 2\pi]\}$，它是定义域中二个变量 $w$ 与 $\varphi$ 的一致连续函数

令

$\varphi_k = \dfrac{2\pi k}{n+1}, k = 0,1,\cdots,n$，且分割区间 $[0,2\pi]$ 为一些长度为 $\dfrac{2\pi}{n+1}$ 的小区间 $i_k = [\varphi_k, \varphi_{k+1}], k = 0,1,\cdots,n$．根据一致连续性，任给 $\varepsilon > 0$，存在数 $N(\varepsilon)$，使得当 $n > N$ 时，对于所有的 $w, |w| = \rho > 1$，

$$h(w,\varphi_k)\leqslant \min_{\varphi\in i_k} h(w,\varphi)+\varepsilon, k=0,1,\cdots,n.$$

上式两边对 $k$ 求和后，再乘一个因子 $\frac{2\pi}{n+1}$ 后得到

$$\frac{2\pi}{n+1}\sum_{k=0}^{n} h(w,\varphi_k)\leqslant \frac{2\pi}{n+1}\sum_{k=0}^{n}\min_{\varphi\in i_k} h(w,\varphi)+2\pi\varepsilon,$$

且右边第一个表示式可以看作积分的下和.

令 $z_k^{(n)}=\Psi(e^{i\varphi_k})$，将上式左边改写后就可以得到

$$\frac{1}{n+1}\ln|\omega_n(z)|\leqslant \frac{1}{2\pi}\int_0^{2\pi} h(w,\varphi)d\varphi+\varepsilon, \tag{7.22}$$

它对于所有的 $z\in C_\rho$ 及 $n>N(\varepsilon)$ 都成立.

现在证明，公式(7.22)中积分值为 $2\pi\ln(d\rho)$. 事实上，我们把它改写为

$$\int_0^{2\pi}\ln\left|\frac{\Psi(w)-\Psi(e^{i\varphi})}{w-e^{i\varphi}}\right|d\varphi+\int_0^{2\pi}\ln|w-e^{i\varphi}|d\varphi.$$

这里，根据调和函数的平均值定理，第二个被加数等于 $2\pi\ln|w|=2\pi\ln\rho$，而第一个被加数是

$$\mathrm{Re}\left\{\frac{1}{i}\int_{|\tau|=1}\ln\frac{\Psi(w)-\Psi(\tau)}{w-\tau}\frac{d\tau}{\tau}\right\},$$

这里被积函数对于固定的 $w, |w|=\rho>1$ 关于 $\tau$ 是 $|\tau|>1$ 上的解析函数，它在 $|\tau|\geqslant 1$ 上连续，且它在 $\tau=\infty$ 处的展开式为

$$\frac{\ln d}{\tau}+\frac{1}{\tau^2}(\cdots),$$

因此这个积分值为 $2\pi i\ln d$.

这样一来，从(7.22)就能得到

$$\frac{1}{n+1}\ln|\omega_n(z)|\leqslant\ln(d\rho)+\varepsilon, z\in C_\rho, n>N(\varepsilon),$$

由此推出

$$\frac{1}{n+1}\ln M_n\leqslant\ln(d\rho)+\varepsilon,\ n>N(\varepsilon),$$

因而

$$\overline{\lim_{n\to+\infty}}\sqrt[n+1]{M_n}\leqslant e^{\varepsilon}d\rho.$$

这里由于 $\varepsilon>0$ 及 $\rho>1$ 是任意选择的数，因此由上式就可以得到

$$\overline{\lim_{n\to+\infty}}\sqrt[n+1]{M_n}\leqslant d.$$

定理 2 证毕.

我们今后还要用 Fejér 插值基点所构成的 Lagrange 插值多项式,研究其平均逼近问题.

2. Vandermonde 插值基点

设有界闭集 $K\in\mathfrak{M}$ 且由无穷多个点组成. 在 $K$ 上任取 $n+1$ 个点 $\xi_k^{(n)}$, $k=1,2,\cdots,n+1$, 并组成 Vandermonde 行列式,

$$V_n=V_n(\xi_1^{(n)},\xi_2^{(n)},\cdots,\xi_{n+1}^{(n)})=\prod_{1\leqslant k<j\leqslant n+1}(\xi_k^{(n)}-\xi_j^{(n)}).$$

它是 $n+1$ 个变量 $\xi_k^{(n)}\in K,k=1,2,\cdots,n+1$ 的连续函数. 假设 $V_n$ 在某组点 $z_k^{(n)},k=1,2,\cdots,n+1$ 上取到其最大模. (一般来说,这当然不是唯一的). 显然,这些点必互不相同. 此外,可以证明,这些点必都位于$K$的边界 $\partial K$ 上. 事实上, 若固定 $\xi_j^{(n)}=z_j^{(n)}$, $j\neq k$, 将 $V_n$ 看作一个变量 $\xi_k^{(n)}=z$ 的函数,则在 $V_n$ 的行列式中,出现变量 $z$ 是下列的因子:

$$\sigma_k(z)=(z-z_1^{(n)})\cdots(z-z_{k-1}^{(n)})(z_{k+1}^{(n)}-z)\cdots(z_{n+1}^{(n)}-z).$$

从点组 $z_j^{(n)},j=1,2,\cdots,n+1$ 的性质知, $|\sigma_k(z)|$ 在$K$上的 $z_k^{(n)}$ 处达到最大值. 根据最大模原理 $z_k^{(n)}\in\partial K,k=1,2,\cdots$, 且

$$\left|\frac{\sigma_k(z)}{\sigma_k(z_k^{(n)})}\right|\leqslant 1,\ z\in K. \tag{7.23}$$

我们可以取 $\{z_k^{(n)}\},k=1,2,\cdots,n+1$ 作为插值基点,并称为 Vandermonde 插值基点. 虽然,它们是互不相同的.

设函数 $f(z)$ 在$K$上解析, 构造基在 Vandermonde 插值基点上的$n$次 Lagrange 插值多项式,

$$L_n(f;z)=\sum_{k=1}^{n+1}f(z_k^{(n)})\frac{\omega_n(z)}{(z-z_k^{(n)})\omega_n'(z_k^{(n)})},$$

其中

$$\omega_n(z) = \prod_{k=1}^{n+1} (z - z_k^{(n)}).$$

由于 $\dfrac{\omega_n(z)}{z - z_k^{(n)}}$ 与函数 $\sigma_k(z)$ 至多相差一个符号，于是由不等式(7.23)得到，

$$\left| \frac{\omega_n(z)}{(z - z_k^{(n)})\omega_n'(z_k^{(n)})} \right| \leqslant 1, \ z \in K, \tag{7.24}$$

因此有

$$|L_n(f; z)| \leqslant \sum_{k=1}^{n+1} |f(z_k^{(n)})|, z \in K. \tag{7.25}$$

**定理 3**(Fekete[53]) 设有界闭集 $K \in \mathfrak{M}$，由无穷多个点所组成且 $\{z_k^{(n)}\}, k = 1, 2, \cdots, n+1$，是 Vandermonde 插值基点，则在 $D_\infty$ 内一致地有

$$\lim_{n \to +\infty} |\theta_n(z)| = 1 \text{ 或 } \lim_{n \to +\infty} \sqrt[n+1]{M_n} = d.$$

**证** 取任意一个在 $K$ 上解析的函数 $f(z)$，设 $f(z)$ 在某个 $D_{\rho_0}, \rho_0 > 1$ 内解析. 取 $\rho_2$ 满足 $1 < \rho_2 < \rho_0$ 在 $C_{\rho_2}$ 上取 Fejér 插值基点，构造其 $n$ 次 Lagrange 插值多项式 $p_n(z)$.

注意到函数 $w = \dfrac{1}{\rho_2}\Phi(z)$ 将区域 $D'_{\rho_2}(D'_{\rho_2} = C\overline{D}_{\rho_2})$ 保角映射到 $|w| > 1$，将等势线 $C_\rho, \rho > \rho_2$ 映射到圆周 $|w| = \dfrac{\rho}{\rho_2}$. 因此，闭集 $K$ 的等势线 $C_{\rho_0}$ 就是区域 $B'_{\rho_2}$ 的等势线 $C_{\frac{\rho_0}{\rho_2}}$，由此，根据定理 2，Fejér 插值基点是一致分布的，所以再根据定理 1，有

$$|f(z) - p_n(z)| \leqslant \frac{M_1}{\rho_3^{n+1}}, \ z \in \overline{D}_{\rho_2}, \ 1 < \rho_3 < \frac{\rho_0}{\rho_2}, \tag{7.26}$$

其中 $M_1$ 是某个不依赖于 $n$ 的常数.

现在对函数 $F(z) = f(z) - p_n(z)$，考虑其在上述 Vandermonde 插值基点上的 $n$ 次 Lagrange 插值多项式 $p_n^*(z)$，显然有

$$p_n^*(z) = L_n(f;z) - p_n(z),$$

其中 $L_n(f;\ z)$ 是函数 $f(z)$ 在上述 Vandermonde 插值基点上的 $n$ 次 Lagrange 插值多项式。因此，

$$\begin{aligned}|f(z) - L_n(f;z)| &= |f(z) - p_n(z) - p_n^*(z)| \\ &\leqslant |f(z) - p_n(z)| + |p_n^*(z)| \\ &\leqslant \frac{M_1}{\rho_3^{n+1}} + (n+1)\frac{M_1}{\rho_3^{n+1}} \\ &= (n+2)\frac{M_1}{\rho_3^{n+1}},\quad z \in K,\end{aligned}$$

其中最后一个不等式是利用(7.25)及(7.26)后得到的。

因此，再利用定理 1 可知 Vandermonde 插值基点也是一致分布的

**注 1** 从定理 1 还可以看出，对任意 $\rho_1,\ 1 < \rho_1 < \rho_0$ 成立。

$$|f(z) - L_n(f;\ z)| \leqslant \frac{M_{\rho_1}}{\rho_1^{n+1}},\quad z \in K,$$

其中 $M_{\rho_1}$ 是依赖于 $n$，只依赖于 $\rho_1$ 的常数。

**注 2.** 若点 $z_k^{(n)} \in K,\ k = 1,2,\cdots,n+1,\ n = 1,2,\cdots$，且

$$U_n = \sup_{z \in K}\sum_{k=1}^{n+1}\left|\frac{(z - z_1^{(n)})\cdots(z - z_{k-1}^{(n)})}{(z_k^{(n)} - z_1^{(n)})\cdots(z_k^{(n)} - z_{k-1}^{(n)})}\right.$$
$$\left.\times\frac{(z - z_{k+1}^{(n)})\cdots(z - z_{n+1}^{(n)})}{(z_k^{(n)} - z_{k+1}^{(n)})\cdots(z_k^{(n)} - z_{n+1}^{(n)})}\right|$$

(注意，对于 Vandermonde 插值基点，$U_n \leqslant n+1$)。若对于任意的 $\rho > 1$，插值基点 $\{z^{(n)}\}$ 满足

$$\lim_{n \to +\infty}\frac{U_n}{\rho^n} = 0, \tag{7.27}$$

则代替上述 Vandermonde 插值基点，而用满足(7.27)的插值基点，则定理 3 仍然成立。这可以容易地从证明定理 3 的过程中看出，且也容易看出注 1 仍成立。

显然，要使(7.27)成立的充要条件是

$$\overline{\lim_{n\to+\infty}}\sqrt[n]{U_n}\leqslant 1.$$

3. 设有界闭集 $K\in\mathfrak{M}$,在$K$上任取 $n+1$ 个点 $\xi_k$, $k=1,2,\cdots,n$, 且构造一个 $n+1$ 次多项式,

$$p(z)=\prod_{k=1}^{n+1}(z-\xi_k)=z^{n+1}+a_1z^n+\cdots+a_n. \tag{7.28}$$

固定 $n$,令

$$\tilde{\mu}_{n+1}=\inf_{\xi_k^{(n)}}\sup_{z\in K}|p(z)|, \tag{7.29}$$

显然存在一个 $n+1$ 次多项式序列 $p_l(z)$, 它具有形如(7.28)形式,使得

$$\lim_{l\to+\infty}\sup_{z\in K}|p_l(z)|=\tilde{\mu}_{n+1} \tag{7.30}$$

从这个多项式序列 $p_l(z)$ 中,可以选出一个子序列,使得其根都收敛到某些极限值. 显然, 这些极限值都位于$K$上. 以这些极限值为根,构造一个 $n+1$ 次多项式 $\tilde{\tau}_{n+1}(z)$. 显然, 这个子序列多项式就在$K$上一致收敛到多项式 $\tilde{\tau}_{n+1}(z)$,它是一个首项系数为 1 的多项式,其根都位于$K$上. 我们证明

$$\sup_{z\in K}|\tilde{\tau}_{n+1}(z)|=\tilde{\mu}_{n+1}. \tag{7.31}$$

事实上,在下面不等式

$$\sup_{z\in K}|\tilde{\tau}_{n+1}(z)|\leqslant\sup_{z\in K}|p_l(z)-\tilde{\tau}_{n+1}(z)|+\sup_{z\in K}|p_l(z)|$$

中,令 $l$ 取其子序列而趋向于无穷, 则由上面讨论及(7.30)可以得到

$$\sup_{z\in K}|\tilde{\tau}_{n+1}(z)|\leqslant\tilde{\mu}_{n+1}.$$

另一方面,根据 $\tilde{\mu}_{n+1}$ 的定义可以推出,

$$\sup_{z\in K}|\tilde{\tau}_{n+1}(z)|\geqslant\tilde{\mu}_{n+1}.$$

比较最后两个不等式就立刻得到了(7.31).

我们称多项式 $\tilde{\tau}_{n+1}(z)$ 为$K$上最小偏差于零的多项式，或称 Чебышев 多项式，其根都位于$K$上(参见文献[63])

取 Чебышев 多项式 $\tilde{\tau}_{n+1}(z)$ 的 $n+1$ 个根 $\{z_k^{(n)}\}$，$k=1, 2,\cdots,n+1$ 作为插值基点，就称为$K$上的 Чебышев 插值基点. 对此有

$$\omega_n(z)=\prod_{k=1}^{n+1}(z-z_k^{(n)})=\tilde{\tau}_{n+1}(z)$$

及

$$M_n=\sup_{z\in K}|\omega_n(z)|=\tilde{\mu}_{n+1}.$$

我们有下列定理

**定理 4**[135] 设有界闭集 $K\in\mathfrak{M}$，且 $\{z_k^{(n)}\}$，$k=1,2,\cdots,n$，$n=1,2,\cdots$是$K$的 Чевышев 插值基点，则它是一致分布的.

**证** 设 $\{z_k^{(n)}\}$，$k=1, 2,\cdots,n+1$ 是 Vandermonde 插值基点。令

$$\omega_n^*(z)=\prod_{k=1}^{n+1}(z-z_k^{*(n)}),$$

$$M_n^*=\sup_{z\in K}|\omega_n^*(z)|,$$

则利用 Чебышев 多项式是首项系数为 1，具有根在$K$上的最小偏差于零的多项式的性质知，

$$M_n\leqslant M_n^*.$$

因此有

$$1\leqslant\frac{\sqrt[n+1]{M_n}}{d}\leqslant\frac{\sqrt[n+1]{M_n^*}}{d}.$$

利用定理 3，由于 Vandermonde 插值基点是一致分布的，即

$$\lim_{n\to+\infty}\frac{\sqrt[n+1]{M_n^*}}{d}=1,$$

就立刻得到

$$\lim_{n\to+\infty}\frac{\sqrt[n+1]{M_n}}{d}=1,$$

定理 4 证毕.

**注** 等式

$$\lim_{n\to+\infty}\sqrt[n+1]{M_n}=d$$

可以写成

$$\lim_{n\to+\infty}\sqrt[n+1]{\tilde{\mu}_n}=d.$$

若函数 $f(z)\in A(\bar{D})$，其中$D$是 Jordan 区域，则对于一致分布的点，由 § 6 知，我们仍然推不出其 Lagrange 插值多项式在闭区域 $\bar{D}$ 上能一致收敛到这个函数 $f(z)$. 但是，如果函数 $f(z)$ 有更好的性质且区域$D$的边界$\Gamma$是足够光滑的，则可以推出，对于以 Fejér 插值基点的 Lagrange 插值多项式在闭区域 $\bar{D}$ 上是一致收敛到此函数 $f(z)$. 我们将证明这个结果. 但是，首先我们将证明两个引理，它们本身都有独立的意义.

**引理 1**[62] 取 $w_1, w_2, \cdots, w_{n+1}$ 为方程 $w^{n+1}=1$ 的 $n+1$ 根，即

$$w_k=e^{i\frac{2k\pi}{n+1}},\ k=0,1,\cdots,n+1, \tag{7.32}$$

则由(6.30)所确定的 Lebesgue 常数 $\lambda_n$ 的估计式为

$$\lambda_n=\max_{|w|\leqslant 1}\lambda_n(w)<3\ln(n+1). \tag{7.33}$$

**证** 容易写出其 Lebesgue 函数 $\lambda_n(w)$ 为,

$$\lambda_n(w)=\frac{1}{n+1}\sum_{k=0}^{n}\frac{|1-w^{n+1}|}{|w_k-w|}. \tag{7.34}$$

由最大模原理(参看文献[112] T.1 第六章习题 299)知,

$$\lambda_n=\max_{|w|\leqslant 1}\lambda_n(w)=\max_{|w|=1}\lambda_n(w). \tag{7.35}$$

若 $n=1$，则由(7.35)得

$$\lambda_n(w)=\frac{1}{2}(|1+w|+|1-w|)\leqslant 2,\ |w|=1,$$

因此(7.33)成立.

若 $n\geqslant 2$，不妨假设 $0<\arg w<\frac{2\pi}{n+1}$，令 $\alpha=\frac{2\pi}{n+1}$，则显然有

$$\left|\frac{1-w^{n+1}}{w_k-w}\right| = |w_k^n + w_k^{n-1}w + \cdots + w_k w^{n-1} + w^n|$$
$$\leqslant n+1. \tag{7.36}$$

因此,对于(7.35)中求和中对于 $k=0$ 及 $k=1$ 所从属的两项,我们给于估计式 $n+1$。对于其他的项,在连接原点 $o$ 与 $w$ 的直径的每一边上,都有连接 $z$ 与 $z_k^{(n)}$ 的圆弧,其长度分别 $\geqslant \alpha, 3\alpha, \cdots, p\alpha$,其中 $p\alpha \leqslant \pi$,因此 $|w_k - w|$ 对应地至少为 $2\sin\frac{2\alpha}{2}, \cdots, 2\sin\frac{p\alpha}{2}$。由于在 $0 \leqslant x \leqslant \frac{\pi}{2}$ 时,$2\sin x \geqslant \frac{2}{\pi}x$,因此,$|w_k - w|$ 至少为 $\frac{2\alpha}{\pi}, \frac{4\alpha}{\pi}, \cdots, \frac{2p_\alpha}{\pi}$,这样对应于这些 $w_k$,就有

$$\left|\frac{1-w^{n+1}}{w_k-w}\right| \text{ 至多地为 } \frac{\pi}{\alpha}, \frac{\pi}{2\alpha}, \cdots, \frac{\pi}{p\alpha}.$$

这样一来,我们有

$$\lambda_n(w) \leqslant 2 + \frac{2}{n+1}\frac{\pi}{\alpha}\sum_{j=1}^{p}\frac{1}{j}$$
$$= 2 + \sum_{j=1}^{p}\frac{1}{j} < 3 + \ln p \leqslant 3 + \ln\frac{\pi}{\alpha},$$
$$|w| = 1,\ 0 < \arg w < \frac{2\pi}{n+1}$$

即

$$\lambda_n(w) \leqslant 3 + \ln\frac{n+1}{2},\ |w| = 1,\ 0 < \arg w < \frac{2\pi}{n+1}.$$

显然,对于其它幅角的 $w$,$|w| = 1$,也有上述估计式。

当 $n \geqslant 3$,上式右边部分 $< 3\ln(n+1)$,这就是(7.33);而当 $n = 2$ 时,由(7.36)得 $\lambda_n(w) \leqslant 3$,因此也有(7.33)。

**引理 2** 设区域 $D$ 满足 Альпер 条件 $j$ (见 §5 中的 (5.1)),$\{z_k^{(n)}\}$,$k = 0,1,\cdots,n$ 是区域 $D$ 的 Fejer 插值基点,即

$$z_k^{(n)} = \Psi(w_k^{(n)}),\ k = 0,1,\cdots,n, \tag{7.37}$$

其中 $w_k^{(n)} = e^{\frac{2\pi k i}{n+1}}$,则其 Lebesgue 常数 $\tilde{\lambda}_n$ 的估计式为

$$\tilde{\lambda}_n = \max_{z\in D}\tilde{\lambda}_n(z) \leqslant c_1\ln n + c_2, \tag{7.38}$$

其中 $\tilde{\lambda}_n(z)$ 由公式(6.29)所确定，$c_1$ 与 $c_2$ 是二个绝对常数，它们可以依赖于区域 $D$。

**证** 首先，由于区域$D$满足 Альпер 条件 $i$，因此根据§5中引理1及引理2，我们有

1° 映射函数 $\Psi'(w)$ 在闭圆 $|w|\geqslant 1$ 上连续，且 $\Psi'(w)\neq 0$，$|w|\geqslant 1$，因此

$$0<A\leqslant|\Psi'(w)|\leqslant B<+\infty,\quad |w|\geqslant 1. \tag{5.2}$$

2° 在 $|w|=1$ 上有

$$\int_{|\tau|=1}\left|\frac{1}{\tau-W}-\frac{\Psi'(\tau)}{\Psi(\tau)-\Psi(w)}\right||d\tau|\leqslant C, \tag{5.6}$$

其中 $A,B,C$ 都是常数。

因此，由(5.2)及(5.6)知，

1° $\ln\left|\dfrac{\Psi(w)-\Psi(e^{i\theta})}{w-e^{i\theta}}\right|$，对于任意的 $w,|w|=1$，是$\theta$在$[0,2\pi]$ 上的连续函数，因而有

$$\lim_{n\to+\infty}\frac{1}{n+1}\sum_{k=0}^{n}\ln\left|\frac{\Psi(w)-\Psi(w_k^{(n)})}{w-w_k^{(n)}}\right|=\frac{1}{2\pi}\cdot\int_0^{2\pi}\ln\left|\frac{\Psi(w)-\Psi(e^{i\theta})}{w-e^{i\theta}}\right|d\theta.$$

2° $\dfrac{d}{d\theta}\ln\left(\dfrac{\Psi(w)-\Psi(e^{i\theta})}{w-e^{i\theta}}\right)$ 在 $[0,\ 2\pi]$ 上关于 $\theta$ 绝对可积，因此

$$\ln\left(\frac{\Psi(w)-\Psi(e^{i\theta})}{w-e^{i\theta}}\right)=\int_0^{\theta}\frac{\Psi(w)-\Psi(e^{i\theta})-(w-e^{i\theta})\Psi'(e^{i\theta})}{(w-e^{i\theta})(\Psi(w)-\Psi(e^{i\theta}))}ie^{i\theta}d\theta+\ln\frac{\Psi(w)-\Psi(1)}{w-1}.$$

关于$\theta$有不依赖于 $|w|=1$ 的全变差，因而

$$\ln\left|\frac{\Psi(w)-\Psi(e^{i\theta})}{w-e^{i\theta}}\right|.$$

关于 $\theta$ 也有不依赖于 $|w|=1$ 的全变差，利用文献 [112] 上第二部分，第一章的习题 9 知，

$$\left|\frac{1}{2\pi}\int_0^{2\pi}\ln\left|\frac{\Psi(w)-\Psi(e^{i\theta})}{w-e^{i\theta}}\right|d\theta-\frac{1}{n+1}\right.$$

$$\left.\cdot\sum_{k=0}^{n}\ln\left|\frac{\Psi(w)-\Psi(w_k^{(n)})}{w-w_k^{(n)}}\right|\right|\leqslant\frac{c}{n},\tag{7.39}$$

其中 $c$ 为不依赖于 $|w|=1$ 的常数。

我们在证明定理 2 时已得到

$$\frac{1}{2\pi}\int_0^{2\pi}\ln\left|\frac{\Psi(w)-\Psi(e^{i\theta})}{w-e^{i\theta}}\right|d\theta=\ln d.\tag{7.40}$$

由(7.39)与(7.40)得到

$$d^n e^{-c}\leqslant\prod_{k=0}^{n}\left|\frac{z-z_k^{(n)}}{w-w_k^{(n)}}\right|\leqslant d^n e^c,\ |w|=1,\ z=\Psi(w).$$

由此，再利用(5.2)知，对任意 $j,\ 0\leqslant j\leqslant n$，存在二个常数 $M_1$ 与 $M_2$，使

$$d^n e^{-c}\frac{1}{M_2}\leqslant\prod_{\substack{k=0\\k\neq j}}^{n}\left|\frac{z-z_k^{(n)}}{w-w_k^{(n)}}\right|\leqslant d^n e^c\frac{1}{M_1},\ |w|=1,$$

$$z=\Psi(w).$$

类似地也有

$$d^n e^{-c}\frac{1}{M_2}\leqslant\prod_{\substack{k=0\\k\neq j}}^{n}\left|\frac{z_j^{(n)}-z_k^{(n)}}{w_j^{(n)}-w_k^{(n)}}\right|\leqslant d^n e^c\frac{1}{M_1}.$$

将两式相除后得到

$$\prod_{\substack{k=0\\k\neq j}}^{n}\left|\frac{z-z_k^{(n)}}{z_j^{(n)}-z_k^{(n)}}\right|\leqslant\prod_{\substack{k=0\\k\neq j}}^{n}\left|\frac{w-w_k^{(n)}}{w_j^{(n)}-w_k^{(n)}}\right|e^{2c}\frac{M_2}{M_1}.$$

由此，利用引理 1，就证明了引理 2.

**注** 从引理 2 的证明还可以看出，若写出 $\lambda_n$ 的下界估计，则这里也有 $\tilde{\lambda}_n$ 的下界估计.

现在我们可以证明下面的定理了.

**定理 5** (Альпер[6]) 设区域 $D$ 满足 Альпер 条件 $j$ (见 § 5 中的(5.1))函数 $f(z)\in A(\overline{D})$ 且满足条件

$$\lim_{\delta \to 0} \omega(\delta, f) \ln \delta = 0, \tag{7.41}$$

其中 $\omega(\delta,f)$ 是函数 $f(z)$ 在区域$D$的边界$\Gamma$上的连续模. 又设 $\{z_k^{(n)}\}$, $k = 1,2,\cdots,n$ 是区域$D$的 Fejér 插值基点,即

$$z_k^{(n)} = \Psi(w_k^{(n)}), \ k = 0,1,\cdots,n,$$

其中 $w_k^{(n)} = e^{\frac{2\pi k i}{n+1}}$, 则对于以 Fejér 插值基点作出函数 $f(z)$ 的 $n$ 次 Lagrange 插值多项式 $L_n(f;z)$, 成立

$$\max_{z \in \bar{D}} |f(z) - L_n(f;\ z)| \leqslant (\tilde{\lambda}_n + 1) E_n(f;\ \bar{D}) \tag{7.42}$$

$$\leqslant (c_3 \ln n + c_4) \omega\left(\frac{1}{n}, f\right) \to 0, \tag{7.43}$$

其中 $E_n(f,\bar{D})$ 是由(5.25)确定.

**证** 设 $p_n(z)$ 是函数 $f(z) \in A(\bar{D})$ 在闭区域 $\bar{D}$ 上 $n$ 次最佳逼近多项式,

$$E_n(f;\bar{D}) = \max_{z \in \bar{D}} |f(z) - p_n(z)|, \tag{7.44}$$

则由定理 5 的条件,根据 § 5 中定理 1,有

$$E_n(f;\ \bar{D}) \leqslant c\omega\left(\frac{1}{n}, f\right), \tag{7.45}$$

其中 $c$ 是常数. 因此我们有

$$\begin{aligned}
|f(z) - L_n(f;z)| &= |f(z) - p_n(z) + p_n(z) - L_n(f;z)| \\
&\leqslant |f(z) - p_n(z)| + |L_n(f - p_n;z)| \\
&\leqslant |f(z) - p_n(z)| + \tilde{\lambda}_n \cdot \max_{z \in \bar{D}} |f(z) \\
&\quad - p_n(z)|.
\end{aligned}$$

由此利用(7.44)与(7.45)就立刻得到(7.42).

再利用引理 2, 从(7.42)就立刻得到 (7.43), 而最后一个极限关系是利用条件(7.41)后得到的.

定理 5 证毕.

如果对于函数 $f(z) \in A(\bar{D})$, 不假设条件(7.41)成立,但提高插值多项式的次数, Kövari 证明了可以得到插值多项式在 $\bar{D}$ 上是一致收敛到函数 $f(z)$ 的结果[75], 但需要以下几个引理.

**定义** 对闭区域 $\overline{D}$ 上点组 $\{z_k^{(n)}\}, k=1, 2,\cdots,n, n=1, 2,\cdots$,若其 Lagrange 插值的基函数 $l_k^{(n)}(z), k=1, 2,\cdots, n$,满足条件

$$\max_{1\leqslant j\leqslant n}\max_{z\in\overline{D}}|l_j^{(n)}(z)|\leqslant M, \quad n=1,2,\cdots, \tag{7.46}$$

其中$M$为常数,则称 $\{z_j^{(n)}\}$ 为正则点组。

从(7.24)知 Vandermonde 插值基点(或称为 Fekete 插值基点)是正则点组。

**引理 3** (Nehari[103]) 设函数 $f(z)$ 在 $|z|<1$ 内解析,且 $|f(z)|\leqslant 1$,则有估计式

$$|f'(z)|\leqslant\frac{1-|f(z)|^2}{1-|z|^2}, \quad |z|<1.$$

**证** 考虑函数

$$h(z)=\frac{f(z)-f(\zeta)}{1-\overline{f(\zeta)}f(z)}\Big/\frac{z-\zeta}{1-\overline{\zeta}z}, \text{ 其中 } |\zeta|<1, \tag{7.47}$$

显然函数 $h(z)$ 仍在 $|z|<1$ 内解析且 $|h(z)|\leqslant 1$。因此,根据最大模原则,

$$|h(z)|\leqslant 1, \quad |z|<1. \tag{7.48}$$

特别地,令 $z=\zeta$,由(7.47)及(7.48)得到

$$|f'(\zeta)|\left(\frac{1-|\zeta|^2}{1-|f(\zeta)|^2}\right)\leqslant 1.$$

这就证明了引理 3。

**引理 4** 设$K$是连续统(闭的有界连通集),$n$ 次多项式 $P_n(z)$ 在$K$上满足

$$\max_{z\in K}|P_n(z)|\leqslant 1,$$

则有估计式

$$|\Psi'(w)P_n'(\Psi(w))|\leqslant n\left(\frac{n+1}{n-1}\right)^{\frac{n-1}{2}}<en, \quad |w|=\sqrt{\frac{n+1}{n-1}}. \tag{7.49}$$

**证** 设

$$z=\Psi(w)=dw+c_0+\frac{c_1}{w}+\cdots, \quad |w|>1,$$

其中 $d$ 为保角半径. 显然, 函数

$$F(w)=\frac{P_n(\Psi(w))}{w^n}=b_0+\frac{b_1}{w}+\cdots$$

在 $|w|>1$ 外解析,因为

$$\lim_{|w|\to 1}|F(w)|\leqslant 1,$$

因此根据最大模原理,

$$|F(w)|\leqslant 1,\quad |w|>1,$$

利用引理 3,就可以得到其导数的估计式,

$$|F'(w)|\leqslant\frac{1-|F(w)|^2}{|w|^2-1},\quad |w|>1. \tag{7.50}$$

因为

$$F'(w)=-n\frac{1}{w^{n+1}}P_n(\Psi(w))+\frac{1}{w^n}\Psi'(w)P'_n(\Psi(w))$$

$$=-\frac{n}{w}F(w)+\frac{1}{w^n}\Psi'(w)P'_n(\Psi(w)),$$

因此由(7.46)得

$$|\Psi'(w)P'_n(\Psi(w))|\leqslant n|w|^{n-1}|F(w)|$$

$$+\frac{|w|^n}{|w|^2-1}(1-|F(w)|^2).$$

令 $|w|=\sqrt{\frac{n+1}{n-1}}$, 记 $\alpha=|F(w)|$, 由上式得

$$|\Psi'(w)P'_n(\Psi(w))|\leqslant n\left(\frac{n+1}{n-1}\right)^{\frac{n-1}{2}}\alpha+\frac{1}{2}(n-1)$$

$$\cdot\left(\frac{n+1}{n-1}\right)^{\frac{n}{2}}(1-\alpha^2).$$

容易算出,上述不等式右边,关于 $\alpha$ 的导数为

$$n\left(\frac{n+1}{n-1}\right)^{\frac{n-1}{2}}\left[1-\frac{n-1}{n}\left(\frac{n+1}{n-1}\right)^{\frac{1}{2}}\alpha\right].$$

由于 $0\leqslant\alpha\leqslant 1$, 因此这个量是正的.取 $\alpha=1$, 就得到了(7.49).
引理 4 证毕.

由引理 4 可以得到一个有趣的推论，这是 бернштейн 型不等式(参见 Pommerenke 的著作[113])。

**推论** 设$K$是连续统，其保角半径为 $d$，$n$ 次多项式 $P_n(z)$ 满足

$$|P_n(z)| \leqslant 1,\ z \in K,$$

则

$$|P_n'(z)| \leqslant \frac{e}{2d} n^2 < 1.36 \frac{n^2}{d},\ z \in K. \tag{7.51}$$

**证** 利用 Lowner 的研究结果[87], 第 69 页(或见文献[63])，

$$|\Psi'(w)| \geqslant d\left(1 - \frac{1}{|w|^2}\right),\ |w| > 1.$$

因此

$$|\Psi'(w)| \geqslant \frac{2d}{n+1},\ |w| = \sqrt{\frac{n+1}{n-1}}. \tag{7.52}$$

比较(7.52)与(7.49)就得到

$$|P_n'(\Psi(w))| \leqslant \frac{n(n+1)}{2d}\left(\frac{n+1}{n-1}\right)^{\frac{n-1}{2}}$$

$$< \frac{en^2}{2d},\ |w| = \sqrt{\frac{n+1}{n-1}}.$$

因此，在等势线 $C_{\sqrt{\frac{n+1}{n-1}}}$ 上就有

$$|P_n'(z)| < \frac{en^2}{2d}.$$

由于连续统$K$位于 $C_{\sqrt{\frac{n+1}{n-1}}}$ 所围的区域内，因此根据最大模原理(7.51)成立。

**引理 5** 若闭区域 $\bar{D}$ 上的点组 $z_k = \Psi(e^{i\theta_k})$. $\theta_1 < \theta_2 < \cdots < \theta_n$，$\theta_n - \theta_1 < 2\pi$ 是常数为$M$的正则点组(见(7.46)中的定义)，且区域$D$的边界$\Gamma$满足 Альпер 条件 $j$ (见(5.1))，则存在常数 $c > 0$，它只依赖于 $\Gamma$，使得

$$|\theta_{\nu+1} - \theta_\nu| > \frac{c}{M_n},\ \nu = 1, 2, \cdots, n, \tag{7.53}$$

其中 $\theta_{n+1}=\theta_1+2\pi$.特别地,若 $\{z_k\}$, $k=1,2,\cdots,n$ 是 Fekete 点组(即 Vandermonde 插值基点),则有

$$|\theta_{\nu+1}-\theta_\nu|>\frac{c}{n},\ \nu=1,2,\cdots,n. \tag{7.54}$$

**证** 由引理 3 及估计式 (5.2) 得,若 $n$ 次多项式 $P_n(z)$ 满足

$$\max_{z\in\bar{D}}|P_n(z)|\leqslant M,$$

则

$$|P_n'(\Psi(\zeta))|\leqslant\frac{e}{A}nM,\quad |\zeta|=\sqrt{\frac{n+1}{n-1}}.$$

由最大模原理可知,上面估计式对 $|\zeta|=1$ 时也成立,其中 $A$ 为常数,再由估计式(5.2)得

$$|\Psi'(w)P_n'(\Psi(w))|\leqslant\frac{eB}{A}nM,\ |\zeta|=1, \tag{7.55}$$

其中 $B$ 也为常数.

我们对于基函数 $l_\nu(z)$, 利用(7.46)及(7.55)有

$$1=|l_\nu(e^{i\theta_\nu})-l_\nu(e^{i\theta_{\nu+1}})|=\left|\int_{\theta_\nu}^{\theta_{\nu+1}}l_\nu'(\Psi(e^{i\theta}))\Psi'(e^{i\theta})ie^{i\theta}d\theta\right|$$

$$\leqslant\frac{eB}{A}nM|\theta_{\nu+1}-\theta_\nu|.$$

由此就得到了(7.54),引理 5 证毕.

现在对于上面的正则点组 $z_k=\Psi(e^{i\theta_k})$, $k=1,2,\cdots,n$. 对任意的 $m$, 再选择 $n$ 个点组:

$$z_{k,j}^{(m)}=\Psi(e^{i(\theta_k+\frac{2\pi j}{m})}),\ j=0,1,\cdots,m-1,\ k=1,2,\cdots,n,$$

其中每一个点组是由 $m$ 个点组成的.显然有 $z_{k,0}^{(m)}=z_k$. 令 $l_k^{(m)}(z)$ 为每一个点组的基函数.

$$l_k^{m}(z)=\prod_{j=1}^{m-1}\frac{z-z_{k,j}^{(m)}}{z_k-z_{k,j}^{(m)}},\ k=1,2,\cdots,n. \tag{7.56}$$

我们有下列的引理.

**引理 6** 若区域$D$的边界$\Gamma$满足 Альпер 条件 $j$ (见(5.1)), 则存在只依赖于区域$D$的常数 $B$, 使得

1° $|\tilde{l}_k^{(m)}(\Psi(e^{i\theta}))| \leqslant B,$ (7.57)

2° $|\tilde{l}_k^{(m)}(\Psi(e^{i\theta}))| \leqslant \dfrac{\pi B}{m|\theta-\theta_k|},$ (7.58)

其中$-\pi \leqslant \theta - \theta_k \leqslant \pi$。

**证** 注意到

$$(w_{k,j}^{(m)})^m \triangleq (e^{i(\theta_k+2\pi jk/m)})^m = e^{im\theta_k}, \quad j = 0, 1, \cdots, m-1, \tag{7.59}$$

以及引理 2 证明过程中所得到的估计式:

$$|\tilde{l}_k^{(m)}(z)| = \left|\prod_{j=1}^{m-1} \frac{z - z_{k,j}^{(m)}}{z_k - z_{k,j}^{(m)}}\right| \leqslant \prod_{j=1}^{m-1} \left|\frac{w - w_{k,j}^{(m)}}{e^{i\theta_k} - w_{k,j}^{(m)}}\right| e^{2c}\frac{M_2}{M_1}.$$

我们有

$$|\tilde{l}_k^{(m)}(z)| \leqslant \left|\frac{w^m - e^{im\theta_k}}{w - e^{i\theta_k}}\right| \frac{1}{m} e^{2c}\frac{M_2}{M_1}.$$

由此就容易得到(7.57)与(7.58)。引理 6 证毕。

**引理 7** 在引理 5 的条件下,有

$$\sum_{k=1}^{n} |\tilde{e}_k^{(m)}(z)|^2 \leqslant c_1 + c_2\frac{n^2}{m^2}, \quad z \in \bar{D}, \tag{7.60}$$

其中 $c_1$ 与 $c_2$ 是不依赖于 $n$ 与 $m$ 的常数。

**证** 由于(7.60)左边的求和项是次调和函数，因此只要对于 $z \in \Gamma$，即 $z = \psi(w)$，$w = e^{i\theta}$，证明(7.60)就够了。不妨假设 $\theta_n - 2\pi < \theta \leqslant \theta_1$，应用引理 5 及引理 6，可以得到

$$\begin{aligned}\sum_{k=1}^{n} |\tilde{l}_k^{(m)}(\psi(e^{i\theta}))|^2 = {}& |\tilde{l}_1^{(m)}(\psi(e^{i\theta}))| + \sum_{j=1}^{[\frac{n+1}{2}]-1} |\tilde{l}_{1+j}^{(m)}(\psi(e^{i\theta}))| \\ & + \sum_{j=1}^{[\frac{n}{2}]-1} |\tilde{l}_{n-j}^{(m)}(\psi(e^{i\theta}))|^2 \\ & + |\tilde{l}_n^{(m)}(\psi(e^{i\theta}))|^2 \\ \leqslant {}& B^2 + \frac{\pi^2 B^2}{m^2} \sum_{j=1}^{[\frac{n+1}{2}]-1} \frac{1}{(\theta - \theta_{1+j})^2}\end{aligned}$$

$$+\frac{\pi^2B^2}{m^2}\sum_{j=1}^{\left[\frac{n}{2}\right]-1}\frac{1}{(\theta-\theta_{n-j}+2\pi)^2}+B^2$$

$$\leqslant 2B^2+\frac{\pi^2B^2}{m^2}\left\{\sum_{j=1}^{\left[\frac{n+1}{2}\right]-1}\frac{1}{(\theta_1-\theta_{1+j})^2}\right.$$

$$\left.+\sum_{j=1}^{\left[\frac{n}{2}\right]-1}\frac{1}{(\theta_n-\theta_{n-j})^2}\right\}$$

$$\leqslant 2B^2+\frac{2\pi^2B^2n^2}{\left(\frac{c}{M}\right)^2m^2}\sum_{1\leqslant j\leqslant\frac{n}{2}}\frac{1}{j^2}$$

$$\leqslant 2B^2+\frac{\pi^4B^2n^2}{\left(\frac{c}{M}\right)^2m^2},$$

这就证明了(7.60)，引理 7 证毕.

**注** 从不等式(7.57)看出，若区域$D$的边界满足 Альпер 条件，则插值点组

$$z_k^{(n)}=\Psi\left(e^{i\left(\alpha_n+\frac{2\pi ik}{n}\right)}\right),\ k=1,2,\cdots,n,\ n=1,2,\cdots,\tag{7.61}$$

也是正则点组，其中 $\alpha_1,\ \alpha_2,\cdots$是完全任意的实数. 这里也可称(7.61)为 Fejér 点组.

现在我们可以证明下面的定理了.

**定理 6** (Kövari[75]) 设区域$D$的边界$\Gamma$满足 Альпер 条件 i (见(5.1)). 设 $\{z_k^{(n)}\}\subset\Gamma$ 是闭区域 $\bar{D}$ 上的正则点组，于是对于任意的函数 $f(z)\in A(\bar{D})$ 及任意的 $\eta>0$，存在多项式序列 $p_n(z)$，它具有下列四个性质.

1° 多项式 $p_n(z)$ 的次数 $\leqslant n(1+\eta)$.

2° $p_n(z_k^{(n)})=f(z_k^{(n)})$, $k=1,2,\cdots,n,n=1,2\cdots$.

3° $p_n=T_n(f)$ 是一个可以清楚地给出的线性算子.

4°

$$\lim_{n\to+\infty}\max_{z\in D}|f(z)-p_n(z)|=0.\tag{7.62}$$

**证** 设 $q_n(z)$ 是 $n$ 次多项式，$n=1,2,\cdots$，使

$$\varepsilon_n=\max_{z\in\bar{D}}|f(z)-q_n(z)|\to 0. \tag{7.63}$$

这样的多项式序列显然是存在的（可参看第一章中的 Мергелян 定理或第二章 § 5 中的 Альпер 定理）.
例如，取

$$q_n(z)=\frac{1}{2\pi i}\int_{|\tau|=1}f[\Psi(\tau)]\left[\sum_{m=0}^{n}\left(1-\frac{m}{n+1}\right)\frac{F_m(z)}{\tau^{m+1}}\right]d\tau,$$

其中 $F_m(z)$ 是区域 $\bar{D}$ 的 $m$ 次 Faber 多项式，它是函数 $f(z)$ 在区域 $D$ 中 Faber 展开式的算术平均和(见 § 5 中 Альпер 定理)，因此是一个线性算子.

令 $m=\left[\frac{1}{2}\eta n\right]$，及

$$p_{n-1}(z)=q_{n-1}(z)+\sum_{k=1}^{n}\{f(z_k^{(n)})-q_{n-1}(z_k^{(n)})\}l_k^{(n)}(z)[\tilde{l}_k^{(n)}(z)]^2,$$

其中 $l_k^{(n)}(z)$ 是 $\{z_k^{(n)}\}$ 的基函数，而 $\tilde{l}_k^{(n)}(z)$ 是由(7.56)确定的.

显然有

1° $p_{n-1}(z)$ 是多项式，其次数 $\leqslant(n-1)\cdot 2m\leqslant n(1+\eta)$.

2° $p_{n-1}(z_\nu^{(n)})=q_{n-1}(z_\nu^{(n)})+f(z_\nu^{(n)})-q_{n-1}(z_\nu^{(n)})$
$=f(z_\nu^{(n)}),\ \nu=1,2,\cdots,n.$

3° $p_{n-1}(z)$ 是一个线性算子.

4° $$|f(z)-p_{n-1}(z)|\leqslant|f(z)-q_{n-1}(z)|+\sum_{k=1}^{n}|f(z_k^{(n)})-q_{n-1}(z_k^{(n)})|\cdot|l_k^{(n)}(z)||\tilde{l}_k^{(m)}(z)|^2.$$

由此利用(7.63)，(7.46)及引理 7，可以得到

$$|f(z)-p_{n-1}(z)|\leqslant\varepsilon_n+M\varepsilon_n\sum_{k=1}^{n}|\tilde{l}_k^{(m)}(z)|^2$$
$$\leqslant M\varepsilon_n\left(1+c_1+c_2\frac{n^2}{m^2}\right)$$

$$\leqslant M\varepsilon_n\left(1 + c_1 + c_2\frac{4}{\eta^2}\right),$$

由此从(7.63)就得到了(7.62). 定理 6 证毕.

如果对于函数 $f(z)\in A(\overline{D})$，其中$D$是 Jordan 区域，选择 Fejér 插值基点,作出其 Lagrange 插值多项式.尽管其 Lagrange 插值多项式不一定在闭区域 $\overline{D}$ 上一致收敛到函数 $f(z)$，那么试问,它是否能平均收敛到 $f(z)$? 当$D$是单位圆 $|z|<1$ 时,我们在 § 6 中已作出了肯定的解答 (见 § 6 中定理 5). 当$D$是以解析曲线为边界时, 1965 年 Curtiss[34] 也作出了肯定的回答. 当区域$D$的边界 $\Gamma\in C^{2+\varepsilon}$, $\varepsilon>0$ 时(这表示曲线$\Gamma$的参数方程 $z=z(t)$ 满足 $z'(t)\neq 0$, 且 $z''(t)\in \mathrm{Lip}\varepsilon$), 1969 年 Альпер 与 Калиногорская[9] 也给出了肯定的回答. 1987 年沈燮昌与钟乐凡[181]对更广泛的一类区域 $D$，不仅对上述问题作出了肯定的回答，而且还给出了逼近的阶的估计. 为此,我们首先给出几个引理.

**引理 8** 设区域$D$的边界 $\Gamma\in C^{1+\varepsilon}$, $\varepsilon>0$, 则对于映射函数 $z=\Psi(w)$, 我们有

1° $$0<A_1\leqslant\left|\frac{\Psi(w)-\Psi(u)}{w-u}\right|\leqslant A_2,\quad |w|\geqslant 1,|u|\geqslant 1;\tag{7.64}$$

2° $$0<A_3\leqslant|\Psi'(w)|\leqslant A_4,\quad |w|\geqslant 1;\tag{7.65}$$

3° $$\Psi'(w)\in \mathrm{Lip}\varepsilon,\quad |w|\geqslant 1;\tag{7.66}$$

4° $$\left|\frac{\Psi'(u)}{\Psi(w)-\Psi(u)}-\frac{1}{w-u}\right|\leqslant A_5|w-u|^{\varepsilon-1},\quad \varepsilon>0,\ |w|\geqslant 1,\ |u|\geqslant 1;\tag{7.67}$$

5° $$|\Psi''(w)|\leqslant A_6(|w|-1)^{\varepsilon-1},\quad |w|>1.\tag{7.68}$$

今后用 $A_1,A_2\cdots$表示常数.

**证** 在 § 3 中证明定理 5 时,我们已经提到过，应用 Kellogg 定理(参见 Голузин 的著作[68], 486 页), 容易看出 1°, 2°及 3° 都成立.

现证明 4°. 对任意的 $|u|\geqslant 1,|w|\geqslant 1$,存在着连接 $u$ 与 $w$

的曲线 $a$，使得 $a$ 的弧长不超过 $\frac{\pi}{2}|u-w|$，且使对任意的 $\zeta\in a$，$|\zeta|\geqslant 1$ 以及 $|\zeta-u|\leqslant|w-u|$，于是

$$\begin{aligned}&|\Psi(w)-\Psi(u)-\Psi'(u)(w-u)|\\&=\left|\int_a[\Psi'(\xi)-\Psi'(u)]d\xi\right|\leqslant A_7|w-u|^{\varepsilon}\int_a ds\\&\leqslant A_8|w-u|^{1+\varepsilon}.\end{aligned}$$

再由(7.63)就立刻得到(7.66)。

由于$\Psi'(w)\in \mathrm{Lip}\varepsilon$，因此应用Hardy-Littlewood 定理[36],第74页，就立刻得到(7.68)。

**引理 9** 设区域$D$的边界 $\Gamma\in C^{1+\varepsilon}$，$\varepsilon>0$，且考虑 Fejér 点组：

$$z_k^{(n)}=\Psi(w_k^{(n)}),w_k^{(n)}=e^{\frac{2k\pi}{n+1}i},\ k=0,1,\cdots,n. \tag{7.69}$$

令

$$\Pi_n(w)=\prod_{k=0}^{n}\frac{\Psi(w)-\Psi(w_k^{(n)})}{(w-w_k^{(n)})d}, \tag{7.70}$$

其中 $d$ 是区域$D$的保角半径，即

$$\Psi(w)=dw+c_0+\frac{c_1}{w}+\cdots, \tag{7.71}$$

则有

$$|\Pi_n(w)-1|\leqslant\frac{A_9}{n^{\varepsilon}}\ln n,\ |w|=1. \tag{7.72}$$

**证** 考虑函数

$$\chi(w,u)=\begin{cases}\dfrac{\Psi(w)-\Psi(u)}{(w-u)d}, & w\neq u,\\[2mm] \dfrac{\Psi'(w)}{d}, & w=u,\end{cases}$$

它在 $|w|>1$ 中解析，在 $|w|\geqslant 1$，$|u|\geqslant 1$ 上连续，且由(7.10)知 $\chi(w,\infty)=1$，因此

$$\ln\chi(w,u)=\sum_{j=1}^{+\infty}\frac{a_j(w)}{u^j},\ |u|\geqslant 1,\ |w|\geqslant 1,$$

由于 $\Psi'(w)\in \mathrm{Lip}\varepsilon$，因此 $\ln \chi(w,u)\in \mathrm{Lip}\varepsilon$（看作 $u$ 的函数）．由 Fourier 级数理论知，上述展开式在 $|u|\geqslant 1$ 上是一致收敛的．

由于

$$\sum_{k=0}^{n}(w_k^{(n)})^{-j}=\sum_{k=0}^{n}\left(e^{\frac{2\pi k}{n+1}i}\right)^{-j}=\begin{cases}n+1, & j\text{ 是 } n+1 \text{ 的整数倍},\\ 0, & j\text{ 不是 } n+1 \text{ 的整数倍}.\end{cases}$$

因此有

$$\begin{aligned}\ln \Pi_n(w)&=\sum_{k=0}^{n}\ln\chi(w,\ w_k^{(n)})\\&=(n+1)\sum_{l=1}^{+\infty}a_{l(n+1)}(w),\quad |w|\geqslant 1.\end{aligned}\tag{7.73}$$

为了估计 $|a_j(w)|$，对于 $1<\rho<\dfrac{3}{2}$，$|w|=1$，

$$\begin{aligned}\int_{|u|=\rho}\left|\frac{\partial^2\ln\chi(w,u)}{\partial u^2}\right||du|&=\int_{|u|=\rho}\left|\frac{\Psi''(u)}{\Psi(w)-\Psi(u)}\right.\\&\quad\left.+\frac{(\Psi'(u))^2}{(\Psi(w)-\Psi(u))^2}-\frac{1}{(w-u)^2}\right||du|\\&\leqslant\int_{|u|=\rho}\left|\frac{\Psi''(u)}{\Psi(w)-\Psi(u)}\right||du|+\int_{|u|=\rho}\left|\frac{\Psi'(u)}{\Psi(w)-\Psi(u)}\right.\\&\quad\left.-\frac{1}{w-u}\right|\cdot\left|\frac{\Psi'(u)}{\Psi(w)-\Psi(u)}+\frac{1}{w-u}\right||du|\\&=I_1+I_2.\end{aligned}$$

由(7.64)及(7.68)，对于 $|w|=1$，

$$I_1\leqslant\frac{A_{10}}{(\rho-1)^{1-\varepsilon}}\int_{|u|=\rho}\frac{|du|}{|w-u|}\leqslant\frac{A_{11}\ln\dfrac{1}{\rho-1}}{(\rho-1)^{1-\varepsilon}}.$$

由(7.64)，(7.65)及(7.67)，对于 $|w|=1$，

$$I_2\leqslant A_{12}\int_{|u|=\rho}\frac{|du|}{|w-u|^{2-\varepsilon}}\leqslant A_{13}\frac{1}{(\rho-1)^{1-\varepsilon}}.$$

因此得到

$$\int_{|u|=\rho}\left|\frac{\partial^2\ln\chi(w,u)}{\partial u^2}\right||du|\leqslant\frac{A_{14}}{(\rho-1)^{1-\varepsilon}}\ln\frac{1}{\rho-1},$$

$$|w| = 1,\ 1 < \rho < \frac{3}{2}.$$

由于

$$\frac{\partial^2 \ln \chi(w, u)}{\partial u^2} = \sum_{j=1}^{+\infty} \frac{j(j+1)a_j(w)}{u^{j+1}},$$

于是

$$j(j+1)|a_j(w)| = \left| \frac{1}{2\pi i} \int_{|u|=\rho} \frac{\partial^2 \ln \chi(w, u)}{\partial u^2} u^{j+1} du \right|$$

$$\leqslant \rho^{j+1} \frac{1}{2\pi} \int_{|u|=\rho} \left| \frac{\partial^2 \ln \chi(w, u)}{\partial u^2} \right| |du|$$

$$\leqslant A_{15} \frac{\rho^{j+2}}{(\rho - 1)^{1-\delta}} \ln \frac{1}{\rho - 1}.$$

取 $\rho = 1 + \frac{1}{j}$，就得到

$$|a_j(w)| \leqslant \frac{A_{16}}{j^{1+\delta}} \ln j,\ |w| = 1,\ j = 1, 2, \cdots. \quad (7.74)$$

由(7.73)与(7.74)得到

$$|\ln \Pi_n(w)| \leqslant (n+1) \sum_{l=1}^{+\infty} |a_{l(n+1)}(w)|$$

$$\leqslant \frac{A_{17}}{(n+1)^\delta} \sum_{l=1}^{+\infty} \frac{1}{l^{1+\delta}} \ln(n+1)l$$

$$\leqslant \frac{A_{18}}{(n+1)^\delta} \ln(n+1).$$

这个估计式与(7.72)是等价的. 引理 9 证毕.

下面我们还需要二个引理，它们是说明三角多项式与代数多项式 $L^p$ 积分与 $L^p$ 中离散和之间的关系.

**引理 10**[212] 设 $S_n(x)$ 是 $n$ 次三角多项式，于是

$$\left\{\frac{2\pi}{2n+1} \sum_{k=0}^{2n} |S_n(\theta_k)|^p\right\}^{\frac{1}{p}} \leqslant A \left\{\int_0^{2\pi} |S_n(x)|^p dx\right\}^{\frac{1}{p}},$$

$$1 \leqslant p \leqslant +\infty, \quad (7.75)$$

$$\left\{\int_0^{2\pi} |S_n(x)|^p dx\right\}^{\frac{1}{p}} \leqslant A_p \left\{\frac{2\pi}{2n+1} \sum_{k=0}^{2n} |S_n(\theta_k)|^p\right\}^{\frac{1}{p}},$$

$$1 < p < +\infty, \quad (7.76)$$

其中 $A$ 是绝对常数，而 $A_p$ 是只依赖于 $p$ 的常数，$\theta_k = \frac{2\pi k}{2n+1}$，$k = 0, 1, \cdots, 2n$。

**证** 显然，

$$S_n(x) = \frac{1}{\pi}\int_0^{2\pi} S_n(t) D_n(t-x) dt, \tag{7.77}$$

其中

$$D_n(u) = \frac{1}{2} + \sum_{k=1}^{n} \cos ku = \frac{\sin\left(n+\frac{1}{2}\right) n}{2\sin\frac{1}{2} u} \tag{7.78}$$

是 Dirichlet 核。显然，若在(7.77)中将(7.78)所确定的 $D_n(u)$ 换上任意一个三角多项式，只要它的前 $n$ 个部分和与 $D_n(u)$ 一样，(7.77)仍成立。因此，我们可以用

$$2K_{2n-1}(u) - K_n(u)$$

来代替 $D_n(u)$，其中 $K_n(u)$ 是 Fejér 核，

$$K_n(u) = \frac{2}{n+1}\left\{\frac{\sin\frac{u}{2}(n+1)}{2\sin\frac{u}{2}}\right\}^2, \tag{7.79}$$

这就得到

$$\begin{aligned}\frac{1}{3}|S_n(x)| \leqslant & \frac{2}{3}\frac{1}{\pi}\int_0^{2\pi} |S_n(t)| K_{2n-1}(t-x) dt \\ & + \frac{1}{3}\frac{1}{\pi}\int_0^{2\pi} |S_n(t)| K_{n-1}(t-x) dt.\end{aligned}$$

利用函数 $u^p$，$p \geqslant 1$，在 $u \geqslant 0$ 时的凸性，由上式得到

$$\begin{aligned}\left[\frac{1}{3}|S_n(x)|\right]^p \leqslant & \frac{2}{3}\left[\frac{1}{\pi}\int_0^{2\pi} |S_n(t)| K_{2n-1}(t-x) dt\right]^p \\ & + \frac{1}{3}\left[\frac{1}{\pi}\int_0^{2\pi} |S_n(t)| K_{n-1}(t-x) dt\right]^p\end{aligned}$$

$$\leqslant \frac{2}{3}\frac{1}{\pi}\int_0^{2\pi}|S_n(t)|^p K_{2n-1}(t-x)dt$$

$$+\frac{1}{3}\frac{1}{\pi}\int_0^{2\pi}|S_n(t)|^p K_{n-1}(t-x)dt. \tag{7.80}$$

如果注意到,对 $m\leqslant 2n$,

$$\frac{1}{\pi}\sum_{k=0}^{n}K_m(t-\theta_k)\frac{2\pi}{2n+1}=\frac{1}{\pi}\int_0^{2\pi}K_m(t-x)dx=1,$$

将(7.80)中取 $x=\theta_k$, 然后求和, $k=0,1,\cdots,2n+1$, 右边将求和号与积分号相互交换,就立刻得到(7.75),其中 $A=3$.

为了证明(7.76),取函数 $g(x)$, 使

$$\|S_n\|_p\triangleq\left\{\int_0^{2\pi}|S_n(x)|^p dx\right\}^p$$

$$=\int_0^{2\pi}S_n(x)g(x)dx, \tag{7.81}$$

其中

$$\|g\|_{p'}=1,\ p'=\frac{p}{p-1}. \tag{7.82}$$

由此和用 Hölder 不等式及不等式(7.75),就有

$$\|S_n\|_p=\int_0^{2\pi}S_n(x)g(x)dx=\int_0^{2\pi}S_n(x)g_n(x)dx,$$

其中 $g_n(x)$ 是函数 $g(x)$ 的 Fourier 展开式中第 $n$ 个部分和.由上式利用插值多项式表示式,容易得到

$$\|S_n\|_p=\sum_{k=0}^{n}S_n(\theta_k)g_n(\theta_k)\frac{2\pi}{2n+1}$$

$$\leqslant\left(\sum_{k=0}^{n}|S_n(\theta_k)|^p\frac{2\pi}{2n+1}\right)^{\frac{1}{p}}\left(\sum_{k=0}^{n}|g_n(\theta_k)|^{p'}\frac{2\pi}{2n+1}\right)^{\frac{1}{p'}}$$

$$\leqslant A\left(\sum_{k=0}^{n}|S_n(\theta_k)|^p\frac{2\pi}{2n+1}\right)^{\frac{1}{p}}\|g_n\|_{p'}$$

$$\leqslant A\left(\sum_{k=0}^{n}|S_n(\theta_k)|^p\frac{2\pi}{2n+1}\right)^{\frac{1}{p}}B_p\|g\|_{p'}$$

$$\leqslant A_p\left(\sum_{k=0}^{n}|S_n(\theta_k)|^p\frac{2\pi}{2n+1}\right)^{\frac{1}{p}},$$

其中倒数第二个不变式是利用函数 Fourier 级数部分和与函数本身范数之间的关系式，$B_p$ 为估计常数，$A_p = 4B_p$。这里还用到了 $\|g\|_{p'} = 1$。

引理 10 证毕。

**注** 若 $p=1$，则 (7.76) 可以不成立。例如，取 $S_n(x)= D_n(x)$，而 $\theta_k, k=0,1,\cdots,2n$ 是 $\sin\left(n+\frac{1}{2}\right)x$ 的根。因此，(7.79)的右边的值为 $\frac{2\pi D_n(0)}{2n+1}=\pi$，而左边的值为 $\pi\lambda_n$，其中 $\lambda_n$ 为插值的 Lebesgue 常数，因此左边趋向于无穷。这说明 $p=1$ 时，(7.76)不成立。

若 $p=\infty$，则(7.76)也可以不成立。事实上，存在连续函数 $f(x)$，它在插值点 $x=\theta_k$，$k=0, 1,\cdots, 2n$ 上取值为零，但 $S(x)$ 为插值多项式，因此它在 $L[0,2\pi]$ 中的范数可以为无穷(参看文献[213]，第二卷 § 8)。

**引理 11**[213] 设 $P_n(z)$ 是 $n$ 次代数多项式，则

$$\left(\sum_{k=0}^{2n}|P(e^{i\theta_k})|^p\frac{2\pi}{2n+1}\right)^{\frac{1}{p}}\leqslant A'\left\{\int_0^{2\pi}|P(e^{it})|^p dt\right\}^{\frac{1}{p}},$$

$$1\leqslant p\leqslant+\infty,\quad(7.83)$$

$$\left(\int_0^{2\pi}|P(e^{it})|^p dt\right)^{\frac{1}{p}}\leqslant A'_p\left\{\sum_{k=0}^{2n}|P(e^{i\theta_k})|^p\frac{2\pi}{2n+1}\right\}^{\frac{1}{p}},$$

$$1<p<+\infty,\quad(7.84)$$

其中 $A'$ 是绝对常数，$A_p$ 是依赖于 $p$ 的常数，$\theta_k=\frac{2\pi k}{2n+1}, k=0,1,\cdots,2n$。

**证** 若 $n=2k$ 是偶数，则容易看出

$$|P_n(e^{it})|=|S_n(t)|,$$

其中

$$S_n(t) = c_0 e^{-ikt} + c_1 e^{-i(k-1)t} + \cdots + c_n e^{ikt}.$$

这里设 $P_n(z) = c_0 + c_1 z + \cdots + c_n z^n$，因此由引理 10 就立刻得到引理 11.

若 $n$ 是奇数,则令

$$P_n(z) = z_0 + z Q_{n-1}(z),$$

其中 $Q_{n-1}(z)$ 是偶数次多项式,显然有

$$|P_n(e^{it})| \leqslant |c_0| + |Q_{n-1}(e^{it})|,$$

$$|Q_{n-1}(e^{it})| \leqslant |c_0| + |P_n(e^{it})|.$$

由此得到

$$\begin{aligned}
&\left(\frac{1}{2\pi} \sum_{k=0}^{2n} |P_n(e^{i\theta_k})|^p \frac{2\pi}{2n+1}\right)^{p} \\
&\leqslant |c_0| + \left(\frac{1}{2\pi} \sum_{k=0}^{2n} |Q_{n-1}(e^{i\theta_k})|^p \cdot \frac{2\pi}{2n+1}\right)^{\frac{1}{p}} \\
&\leqslant |c_0| + A\left(\frac{1}{2\pi} \int_0^{2\pi} |Q_{n-1}(e^{it})|^p dt\right)^{\frac{1}{p}} \\
&\leqslant |c_0| + A|c_0| + A\left(\frac{1}{2\pi} \int_0^{2\pi} |P_n(e^{it})|^p dt\right)^{\frac{1}{p}}.
\end{aligned}$$

因为

$$|c_0| = \frac{1}{2\pi}\left|\int_0^{2\pi} P_n(e^{it}) dt\right| \leqslant \left(\frac{1}{2\pi} \int_0^{2\pi} |P_n(e^{it})|^p dt\right)^{\frac{1}{p}},$$

因此立刻得到(7.84),其中 $A'_p = 2A + 1$.

类似于上面的讨论,只要注意到

$$c_0 = \frac{1}{2\pi}\left(\sum_{k=0}^{2n} P_n(e^{i\theta_k}) \frac{2\pi}{2n+1}\right)$$

就可以得到(7.83),其中 $A'_p = 2A_p + 1$.

引理 11 证毕.

现在我们来证明下列定理.

**定理 7**(沈-钟[181]) 设区域 $D$ 的边界 $\Gamma \in C^{1+\varepsilon}$, $\varepsilon > 0$, 且考虑 Fejér 点组(7.69),又设 $f(z) \in A(\overline{D})$, 且 $L_n(f; z)$ 是函数 $f(z)$ 在 Fejér 插值基点(7.69)上的 $n$ 次 Lagrange 插值多项式,

则有

$$\left\{\int_{\Gamma}|f(z)-L_n(f;z)|^p|dz|\right\}^{\frac{1}{p}}\leqslant A_{19}\omega\left(\frac{1}{n},f\right),\quad(7.85)$$

其中 $\omega(\delta,f)$ 是函数 $f(z)$ 在 $\Gamma$ 上的连续模.

**证** 已知

$$L_n(f;z)=\sum_{k=0}^{n}f(z_k)\frac{\omega_n(z)}{(z-z_k)\omega_n'(z_k)},\quad(7.86)$$

其中

$$\omega_n(z)=\prod_{k=0}^{n}(z-z_k).\quad(7.87)$$

这里为了简化起见,我们没有写上每一个点 $z_k^{(n)}$ 的上标，且以后对 $w_k^{(n)}=e^{\frac{2k\pi i}{n+1}}$, $k=0,1,\cdots,n$ 也一样.

显然有

$$\begin{aligned}\omega_n'(z_k)&=\lim_{z\to z_k}\frac{\omega_n(z)-\omega_n(z_k)}{z-z_k}\\&=\lim_{z\to z_k}\frac{\omega_n(z)}{w^{n+1}-1}\frac{w^{n+1}-w_k^{n+1}}{w-w_k}\cdot\frac{w-w_k}{\Psi(w)-\Psi(w_k)}\\&=\frac{(n+1)w_k^n}{\Psi'(w_k)}\lim_{w\to w_k}\left(\frac{\omega(z)}{w^{n+1}-1}\right),\quad z=\Psi(w).\end{aligned}$$

对于由(7.70)所定义的 $\Pi_n(w)$,

$$\Pi_n(w)=\frac{\omega_n(z)}{(w^{n+1}-1)d^{n+1}},\quad(7.88)$$

由此得到

$$\frac{1}{\omega_n'(w_k)}=\frac{w_k\Psi'(w_k)}{(n+1)d^{n+1}\Pi_n(w_k)}\quad(7.89)$$

与

$$\frac{\omega_n(z)}{z-z_k}=\frac{(w^{n+1}-1)d^{n+1}\Pi_n(w)}{\Psi(w)-\Psi(w_k)}.\quad(7.90)$$

比较(7.86)与(7.89)、(7.90)后得到

$$L_n(f;z)=\frac{1}{n+1}\sum_{k=0}^{n}f(z_k)\frac{w_k\Psi'(w_k)(w^{n+1}-1)\Pi_n(w)}{(\Psi(w)-\Psi(w_k))\Pi_n(w_k)}$$

$$= \frac{1}{n+1}\sum_{k=0}^{n} f(z_k)\frac{w_k\Psi'(w_k)(w^{n+1}-1)}{\Psi(w)-\Psi(w_k)}$$

$$\cdot\left(\frac{\Pi_n(w)}{\Pi_n(w_k)}-1\right)+\frac{1}{n+1}\sum_{k=0}^{n} f(z_k)$$

$$\cdot\left[\frac{w_k\Psi'(w_k)(w^{n+1}-1)}{\Psi(w)-\Psi(w_k)}\frac{w_k(w^{n+1}-1)}{w-w_k}\right]$$

$$+\frac{1}{n+1}\sum_{k=0}^{n} f(z_k)\frac{w_k(w^{n+1}-1)}{w-w_k}$$

$$= A_n(f;w)+B_n(f;w)+C_n(f;w).\quad z_k=\Psi(w). \tag{7.91}$$

定理 7 在 $0<p\leqslant 1$ 的情况是可以转化到 $p=2$ 时的情况，因为此时由 Hölder 不等式，

$$\left\{\int_\Gamma |f(z)-L_n(f;z)|^p|dz|\right\}^{\frac{1}{p}}$$

$$\leqslant\left\{\int_\Gamma |dz|\right\}^{\frac{1}{p}-\frac{1}{2}}\left\{\int_\Gamma |f(z)-L_n(f;z)|^2|dt|\right\}^{\frac{1}{2}}.$$

因此,我们只需在 $1<p<+\infty$ 时证明(7.75)即可. 今后我们就认为 $1<p<+\infty$.

为了证明(7.85),我们只需证明,

$$\left\{\int_\Gamma |L_n(f;z)|^p|dz|\right\}^{\frac{1}{p}}\leqslant c_1\|f\|_\infty=c_1\max_{z\in\Gamma}|f(z)|, \tag{7.92}$$

对任意 $f\in A(\overline{D})$ 即可. 因为对于任意一个次数不超过 $n$ 的多项式 $p_n(z)$, $L_n(p_n;z)=p_n(z)$, 因此若(7.92)成立,则有

$$\left\{\int_\Gamma |f(z)-L_n(f;z)|^p|dz|\right\}^{\frac{1}{p}}$$

$$=\left\{\int_\Gamma |f(z)-p_n(z)-L_n(f-p_n;z)|^p|dz|\right\}^{\frac{1}{p}}$$

$$\leqslant\left\{\int_\Gamma |f(z)-p_n(z)|^p|dz|\right\}^{\frac{1}{p}}$$

$$+\left\{\int_\Gamma |L_n(f-p_n;z)|^p|dz|\right\}^{\frac{1}{p}}$$

$$\leqslant c_2\|f-p_n\|_\infty.$$

而由§5中 Альпер 定理知，存在 $p_n(z)$，使得

$$\|f(z)-p_n(z)\|_\infty=\max_{z\in\bar{D}}|f(z)-p_n(z)|\leqslant c_3 w\left(\frac{1}{n};f\right),$$

这就可以导出(7.75)了。

由引理9及(7.64)得，

$$|A_n(f;w)|\leqslant c_4\|f\|_\infty\frac{\ln n}{n^{1+\delta}}\sum_{k=0}^{n}\left|\frac{w^{n+1}-1}{w-w_k}\right|\quad |w|=1$$

$$\leqslant c_5\frac{(\ln n)^2}{n^\delta}\|f\|_\infty\leqslant c_6\|f\|_\infty, \tag{7.93}$$

其中倒数第二个不等式是利用引理1中估计式(7.33)而得到的

为了估计 $|B(f;w)|$，$|w|=1$，不妨认为 $w$ 与 $w_0=1$ 的距离不大于与其他所有点 $w_k,k=1,2,\cdots,n$ 之间的距离，则有

$$|\arg w|\leqslant\frac{\pi}{n+1},$$

$$|w-w_k|^{-1}\leqslant\begin{cases}\dfrac{n+1}{k}, & \text{当 } 1\leqslant k<\dfrac{n+1}{2},\\[2mm] \dfrac{n+1-k}{k}, & \text{当 } \dfrac{n+1}{2}\leqslant k\leqslant n,\end{cases}$$

及

$$\left|\frac{w^{n+1}-1}{w-1}\right|\leqslant c_7(n+1),$$

因此就有

$$\frac{1}{n+1}\left|f(z_0)\left[\frac{\Psi'(1)(w^{n+1}-1)}{\Psi(w)-\Psi(1)}-\frac{w^{n+1}-1}{w-1}\right]\right|\leqslant c_8\|f\|_\infty, \tag{7.94}$$

及

$$\left|\frac{1}{n+1}\sum_{k=1}^{n}f(z_k)w_k(w^{n+1}-1)\left[\frac{\Psi'(w_k)}{\Psi(w)-\Psi(w_k)}-\frac{1}{w-w_k}\right]\right|$$

$$\leqslant c_9 \frac{\|f\|_\infty}{n+1} \sum_{k=1}^{n} \frac{1}{|w-w_k|^{1-\varepsilon}}$$

$$\leqslant 2c_9\|f\|_\infty \frac{1}{n+1} \sum_{k=1}^{n} \frac{(n+1)^{1-\varepsilon}}{k^{1-\varepsilon}} \leqslant c_{10}\|f\|_\infty, \quad (7.95)$$

其中第一个不等式是利用引理 8 中的(7.67)后得到的。

由(7.94)及(7.95)就得到

$$|B_n(f;w)| \leqslant c_{11}\|f\|_\infty, \quad |w| = 1. \quad (7.96)$$

由于 $C_n(f;w)$ 是关于 $w$ 的次数不高于 $n$ 的多项式，且有

$$C_n(f;w_k) = f(z_k), \quad k = 0,1,\cdots,n,$$

由此根据引理 11，我们有

$$\left\{\int_0^{2\pi} |C_n(f;e^{i\theta})|^p d\theta\right\}^{\frac{1}{p}}$$

$$\leqslant \left\{\frac{c_{12}}{n} \sum_{k=0}^{n} |C_n(f;w_k)|^p\right\}^{\frac{1}{p}}$$

$$\leqslant \left\{\frac{c_{12}}{n} \sum_{k=0}^{n} |f(z_k)|^p\right\}^{\frac{1}{p}} \leqslant c_{13}\|f\|_\infty. \quad (7.97)$$

比较(7.91)与(7.93)，(7.96)，(7.97)，就立刻得到(7.85)

定理 7 证毕。

**注** 定理 7 中估计式 (7.85)，一般地来说，是不能再改进的。

设区域$D$是单位圆 $|z| < 1$，而

$$f_0(z) = \sum_{k=0}^{+\infty} 2^{-\frac{k}{2}} z^{2^k} \in A(|z| \leqslant 1).$$

对于任意的 $\delta$，$0 < \delta < 1$，存在 $n$，使得 $\frac{1}{2^{n+1}} \leqslant \delta < \frac{1}{2^n}$，因此

$$|f_0(e^{i(\theta+\delta)}) - f_0(e^{i\theta})|$$

$$\leqslant \sum_{k=0}^{n} 2^{-\frac{k}{2}} |e^{i\delta 2^k} - 1| + 2 \sum_{k=n+1}^{+\infty} 2^{-\frac{k}{2}}$$

$$\leqslant c_{13}\delta \sum_{k=0}^{n} 2^{\frac{k}{2}} + c_{14} 2^{-\frac{n}{2}} \leqslant c_{15}\delta^{\frac{1}{2}}.$$

这就导出了 $f_0 \in \mathrm{Lip}\,\frac{1}{2}$，于是对任意的自然数 $n$，根据定理 7，

$$\left\{\int_{|z|=1} |f_0(z) - L_{2^n}(f_0;z)|^2 |dz|\right\}^{\frac{1}{2}} \leqslant c_{14} 2^{-\frac{n}{2}}.$$

由于在 $L^2(|z|=1)$ 上函数 $f_0(z)$ 的最佳逼近多项式恰好是它的 Taylor 展开式，因此用 $2^n$ 次多项式进行逼近时，最佳逼近值为

$$\left\{\int_{|z|=1} \left|\sum_{k=n+1}^{+\infty} 2^{-\frac{k}{2}} z^{2^k}\right|^2 |dz|\right\}^{\frac{1}{2}}$$

$$= \sqrt{2\pi}\left(\sum_{k=n+1}^{+\infty} 2^{-k}\right)^{\frac{1}{2}} = \sqrt{2\pi}\, 2^{-\frac{n}{2}}.$$

这就说明了，对于函数 $f_0(z)$，引理 7 给出的逼近阶的估计是精确的。

**定理 8** （沈-钟[181]） 设区域 $D$ 的边界 $\Gamma \in C^{1+\varepsilon}$，$\varepsilon > 0$，则对任意的 $p$，$0<p<+\infty$ 及任意的函数 $f(z)$，$f^{(m)}(z) \in A(\overline{D})$，其中 $m$ 为某个非负整数。对于函数 $f(z)$ 以 Fejér 插值基点的 $n$ 次 Lagrange 插值多项式 $L_n(f;z)$，我们有

$$\left\{\int_\Gamma |f(z) - L_n(f;z)|^p |dz|\right\}^{\frac{1}{p}} \leqslant B_m \frac{1}{n^m} \omega\left(\frac{1}{n};\ f^{(m)}\right), \quad (7.98)$$

其中 $B_m$ 是某个只依赖于 $m$ 的常数。

**证** 定理 8 的证明完全与定理 7 的证明一样，只要注意到，在现在的条件下，同样根据 § 5 中 Альпер 定理，存在 $n$ 次多项式 $p_n(z)$，使得

$$\|f(z) - p_n(z)\|_\infty = \max_{z \in D} |f(z) - p_n(z)| \leqslant \frac{c_{18}}{n^m} \omega\left(\frac{1}{n}; f^{(m)}\right),$$

就能得到定理 8。

# 第三章 有理函数最佳逼近

有理函数逼近是函数逼近论中一个重要研究方向. 在实轴的区间上,由于用有理函数进行逼近时,其逼近误差比用多项式逼近来得好, 因此很多函数的计算是利用有理函数的逼近来求其近似值,目前已作为计算机的软件来广泛使用. 在复平面的区域上,有理函数逼近除了在理论上作为一种逼近外, 在实际上也有很多用处,例如在数字滤波器设计中就广泛地需要用有理函数逼近,这样才有可能使用电子元件来实现逆归滤波;此外,在电场上及其它一些方面也需要用到有理函数逼近.

在方法上,有理函数逼近可分为二类,一是预先给定极点的有理函数逼近, 二是带任意极点的有理函数逼近. 它们各有其理论及应用特点. 此外, 也可以对有理分式的系数进行一定限制时考虑有理函数逼近. 本章将分别介绍各种最重要的基本结果. (参看文献 [152]—[156]).

## §1. 圆上有理函数的最佳逼近

本节将介绍具有预先给定极点的有理函数逼近阶的估计, 而且首先从最简单的情况开始讲起.

**定理 1** 设函数 $f(z)$ 在单位圆周上连续,则

$$
\begin{aligned}
R_n(f) &= \inf_{\{Q_n\}} \max_{|z|=1} |f(z) - Q_n(z)| \\
&\leqslant \max_{|z|=1} |f(z) - R_n(z)| \\
&\leqslant c\omega_l\left(\frac{1}{n}, f\right),
\end{aligned}
\tag{1.1}
$$

其中下确界是对所有形如,

$$Q_n(z)=\frac{c_{-n}}{z^n}+\frac{c_{-(n-1)}}{z^{n-1}}+\cdots+\frac{c_{-1}}{z}+c_0$$

$$+c_1z+\cdots+c_nz^n \tag{1.2}$$

而取的，

$$R_n(z)=\sum_{m=-n}^{n}A_{nm}\alpha_m z^m, \tag{1.3}$$

而

$$\alpha_m=\frac{1}{2\pi i}\int_{|z|=1}\frac{f(z)}{z^{m+1}}dz, m=-n,-(n-1),\cdots 0,1,\cdots,n, \tag{1.4}$$

$l$ 为任何自然数，$\omega_l(\delta;f)$为函数 $f(e^{i\theta})$ 的 $l$ 次连续模[31]，$c$ 是只依赖于 $l$ 的常数。

**证** 观察证明第二章 §3 中定理 1 时的步骤可以知道，存在 $\alpha(n-1)$次三角多项式，

$$I_n(\theta)=\pi A_{n0}a_0+\pi\sum_{m=1}^{\alpha(n-1)}A_{nm}(a_m\cos m\theta+b_m\sin m\theta), \tag{1.5}$$

使得

$$|I_n(\theta)-f(e^{i\theta})|\leqslant c_l\omega_l\left(\frac{1}{n};f\right), \tag{1.6}$$

其中可取 $\alpha>\frac{2+l}{2}$ 的任何自然数，$A_{nm}$ 是常数，而

$$a_m=\frac{1}{\pi}\int_{-\pi}^{\pi}f(e^{it})\cos mt dt, m=0,1,2,\cdots, \tag{1.7}$$

$$b_m=\frac{1}{\pi}\int_{-\pi}^{\pi}f(e^{it})\sin mt dt, m=0,1,2,\cdots,$$

是 $f(e^{i\theta})$ 的 Fourier 系数，即

$$f(e^{i\theta})\sim\frac{a_0}{2}+\sum_{m=1}^{+\infty}(a_m\cos m\theta+b_m\sin m\theta), \tag{1.8}$$

即

$$f(z) \sim \frac{a_0}{2} + \sum_{\substack{m=-\infty \\ m\neq 0}}^{+\infty} \alpha_m z^m, \tag{1.9}$$

$$\alpha_m = \frac{1}{2}(a_m - ib_m),\ m = 1,2,\cdots, \tag{1.10}$$

$$\alpha_{-m} = \frac{1}{2}(a_{-m} + ib_{-m}), m = 1,2,\cdots. \tag{1.11}$$

这样一来，由 (1.5) 得

$$I_n(\theta) = \pi A_{00}a_0 + \pi \sum_{\substack{m=-n \\ m\neq 0}}^{n} A_{nm}\alpha_m z^m,\ z = e^{i\theta}, \tag{1.12}$$

其中 $A_{nm} = A_{n-m}$，这是 $f(z)$ 的形式 Laurent 展开式两边为 $n$ 的一种求和。

比较 (1.5)—(1.12) 就立刻得到 (1.1)。

定理 1 证毕。

**推论** 若 $f(z)$ 在 $|z| = 1$ 上有连续 $k$ 级导数 $f^{(k)}(z)$，则

$$R_n(f) \leqslant \max_{|z|=1}|f - R_n| \leqslant c_k \frac{1}{n^k}\omega\left(\frac{1}{n}, f^{(k)}\right). \tag{1.13}$$

事实上，只要取定理 1 中的 $l = k + 1$，利用第二章 § 3 中引理 1 及上面定理 1 就容易得到 (1.13)。

**注** 若函数 $f(z) \in L^p(|z| = 1), 0 < p < +\infty$，则当 $1 \leqslant p < +\infty$ 时，用 Jackson 定理(类似于上面对 $f(z) \in C(|z| = 1)$ 时证明一样)；当 $0 < p < 1$ 时，用 Стороженко-Кротов-Освалод 结果[187]。在 $L^p$ 空间也可以类似地得到 (1.1) 的结果，因此对于高阶导数 $f^{(k)}(z) \in L^p(|z| = 1)$，$0 < p < +\infty$，也就有类似于 (1.13) 的结果了。

定理 1 是对于 $|z| = 1$ 上的连续函数用具有给定极点在 $z = 0$ ($n$ 重极点，且在 $|z| < 1$ 内)及 $z = \infty$ ($n$ 重极点，且在 $|z| > 1$ 中) 的有理函数进行逼近时给出了最佳逼近阶的估计，而第二章 § 3 中定理 1 是对 $A(|z| \leqslant 1)$ 中函数(此时函数已在区域 $|z| < 1$ 内解析了!)用具有给定极点在 $z = \infty$ ($n$ 重

极点，在 $|z|>1$ 中)的有理函数(即 $n$ 次多项式)进行逼近时，最佳逼近阶的估计．因此，自然地可以问：对于上述第一种情况，能否研究具有给定极点在 $\alpha_1,\alpha_2,\cdots,\alpha_n$ ($|\alpha_i|<1, i=1,2,\cdots,n$，不一定都在原点)以及 $\beta_1,\beta_2,\cdots\beta_n$($|\beta_j|>1, j=1,2,\cdots,n$，不一定都在无穷远点)的有理函数进行逼近时，研究其最佳逼近的阶的估计；而对于上述第二种情况，则研究具有极点只在 $\beta_1,\beta_2,\cdots,\beta_n$($|\beta_j|>1, j=1,2,\cdots,n$) 上的有理函数进行逼近时，研究其最佳逼近的阶的估计．

**定理 2** (沈-娄[174]) 设函数 $f(z)$ 在 $|z|<1$ 内解析，在 $|z|\leqslant 1$ 上连续且 $f^{(k)}(z)$ 也在 $|z|\leqslant 1$ 上连续，其中 $k$ 为某个非负整数．设 $\{\beta_i\}$ 是 $|z|>1$ 中复数序列，则对任何有限个数 $\beta_1,\beta_2,\cdots\beta_n$，存在有理函数

$$R_n(z)=\frac{\sum\limits_{k=0}^{n} b_k z^k}{\prod\limits_{k=1}^{n}(z-\beta_j)} \tag{1.14}$$

(若有一个数，例如 $\beta_1=\infty$，则在(1.14)中用 $z$ 代替 $\frac{1}{z-\beta_1}$)，使得

$$\begin{aligned} r_n(f)&=\inf_{\{G_n\}}\max_{|z|\leqslant 1}|f(z)-G_n(z)| \\ &\leqslant \max_{|z|\leqslant 1}|f(z)-R_n(z)| \\ &\leqslant c\left\{\varepsilon_n(\beta)^k\omega(\varepsilon_n(\beta), f^{(k)})+q^{\frac{1}{\varepsilon_n(\beta)}}\right\}, \end{aligned} \tag{1.15}$$

其中下确界是对所有形如(1.14)的函数 $R_n(z)$ 而取的，$q$ 是绝对常数，

$$\varepsilon_n(\beta)=\frac{1}{\sum\limits_{j=1}^{n}\left(1-\frac{1}{|\beta_j|}\right)}^{*}, \tag{1.16}$$

---

* 今后我们有兴趣的是 $\sum\limits_{j=1}^{+\infty}\left(1-\frac{1}{|\beta_j|}\right)=+\infty$，这是能实现逼近的充要条件(参看文献[11]或第二章§4中定理12)．

$c$ 是只依赖于 $f$ 及 $k$ 的常数。

今后我们仍用 $c, c_1, c_2, \cdots$，表示常数，而不管其值大小如何。

**证** 利用第二章§3中定理1及引理1可知，对任何自然数 $N = \left[\frac{1}{3}\varepsilon_n(\beta)^{-1}\right] + 1$，存在$N$次多项式 $Q_n(z)$，使得

$$\max_{|z|\leq 1} |f(z) - Q_N(z)| \leq c\frac{1}{N^k}\omega\left(\frac{1}{N}; f\right). \tag{1.17}$$

现在设 $R_N(z)$ 为形如(1.14)且满足下列插值条件

$$R_N(0) = Q_N(0),\ R_N\left(\frac{1}{\bar{\beta}_i}\right) = Q_N\left(\frac{1}{\bar{\beta}_i}\right),\ i = 1, 2, \cdots n \tag{1.18}$$

的有理函数。这里，若 $\beta_{i_2} = \beta_{i_3} = \cdots = \beta_{i_s} \neq \infty\ (s < n)$，则在(1.18)中理解为不仅是在 $z = \frac{1}{\bar{\beta}_{i_1}}$ 上进行插值，并且还对其相应的1到 $s-1$ 阶导数进行插值，即

$$R_N^{(m)}\left(\frac{1}{\bar{\beta}_{i_1}}\right) = Q_N^{(m)}\left(\frac{1}{\bar{\beta}_{i_1}}\right),\ m = 0, 1, \cdots, s-1,$$

即理解为 Hermite 插值。

类似于第二章§6中 Lagrange 插值多项式的余项的积分表示式，这里也容易证明，用形如(1.14)的有理函数进行插值时，其余项也有积分表示式，

$$Q_N(z) - R_N(z) = \frac{1}{2\pi i}\int_{|t|=T} \frac{z\prod\limits_{k=1}^{n}\dfrac{z-\frac{1}{\bar{\beta}_k}}{z-\beta_k}}{t\prod\limits_{k=1}^{n}\dfrac{t-\frac{1}{\bar{\beta}_k}}{t-\beta_k}} \cdot \frac{Q_N(t)}{t-z}\,dt,\ |z| \leq 1,$$

其中$T > 1$为任何数。因此，我们有

$$|Q_N(z)-R_N(z)| = \frac{1}{2\pi}\int_{|t|=T}\left|z\prod_{k=1}^{n}\frac{\bar\beta_k z-1}{z-\beta_k}\right|\left|\frac{1}{t}\prod_{k=1}^{n}\right.$$

$$\left.\cdot\frac{t\beta_k}{\bar\beta_k t-1}\right|\frac{|Q_N(t)|}{|t-z|}|dt|,\ |z|\leqslant 1, \tag{1.19}$$

为了对 (1.19) 进行估计，我们指出

1° 当 $|z|\leqslant 1$ 时，

$$\left|\prod_{i=1}^{n}\frac{\bar\beta_i z-1}{z-\beta_i}\right|\leqslant 1. \tag{1.20}$$

2° 当 $|z|\leqslant 1$ 时，由 (1.17) 可以得到

$$\max_{|z|\leqslant 1}|Q_N(z)|\leqslant M_f,$$

其中 $M_f$ 是与 $f(z)$ 有关的常数。利用 Бернштейн 不等式 (参看文献 [92] 或第二章 § 3 中引理 9)，

$$\max_{|z|=T>1}|Q_N(z)|\leqslant M_f T^N. \tag{1.21}$$

3° 当 $|t|=T$ 时，

$$\left|\frac{t-\beta_i}{\bar\beta_i t-1}\right|\leqslant\frac{|\beta_i|+T}{1+|\beta_i|T}. \tag{1.22}$$

事实上，设 $\beta_i=|\beta_i|e^{\varphi_i i}$，$t=Te^{i\theta}$，则

$$\left|\frac{t-\beta_i}{\bar\beta_i t-1}\right| = \left|\frac{Te^{i\theta}-|\beta_i|e^{i\varphi_i}}{T|\beta_i|e^{i(\theta-\varphi_i)}-1}\right|$$

$$=\sqrt{\frac{T^2+|\beta_i|^2-2T|\beta_i|\cos(\theta-\varphi_i)}{T^2|\beta_i|^2+1-2T|\beta_i|\cos(\theta-\varphi_i)}}.$$

利用函数

$$\varphi(u)=\frac{T^2+|\beta_i|^2-2T|\beta_i|u}{T^2|\beta_i|^2+1-2T|\beta_i|u}$$

在区间 $(-1,1)$ 上的单调减少性质就立刻得到 (1.22)。

比较 (1.19)—(1.22) 就得到

$$|Q_N(z)-R_N(z)|\leqslant\frac{M_f}{T-1}T^N\prod_{i=1}^{n}\frac{|\beta_i|+T}{1+|\beta_i|T}. \tag{1.23}$$

若取 $T=2$，则利用不等式 $x \leqslant e^{x-1}$，由上式得

$$
\begin{aligned}
|Q_N(z)-R_N(z)| &\leqslant 2M_f 2^{\frac{\varepsilon_n(\beta)^{-1}}{3}} e^{\sum\limits_{i=1}^{n} \frac{1-|\beta_i|}{1+2|\beta_i|}} \\
&\leqslant c\left(\frac{2}{e}\right)^{\frac{1}{3}\varepsilon_n(\beta)^{-1}}. \qquad (1.24)
\end{aligned}
$$

最后由于

$$
\begin{aligned}
r_n(f) &\leqslant \max_{|z|\leqslant 1}|f(z)-R_N(z)| \\
&\leqslant \max_{|z|\leqslant 1}|f(z)-Q_N(z)| + \max_{|z|\leqslant 1}|Q_N(z)-R_N(z)|,
\end{aligned}
$$

利用 (1.17) 及(1.24) 就立刻得到 (1.15)，其中可以取$q=\left(\frac{2}{e}\right)^{\frac{1}{3}}$.

定理 3 得证。

**注** 若考虑 $H^p$ 空间，$0<p<+\infty$，当 $p\geqslant 1$ 时，利用第二章 § 3 中公式(3.32)，而当 $0<p<1$ 时，利用第三章 § 3 中 Стороженко 定理(即定理 3)，也有类似于 (1.17) 的估计式，只是考虑 $H^p$ 空间函数在 $|z|=1$ 上连续模就行，而当 $0<p<1$ 时，需将 $f^{(k)}$ 换为$\frac{\partial^k f(e^{i\theta})}{\partial\theta^k}$(可参看文献 [186] 及 [176])。

**推论 1** 若函数 $f(z)\in A(|z|\leqslant 1)$，则对任意的 $n$，存在具有极点在 $\beta_i, |\beta_i|>1, i=1,2,\cdots,n$ 的有理函数 $R_n(z)$ (见(1.14))，使得

$$
\max_{|z|\leqslant 1}|f(z)-R_n(z)| \leqslant c_1\omega(\varepsilon_n(\beta), f). \qquad (1.25)
$$

事实上，若 $f(z)\equiv c$，则 (1.25) 显然成立，否则利用 $q^{\frac{1}{\delta}}\leqslant c\omega(\delta,f)$ 以及定理 2 就立刻得到 (1.25)。

**推论 2** 若函数 $f(z)\in A(|z|\leqslant 1)$，且 $f^{(k)}(z)\in \mathrm{Lip}\alpha$ 在 $|z|\leqslant 1$ 上成立，其中 $k$ 为非负整数，则对任意的 $n$，存在具有极点在 $\beta_i, |\beta_i|>1,\ i=1,2,\cdots,n$ 的有理函数 $R_n(z)$ (见(1.14))，使得

$$
\max_{|z|\leqslant 1}|f(z)-R_n(z)| \leqslant c_2(\varepsilon_n(\beta))^{k+\alpha}. \qquad (1.26)
$$

事实上，比较定理 1 公式(1.15) 右边两项趋向于零的速度，

就可以立刻得到(1.26)。

对于单位圆外的解析函数用有理函数进行逼近时，也有类似的定理。

**定理 3**（沈-娄[174]） 设函数 $f(z)$ 在 $|z|>1$ 内解析，$|z|\geqslant 1$ 上连续且具有直到 $k$ 级连续导数，设 $\{\alpha_i\}$ 是 $|z|<1$ 中复数点列，则对任意自然数 $m$，存在有理函数。

$$S_m(z)=\frac{\sum_{k=1}^{m} d_k z^k}{\prod_{k=1}^{m}(z-\alpha_k)}, \tag{1.27}$$

使得

$$\max_{|z|\geqslant 1}|f(z)-S_m(z)|\leqslant c\{\varepsilon_m(\alpha)^k\omega(\varepsilon_m(\alpha),f^{(k)}) + q^{\frac{1}{\varepsilon_m(\alpha)}}, \tag{1.28}$$

其中

$$\varepsilon_m(\alpha)=\frac{1}{\sum_{i=1}^{m}(1-|\alpha_i|)}\text{*} \tag{1.29}$$

事实上，只要对函数 $f\left(\frac{1}{z}\right)$ 应用定理 2，就可以得到定理 3。

类似地也有二个推论。

**推论 1** 若 $f(z)\in A(|z|\geqslant 1)$，则对任意自然数 $m$，存在具有极点在 $\alpha_i$，$i=1,2,\cdots,m$，形如(1.27)的有理函数 $S_m(z)$，使得

$$\max_{|z|\leqslant 1}|f(z)-S_m(z)|\leqslant c\omega(\varepsilon_m(\alpha),f). \tag{1.30}$$

**推论 2** 若 $f(z)\in A(|z|\geqslant 1)$，且 $f^{(k)}(z)$ 在 $|z|\geqslant 1$ 上

---

* 类似于前面，这里饶有意义的是 $\sum_{i=1}^{+\infty}(1-|\alpha_i|)=+\infty$，这是能实现逼近的充要条件(见文献[11])。

满足 Lip$\alpha$ 条件，则对任意自然数 $m$，存在具有极点在 $\alpha_i$，$i=1,2,\cdots,m$ 形如(1.27)的有理函数 $S_m(z)$，使得

$$\max_{|z|\geq 1}|f(z)-S_m(z)|\leqslant c\{\varepsilon_m(\alpha)\}^{k+\alpha}. \tag{1.31}$$

**注** 当 $f(\infty)=0$ 时，公式(1.26)中 $S_m(z)$ 可以取为

$$\frac{\sum\limits_{k=0}^{m-1} d_k z^k}{\prod\limits_{k=1}^{m}(z-\alpha_k)} \tag{1.32}$$

下面讨论单位圆上的连续函数用有理函数作逼近的最佳逼近定理。

**定理 4** (沈-娄[174])设函数 $f(z)$ 在 $|z|=1$ 上连续，且有直到 $k$ 级的导数，则对任何自然数 $m$ 与 $n$，及点列 $\alpha_i$，$i=1,2,\cdots,m$ 与 $\beta_j$，$j=1,2,\cdots,n$，存在有理函数

$$R_{m+n}(z)=\frac{\sum\limits_{k=0}^{m+n} c_k z^k}{\prod\limits_{i=1}^{m}(z-\alpha_i)\prod\limits_{j=1}^{n}(z-\beta_j)}, \tag{1.33}$$

使得在 $|z|=1$ 上有

$$\begin{aligned}&\max_{|z|=1}|f(z)-R_{m+n}(z)|\\ &\leqslant c\{\varepsilon_m(\alpha)^k\omega(\varepsilon_m(\alpha)^k,f)+\varepsilon_n(\beta)^k\omega(\varepsilon_n(\beta),f)\\ &\quad+q^{\frac{1}{\varepsilon_m(\alpha)}}+q^{\frac{1}{\varepsilon_m(\beta)}}\},\end{aligned} \tag{1.34}$$

其中 $\varepsilon_m(\alpha)$ 与 $\varepsilon_n(\beta)$ 分别地由(1.29)及(1.17)确定，$q$ 是绝对常数，$0<q<1$*。

**证** 首先由定理 1 的推论知，对任意自然数 $N$，存在 $N$ 次多项式及 $\frac{1}{z}$ 的 $N$ 次多项式 $Q_N(z)$，$Q_N(0)=0$，使得在单位圆周上有

---

* 可以认为 $\lim\limits_{m\to+\infty}\varepsilon_m(\alpha)=0$，$\lim\limits_{n\to+\infty}\varepsilon_n(\beta)=0$，因为这是实现逼近的充要条件(参见文献[11])。

$$\max_{|z|=1}\left|f(z)-\left(P_N(z)+Q_N\left(\frac{1}{z}\right)\right)\right|\leqslant\frac{c}{N^k}\omega\left(\frac{1}{N},f^{(k)}\right)\tag{1.35}$$

由 (1.35) 及 $f(z)$ 的连续性，我们有

$$\max_{|z|=1}\left|P_N(z)+Q_N\left(\frac{1}{z}\right)\right|\leqslant M_f,$$

其中 $M_f$ 为只依赖于 $f$ 的常数。

我们希望在 $|z|=1$ 上得到 $P_N(z)$ 的最大模估计，显然有

$$P_N(z)=\frac{1}{2\pi i}\int_{|\zeta|=1}\frac{P_n(\zeta)+Q_N\left(\frac{1}{\zeta}\right)}{\zeta-z}d\zeta.$$

因此，对任意 $r_1<1$，在 $|z|\leqslant r_1$ 上有估计式，

$$\max_{|z|\leqslant r_1<1}|P_N(z)|\leqslant\frac{1}{2\pi}\int_{|\zeta|=1}\frac{\left|P_N(\zeta)+Q_N\left(\frac{1}{\zeta}\right)\right|}{|\zeta-z|}|d\zeta|$$

$$\leqslant\frac{M_f}{1-r_1}.$$

根据 Бернштейн 定理（参看文献 [92] 或第二章 § 3 中引理 9），

$$\max_{|z|<1}|P_N(z)|\leqslant\frac{M_f}{1-r_1}\left(\frac{1}{r_1}\right)^N,$$

若取 $r_1=1-\frac{1}{N+1}$，则

$$\max_{|z|<1}|P_N(z)|\leqslant eM_fN.$$

下面的讨论完全与证明定理 2 时一样，存在形如 (1.14) 有理函数 $R_N(z)$，使得

$$\max_{|z|<1}|P_N(z)-R_N(z)|\leqslant\frac{M_f}{T-1}NT^N\prod_{i=1}^{n}\frac{|\beta_i|+T}{1+|\beta_i|T}.$$

若取 $T=2, N=\left[\frac{1}{3}\max(\varepsilon_m(\alpha)^{-1},\varepsilon_n(\beta)^{-1})\right]+1$，则由上式得

$$\max_{|z|<1}|P_N(z)-R_N(z)|\leqslant c\max(\varepsilon_m(\alpha)^{-1},\varepsilon_n(\beta)^{-1})$$

$$\cdot\left(\frac{2}{e}\right)^{\frac{1}{3}\frac{1}{\varepsilon_n(\beta)}}. \tag{1.36}$$

类似地，存在形如(1.32)的有理函数 $S_m(z)$，使得

$$\max_{|z|\leqslant 1}\left|Q_N\left(\frac{1}{z}\right)-S_m(z)\right|$$

$$\leqslant c\max(\varepsilon_m(\alpha)^{-1},\varepsilon_n(\beta)^{-1})\cdot\left(\frac{2}{e}\right)^{\frac{1}{3\varepsilon_m(\alpha)}}. \tag{1.37}$$

利用

$$\max_{|z|=1}|f(z)-(R_N(z)+S_m(z))|$$

$$\leqslant \max_{|z|=1}\left|f(z)-P_N(z)+Q_N\left(\frac{1}{z}\right)\right|$$

$$+\max_{|z|=1}|P_N(z)-R_N(z)|$$

$$+\max_{|z|=1}\left|Q_N\left(\frac{1}{z}\right)-S_m(z)\right|,$$

及(1.35)，(1.36)，(1.37)就立刻得到(1.34)。

定理4证毕。

这里也有二个推论。

**推论1** 若函数 $f(z)$ 在 $|z|=1$ 上连续，则对任何自然数 $m$ 与 $n$，存在形如(1.33)有理函数 $R_{m+n}(z)$，使得

$$\max_{|z|=1}|f(z)-R_{m+n}(z)|\leqslant c(\omega(\varepsilon_m(\alpha),f)+\omega(\varepsilon_n(\beta),f)). \tag{1.38}$$

**推论2** 设函数 $f(z)$ 在 $|z|=1$ 上连续，且有直到 $k$ 级的导数，其中 $k$ 是非负整数，且 $f^{(k)}(z)\in\mathrm{Lip}\alpha$，则对任意自然数 $m$ 与 $n$，存在形如(1.31)的有理函数 $R_{m+n}(z)$，使得

$$\max_{|z|=1}|f(z)-R_{m+n}(z)|\leqslant c\{\varepsilon_m(\alpha)^{k+\alpha}+\varepsilon_n(\beta)^{k+\alpha}\}. \tag{1.39}$$

**注** 对于 $H^p(|z|\geqslant 1)$ 空间以及 $L^p(|z|=1)$ 空间，$0<p<+\infty$，这里也有类似的结果，只要注意到定理1后面的注、就有类似于(1.13)结果，其他方法是类似的。

过去已有很多作者研究过上述逼近问题，如 Elliott[49]，

Walsh[198], Джрбашян[42,43], Мергелян 与 Джрбашян[97], 其中特别有趣的是 Мергелян 与 Джрбашян 在 1954 年的结果[97]. 代替我们的量 $\varepsilon_n(\alpha)$ 与 $\varepsilon_n(\beta)$, 在他们那里却是 $\varepsilon_n(\alpha)|\ln\varepsilon_n(\alpha)|$ 与 $\varepsilon_n(\beta)|\ln\varepsilon_n(\beta)|$, 因此是不精确的，且也只考虑高阶导数具有满足 Lipschitz 条件的函数，而没有考虑一般的连续模.

沈燮昌与娄元仁早在 1964 年就已经得到定理 3，定理 4 及定理 5 中的结果，但由于某些原因，他们的结果直到 1977 年才发表[174,175]. 顺便指出，1977 年 Пекарский[111] 及 Andersson 与 Ganelius[4] 也得到了同样的结果.

## §2. 单位圆内有理函数最佳逼近的逆定理

我们在第二章 §3 中已看到，为了研究多项式最佳逼近的逆定理，经常需要一个 Бернштейн 定理，即多项式导数的范数在考虑逼近的集合上被多项式的范数进行估计的一个不等式. 在研究有理函数最佳逼近的逆定理时，也需要一个 Бернштейн 型的不等式，即有理函数导数的范数在研究的集合上被有理函数范数进行估计时的一个不等式.

设 $\{\beta_n\}, |\beta_n| > 1, n = 1, 2, \cdots$ 是复数序列，它满足

$$\sum_{k=1}^{+\infty}\left(1-\frac{1}{|\beta_k|}\right)=+\infty. \tag{2.1}$$

设

$$\varlimsup_{n\to+\infty}\frac{\ln\dfrac{1}{\Delta_n}}{\ln\sum\limits_{k=1}^{n}\left(1-\dfrac{1}{|\beta_k|}\right)}=\mu,$$

$$\Delta_n=\min_{1\leqslant k\leqslant n}\left(1-\frac{1}{|\beta_k|}\right), \tag{2.2}$$

且当 $\mu\neq\infty$ 时,

$$\overline{\lim_{n\to+\infty}}\frac{1}{\Delta_n\Sigma_n^{\mu}}=\nu,\quad \Sigma_n=\sum_{k=1}^{n}\left(1-\frac{1}{|\beta_k|}\right). \tag{2.3}$$

我们称点列 $\{\beta_n\}$ 属于 $W[\mu,\nu]$：若序列 $\{\beta_n\}$ 使 (2.2) 左边的上极限小于 $\mu$，或者 (2.2) 左边的上极限等于 $\mu$，但 (2.3) 左边的上极限小于或等于 $\nu$。

类 $W[\mu,\nu]$ 是刻划序列 $\{\beta_n\}$ 趋向于单位圆周 $|z|=1$ 的速度。若 $\{\beta_n\}$ 在单位圆周上没有极限点，则由 (2.1) 可知，$\mu=0,\nu<+\infty$。

我们有下列的 Бернштейн 型不等式。

**定理 1** (沈-娄[174]) 设序列 $\{\beta_n\},|\beta_n|>1,\ n=1,2,\cdots$，属于 $W[\mu,\nu]$，而

$$R_n(z)=\frac{\sum_{k=0}^{n}b_kz^k}{\prod_{k=1}^{n}(z-\beta_k)}, \tag{2.4}$$

则在 $|z|\leqslant 1$ 上，

1° 当 $\mu<+\infty,\nu<+\infty$ 时，

$$|R_n^{(k)}(z)|\leqslant c_kM\{\Sigma_n\}^{(2\mu+1)k}; \tag{2.5}$$

2° 当 $\mu<+\infty,\nu=+\infty$ 时，

$$|R_n^{(k)}(z)|\leqslant D_kM\{\Sigma_n\}^{(2\mu_1+1)k}, \tag{2.6}$$

其中

$$M=\max_{|z|\leqslant 1}|R_n(z)|. \tag{2.7}$$

$\mu_1$ 是任何一个大于 $\mu$ 的实数，$c_k$ 是只依赖于 $k$ 及 $\nu$ 的常数，$D_k$ 是只依赖于 $k$ 及 $\mu_1$ 的常数。

**证** 考虑函数

$$G_n(z)=R_n(z)\prod_{i=1}^{n}\frac{z-\beta_i}{1-\bar{\beta}_iz},$$

它在 $|z|\geqslant 1$ 上解析，在 $|z|=1$ 上

$$\max_{|z|=1}|G_n(z)|=\max_{|z|=1}|R_n(z)|=M.$$

因而利用最大模原理，在 $|z| \geqslant 1$ 上得到

$$|R_n(z)| \leqslant M \prod_{i=1}^{n} \left| \frac{z-\beta_i}{1-\beta_i z} \right|$$

$$= M \prod_{i=1}^{n} \left(1 + \frac{(|z|^2-1)(|\beta_i|^2-1)}{|z-\beta_i|^2}\right)^{\frac{1}{2}}. \tag{2.8}$$

当 $|z| = 1$ 时，我们把 $R_n^{(k)}(z)$ 用积分来表示：

$$R_n^{(k)}(z) = \frac{k!}{2\pi i} \int_{|\zeta - z| = T_n} \frac{R_n(\zeta)}{(\zeta - z)^{k+1}} d\zeta,$$

$$T_n = \frac{\Delta_n}{\{\Sigma_n\}^\lambda},$$

其中 $\lambda \geqslant 0$ 为待定常数．由 (2.8) 得，

$$|R_n^{(k)}(z)| \leqslant \frac{k!}{T_n^k} M \prod_{i=1}^{n} \left(1 + \frac{(|\beta_i|^2-1)[(1+T_n)^2-1]}{(|\beta_i|\Delta_n - T_n)^2}\right)^{\frac{1}{2}}$$

$$\leqslant \frac{k!}{T_n^k} M \exp \cdot \left\{ \frac{1}{2} \sum_{i=1}^{n} \ln \left[ 1 + \frac{|\beta_i|\left(1-\frac{1}{|\beta_i|}\right)(|\beta_i|+1)(2+T_n)T_n}{\Delta_n^2 \left(\frac{|\beta_i|\Sigma_n^\lambda - 1}{\Sigma_n^\lambda}\right)^2} \right] \right\}$$

$$\leqslant \frac{k!}{T_n^k} M \exp \left\{ \frac{1}{2} \sum_{i=1}^{n} \ln \left[ 1 + \frac{b\left(1-\frac{1}{|\beta_i|}\right)}{\Delta_n \Sigma_n^\lambda} \right] \right\}$$

（$b$是常数）

$$\leqslant k! M \left(\frac{\Sigma_n^\lambda}{\Delta_n}\right)^k \exp \left\{ \frac{1}{2} \sum_{i=1}^{n} \frac{b\left(1-\frac{1}{|\beta_i|}\right)}{\Delta_n \Sigma_n^\lambda} \right\}$$

$$= k! M \left(\frac{\Sigma_n^\lambda}{\Delta_n}\right)^k \exp \left\{ \frac{b}{2\Delta_n \Sigma_n^{\lambda-1}} \right\}, \quad |z| = 1. \tag{2.9}$$

若 $\mu<+\infty,\nu<+\infty$，则由(2.3)得

$$\frac{1}{\Delta_n}\leqslant\sigma\Sigma_n^{\mu},$$

其中$\sigma>\nu$是常数．因此 由(2.9)得

$$|R_n^{(k)}(z)|\leqslant k!M\sigma^k\Sigma_n^{(\lambda+\mu)k}\exp\left\{\frac{b\sigma}{2\Sigma_n^{\lambda-\mu-1}}\right\},\quad |z|=1.$$

取 $\lambda=\mu+1$，由上式得(2.5)

若 $\mu<+\infty$，则利用(2.2)，

$$\ln\frac{1}{\Delta_n}\leqslant\mu_1\ln\Sigma_n$$

即

$$\frac{1}{\Delta_n}\leqslant\Sigma_n^{\mu_1}$$

其 $\mu_1>\mu$ 是常数．由此式及(2.9)得到

$$|R_n^{(k)}(z)|\leqslant k!M\Sigma_n^{(\lambda+\mu_1)k}\exp\left\{\frac{1}{2\Sigma_n^{\lambda-\mu_1-1}}\right\},\quad |z|\leqslant 1.$$

取 $\lambda=\mu_1+1$，由上式就立刻得到(2.6)．

定理1证毕．

**注** 若 $\{\beta_j\}|\beta_j|>1,j=1,2,\cdots$，在单位圆周上没有极限点，特别地，若所有 $\beta_j=\infty,j=1,2,\cdots$，则由于 $\mu=0$，

$$|R_n^{(k)}(z)|\leqslant c_kM\{\Sigma_n\}^k,\quad |z|\leqslant 1.$$

在特别情况(即 $\beta_j=\infty,j=1,2,\cdots$) 就得到

$$|R_n^{(k)}(z)|\leqslant c_kMn^k,\quad |z|\leqslant 1.$$

这就是$n$次多项式的 Бернштейн 不等式

我们指出，定理1中的不等式(2.5)是精确的，即(2.5)右边的指数 $(2\mu+1)k$，在一般情况下，是不能再改进的．

例如，取

$$\beta_n=1+\frac{1}{n^{\alpha}},0<\alpha<1.$$

容易看出

$$\sum_{n=1}^{+\infty}\left(1-\frac{1}{|\beta_n|}\right)=\sum_{n=1}^{+\infty}\frac{1}{n^\alpha}=+\infty,$$

且

$$\Delta_n=\frac{1}{n^\alpha},$$

$$\sum_{k=1}^{n}\left(1-\frac{1}{|\beta_k|}\right)=\sum_{k=1}^{n}\frac{1}{k^\alpha}=\frac{1}{1-\alpha}n^{1-\alpha}+o(n^{1-\alpha}),$$

因此有

$$\mu=\lim_{n\to+\infty}\frac{\ln\frac{1}{\Delta_n}}{\ln\Sigma_n}=\frac{\alpha}{1-\alpha}.$$

现在取有理函数

$$R_n(z)=\prod_{m=1}^{n}\frac{1}{z-\beta_m},$$

它显然在 $|z|\leqslant 1$ 上解析，且

$$M=\max_{|z|=1}|R_n(z)|=1.$$

此外，

$$R_n'(z)=-R_n(z)\sum_{m=1}^{n}\left(\frac{\bar\beta_m}{1-\bar\beta_m z}+\frac{1}{z-\beta_m}\right)$$

$$=-R_n(z)\sum_{m=1}^{n}\frac{\alpha_m\bar\alpha_m-1}{(1-\bar\beta_m z)(z-\beta_m)}.$$

当 $z=1$ 时，

$$R_n'(1)=(-1)^n\sum_{m=1}^{n}\frac{1-\left(1+\frac{1}{m^\alpha}\right)^2}{-\frac{1}{m^{2\alpha}}}$$

$$=(-1)^n\sum_{m=1}^{n}m^{2\alpha}\left(\frac{2}{m^\alpha}+\frac{1}{m^{2\alpha}}\right)$$

$$=(-1)^n\left[n+2\sum_{m=1}^{n}m^\alpha\right]$$

$$= (-1)^n \left[ n + \frac{2}{1+\alpha} n^{1+\alpha} + o(n^{1+\alpha}) \right]$$

$$= (-1)^n \left[ \frac{2}{1+\alpha} (n^{1-\alpha})^{\frac{1+\alpha}{1-\alpha}} + o(n^{1+\alpha}) \right]$$

$$= (-1)^n \frac{2A}{1+\alpha} \Sigma_n^{\frac{1+\alpha}{1-\alpha}} + o(\Sigma_n^{\frac{1+\alpha}{1-\alpha}})$$

$$= (-1)^n \frac{2A}{1+\alpha} \Sigma_n^{2\mu+1} + o(\Sigma_n^{2\mu+1}),$$

其中 $2A = (1-\alpha)^{2\mu-1}$. 这就说明估计式(2.5)不能再有本质上的改进.

对于极点位于 $|z|<1$ 内的有理函数,用同样的方法,可以得到类似的结论.

设序列 $\{\alpha_j\}, |\alpha_j|<1, j=1,2,\cdots$, 满足条件

$$\sum_{j=1}^{+\infty} (1-|\alpha_j|) = +\infty, \tag{2.10}$$

且

$$\overline{\lim_{n\to+\infty}} \frac{\ln \frac{1}{\Delta'_n}}{\ln \Sigma'_n} = \mu', \quad \Delta'_n = \min_{1\leqslant j\leqslant n} (1-|\alpha_j|). \tag{2.11}$$

当 $\mu' < +\infty$ 时,令

$$\overline{\lim_{n\to+\infty}} \frac{1}{\Delta'_n (\Sigma'_n)^{\mu'}} = \nu', \quad \Sigma'_n = \sum_{j=1}^{n} (1-|\alpha_j|). \tag{2.12}$$

我们称 $|z|<1$ 内点列 $\{\alpha_j\}$ 属于类 $W'[\mu',\nu']$: 若 $\{\alpha_j\}$ 使(2.11)左边的上极限小于 $\mu'$, 或者使(2.11)右边的上极限等于 $\mu'$, 但使(2.12)左边的上极限小于或等于 $\nu'$.

**定理 2**(沈-娄[174]) 设序列 $\{\alpha_j\}$, $|\alpha_j|<1$, $j=1,2,\cdots$, 属于 $W'[\mu',\nu']$, 而

$$Q_m(z) = \frac{\sum_{k=0}^{m} d_k z^k}{\prod_{k=1}^{m} (z-\alpha_k)} \tag{2.13}$$

是具有极点在 $\alpha_j, i=1,2,\cdots,m$ 的有理函数,则在 $|z|\leqslant 1$ 上,

**1°** 当 $\mu'<+\infty, \nu'<+\infty$ 时,

$$|Q_m^{(k)}(z)|\leqslant A_k' M(\Sigma_m')^{(2\mu'+1)k}. \tag{2.14}$$

**2°** 当 $\mu'<+\infty, \nu'=+\infty$ 时,

$$|Q_m^{(k)}(z)|\leqslant B_k' M'(\Sigma_m')^{(2\mu_1'+1)k}, \tag{2.15}$$

其中

$$M'=\max_{|z|=1}|Q_m(z)|,$$

$\mu_1'$ 是任何一个大于 $\mu'$ 的实数,$A_k'$ 是只依赖于 $k$ 及 $\nu'$ 的常数,$B_k'$ 是只依赖于 $k$ 及 $\mu_1'$ 的常数.

对于极点不在 $|z|=1$ 上(它可以一部分在 $|z|<1$ 内,另一部分在 $|z|>1$ 上)的有理函数,也有类似于定理 1 及定理 2 的结论.

**定理 3**(沈-娄[174]) 设序列 $\{\beta_j\}, |\beta_j|>1, j=1,2,\cdots$,属于类 $W[\mu,\nu]$,而序列 $\{\alpha_i\}, |\alpha_i|<1, i=1,2,\cdots$ 属于类 $W'[\mu',\nu'], \mu<+\infty, \mu'<+\infty$,而

$$G_{m+n}(z)=\frac{\sum_{k=1}^{m+n} e_k z^k}{\prod_{j=1}^{n}(z-\beta_j)\prod_{i=1}^{m}(z-\alpha_i)} \tag{2.16}$$

是具有极点在 $\alpha_i, i=1,2,\cdots,m$ 及 $\beta_j, j=1,2,\cdots,n$ 的有理函数,则在 $|z|=1$ 上

$$|G_{m+n}^{(k)}(z)|\leqslant E_k M\left\{\left[\sum_{i=1}^{n}\left(1-\frac{1}{|\beta_i|}\right)\right]^{(2\mu+1+\varepsilon(\nu))k}+\left[\sum_{j=1}^{m}(1-|\alpha_j|)\right]^{(2\mu'+1+\varepsilon(\nu'))k}\right\}, \tag{2.17}$$

其中

$$\varepsilon(\nu)=\begin{cases}0, & \text{当 } \nu<+\infty \text{ 时},\\ \eta, & \text{当 } \nu=+\infty \text{ 时},\end{cases}$$

$\eta$ 为任意小正数,

$$M = \max_{|z|=1} |G_{m+n}(z)|,$$

$E_k$ 是与 $k$ 和 $\nu$ 或 $\mu$ 有关的常数.

特别地，当所有 $\alpha_i = 0, i = 1,2,\cdots, \beta_i = \infty, i = 1,2,\cdots$ 时有 $\mu = \mu' = 0$, $\nu = \nu' = 1$，这就是经典的 Бернштейн 不等式

现在我们已有条件研究有理函数逼近的逆定理了.

设函数 $f(z)$ 定义在 $|z| \leqslant 1$ 上,序列 $\{\beta_i\}$ 位于单位圆外，记

$$E[f;\beta_1\cdots\beta_n] = \inf_{\{b_k\}} \max_{|z|\leqslant 1} |f(z) - R_n(z)|, \tag{2.18}$$

其中下确界是对形如(1.14)的有理函数 $R_n(z)$ 的分子中系数 $b_k$，$k = 0,1,\cdots,n$ 而取的.

同样,设函数 $f(z)$ 定义在 $|z| = 1$,$\{\alpha_i\}$ 与 $\{\beta_i\}$ 分别是位于单位圆 $|z| < 1$ 内及单位圆 $|z| > 1$ 外的点列,记

$$E[f;\alpha_1,\cdots,\alpha_m,\beta_1,\cdots,\beta_n] = \inf_{\{c_k\}} \max_{|z|=1} |f(z) - R_{m+n}(z)|, \tag{2.19}$$

其中下确界是对形如(1.32)的有理函数 $R_{m+n}(z)$ 的分子中的系数 $c_k, k = 0,1,\cdots,m+n$ 而取的.

**定理 4**(沈-娄[174]) 设函数 $f(z)$ 是在 $|z| \leqslant 1$ 上定义的函数,且单位圆外的序列 $\{\beta_i\}$ 属于类 $W[\mu,\nu], \mu < +\infty$. 若对于任何自然数 $n$，有

$$E[f;\beta_1,\cdots,\beta_n] \leqslant c(\varepsilon_n(\beta))^{(2\mu+1)(k+\alpha')}, \tag{2.20}$$

其中 $k$ 为非负整数，$0 < \alpha' \leqslant 1$,

$$\lim_{n\to+\infty} \varepsilon_n(\beta) = 0, \tag{2.21}$$

则

1° 当 $\nu < +\infty$ 时，则函数 $f(z)$ 在 $|z| < 1$ 内解析，在 $|z| \leqslant 1$ 上连续且直到有 $k$ 级连续导数,此外,

A. 当 $0 < \alpha' < 1$ 时，$f^{(k)}(z) \in \mathrm{Lip}\alpha'$,

B. 当 $\alpha' = 1$ 时，$\omega(\delta, f^{(k)}) = O(\delta|\ln\delta|)$.

2° 当 $\nu = +\infty$ 时，则函数 $f(z)$ 在 $|z| < 1$ 内解析，在

$|z| \leqslant 1$ 上连续且直到有 $k$ 级连续导数，且 $f^{k}(z) \in \mathrm{Lip}(\alpha' - \varepsilon)$，其中 $\varepsilon > 0$ 是任意指定的小数。

**证** 由条件(2.20)知，存在有理函数

$$Q_n(z) = \frac{\sum_{k=0}^{n} d_k z^k}{\prod_{j=1}^{n} (z - \beta_j)}, \tag{2.22}$$

使得在 $|z| \leqslant 1$ 上，有

$$|f(z) - Q_n(z)| \leqslant c_1(\varepsilon_n(\alpha))^{(2\mu+1)(k+\alpha')}. \tag{2.23}$$

选取整数序列 $N_n, n = 0, 1, 2, \cdots$，使得满足

$$2^n \leqslant \sum_{j=0}^{N_n}\left(1 - \frac{1}{|\beta_j|}\right) < 2^{n+1}, \tag{2.24}$$

这是可以的，因为(2.21)成立。

用

$$U_0(z) = Q_{N_0}(z), U_n(z) = Q_{N_n}(z) - Q_{N_{n-1}}(z), n = 1, 2, \cdots, \tag{2.25}$$

表示有理函数序列。由于(2.23)及(2.21)，显然在 $|z| \leqslant 1$ 上一致地有

$$f(z) = \sum_{n=0}^{+\infty} U_n(z), \quad |z| \leqslant 1. \tag{2.26}$$

同时，由(2.23)及(2.24)得

$$\begin{aligned} |U_n(z)| &\leqslant |f(z) - Q_{N_n}(z)| + |f(z) - Q_{N_{n-1}}(z)| \\ &\leqslant \frac{c_1}{2^{n(2\mu+1)(k+\alpha)}} + \frac{c_1}{2^{(n-1)(2\mu+1)(k+\alpha)}} \\ &= \frac{c_2}{2^{n(2\mu+1)(k+\alpha)}}, \quad |z| \leqslant 1. \end{aligned} \tag{2.27}$$

应用定理 1 中的不等式估计(2.5)或(2.6)及(2.24)得

$$\begin{aligned} |U_n^{(k)}(z)| &\leqslant c_3 2^{-n(2\mu+1)(k+\alpha')} \cdot 2^{n[2\mu+1+\varepsilon(\nu)]k} \\ &\leqslant \frac{c_3}{2^{n[(2\mu+1)\alpha' - k\varepsilon(\nu)]}}, \quad |z| \leqslant 1, \end{aligned} \tag{2.28}$$

其中

$$\varepsilon(\nu)=\begin{cases}0, & 当\ \nu<+\infty\ 时,\\ \eta, & 当\ \nu=+\infty\ 时,\end{cases}$$

而 $\eta>0$ 是任意小的数，$c_3$ 是只依赖于 $\eta$ 的常数。

将由(2.26)确定的级数逐项求 $k$ 次导数后得

$$\sum_{n=0}^{+\infty}U_n^{(k)}(z). \tag{2.29}$$

由于估计式(2.28)，只要取 $\eta<\dfrac{(2\mu+1)\alpha'}{k}$，此级数(2.29)就在单位圆 $|z|\leqslant 1$ 上一致收敛．由此可知，函数 $f(z)$ 在 $|z|<1$ 内解析，在 $|z|\leqslant 1$ 上连续且在 $|z|\leqslant 1$ 上有直到 $k$ 级连续导数 $f^{(k)}(z)$，且在 $|z|\leqslant 1$ 上一致地成立

$$f^{(k)}(z)=\sum_{n=0}^{+\infty}U_n^{(k)}(z). \tag{2.30}$$

余下来要证明，当 $\nu<+\infty$ 时，若 $0<\alpha'<1$，则 $f^{(k)}(z)\in\mathrm{Lip}\alpha'$；若 $\alpha'=1$，则 $\omega(\delta,f^{(k)})=O(\delta|\ln\delta|)$；而当 $\nu=+\infty$ 时，则 $f^{(k)}(z)\in\mathrm{Lip}(\alpha'-\varepsilon)$.

为此，任取数 $\delta, 0<\delta\leqslant\dfrac{1}{2}$，再取正整数 $m$，使得满足

$$2^{(2\mu+1)(m-1)}\leqslant\frac{1}{\delta}<2^{(2\mu+1)m}. \tag{2.31}$$

此时，对 $|z_1-z_2|\leqslant\delta, |z_1|\leqslant 1, |z_2|\leqslant 1$，由(2.30)得到

$$\begin{aligned}&|f^{(k)}(z_1)-f^{(k)}(z_2)|\\ &\leqslant\sum_{n=0}^{m-1}|U_n^{(k)}(z_1)-U_n^{(k)}(z_2)|\\ &\quad+\sum_{n=m}^{+\infty}|U_n^{(k)}(z_1)|+\sum_{n=m}^{+\infty}|U_n^{(k)}(z_2)|.\end{aligned} \tag{2.32}$$

首先假设 $\nu<+\infty$，由(2.28)得

$$|U_n^{(k)}(z)|\leqslant\frac{c_3}{2^{n\alpha'(2\mu+1)}},\quad |z|\leqslant 1.$$

因此，

$$\sum_{n=m}^{+\infty}|U_n^{(k)}(z)|\leqslant c_4\sum_{n=m}^{+\infty}\frac{1}{2^{n\alpha'(2\mu+1)}}=\frac{c_4}{1-2^{-\alpha'(2\mu+1)}}\cdot\frac{1}{2^{m\alpha'(2\mu+1)}}. \tag{2.33}$$

此外，

$$|U_n^{(k)}(z_1)-U_n^{(k)}(z_2)|=\left|\int_{z_1}^{z_2}U_n^{(k+1)}(z)dz\right|,$$

$$\leqslant|z_1-z_2|\max_{|z|\leqslant1}|U_n^{(k+1)}(z)|. \tag{2.34}$$

其中积分沿连接 $z_1$ 与 $z_2$ 的直线段进行，再一次引用定理 1，由上式及(2.27),(2.24),(2.25)可以得到

$$|U_n^{(k)}(z_1)-U_n^{(k)}(z_2)|\leqslant c_4 2^{n(2\mu+1)(1-\alpha')}\delta. \tag{2.35}$$

比较(2.32),(2.33)与(2.35)后，当 $0<\alpha'<1$ 时，

$$|f^{(k)}(z_1)-f^{(k)}(z_2)|\leqslant c_4\delta\sum_{n=1}^{m-1}2^{n(2\mu+1)(1-\alpha')}+c_5 2^{-m\alpha'(2\mu+1)}$$

$$=c_4\frac{2^{m(2\mu+1)(1-\alpha')}-1}{2^{(2\mu+1)(1-\alpha')}-1}+\frac{c_5}{2^{m\alpha'(2\mu+1)}} \tag{2.36}$$

利用(2.31)，有

$$2^{m(2\mu+1)}<\frac{1}{\delta}2^{(2\mu+1)}\text{ 及 }\delta>2^{-m(2\mu+1)}.$$

因此，由(2.36)得到，当 $|z_1-z_2|\leqslant\delta,|z_1|\leqslant1,|z_2|\leqslant1$ 时，

$$|f^{(k)}(z_1)-f^{(k)}(z_2)|\leqslant c_6\delta\frac{1}{\delta^{1-\alpha'}}+c_5\delta^{\alpha'}\leqslant c_7\delta^{\alpha'},$$

即 $f^{(k)}(z)\in\mathrm{Lip}\alpha'$.

当 $\alpha'=1$ 时，由(2.32),(2.33)及(2.35)得到

$$|f^{(k)}(z_1)-f^{(k)}(z_2)|\leqslant c_4\delta m+c_5 2^{-m\alpha(2\mu+1)}. \tag{2.37}$$

由(2.31)知，

$$(m-1)(2\mu+1)\ln 2\leqslant-\ln\delta=|\ln\delta|,$$

因此

$$m\leqslant\frac{2|\ln\delta|}{(2\mu+1)\ln 2},$$

所以从(2.37)得

$$|f^{(k)}(z_1)-f^{(k)}(z_2)|\leqslant c_6\delta|\ln\delta|+c_7\delta,$$

即

$$\omega(\delta,f^{(k)})=O(\delta|\ln\delta|).$$

若 $r=+\infty$，则由(2.28)得，

$$|U_n^{(k)}(z)|\leqslant c_8 2^{-n((2\mu+1)\alpha'-k\eta)},\quad |z|\leqslant 1,$$

由此得

$$\sum_{n=m}^{+\infty}|U_n^{(k)}(z)|\leqslant c_8\sum_{n=m}^{+\infty}2^{-n[(2\mu+1)\alpha'-k\eta]}$$
$$\leqslant c_9 2^{-m[(2\mu+1)\alpha'-k\eta]}. \tag{2.38}$$

此外，利用定理 1 中不等式(2.6)以及(2.27)，(2.24)得到

$$\max_{|z|\leqslant 1}|U_n^{(k+1)}(z)|\leqslant c_{10}\left\{\sum_{i=0}^{N_n}\left(1-\frac{1}{|\beta_i|}\right)\right\}^{(2\mu+1+\eta)(k+1)}\cdot\max_{|z|\leqslant 1}|U_n(z)|$$
$$\leqslant c_{11}2^{n(2\mu+1+\eta)}\cdot 2^{-n[(2\mu+1)\alpha'-k\eta]}$$
$$=c_{12}2^{n[(2\mu+1)(1-\alpha')+(k+1)\eta]}.$$

因而，从(2.34)得到

$$|U_n^{(k)}(z_1)-U_n^{(k)}(z_2)|\leqslant c_{13}\delta 2^{n[(2\mu+1)(1-\alpha')+(k+1)\eta]}. \tag{2.39}$$

比较(2.32)，(2.38)与(2.39)得，当 $|z_1-z_2|\leqslant\delta,|z_1|\leqslant 1,$ $|z_2|\leqslant 1$ 时，

$$|f^{(k)}(z_1)-f^{(k)}(z_2)|\leqslant c_{13}\sum_{n=0}^{m-1}\delta 2^{n[(2\mu+1)(1-\alpha')+(k+1)\eta]}$$
$$+c_{14}2^{-m[(2\mu+1)\alpha'-k\eta]}$$
$$\leqslant c_{13}\delta\frac{2^{m[(2\mu+1)(1-\alpha')+(k+1)\eta]}}{2^{[(2\mu+1)(1-\alpha')+(k+1)\eta]}}$$
$$+c_{14}2^{-m[(2\mu+1)\alpha'-k\eta]}.$$

利用(2.31)后，由上式得到

$$|f^{(k)}(z_1)-f^{(k)}(z_2)|\leqslant c_{15}\delta\cdot\delta^{-(1-\alpha')-\frac{k+1}{2\mu+1}\eta}+c_{15}\delta^{\alpha'-\frac{k}{2\mu+1}\eta}$$
$$\leqslant c_{16}\delta^{\alpha'-\varepsilon},$$

其中对给定 $\varepsilon>0$，取 $\eta<\dfrac{2\mu+1}{k+1}\varepsilon$。

定理 4 完全证毕。

**推论** 当 $\{\beta_j\}, |\beta_j| > 1, j = 1,2,\cdots$, 属于类 $W[0,\nu]$ 时，则由 $\lim_{n\to+\infty} \varepsilon_n(\beta) = 0$ 以及

$$E_n[f;\beta_1,\cdots\beta_n] < c(\varepsilon_n(\beta))^{k+\alpha'}, 0 < \alpha' \leqslant 1, n = 1,2,\cdots,$$

推出:

1° 当 $\nu < +\infty$ 时，函数 $f(z)$ 在 $|z| < 1$ 内解析，在 $|z| \leqslant 1$ 上连续且有直到 $k$ 级连续导数. 此外，

*A*. 当 $0 < \alpha' < 1$ 时，$f^{k}(z) \in \mathrm{Lip}\alpha'$;

*B*. 当 $\alpha' = 1$ 时，$\omega(\delta, f^{(k)}) = O(\delta|\ln\delta|)$.

2° 当 $\nu = +\infty$ 时，函数 $f(z)$ 在 $|z| < 1$ 内解析. 在 $|z| = 1$ 上连续且有直到 $k$ 级连续导数，且 $f^{(k)}(z) \in \mathrm{Lip}(\alpha - \varepsilon)$，其中 $\varepsilon > 0$ 是任何指定的小数.

对于单位圆外部，用具有极点在单位圆内有理函数逼近时，类似地也有下面的逆定理.

**定理5**(沈-娄[174]) 设函数 $f(z)$ 是 $|z| \geqslant 1$ 上定义的函数，且单位圆内的序列 $\{\alpha_i\}$ 是属于类 $W'[\mu',\nu'], \mu' < +\infty$. 若对于任意自然数 $m$,

$$\begin{aligned} E[f;\alpha_1,\cdots,\alpha_m] &= \inf_{\{d_k\}} \max_{|z|\geqslant 1} |f(z) - Q_m(z)| \\ &\leqslant c(\varepsilon_m(\alpha))^{(2\mu'+1)(k+\alpha')}, \end{aligned}$$

其中下确界是对形如(2.13)的有理函数 $Q_m(z)$ 中的系数 $d_k, k = 0,1,\cdots,m$ 而取的，且

$$\lim_{m\to+\infty} \varepsilon_m(\alpha) = 0,$$

$k$ 为非负整数，$0 < \alpha' \leqslant 1$，则

1° 当 $\nu' < +\infty$ 时，则函数 $f(z)$ 在 $|z| > 1$ 上解析，在 $|z| \geqslant 1$ 上连续且直到有 $k$ 级连续导数. 此外，

*A* 当 $0 < \alpha' < 1$ 时，$f^{(k)}(z)$ 在 $|z| \geqslant 1$ 上满足 $\alpha'$ 级 Lipschitz 条件.

*B*. 当 $\alpha' = 1$ 时，在 $|z| \geqslant 1$ 上，$\omega(\delta, f^{(k)}) = O(\delta|\ln\delta|)$.

2° 当 $\nu' = +\infty$ 时，则函数 $f(z)$ 在 $|z| > 1$ 上解析，在 $|z| \geqslant 1$ 上连续且有直到 $k$ 级连续导数，$f^{(k)}(z) \in \mathrm{Lip}(\alpha' - \varepsilon)$,

其中 $\varepsilon > 0$ 是任意指定的小数.

利用定理 2, 可以像证明定理 4 时一样来证明定理 5.

**定理 6**(沈-娄[174]) 设函数 $f(z)$ 定义在单位圆周 $|z| = 1$, 且单位圆外序列 $\{\beta_j\}$ 属于类 $W[\mu,\nu], \mu < +\infty$, 单位圆内点列 $\{\alpha_i\}$ 属于类 $W'[\mu',\nu'], \mu' < +\infty$. 此外, 对任意自然数 $m$ 与 $n$ 成立,

$$E[f;\alpha_1,\cdots,\alpha_m,\beta_1,\cdots,\beta_n]$$
$$\leqslant c\{(\varepsilon_m(\alpha))^{(2\mu'+1)(k+\alpha')} + (\varepsilon_n(\beta))^{(2\mu+1)(k+\alpha')}\},$$

其中 $k$ 为非负整数, $0 < \alpha' \leqslant 1$, 且

$$\lim_{m\to+\infty} \varepsilon_m(\alpha) = 0, \quad \lim_{n\to+\infty} \varepsilon_n(\beta) = 0,$$

则

1° 当 $\nu < +\infty, \nu' < +\infty$ 时, 函数 $f(z)$ 在 $|z| = 1$ 上连续且有直到 $k$ 级连续导数, 同时有

*A.* 当 $0 < \alpha' < 1$ 时, 在 $|z| = 1$ 上有 $f^{(k)}(z) \in \mathrm{Lip}\alpha'$, 函数 $f(z)$ 在 $|z| = 1$ 上连续且有直到 $k$ 级连续导数, $f^{(k)}(z) \in \mathrm{Lip}(\alpha - \varepsilon)$, 其中 $\varepsilon > 0$ 为任意小数.

我们指出, 在 Мергелян 及 Джрбашян 的工作[97]中, 要求单位圆外点列 $\{\beta_j\}$ 及单位圆内点列 $\{\alpha_i\}$ 在单位圆周的一般弧 $l$ 上都没有极限点时, 则在此弧上也有定理 6 中类似的结论. 这实质上是属于上面推论中 $\{\beta_j\} \in W[0,\nu], \nu < +\infty$ 及 $\{\alpha_i\} \in W'[0,\nu']$, $\nu' < +\infty$ 时的情况.

特别地, 若所有 $\alpha_i = 0, i = 1,2,\cdots, \beta_j = \infty, j = 1,2,\cdots$, 则 $\{\alpha_i\} \in W'[0,1], \{\beta_j\} \in W[0,1]$. 由定理 6 的推论看出, 这实际上是关于三角多项式最佳逼近的逆定理——Бернштейн 定理(参看文献[107]).

利用上述 Бернштейн 型不等式, 我们还可以研究单位圆周上的连续函数被函数系 $\left\{\dfrac{1}{(z-\alpha_i)^2}, \dfrac{1}{(z-\beta_j)^2}\right\}$ 的线性组合进行逼近时的最佳逼近问题.

**定理 7**(沈-娄[174]) 设点列 $\{\beta_j\}$, $|\beta_j| > 1$, $j = 1,2,\cdots$, 属于类 $W[\mu,\nu]$, 而函数 $f(z)$ 在 $|z| < 1$ 内解析,在 $|z| \leqslant 1$ 上连续,且有直到 $k$ 级连续导数, $f^{(k)}(z) \in \mathrm{Lip}\alpha'$, $0 < \alpha' \leqslant 1$, 则当

$$\mu < \frac{k+\alpha'}{2} \tag{2.40}$$

时,存在有理函数

$$Q_n(z) = \sum_{i=1}^{n} \frac{a_i}{(z-\beta_i)^2}, \tag{2.41}$$

使得

$$\max_{|z|\leqslant 1} |f(z) - Q_n(z)| \leqslant c(\varepsilon_n(\beta))^{k+\alpha'-2\mu-\varepsilon(\nu)}, \tag{2.42}$$

其中

$$\varepsilon(\nu) = \begin{cases} 0, & \text{当 } \nu < +\infty \text{ 时}, \\ \eta, & \text{当 } \nu = +\infty \text{ 时}, \end{cases}$$

而 $\eta$ 是任意指定的小正数, $c$ 是与 $\nu$ 有关的常数。

**证** 显然,函数

$$F(z) = \int_0^z f(\zeta)d\zeta$$

在 $|z| < 1$ 内解析,在 $|z| \leqslant 1$ 上 $F^{(k+1)}(z) \in \mathrm{Lip}\alpha$。因此,根据 §1 中定理 1, 存在有理函数

$$R_n(z) = \frac{\sum_{k=0}^{n} b_k z^k}{\prod_{k=1}^{n} (z-\beta_k)} = \alpha_0 + \sum_{i=1}^{n} \frac{\alpha_i}{z-\beta_i}, \tag{2.43}$$

使得

$$\max_{|z|\leqslant 1} |F(z) - R_n(z)| \leqslant c(\varepsilon_n(\beta))^{k+1+\alpha'}. \tag{2.44}$$

容易看出, $R'_n(z)$ 是具有形状 (2.41) 的有理函数。下面我们证明, $R'_n(z)$ 即可以作为 $Q_n(z)$。为此,必须证明函数 $R'_n(z)$ 在 $|z| \leqslant 1$ 上一致收敛到函数 $f(z)$, 且有估计式(2.42)。

设 $k_n$ 满足条件

$$2^n \leqslant \sum_{i=1}^{k_n}\left(1-\frac{1}{|\beta_i|}\right) < 2^{n+1} \tag{2.45}$$

的最小整数．不妨认为

$$\sum_{i=1}^{+\infty}\left(1-\frac{1}{|\beta_i|}\right) = +\infty, \tag{2.46}$$

否则(2.42)显然成立，因此 $k_n$ 单调上升趋向无穷．令

$$U_0(z) = R_{k_0}(z),\ U_n(z) = R_{k_n}(z) - R_{k_{n-1}}(z),\ n = 1, 2, \cdots. \tag{2.47}$$

由(2.44)及(2.46)知，在 $|z| \leqslant 1$ 上一致地有

$$F(z) = \sum_{n=0}^{+\infty} U_n(z). \tag{2.48}$$

利用(2.44)及(2.45)，可以得到

$$\begin{aligned}|U_n(z)| &\leqslant |f(z) - R_{k_n}(z)| + |f(z) - R_{k_{n-1}}(z)| \\ &\leqslant \frac{c_1}{2^{n(k+1+\alpha')}}.\end{aligned}$$

因此，利用定理 1 中不等式(2.5)及(2.6)，注意到(2.45)，就有

$$\begin{aligned}|U'_n(z)| &\leqslant c_2 2^{-n(k+1+\alpha')} \cdot 2^{n(2\mu+1+\varepsilon(\nu))} \\ &\leqslant c_3 \frac{1}{2^{n(k+\alpha'-2\mu-\varepsilon(\nu))}}.\end{aligned} \tag{2.49}$$

由于(2.40)，即 $\mu < \dfrac{k+\alpha'}{2}$，而 $\varepsilon(\nu) \leqslant \eta, \eta > 0$ 可以任意小，因此由(2.49)知，级数

$$\sum_{n=1}^{+\infty} U'_n(z)$$

在 $|z| \leqslant 1$ 上一致收敛．这样一来，由(2.48)知，在 $|z| \leqslant 1$ 上一致地有

$$f(z) = F'(z) = \sum_{n=0}^{+\infty} U'_n(z). \tag{2.50}$$

此外，由(2.47)及(2.49)还可以得出，

$$|f(z)-R'_{k_m}(z)| \leqslant \sum_{n=m+1}^{+\infty} |U'_n(z)|$$

$$\leqslant \sum_{n=m+1}^{+\infty} \frac{c_3}{2^{n(k+\alpha'-2\mu-\varepsilon(\nu))}}$$

$$\leqslant \frac{c_4 2^{-m(k+\alpha'-2\mu-\varepsilon(\nu))}}{1-2^{-[k+\alpha'-2\mu-\varepsilon(\nu)]}}$$

$$\leqslant \frac{c_5}{2^{m[k+\alpha'-2\mu-\varepsilon(\nu)]}}. \tag{2.51}$$

现在设 $R'_l(z)$ 是函数列 $\{R'_n(z)\}$ 中任意一个函数，则对于此数 $l$，必存在 $k_n$，使得 $k_n \leqslant l \leqslant k_{n+1}-1$。因此，由 $k_n$ 的定义，就有

$$2^n \leqslant \sum_{i=1}^{l}\left(1-\frac{1}{|\beta_i|}\right) < 2^{n+1}. \tag{2.52}$$

这样一来，由(2.44)，(2.45)及(2.52)得到

$$|R_{k_n}(z)-R_l(z)| \leqslant |R_{k_n}(z)-F(z)| + |R_l(z)-F(z)|$$

$$\leqslant c_2\{(\varepsilon_{k_n}(\beta))^{k+\alpha'+1} + (\varepsilon_l(\beta))^{k+\alpha'+1}\}$$

$$\leqslant \frac{c_3}{2^{n(k+\alpha'+1)}}, \quad |z| \leqslant 1. \tag{2.53}$$

根据定理 1 及(2.52)，(2.53)，我们有

$$|R'_{k_n}(z)-R'_l(z)| \leqslant c_4 2^{-n(k+\alpha'+1)}\left(\sum_{i=1}^{l}\left(1-\frac{1}{|\beta_i|}\right)\right)^{2\mu+1+\varepsilon(\nu)}$$

$$\leqslant \frac{c_5}{2^{n(k+\alpha'-2\mu+\varepsilon(\nu))}}, \quad |z| \leqslant 1. \tag{2.54}$$

比较(2.51)及(2.54)后，得到

$$|f(z)-R'_l(z)| \leqslant |f(z)-R'_{k_n}(z)| + |R'_{k_n}(z)-R'_l(z)|$$

$$\leqslant \frac{c_6}{2^{n[k+\alpha'-2\mu-\varepsilon(\nu)]}}$$

$$\leqslant \frac{c_7}{\left[\sum_{i=1}^{l}\left(1-\frac{1}{|\beta_i|}\right)\right]^{k+\alpha'-2\mu-\varepsilon(\nu)}}$$

$$\leqslant c_8\{\varepsilon_l(\beta)\}^{k+\alpha'-2\mu-\varepsilon(\nu)}$$

由于 $Q_n(z)=R'_n(z)$，因此就证明了定理 7.

类似的方法，可以证明下面二个定理.

**定理 8**(沈-娄[174]) 设点列 $\{\alpha_i\}$, $|\alpha_i|<1$, $i=1,2,\cdots$, 属于 $W'[\mu',\nu']$，而函数 $f(z)$ 在 $|z|>1$ 上解析，在 $|z|\geqslant 1$ 上连续，且有直到 $k$ 级导数，$f^{(k)}(z)\in \mathrm{Lip}\alpha'$, $0<\alpha'\leqslant 1$, $f(\infty)=0$, $f'(\infty)=0$，则当

$$\mu'<\frac{k+\alpha'}{2}$$

时存在有理函数

$$R_n(z)=\sum_{i=1}^{m}\frac{b_i}{(z-\alpha_i)^2},$$

使得

$$\max_{|z|\geqslant 1}|f(z)-R_m(z)|\leqslant c(\varepsilon_m(\alpha))^{k+\alpha'-2\mu-\varepsilon(\nu)}.$$

**定理 9** (沈-娄[174]) 设点列 $\{\alpha_i\}$, $|\alpha_i|>1$, $i=1,2,\cdots$, 属于 $W'[\mu',\nu']$，点列 $\{\beta_j\}$, $|\beta_j|>1$, $j=1,2,\cdots$, 属于类 $W[\mu,\nu]$，而函数 $f(z)$ 在单位圆周 $|z|=1$ 上连续，且有直到 $k$ 级导数，$f^{(k)}(z)\in \mathrm{Lip}\alpha'$，则当

$$\mu<\frac{k+\alpha'}{2},\quad \mu'<\frac{k+\alpha'}{2}$$

时，对任意自然数 $m$ 与 $n$，存在有理函数

$$Q_{m+n}(z)=\sum_{i=1}^{m}\frac{1}{(z-\alpha_i)^2}+\sum_{j=1}^{n}\frac{1}{(z-\beta_j)^2},$$

使得在 $|z|=1$ 上，有

$$|f(z)-Q_{m+n}(z)|\leqslant c\{(\varepsilon_n(\alpha))^{k+\alpha'-2\mu'-\varepsilon_1(\nu)}+(\varepsilon_n(\beta))^{k+\alpha'-2\mu-\varepsilon_2(\nu)}\},$$

其中

$$\varepsilon_1(\nu)=\begin{cases}0, & 当\ \nu<+\infty,\\ \eta, & 当\ \nu=+\infty,\end{cases}\qquad \varepsilon_2(\nu)=\begin{cases}0, & 当\ \nu<+\infty,\\ \eta, & 当\ \nu=+\infty,\end{cases}$$

而 $\eta>0$ 是任意指定的小数，$c$ 是依赖于 $\nu$ 的常数.

最后指出，用同样的方法，可以对函数系，

$$\left\{\frac{1}{(z-\alpha_i)^s}\right\} \text{ 及 } \left\{\frac{1}{(z-\beta_i)^s}\right\} \tag{2.55}$$

建立类似的定理，其中 $s \geqslant 2$ 是自然数.

此外，也可以建立函数系(2.55)的最佳逼近的逆定理.

## §3. 一般区域上的有理函数逼近

设区域 $D$ 的边界是用 Jordan 可求长曲线 $\Gamma$. 为了方便起见，我们仍旧认为区域 $\bar{D}$ 的保角半径 $\rho=1$，且仍用 $w=\Phi(z)$，$\Phi(\infty)=\infty$，$\Phi'(\infty)=1$ 记作将区域 $\bar{D}$ 的余集 $G$ 保角映射到 $|w|>1$ 的函数，而 $z=\Psi(w)$ 是它的反函数.

对于任意的复数 $\beta$，$|\beta|>1$，考虑函数 $\dfrac{1}{w-\beta}$，显然

$$\begin{aligned}
&\frac{1}{2\pi i}\int_{|w|=1}\frac{\frac{1}{w-\beta}\cdot\Psi(w)}{\Psi(w)-z}\,dw,\ z\in D\\
&\quad=\frac{1}{2\pi i}\int_{\Gamma}\frac{1}{\Phi(\zeta)-\beta}\,\frac{1}{\zeta-z}\,d\zeta\\
&\quad=\frac{-1}{2\pi i}\int_{|\zeta-r|=\varepsilon}\frac{1}{\Phi(\zeta)-\beta}\cdot\frac{1}{\zeta-z}\,d\zeta,
\end{aligned}$$

其中 $r=\Psi(\beta)\in C\bar{D}$，且 $\varepsilon$ 是充分小正数，因此，

$$\frac{1}{2\pi i}\int_{|w|=1}\frac{\frac{1}{w-(\beta)}\Psi'(w)}{\Psi(w)-z}\,d\zeta=\frac{1}{z-\beta}\left(\frac{1}{\Phi(\zeta)-\beta}\right)'\Bigg|_{\zeta=r},\quad z\in D,$$

即是函数 $\dfrac{1}{\Phi(z)-\beta}$ 在其极点 $z=r=\Psi(\beta)$ 处的主要部分，类似地可以证明，对任意 $\dfrac{1}{(w-\beta)^k}$，$|\beta|>1$，$k$ 是自然数，积分

$$\frac{1}{2\pi i}\int_{|w|=1}\frac{\frac{1}{(w-\beta)^k}\Psi'(w)}{\Psi(w)-z}\,dw,\quad z\in D, \tag{3.1}$$

也等于函数 $\frac{1}{(\Phi(z)-\beta)^k}$ 在其极点 $z=r=\Psi(\beta)$ 处的主要部分，因此是函数 $\frac{1}{z-r}$，$\frac{1}{(z-r)^2}$，$\cdots$，$\frac{1}{(z-r)^k}$ 的线性组合，且在 $\frac{1}{(z-r)^k}$ 项的系数不为零，记作 $\varphi_k(z)$，因此，可以像在第二章 § 4 中一样，由(3.1)确定一个变换，

$$T:\ \frac{1}{(w-\beta)^n}\Big| \to \varphi_n(z), n=0,1,2,\cdots,$$

也称为 Faber 变换.

这样一来，对于任意的有理函数，

$$p_n(w)=\sum_{i=1}^{n}\sum_{k=0}^{s_i}\frac{a_{ik}}{(w-\beta_i)^k},\ |\beta_i|>1, i=1,2,\cdots n. \tag{3.2}$$

$s_i$ 为自然数，$i=1,2,\cdots,n$，经过 Faber 变换

$$\begin{aligned}(Tp_n)(z)&=\frac{1}{2\pi i}\int_{|w|=1}\frac{p_n(w)\Psi'(w)}{\Psi(w)-z}dw\\&=\frac{1}{2\pi i}\int_{\Gamma}\frac{p_n[\Phi(\zeta)]}{\zeta-z}d\zeta,\ z\in D,\end{aligned} \tag{3.3}$$

就可以得到

$$(Tp_n)(z)=\sum_{i=1}^{n}\sum_{k=0}^{s_i}\frac{b_{ik}}{(z-r_i)^k},\ r_i=\Psi(\beta_i), i=1,2,\cdots,n, \tag{3.4}$$

且有理函数 $p_n$ 与 $Tp_n$ 之间的变换是双注入的，即由 $Tp_n\equiv 0$ 可以推出 $p_n\equiv 0$. 事实上，这可由 $\varphi_n(z)$ 在 $\frac{1}{(z-r)^n}$ 项的系数不为零推导出来.

此外，也可以证明，对于形如(3.2)的有理函数 $p_n(w)$，

$$\frac{1}{2\pi i}\int_{|\tau|=1}\frac{(TP_n)[\Psi(\tau)]}{\tau-w}d\tau=p_n(w), |w|<1. \tag{3.5}$$

事实上，由于 $p_n(w)$ 的极点都在单位圆 $|w|>1$ 外，因此也必

在某个 $|w|=\rho>1$ 外,用 $C_\rho$ 记作在映射 $z=\Psi(w)$ 的等势线,则

$$\frac{1}{2\pi i}\int_{|\tau|=1}\frac{(Tp_n)[\Psi(\tau)]}{\tau-w}d\tau$$

$$=\frac{1}{2\pi i}\int_{|\tau|=1}\frac{1}{2\pi i}\int_{C_\rho}\frac{p_n[\Phi(\zeta)]}{\zeta-\Psi(\tau)}d\zeta\cdot\frac{1}{\tau-w}d\tau$$

$$=\frac{1}{2\pi i}\int_{C_\rho}p_n[\Phi(\zeta)]\left[\frac{1}{2\pi i}\int_{|\tau|=1}\frac{1}{\zeta-\Psi(\tau)}\frac{1}{\tau-w}d\tau\right]d\zeta$$

$$=\frac{1}{2\pi i}\int_{C_\rho}p_n[\Phi(\zeta)]\frac{\Phi'(\zeta)}{\Phi(\zeta)-w}d\zeta$$

$$=\frac{1}{2\pi i}\int_{|\tau|=\rho}\frac{p_n(\tau)}{\tau-w}d\tau=p_n(w),|w|<1.$$

这说明 Faber 变换在有理函数空间有逆变换。

反过来,若 $R_n(z)$ 是具有极点在 $r_i\in C\overline{D}$ 中的有理函数,则

$$(NR_n)(w)=\frac{1}{2\pi i}\int_{|\tau|=1}\frac{R_n[\Psi(\tau)]}{\tau-w}d\tau=p_n(w)\tag{3.6}$$

是具有极点在 $r_i=\Psi(\beta_i)$ 的有理函数,且是 $R_n[\Psi(w)]$ 在其极点 $w=\alpha_i$ 处的主要部分之和。同样可以证明,

$$\frac{1}{2\pi i}\int_\Gamma\frac{(NR_n)[\Phi(\zeta)]}{\zeta-z}d\zeta$$

$$=\frac{1}{2\pi i}\int_\Gamma\frac{p_n[\Phi(\zeta)]}{\zeta-z}d\zeta=R_n(z),\ z\in D.\tag{3.7}$$

设 $\{\beta_i\}$ 是单位圆 $|w|>1$ 外的点列且满足

$$\sum_{i=1}^{+\infty}\left(1-\frac{1}{|\beta_i|}\right)=+\infty.\tag{3.8}$$

在这一节中,我们总是假设条件(3.8)成立。由文献[11]附录(或参看第二章§4定理 12)知,这是使得函数

$$\left\{\frac{1}{w-\beta_i}\right\},\ i=1,2,\cdots,^*\tag{3.9}$$

* 若某一个 $\beta_i$ 在 $\{\beta_i\}$ 中出现 $p_i$ 次,则就认为在(3.9)中有 $\frac{1}{(w-\beta_i)^s}$, $s=0,1,\cdots,p_i-1$.

在 $A(|z|=1)$ 及 $H^p(|z|<1), p\geqslant 1$ 中完备的充要条件（实际上，当 $0<p<1$ 时也成立，参看 Тумаркин 的著作[193-195]。

类似于第二章 § 4 中讨论，这里用 $\Pi_n$ 记作形如(3.2)的有理函数集合，而用 $\Pi'_n$ 记作形如(3.4)的有理函数集合，其中 $r_i=\Psi(\beta_i), i=1,2,\cdots,n$，于是在上面已看到，算子 $T$（见(3.3)）将 $\Pi_n\subset A(|w|\leqslant 1)$ 注入到 $\Pi'_n\subset A(\overline{D})$。我们也希望在全空间 $A(|w|\leqslant 1)$ 实现这个映射，即希望对任意 $f\in A(|w|\leqslant 1)$，算子

$$Tf=\frac{1}{2\pi i}\int_\Gamma \frac{f[\Phi(\zeta)]}{\zeta-z}d\zeta \tag{3.10}$$

也属于 $A(\overline{D})$，这个问题已在第二章 § 4 中进行过详细讨论。

这里也有类似的定理。

**定理 1** 设对于任意的有理函数 $P_n(z)\in\Pi_n, n=1,2,\cdots$，成立，

$$\|TP_n\|_\infty\leqslant c\|P_n\|_\infty,\quad n=1,2,\cdots. \tag{3.11}$$

其中 $c$ 为不依赖于有理函数 $P_n$ 的常数，$n=1,2,\cdots$，则定义在 $\cup\Pi_n=\Pi$ 上的算子 $T$ 可以开拓到整个空间 $A(|w|\leqslant 1)$ 上去(见(3.10))，$Tf\in A(\overline{D})$，且

$$\|Tf\|_\infty\leqslant c\|f\|_\infty. \tag{3.12}$$

证明与第二章 § 4 中定理 1 的证明是类似的，只要注意到有理函数系(3.9)在 $A(|w|\leqslant 1)$ 中是完备的即可（参见文献 [11] 或[193—195]）。

应用 Faber 变换，我们可以有下列具有给定极点有理函数的逼近定理（可参看沈燮昌的文献[145,150,177]）。

**定理 2**（沈燮昌[145,150]） 设函数 $f(z)\in A(\overline{D})$，其中区域 $D$ 满足 Альпер 条件 (I)，即(4.21)*，而 $\{r_j\}$ 是位于 $G=C\overline{D}$ 中点集，且满足

---

* 由第二章 § 5 中引理 2 知，若区域 $D$ 的边界 $\Gamma$ 满足 Альпер 条件 $i$（见(5.1)），则它满足 Альпер 条件 (I)。

$$\sum_{j=1}^{+\infty}\left(1-\frac{1}{|\beta_j|}\right)=+\infty,\beta_j=\Phi(r_j),j=1,2,\cdots, \qquad (3.13)$$

则

$$R_n(f,\overline{D})=\inf_{\{R_n\}}\max_{z\in\overline{D}}|f(z)-R_n(z)|$$

$$\leqslant\|T\|\inf_{\{P_n\}}\max_{|w|\leqslant1}|\tilde{F}(w)-P_n(w)| \qquad (3.14)$$

$$\leqslant c(\omega(\varepsilon_n(\beta),\tilde{F})+q^{\frac{1}{\varepsilon_n(\beta)}}). \qquad (3.15)$$

其中第一个下确界是对形如(3.4)的有理函数 $R_n(z)$ 而取的（为了简单起见,令 $s_i=1,i=1,2,\cdots,n$），第二个下确界是对形如(3.2)的有理函数 $P_n(w)$ 而取的(也认为 $s_i=1,i=1,2,\cdots,n$，且以后都是这样假设的)，而 $\varepsilon_n(\beta)$ 由(1.16)确定，$q$ 是绝对常数，$0<q<1$.

**证** 考虑函数 $f(z)$ 的逆 Faber 变换(见第二章 § 4 (4.20))，

$$\tilde{F}(w)=\frac{1}{2\pi i}\int_{|\tau|=1}\frac{f[\Psi(\tau)]}{\tau-w}d\tau,\ |w|<1,$$

由第二章 § 5 中定理 5 及引理 2 知，$T$ 与 $T^{-1}$ 是对应地在$A(|w|\leqslant 1)$及 $A(\overline{D})$ 上的有界算子,因此

$$T^{-1}f=\tilde{F},\ f=T\tilde{F}.$$

由上面知,若

$$T^{-1}R_n=P_n,\ R_n=TP_n,$$

则就可以得到(3.14). 由此再利用 § 1 中定理 1 的推论就立刻得到(3.15).

定理 2 证毕.

对于具有高阶导数的函数,我们有

**定理 3** (沈燮昌[145]) 设函数 $f(z)\in A(\overline{D})$，其中 $D$ 满足 Альпер 条件 $j$，且 $f^{(k)}(z)$ 也属于 $A(\overline{D})$，其中 $k$ 为某个非负整数,又设 $\{\beta_i\}$ 是位于 $G=C\overline{D}$ 中点集且满足条件(3.13)，则存在形如(3.4)的有理函数 $R_n(z)$ (令所有 $s_i=1,i=1,2,\cdots,n$) 使得

$$\max_{z\in\bar{D}}|f(z)-R_n(z)|\leqslant c\{\varepsilon_n(\beta)^k\omega(\varepsilon_n(\beta),f^{(k)})+q^{\frac{1}{\varepsilon_n(\beta)}}\}.$$

(3.16)

**证** 在定理 3 的条件下，根据第二章 § 5 中定理 2，对任何自然数 $N$，存在$N$次多项式 $Q_N(z)$，使

$$\max_{z\in\bar{D}}|f(z)-Q_n(z)|\leqslant\frac{c}{N^k}\,\omega\left(\frac{1}{N},f^{(k)}\right),\tag{3.17}$$

由此推出

$$\|Q_N(z)\|_\infty\leqslant c_1,\tag{3.18}$$

其中常数 $c_1$ 可以与函数 $f(z)$ 有关.

考虑

$$g_N(w)=(T^{-1}Q_N)(w)=\frac{1}{2\pi i}\int_{|\tau|=1}\frac{Q_N[\Psi(\tau)]}{\tau-w}d\tau,$$

(3.19)

由第二章 § 4 知，$g_N(w)$ 也是次数为$N$的多项式，且由(3.18)得

$$\|g_N(w)\|_\infty\leqslant\|T^{-1}\|\|Q_N\|_\infty\leqslant c_2,$$

由 § 1 中(1.23)知，存在具有形为(3.2)的有理函数 $P_N(w)$，使

$$\|g_N(w)-P_n(w)\|_{C(|w|\leqslant 1)}\leqslant c\left(\frac{2}{e}\right)^{\frac{1}{\varepsilon_n(\beta)}},\tag{3.20}$$

其中取

$$N=\left[\frac{1}{3\varepsilon_n(\beta)}\right]+1.$$

因此，存在形如(3.4)的有理函数 $R_n(z)$，使

$$P_m(w)=(T^{-1}R_n)(w),\ R_n(z)=(TP_n)(z).\tag{3.21}$$

由(3.19)，(3.20)及(3.21)得到

$$\begin{aligned}\|Q_N(z)-R_n(z)\|_\infty&=\|(Tg_N)(z)-(TP_n)(z)\|_\infty\\&\leqslant\|T\|\|g_N(w)-P_n(w)\|_\infty\\&\leqslant c_1\left(\frac{2}{e}\right)^{\frac{1}{\varepsilon_n(\beta)}}.\end{aligned}\tag{3.22}$$

比较(3.17)与(3.22)，注意到

$$N = \left[\frac{1}{3\varepsilon_n(\beta)}\right] + 1,$$

利用连续模的性质就立刻得到(3.16)。

定理 3 证毕。

类似地可以考虑算子 $T_p$,

$$\frac{1}{2\pi i}\cdot\int_{|w|=1}\frac{\frac{1}{(w-\beta)^k}\Psi'(w)}{\Psi'(w)-z}\psi'(w)^{-\frac{1}{p}}dw,\quad z\in D,\tag{3.23}$$

其中 $|\beta|>1$, $k$ 是自然数, $p\geqslant 1$, 则 $T_p$ 也将 $\frac{1}{(w-\beta)^k}$ 映射到函数 $\frac{1}{z-r}$, $\frac{1}{z-r^2}$, $\cdots$, $\frac{1}{(z-r)^k}$ 的线性组合,且 $\frac{1}{(z-r)^k}$ 旁的系数不为零, $r=\psi(\beta)\in C\overline{D}$. 事实上,它是函数

$$\frac{\Phi'(z)^{\frac{1}{p}}}{(\Phi(z)-\beta)^k}$$

在 $z=r=\psi(\beta)$ 处的主要部分之和, 称 $T_p$ 为广义 Faber 变换.

这样一来,对于形如(3.2)的有理函数 $P_n(w)$ 经广义 Faber 变换(2.23)后得,

$$\begin{aligned}(TP_n)(w) &= \frac{1}{2\pi i}\int_{|w|=1}\frac{P_n(w)\psi'(w)^{\frac{1}{q}}}{\psi(w)-z}dw\\ &= \frac{1}{2\pi i}\int_{\Gamma}\frac{P_n[\Phi(\zeta)]\Phi'(\zeta)^{\frac{1}{p}}}{\zeta-z}d\zeta,\end{aligned}\tag{3.24}$$

它具有形式(3.4), $\frac{1}{q}+\frac{1}{p}=1$.

同样地可以证明,对于形如(3.2)的有理函数 $p_n(w)$,

$$\frac{1}{2\pi i}\int_{|\tau|=1}\frac{(T_pP_n)[\Psi(\tau)]\psi'(\tau)^{\frac{1}{p}}}{(\tau-w)}d\tau = P_n(w),\quad |w|<1.\tag{3.25}$$

这表示广义 Faber 多项式在有理函数空间中有逆变换.

类似地，也有下列定理。

**定理 4** 设对于任意的 $P_n \in \Pi_n$, $n=1,2,\cdots$ 成立，

$$\|T_p P_n\|_p \leqslant c\|P_n\|_p, \quad n=1,2,\cdots,$$

其中常数 $c$ 不依赖于 $P_n(w)$, $n=1,2,\cdots$, 则定义在 $\cup \Pi_n = \Pi$ 上的算子可以开拓到 $H^p(|w|<1)$ 中去，$p \geqslant 1$,

$$T_p f = \frac{1}{2\pi i}\int_\Gamma \frac{f[\Phi(\zeta)]\Phi'(\zeta)^{\frac{1}{p}}}{\zeta - z} d\zeta, \quad z \in D. \tag{3.26}$$

$T_p f \in E^p(D)$，且

$$\|T_p f\|_p \leqslant c\|f\|_p.$$

同样也可以考虑逆算子(见第二章 § 4 中(4.49))

$$(T_p^{-1}F)(w) = \frac{1}{2\pi i}\int_{|\tau|=1} \frac{F[\Psi(\tau)]\Psi'(\tau)^{\frac{1}{p}}}{\tau - w} d\tau,$$

$$F(z) \in E^p(D), \ p \geqslant 1 \tag{3.27}$$

由第二章 § 4 中定理 11 知，当 $p>1$ 时，$T_p^{-1}$ 是 $E^p(D)$ 上有界算子，且其象在 $H^p(|w|<1)$ 中. 由第二章 § 4 中定理 5 知，当 $q>1$, $D$ 是 $K_q$ 类区域(见第二章(4.77))时，则 $T_p$ 是 $H^p(|w|<1)$ 上有界算子，其象在 $E^p(D)$ 上，$\frac{1}{p}+\frac{1}{q}=1$. 由第二章 § 4 中定理 11 知道，若 $D$ 的边界满足 Альпер 条件(4.74)(见第二章的(4.74))，则 $D \in K_q$，其中 $q>1$ 是任何数.

由第二章 § 4 中定理 15 知，若区域 $D$ 满足 Альпер 条件 (II) (见第二章 § 4 中(4.121))，则 $T_1$ 及 $T_1^{-1}$ 也都是在相应的空间 $H(|w|<1)$ 及 $E^1(D)$ 中有界算子. 由第二章 § 5 中引理 2 知，若区域 $D$ 满足 Альпер 条件 $j$ (见第二章 § 1 中(5.1))，则它满足 Альпер 条件 (II).

类似于定理 3 我们有下列二个定理.

**定理 5** 设区域 $D$ 是 $K_q$, $q>1$ 型区域，$f(z) \in E^p(D)$, $\frac{1}{p}+\frac{1}{q}=1$，且 $f^{(k)}(z) \in E^p(D)$, $k$ 是非负整数，则对于任何自然数 $n$，存在形如(3.4)有理函数 $R_n(z)$，使

$$\|f(z)-R_n(z)\|_p \leqslant c\{\varepsilon_n(\beta)^k \omega(\varepsilon_n(\beta), f^{(k)})_p + r^{\frac{1}{\varepsilon_n(\beta)}}\},$$

其中 $r$ 是绝对常数，$0<r<1$.

为了证明定理 5，首先利用第二章 § 5 中定理 10 以及类似于第二章 § 3 中引理 1 的结果，对于任意自然数 $N$，存在 $N$ 次多项式 $P_n(z)$，使得

$$\|f(z)-P_N(z)\|_p \leqslant c\,\frac{1}{N^k}\,\omega\left(\frac{1}{N},\ f^{(k)}\right)_p. \tag{3.28}$$

然后，对 $P_N(z)$，利用 $T_p$ 及 $T_p^{-1}$ 都是有界算子，因此令 $N=\left[\frac{1}{3\varepsilon_n(\beta)}\right]+1$ 用证明定理 4 方法知，存在形如 (3.4) 有理函数 $R_n(z)$，使得

$$\|P_N(z)-R_n(z)\|_p \leqslant c r^{\frac{1}{\varepsilon_n(\beta)}}, \tag{3.29}$$

其中 $r=\left(\frac{2}{e}\right)^{\frac{1}{3}}$. 比较(3.28)与(3.29)就立刻得到定理 5.

**定理 6** 设区域 $D$ 满足 Альпер 条件(II)，$f(z)$ 及 $f^{(k)}(z)\in E^1(D)$，其中 $k$ 为非负整数，则对于任意自然数 $n$，存在形如(3.4)有理函数 $R_n(z)$，使得

$$\|f(z)-R(z)\|_{L(\Gamma)} \leqslant c\{\varepsilon_n(\beta)^k \omega(\varepsilon_n(\beta), f^{(k)})_1 + q^{\frac{1}{\varepsilon_n(\beta)}}\},$$

其中 $q$ 为绝对常数，$0<q<1$.

证明的方法与证明定理 4 或定理 5 的方法是类似的，只要注意到，在定理6的条件下，算子 $T_1$ 及 $T_1^{-1}$ 都是有界算子，且这里只要应用第二章§5 中定理 11 以及第二章§3 中类似于引理 1 的结果就行.

有关研究逼近与有理函数的工作，还可以参看文献 [154]，[155].

## § 4. 不完备有理函数系闭包的特征性质以及双正交展开的求和问题

我们在这一节中仍然假设单连通区域 $D$ 是 $K_q$ 类区域，$q>$

1. 今后设 $p=\frac{q}{q-1}$.

设序列 $\{\lambda_k\}$ 位于区域 $G=C\overline{D}$ 中，且 $\lambda_k$ 之间互不相同。考虑函数系

$$\gamma_{ks}(z)=\frac{1}{2\pi i}\frac{s!}{(z-\lambda_k)^{s+1}},\ k=1,2,\cdots,$$
$$s=0,1,\cdots,m_k-1, \tag{4.1}$$

其中 $m_k$ 为某个依赖于 $k$ 的自然数.

由第二章§5中定理12知,要使函数系 $\{\gamma_{ks}(z)\}$, $k=1,2,\cdots$, $s=0,1,\cdots,m_k-1$ 在 $E^p(D)$, $\frac{1}{p}+\frac{1}{q}=1$ 中为完备的充要条件是

$$\sum_{k=1}^{+\infty}m_k\left(1-\frac{1}{|\alpha_k|}\right)=+\infty,\ \alpha_k=\Phi(\lambda_k),$$
$$k=1,2,\cdots, \tag{4.2}$$

其中 $w=\Phi(z)$ 是外映射函数，它将 $G$ 保角映射到区域 $|w|>1$，且满足 $\Phi(\infty)=\infty$, $\Phi'(\infty)>0$.

因此,若条件(4.2)不满足,即

$$\sum_{k=1}^{+\infty}m_k\left(1-\frac{1}{|\alpha_k|}\right)<+\infty,\ \alpha_k=\Phi(\lambda_k),$$
$$k=1,2,\cdots, \tag{4.3}$$

则函数系 $\{\gamma_{ks}(z)\}$, $k=1,2,\cdots$, $s=0,1,\cdots,m_k-1$ 在空间 $E^p(D)$ 中不完备，因而这个函数系的闭包 $R_p(D;\lambda_k)$ 是空间 $E^p(D)$ 的子空间. 这里首先研究这个空间的特征性质,然后再介绍函数系 $\{\gamma_{ks}(z)\}$ 在 $D$ 上的双正交展开的求和问题.

在条件(4.3)下,考虑函数系

$$\Omega_{ksn}(z)=\frac{B_n(\Phi(z))}{s!\,2\pi i}\int_{C_k}\frac{(\zeta-\lambda_k)^s}{B_n(\Phi(\zeta))}\frac{d\zeta}{\zeta-z},\ z\in G, \tag{4.4}$$
$$k=1,2,\cdots,n,\ s=0,1,\cdots,m_k-1,$$

及

$$\Omega_{ks}(z)=\frac{B(\Phi(z))}{s!2\pi i}\int_{C_k}\frac{(\zeta-\lambda_k)^s}{B(\Phi(\zeta))}\frac{d\zeta}{\zeta-z},\quad z\in G,\tag{4.5}$$

$$k=1,2,\cdots,\quad s=0,1,\cdots,\quad m_k-1,$$

其中 $C_k$ 是包有 $\zeta=\lambda_k$ 的小圆周，其内部不包有其它的点 $\lambda_p\neq\lambda_k$ 及 $z$，而

$$B(w)=\prod_{k=1}^{+\infty}\frac{\alpha_k-w}{1-\bar{\alpha}_k w}\frac{|\alpha_k|}{\alpha_k},\quad \alpha_k=\Phi(\lambda_k),\tag{4.6}$$

$$B_n(w)=\prod_{k=1}^{n}\frac{\alpha_k-w}{1-\bar{\alpha}_k w}\frac{|\alpha_k|}{\alpha_k},\quad \alpha_k=\Phi(\lambda_k)\tag{4.7}$$

我们将指出，函数系 $\{\Omega_{ksn}(z)\}$ 或 $\{\Omega_{ks}(z)\}$ 是 Hermite 插值基函数，而当所有的 $m_k=1$ 时，是 Lagrange 插值基函数。

**引理1** 函数 $\Omega_{ksn}(z)$ 及 $\Omega_{ks}(z)$ 在$G$上解析，$\Omega_{ksn}(\infty)=0$，$\Omega_{ks}(\infty)=0$，且满足

$$\Omega_{ksn}^{(q)}(\lambda_p)=\begin{cases}-1, & \text{当 } \lambda_p=\lambda_k,\ q=s=0,1,\cdots,m_k-1,\\ 0, & \text{其他情况},\end{cases}\tag{4.8}$$

$$p=1,2,\cdots,n,$$

及

$$\Omega_{ks}^{(q)}(\lambda_p)=\begin{cases}-1, & \text{当 } \lambda_p=\lambda_k,\ q=s=0,1,\cdots,m_k-1,\\ 0, & \text{其他情况}.\end{cases}\tag{4.9}$$

**证** 由留数定理，

$$\Omega_{ksn}(z)=\frac{B_n(\Phi(z))}{s!}\operatorname*{Res}_{\zeta=\lambda_k}\left\{\frac{(\zeta-\lambda_k)^s}{B_n(\Phi(\zeta))}\frac{1}{\zeta-z}\right\}$$

$$=\frac{B_n(\Phi(z))}{s!}\lim_{\zeta\to\lambda_k}\frac{1}{(m_k-s-1)!}\frac{d^{m_k-s-1}}{d\zeta^{m_k-s-1}}$$

$$\cdot\left[\frac{(\zeta-\lambda_k)^{m_k-s}(\zeta-\lambda_k)^s}{B_n(\Phi(\zeta))(\zeta-z)}\right]$$

$$=\frac{B_n(\Phi(\zeta))}{s!(m_k-s-1)!}\sum_{j=0}^{m_k-s-1}\binom{m_k-s-1}{j}$$

$$
\cdot \left[\frac{(\zeta-\lambda_k)^{m_k}}{B_n(\Phi(\zeta))}\right]^{(j)}_{\zeta=\lambda_k} \left(\frac{1}{\zeta-z}\right)^{(m_k-s-1)}_{\zeta=\lambda_k}
$$

$$
= \frac{B_n(\Phi(\zeta))}{s!(m_k-s-1)!} \sum_{j=0}^{m_k-s-1} \frac{(m_k-s-1)!}{j!(m_k-s-j-1)!}
$$

$$
\cdot \left[\frac{(\zeta-\lambda_k)^{m_k}}{B_n(\Phi(\zeta))}\right]^{(j)}_{\zeta=\lambda_k}
$$

$$
\cdot \frac{(-1)^{m_k-s-j-1}(m_k-s-j-1)!}{(\lambda_k-z)^{m_k-s-j}}
$$

$$
= \frac{-B_n(\Phi(\zeta))}{(z-\lambda_k)^{m_k}} \frac{(z-\lambda_k)^s}{s!} \sum_{j=0}^{m_k-(s+1)} \frac{1}{j!}
$$

$$
\cdot \left[\frac{(\zeta-\lambda_k)^{m_k}}{B_n(\Phi(\zeta))}\right]^{(j)}_{\zeta=\lambda_k} (z-\lambda_k)^j. \tag{4.10}
$$

由此容易看出，$\Omega_{ksn}(z)$ 在 $\overline{G}$ 上解析，$\Omega_{ksn}(\infty)=0$ 且满足(4.8)。

类似地可以得到

$$
\Omega_{ks}(z) = \frac{-B(\Phi(z))}{(z-\lambda_k)^{m_k}} \frac{(z-\lambda_k)^s}{s!} \sum_{j=0}^{m_k-(s+1)} \frac{1}{j!}
$$

$$
\cdot \left[\frac{(\zeta-\lambda_k)^{m_k}}{B(\Phi(\zeta))}\right]^{(j)} (z-\lambda_k)^j. \tag{4.11}
$$

由此也容易看出，$\Omega_{ks}(z)$ 在 $\overline{G}$ 上解析，$\Omega_{ks}(\infty)=0$ 且满足(4.9)。引理 1 证毕。

**引理 2** 函数系 $\{\Omega_{ksn}(z)\}$ 及 $\{\Omega_{ks}(z)\}$ 都与函数系 $\{r_{ks}(z)\}$ 在 $\Gamma$ 上构成双正交函数系，即

$$
\int_\Gamma \Omega_{ksn}(z) r_{pq}(z) dz
= \begin{cases} 1, & \text{当 } k=p\leqslant n,\ s=q=0,1,\cdots,m_k-1 \\ 0, & \text{其他情况},\ 1\leqslant k,\ p\leqslant n, \end{cases} \tag{4.12}
$$

与

$$
\int_\Gamma \Omega_{ks}(z)\, r_{pq}(z)\, dz
$$

$$= \begin{cases} 1, \text{当 } k=p,\ s=q=0,1,\cdots,\ m_k-1, \\ 0, \text{其他情况}. \end{cases} \tag{4.13}$$

**证** 用引理 1 中(4.8)及 Cauchy 公式得

$$\int_\Gamma \Omega_{ksn}(z) r_{pq}(z)\, dz = \frac{1}{2\pi i}\int_\Gamma \Omega_{ksn}(z) \frac{q!}{(z-\lambda_p)^{q+1}} dz$$

$$= -\Omega_{ksn}^{(q)}(\lambda_p),$$

这就得到(4.12)。

类似地，用引理 1 中 (4.9) 及 Cauchy 公式也可以得到(4.13)。引理 2 证毕。

**注** 从(4.8)及(4.9)看出，$\Omega_{ksn}(z)$ 与 $\Omega_{ks}(z)$ 是 Hermite 插值基函数，且当所有的 $m_k=1$ 时，即没有重点情况时，有

$$\Omega_{k0n}(z) = \frac{-B_n(\Phi(z))}{(z-\lambda_k)(B_n(\Phi(z)))'_{z=\lambda_k}}, k=1,2,\cdots,n,$$

及

$$\Omega_{k0}(z) = \frac{-B(\Phi(z))}{(z-\lambda_k)(B(\Phi(z)))'_{z=\lambda_k}}, \ k=1,2,\cdots,$$

是 Lagrange 插值中的基函数。

**定义** 1° 我们说函数 $g(z)\in E_0^p(G)$，若 $g(z)\in E^p(G)$，且 $g(\infty)=0$，其中 $p>1$；

2° 我们说函数 $f(z)\in E^p(D;\lambda_k)$，$p>1$，如果满足

*A.* $f(z)\in E^p(D)$；

*B.* $f(\zeta)B(\Phi(\zeta))$ 在 $D$ 的边界 $\Gamma$ 上几乎处处等于某个函数 $g(z)\in E_0^p(G)$ 在 $G$ 的边界 $\Gamma$ 上的边界值。

**定理 1**（沈燮昌[172]） 在条件(4.3)下，函数系 $\{r_{ks}(z)\}$，$k=1,2,\cdots$，$s=0,1,\cdots,\ m_k-1$ 在 $E^p(D)$，$p>1$ 上的闭包 $R_p(D;\lambda_k)$ 为 $E^p(D;\lambda_k)$。

**证** 从 $r_{ks}(z)$ 表示式看出，$r_{ks}(z)\in E^p(D;\lambda_k)$，因此，显然地有

$$R_p(D;\lambda_k)\subset E^p(D;\lambda_k),$$

接着需要证明

$$E^p(D;\lambda_k) \subset R_p(D;\lambda_k)$$

这实际上是一个逼近问题.

根据 Hahn-Banach 定理，只要证明，对于任意的线性泛函 $l(f)$，$f \in E^p(D;\lambda_p)$，由

$$l(r_{ks}(z)) = 0,\ k = 1,2,\cdots,\ s = 0,1,\cdots,\ m_k - 1, \tag{4.14}$$

能推出 $l(f) = 0$ 就够了.

显然，$f \in L^p(\Gamma)$，$p > 1$，因此由泛函的一般表示式，可以得到

$$\begin{aligned} l(f) &= \int_\Gamma f(\zeta)\, g(\zeta)\, |d\zeta| \\ &= \int_\Gamma f(\zeta) \frac{g(\zeta)\Phi'(\zeta)}{i|\Phi'(\zeta)|\Phi(\zeta)}\, d\zeta \\ &= \int_\Gamma f(\zeta)\, G(\zeta)\, d\zeta, \end{aligned} \tag{4.15}$$

其中 $g(\zeta) \in L^q(\Gamma)$，$\dfrac{1}{q} + \dfrac{1}{p} = 1$，且

$$G(\zeta) = \frac{g(\zeta)\Phi'(\zeta)}{i|\Phi'(\zeta)|\Phi(\zeta)} \in L^q(\Gamma). \tag{4.16}$$

定义

$$G_\pm(z) = \frac{1}{2\pi i}\int_\Gamma \frac{G(\zeta)}{\zeta - z}\, d\zeta,$$

它分别确定了两个解析函数 $G_+(z)$，$z \in D$ 及 $G_-(z)$，$z \in G$，$G_-(\infty) = 0$. 根据 $D$ 是 $K_q$，$q > 1$ 类区域的假设，我们有

$$G_+(\zeta) \in E^q(D) \text{ 及 } G_-(\zeta) \in E_0^q(D),$$

且在 $\Gamma$ 上几乎处处地有

$$G(\zeta) = G_+(\zeta) - G_-(\zeta),\ \zeta \in \Gamma.$$

由(4.15)得

$$l(f) = \int_\Gamma f(\zeta)(G_+(\zeta) - G_-(\zeta))\, d\zeta = -\int_\Gamma f(\zeta)\, G_-(\zeta)\, d\zeta, \tag{4.17}$$

其中 $f\in E^p(D;\lambda_k)$. 因此,由(4.14)及(4.17)得,

$$G_-^{(s)}(\lambda_k)=l(r_{ks}(z))=-\frac{1}{2\pi i}\int_\Gamma G_-(\zeta)\frac{s!}{(\zeta-\lambda_k)^{s+1}}d\zeta=0,$$
$$k=1,2,\cdots,\ s=0,1,\cdots,\ m_k-1.$$

这表示

$$\frac{G_-(\zeta)}{B(\Phi(\zeta))}\in E_0^q(G) \tag{4.18}$$

由(4.21)得

$$l(f)=-\int_\Gamma f(\zeta)B(\Phi(\zeta))\frac{G_-(\zeta)}{B(\Phi(\zeta))}d\zeta, \tag{4.19}$$

利用 $f\in E^p(D;\lambda_k)$, 即 $f(\zeta)B(\Phi(\zeta))$ 是 $E_0^p(G)$ 中函数的边界值以及(4.18),由(4.19)就立刻得到 $l(f)=0$.

定理 1 证毕.

**定理 2** (沈燮昌[172]) 设 $f(z)\in E^p(D)$, $p>1$, 则

$$f(z)=\lim_{n\to+\infty}\sum_{k=1}^{n}\sum_{s=0}^{m_k-1}a_{ksn}(f)\,r_{ks}(z)$$
$$+\frac{1}{2\pi i}\int_\Gamma f(\xi)B(\Phi(\xi))\,d\xi$$
$$\cdot\frac{1}{2\pi i}\int_\Gamma\frac{dt}{B(\Phi(t))(t-\xi)(z-t)},\quad z\in D, \tag{4.20}$$

其中

$$a_{ksn}(f)=\int_\Gamma f(\zeta)\,\Omega_{ksn}(\zeta)\,d\zeta, \tag{4.21}$$

且极限是在 $E^p(D)$ 中意义下来理解的. 这里积分中的 $\xi$ 是当 $\zeta\in G$趋向于边界 $\Gamma$ 上值 $\xi$ 时的极限值.

**证** 考虑函数 $f(z)$ 在 $\{r_{ks}(z)\}$, $k=1,2,\cdots,n$, $s=0,1,\cdots,m_k-1$ 所构成的线性空间 $E_n$ 上的投影,

$$(P_{E_n}f)(z)=\sum_{k=1}^{n}\sum_{s=0}^{m_k-1}a_{ksn}(f)r_{ks}(z)$$

$$= \int_{\Gamma} f(\zeta) \sum_{k=1}^{n} \sum_{s=0}^{m_k-1} r_{ks}(z)\, \Omega_{ksn}(\zeta)\, d\zeta$$

$$= \int_{\Gamma} f(\zeta)\, K(z,\zeta)\, d\zeta, \tag{4.22}$$

其中第一个等式是用到了引理 2，且

$$K(z,\zeta) = \sum_{k=1}^{n} \sum_{s=0}^{m_k-1} r_{ks}(z)\, \Omega_{ksn}(\zeta)$$

$$= \sum_{k=1}^{n} \sum_{s=0}^{m_k-1} \frac{B_n(\Phi(\zeta))}{s!\,2\pi i} \int_{C_k} \frac{(t-\lambda_k)^s dt}{B_n(\Phi(\zeta))(t-\zeta)} \cdot \frac{1}{2\pi i} \frac{s!}{(z-\lambda_k)^{s+1}}$$

$$= \sum_{k=1}^{n} \sum_{s=0}^{m_k-1} \frac{B_n(\Phi(\zeta))}{(2\pi i)^2} \cdot \int_{C_k} \frac{dt}{B_n(\Phi(t))(t-\zeta)(z-\lambda_k)} \left(\frac{t-\lambda_k}{z-\lambda_k}\right)^s.$$

注意到，函数

$$\sum_{s=m_k}^{+\infty} \left(\frac{t-\lambda_k}{z-\lambda_k}\right)^s \Big/ B_n(\Phi(t))$$

在 $t = \lambda_k$ 处解析，因此由 Cauchy 定理得

$$K(z,\zeta) = \sum_{k=1}^{n} \frac{B_n(\Phi(\zeta))}{(2\pi i)^2} \int_{C_k} \frac{1}{B_n(\Phi(t))(t-\zeta)(z-\lambda_k)} \cdot \sum_{s=0}^{+\infty} \left(\frac{t-\lambda_k}{z-\lambda_k}\right)^s dt$$

$$= \sum_{k=1}^{n} \frac{B_n(\Phi(\zeta))}{(2\pi i)^2} \int_{C_k} \frac{1}{B_n(\Phi(t))(t-\zeta)(z-\lambda_k)} \cdot \frac{1}{1-\dfrac{t-\lambda_k}{z-\lambda_k}} dt$$

$$= \sum_{k=1}^{n} \frac{B_n(\Phi(\zeta))}{(2\pi i)^2} \int_{C_k} \frac{dt}{B_n(\Phi(t))(t-\zeta)(z-t)},$$

$$\zeta \in G,\ z \in D. \qquad (4.23)$$

利用函数 $\frac{1}{B_n(\Phi(t))(t-\zeta)(z-t)}$ 在$G$中以 $t=\lambda_k$ 为 $m_k$ 级极点，$1 \leqslant k \leqslant n$，以 $t=\zeta$ 为一级极点，且在 $t=\infty$ 处为二级零点，因此用留数定理后得

$$K(z,\zeta) = \frac{B_n(\Phi(\zeta))}{2\pi i} \left[\frac{1}{B_n(\Phi(\zeta))(\zeta - z)} - \frac{1}{2\pi i}\int_\Gamma \frac{dt}{B_n(\Phi(t))(t-\zeta)(z-t)}\right]$$

$$= \frac{1}{2\pi i}\frac{1}{\zeta - z} - \frac{B_n(\Phi(\zeta))}{(2\pi i)^2} \cdot \int_\Gamma \frac{dt}{B_n(\Phi(t))(t-\zeta)(z-t)},$$

$$\zeta \in G,\ z \in D. \qquad (4.24)$$

考虑 $\zeta \in G$而趋向于 $\xi \in \Gamma$，则由(4.24)及(4.23)得

$$(P_{B_n}f)(z) = f(z) - \frac{1}{2\pi i}\int_\Gamma f(\xi)B_n(\Phi(\xi)) \cdot \frac{1}{2\pi i}\int_\Gamma \frac{dt}{B_n(\Phi(t))(t-\xi)(z-t)}. \qquad (4.25)$$

这里最后一个积分是 $\zeta \in G$趋向于 $\xi \in \Gamma$ 时的极限值.

现在我们证明，

$$I_n = \frac{1}{2\pi i}\int_\Gamma f(\xi)\ B_n(\Phi(\xi))\,d\xi\ \frac{1}{2\pi i} \cdot \int_\Gamma \frac{dt}{B_n(\Phi(t))(t-\xi)(z-t)} \qquad (4.26)$$

在 $L^p(\Gamma)$ 上收敛到

$$I = \frac{1}{2\pi i}\int_\Gamma f(\xi)\ B(\Phi(\xi))\,d\xi \cdot \frac{1}{2\pi i}\int_\Gamma \frac{dt}{B(\Phi(t))(t-\xi)(z-t)}. \qquad (4.27)$$

首先,我们有

$$
\begin{aligned}
I_n = & \frac{1}{2\pi i} V\cdot P\int_\Gamma \frac{f(\zeta)B_n(\Phi(\zeta))\,d\zeta}{t-\zeta} \\
& \cdot \frac{1}{2\pi i}\int_\Gamma \frac{dt}{B_n(\Phi(t))(z-t)} \\
& - \frac{1}{2}\,\frac{1}{2\pi i}\int \frac{f(\zeta)}{z-\zeta}\,d\zeta \\
= & \frac{1}{2\pi i} V\cdot P\int_\Gamma \frac{f(\zeta)B_n(\Phi(\zeta))d\zeta}{t-\zeta} \\
& \cdot \frac{1}{2\pi i}\int_\Gamma \frac{dt}{B_n(\Phi(t))(z-t)} + \frac{1}{2}f(z)
\end{aligned}
$$

及

$$
\begin{aligned}
I = & \frac{1}{2\pi i} V\cdot P\int_\Gamma \frac{f(\zeta)B_n(\Phi(\zeta))d\zeta}{t-\zeta} \\
& \cdot \frac{1}{2\pi i}\int_\Gamma \frac{dt}{B(\Phi(t))(z-t)} + \frac{1}{2}f(z).
\end{aligned}
$$

因此,利用 $K_q, q>1$ 类区域的性质,就有

$$
\begin{aligned}
\|I_n - I\|_{L^p(\Gamma)} \leqslant & \Big\| \frac{1}{2\pi i} V\cdot P\int_\Gamma \frac{f(\zeta)B_n(\Phi(\zeta))d\zeta}{t-\zeta} \\
& \cdot \frac{1}{2\pi i}\int_\Gamma \frac{dt}{B_n(\Phi(t))(z-t)} \\
& - \frac{1}{2\pi i} V\cdot P\int_\Gamma \frac{f(\zeta)B(\Phi(\zeta))}{t-\zeta}\,d\zeta \\
& \cdot \frac{1}{2\pi i}\int_\Gamma \frac{dt}{B_n(\Phi(t))(z-t)} \Big\|_{L^p(\Gamma)} \\
& + \Big\| \frac{1}{2\pi i} V\cdot P\int_\Gamma \frac{f(\zeta)B(\Phi(\zeta))}{t-\zeta}\,d\zeta \\
& \cdot \frac{1}{2\pi i}\int_\Gamma \frac{dt}{B_n(\Phi(t))(z-t)} \\
& - \frac{1}{2\pi i} V\cdot P\int_\Gamma \frac{f(\zeta)B(\Phi(\zeta))}{t-\zeta}\,d\zeta \\
& \cdot \frac{1}{2\pi i}\int_\Gamma \frac{dt}{B(\Phi(t))(z-t)} \Big\|_{L^p(\Gamma)}
\end{aligned}
$$

$$
\begin{aligned}
&\leqslant c_1 \left\| V \cdot P \int_\Gamma \left[ \frac{1}{|B_n(\Phi(t))|} \right.\right. \\
&\quad \left.\left. - \frac{f(\zeta)(B_n(\Phi(\zeta)) - B(\Phi(\zeta)))}{t-\zeta} \right] d\zeta \right\|_{L^p(\Gamma)} \\
&\quad + c_2 \left\| V \cdot P \int_\Gamma \frac{|B_n(\Phi(t)) - B(\Phi(t))|}{|B_n(\Phi(t))\|B(\Phi(t))|} \right. \\
&\quad \left. \cdot \frac{f(\zeta)B(\Phi(\zeta))}{t-\zeta} d\zeta \right\|_{L^p(\Gamma)} \\
&\leqslant c_3 \| f(\zeta)[B_n(\Phi(\zeta)) - B(\Phi(\zeta))] \|_{L^p(\Gamma)} \\
&\quad + c_4 \| f(\zeta) \|_{L^p(\Gamma)} \cdot \| B_n(\Phi(\zeta)) - B(\Phi(\zeta)) \|_{L^p(\Gamma)}.
\end{aligned} \tag{4.28}
$$

为了要证明

$$\lim_{n\to+\infty} \| I_n - I \|_{L^p(\Gamma)} = 0,$$

我们需要下列二个引理.

**引理 3**

$$\lim_{n\to+\infty} \int_{|w|=1} |B_n(w) - B(w)|^p |dw| = 0, \quad p \geqslant 1. \tag{4.29}$$

**证** 1. 先设 $p = 2$.

令

$$b_j(w) = \frac{\alpha_j - w}{1 - \bar{\alpha}_j w} \frac{|\alpha_j|}{\alpha_j} \quad |\alpha_j| > 1, \ j = 1, 2, \cdots, \tag{4.30}$$

所以

$$|b_j(\infty)| = \frac{1}{|\alpha_j|}.$$

由于(4.3),因此可以认为,当 $j$ 充分大时,

$$1 - \frac{1}{|\alpha_j|} \leqslant \frac{1}{4}.$$

令 $x = 1 - \frac{1}{|\alpha_j|}$, 已知当 $0 \leqslant x \leqslant \frac{1}{4}$ 时有 $1 - x \geqslant e^{-2x}$. 因此

当 $j$ 充分大时,

$$e^{-2\left(1-\frac{1}{|\alpha_j|}\right)} \leqslant \frac{1}{|\alpha_j|} < 1,$$

即

$$e^{-2\sum_{j=n}^{m}\left(1-\frac{1}{|\alpha_j|}\right)} \leqslant \prod_{j=n}^{m} \frac{1}{|\alpha_j|} < 1。$$

由此得到，任给 $\varepsilon > 0$，当 $n$ 与 $m$ 充分大时，就有

$$0 < 1 - \prod_{j=n}^{m} \frac{1}{|\alpha_j|} < \varepsilon. \tag{4.31}$$

令

$$\begin{aligned} I(n, m) &= \int_{|w|=1} |B_n(w) - B_m(w)|^2 |dw|, \quad m > n, \\ &= \int_{|w|=1} \left| \prod_{j=n+1}^{m} b_j(w) - 1 \right|^2 |dw| \\ &= 4\pi - 2\mathrm{Re}\int_{|w|=1} \prod_{j=n+1}^{m} \frac{\alpha_j - w}{1 - \bar{\alpha}_j w} \frac{|\alpha_j|}{\alpha_j} \frac{dw}{iw} \\ &= 4\pi\left(1 - \prod_{j=n+1}^{m} |\alpha_j|\right). \end{aligned}$$

因此，由(4.31)知，序列 $\{B_n(w)\}$ 在 $L^2(|w| = 1)$ 上收敛，设极限函数为 $B_*(w)$，即

$$\lim_{n\to+\infty}\int_{|w|=1} |B_n(w) - B_*(w)|^2 |dw| = 0. \tag{4.32}$$

因为在 $|w| = 1$ 上 $|B_n(w)| = 1, n = 1, 2, \cdots$，因此从不等式

$$||B_*(w)| - 1| \leqslant |B_*(w) - B_n(w)|, \quad n = 1, 2, \cdots,$$

及(4.31)推出，在 $|w| = 1$ 上几乎处处地有

$$|B_*(w)| = 1。$$

2. 现在证明，对任何 $p \geqslant 1$，

$$\lim_{n\to\infty}\int_{|w|=1} |B_*(w) - B_n(w)|^p |dw| = 0 \tag{4.33}$$

事实上，由于在 $|w| = 1$ 上，几乎处处地

$$|B_*(w) - B(w)| \leqslant 2,$$

因此，当 $p \geqslant 2$ 时，(4.33)可以直接地由(4.32)推出．当 $1 \leqslant p < 2$ 时，引入一对共轭数，

$$p_1 = \frac{2}{p} > 1, \quad q_1 = \frac{p_1}{p_1 - 1} = \frac{2}{2-p}.$$

利用 Hölder 不等式，

$$\int_{|w|=1} |B_*(w) - B_n(w)|^p |dw|$$

$$= \left\{\int_{|w|=1} |B_*(w) - B_n(w)|^2 |dw|\right\}^{\frac{p}{2}} \left(\int_{|w|=1} |dw|\right)^{\frac{2-p}{2}}$$

$$= (2\pi)^{1-\frac{p}{2}} \left\{\int_{|w|=1} |B_*(w) - B_n(w)|^2 |dw|\right\}^{\frac{p}{2}} \to 0.$$

3. 现在证明，在 $|w| = 1$ 上，几乎处处地有

$$B_*(w) = B(w), \quad |w| = 1,$$

其中 $B(w)$ 为 Blaschke 函数在 $|w| = 1$ 上的边界值．
由于

$$\frac{B(\tau)}{\tau} \in E_0^2(|w| > 1), \frac{B_n(\tau)}{\tau} \in E_0^2(|w| > 1),$$

因此

$$\frac{1}{2\pi i}\int_{|\tau|=1} \frac{B(\tau) - B_n(\tau)}{\tau} \frac{d\tau}{\tau - w}$$

$$= \begin{cases} -\dfrac{B(w) - B_n(w)}{w}, & |w| > 1, \\ 0, & |w| < 1. \end{cases} \tag{4.34}$$

由于 $\dfrac{B(\tau) - B_*(\tau)}{\tau} \in L^2(|w| = 1)$，因此根据 Riesz 定理，Cauchy 型积分

$$F_\pm(w) = \frac{1}{2\pi i}\int_{|\tau|=1} \frac{B(\tau) - B_*(\tau)}{\tau} \frac{d\tau}{\tau - w},$$

确定了二个函数

$$F_+(w) \in E_0^2(|w| < 1), \ F_-(w) \in E_0^2(|w| > 1).$$

在(4.37)中令 $n \to +\infty$，注意到

$$\lim_{n\to+\infty} B_n(w) = B(w),\ |w|>1,$$

以及极限关系式(4.33)(取 $p=1$),就立刻得到

$$F_+(w)\equiv 0,\ |w|<1,\quad F_-(w)\equiv 0,\ |w|>1.$$

因此,再根据 Привалов 定理,在 $|w|=1$ 上,几乎处处地有

$$\frac{B(w)-B_*(w)}{w}=F_+(w)-F_-(w)=0,$$

即几乎处处地有

$$B(w)=B_*(w),\ |w|=1. \tag{4.35}$$

比较(4.33)与(4.35)就证明了引理 3.

**引理 4** 对任意函数 $g(w)\in L^p(|w|=1)$, $p\geqslant 1$, 下式成立:

$$\lim_{n\to+\infty}\int_{|w|=1}|B(w)-B_n(w)|^p\,|g(w)|^p\,|dw|=0. \tag{4.36}$$

**证** 对任意 $\sigma>1$, 考虑集合

$$e_n(\sigma)=E\{|B(w)-B_n(w)|>\sigma,|w|=1\},$$

显然有

$$\sigma^2\text{mes }e_n(\sigma)\leqslant\int_{e_n(\sigma)}|B(w)-B_n(w)|^2\,|dw|$$
$$\leqslant\int_{|w|=1}|B(w)-B_n(w)|^2\,|dw|.$$

根据引理 3, 对任意固定的 $\sigma>0$,

$$\lim_{n\to+\infty}\text{mes }e_n(\sigma)=0, \tag{4.37}$$

显然有

$$\int_{e_n(\sigma)}|B(w)-B_n(w)|^p\,|g(w)|^p\,|dw|$$
$$\leqslant 2^p\int_{e_n(\sigma)}|g(w)|^p\,|dw|, \tag{4.38}$$

且若令 $e_n^*(\sigma)=\{|w|=1\}\backslash e_n(\sigma)$, 则

$$\int_{e_n^*(\sigma)}|B(w)-B_n(w)|^p\,|g(w)|^p\,|dw|$$

$$\leqslant \sigma^p \int_{|w|=1} |g(w)|^p \, |dw|. \tag{4.39}$$

由此从(4.39)及(4.38)得到

$$\int_{|w|=1} |B(w) - B_n(w)|^p \, |dw|$$
$$\leqslant 2^p \int_{e_n(\sigma)} |g(w)|^p \, |dw| + \sigma^p \int_{|w|=1} |g(w)|^p \, |dw|. \tag{4.40}$$

现在对任意 $\varepsilon > 0$，可以选择 $\sigma = \sigma(\varepsilon) > 0$，使

$$\sigma^p \int_{|w|=1} |g(w)|^p \, |dw| < \frac{\varepsilon}{2}.$$

然后，由于(4.37)，可以找到整数 $N = N(\varepsilon) \geqslant 1$，使

$$2^p \int_{e_n(\sigma)} |g(w)|^p \, |dw| < \frac{\varepsilon}{2}.$$

这利用积分

$$\int_e |g(w)|^p \, |dw|, \quad e \in \{|w| = 1\}$$

的绝对连续性可以办到的。这样一来，当 $n \geqslant N + 1$ 时，由(4.40)就得到

$$\int_{|w|=1} |B(w) - B_n(w)|^p \, |g(w)|^p \, |dw| < \varepsilon.$$

这就证明了引理 4。

现在我们再回到定理 2 的证明上来。

若取 $g(w) = \Psi'(w)^{\frac{1}{p}}$，则由引理 4 可得

$$\lim_{n \to +\infty} \|B_n(\Phi(\zeta)) - B(\Phi(\zeta))\|_{L^p(\Gamma)}$$
$$= \lim_{n \to +\infty} \left\{ \int_{|w|=1} |B_n(w) - B(w)|^p \, |\Psi'(w)^{\frac{1}{p}}|^p |dw| \right\}^{\frac{1}{p}}$$
$$= 0. \tag{4.41}$$

若取 $g(w) = f(\Psi(w))\Psi'(w)^{\frac{1}{p}}$，则由引理 4 也可得，

$$\lim_{n \to +\infty} \|f(\zeta)[B_n(\Phi(\zeta)) - B(\Phi(\zeta))]\|_{L^p(\Gamma)}$$

$$= \lim_{n\to+\infty}\left\{\int_{|w|=1} |B_n(w) - B(w)|^p |f(\Psi(w))\Psi'(w)^{\frac{1}{p}}|^p |dw|\right\}$$

$$= 0. \tag{4.42}$$

比较(4.28)，(4.41)及(4.42)就立刻得到，

$$\lim_{n\to+\infty}\|I_n - I\|_{L^p(\Gamma)} = 0. \tag{4.43}$$

因而，再比较(4.25)，(4.26)，(4.27)及(4.43)就立刻证明了定理2。

下一个定理是刻划 $E^p(D;\lambda_k)$ 类的特征。

**定理3**（沈燮昌[172]） 函数 $f\in E^p(D;\lambda_k)$ 的充要条件是

$$\frac{1}{2\pi i}\int_\Gamma f(\tilde{\zeta})\, B(\Phi(\tilde{\zeta}))\, d\tilde{\zeta}\ \frac{1}{2\pi i}\int_\Gamma \frac{dt}{B(\Phi(t))(t-\tilde{\zeta})(z-t)}$$

$$= 0,\quad z\in D, \tag{4.44}$$

这里 $\tilde{\zeta}$ 是 $\zeta\in G$ 趋向于 $\tilde{\zeta}\in\Gamma$ 的极限值.

**证** 必要性．由于 $f\in E^p(D;\lambda_k)$，因此 $f(\tilde{\zeta})$，$B(\Phi(\tilde{\zeta}))$ 是某个函数 $g(z)\in E_0^p(G)$ 在 $\Gamma$ 上的边界值．这样一来，由(4.27)所确定的 $I$ 表示式为

$$I = \frac{1}{2\pi i}\, V\cdot P\int_\Gamma \frac{g(\zeta)d\zeta}{t-\zeta}\ \frac{1}{2\pi i}\int_\Gamma \frac{dt}{B(\Phi(t))(z-t)} + \frac{1}{2}f(z)$$

$$= \frac{1}{2}\ \frac{1}{2\pi i}\int_\Gamma \frac{g(t)dt}{B(\Phi(t))(z-t)} + \frac{1}{2}f(z)$$

$$= \frac{1}{2}\ \frac{1}{2\pi i}\int_\Gamma \frac{f(t)}{z-t}\,dt + \frac{1}{2}f(z) = 0,\quad z\in D.$$

这就是(4.44).

**充分性** 令

$$g_1(t) = \frac{1}{2\pi i}\int_\Gamma \frac{f(\zeta)B(\Phi(\zeta))}{\zeta - t}\,d\zeta,\quad t\in G.$$

根据 $K_q, q>1$ 类区域的定义 $q_1(t)\in E_0^p(G)$.

根据充分性条件，由(4.27)可以得到

$$I = \frac{1}{2\pi i}\int_\Gamma \frac{-g_1(t) - \dfrac{1}{2}f(t)B(\Phi(t))}{B(\Phi(t))(z-t)}\,dt + \frac{1}{2}f(z) = 0,$$

$$z\in D,$$

即

$$\frac{1}{2\pi i}\int_{\Gamma}\frac{f(z)-\dfrac{g_1(t)}{B(\Phi(t))}}{t-z}dz=0,\quad z\in D.$$

因此，存在函数 $g_2(\zeta)\in E_0^p(G)$，使得在 $\Gamma$ 上几乎处处地有

$$f(t)-\frac{g_1(t)}{B(\Phi(t))}=g_2(t),\quad t\in\Gamma,$$

即

$$f(t)B(\Phi(t))=g_1(t)+g_2(t)B(\Phi(t))\in E_0^p(G).$$

这就证明了

$$f\in E^p(D;\lambda_k).$$

定理 3 证毕.

**注** 从定理 2 及定理 3 立刻推出，若 $f\in E^p(D;\lambda_k)$，则 $f$ 在 $L^p(\Gamma)$ 上可以被函数系 $\{r_{k_s}(z)\}$ 的线性组合逼近. 因此，我们又一次地证明了定理 1.

现在我们研究在函数系 $\{r_{k_s}(z)\}$ 的闭包 $R_p(D;\lambda_k)$ 上，有理函数系 $\{r_{k_s}(z)\}$ 的双正交展开的求和问题.

**定理 4**（沈燮昌[172]） 任意一个函数 $f(z)\in E^p(D)$, $p>1$ 在不完备函数系 $\{r_{k_s}(z)\}$ 的闭包 $R_p(D;\lambda_k)$ 上的投影 $P_Ef$ 的表示式为

$$(P_Ef)(z)=\lim_{n\to+\infty}\sum_{k=1}^{n}\sum_{s=0}^{m_k-1}a_{k_s}(f)\frac{1}{2\pi i}\frac{d^s}{dt^s}\left(\frac{r_n(\Phi(t))}{z-t}\right)_{t=\lambda_k},\tag{4.45}$$

其中

$$r_n(w)=\frac{B(w)}{B_n(w)}=\prod_{k=n+1}^{+\infty}\frac{\lambda_k-w}{1-\bar{\lambda}_k w}\frac{|\lambda_k|}{\lambda_k},\tag{4.46}$$

而

$$a_{k_s}(f)=\int_{\Gamma}f(\zeta)\Omega_{k_s}(\zeta),\tag{4.47}$$

且极限是在 $L^p(\Gamma)$, $p>1$ 空间中来理解的.

**证** 考虑函数

$$S_n(z) = \sum_{k=1}^{n} \frac{1}{2\pi i}\int_\Gamma f(\zeta)B(\Phi(\zeta))d\zeta$$

$$\cdot \frac{1}{2\pi i}\int_{C_k} \frac{dt}{B_n(\Phi(t))(t-\zeta)(z-t)}$$

$$= \sum_{k=1}^{n} \frac{1}{2\pi i}\int_\Gamma f(\zeta)B(\Phi(\zeta))d\zeta$$

$$\cdot \frac{1}{2\pi i}\int_{C_k} \frac{r_n(t)}{z-t}\,\frac{1}{B(\Phi(t))(t-\zeta)}\,dt$$

$$= \sum_{k=1}^{n} \frac{1}{2\pi i}\int_\Gamma f(\zeta)B(\Phi(\zeta))d\zeta$$

$$\cdot \frac{1}{2\pi i}\int_{C_k} \frac{G(t)}{B(\Phi(t))(t-\zeta)}\,dt. \qquad (4.48)$$

其中

$$G(t) = \frac{r_n(\Phi(t))}{z-t} = \sum_{s=0}^{+\infty} \frac{G^{(s)}(\lambda_k)}{s!}(t-\lambda_k)^s \in E_0^p(G).$$

由于函数

$$\frac{1}{B(\Phi(t))}\sum_{s=m_k}^{+\infty} \frac{G^{(s)}(\lambda_k)}{s!}(t-\lambda_k)^s$$

在 $t=\lambda_k$ 处解析，因此就有

$$S_n(t) = \sum_{k=1}^{n} \frac{1}{2\pi i}\int_\Gamma f(\zeta)B(\Phi(\zeta))$$

$$\cdot \frac{1}{2\pi i}\int_{C_k} \frac{\displaystyle\sum_{s=0}^{m_k-1} \frac{G^{(s)}(\lambda_k)}{s!}(t-\lambda_k)^s}{B(\Phi(t))(t-\zeta)}\,dt$$

$$= \sum_{k=1}^{n}\sum_{s=0}^{m_k-1} \frac{G^{(s)}(\lambda_k)}{2\pi i}\int_\Gamma f(\zeta)\Omega_{ks}(\zeta)d\zeta$$

$$= \sum_{k=1}^{n}\sum_{s=0}^{m_k-1} a_{ks}(f)\frac{d^s}{dt^s}\left(\frac{r_n(\Phi(t))}{z-t}\right)_{t=\lambda_k}. \qquad (4.49)$$

另一方面，由(4.48)，像由(4.23)得(4.24)那样处理，可以得

到

$$S_n(z)=\int_\Gamma f(\zeta)\sum_{k=1}^{n}\frac{B(\Phi(\zeta))}{(2\pi i)^2}\int_{C_k}\frac{dt}{B_n(\Phi(t))(t-\zeta)(z-t)}$$

$$=\frac{1}{2\pi i}\int_\Gamma\frac{B(\Phi(\zeta))}{B_n(\Phi(\zeta))}\frac{f(\zeta)}{\zeta-z}-\frac{1}{2\pi i}$$

$$\cdot\int_\Gamma f(\zeta)B(\Phi(\zeta))d\zeta$$

$$\cdot\frac{1}{2\pi i}\int_\Gamma\frac{dt}{B_n(\Phi(t))(t-\zeta)(z-t)}. \tag{4.50}$$

由此，像在证明(4.42)时，所用的方法(利用引理 4 )利用(4.50)可以证明

$$\left\|S_n(z)-f(z)+\frac{1}{2\pi i}\int_\Gamma f(\zeta)B(\Phi(\zeta))\right.$$

$$\left.\cdot\frac{1}{2\pi i}\int_\Gamma\frac{dt}{B(\Phi(t))(t-\zeta)(z-t)}\right\|\to 0. \tag{4.51}$$

由于我们考虑 $f$ 在 $\{r_{ks}(z)\}$ 的闭包 $R_p(D;\lambda_k)$ 上的投影，根据定理 1 及定理 3，(4.44)成立。由此比较(4.49)与(4.51)就立刻得到(4.48)。

定理 4 证毕。

**注** 从定理 4 看出，我们实际上得到了 $f\in E^p(D;\lambda_k)$ 被函数系 $\{r_{ks}(z)\}$ 的线性组合进行逼近时的具体逼近式。因而也又一次地对定理 1 给出了结构性的证明。

**推论** 若不完备系 $\{r_{ks}(z)\}$ 的线性组合，

$$T_n(z)=\sum_{k=1}^{q_n}\sum_{s=0}^{m_k-1}a_{ks}^{(n)}r_{ks}(z),$$

在 $E^p(D)$ 上收敛到某个函数 $f(z)$，$p>1$，则

$$f(z)=\lim_{n\to+\infty}\sum_{k=1}^{n}\sum_{s=0}^{m_k-1}a_{ks}(f)\frac{1}{2\pi i}\frac{d^s}{dt^s}\left(\frac{r_n(\Phi(t))}{z-t}\right)_{t=\lambda_k}, \tag{4.52}$$

且

$$\lim_{n\to+\infty}a_{ks}^{(n)}=a_{ks}(f),\ k=1,2,\cdots,\ s=0,1,\cdots,\ m_k-1,$$

其中 $a_{ks}(f)$ 是由(4.47)所确定且(4.52)中的极限是在 $L^p(\Gamma)$ 空间中来理解的。

事实上，由定理 1 知，$f(z)\in E^p(D;\lambda_k)$. 因此，由定理 3 与定理 4 就得到(4.52)。

根据引理 2，我们还有

$$\begin{aligned} a_{pq}(f) &= \int_\Gamma f(\zeta)\Omega_{pq}(\zeta)d\zeta \\ &= \lim_{q_n\to+\infty}\sum_{k=1}^{n}\sum_{s=0}^{m_k-1}a_{ks}^{(n)}\int_\Gamma \Omega_{pq}(\zeta)r_{ks}(\zeta)d\zeta \\ &= \lim_{n\to+\infty}a_{pq}^{(n)} \end{aligned}$$

有关这方面的内容还可以参看沈燮昌的工作[159,166,169,170,173]

## §5. 带任意极点的有理函数逼近

这一节中，我们介绍用任意极点的有理函数来逼近满足一定条件的函数，一般地来说，这种逼近会有更高阶的逼近误差。这里我们主要介绍 Русак 的工作[120]。

设已给点列 $\{\alpha_k\}$, $k=0,1,2,\cdots,n$, $\alpha_0=0$, $|\alpha_k|<1$, 且函数 $f(z)\in A(|z|\leqslant 1)$, 现在构造 $n$ 次插值有理函数 $S_n(z,f)$, 使得其极点位于 $\left\{\dfrac{1}{\bar{\alpha}_k}\right\}$, $k=1,2,\cdots,n$, 上，而插值点为 $\{\alpha_k\}$, $k=0,1,\cdots,n$, 类似于第二章 §6 中 Lagrange 插值多项式的积分表示式. 这里也有积分表示式:

$$S_n(z,f)=\frac{1}{2\pi i}\int_{|\zeta|=1}f(\zeta)\frac{\zeta D_n(\zeta)-zD_n(z)}{(\zeta-z)\zeta D_n(\zeta)}d\zeta, \tag{5.1}$$

其中

$$D_n(z)=\prod_{k=1}^{n}\frac{z-\alpha_k}{1-\bar{\alpha}_k z}. \tag{5.2}$$

既然函数 $D_n(z)$ 在 $|z|\leqslant 1$ 上解析，因此由 Cauchy 定理知，在

$|z|<1$ 内，$z=\alpha_k$，$k=1,2,\cdots,n$ 时，

$$0=\frac{1}{2\pi i}\int_{|\zeta|=1}\frac{f(\zeta)}{\zeta-z}\left[1-\frac{D_n(\zeta)}{D_n(z)}\right]d\zeta. \tag{5.3}$$

由 (5.1) 减去 (5.3) 后得，当 $|z|<1$，$z\neq\alpha_k$，$k=1,2,\cdots,n$ 时，

$$S_n(z,f)=\frac{1}{2\pi i}\int_{|\zeta|=1}\frac{f(\zeta)}{\zeta-z}\left[\frac{D_n(\zeta)}{D_n(z)}-\frac{zD_n(z)}{\zeta D_n(\zeta)}\right]d\zeta. \tag{5.4}$$

如果把 $S_n(z,f)$ 看作作用在 $f(z)\in A(|z|\leqslant 1)$ 上的算子，则显然有

$$\|S_n\|=\frac{1}{2\pi}\sup_{|z|=1}\int_{|\zeta|=1}\left|\frac{D_n(\zeta)}{D_n(z)}-\frac{zD_n(z)}{\zeta D_n(\zeta)}\right|\left|\frac{d\zeta}{\zeta-z}\right|. \tag{5.5}$$

关于算子 $\|S_n\|$，有下列估计式.

**定理 1** (Кочарян[80])

$$\|S_n\|\leqslant 2\ln[\max_{0\leqslant u\leqslant 2\pi} r_n(u)],$$

其中

$$r_n(u)=1+2\sum_{k=1}^{n}\frac{1-|\alpha_k|^2}{1-2|\alpha_k|\cos(u-\theta_k)+|\alpha_k|^2},$$
$$\theta_k=\arg\alpha_k. \tag{5.6}$$

为了要证明这个定理，我们需要一系列引理，它们都是属于 Джрбашян 的[42]，但本身都有独立的意义.

令 $\{\alpha_k\}$，$|\alpha_k|<1$，$k=0,1,\cdots$ 为任意序列，其中有些数可以相同，甚至还可以有无限次相同.

Walsh 首先考虑下列有理函数系:

$$\varphi_0(z)=\sqrt{\frac{1-|\alpha_0|}{2\pi}}\frac{1}{1-\bar{\alpha}_0 z},$$

$$\varphi_n(z)=\sqrt{\frac{1-|\alpha_n|^2}{2\pi}}\frac{1}{1-\bar{\alpha}_n z}\prod_{k=0}^{n-1}\frac{z-\alpha_k}{1-\bar{\alpha}_k z},\quad n=1,2,\cdots, \tag{5.7}$$

它们在单位圆周 $|z|=1$ 上正交. 事实上，我们有下列引理.

**引理 1**

$$\int_{|z|=1} \varphi_n(z)\overline{\varphi_m(z)}\ |dz| = \begin{cases}1, & n = m, \\ 0, & n \neq m.\end{cases} \tag{5.8}$$

**证** 由于 $|z| = 1$ 时，

$$\left|\frac{z - \alpha_k}{1 - \bar{\alpha}_k z}\right| = 1,$$

因此

$$\int_{|z|=1} |\varphi_n(z)|^2 |dz| = \frac{1}{2\pi}\int_{|z|=1} \frac{1 - |\alpha_n|^2}{|1 - \bar{\alpha}_n z|^2}\ |dz| = 1. \tag{5.9}$$

现在考虑 $n \geqslant 1$，$0 \leqslant m \leqslant n - 1$，则由(5.7)得

$$\begin{aligned}\int_{|z|=1} \varphi_n(z)\overline{\varphi_m(z)}\ |dt| &= \frac{\sqrt{(1 - |\alpha_n|^2)(1 - |\alpha_m|^2)}}{2\pi} \\ &\quad \cdot \int_{|z|=1} \frac{1}{1 - \bar{\alpha}_n z}\prod_{k=0}^{n-1}\frac{z - \alpha_k}{1 - \bar{\alpha}_k z} \\ &\quad \cdot \overline{\left\{\frac{1}{1 - \bar{\alpha}_m z}\prod_{k=0}^{m-1}\frac{z - \alpha_k}{1 - \bar{\alpha}_k z}\right\}}\ |dz| \\ &= \sqrt{(1 - |\alpha_n|^2)(1 - |\alpha_m|^2)}\ \frac{1}{2\pi i} \\ &\quad \cdot \int_{|z|=1} \frac{1}{1 - \bar{\alpha}_n z}\prod_{k=0}^{n-1}\frac{z - \alpha_k}{1 - \bar{\alpha}_k z} \\ &\quad \cdot \frac{1}{z - \alpha_m}\prod_{k=0}^{m-1}\frac{1 - \bar{\alpha}_k z}{z - \alpha_k}\ dz \\ &= \sqrt{(1 - |\alpha_n|^2)(1 - |\alpha_n|^2)}\ \frac{1}{2\pi i} \\ &\quad \cdot \int_{|z|=1} \frac{\prod_{k=m+1}^{n-1}(z - \alpha_k)}{\prod_{k=m}^{n}(1 - \bar{\alpha}_k z)}\ dz = 0.\end{aligned} \tag{5.10}$$

这是因为被积函数在闭圆 $|z|\leqslant 1$ 上解析，而当 $m=n-1$ 时分子理解为 1.

当 $n\geqslant 1$，$m\geqslant n+1$ 时，利用上面的(5.10)有

$$\int_{|z|=1}\varphi_n(z)\overline{\varphi_m(z)}\,|dz| = \overline{\int_{|z|=1}\varphi_m(z)\,\overline{\varphi_n(z)}\,|dz|}=0. \tag{5.11}$$

比较(5.9)—(5.11)就得到(5.8)，引理 1 证毕.

**引理 2** 对任意 $\zeta$，$|\zeta|<1$，考虑单位圆 $|z|\leqslant 1$ 上的解析函数

$$f(z;\zeta)=\frac{1}{2\pi(1-\bar{\zeta}z)}, \tag{5.12}$$

以及形如

$$R_n(z)=\frac{P_n(z)}{\prod_{k=0}^{n}(1-\bar{\alpha}_k z)} \tag{5.13}$$

的有理函数，其中 $P_n(z)$ 是 $n$ 次多项式，并提出插值问题：

$$R_n(\alpha_j)=f(\alpha_j;J),\ j=0,1,\cdots,n,^{*} \tag{5.14}$$

则插值问题(5.14)有唯一解，且可以表示为，

$$R_n^{\circ}(z)=\sum_{k=0}^{n}\overline{\varphi_k(\zeta)}\varphi_k(z). \tag{5.15}$$

**证** 首先证明，任意一个形如(5.13)的有理函数 $R_n(z)$ 有下面的表示式：

$$R_n=\sum_{k=0}^{n}c_k\cdot\varphi_k(z), \tag{5.16}$$

其中数 $c_0,c_1,\cdots c_n$ 是唯一确定的. 显然有

$$\sum_{k=0}^{n}c_k\varphi_k(z)$$

---

* 这里首先假设所有的 $\alpha_j$ 互不相同 $j=0,1,\cdots,n$.

$$
= \frac{\sum_{j=0}^{n} a_j \prod_{k=0}^{j-1} (z - \alpha_k) \prod_{k=j+1}^{n} (1 - \bar{\alpha}_k z)}{\prod_{k=0}^{n} (1 - \bar{\alpha}_k z)}, \tag{5.17}
$$

其中

$$
a_j = c_j \sqrt{\frac{1 - |\alpha_j|^2}{2\pi}}, \quad j = 0, 1, \cdots, n,
$$

且令

$$
\prod_{k=0}^{j-1} (z - \alpha_k) \Big|_{j=0} = 1, \quad \prod_{k=j+1}^{n} (1 - \bar{\alpha}_k z) \Big|_{j=n} = 1.
$$

由(5.13)及(5.17)知，为了要证明(5.16)，只要证明任意一个 $n$ 次多项式 $P_n(z)$ 可以唯一地表示为

$$
P_n(z) = \sum_{j=0}^{n} a_j \prod_{k=0}^{j-1} (z - \alpha_k) \prod_{k=j+1}^{n} (1 - \bar{\alpha}_k z) \tag{5.18}
$$

就够了，其中 $a_j, j = 0, 1, \cdots, n$ 是完全确定的复数。而这只要依次地令 $z = \alpha_0, \alpha_1, \cdots, \alpha_n$ 代入，通过对应的函数 $P_n(\alpha_0)$，$P_n(\alpha_1), \cdots, P_n(\alpha_n)$ 就可以依次地确定 $a_0, a_1, \cdots, a_n$。

显然，为了对插值问题(5.14)求解，只要从下面条件

$$
P_n(\alpha_j) = f(\alpha_j; \zeta) \prod_{k=0}^{n} (1 - \bar{\alpha}_k \alpha_j), \quad j = 0, 1, \cdots, n, \tag{5.19}
$$

来求出 $n$ 次多项式 $P_n(z)$ 就行了，因为插值问题(5.14)有唯一解，且可以表示为下列形式：

$$
R_n^\circ(z) = \sum_{j=0}^{n} c_j \varphi_j(z), \tag{5.20}
$$

其中 $c_0, c_1, \cdots, c_n$ 是唯一的被确定的数。

因此，为了证明引理 2 中的公式(5.14)，只要证明

$$
c_j = \overline{\varphi_j(\zeta)}, \quad j = 0, 1, \cdots, n,
$$

就够了。事实上

$$\frac{1}{2\pi}\int_{|z|=1}\left\{\frac{1}{2\pi(1-\bar{\zeta}z)}-R_n^\circ(z)\right\}\left\{\overline{\frac{1}{1-\bar{\alpha}_j z}}\right\}|dz|$$

$$=\frac{1}{2\pi i}\int_{|z|=1}\left\{\frac{1}{2\pi(1-\bar{\zeta}z)}-R_n^\circ(z)\right\}\frac{dz}{z-\alpha_j}$$

$$=\frac{1}{2\pi(1-\bar{\zeta}\alpha_j)}-R_n^\circ(\alpha_j)=0,\quad j=0,1,\cdots,n,\qquad(5.21)$$

因为函数 $R_n^\circ(z)$ 满足插值条件(5.14).

由于这里认为 $\alpha_0,\alpha_1,\cdots,\alpha_n$ 互不相同，因此 $\varphi_p(z)$ 有下列的表示式:

$$\varphi_p(z)=\sum_{j=0}^{p}\frac{A_j}{1-\bar{\alpha}_j z}.$$

由此从(5.21)得到

$$\int_{|z|=1}\left\{\frac{1}{2\pi(1-\bar{\zeta}z)}-R_n^\circ(z)\right\}\overline{\varphi_p(z)}\,|dz|=0,$$

$$p=0,1,\cdots,n,$$

即

$$\int_{|z|=1}R_n^\circ(z)\,\overline{\varphi_p(z)}\,|dz|=\frac{1}{2\pi}\int_{|z|=1}\frac{\overline{\varphi_p(z)}}{1-\bar{\zeta}z}dz$$

$$=\overline{\left\{\frac{1}{2\pi i}\int_{|z|=1}\frac{\varphi_p(z)}{z-\zeta}dz\right\}}=\overline{\varphi_p(z)}.\qquad(5.22)$$

因为函数 $R_n^\circ(z)$ 有表示式(5.20)，因此将此式代入(5.22)，利用引理 1 中正交性，就立刻得到

$$c_p=\int_{|z|=1}R_n^\circ(z)\,\overline{\varphi_p(z)}\,|dz|=\overline{\varphi_p(\zeta)},\quad j=0,1,\cdots,$$

引理 2 证毕.

**引理 3** 对任意的 $z$ 与 $\zeta$,

$$\sum_{k=0}^{n}\overline{\varphi_k(\zeta)}\varphi_k(z)$$

$$=\frac{1}{2\pi(1-\bar{\zeta}z)}\left\{1-\left(\prod_{k=0}^{n}\frac{z-\alpha_k}{1-\bar{\alpha}_k z}\right)\left(\overline{\prod_{k=0}^{n}\frac{\zeta-\alpha_k}{1-\bar{\alpha}_k\zeta}}\right)\right\}.$$

(5.23)

**证** 首先设 $\alpha_0, \alpha_1, \cdots, \alpha_n$ 互不相同。

对 $|z|<1$，$|\zeta|<1$，考虑积分

$$
\begin{aligned}
U_n(z) &= \frac{1}{2\pi i}\int_{|t|=1-0} \frac{1}{2\pi(1-\bar{\zeta}t)} \prod_{k=0}^{n} \frac{1-\bar{\alpha}_k t}{t-\alpha_k} \frac{dt}{t-z} \\
&= \frac{-1}{2\pi i}\int_{|t|=1+0} \frac{1}{2\pi(1-\bar{\zeta}t)} \prod_{k=0}^{n} \frac{1-\bar{\alpha}_k t}{t-\alpha_k} \frac{dt}{t-z} \\
&= -\frac{1}{2\pi} \lim_{t\to\frac{1}{\bar{\zeta}}} \frac{t-\frac{1}{\bar{\zeta}}}{1-\bar{\zeta}t} \prod_{k=0}^{n} \frac{1-\frac{\bar{\alpha}_k}{\bar{\zeta}}}{\frac{1}{\bar{\zeta}}-\alpha_k} \frac{1}{\frac{1}{\bar{\zeta}}-z} \\
&= \frac{1}{2\pi(1-\bar{\zeta}z)} \left\{\overline{\prod_{k=0}^{n} \frac{\zeta-\alpha_k}{1-\bar{\alpha}_k\zeta}}\right\}.
\end{aligned}
\tag{5.24}
$$

这里因为被积函数在区域 $|t|\geqslant 1$ 有唯一的简单极点 $t=\frac{1}{\bar{\zeta}}$，$|\zeta|<1$（注意到 $|z|<1$），且当 $t\to\infty$ 时，有阶 $O(|t|^{-2})$。

另一方面，直接用留数定理，我们有

$$
\begin{aligned}
U_n(z) = &\frac{1}{2\pi(1-\bar{\zeta}z)} \prod_{k=0}^{n} \frac{1-\bar{\alpha}_k z}{z-\alpha_k} \\
&+ \sum_{j=0}^{n} \frac{1}{2\pi(1-\bar{\zeta}\alpha_j)(\alpha_j-z)} \\
&\cdot \lim_{t\to\alpha_j} \left\{(t-\alpha_j)\prod_{k=0}^{n} \frac{1-\bar{\alpha}_k t}{t-\alpha_k}\right\}.
\end{aligned}
\tag{5.25}
$$

比较(5.24)与(5.25)，我们有

$$
\begin{aligned}
\frac{1}{2\pi(1-\bar{\zeta}z)} = &\frac{1}{2\pi(1-\bar{\zeta}z)} \left(\prod_{k=0}^{n} \frac{z-\alpha_k}{1-\bar{\alpha}_k z}\right)\left(\overline{\prod_{k=0}^{n} \frac{\zeta-\alpha_k}{1-\bar{\alpha}_k\zeta}}\right) \\
&+ R_n(z),
\end{aligned}
\tag{5.26}
$$

其中

$$
R_n(z) = \prod_{k=0}^{n} \frac{z-\alpha_k}{1-\bar{\alpha}_k z} \cdot \sum_{j=0}^{n} \frac{1}{2\pi(1-\bar{\zeta}\alpha_j)(z-\alpha_j)}
$$

$$\cdot \lim_{t\to\alpha_j}\left\{(t-\alpha_j)\prod_{k=0}^{n}\frac{1-\bar{\alpha}_k t}{t-\alpha_k}\right\}$$

$$=\frac{P_n(z)}{\prod_{k=0}^{n}(1-\alpha_k z)},\tag{5.27}$$

其中 $P_n(z)$ 是一个 $n$ 次多项式。

从(5.26)及(5.27)推出，有理函数 $R_n(z)$ 满足插值条件，

$$R_n(\alpha_s)=\frac{1}{2\pi(1-\zeta\alpha_s)},\quad s=0,1,\cdots,n.$$

因此，由引理 2 知，

$$R_n(z)\equiv R_n^{\circ}(z).$$

这样一来，从(5.26)及引理 2 就得到了(5.23)。

既然公式(5.23)对于 $|\zeta|<1$ 及 $|z|<1$ 都成立，用解析开拓可以知道，对任何 $\zeta$ 与 $z$ 也都成立。

为了要证明公式(5.23)对任意 $\alpha_0,\alpha_1,\cdots,\alpha_n$ 都成立，首先将 $\alpha_0,\alpha_1,\cdots,\alpha_n$ 换上一些互不相同的 $\alpha_0',\alpha_1',\cdots,\alpha_n'$，对后者(5.23)成立。然后在对应的(5.23)中令 $\alpha_k'\to\alpha_k$，$k=0,1,\cdots,n$ 就立刻得到对任意的 $\alpha_0,\alpha_1,\cdots,\alpha_n$，(5.23)成立。

引理 3 全部证毕。

令

$$K_n(t,x)=\sum_{k=0}^{n}\overline{\varphi_k(e^{it})}\varphi_k(e^{ix}),\tag{5.28}$$

$-\pi\leqslant x,\ t\leqslant\pi$，则有下列引理。

**引理 4** 成立

$$K_n(t,x)=\frac{1}{2\pi\sin\frac{x-t}{2}}\exp\left\{\frac{i}{2}\right.$$

$$\cdot\int_t^x\sum_{k=0}^{n}\frac{1-|\alpha_k|^2}{1-2|\alpha_k|\cos(u-\theta_k)+|\alpha_k|^2}du$$

$$\left.-\frac{i}{2}|x-t|\right\}\sin\left(\frac{1}{2}\right.$$

$$\cdot \int_t^x \sum_{k=0}^{n} \frac{1-|\alpha_k|^2}{1-2|\alpha_k|\cos(u-\theta_k)+|\alpha_k|^2} du\Big), \quad (5.29)$$

其中 $\theta_k = \arg\alpha_k$，$k=0,1,\cdots,n$。

**证** 由(5.23)及(5.28)得

$$K_n(t,x) = \frac{1}{2\pi(1-e^{i(x-t)})}\left\{1-\left(\prod_{k=0}^{n}\frac{e^{ix}-\alpha_k}{1-\bar{\alpha}_k e^{ix}}\right)\cdot\left(\prod_{k=0}^{n}\frac{1-\bar{\alpha}_k e^{it}}{e^{it}-\alpha_k}\right)\right\}. \quad (5.30)$$

令 $\alpha_k = |\alpha_k|e^{i\theta_k}$，$\theta_k = \arg\alpha_k$，$k=0,1,\cdots,n$，有

$$e^{ix}-\alpha_k = |e^{ix}-\alpha_k|\exp\left\{i\,\mathrm{tg}^{-1}\frac{\sin x-|\alpha_k|\sin\theta_k}{\cos x-|\alpha_k|\cos\theta_k}\right\},$$

$$\begin{aligned}1-\bar{\alpha}_k e^{ix} &= 1-|\alpha_k|e^{i(x-\theta_k)}\\ &= |1-\bar{\alpha}_k e^{ix}|\\ &\quad\cdot\exp\left\{-i\,\mathrm{tg}^{-1}\frac{|\alpha_k|\sin(x-\theta_k)}{1-|\alpha_k|\cos(x-\theta_k)}\right\},\end{aligned}$$

因此有

$$\begin{aligned}&\frac{e^{ix}-\alpha_k}{1-\bar{\alpha}_k e^{ix}}\cdot\frac{1-\bar{\alpha}_k e^{it}}{e^{it}-\alpha_k}\\ &= \exp\left\{i\left[\mathrm{tg}^{-1}\frac{\sin x-|\alpha_k|\sin\theta_k}{\cos x-|\alpha_k|\cos\theta_k}\right.\right.\\ &\quad\left.\left.+\ \mathrm{tg}^{-1}\frac{|\alpha_k|\sin(x-\theta_k)}{1-|\alpha_k|\cos(x-\theta_k)}\right]\right\}.\end{aligned}$$

这样一来

$$\begin{aligned}&\frac{e^{ix}-\alpha_k}{1-\bar{\alpha}_k e^{ix}}\cdot\frac{1-\bar{\alpha}_k e^{it}}{e^{it}-\alpha_k}\\ &= \exp\left\{i\left[\mathrm{tg}^{-1}\frac{\sin x-|\alpha_k|\sin\theta_k}{\cos x-|\alpha_k|\cos\theta_k}\right.\right.\\ &\quad -\ \mathrm{tg}^{-1}\frac{\sin t-|\alpha_k|\sin\theta_k}{\cos t-|\alpha_k|\cos\theta_k}\end{aligned}$$

$$+ i\left[\operatorname{tg}^{-1}\frac{|\alpha_k|\sin(x-\theta_k)}{1-|\alpha_k|\cos(x-\theta_k)}\right.$$

$$\left.\left.-\operatorname{tg}^{-1}\frac{|\alpha_k|\sin(t-\theta_k)}{1-|\alpha_k|\cos(t-\theta_k)}\right]\right\}. \tag{5.31}$$

注意到

$$\left[\operatorname{tg}^{-1}\frac{\sin u-|\alpha_k|\sin\theta_k}{\cos u-|\alpha_k|\cos\theta_k}\right]'$$

$$=\frac{1-|\alpha_k|\cos(u-\theta_k)}{1-2|\alpha_k|\cos(u-\theta_k)+|\alpha_k|^2}$$

及

$$\left[\operatorname{tg}^{-1}\frac{|\alpha_k|\sin(u-\theta_k)}{1-|\alpha_k|\cos(u-\theta_k)}\right]'$$

$$=\frac{|\alpha_k|\cos(u-\theta_k)-|\alpha_k|^2}{1-2|\alpha_k|\cos(u-\theta_k)+|\alpha_k|^2},$$

则由(5.31)得

$$\prod_{k=0}^{n}\frac{e^{ix}-\alpha_k}{1-\bar{\alpha}_k e^{ix}}\prod_{k=0}^{n}\frac{1-\bar{\alpha}_k e^{it}}{e^{it}-\alpha_k}$$

$$=\exp\left\{i\int_t^x\sum_{k=0}^{n}\frac{1-|\alpha_k|^2}{1-2|\alpha_k|\cos(u-\theta_k)+|\alpha_k|^2}\right\}. \tag{5.32}$$

由此，比较(5.30)与(5.32)就得到(5.29)。

引理 4 证毕。

若 $f(z)\in H(|z|<1)$，则它可以对应着一个 walsh-Fourier 级数，

$$f(z)\sim\sum_{k=0}^{+\infty}c_k\varphi_k(z),$$

其中

$$c_k=\int f(e^{it})\overline{\varphi_k(e^{it})}dt,\quad k=0,1,\cdots. \tag{5.33}$$

当 $|z|=1$ 上时，考虑部分和

$$S_n(x,f)=\sum_{k=0}^{n}c_k\varphi_k(e^{ix})$$
$$=\sum_{k=0}^{n}\int_{-\pi}^{\pi}f(e^{it})\overline{\varphi_k(e^{it})}\varphi_k(e^{ix})dt$$
$$=\int_{-\pi}^{\pi}f(e^{it})K_n(t,x)\,dt, \tag{5.34}$$

其中 $K_n(t,x)$ 由(5.28)所确定. 对于 $|z|<1$, 其部分和为

$$S_n(z)=\sum_{k=0}^{n}c_k\varphi_k(z)$$
$$=\int_{-\pi}^{\pi}f(e^{it})\sum_{k=0}^{n}\overline{\varphi_n(e^{it})}\varphi_n(re^{ix})dt,\ z=re^{ix}$$
$$=\int_{|\zeta|=1}f(\zeta)K(z,\zeta)\frac{d\zeta}{i\zeta}, \tag{5.35}$$

其中

$$K(z,\zeta)=\sum_{k=0}^{n}\overline{\varphi_k(\zeta)}\varphi_k(z). \tag{5.36}$$

**引理 5** 设 $f(z)\in H|z|<1$, 则由(5.35)所确定的函数 $S_n(z)$ 是形为(5.12)的有理函数,且满足插值条件.

$$S_n(\alpha_j)=f(\alpha_j),\ j=0,1,\cdots,n. \tag{5.37}$$

**证** 从函数 $S_n(z)$ 的表示式(5.35),结合(5.36),容易看出,它是具有形式(5.12).

此外,由引理 2 知

$$K(\alpha_j,\zeta)=f(\alpha_j,\zeta)=\frac{1}{2\pi(1-\bar{\zeta}\alpha_j)},\ j=0,1,\cdots,n.$$

由此从(5.35)得

$$S_n(\alpha_j)=\int_{|\zeta|=1}f(\zeta)\frac{1}{2\pi(1-\bar{\zeta}\alpha_j)}\frac{d\zeta}{i\zeta}$$
$$=\frac{1}{2\pi i}\int_{|\zeta|=1}\frac{f(\zeta)}{\zeta-\alpha_j}=f(\alpha_j),\quad \alpha=0,1,\cdots,n,$$

引理 5 证毕.

现在我们已有条件来证明定理 1 了.

由于引理 5，因此由(5.1)所确定的函数 $S_n(z,f)$ 即是由(5.35)所确定的函数 $S_n(x)$。

由此由引理 4 及(5.34)得，对 $f(x)\in A(|z|\leqslant 1)$，

$$\|S_n\| = \max_{-\pi\leqslant x\leqslant\pi}\int_{-\pi}^{\pi}|K_n(t,x)|dx$$

$$= \max_{-\pi\leqslant x\leqslant\pi}\int_{-\pi}^{\pi}\frac{1}{\left|2\pi\sin\frac{x-t}{2}\right|}\left|\sin\frac{1}{2}\int_t^x\sum_{k=0}^{n}\right.$$

$$\left.\cdot\frac{1-|\alpha_k|^2}{1-2|\alpha_k|\cos(u-\theta_k)+|\alpha_k|^2}du\right|dt$$

$$= \max_{-\pi\leqslant x\leqslant\pi}2\int_0^{\pi}\frac{1}{\left|2\pi\sin\frac{y}{2}\right|}\left|\sin\frac{1}{2}\int_x^{x+y}\sum_{k=0}^{n}\right.$$

$$\left.\cdot\frac{1-|\alpha_k|^2}{1-2|\alpha_k|\cos(u-\theta_k)+|\alpha_k|^2}du\right|dy$$

$$\leqslant \max_{-\pi\leqslant x\leqslant\pi}\int_0^{\pi}\frac{1}{\pi\sin\frac{y}{2}}\left|\sin\frac{y}{2}(1+\Sigma_n)\right|dy, \quad (5.38)$$

其中

$$\Sigma_n = \max_{0\leqslant u\leqslant 2\pi}\sum_{k=1}^{n}\frac{1-|\alpha_k|^2}{1-2|\alpha_k|\cos(u-\theta_k)+|\alpha_k|^2}. \quad (5.39)$$

由此，将积分(5.38)分为两部分，第一部分是区域$\left[0,\frac{\pi}{\Sigma_n}\right]$，第二部分是$\left[\frac{\pi}{\Sigma_n}\cdot\pi\right]$，然后在第一部分中利用 $|\sin x|\leqslant|x|$，而在第二部分中利用 $|\sin x|\leqslant 1$，注意到在 $0\leqslant x\leqslant\frac{\pi}{2}$时，$\sin x\geqslant\frac{2}{\pi}x$，就可以得到定理1。

在这一节中，当适当选择插值基点 $\{\alpha_k\}$，$k=1,2,\cdots,n$时，我们对于不同的函数类中的 $f(x)$ 将给出量

$$\max_{|z|\leqslant 1}|S_n(z,f)-f(z)|$$

的估计式。为此，需要 $n$ 个引理。

**引理 6** 对任意的自然数 $N$，令 $\rho=\exp\left(\frac{1}{-\sqrt{N}}\right)$，

$$\alpha_k=(1-\rho^k)e^{i\theta},\quad k=0,1,\cdots,N-1,\tag{5.40}$$

其中 $\theta$ 为固定的数，于是在射线

$$\{\zeta=|\zeta|e^{i\theta},\quad 0\leqslant|\zeta|\leqslant 1-\rho^N\}$$

上，有下面的估计式，

$$|\Pi(\zeta)|\triangleq\left|\prod_{k=0}^{N-1}\frac{\zeta-\alpha_k}{1-\bar{\alpha}_k\zeta}\right|\leqslant e^{-\sqrt{\frac{N}{2}}},\quad N\geqslant 9.\tag{5.41}$$

**证** 不妨认为 $\theta=0$。现在设 $\zeta$ 满足下列的一个不等式：

$$\rho^{j+1}\leqslant 1-\zeta\leqslant\rho^j,\quad j=0,1,\cdots,N-1,$$

于是

$$\begin{aligned}|\Pi(\zeta)|&=\prod_{k=j+1}^{N-1}\left|1-\frac{(1+\zeta)(1-\alpha_k)}{1-\alpha_k\zeta}\right|\\&\quad\cdot\prod_{k=0}^{j}\left|1-\frac{(1-\zeta)(1+\alpha_k)}{1-\alpha_k\zeta}\right|\\&=\exp\left[-(1+\zeta)\sum_{k=j+1}^{N-1}\frac{1-\alpha_k}{1-\alpha_k\zeta}-(1-\zeta)\right.\\&\quad\left.\cdot\sum_{k=0}^{j}\frac{1+\alpha_k}{1-\alpha_k\zeta}\right].\end{aligned}\tag{5.42}$$

将方括弧中的量记作 $-\sigma(\zeta)$，我们来估计 $\sigma(\zeta)$ 的下界。显然，当 $N\geqslant 9$ 时，

$$\begin{aligned}\sigma(\zeta)&\geqslant(1+\zeta)\sum_{k=j+1}^{N-1}\frac{1-\alpha_k}{1-\zeta^2}+(1-\zeta)\sum_{k=0}^{j}\frac{1}{1-\alpha_k}\frac{1-\alpha_k^2}{1-\alpha_k\zeta}\\&\geqslant\frac{1}{1-\zeta}\sum_{k=j+1}^{N-1}(1-\alpha_k)+(1-\zeta)\sum_{k=0}^{j}\frac{1}{1-\alpha_k}\\&\geqslant\sum_{k=j+1}^{N-1}\rho^{k-j}+\sum_{k=0}^{j}\rho^{j+1-k}\end{aligned}$$

$$\geqslant \sum_{\nu=1}^{N-1} \rho^{\nu} = \frac{\rho-\rho^N}{1-\rho} > \frac{1}{\sqrt{2}} \frac{1}{1-\rho}$$

$$= \frac{1}{\sqrt{2}\left(1-\exp\left(-\frac{1}{\sqrt{N}}\right)\right)} > \sqrt{\frac{N}{2}}.$$

将此式代入(5.42)，就证明了引理 6

**引理 7** 设在二条射线 $\arg z = u_1$, $\arg z = u_2$, $0 \leqslant u_1 < u_2 < 2\pi$ 上各有像在引理 1 中 $N$ 个点，此外还有 $r(r \geqslant 0)$ 个点位于原点，因此一共有 $2N-1+r=n$ 个点 $\{\alpha_k\}$, $k=1,2,\cdots,n$, 又设函数 $\varphi(\zeta)$ 在带 $u_1 \leqslant \arg\zeta \leqslant u_2$ 上处处解析，且有估计式:

$$|\varphi(\zeta)| \leqslant M_\varphi, \quad |\zeta| \leqslant 1,$$

及

$$|\varphi(\zeta)\zeta^{1-r}| \leqslant M_\varphi, \quad |\zeta| \geqslant 1.$$

在 $|z|=1$ 上，有估计式

$$\left|\int_{\zeta_1}^{\zeta_2} \varphi(\zeta)\left[\frac{D_n(\zeta)}{D_n(z)} - \frac{zD_n(z)}{\zeta D_n(\zeta)}\right] d\zeta\right| \leqslant 8M_\varphi e^{-\sqrt{\frac{N}{2}}}, \tag{5.43}$$

其中 $\zeta_1 = e^{iu_1}$, $\zeta_2 = e^{iu_2}$, $D_n(z)$ 由(5.2)所确定.

**证** 由于当 $|z|=1$ 时，$|D_n(z)|=1$，因此

$$i_1 = \left|\int_{\zeta_1}^{\zeta_2} \varphi(\zeta)\frac{D_n(\zeta)}{D_n(z)} d\zeta\right| = \left|\int_{\zeta_1}^{\zeta_2} \varphi(\zeta)D_n(\zeta)d\zeta\right|. \tag{5.44}$$

因为被积函数在 $u_1 \leqslant \arg\zeta \leqslant u_2$ 上解析，因此可以将积分(5.44)中积分路线换成 $\zeta_1$ 到 0 及 0 到 $\zeta_2$ 的二个直线段. 于是应用引理 1，就有

$$i_1 \leqslant \left|\int_0^{\zeta_1} \varphi(\zeta)D_n d\zeta\right| + \left|\int_0^{\zeta_2} \varphi(\zeta)D_n(\zeta)d\zeta\right|$$

$$\leqslant M_\varphi\left\{\left|\int_0^{\zeta_1} |\Pi(\zeta)|\,|d\zeta|\right| + \left|\int_0^{\zeta_2} |\Pi(\zeta)|\,|d\zeta|\right\}$$

$$\leqslant 2M_\varphi\left\{\int_0^{1-\exp(-\sqrt{N})}\exp\left(-\sqrt{\frac{N}{2}}\right)|d\zeta|\right.$$

$$\left.+\int_{1-\exp(-\sqrt{N})}^{1}|d\zeta|\right\}$$

$$< 4M_\varphi\exp\left(-\sqrt{\frac{N}{2}}\right). \tag{5.45}$$

另一方面，在引理 2 的条件下，函数 $\frac{\varphi(\zeta)}{\zeta D_n(\zeta)}$ 也在带 $u_1\leqslant \arg\zeta\leqslant u_2$ 上解析，且在 $\zeta=\infty$ 处至少是二级零点，因此

$$i_2=\left|\int_{\zeta_1}^{\zeta_2}\varphi(\zeta)\frac{zD_n(z)}{\zeta D_n(\zeta)}d\zeta\right|$$

$$=\left|\int_{\zeta_1}^{\zeta_2}\frac{\varphi(\zeta)}{\zeta D_n(\zeta)}d\zeta\right|$$

$$=\left|\int_{\zeta_1}^{\infty}\left|\frac{\varphi(\zeta)}{\zeta D_n(\zeta)}d\zeta+\int_{\infty}^{\zeta_2}\frac{\varphi(\zeta)}{\zeta D_n(\zeta)}d\zeta\right|\right.$$

$$\leqslant M_\varphi\left\{\left|\int_{\zeta_1}^{\infty}\left|\frac{d\zeta}{\zeta^{2-r}D_n(\zeta)}\right|\right|\right.$$

$$\left.+\left|\int_{\infty}^{\zeta_2}\left|\frac{d\zeta}{\zeta^{2-r}D_n(\zeta)}\right|\right|\right\}.$$

令 $\zeta=\frac{1}{\eta}$，且利用 $D_n(\zeta)$ 的表示式中 $r$ 个 $\alpha_k$ 取值为零，因此由上式得到

$$i_2\leqslant M_\varphi\left\{\left|\int_{\zeta_1}^{0}\left|\eta^{-r}\prod_{k=1}^{n}\frac{\eta-\bar{\alpha}_k}{1-\eta\alpha_k}d\eta\right|\right|\right.$$

$$\left.+\left|\int_{0}^{\zeta_2}\left|\eta^{-r}\prod_{k=1}^{n}\frac{\eta-\bar{\alpha}_k}{1-\eta\alpha_k}d\eta\right|\right|\right\}$$

$$\leqslant 2M_\varphi\left|\int_0^{\zeta_1}|\Pi(\zeta)||d\zeta|\right|<4M_\varphi\exp\left(-\sqrt{\frac{N}{2}}\right). \tag{5.46}$$

因此，由(5.44)—(5.46)就立刻推出(5.43)。

引理 7 证毕。

**引理 8** 设 $n\geqslant m(N-1)+1$，且点列 $\{\alpha_k\}$，$k=1,2,\cdots$，

$n$ 由下列一些点组成：在 $m$ 条射线 $\arg\zeta = u_i, i = 1, 2, \cdots, m$，各自分布有满足引理 6 中的点列，而令其他所有 $n-m(N-1)-1$ 个点都为零。于是对于插值有理函数 $S_n(z, f)$ 的范数，有下面的估计式：

$$\|S_n\| \leqslant 2\ln\{2[n-1-m(N-1)+2m\sqrt{N}e^{\sqrt{N}}]\}. \tag{5.47}$$

**证** 利用定理 1，其中

$$r_n(u) = 2 + 2[n-1-m(N-1)] +$$

$$2\sum_{i=1}^{m}\sum_{k}\frac{1-|\alpha_k|^2}{1-2|\alpha_k|\cos(u-u_i)+1},$$

指标 $k$ 取值使得 $\arg\alpha_k = u_i$。显然有

$$\begin{aligned} r_n(u) &\leqslant 2 + 2[n-1-m(N-1)] \\ &\quad + 2m\sum_{k}\frac{1-|\alpha_k|^2}{(1-|\alpha_k|)^2} \\ &\leqslant 2(n-1)-2m(N-1)+2m\sum_{k=0}^{N-1}\frac{2}{\rho^k} \\ &\leqslant 2(n-1)-2m(N-1)+4m\sqrt{N}(e^{\sqrt{N}}-1) \\ &< 2(n-1)-2m(N-1)+4m\sqrt{N}(e^{\sqrt{N}}). \end{aligned}$$

利用定理 1 就立刻得到引理 3。

为了后面的需要，我们还介绍二个有关于闭圆上连续函数的性质的引理。

**引理 9** (Riesz) (见文献[63])要使单位圆 $|z|<1$ 内解析函数 $f(z)$ 在闭圆 $|z|\leqslant 1$ 上连续，且在单位圆周 $|z|=1$ 上绝对连续的充要条件是，$f'(z)\in H'(|z|<1)$。若 $f'(z)\in H'$，则几乎处处在 $|z|=1$ 上有

$$\frac{df(e^{i\theta})}{d\theta} = ie^{i\theta}f'(e^{i\theta})$$

这里 $f'(e^{i\theta})$ 理解成函数 $f'(z)$ 当 $z\to e^{i\theta}$ 时的非切向极限值，而

$\dfrac{df(e^{i\theta})}{d\theta}$ 是函数 $f(e^{i\theta})$ 关于 $\theta$ 的导数。

**证** 必要性。显然有

$$f(re^{i\theta}) = \frac{1}{2\pi}\int_0^{2\pi} f(e^{it})P(r,t-\theta)\,dt, \tag{5.48}$$

其中

$$P(r,t) = \frac{1-r^2}{1-2r\cos t+t^2}$$

是 Poisson 核，因而有

$$ire^{i\theta}f'(re^{i\theta}) = \frac{1}{2\pi}\int_0^{2\pi} f(e^{it})\frac{\partial P(r,t-\theta)}{\partial t}\,dt. \tag{5.49}$$

对(5.49)中的积分进行分部积分后可以看出，函数 $izf'(z)$ 在 $|z|<1$ 上可以用 Poisson 积分来表示。因而，$izf'(z)\in H^1$，即 $f'(z)\in H^1$。

充分性。设 $f'(z)\in H^1$，因此函数 $izf'(z)$ 在 $|z|<1$ 内可以通过其极限值 $ie^{i\theta}f'(e^{i\theta})$ 的 Poisson 积分来表示：

$$izf'(z) = \frac{1}{2\pi}\int_0^{2\pi} ie^{it}\rho'(e^{it})P(r,t-\theta)dt,\quad z = re^{i\theta}. \tag{5.50}$$

函数

$$g(t) = \int_0^t ie^{it}f'(e^{it})dt \tag{5.51}$$

在 $[0,2\pi]$ 上绝对连续，且按 Cauchy 定理，容易看出 $g(2\pi)=0$。对(5.50)分部积分后得

$$izf'(z) = \frac{1}{2\pi}\int_0^{2\pi} g(t)\frac{\partial P(r,t-\theta)}{\partial\theta}\,dt,$$

即

$$\frac{\partial f(re^{i\theta})}{\partial\theta} = \frac{\partial}{\partial\theta}\left[\frac{1}{2\pi}\int_0^{2\pi} g(t)P(r,t-\theta)\,dt\right].$$

由此得到，当 $|z|<1$ 时，

$$f(z) = \frac{1}{2\pi}\int_0^{2\pi} g(t)P(r,t-\theta)dt + C(r),$$

其中 $C(r)$ 是只依赖于 $r$ 的函数,但 $C(r)$ 作为二个在 $|z|<1$ 内调和函数之差也是调和函数. 因为

$$\Delta C(r)=\frac{d^2C(r)}{dr^2}+\frac{1}{r}\frac{dC(r)}{dr},$$

由此容易得到

$$C(r)=a\ln r+b,$$

其中 $a$ 与 $b$ 为常数. 利用 $C(r)$ 在 $r=0$ 处的连续性可以看出, $a=0$. 因此, $C(r)\equiv b$. 这样,

$$f(z)=\frac{1}{2\pi}\int_0^{2\pi}(g(t)+C)P(r,t-\theta)dt,$$

即函数 $f(z)$ 在 $|z|<1$ 内可用一个绝对连续函数的 Poisson 积分表示. 因此, $f(z)$ 在 $|z|\leqslant 1$ 上连续, 且在 $|z|=1$ 有 $f(e^{it})=g(t)+c$ 也绝对连续,且由(5.50)还可以得到,几乎处处在 $|z|=1$ 上有

$$\lim_{r\to 1}\frac{df(re^{i\theta})}{d\theta}=ie^{i\theta}f'(e^{i\theta}),$$

引理 9 证毕.

**引理 10** 设函数 $f(z)$ 在 $|z|<1$ 内解析, $|z|\leqslant 1$ 上连续,且在 $|z|=1$ 上具有有界变差 (即其实部及虚部是 $|z|=1$ 上的有界变差函数),则 $f(z)$ 在 $|z|=1$ 上绝对连续.

**证** 因为函数有 Poisson 表示式(5.48), 因此正像在证明引理 9 开始时一样,从(5.49)可以看出函数 $izf'(z)$ 的实部与虚部在 $|z|<1$ 上可用 Poisson-Stieltjes 积分表示式, 因此 $f'(z)\in H^1$. 由此再根据引理 9, 函数 $f(z)$ 就在 $|z|=1$ 上绝对连续.

引理 10 证毕.

我们今后称引理 10 中满足有界变差 $V(f)=1$ 的函数 $f(z)\in B_0H_1$.

**定理 2** (Русак[120]) 若 $f(z)\in B_0H_1, \omega(\delta)=\omega(\delta,f)$ 是这个函数的连续模, 则当 $n\geqslant 9$ 且在适当选择插值点 $\{\alpha_k\}$, $k=1,2,\cdots,n$, 有下列估计式:

$$\max_{|z|\leqslant 1} |f(z) - S_n(z,f)| \leqslant 20[\delta_n + \omega(\delta_n)] \ln \frac{1}{\delta_n}, \qquad (5.52)$$

其中 $\delta_n$ 由下列方程确定:

$$n = 8\ln^2 \frac{1}{\delta_n} \Big/ \omega(\delta_n). \qquad (5.53)$$

**证** 设 $\delta_n$ 由方程(5.53)确定. 将单位圆周 $|\zeta| = 1$, 用分点 $\zeta_k = e^{iu_k}$, $k = 1, 2, \cdots, n$, $0 = u_1 < u_2 < \cdots < u_m < 2\pi$, 分割成一些圆弧 $[\zeta_k, \zeta_{k+1}]$, $k = 1, 2, \cdots, m$, $\zeta_{m+1} = \zeta_0$, 使得满足

$$|\zeta_{k+1} - \zeta_k| \geqslant \delta_n, \quad k = 1,2,\cdots,m, \quad \zeta_{m+1} = \zeta_0. \qquad (5.54)$$

事实上,根据连续模的定义,当 $k \geqslant 2$ 时, $u_k$ 可从下面法则来确定:

$$u_k = \max\{u : u_{k-1} < u \leqslant 2\pi, \ |f(e^{iu_{k-1}}) - f(e^{iu})| \leqslant \omega(\delta_n)\}. \qquad (5.55)$$

如果对某个值 $k$, 有

$$u_k = 2\pi, \quad |f(e^{iu_{k-1}}) - f(e^{iu_k})| = \omega(\delta_n),$$

则令 $k - 1 = m$; 而如果在某一步上,有

$$u_k = 2\pi, \quad |f(e^{iu_{k-1}}) - f(e^{iu_k})| < \omega(\delta_n),$$

则令 $k - 2 = m$. 这样一来, 就能保证 $|\zeta_1 - \zeta_m| \geqslant \delta_n$. 由于(5.55),根据有界变差的定义,

$$1 = V(f) \geqslant \sum_{j=1}^{m-1} |f(\zeta_{j+1}) - f(\zeta_j)| + \omega(\delta_n) = m,$$

因而

$$m \leqslant \frac{1}{\omega(\delta_n)}. \qquad (5.56)$$

现在我们用下列方式来确定 $\{\alpha_k\}$, $k = 1,2,\cdots,n$, 在每一条射线 $0 \leqslant |\zeta| \leqslant 1$, $\arg\zeta = u_k$ 上,按照引理 6 的方法放上

$$N = \left[8\ln^2 \frac{1}{\delta_n}\right] \qquad (5.57)$$

个点,而剩下 $n - m(N - 1) - 1$ 个点认为是 $z = 0$.

这样一来,从(5.53),(5.56)及(5.57)知,

$$n-m(N-1)-1=8\ln^2\frac{1}{\delta_n}\Big/\omega(\delta_n)-m\left(\left[8\ln^2\frac{1}{\delta_n}\right]-1\right)$$

$$\geqslant\frac{1}{\omega(\delta_n)}-1>0.$$

我们要估计在 $|z|\leqslant 1$ 上函数 $S_n(z,f)-f(z)$ 的值，为了确定起见，设 $\arg\zeta_1\leqslant\arg\zeta\leqslant\arg\zeta_2$，利用表示式(5.4)，可以得到

$$\begin{aligned}
&S_n(z,f)-f(z)\\
&=\frac{1}{2\pi i}\int_{\zeta_m}^{\zeta_3}[f(\zeta)-f(z)]\left[\frac{D_n(\zeta)}{D_n(z)}-\frac{zD_n(z)}{\zeta D_n(\zeta)}\right]\\
&\quad\times\frac{d\zeta}{\zeta-z}+\frac{1}{2\pi i}\sum_{j=3}^{m-1}\int_{\zeta_j}^{\zeta_{j+1}}[f(\zeta)-f(\zeta_j)]\\
&\quad\times\left[\frac{D_n(\zeta)}{D_n(z)}-\frac{zD_n(z)}{\zeta D_n(\zeta)}\right]\frac{d\zeta}{\zeta-z}+\frac{1}{2\pi i}\\
&\quad\times\sum_{j=3}^{m-1}[f(\zeta_j)-f(z)]\\
&\quad\times\int_{\zeta_j}^{\zeta_{j+1}}\left[\frac{D_n(\zeta)}{D_n(z)}-\frac{zD_n(z)}{\zeta D_n(\zeta)}\right]\frac{d\zeta}{\zeta-z}\qquad(5.58)\\
&=I_1+I_2+I_3.
\end{aligned}$$

考虑到点 $\zeta_k$ 的选择(见(5.55))，引理 8 及不等式(5.56)与(5.57)，可以得到

$$\begin{aligned}
|I_1|+|I_2|&\leqslant\frac{1}{2\pi}3\omega(\delta_n)\|S_n\|+\frac{1}{2\pi}\\
&\quad\times\sum_{j=3}^{m-1}\left|\int_{\zeta_j}^{\zeta_{j+1}}\omega(\delta_n)\right.\\
&\quad\times\left.\left|\frac{D_n(\zeta)}{D_n(z)}-\frac{zD_n(z)}{\zeta D_n(\zeta)}\right|\left|\frac{d\zeta}{\zeta-z}\right|\right|\\
&\leqslant\frac{2\omega(\delta_n)}{\pi}\|S_n\|\\
&\leqslant\frac{2}{\pi}\omega(\delta_n)2\ln\left[2(n+2m\sqrt{N}e^{\sqrt{N}})\right]\\
&\leqslant 20\omega(\delta_n)\ln\frac{1}{\delta_n}.\qquad(5.59)
\end{aligned}$$

为了要估计 $I_3$，首先我们指出，当 $|\zeta|=1$，$\arg\zeta_j\leqslant\arg\zeta\leqslant\arg\zeta_{j+1}$ 时，$j=3,4,\cdots,m-1$ 有

$$\frac{1}{|\zeta-z|}<\frac{\pi}{2\delta_n}. \tag{5.60}$$

事实上，由于(5.54)以及 $|z|=1$，$\arg\zeta_1=\arg z\leqslant\arg\zeta_2$，因此 $|\arg\zeta-\arg z|>\delta_n$。这样就可以分两种情况：若 $|\arg\zeta-\arg z|<\frac{\pi}{2}$，则

$$\frac{1}{|\zeta-z|}\leqslant\frac{1}{|\sin(\arg\zeta-\arg z)|}\leqslant\frac{1}{\sin\delta_n}<\frac{\pi}{2\delta_n};$$

而若 $|\arg\zeta-\arg z|\geqslant\frac{\pi}{2}$，则

$$\frac{1}{|\zeta-z|}\leqslant 1.$$

由此得到(5.60)。其次，在区域 $|\zeta|\geqslant1$，$\arg\zeta_j\leqslant\arg z\leqslant\arg\zeta_{j+1}$，$j=3,4,\cdots,m-1$，也有估计式

$$\left|\frac{\zeta}{\zeta-z}\right|<\frac{\pi}{2\delta_n}. \tag{5.61}$$

利用(5.60)及(5.61)，再应用引理 7 就可以估计 $I_3$。首先用 Abel 变换，重新改写这个和后得到

$$\begin{aligned}
I_3=&\frac{1}{2\pi i}\sum_{j=3}^{m-1}[f(\zeta_j)-f(\zeta_{j+1})]\\
&\cdot\int_{\zeta_j}^{\zeta_{j+1}}\left[\frac{D_n(\zeta)}{D_n(z)}-\frac{zD_n(z)}{\zeta D_n(\zeta)}\right]\frac{d\zeta}{\zeta-z}\\
&+\frac{1}{2\pi i}[f(\zeta_{m-1})-f(z)]\\
&\cdot\int_{\zeta_3}^{\zeta_m}\left[\frac{D_n(\zeta)}{D_n(z)}-\frac{zD_n(z)}{\zeta D_n(\zeta)}\right]\frac{d\zeta}{\zeta-z}\\
\leqslant&\frac{1}{2\pi}\max_{\zeta\leqslant j\leqslant m}\left|\int_{\zeta_3}^{\zeta_j}\left[\frac{D_n(\zeta)}{D_n(z)}-\frac{zD_n(z)}{\zeta D_n(\zeta)}\right]\frac{d\zeta}{\zeta-z}\right|\\
&\cdot\left\{|f(z)-f(\zeta_{m-1})|+\sum_{j=3}^{m-1}|f(\zeta_j)-f(\zeta_{j+1})|\right.
\end{aligned}$$

$$\leqslant \frac{1}{2\pi} 8 \cdot \frac{\pi}{2\delta_n} e^{-\sqrt{\left(8\ln^2\frac{1}{\delta_n}-1\right)/2}} = 2e^{\sqrt{\frac{1}{2}}}\delta_n. \tag{5.62}$$

比较(5.58),(5.59)及(5.62). 就立刻得到(5.52).

定理 2 证毕.

**推论** 在定理 2 的条件下, $\omega(\delta)=\delta^{-\alpha}$, $0<\alpha<1$, 则存在点列 $\{\alpha_k\}$, $k=1,2,\cdots,n$, 使

$$\max_{|z|\leqslant 1}|f(z)-S_n(z,f)|\leqslant c\frac{\ln^3 n}{n}, \tag{5.63}$$

其中常数 $c$ 只依赖于 $\alpha$.

**证** 容易证明,从(5.53)推出,存在二个常数 $c_1$ 与 $c_2$, 它们只依赖于 $\alpha$, 使

$$c_1\left(\frac{\ln^2 n}{n}\right)^{1/\alpha}<\delta_n<c_2\left(\frac{\ln^2 n}{n}\right)^{1/\alpha}.$$

由此,利用定理 2 中的估计式(5.52),就立刻得到(5.63).

**注** 如果考虑多项式最佳逼近值

$$E_n(f)=\inf_{a_k}\sup_{|z|\leqslant 1}\left|f(z)-\sum_{k=0}^{n}a_k z^k\right|,$$

则对于函数 $f(z)\in B_0H_1$, 且连续模 $\omega(\delta)=\delta^{\alpha}$, 可以证明

$$E_n(f)\leqslant\frac{c_3}{n^{\alpha}}$$

(见第二章 § 3 中定理1的推论). 此外,从多项式逼近理论中的逆定理知,存在这样的函数 $f^*(z)$, 使得对任意 $\varepsilon>0$, 有相反的不等式:

$$E_{n_k}(f^*)\geqslant\frac{c_4}{n_k^{\alpha+\varepsilon}},\quad k=1,2,\cdots,$$

其中 $c_3$ 与 $c_4$ 是不依赖于 $n$ 的正常数.

由此看出, 用有理函数逼近可以比用多项式逼近有更高的逼近阶.

我们用 $B_rH_1$, $r=1,2,\cdots$, 记作在单位圆 $|z|<1$ 内解

析的函数 $f(z)$ 类，其 $r$ 级导数满足 $f^{(r)}(z)\in B_0H_1$，即 $f^{(r)}(z)$ 在 $|z|\leqslant 1$ 上连续，在 $|z|=1$ 函数 $f^{(r)}(z)$ 的全变差 $v(f^{(r)})=1$。

容易证明，若 $f(z)\in B_rH_1$，则对任意 $z,|z|\leqslant 1,\zeta,|\zeta|\leqslant 1$，

$$f(\zeta)=f(z)+f'(z)(\zeta-z)+\cdots+\frac{f^{(r)}(z)}{r!}(\zeta-z)^r$$
$$+\frac{1}{r!}\int_z^\zeta(\zeta-t)^r df^{(r)}(t). \tag{5.64}$$

这只要用分部积分法就可以直接验证。

对于函数 $f(z)\in B_rH_1$，可以用形如(5.4)的 $2n$ 阶有理函数 $S_{2n}(z,f)$ 来进行逼近，其中 $n\geqslant r$，且

$$D_n(z)=z^n\prod_{k=1}^n\frac{z-\alpha_k}{1-\bar{\alpha}_k z}. \tag{5.65}$$

对任意 $j,1\leqslant j\leqslant r$，我们有

$$\int_{|\zeta|=1}(\zeta-z)^j\left[\frac{D_n(\zeta)}{D_n(z)}-\frac{zD_n(z)}{\zeta D_n(\zeta)}\right]\frac{d\zeta}{\zeta-z}$$
$$=\int_{|\zeta|=1}(\zeta-z)^{j-1}\frac{D_n(\zeta)}{D_n(z)}d\zeta-\int_{|\zeta|=1}zD_n(z)$$
$$\times\frac{(\zeta-z)^{j-1}}{D_n(\zeta)}\frac{d\zeta}{\zeta-z}=0. \tag{5.66}$$

因为在第一个积分中，被积函数在 $|\zeta|\leqslant 1$ 上解析，而在第二个积分中，被积函数在 $|\zeta|\leqslant 1$ 上解析，且在 $\zeta=\infty$ 处，至少为二阶零点。因此，由于(5.64)及(5.66)，对于余项 $S_{2n}(z,f)-f(z)$，从(5.4)可以得到，

$$S_{2n}(z,f)-f(z)=\frac{1}{2\pi i}\int_{|\zeta|=1}\frac{1}{r!}\left\{\int_z^\zeta(\zeta-t)^r df^{(r)}(z)\right\}$$
$$\times\left[\frac{D_n(\zeta)}{D_n(z)}-\frac{zD_n(z)}{\zeta D_n(\zeta)}\right]\frac{d\zeta}{\zeta-z}, \tag{5.67}$$

其中函数 $D_n(z)$ 由(5.65)确定。

**定理 3** (Русак[126]) 设函数 $f(z)\in B_rH_1$，$r=1,2,\cdots$，则在适当选择 $\{\alpha_k\}$，$k=1,2,\cdots,n$ 后有

$$\max_{|z|\leq 1}|f(z)-S_{2n}(z,f)|\leqslant c\frac{\ln^3 n}{n^{r+1}},\tag{5.68}$$

其中 $c$ 不依赖于 $n$。

**证** 只要证明不等式(5.68)对 $|z|=1$ 时成立就够了。

取 $N$ 与 $m$ 满足

$$N=[2(r+1)^2\ln^2 n],\quad m=\left[\frac{n-1}{N-1}\right].\tag{5.69}$$

显然,由(5.69)推出, $0\leqslant n-m(N-1)-1\leqslant N-1$。

现在将圆周 $|\zeta|=1$ 用分点

$$\zeta_k=e^{iu_k},\ 0=u_1<u_2<\cdots<u_m<2\pi$$

分成一些圆弧 $[\zeta_k,\ \zeta_{k+1}]$, $k=0,1,\cdots,m$, $\zeta_{m+1}=\zeta_1$, 使得 $f^{(r)}(z)$ 在每一个圆弧 $[\zeta_k,\zeta_{k+1}]$ 上的变差不超过 $\frac{1}{m}$, 在每一个半径 $0\leqslant|\zeta|<1$, $\arg\zeta=u_k$ 上按引理6一样安排 $N$ 个点 $\alpha_k$, 且剩下的 $n-m(N-1)-1$ 个点都设为零。

现在来估计 $|f(z)-S_{2n}(z,f)|$, 为了确定起见, 令 $u_1\leqslant\arg z\leqslant u_2$。设 $\zeta_\mu$ 是一个分点,它满足

$$\arg\zeta_\mu-\arg z\leqslant\pi,\ \arg\zeta_{\mu+1}-\arg z>\pi。$$

将积分(5.67)分割为二个积分:

$$\int_{|\zeta|=1}=\int_z^{\zeta_\mu}-\int_z^{\zeta_{\mu+1}}=I_1-I_2,\tag{5.70}$$

其中在 $I_1$ 中积分路线是逆时针方向,而 $I_2$ 中积分路线是顺时针方向。

令

$$F(\zeta,t,z)=\frac{1}{2\pi ir!}\frac{(\zeta-t)^r}{\zeta-z}\left[\frac{D_n(\zeta)}{D_n(z)}-\frac{zD_n(z)}{\zeta D_n(\zeta)}\right],$$

则在 $I_1$ 中交换积分次序后得

$$\begin{aligned}I_1&=\int_z^{\zeta_\mu}\left\{\int_t^{\zeta_\mu}F(\zeta,t,z)\,d\zeta\right\}df^{(r)}(t)\\&=\int_z^{\zeta_\mu}\int_t^{\zeta_t}F(\zeta,t,z)\,d\zeta df^{(r)}(z)\end{aligned}$$

$$+\int_{z}^{\zeta_\mu}\int_{\zeta_t}^{\zeta_\mu} F(\zeta,t,z)d\zeta df^{(r)}(t)$$

$$=I_1'+I_1'', \tag{5.71}$$

其中 $\zeta_t=\zeta_{i_t}$ 是点列 $\{\zeta_j\}$，$j=2,3,\cdots,\mu$ 中满足

$$\arg\zeta_{i_{t-1}}\leqslant \arg t\leqslant \arg\zeta_{i_t}$$

中的点。

为了估计 $I_1'$，将它表示为

$$I_1'=\sum_{j=1}^{\mu-1}\int_{\zeta_j}^{\zeta_{j+1}}\left\{\int_t^{\zeta_{j+1}} F(\zeta,t,z)d\zeta\right\}df^{(r)}(t),$$

其中在求和中的"′"表示，当 $j=1$ 时，外面的积分是从 $z$ 到 $\zeta_2$. 再令

$$I_1'=\sigma_1+\sigma_2, \tag{5.72}$$

其中 $\sigma_1$ 是求和 $I'$ 中使 $|\zeta_{j+1}-\zeta_j|\leqslant\dfrac{1}{n}$成立的那部分，而 $\sigma_2$是求和 $I'$ 中使 $|\zeta_{j+1}-\zeta_j|\leqslant\dfrac{1}{n}$不成立的那部分。经过一些计算，再利用引理8，(5.65)及(5.69)，可以得到

$$\begin{aligned}
|\sigma_1|&\leqslant\sum_{|\zeta_j-\zeta_{j+1}|\leqslant\frac{1}{n}}{}'\left|\int_{\zeta_j}^{\zeta_{j+1}}\int_t^{\zeta_{j+1}}|F(\zeta,t,z)||d\zeta|\,|df^{(r)}(t)|\right|\\
&\leqslant\frac{1}{2\pi r!}\sum_j{}'\left|\int_{\zeta_j}^{\zeta_{j+1}}|df^{(r)}(t)|\frac{1}{n^r}\right.\\
&\quad\left.\times\int_t^{\zeta_{j+1}}\left|\frac{D_n(\zeta)}{D_n(z)}-\frac{zD_n(z)}{\zeta D_n(\zeta)}\right|\cdot\left|\frac{d\zeta}{\zeta-z}\right|\right|\\
&\leqslant\frac{1}{2\pi r!}\frac{1}{mn^r}\|S_{2n}\|\\
&\leqslant\frac{2}{2\pi r!\,mn^r}\ln\{2[n+N-1+2m\sqrt{N}e^{\sqrt{N}}]\}\\
&\leqslant c_1\frac{\ln^3 n}{n^{r+1}}.
\end{aligned}\tag{5.73}$$

对于 $\sigma_2$，我们有

$$\sigma_2=\frac{1}{r!}\sum_{|\zeta_j-\zeta_{j+1}|>\frac{1}{2}}{}'\int_{\zeta_j}^{\zeta_{j+1}}\left\{\int_t^{\zeta_{j+1}}\frac{(\zeta-t)^r}{\xi-t}\frac{D_n(\zeta)}{D_n(z)}d\zeta\right\}df^{(r)}(t)$$

$$- \sum_{|\zeta_j - \zeta_j| > \frac{1}{n}}' \int_{\zeta_j}^{\zeta_{j+1}} \frac{(\zeta - t)^r}{\zeta - z} \frac{z D_n(z)}{\zeta D_n(\zeta)} d\zeta \Big\} df^{(r)}(t)$$

$$= \sigma_2^+ + \sigma_2^-. \tag{5.74}$$

在(5.74)求和是对指标 $\{j = 1, 2, \cdots, \mu - 1\}$ 中某个子集求和. 设 $\nu$ 是这个子集中最小指标值，于是，考虑到点 $\zeta_k$ 的选择，我们有

$$|\sigma_2^+| \leqslant \frac{1}{r!} \sum_{|\zeta_j - \zeta_{j+1}| > \frac{1}{n}} \left| \int_{\zeta_j}^{\zeta_{j+1}} |df^{(r)}(t)| \right|$$

$$\max_{t \in [\zeta_j, \zeta_{j+1}]} \left| \int_t^{\zeta_{j+1}} \frac{(\zeta + t)^r}{\zeta - z} D_n(\zeta) d\zeta \right|$$

$$\leqslant \frac{1}{r!} \frac{1}{m} \max_{t \in [\zeta_\nu, \zeta_{\nu+1}]} \left| \int_t^{\zeta_{\nu+1}} \frac{(\zeta - t)^r}{\zeta - z} D_n(\zeta) d\zeta \right|$$

$$+ \frac{1}{r!} \frac{1}{m}$$

$$\cdot \sum_{j > \nu}' \max_{t \in [\zeta_j, \zeta_{j+1}]} \left| \int_t^{\zeta_{j+1}} \frac{(\zeta - z)^r}{\zeta - z} D_n(\zeta) d\zeta \right|. \tag{5.75}$$

在不等式(5.72)的右边的积分中，化到在半径上积分，一个联结点 $t$ 与原点，另一个联结点 $\zeta_{i+1}$ 与原点. 利用引理 6 及 $D_n(z)$ 的表示式(5.65)，当 $j > \nu$ 时，有

$$\left| \int_t^{\zeta_{j+1}} \frac{(\zeta - t)^r}{\zeta - z} D_n(\zeta) d\zeta \right|$$

$$\leqslant \left| \int_t^0 \frac{(\zeta - t)^r}{\zeta - z} D_n(\zeta) d\zeta \right|$$

$$+ \left| \int_0^{\zeta_{j+1}} \frac{(\zeta - t)^r}{\zeta - z} D_n(\zeta) d\zeta \right|$$

$$\leqslant \frac{\pi}{2|\zeta_i - \zeta_\nu|} \int_0^t (1 - x)^r x^n dx + 2^r e^{-\sqrt{\frac{N}{2}}}$$

$$= \frac{\pi}{2|\zeta_i - \zeta_\nu|}$$

$$\cdot \frac{r!}{(n+1)(n+2)\cdots(n+r+1)}$$

$$+2^r e^{-\sqrt{\frac{N}{2}}};\tag{5.76}$$

当 $j=\nu$ 时,在半径 $[0,t]$ 上积分,需要利用不等式

$$\left|\frac{(\zeta-t)^r}{\zeta-z}\right|\leqslant|\zeta-t|^{r-1},$$

且与(5.76)不同,这里有

$$\left|\int_t^{\zeta_{j+1}}\frac{(\zeta-t)^r}{\zeta-z}D_n(\zeta)d\zeta\right|\leqslant\frac{(r-1)!}{(n+1)\cdots(n+r)}+2^r e^{-\sqrt{\frac{N}{2}}}\tag{5.77}$$

将(5.76)与(5.77)代入(5.75)后得到

$$\begin{aligned}|\sigma_+^+|\leqslant&\frac{1}{r!}\Big[2^r e^{-\sqrt{\frac{N}{2}}}+\frac{(r-1)!}{m(n+1)\cdots(n+r)}+\frac{1}{m}\\&\cdot\frac{\pi}{2}\frac{r!}{(n+1)(n+2)\cdots(n+r+1)}\\&\cdot\sum_{j>\nu}\frac{1}{|\zeta_j-\zeta_\nu|}\Big]\\\leqslant&c_2\frac{\ln^3 n}{n^{r+1}}.\end{aligned}\tag{5.78}$$

对于和 $\sigma_2^-$ 有同样的估计式. 因此,从(5.78),(5.74),(5.73)与(5 72)得到

$$|I_1'|\leqslant c_3\frac{\ln^3 n}{n^{r+1}}.\tag{5.79}$$

现在回到等式(5.71),再估计 $I_1$, 这里可以应用引理7, 因为函数

$$\varphi(\zeta)=\frac{(\zeta-t)^r}{\zeta-z}$$

在扇形 $\arg\zeta_{i_t}\leqslant\arg\zeta\leqslant\arg\zeta_\mu$ 上解析,且满足条件:

当 $|\zeta|\leqslant 1$ 时, $|\varphi(\zeta)|\leqslant 2^{r-1}$;

当 $|\zeta|\geqslant 1$ 时, $|\varphi(\zeta)\zeta^{1-r}|\leqslant 2^{r-1}$.

这样一来,引理 7 的条件是满足的,因而从(5.71)可以得到

$$|I_1''|\leqslant\left|\int_a^{\zeta_\mu}|df^{(r)}(t)|\right|\max_{\zeta_t}\left|\int_{\zeta_t}^{\zeta_\mu}F(\zeta,t,z)\,d\zeta\right|$$

$$\leqslant \max_{\zeta_t} \left| \int_{\zeta_t}^{\zeta_\mu} \frac{1}{2\pi i r!} \frac{(\zeta - t)^r}{\zeta - t} \cdot \left[ \frac{D_n(\zeta)}{D_n(z)} - \frac{z D_n(z)}{\zeta D_n(\zeta)} \right] d\zeta \right|$$

$$\leqslant 8 \frac{2^{r-1}}{2\pi r!} e^{-\sqrt{\frac{N}{2}}} \leqslant \frac{c_4}{n^{r+1}}. \tag{5.80}$$

从(5.71),(5.79)与(5.80)得到

$$|I_1| \leqslant c_5 \frac{\ln^3 n}{n}.$$

对于积分 $I_2$ 有同样的估计式. 因而，从(5.70)就推出了(5.68).

定理 3 证毕.

**注** 为了判断估计式(5.68)的精确性，我们定义有 $n$ 次有理函数进行逼近时的最佳逼近:

$$R_n(f) = \inf_{r_n(z)} \sup_{|z| \leqslant 1} |f(z) - r_n(z)|, \tag{5.81}$$

其中

$$r_n(z) = \frac{p_n(z)}{\prod_{k=1}^{n} (1 - \bar{\alpha}_k z)}, \quad |\alpha_k| < 1,$$

且下确界是对任意 $n$ 次多项式 $p_n(z)$ 及任意的点列 $\{\alpha_k\}$, $k=1, 2, \cdots, n$ 而取的.

若在(5.81)中下确界是对函数 $r_n(z)$ 的某个固定的分母而取的，则将对应的量记作 $R_n(f;\alpha_1,\alpha_2,\cdots,\alpha_n)$. 显然，对某个点列 $\{\alpha_k\}$, $k=1,2,\cdots,n$, 成立等式

$$R_n(f) = R_n(f;\alpha_1,\alpha_2,\cdots,\alpha_n).$$

现在取函数

$$f_r(z) = z^{n+1}[8(n+1)\cdots(n-r+1)]^{-1}, \quad r = 0,1,\cdots.$$

它属于类 $B_r H_1$, 利用 Колмогоров 准则[79] (或参看 Дзядык 的著作[46]第 47 页)可以证明，对任意的点列 $\{\alpha_k\}$, $k=1,2,\cdots,n$, 其最佳逼近的有理函数恒为零，因而有

$$R_n(f_r) = R_n(f;\alpha_1,\cdots,\alpha_n)$$
$$= \frac{1}{8(n+1)(n+2)\cdots(n-r+1)}.$$

这当然比 (5.65)精确到一个因子 $\ln^3 n$.

目前还不知道(5.65)中左边的项的精确估计式是什么.

Chui 与 Shen (沈燮昌) 在文献 [31] 中对其他一些函数, Русак[119] 也对其他一些函数作出一些估计式，这里不准备进行介绍了. 但是我们要指出，无论是具有给定极点的有理函数逼近，还是任意极点的有理函数逼近在数字滤波器的设计中都有重要的应用，下一节我们将要介绍的最小二乘求逆的有理函数的逼近在数字滤波器的设计中也有重要的应用.

## §6. 最小二乘逆的逼近

设函数 $F(z)\in H^2(|z|<1)$, $F(0)\neq 0$, 我们的问题是寻找一个$N$次多项式 $Q_N(z)$, 使得满足

$$\|1-Q_N(z)F(z)\|_2 = \inf_{\{P_N(z)\}} \|1-P_N(z)F(z)\|_2, \qquad (6.1)$$

这里的下确界是对所有次数为 $N$ 的多项式 $P_N(z)$ 而取的，且在 $H^2$ 中的范数 $\|\cdot\|_2$ 定义为

$$\|f(z)\|_2 = \sup_{0<r<1}\left\{\frac{1}{2\pi}\int_{-\pi}^{\pi} |f(re^{i\theta})|^2 d\theta\right\}^{\frac{1}{2}}. \qquad (6.2)$$

如果这样的$N$次多项式 $Q_N(z)$ 存在，则称它为函数 $F(z)$ 关于$N$次多项式的**最小二乘逆**. 当函数 $F(z)$ 是实系数多项式时，这个问题首先是由 Robinson 研究的(参见文献[121]与[122]).

关于 $Q_N(z)$ 的存在及唯一性问题可由引理来证明.

**引理 1** 设函数 $F(z)\in H^2$ $(|z|<1)$, $F(0)\neq 0$, 则问题(6.1)中的最小二乘逆 $Q_N(z)$ 是存在且唯一的.

**证** 设

$$\inf_{\{P_N(z)\}} \|1-P_N(z)F(z)\|_2 = l,$$

则存在$N$次多项式序列 $P_{N,k}(z)$，使得

$$\lim_{k\to+\infty}\|1-P_{N,k}(z)F(z)\|_2=l,\tag{6.3}$$

由此得

$$\|P_{N,k}(z)F(z)\|_2\leqslant l+1.\tag{6.4}$$

由于 $F(0)\neq 0$，因此存在圆域 $|z|\leqslant\delta$，使得$F(z)\neq 0$。因而存在常数 $m>0$，使得

$$\min_{|z|\leqslant\delta}|F(z)|\geqslant m>0.\tag{6.5}$$

对函数 $P_{N,k}(z)F(z)$ 用 Cauchy 公式，利用(6.4)及(6.5)可知，存在常数 $M>0$，使得在 $|z|\leqslant\delta$ 上，

$$|P_{N,k}(z)|\leqslant M,\ k=1,2,\cdots.\tag{6.6}$$

因为 $\{P_{N,k}(z)\}$ 是有限维空间，因此利用多项式系数与多项式的关系，由(6.6)及 Weierstrass 定理知，存在子序列 $\{k_n\}$，使得多项式子序列 $P_{N,k_n}(z)$ 在 $|z|\leqslant 1$ 中一致收敛到某个多项式，记作 $Q_N(z)$，因而由(6.3)就得到了

$$\|1-Q_N(z)F(z)\|_2=l.$$

现在来证明唯一性。设还存在一个$N$次多项式 $G_N(z)$，满足

$$\|1-G_N(z)F(z)\|_2=l,$$

则由

$$\begin{aligned}l&\leqslant\left\|1-\frac{(Q_N(z)+G_N(z))F(z)}{2}\right\|_2\\&\leqslant\frac{1}{2}\|1-Q_N(z)F(z)\|_2+\frac{1}{2}\\&\quad\cdot\|1-Q_N(z)F(z)\|\leqslant l,\end{aligned}$$

得到

$$\begin{aligned}&\left\|\frac{1}{2}(1-Q_N(z)F(z))+\frac{1}{2}(1-G_N(z)F(z)\right\|_2\\&=\left\|\frac{1}{2}(1-Q_N(z))F(z)\right\|_2\\&\quad+\left\|\frac{1}{2}(1-G_N(z))F(z)\right\|_2.\end{aligned}$$

利用 $L^2$ 是严格赋范空间,因此存在某个数 $\alpha$，使

$$1 - Q_N(z) \cdot F(z) = \alpha(1 - G_N(z) \cdot F(z)).$$

若 $\alpha \neq 1$，则

$$F(z)(Q_N(z) - \alpha G_N(z)) = 1 - \alpha.$$

利用 $F(0) \neq 0$，因此得到

$$F(z) = \frac{1-\alpha}{Q_N(z) - \alpha G_N(z)}. \tag{6.7}$$

这就推出 $l = 0$，因而从(6.7)看出,(6.1)只有唯一解。

若 $\alpha = 1$，则

$$(Q_N(z) - G_N(z))F(z) = 0$$

由 $F(0) \neq 0$ 就推出

$$Q_N(z) \equiv G_N(z).$$

引理1证毕

我们还可以用下列解线性方程组的方法求出 $Q_N(z)$.

令 $d\mu = \frac{1}{2\pi}|F(e^{i\theta})|^2 d\theta$，则定义内积为

$$\langle f, g\rangle_\mu = \int_{-\pi}^{\pi} f(e^{i\theta})\overline{g(e^{i\theta})}\,d\mu(\theta). \tag{6.8}$$

设 $k$ 次多项式 $\varphi_k(z)$，$k = 1, 2, \cdots$，是在上述内积意义下正交，即

$$\langle \varphi_k, \varphi_j\rangle_\mu = \begin{cases} 1, & 当\ k = j, \\ 0, & 当\ k \neq j. \end{cases} \tag{6.9}$$

已知[72]，若规定 $\varphi_k$ 的首项系数为正的，则这样的正交多项式 $\varphi_k(z)$ 是唯一确定的.

显然,函数 $\frac{1}{F(z)} \in L^2(d\mu)$，且

$$\begin{aligned} \left\|\frac{1}{F}\right\|_\mu^2 &= \int_{-\pi}^{\pi} \frac{1}{|F(e^{i\theta})|^2}\,d\mu \\ &= \frac{1}{2\pi}\int_{-\pi}^{\pi} \frac{1}{|F(e^{i\theta})|^2}|F(e^{i\theta})|^2 d\theta \\ &= 1, \end{aligned} \tag{6.10}$$

因而有

$$\left\|\frac{1}{F}-Q_N\right\|_\mu = \|1-Q_N F\|_2 = \inf_{\{P_N\}} \|1-P_N F\|_2$$

$$= \inf_{\{P_N\}} \left\|\frac{1}{F} - P_N\right\|_\mu$$

这样一来，由正交多项式的理论知道(或从 $L^2$ 中最佳逼近的特征性质知[72])，多项式 $Q_N(z)$ 满足关系式

$$\left\langle \frac{1}{F} - Q_N,\ z^j \right\rangle_\mu = 0,\ j = 0, 1, \cdots, N.$$

显然有

$$\left\langle \frac{1}{F},\ z^j \right\rangle_\mu = \frac{1}{2\pi}\int_{-\pi}^{\pi} \overline{F(e^{i\theta})}\, e^{-ij\theta} d\theta$$

$$= \frac{1}{2\pi}\overline{\int_{-\pi}^{\pi} F(e^{i\theta}) e^{ij\theta}\, d\theta} = \overline{F(0)}\,\delta_{j0}, \tag{6.11}$$

其中 $\delta_{j0}$ 是只当 $j=0$ 时为 1，其他情况下为 0，

这样，由(6.10)得到

$$\langle Q_N, z^j\rangle_\mu = \overline{F(0)}\,\delta_{j0},\quad j = 0, 1, \cdots, N. \tag{6.12}$$

若令 $Q_N(z) = q_0 + q_1 z + \cdots + q_N z^N$，则由上式得到线性方程组，

$$\begin{bmatrix} d_0 & \bar{d}_1 & \cdots & \bar{d}_N \\ d_1 & d_0 & \bar{d}_1 \cdots & \overline{d_{N-1}} \\ \vdots & & & \bar{d}_1 \\ d_N & & \cdots & d_0 \end{bmatrix} \begin{bmatrix} q_0 \\ q_1 \\ \vdots \\ q_N \end{bmatrix} = \begin{bmatrix} \bar{c}_0 \\ 0 \\ \vdots \\ 0 \end{bmatrix}, \tag{6.13}$$

其中 $c_0 = F(0)$，且 $d_k$ 是函数 $|F(e^{i\theta})|^2$ 的第 $k$ 个 Fourier 系数，

$$d_k = \frac{1}{2\pi}\int_{-\pi}^{\pi} |F(e^{i\theta})|^2 e^{-ik\theta} d\theta,\ k = 0, 1, \cdots, N. \tag{6.14}$$

显然有

$$\bar{d}_k = d_{-k}.$$

由此看出，系数矩阵 $D = \{d_{k-l}\}$ 是一个 Hermitian-Toeplitz 正

定矩阵，其正定性可从下列公式看出。对任意复数 $u_0, u_1, \cdots, u_N$ 有

$$H_n = \sum_{\nu=0}^{N} \sum_{\mu=0}^{N} d_{\nu-\mu} u_\mu \bar{u}_\nu$$
$$= \frac{1}{2\pi} \int_{-\pi}^{\pi} |F(e^{i\theta})|^2 |u_0 + u_1 e^{i\theta} + \cdots$$
$$+ u_N e^{iN\theta}|^2 d\theta \geqslant 0.$$

且当且仅当 $u_i$ 全部为零时，上式才为零.

若

$$F(z) = \sum_{n=0}^{+\infty} c_s z^n, \tag{6.15}$$

则

$$|F(z)|^2 = \sum_{s=0}^{+\infty} \sum_{\nu=0}^{+\infty} c_s \bar{c}_\nu z^{\nu-s} = \sum_{t=0}^{+\infty} \sum_{s=0}^{+\infty} \bar{c}_{t+s} c_s z^t,$$

由此得到

$$d_k = \sum_{s=0}^{+\infty} c_{k+s} \bar{c}_s. \tag{6.16}$$

因此，$d_k$ 可以通过(6.14)，经过离散化后，用快速 Fourier 变换来求出 $d_k$，或者也可以通过 $c_n$，用卷积方法（见(6.16)）来求出 $d_k$.

对于最小二乘逆，我们还可以证明它有一个重要的性质.

**引理 2** 最小二乘逆在闭圆 $|z| \leqslant 1$ 上没有零点.

**证** 考虑$N$次正交多项式 $\varphi_N(z)$（见(6.9)）的倒数多项式 $z^N \overline{\varphi_N\left(\frac{1}{\bar{z}}\right)}$，它也是一个$N$次多项式. 对于 $j = 1, 2, \cdots, N$，利用(6.9)可以得到

$$\int_{|z|=1} z^N \overline{\varphi_N\left(\frac{1}{\bar{z}}\right)} \overline{z^j} d_\mu(\theta) = \overline{\int_{-\pi}^{\pi} \varphi_N(e^{i\theta}) e^{i(j-N)\theta} d\mu(\theta)} = 0.$$

由此

$$Q_N(z) = c_N z^N \overline{\varphi_N\left(\frac{1}{\bar{z}}\right)}, \tag{6.17}$$

其中 $c_N$ 是某个常数.

已知，正交多项式 $\varphi_N(z)$ 的所有的零点在单位圆 $|z|<1$ 内[191]，因此从 (6.17) 看出，最小二乘逆的所有零点在单位圆 $|z|>1$ 外. 引理 2 证毕.

**引理 3** 设 $F(z)\in H^2(|z|<1)$, $\frac{1}{F(z)}\in A(|z|\leqslant 1)$, 则

$$\sum_{k=0}^{+\infty}|\varphi_k(0)|^2=\frac{1}{|F(0)|}<+\infty. \tag{6.18}$$

**证** 在引理的条件下，函数 $\frac{1}{F(z)}$ 在 $|z|\leqslant 1$ 上可被多项式一致逼近，因此正交多项式系 $\{\varphi_k(z)\}$ 的线性组合，可以在测度 $d\mu=\frac{1}{2\pi}|F(e^{i\theta})|^2d\theta$ 下平均逼近函数 $\frac{1}{F(e^{i\theta})}$. 根据 Parseval 等式，就有

$$\begin{aligned}\sum_{k=0}^{+\infty}|c_k|^2&=\int_{-\pi}^{\pi}\frac{1}{|F(e^{i\theta})|^2}d\mu\\&=\int_{-\pi}^{\pi}\frac{1}{|F(e^{i\theta})|^2}\frac{1}{2\pi}|F(e^{i\theta})|^2d\theta=1,\end{aligned} \tag{6.19}$$

其中

$$\begin{aligned}c_k&=\int_{-\pi}^{\pi}\frac{1}{F(e^{i\theta})}\overline{\varphi_k(e^{i\theta})}\,d\mu\\&=\int_{-\pi}^{\pi}\frac{1}{F(e^{i\theta})}\overline{\varphi_k(e^{i\theta})}\frac{1}{2\pi}|F(e^{i\theta})|^2d\theta\\&=\overline{\frac{1}{2\pi}\int_{-\pi}^{\pi}F(e^{i\theta})\varphi_k(e^{i\theta})d\theta}\\&=\overline{\frac{1}{2\pi i}\int_{|z|=1}F(z)\varphi_k(z)\frac{dz}{z}}\\&=\overline{F(0)\varphi_k(0)}.\end{aligned} \tag{6.20}$$

比较(6.19)与(6.20)就得到(6.18). 引理 3 证毕.

**注** 若 $F(z)$ 在 $|z|=1$ 上有界，$\frac{1}{F(z)}\in H^2$, 则也成立

公式(6.18).

**定理 1** (Chui-Chan[30]) 设 $F(z)\in H^2(|z|<1)$, $\frac{1}{F(z)}\in A(|z|\leqslant 1)$, 则

$$\lim_{N\to+\infty}\|1-Q_N(z)F(z)\|_2=\lim_{N\to+\infty}\left\|\frac{1}{F(z)}-Q_N(z)\right\|_\mu=0.$$

**证** 事实上,由 $\frac{1}{F(z)}$ 的对于正交多项式系的展开式为

$$\begin{aligned}\frac{1}{F(z)}&=\sum_{k=0}^{+\infty}\left\langle\frac{1}{F},\ \varphi_k\right\rangle_\mu\varphi_k(z)\\&=\overline{F(0)}\sum_{k=0}^{+\infty}\overline{\varphi_k(0)}\,\varphi_k(z),\end{aligned}$$

其中极限是在 $L^2(|z|=1)$ 或 $L^2(d\mu)$ 下来理解的, 而函数 $F(z)$ 的最小二乘逆 $Q_N(z)$ 的表示式为

$$\begin{aligned}Q_N(z)&=\sum_{k=0}^{N}\langle Q_N(z),\varphi_k(z)\rangle_\mu\varphi_k(z),\\&=\sum_{k=0}^{N}\left\langle\frac{1}{F(z)},\ \varphi_k(z)\right\rangle_\mu\varphi_k(z),\\&=\overline{F(0)}\sum_{k=0}^{N}\overline{\varphi_k(0)}\,\varphi_k(z),\end{aligned}$$

因此就有

$$\begin{aligned}\|1-Q_N(z)F(z)\|_2^2&=\left\|\frac{1}{F(z)}-Q_N(z)\right\|_\mu^2\\&=\left\|\overline{F(0)}\cdot\sum_{k=N+1}^{+\infty}\overline{\varphi_k(0)}\,\varphi_k(z)\right\|_\mu^2\\&=|F(0)|^2\cdot\sum_{k=N+1}^{+\infty}|\varphi_k(0)|^2\to 0,\end{aligned}\tag{6.21}$$

其中极限关系是利用引理 3 而得到的.

**注** 若 $H(z)$ 在 $|z|<1$ 内解析有界,且 $\frac{1}{H(z)}\in H^2(|z|<$

1)，则定理 1 也成立。

如果函数 $\frac{1}{F(z)}$ 还有进一步的结构性质，则可以得到定理 1 中的逼近的阶的估计式，为此需要下列由 Суетин 证明的二个引理。

**引理 4** (Суетин[190]，定理 2.5) 设单位圆周上 $d\mu = n(z)|dz|$，其中 $n(z) > 0$ 且满足 $n^{(p)}(z) \in \mathrm{Lip}\alpha$，$p \geqslant 0$，$0 < \alpha < 1$，则在(6.8)意义下的正交多项式 $\varphi_n(z)$ 有下列渐近表达式：

$$\varphi_n(z) = g(z)z^n\left[1 + O\left(\frac{\ln n}{n^{p+2}}\right)\right], \quad |z| \geqslant 1, \qquad (6.22)$$

其中

$$g(z) = \exp\left[-\frac{1}{4\pi}\int_{-\pi}^{\pi} \ln n(e^{i\theta})\,\frac{e^{i\theta} + z}{e^{i\theta} - z}\,d\theta\right], \quad |z| > 1, \qquad (6.23)$$

因而有

$$n(z) = \frac{1}{|g(z)|^2}, \quad |z| = 1. \qquad (6.24)$$

**引理 5** (Суетин[190]，定理 3.3) 设单位圆周上 $d\mu = n(z)|dz|$，且 $n(z) > 0$，$n(z) \in \mathrm{Lip}\alpha$，$0 < \alpha < 1$，于是对任意函数 $f(z) \in A(|z| \leqslant 1)$，任意自然数 $N$，有

$$\max_{|z| \leqslant 1}\left|f(z) - \sum_{k=0}^{N} c_k\,\varphi_k(z)\right| \leqslant cE_N(f, |z| \leqslant 1)\ln N, \qquad (6.25)$$

其中

$$c_k = \int_{-\pi}^{\pi} f(e^{i\theta})\overline{\varphi_k(e^{i\theta})}\,d\mu = \frac{1}{2\pi}\int_{-\pi}^{\pi} f(e^{i\theta})\overline{\varphi_k(e^{i\theta})}\,n(e^{i\theta})\,d\theta, \qquad (6.26)$$

$c$ 为不依赖于$N$的常数，$E_n(f, |z| \leqslant 1)$ 是函数 $f(z)$在 $|z| \leqslant 1$ 上用$N$次多项式逼近时的最佳逼近值（见第二章§3中公式(3.3))。

事实上 Суетин 在文献[190]中，对一般的具有一定光滑度的

曲线所围的区域上也可以得到类似于(6.25)的估计。

由于要证明这二个引理需要用到正交多项式理论中很多知识，因此我们就不在这里证明了，有兴趣的读者可参看 Суетин 的文章[190]。

**定理 2** (Chui-Shen[31]) 设函数 $F(z)\in A(|z|<1)$, $F'(z)\in \mathrm{Lip}\alpha$, $0<\alpha\leqslant 1$, 且函数 $\dfrac{1}{F(z)}\in K(a,b,c)$:

$K(a,b,c)=\{f|f(z)$ 在 $|z|<1$ 内解析，在 $|z|\leqslant 1$ 上 $f(z)$ 有无穷多次微商，且满足

$$|f(e^{it})_t^{(r)}|\leqslant Mr^a b^r r^{cr},\ r=0,1,2,\cdots\},$$

其中 $a\geqslant 0$, $b>0$, $c>0$。又设$N$次多项式 $Q_N(z)$ 是函数 $F(z)$ 的最小二乘逆(见(6.1))，其中$N$为任意的自然数，则

$$\max_{|z|\leqslant 1}\left|F(z)-\frac{1}{Q_N(z)}\right|\leqslant CN^{\frac{a}{c}}e^{-\frac{c}{cb^{1/c}}N^{\frac{1}{c}}},\tag{6.27}$$

其中$C$是不依赖于$N$的常数。

进一步，在(6.27)的$N$上的指数还不能再改进。

**证** 在定理 2 的条件下，为了要应用引理 4 及引理 5，取

$$n(z)=|F(z)|^2,\quad |z|=1.$$

于是由引理 4 可以得到 $n$ 次正交多项式 $\varphi_n(z)$ 的渐近展开式，

$$\varphi_n(z)=g(z)z^n\left(1+c_n(z)\frac{\ln n}{n}\right),\ |z|\geqslant 1,\tag{6.28}$$

其中 $g(z)$ 由(6.23)确定，$g(z)\in A(|z|\geqslant 1)$, 且

$$|g(z)|=\frac{1}{|F(z)|},\ |z|=1,\tag{6.29}$$

而 $c_n(z)$ 在 $|z|\geqslant 1$ 上一致有界。

由(6.11)，(6.17)及(6.28)，(6.29)得

$$c_n\frac{1}{2\pi}\int_{|z|=1}z^N\overline{\varphi_N(z)}\,|F'(z)|^2\frac{dz}{iz}=\overline{F(0)},$$

即

$$c_n \frac{1}{2\pi i}\int_{|z|=1} z^N\left(\overline{g(z)}z^{-N}\left(1+O\left(\frac{\ln n}{n}\right)\right)|F(z)|^2\frac{dz}{iz}\right.$$

$$=\overline{F(0)},$$

或

$$c_n\frac{1}{2\pi i}\int_{|z|=1}\frac{1}{g(z)}\left(1+O\left(\frac{\ln n}{n}\right)\right)\frac{dz}{z}=\overline{F(0)},$$

由此得

$$c_n=\overline{F(0)}\,g(\infty)\left(1+O\left(\frac{\ln n}{n}\right)\right). \tag{6.30}$$

现在取引理 5 中的 $f(z)=\frac{1}{F(z)}$，则由(6.26)及(6.20)得

$$c_k=\frac{1}{2\pi}\int_{-\pi}^{\pi}\frac{1}{F(e^{i\theta})}\overline{\varphi_k(e^{i\theta})}\,|F(e^{i\theta})|^2d\theta=\overline{F(0)\,\varphi_k(0)}.$$

因此，由(6.21)知，

$$\sum_{k=0}^{N}c_k\varphi_k(z)=Q_N(z).$$

这样一来，由引理 5 得

$$\max_{|z|\leqslant 1}\left|\frac{1}{F(z)}-Q_N(z)\right|\leqslant CE_n\left(\frac{1}{F},\ |z|\leqslant 1\right)\ln N, \tag{6.31}$$

其中由第二章 § 3 中定理 1 的推论知，在定理 2 的条件有

$$E_N\left(\frac{1}{F},\ |z|\leqslant 1\right)\leqslant CM\ \frac{r^ab^rr^{cr}}{N^r},\ r=1,2,\cdots. \tag{6.32}$$

现在设 $r$ 是 $\geqslant e^{-1}b^{-\frac{1}{c}}N^{\frac{1}{c}}$ 的最小整数，因此由(6.28)，(6.29)，(6.30)结合(6.31)与(6.32)就得到

$$\left|F(z)-\frac{1}{Q_N(z)}\right|=\left|\frac{F(z)}{Q_N(z)}\right|\left|\frac{1}{F(z)}-Q_N(z)\right|$$

$$\leqslant CN^{\frac{a}{c}}e^{-cN^{\frac{1}{c}}/eb^{\frac{1}{c}}},\ |z|\leqslant 1,$$

这就证明了(6.27)。

为了断定所得的估计式(6.27)是精确的，考虑下面的例子。

设

$$f(z) = \frac{a_0}{2} + \sum_{k=1}^{+\infty} a_k z^k, \quad |z| < 1, \tag{6.33}$$

其中令

$$a_k = \exp\left(-k^{\frac{1}{c}}\right), \quad k \geqslant 3, \tag{6.34}$$

且 $a_0$，$a_1$ 与 $a_2$ 是选择得使满足

1° $a_k$ 单调下降趋向于零；

2° 二阶差分，

$$\Delta^2 a_k = a_{k+2} - 2a_{k+1} + a_k > 0, \quad k = 0, 1, \cdots.$$

由此应用 Abel 变换二次，可以证明当 $|z| = 1$ 时有

$$\begin{aligned}
|f(e^{i\theta})| &= \left|\frac{a_0}{2} + \sum_{k=0}^{+\infty} a_k e^{ik\theta}\right| \\
&\geqslant \left|\mathrm{Re}\left(\frac{a_0}{2} + \sum_{k=1}^{+\infty} a_k e^{ik\theta}\right)\right| \\
&= \left|\sum_{k=0}^{+\infty} (a_k - a_{k+1}) \frac{\sin\frac{2k+1}{2}\theta}{2\sin\frac{\theta}{2}}\right| \\
&= \left|-\sum_{k=0}^{+\infty} \Delta^2 a_k \frac{(\sin(k+1)\theta)^2}{2(\sin\theta)^2}\right| \\
&> 0.
\end{aligned} \tag{6.35}$$

若 $|z| < 1$，考虑 $(1 - z)f(z)$，类似地也可以证明

$$f(z) \neq 0, \quad |z| < 1. \tag{6.36}$$

此外，还可以证明，在 $|z| = 1$ 上，$f(z) \in C^\infty$。事实上，我们有

$$\begin{aligned}
|f(e^{it})_t^{(r)}| &\leqslant \sum_{k=1}^{+\infty} k^r a_k \\
&\leqslant (cr)^{cr+1} + \int_{(cr)^c}^{+\infty} t^r e^{-t^{\frac{1}{c}}} dt \\
&= (cr)^{cr+1} + c^2\, c^{cr+c-1} \int_r^{+\infty} x^{cr+c-1} e^{-x} dx
\end{aligned}$$

$$\leqslant (cr)^{cr+1} + c^{cr+c+1}\Gamma(cr+c)$$
$$\leqslant \frac{\sqrt{2\pi}}{e} c^{2c+\frac{1}{2}} r c^{2cr} r^{cr},$$

即

$$j(z) \in K(1, c^{2c}, c).$$

取 $F(z) = \dfrac{1}{j(z)}$，显然 $F(z) \in A(|z|<1)$，且 $F'(z) \in \mathrm{Lip}\alpha$，$0 < \alpha \leqslant 1$.

现设 $Q_N(z)$ 是函数 $F(z)$ 的最小二乘逆，则利用(6.28)与(6.29)得

$$\max_{|z|\leqslant 1}\left|F(z) - \frac{1}{Q_N(z)}\right| = \max_{|z|\leqslant 1}\left|\frac{F(z)}{Q_N(z)}\right|\left|\frac{1}{F(z)} - Q_N(z)\right|$$
$$\geqslant c \max_{|z|=1}\left|\frac{1}{F(z)} - Q_N(z)\right|$$
$$\geqslant c\left\|\frac{1}{F(z)} - Q_N(z)\right\|_2,$$

其中 $c$ 为某个正常数，$N$ 为某个充分大数，容易证明

$$\left\|\frac{1}{F(z)} - Q_N\right\|_2^2 = \sum_{k=N+1}^{+\infty} e^{-2k^{\frac{1}{c}}}$$
$$> \int_{N+1}^{+\infty} e^{-2t^{\frac{1}{c}}}\, dt$$
$$\geqslant \frac{2}{c+1} N^{\frac{c+1}{c}} e^{-2(N+1)^{\frac{1}{c}}}.$$

这就说明了估计式(6.27)中$N$上的指数 $\dfrac{1}{c}$，一般地说是不能再改进了.

定理 2 证毕.

**注** 从定理 2 的证明可以看出，若函数 $\dfrac{1}{F(z)} \in K(a,b,c)$，而是属于其他可微函数类，则也可以得到类似于(6.27)的估计式. 当然，逼近的阶就不一定有那么高了.

## §7. 有理函数逼近在数字滤波器设计中的应用

这一节中，我们将简单地介绍数字滤波器设计中的一些问题，以及如何应用有理函数逼近的方法来实现这个设计.

设 $\{x_n\}$ 是输入信号，此信号经过某个递归数字滤波器后得到输出的信号为 $\{y_n\}$，这里“递归”两字是表示后面的输出信号可以与前面某一段输出信号（当然也与前面一段的输入信号）有关，这样就能大大地提高效率. 这样一来在时域上的滤波方程为，

$$y_n = \sum_{j=0}^{M} a_j x_{n-j} + \sum_{i=1}^{N} b_i y_{n-i}, \tag{7.1}$$

其中$M$与$N$是在设计中事先给定的数，而 $\{a_j\}$, $j = 0,1,\cdots, M$ 与 $\{b_i\}$, $i = 1,2,\cdots, N$ 都是设计参数，这也是根据设计的需要来确定的值. (7.1)中前一个求和是刻划了移动的平均，而后一个求和是刻划了自回归. 若所有的 $b_i = 0$, $i = 1,2,\cdots,N$, 则对应于无递归的数字滤波器.

令

$$a_j = 0, \text{当 } j > M \text{ 或 } j < 0 \text{ 时},$$

$$b_i = 0, \text{当 } i > N \text{ 或 } i < 0 \text{ 时}, b_0 = -1,$$

则滤波方程(7.1)可改写为

$$\{a_n\} * \{x_n\} + \{b_n\} * \{y_n\} = 0, \tag{7.2}$$

其中二个序列 $\{\alpha_n\}$, $\{\beta_n\}$ 的卷积得到的序列 $\{r_n\}$ 为，

$$r_n = \sum_{k=-\infty}^{+\infty} \alpha_n \beta_{k-n}. \tag{7.3}$$

对于任意一个序列 $\{c_n\}$，定义其Z变换为，

$$C(z) = \sum_{k=-\infty}^{+\infty} c_k z^k. \tag{7.4}$$

令后若 $z$ 在单位圆周 $|z| = 1$ 上，设 $z = e^{i\omega}$，其中 $j$ 即是过去常用的纯虚数，$-\pi \leqslant \omega \leqslant \pi$，称 $\omega$ 为频率，对于所有的序列

$\{x_n\}$，$\{y_n\}$，$\{a_n\}$，$\{b_n\}$ 过渡到频率域，即考虑其Z变换，

$$X(z)=\sum_{n=-\infty}^{+\infty}x_nz^n,$$

$$Y(z)=\sum_{n=-\infty}^{+\infty}y_nz^n,$$

$$P(z)=\sum_{n=-\infty}^{+\infty}a_nz^n=\sum_{n=0}^{M}a_nz^n,$$

$$-Q(z)=\sum_{n=-\infty}^{+\infty}b_nz^n=-1+\sum_{n=1}^{N}b_nz^n.$$

利用二个序列卷积的Z变换等于这二个序列每一个序列的Z变换相乘的性质（这容易从Z变换的定义及比较（7.4）的展开系数得到），可以得到

$$P(z)X(z)=Q(z)Y(z).$$

因此，我们说，在频率域上，

$$Y(z)=H(z)X(z), \tag{7.5}$$

其中

$$H(z)=\frac{P(z)}{Q(z)}=\frac{a_0+a_1z+\cdots+a_Mz^M}{1-b_1z+\cdots+b_Nz^N} \tag{7.6}$$

是一个分子为$M$次，分母为$N$次的有理函数。称有理函数 $H(z)$ 为这个数字滤波器的传输函数，称 $|H(e^{i\omega})|$ 为这个滤波器的振幅谱。

令

$$H(z)=\sum_{k=-\infty}^{+\infty}h_kz^k. \tag{7.7}$$

称序列 $\{h_k\}$ 为脉冲响应。根据上面的讨论，利用(7.5)容易在时间域上得到

$$\{y_n\}=\{x_n\}*\{h_n\},$$

即

$$y_n=\sum_{k=-\infty}^{+\infty}h_kx_{n-k}. \tag{7.8}$$

由此看出，若 $\{x_n\}$ 是单位输入脉冲：

$$x_n=\begin{cases}1, & n=0,\\ 0, & n\neq 0,\end{cases}$$

则由(7.8)得到

$$y_n=h_n,\quad n=0,\pm 1,\pm 2,\cdots,$$

因此称 $\{h_j\}$ 为单位脉冲响应或脉冲响应。

在数字滤波设计中有二个重要的概念，即“稳定性”概念与“因果性”概念。

**定义** 我们认为数字滤波器是稳定的，如果对于任意的有界输入 $\{x_n\}$，其输出 $\{y_n\}$ 也必为有界。我们认为数字滤波器是有因果的，如果对任何输入 $\{x_n\}$，若对任意整数 $m$，当 $n\leqslant m$ 时，$x_n=0$，则对输出 $\{y_n\}$ 而言，当 $n\leqslant m$ 时，也有 $y_n=0$。

**引理 1** 要使数字滤波器是稳定的充要条件是，对脉冲响应序列 $\{h_j\}$ 有

$$\sum_{j=-\infty}^{+\infty}|h_j|<+\infty. \tag{7.9}$$

**证** 充分性。若(7.9)成立，且对输入 $\{x_n\}$ 存在常数 $M$，使

$$|x_n|\leqslant M,\quad n=0,\pm 1,\pm 2,\cdots,$$

则

$$|y_n|=\left|\sum_{k=-\infty}^{+\infty}h_kx_{n-k}\right|\leqslant M\sum_{k=-\infty}^{+\infty}|h_k|<+\infty.$$

必要性。若(7.9)不成立，则令

$$x_n=\begin{cases}\dfrac{|h_{-n}|}{h_{-n}}, & 若\ h_n\neq 0,\ h_{-n}\neq 0,\\ 0, & 其它情况.\end{cases}$$

显然，

$$|x_n|\leqslant 1,\quad n=0,\pm 1,\pm 2,\cdots,$$

但

$$y_0=\sum_{k=-\infty}^{+\infty}x_{-k}h_k=\sum_{k=-\infty}^{+\infty}|h_k|=+\infty,$$

则输出 $\{y_n\}$ 是无界的了．因此(7.9)成立．

引理 1 证毕．

**引理 2** 要使数字滤波器是有因果的充要条件是，对于脉冲响应序列 $\{h_i\}$ 有

$$h_{-n}=0,\ n=1,2,\cdots. \tag{7.10}$$

**证** 充分性．设(7.10)成立，且对某个整数 $m$，当 $n\leqslant m$ 时，$x_n=0$，则当 $n\leqslant m$ 时，有

$$y_n=\sum_{k=-\infty}^{+\infty}h_k x_{n-k}=\sum_{k=0}^{+\infty}h_k x_{n-k}=0.$$

必要性．对任意整数 $m$，考虑输入 $\{x_n\}$，

$$x_n=\begin{cases}1, & n=m+1,\\0, & n\neq m+1.\end{cases}$$

因此按引理 2 条件，应该有

$$\text{当 } n\leqslant m \text{ 时，} y_n=0; \tag{7.11}$$

另一方面，由(7.8)得到，当 $n\leqslant m$ 时，

$$y_n=h_{n-(m+1)}. \tag{7.12}$$

比较(7.11)与(7.12)得

$$h_{-1}=h_{-2}=\cdots=0.$$

引理 2 证毕．

**定理 1**[108] 要使数字滤波器是稳定的与有因果的充要条件是，由(7.6)所确定的传输函数 $H(z)$ 是闭圆 $|z|\leqslant 1$ 上的解析函数，即当(7.6)中的分子与分母是不可约时，其分母 $Q(z)$ 在闭圆 $|z|\leqslant 1$ 上没有零点．

**证** 充分性．设函数 $H(z)$ 在闭圆 $|z|\leqslant 1$ 上解析，则 $H(z)$ 在 $|z|\leqslant 1$ 上有幂级数展开，且收敛半径为 $\rho>1$，因此在(7.7)的展开式中，

$$h_{-n}=0,\ n=1,2,\cdots, \tag{7.13}$$

且由 Cauchy-Hadamard 公式有

$$\overline{\lim_{n\to+\infty}}\sqrt[n]{|h_n|}=\frac{1}{\rho},\ \rho>1,$$

因此

$$\sum_{k=-\infty}^{+\infty} |h_k| < +\infty. \tag{7.14}$$

由此,由(7.13)与(7.14)应用引理 1 与引理 2 证得了充分性。

必要性. 在定理 1 的条件下, 用引理 1 及引理 2 知 (7.13)及(7.14)成立. 因此,由 Weierstrass 定理知,

$$H(z) = \sum_{k=0}^{+\infty} h_k z^k$$

在 $|z| < 1$ 内解析,且 $H(z) \in A(|z| \leqslant 1)$. 由于 $H(z)$ 是有理函数, 且它在闭圆 $|z| \leqslant 1$ 上连续, 因此它的极点必在单位圆 $|z| > 1$ 外,即 $H(z)$ 在 $|z| \leqslant 1$ 上解析.

定理 1 得证。

在很多实际问题中, 往往需要对传输函数 $H(z)$ 的振幅 $|H(e^{j\omega})|$ 有一些要求,这就称为理想传输函数的振幅, 今后记作 $|H_l(e^{j\omega})|$. 例如:

1° 低通滤波器——需要通过输出, 保留原来低频信号的振幅,而将高频信号都变为零,即

$$|H_l(e^{j\omega})| = \begin{cases} 1, & |\omega| < \omega_c < \pi, \\ 0, & \text{其他情况}, \end{cases}$$

2° 高通滤波器——需要通过输出, 保留原来高频信号的振幅,而将低频信号都变为零,即

$$|H_l(e^{j\omega})| = \begin{cases} 0, & |\omega| < \omega_c < \pi, \\ 1, & \text{其他情况}. \end{cases}$$

3° 带通滤波器——需要通过输出, 保留某一个频率范围的原点信号的振幅,而将其他频率范围的信号都变为零,即

$$|H_l(e^{j\omega})| = \begin{cases} 1, & 0 < \omega_1 < |\omega| < \omega_2 < \pi, \\ 0, & \text{其他情况}. \end{cases}$$

4° 带阻滤波器——需要通过输出, 使某一个频率范围的信号变为零,而保留其他频率范围内信号的振幅,即

$$|H_l(e^{i\omega})| = \begin{cases} 0, & 0 < \omega_1 < |\omega| < \omega_2 < \pi, \\ 1, & \text{其他情况}. \end{cases}$$

由于能实现递归数字滤波器的函数是有理函数，

$$H(z) = \frac{P(z)}{Q(z)} = \frac{a_0 + a_1 z + \cdots + a_M z^M}{1 - b_1 z + \cdots + b_N z^N}, \tag{7.6}$$

因此我们需要找一个形如(7.6)的有理函数，使得满足下列 4 个条件.

1 $|H(e^{i\omega})|$ 能“很好地”逼近 $|H_l(e^{i\omega})|$；

2 当 $|z| \leqslant 1$ 时，$Q(z) \neq 0$，这是保证能实现稳定及有因果的滤波的充要条件；

3 $a_0, a_1, \cdots, a_M$ 以及 $b_1, b_2, \cdots, b_N$ 是实数；

4 $\arg H(e^{i\omega})$，有“较好的性质”.

对于条件 1 有一些处理方法. 我们以 1 中低通滤波器为例. 由于 $|H(e^{i\omega})|$ 是一个连续函数，而 $|H_l(e^{i\omega})|$ 是在 $|\omega| = \omega_c$ 上有间断点，因此由数学分析中知，不可能用连续函数来逼近一个间断函数，因此需要对 $|H_l(e^{i\omega})|$ 作出一些修改. 例如，修改以后的连续函数为

$$|H_\varepsilon(e^{i\omega})| = \begin{cases} 1, & |\omega| \leqslant \omega_c - \varepsilon, \ \varepsilon > 0, \\ 0, & |\omega| \geqslant \omega_c + \varepsilon, \\ \text{线性函数}, & \omega_c - \varepsilon \leqslant |\omega| \leqslant \omega_c + \varepsilon. \end{cases} \tag{7.15}$$

当然，在 $\omega_c - \varepsilon \leqslant |\omega| \leqslant \omega_c + \varepsilon$ 中也可用其它光滑函数，使得函数 $|H_\varepsilon(e^{i\omega})|$ 有各种不同程度的光滑性.

但是，要寻找形如(7.6)的有理函数来逼近 $|H_\varepsilon(e^{i\omega})|$ 也不是一件容易的事，因此有时候将在边界 $|z| = 1$ 上确定的函数开拓到单位圆 $|z| < 1$ 内的解析函数 $\hat{H}_\varepsilon(z)$，使得

$$|\hat{H}_\varepsilon(z)| = |H_\varepsilon(z)|, \ |z| = 1.$$

例如，取解析函数空间中的外函数即可：

$$\hat{H}_\varepsilon(z) = \exp\left\{\frac{1}{2\pi}\int_{-\pi}^{\pi} \frac{e^{it} + z}{e^{it} - z} \ln|H_\varepsilon(e^{it})| dt\right\}, \tag{7.16}$$

即

$$\ln|\hat{H}_\varepsilon(re^{i\omega})| = \frac{1}{2\pi}\int_{-\pi}^{\pi} P_r(\omega - t)\ln|H_\varepsilon(e^{it})|dt, \quad (7.17)$$

其中 $P_r(t)$ 是 Poisson 核. 由于解析函数唯一性定理,当 $\hat{H}_\varepsilon(z)$ 在 $|z|=1$ 上有一段弧上取值为零时, $H_\varepsilon(z)\equiv 0$, 因此还需修改函数 $|H_\varepsilon(e^{i\omega})|$ 为:

$$|H_\varepsilon(e^{i\omega})| = \begin{cases} 1, & \text{当 } |\omega| \leqslant \omega_c - \varepsilon_1,\ \varepsilon_1 > 0, \\ \varepsilon_2, & \text{当 } |\omega| \geqslant \omega_c + \varepsilon_1, \varepsilon_2 > 0, \\ \text{适当的函数}, & \text{当 } \omega_c - \varepsilon_1 \leqslant |\omega| \leqslant \omega_c + \varepsilon, \end{cases} \quad (7.18)$$

使得 $|H_\varepsilon(e^{i\omega})|$ 有一定的光滑性. 例如, Chui-Shen 在文献 [31] 中,取

$$|H_\varepsilon(e^{i\omega})| = \exp u(\omega),$$

其中

$$u(\omega) = \begin{cases} 0, & \text{当 } |\omega| \leqslant \theta_2 < \pi, \\ \ln\varepsilon + e^{\frac{1}{|\omega|-\theta_1}}\left[e^{\frac{1}{\theta_2-|\omega|}} - (\ln\varepsilon)e^{\frac{1}{\theta_1-\theta_2}}\right], & \text{当} \theta_2 < |\omega| < \theta_1 < \pi, \\ \ln\varepsilon, & \text{当 } \pi \geqslant |\omega| \geqslant \theta_1, \end{cases}$$

在文献[31]中还证明了由 (7.17) 所确定的函数 $\hat{H}_\varepsilon(z)$ 及 $\frac{1}{\hat{H}_\varepsilon(z)}$ 都在 $|z|<1$ 内解析, 在 $|z|\leqslant 1$ 上属于 $C^\infty$ 且属于类 $K(a_1, b_1, 4)$ (见 § 6 中定理 2 内的定义), 其中 $a_1$ 为某个常数, $b_1 > \frac{8}{e^4}$ 的任意数.

我们在 § 6 中介绍了求函数 $\hat{H}_\varepsilon(z)$ 的最小二乘逆 $Q_N(z)$ 的方法,并且给出了用 $\frac{1}{Q_N(z)}$ 逼近 $\hat{H}_\varepsilon(z)$ 的估计式, 因此就可以用 $\frac{1}{Q_N(z)}$ 作为传输函数来设计滤波器, 此时在通过带 $|\omega| \leqslant \omega_c - \varepsilon_1 = \theta_2$ 及停止带 $\pi \geqslant |\omega| \geqslant \omega_c + \varepsilon_1 = \theta_1$ 上分别有估计式

$$\left|\frac{1}{Q_N(z)}-1\right| \leqslant cN^{\frac{a_1}{4}} e^{-\frac{4}{cb_1 1/4} N^{\frac{1}{4}}} \quad \begin{array}{l} |z|=1, \\ |\arg z| \leqslant \theta_2, \end{array}$$

$$\left|\frac{1}{Q_N(z)}\right| \leqslant cN^{\frac{a}{4}} e^{-\frac{4}{cb_1 1/4} N^{\frac{1}{4}}} \quad |z|=1, \ \pi \geqslant |\arg z| \geqslant \theta_1.$$

如果我们用其他方式在（7.18）选择适当函数，例如使函数 $\hat{H}_\varepsilon(z)$ 在 $|z|=1$ 上属于 $B_rH_1$（见 § 5 中定义），则也可以用§ 6 中最小二乘逆方法得到类似于(6.27)的估计式。当然，也可以用 § 5 中插值方法来得到类似于(5.68)中的估计式.

此外，在对函数 $\hat{H}_\varepsilon(z)$ 求出其最小二乘逆 $Q_N(z)$ 后还可以设法求 $M$ 次多项式 $P_M(z)$，使得满足

$$\|P_M(z)-Q_N(z)\hat{H}_\varepsilon(z)\|_2=\inf_{\{G_M(z)\}}\|G_M(z)-Q_N(z)\hat{H}_\varepsilon(z)\|_2, \tag{7.19}$$

其中下确界是对所有的 $M$ 次多项式（7.19）而取的. 由 $L^2$ 中逼近定理知，$P_M(z)$ 是存在唯一，且只要解 $M+1$ 个未知数的 $M+1$ 个线性方程就行.

$$\int_{-\pi}^{\pi}(P_M(z)-Q_N(z)\hat{H}_\varepsilon(z))\overline{z^j}|dz|=0, \quad j=0,1,\cdots,M,$$

即

$$\int_{-\pi}^{\pi}P_M(z)\overline{z^j}|dz|=\int_{-\pi}^{\pi}Q_N(z)\hat{H}_\varepsilon(z)\overline{z^j}|dz|,$$
$$j=0,1,\cdots,M. \tag{7.20}$$

显然有(参看 § 6 定理 1)，

$$\|P_M(z)-Q_N(z)\hat{H}_\varepsilon(z)\|_2 \leqslant \|1-Q_N(z)\hat{H}_\varepsilon(z)\|_2 \to 0$$

因此，也可以用函数 $\dfrac{P_M(z)}{Q_N(z)}$ 来设计滤波器.

称用 $\dfrac{1}{Q_N(z)}$ 设计的滤波器为全极点滤波器，它是稳定且有因果的，称用 $\dfrac{P_M(z)}{Q_N(z)}$ 设计的滤波器为零点——极点滤波器，它也是稳定且有因果的.

此外，由于 $|H_\varepsilon(e^{j\omega})|$ 是偶函数，因此容易证明，

$$a_k = \frac{1}{\pi}\int_{-\pi}^{\pi} e^{ik\omega}\ln|H_s(e^{j\omega})|d\omega,\ k=0,1,2,\cdots$$

是实数，而由(7.16)所定义的函数 $\hat{H}_s(z)$ 有下列幂级数展开式:

$$\hat{H}_s(z) = \sum_{n=0}^{+\infty} c_n z^n, \tag{7.21}$$

其中

$$c_0 = e^{\frac{a_0}{2}},$$

$$c_n = e^{\frac{a_0}{2}} \sum_{k=1}^{n} \frac{1}{k!} \sum_{i_1+i_2+\cdots+i_k=n} a_{i_1}a_{i_2}\cdots a_{i_k} \tag{7.22}$$

也是实数。这样一来，通过解线性方程(6.13)所得到的 $Q_N(z)$ 就是实系数多项式。类似地，通过解线性方程组(7.20)所得到的 $P_M(z)$ 也是实系数多项式。

这样一来，在设计滤波器时所需要的4个条件就已满足3个。至于第4个条件，很是复杂，在 Chui 与 Chan 的文章[30]中，对于取(7.17)的函数 $|H_s(e^{j\omega})|$，对这二种设计，传输函数的幅角在通过带中都几乎是线性函数，而对全极点设计，其传输函数的幅角在停止带中也几乎是线性函数。

此外，我们还可以用 Padé 逼近方法求出实现逼近的有理函数，其方法如下:

求有理函数 $H_R(z) = \dfrac{P_M(z)}{Q_N(z)}$，使得满足

$$Q_N(z)\hat{H}_s(z) - P_n(z) = O(z^{M+N+1}), \tag{7.23}$$

其中 $P_M(z) = p_0 + p_1 z + \cdots + p_M(z)^M$，$Q_N(z) = q_0 + q_1 z + \cdots + q_N z^N$。

这里可以取 $q_0 = 1$，因此(7.23)就化为解线性方程组:

$$\begin{bmatrix} c_M & c_{M-1} & \cdots & c_{M-N+1} \\ c_{M+1} & c_M & \cdots & c_{M-N+2} \\ \vdots & & & \\ c_{M+N-1} & c_{M+N-2} & \cdots & c_M \end{bmatrix} \begin{bmatrix} q_1 \\ q_2 \\ \vdots \\ q_N \end{bmatrix} = \begin{bmatrix} -c_{M+1} \\ -c_{M+2} \\ \vdots \\ -c_{M+M} \end{bmatrix}, \tag{7.24}$$

其中当 $k>0$ 时 $c_{-k}=0$，而 $c_k$，$k\geqslant 0$ 是由(7.22)所确定.像上面一样，可以看出，这个方程是有解的，在求出了 $q_n$，$n=0,1,\cdots,N$ 以后，由

$$p_k=\sum_{n=0}^{k} c_{k-n}\, q_n,\quad k=0,1,\cdots,M$$

就可以求出多项式 $P_M(z)$.

有理函数 $H_R(z)=\dfrac{P_M(z)}{Q_N(z)}$ 称为函数 $\hat{H}_\varepsilon(z)$ 的 $(m,n)$ Padé 逼近式. 目前,有一些(如文献[12])研究 Padé 逼近式 $\dfrac{P_M(z)}{Q_N(z)}$收敛到函数 $\hat{H}_\varepsilon(z)$ 的问题. 这里,不准备详细讨论了. 但是，我们要指出,用 Padé 逼近不能保证多项式 $Q_N(z)$ 的零点必定在单位圆 $|z|>1$ 外,因此就不能保证用函数 $H_R(z)=\dfrac{P_M(z)}{Q_N(z)}$ 所设计的滤波器是稳定的. 为此需要作出一些修改.

对于 $Q_N(z)=q_0+q_1z+\cdots+q_Nz^N$，$Q_N(0)=q_0\neq 0$，可以求出其最小二乘逆 $A_k(z)=\sum\limits_{j=0}^{k} a_jz^j$, 其中 $k$ 为某个自然数. 根据 § 6 中引理 2 知，$A_k(z)$ 的零点全部在 $|z|>1$ 外. 对此 $A_k(z)$，也求出其最小二乘逆 $B_N(z)$，此时 $B_N(z)$ 通过 $k$ 次多项式类 $\Pi_k$ 的双最小二乘逆.（参看 Chui 的著作[29]).

自然地会问：当多项式 $Q_N(z)$ 在 $|z|\leqslant 1$ 中没有零点时，其通过 $\Pi_k$ 求出的双最小二乘逆 $B_N(z)$ 是否等于 $Q_N(z)$. 答案是否定的.

事实上,我们取

$$Q_1(z)=\alpha-z,\quad \alpha\neq 0. \tag{7.25}$$

令

$$A_k(z)=a_0+a_1z+\cdots+a_kz^k \tag{7.26}$$

是 $Q_1(z)$ 在 $\Pi_k$ 上的最小二乘逆,则由 § 6 中(6.13)知,向量 $\boldsymbol{a}=(a_0,a_1,\cdots,a_k)^T$ 满足线性方程组

$$\boldsymbol{c}\boldsymbol{a}=\boldsymbol{p},\quad \boldsymbol{p}=[\underbrace{\bar{\alpha},0,\cdots 0}_{k+1\text{个}}]^T, \tag{7.27}$$

其中

$$\begin{bmatrix} 1+|\alpha|^2 & -\alpha & 0 & \cdots & 0 & 0 & 0 \\ -\bar{\alpha} & 1+|\alpha|^2 & -\alpha & \ddots & & & 0 \\ 0 & \ddots & \ddots & \ddots & \ddots & & \vdots \\ & & \ddots & \ddots & \ddots & \ddots & 0 \\ \vdots & & & \ddots & \ddots & \ddots & -\alpha \\ & & & & \ddots & \ddots & \\ 0 & \cdots & \cdots & \cdots & 0 & -\alpha & 1+|\alpha|^2 \end{bmatrix}. \tag{7.28}$$

由(7.27),(7.28)求出

$$A_k(z)=\frac{\bar{\alpha}}{1+|\alpha|^2+\cdots+|\alpha|^{2k+2}}[(1+\cdots+|\alpha|^{2k}) + \bar{\alpha}(1+\cdots+|\alpha|^{2k-2})z+\cdots+\alpha^{-k}z^k]. \tag{7.29}$$

而 $A_k(z)$ 在 $\Pi_1$ 中的最小二乘逆，或者等价地说，$Q_N(z)$ 通过 $\Pi_k$ 的双最小二乘逆为

$$B_{1,k}(z)=b_{0,k}-b_{1,k}z, \tag{7.30}$$

其中系数 $b_{0,k}$ 与 $b_{1,k}$ 可以用同上面一样的方法求出，但是为了简化并使结果更清楚起见,我们应用下面的步骤来求。

令

$$d=|\alpha|^2,\quad c_j=\sum_{l=0}^{j}d^l, \tag{7.31}$$

于是就得到线性方程组(参看(6.13)及(6.14)):

$$\frac{d}{c_{k+1}^2}\begin{bmatrix} \sum_{j=0}^{k}d^{k-j}c_j^2 & \alpha\sum_{j=1}^{k}d^{k-j}c_{j-1}c_j \\ \bar{\alpha}\sum_{j=1}^{k}d^{k-j}c_{j-1}c_j & \sum_{j=0}^{k}d^{k-j}c_j^2 \end{bmatrix}\begin{bmatrix} b_{0,k} \\ b_{1,k} \end{bmatrix}=\begin{pmatrix} \dfrac{\alpha c_k}{c_{k+1}} \\ 0 \end{pmatrix}.$$

由此得到

$$b_{0,k}(\alpha) \equiv b_{0,k} = \frac{\alpha c_k c_{k+1} \sum_{j=0}^{k} d^{k-j} c_j^2}{d\left[\left(\sum_{j=0}^{k} d^{k-j} c_j^2\right)^2 - d\left(\sum_{j=1}^{k} d^{k-j} c_{j-1} c_j\right)^2\right]}, \tag{7.32}$$

$$b_{1,k}(\alpha) \equiv b_{1,k} = \frac{-c_k c_{k+1} \sum_{j=1}^{k} d^{k-j} c_{j-1} c_j}{\left[\left(\sum_{j=0}^{k} d^{k-j} c_j^2\right)^2 - d\left(\sum_{j=1}^{k} d^{k-j} c_{j-1} c_j\right)^2\right]}. \tag{7.33}$$

由此当 $\alpha = -2$，且 $k = 1$ 时，可以得到

$$\begin{aligned} B_1(z) = B_{1,1}(z) &= b_{0,1} - b_{1,1} z \\ &= -\left(\frac{525}{741} + \frac{3045}{1482}\right). \end{aligned}$$

显然，$Q_1(z) \neq B_1(z)$.

但是，多项式 $Q_N(z)$ 的双最小二乘逆“最终”还是能保留 $Q_N(z)$ 在 $|z| < 1$ 中没有零点的性质，我们有下列定理.

**定理 2** (Chui[29]) 设 $N$ 次多项式 $B_{N,k}(z)$ 是 $N$ 次多项式 $Q_N(z)$ $Q_N(0) \neq 0$ 经过 $\Pi_k$ 的双最小二乘逆，则要使当 $k \to +\infty$ 时，$B_{N,k}(z)$ 在 $|z| < 1$ 内闭一致收敛到 $Q_N(z)$ 的充要条件是

$$Q_N(z) \neq 0, \quad |z| < 1. \tag{7.34}$$

**证** 必要性、若多项式 $B_{N,k}(z)$ 在 $|z| < 1$ 内闭一致收敛到 $Q_N(z)$，由于 $Q_N(0) \neq 0$，且当 $|z| < 1$ 时，由 § 6 中引理 2 知 $B_{N,k}(z) \neq 0$. 因此，根据复变函数论中已知结果知，在 $|z| < 1$ 中，$Q_N(z) \neq 0$.

**充分性** 设在 $|z| < 1$ 中，$Q_N(z) \neq 0$，因此 $\dfrac{1}{Q_N(z)} \in H^2$ $(|z| < 1)$. 此外，显然 $|Q_N(e^{i\theta})|$ 有界，因此根据 § 6 中定理 1 的注成立

$$\lim_{k\to+\infty}\|1-A_k(z)Q_N(z)\|_2=0. \tag{7.35}$$

此外，因为 $B_{N,k}(z)$ 是多项式 $A_k(z)$ 在 $\Pi_N$ 中的最小二乘逆，且 $Q_N(z)\in\Pi_N$，因此

$$\begin{aligned}\|Q_N-B_{N,k}\|_2&\leqslant\|(1-B_{N,k}A_k)Q_N\|_2+\|(1-A_kQ_N)B_{N,k}\|_2\\&\leqslant\|(1-B_{N,k}A_k)\|_2\|Q_N\|_\infty+\|1\\&\quad-A_kQ_N\|_2\|B_{N,k}\|_\infty\\&\leqslant\|1-A_kQ_N\|_2(\|Q_N\|_\infty+\|B_{N,k}\|_\infty),\end{aligned} \tag{7.36}$$

其中 $\|\cdot\|_\infty$ 是单位圆周 $|z|=1$ 上连续函数空间中的一致范数．由于对所有 $D\in\Pi_N$，其 $L^p$ 范数都是等价的，因此存在常数 $c$，使

$$\|D\|_\infty\leqslant c\|D\|_2,\quad D\in\Pi_N.$$

这样一来，利用(7.36)，就有

$$\begin{aligned}\|B_{N,k}\|_\infty&\leqslant c\|B_{N,k}\|_2\leqslant c\|Q_N\|_2+c\|Q_N-B_{N,k}\|_2\\&\leqslant c\|Q_N\|_2+c\|1-A_kQ_N\|_2(\|Q_N\|_\infty+\|B_{N,k}\|_\infty).\end{aligned}$$

因而有

$$\begin{aligned}&(1-c\|1-A_kQ_N\|_2)\|B_{N,k}\|_\infty\\&\leqslant c\|Q_N\|_2+c\|1-A_kQ_N\|_2\|Q_N\|_\infty.\end{aligned}$$

由(7.35)，从上式得到

$$\overline{\lim_{k\to+\infty}}\|B_{N,k}\|_\infty\leqslant c\|Q_N\|_2. \tag{7.37}$$

由(7.36)及(7.37)推出，存在常数 $d$，使得

$$\|Q_N-B_{N,k}\|_2\leqslant d\|1-A_kQ_N\|_2. \tag{7.38}$$

最后再从(7.35)，从上式就立刻得到

$$\lim_{k\to+\infty}\|Q_N-B_{N,k}\|_2=0.$$

由此利用 Cauchy 公式就立刻推出，在 $|z|<1$ 内闭一致地有

$$\lim_{k\to+\infty}B_{N,k}(z)=Q_N(z).$$

定理 2 得证．

**注** 从(7.38)及(6.21)看出，$Q_N(z)$ 被其通过 $\Pi_k$ 的双最小二乘逆 $B_{N,k}(z)$ 的逼近估计式为

$$\|Q_N - B_{N,k}\|_2 \leqslant d|Q_N(0)|^2 \sum_{j=k+1}^{+\infty} |\varphi_j(0)|^2. \qquad (7.39)$$

下面假设 $Q_N(z)$ 在 $|z|<1$ 中有零点时，那么其通过 $\Pi_k$ 最小二乘逆 $B_{N,k}(z)$，当 $k\to+\infty$ 时的情况又如何呢？我们先从简单的一次多项式情况开始.

对于由 (7.25) 所确定的函数 $Q_1(z)=\alpha-z$，我们从定理 2 知道，若 $|\alpha|\geqslant 1$，则

$$\lim_{k\to+\infty} B_{1,k}(z)=\alpha-z,$$

且当 $|\alpha|=1$ 时，由(7.31)知，

$$d=1,\ c_j=j+1.$$

因此，由(7.32)及(7.33)得

$$\begin{aligned}B_{1,k}(z)&=b_{0,1}-b_{1,1}z\\&=\frac{4k+6}{4k+3}\alpha-\frac{4k}{4k+3}z,\end{aligned}$$

因此 $B_{1,k}(z)$ 的零点为 $\left(1+\frac{3}{2k}\right)\alpha\to\alpha.$

现在设 $|\alpha|<1$，我们仍然可以研究 $B_{1,k}(z)$ 的收敛性.

现在有 $d=|\alpha|^2<1$，因此令

$$g=\frac{1}{d},\quad g_j=\sum_{l=0}^{j} g^l, \qquad (7.40)$$

我们有

$$d=\frac{1}{g},\quad c_j=d^{-j}g_j. \qquad (7.41)$$

用(7.37)知，(7.32)的右边为

$$b_{0,k}=\frac{\alpha g^{-k}g_k g^{-k-1}g_{k+1}\sum_{j=0}^{k} g^{-k+j}g^{-2j}g_j^2}{g^{-1}\left[\left(\sum_{j=0}^{k} g^{-k+j}g^{-2j}g_j^2\right)^2-g^{-1}\left(\sum_{j=1}^{k} g^{-k+j}g^{-2j+1}g_{j-1}g_j\right)^2\right]}$$

$$= \frac{\alpha g_k g_{k+1} \sum_{j=0}^{k} g^{k-j} g_j^2}{\left[\left(\sum_{j=0}^{k} g^{k-j} g_j^2\right)^2 - g\left(\sum_{j=1}^{k} g^{k-j} g_{j-1} g_j\right)^2\right]}. \tag{7.42}$$

类似地,(7.33)右边可以改写为

$$b_{1,k} = \frac{-g_k g_{k+1} \sum_{j=1}^{k} g^{k-j} g_{j-1} g_j}{\left[\left(\sum_{j=0}^{k} g^{k-j} g_j^2\right)^2 - g\left(\sum_{j=1}^{k} g^{k-j} g_{j-1} g_j\right)^2\right]}. \tag{7.43}$$

观察(7.42)与(7.43)右边,我们发现,这与(7.32)及(7.33)右边是一样的,只是在(7.42)中多了一个因子 $\frac{1}{g}$. 进一步,在(7.40)中 $g_i$与 $g$ 的关系式恒等于(7.31)中 $c_i$ 与 $d$ 的关系式. 因此,当 $|\alpha| < 1$ 时,或者说 $g > 1$ 时,定理 2 的收敛关系就给出了

$$\frac{1}{\alpha} b_{0,k}(\alpha) \to g, \quad b_{1,k}(\alpha) \to 1.$$

因此结合这两种情况,我们有

$$\lim_{k\to+\infty} b_{0,k}(\alpha) = \begin{cases} \alpha, & 若 \ |\alpha| \geqslant 1, \\ \frac{1}{\bar{\alpha}}, & 若 \ |\alpha| < 1, \end{cases} \tag{7.44}$$

及

$$\lim_{k\to+\infty} b_{1,k}(\alpha) = 1. \tag{7.45}$$

因此得到下列定理.

**定理 3** (Chui[29]) 令 $Q_1(z) = \alpha - z$, $0 < |\alpha| \leqslant 1$, 且 $B_{1,k}(z)$ 是其通过 $\Pi_k$ 的双最小二乘逆,于是

$$\lim_{k\to+\infty} B_{1,k}(z) = \frac{1}{\bar{\alpha}} - z. \tag{7.46}$$

一般地,我们有

**定理 4** 设 $Q_N(z) \in \Pi_N$ 且可以写为

$$Q_N(z) = (\alpha_1 - z)\cdots(\alpha_m - z) Q_{N-m}(z), \tag{7.47}$$

其中 $Q_{N-m}(z)\in \Pi_{N-m}$，且当 $|z|<1$ 时 $Q_{N-m}(z)\neq 0$，

$$0<|\alpha_j|<1,\ j=1,2,\cdots,m. \tag{7.48}$$

用 $B_{N,k}(z)$ 记作 $Q_N(z)$ 通过 $\Pi_k$ 的双正交二乘逆,则

$$\lim_{k\to+\infty} B_{N,k}(z)=\widetilde{Q}_N(z), \tag{7.49}$$

其中

$$\widetilde{Q}_N(z)=\left(\frac{1}{\bar{\alpha}_1}-z\right)\cdots\left(\frac{1}{\bar{\alpha}_m}-z\right)Q_{N-m}(z). \tag{7.50}$$

**证** 下面给出 Lee 的证明[29]。

根据定理 2,只要证明 $Q_N(z)$ 与 $\widetilde{Q}_N(z)$ 在 $\Pi_k$ 中有同样的最小二乘逆就够了. 这是很显然的. 事实上,考虑二个测度

$$d\mu=\frac{1}{2\pi}|Q_N(e^{i\theta})|^2d\theta,\quad d\tilde{\mu}=\frac{1}{2\pi}|\widetilde{Q}_N(e^{i\theta})|^2d\theta,$$

显然有

$$d\mu=|\alpha_1\alpha_2\cdots\alpha_m|^2d\tilde{\mu}.$$

同时,我们有

$$Q_N(0)=|\alpha_1\alpha_2\cdots\alpha_m|^2\widetilde{Q}_N(0). \tag{7.51}$$

若用

$$A_k(z)=a_0+a_1z+\cdots+a_kz^k$$

及

$$\widetilde{A}_k(z)=\tilde{a}_0+\tilde{a}_1z+\cdots+\tilde{a}_kz^k,$$

对应地记作 $Q_N(z)$ 与 $\widetilde{Q}_N(z)$ 在 $\Pi_k$ 中的最小二乘逆，于是有

$$C[a_0,a_1,\cdots,a_k]^T=[\overline{Q}_N(0),0,\cdots,0]^T$$

及

$$\widetilde{C}[\tilde{a}_0,\tilde{a}_1,\cdots,\tilde{a}_k]^T=[\overline{\widetilde{Q}}_N(0),0,\cdots,0]^T.$$

由系数矩阵的求法(见(6.14)),可知

$$C=|\alpha_1\cdots\alpha_m|^2\widetilde{C}.$$

因此,用(7.51)及矩阵 $C$ 的非奇共性,容易看出

$$[a_0,a_1,\cdots,a_k]^T=[\tilde{a}_0,\tilde{a}_1,\cdots,\tilde{a}_k]^T,$$

即 $A_k(z)\equiv\widetilde{A}_k(z)$。定理 4 证毕。

**推论** 对于定理 4 中的 $Q_N(z)$ 及 $B_{N,k}(z)$，

$$\lim_{k\to+\infty}|B_{N,k}(e^{i\omega})|=\frac{1}{|\alpha_1\alpha_2\cdots\alpha_m|}|Q_N(e^{i\omega})|,\quad |\omega|\leqslant\pi.$$

由此看出，若多项式 $Q_N(z)$ 在 $|z|<1$ 内有零点 $\alpha_1\alpha_2\cdots\alpha_m$，则调整一下乘数因子，最终仍然可以保持其振幅谱. 因此，在滤波器设计中，我们可以用 $|\alpha_1\alpha_2\cdots\alpha_m|B_{N,k}(z)$ 来代替 $Q_N(z)$，此时用 $\dfrac{P_M(z)}{|\alpha_1\cdots\alpha_m|B_{N,k}(z)}$ 来代替 $\dfrac{P_N(z)}{Q_N(z)}$ 而设计的滤波器. 当 $k$ 充分大时，就很接近于 $\dfrac{P_N(z)}{Q_N(z)}$ 的振幅谱，且这样的滤波器是稳定的且有因果的.

若取 (7.17) 中的函数作为 $|H_8(e^{i\omega})|$，则 Padé 逼近中的位相在通过带中也几乎是线性的(参看 Chui-Chan的工作[30]).

# 第四章 Bergman 空间中多项式及有理函数的逼近

设函数 $f(z)$ 在单位圆 $|z|<1$ 内解析，且满足

$$\|f\|_{p,q} \triangleq \left\{\frac{q-1}{\pi}\iint\limits_{|z|<1}|f(z)|^p(1-|z|^2)^{q-2}dxdy\right\}^{\frac{1}{p}}$$

$$<+\infty,\ p>0,\ q>1, \tag{0.1}$$

则称 $f\in B_q^p(|z|<1)$ 或简记 $f\in B_q^p$。当 $p=1$ 时，这空间称 Bers 空间[15]，对于一般的 $P$，可称这空间为 Bergman 空间，有时也仍称 Bers 空间。这空间是 $H^p(|z|<1)$ 空间的推广。事实上，容易看出，当 $f\in B_q^p$，$p>0$，$q>1$ 且

$$\|f\|_{p,q}\leqslant M$$

时，其中常数 $M$ 不依赖于 $q>1$，则可以推出 $f\in H^p$；反之，若 $f\in H^p$，则对任何 $q>1$，$f\in B_q^p$。

如果考虑复平面上的单连通区域 $D$，其边界记作 $\Gamma$，它至少由两个点组成。设函数 $w=\varphi(z)$，$\varphi(z_0)=0$，$\varphi'(z_0)>0$，将区域 $D$ 保角映射到单位圆 $|w|<1$，$z_0\in D$，而用 $z=\psi(w)$ 记作其反函数。

现在设函数 $f(z)$ 在区域 $D$ 内解析，且满足

$$\|f\|_{p,q} \triangleq \left\{\frac{q-1}{\pi}\iint\limits_{D}|f(z)|^p\lambda_D^{2-q}(z)dxdy\right\}^{\frac{1}{p}}$$

$$<+\infty,\ p>0,\ q>1, \tag{0.2}$$

其中称

$$\lambda_D(z)=\frac{|\varphi'(z)|}{1-|\varphi(z)|^2} \tag{0.3}$$

为区域 $D$ 的 Poincaré 测度，则称 $f\in B_q^p(D)$。当 $p=1$ 时，将 $B_q^1(D)$ 记作 $A_q(D)$，$q>1$，我们称为 Bers 空间[15]。对于一

般的 $p$，就称 $B_q^p(D)$ 为 Bergman 空间。

既然在 Hardy 空间 $H^p$ 上存在着有理函数及多项式的逼近定理，因此自然地会问，在 Bers 空间或一般的 Bergman 空间是否也存在着有理函数及多项式逼近定理，我们将在这一章中介绍有关的一些结果。

## §1. Bergman 空间中的一些预备结果

Bergman 空间中的函数有一个积分表示式：

**定理 1** (Chui-Shen[32]) 设函数 $f(z)$ 在 $|z|<1$ 内解析，且

$$M(f)\triangleq\frac{q-1}{\pi}\iint\limits_{|z|<1}|f(z)|^p(1-|z|^2)^{q-2}dxdy<+\infty, \tag{1.1}$$

其中 $p\geqslant 1$，$q>1$，则

$$f(z)=\frac{q-1}{\pi}\int_0^1\int_0^{2\pi}(1-r^2)^{q-2}\frac{f(re^{it})}{(1-zre^{-it})}rdrdt,\quad |z|<1. \tag{1.2}$$

**证** 设

$$f(z)=\sum_{k=0}^{+\infty}c_kz^k,\ |z|<1.$$

我们有级数展开式，

$$\frac{q-1}{(1-z)^q}=\sum_{k=0}^{+\infty}\frac{\Gamma(q+k)}{\Gamma(q-1)\Gamma(k+1)}z^k,\ |z|<1,$$

将它代入到(1.2)的右边，利用 $p\geqslant 1$ 及 $q>1$，可以将积分号与求和号交换。这样一来，由(1.2)的右边得到

$$\frac{1}{\pi}\sum_{k=0}^{+\infty}\int_0^1\int_0^{2\pi}(1-r^2)^{q-2}\frac{\Gamma(q+k)}{\Gamma(q-1)\Gamma(k+1)}f(re^{it})r^ke^{-ikt}z^krdrdt$$

$$=2\sum_{k=0}^{+\infty}\frac{\Gamma(q+k)}{\Gamma(q-1)\Gamma(k+1)}\left\{\int_0^1r^{2k+1}(1-r^2)^{q-2}dr\right\}c_kz^k$$

$$= \sum_{k=0}^{+\infty} \frac{\Gamma(q+k)}{\Gamma(q-1)\Gamma(k+1)} \beta(q-1, k+1) c_k z^k = f(z).$$

定理 1 证毕

**推论** 设函数 $f(z) \in B_q^p$，$p \geqslant 1$，$q > 1$，则

$$|f(z)| \leqslant \frac{M(f)}{(1-|z|)^q}, \quad |z| < 1. \tag{1.3}$$

这显然可以从定理 1 的结论 (1.2) 及 (1.1) 推出。

反过来，我们可以得到下列定理。

**定理 2** (Shen-Wu[178]) 设函数 $g(z)$ 定义在单位圆 $|z| < 1$内，且满足

$$\|g\|_{p,q} \triangleq \left\{ \frac{q-1}{\pi} \iint_{|z|=1} (1-|z|^2)^{q-2} |g(z)|^p dxdy \right\}^{1/p} < +\infty \tag{1.4}$$

则

$$f(z) = \frac{q-1}{\pi} \int_0^1 \int_0^{2\pi} (1-\rho^2)^{q-2} \frac{g(\rho e^{i\varphi})}{(1-z\rho e^{-i\varphi})} \rho d\rho d\varphi \tag{1.5}$$

属于 $B_q^p$，且存在常数 $c_{p,q}$，它只依赖于 $p$ 与 $q$，使得

$$\|f\|_{p,q} \leqslant c_{p,q} \|g\|_{p,q}, \quad p > 1, \ q > 1. \tag{1.6}$$

**证** 这里用 Zygmund 一书[213]上的想法来证明这个定理.

1° 首先证明，存在常数 $A > 0$，使

$$\operatorname{Re}[A + (1 - r\rho e^{i(\theta-\varphi)})^q][1 - r\rho e^{-i(\theta-\varphi)}]^q \geqslant 0, \tag{1.7}$$

其中 $0 \leqslant r < 1$，$0 \leqslant \rho < 1$，$q > 1$，$0 \leqslant \theta$，$\varphi \leqslant 2\pi$。

事实上，令 $\zeta = r\rho e^{i(\theta-\varphi)} = Re^{i\Psi}$，则

$$\begin{aligned} &\operatorname{Re}[A + (1 - r\rho e^{i(\theta-\varphi)})^q][1 - r\rho e^{-i(\theta-\varphi)}]^q \\ &\qquad = [(1 - 2R\cos\Psi + R^2)^{\frac{q}{2}} + A\cos q\Phi](1 \\ &\qquad\qquad - 2R\cos\Psi + R^2)^{\frac{q}{2}}, \end{aligned} \tag{1.8}$$

其中

$$\operatorname{tg}\Phi = \frac{R\sin\Psi}{1 - R\cos\Psi}. \tag{1.9}$$

由于 $1 - R\cos\Psi > 0$，因此 $|\Phi| < \frac{\pi}{2}$.

因此，当 $\Psi$ 很小时，设 $|\Psi| \leqslant \varepsilon_0$ 时，由 (1.9) 看出 $\Phi$ 也很小.

这样一来,从(1.8)看出,此时对任意的 $A>0$, 公式(1.7)成立.

现在设 $|\Psi|\geqslant\varepsilon_0>0$, 且具有上述性质的 $A$ 找不到,即存在 $A_i\to 0(A_i\geqslant 0),\Psi_i\to\Psi,|\Psi|\geqslant\varepsilon_0$, $R_i\to R\leqslant 1(R_i\leqslant 1)$, 使得

$$(1-2R_i\cos\Psi_i+R_i^2)^{\frac{q}{2}}+A_i\cos q\Phi_i<0,$$

其中 $\Phi_i$ 与 $\Psi_i$ 的关系由(1.9)确定. 由此得到

$$(1-R\cos\Psi+R^2)^{\frac{q}{2}}\leqslant 0,$$

而这在 $|\Psi|\geqslant\varepsilon_0>0$ 时是不可能的, 因此(1.7)证毕.

2° 对于此常数 $A$, 考虑

$$S(z)=\frac{q-1}{\pi}\int_0^1\int_0^{2\pi}(1-\rho^2)^{q-2}\frac{A\theta(\rho e^{i\varphi})}{(1-r\rho e^{i(\theta-\varphi)})^q}\rho d\rho d\varphi$$

$$+\frac{q-1}{\pi}\int_0^1\int_0^{2\pi}(1-\rho^2)^{q-2}g(\rho e^{i\varphi})\rho d\rho d\varphi,$$

$$=\frac{q-1}{\pi}\int_0^1\int_0^{2\pi}(1-\rho^2)^{q-2}\frac{A+(1-r\rho e^{i(\theta-\varphi)})^q}{(1-r\rho e^{i(\theta-\varphi)})^q}$$

$$g(\rho e^{i\varphi})\rho d\rho d\varphi. \tag{1.10}$$

$$z=re^{i\theta},\ 0\leqslant r<1,$$

由于(1.7), 我们有

$$\operatorname{Re}\frac{A+(1-r\rho e^{i(\theta-\varphi)})^q}{(1-r\rho e^{i(\theta-\varphi)})^q}$$

$$=\operatorname{Re}\frac{[A+(1-r\rho e^{i(\theta-\varphi)})^q][1-r\rho e^{-i(\theta-\varphi)}]^q}{(1-2r\rho\cos(\theta-\varphi)+r^2\rho^2)^{\frac{q}{2}}}\geqslant 0.$$

现在我们来证明

$$\|S(z)\|_{p,q}\leqslant c\|g\|_{p,q}. \tag{1.11}$$

因为,若(1.11)成立,由于

$$f(z)=\frac{S(z)-\dfrac{q-1}{\pi}\displaystyle\int_0^1\int_0^{2\pi}(1-\rho^2)^{q-2}g(\rho e^{i\varphi})\rho d\rho d\varphi}{A}, \tag{1.12}$$

则比较(1.11)与(1.12)得,

$$\|f(z)\|_{p,q}\leqslant\frac{1}{A}\|S(z)\|_{p,q}+B\|g(z)\|_{p,q}\leqslant\left(\frac{c}{A}+B\right)\|g(z)\|_{p,q},$$

其中 $B$ 是由

$$\left|\frac{q-1}{\pi}\int_0^1\int_0^{2\pi}(1-\rho^2)^{q-2}g(\rho e^{i\varphi})\rho d\rho\varphi\right|\leqslant B\|g\|_{p,q}$$

所确定的数.

这样就能得到(1.6). 因此,问题就化归为证明(1.11)成立.

3° 设 $g(z)=\mathrm{Re}g(z)+i\mathrm{Im}g(z)$, 不妨只考虑实部 $g_1(z)=\mathrm{Re}g(z)$, 且认为 $g_1(z)\geqslant 0$,否则由 $g_1(z)$ 的表示式 $g_1(z)=g_1^+(z)-g_1^-(z)$,其中

$$g_1^+(z)=\begin{cases}g(z), & 当\ \mathrm{Re}g(z)\geqslant 0,\\ 0, & 当\ \mathrm{Re}g(z)<0,\end{cases}$$

$$g_1^-(z)=\begin{cases}0, & 当\ \mathrm{Re}g(z)\geqslant 0,\\ -g_1(z), & 当\ \mathrm{Re}g(z)<0,\end{cases}$$

以及 $|g_1(z)|=g_1^+(z)+g_1^-(z)$ 可以分别考虑 $g_1^+(z)$ 与 $g_1^-(z)$ 而得到结果.

因此, 下面就认为 $g(z)$ 是实函数, 且在 $|z|<1$ 时 $g(z)\geqslant 0$.

这样一来,

$$\begin{aligned}S(z)=&\frac{q-1}{\pi}\int_0^1\int_0^{2\pi}(1-\rho^2)^{q-2}\mathrm{Re}\frac{A+(1-r\rho e^{-i(\theta-\varphi)})^q}{(1-r\rho e^{i(\theta-\varphi)})^q}\\&\cdot g(\rho e^{i\varphi})\rho d\rho d\varphi+i\frac{q-1}{\pi}\int_0^1\int_0^{2\pi}(1-\rho^2)^{q-2}\\&\cdot\mathrm{Im}\frac{A+(1-r\rho e^{-i(\theta-\varphi)})^q}{(1-r\rho e^{i(\theta-\varphi)})^q}g(\rho e^{i\varphi})\rho d\rho d\varphi\\=&U(z)+iV(z),\quad z=re^{i\theta},\quad |z|<1\end{aligned}\tag{1.13}$$

其中由于(1.11)及 $g(t)\geqslant 0$, 因此

$$U(z)\geqslant 0,\quad |z|<1.\tag{1.14}$$

已知(或参看定理 1),

$$\frac{q-1}{\pi}\int_0^1\int_0^{2\pi}(1-\rho^2)^{q-2}\frac{1}{(1-z\rho e^{-i\varphi})^q}\rho d\rho d\varphi\equiv 1,\quad |z|<1,$$

因此当 $g(z)\equiv 1$ 时, $S(z)\equiv A+1$, 即

$$\frac{q-1}{\pi}\int_0^1\int_0^{2\pi}(1-\rho^2)^{q-2}\mathrm{Re}\,\frac{A+(1-r\rho e^{-i(\theta-\varphi)})^q}{(1-r\rho e^{i(\theta-\varphi)})^q}$$

$$\cdot\,\rho d\rho d\varphi\equiv A+1,\quad |z|<1. \tag{1.15}$$

这样一来,对任意的 $p>1$,令 $\frac{1}{q}+\frac{1}{p}=1$, 由 Hölder 不等式及 (1.15) 有

$$|U(z)|^p\leqslant\frac{q-1}{\pi}\left[\int_0^1\int_0^{2\pi}(1-\rho^2)^{q-2}\mathrm{Re}\,\frac{A+(1-r\rho e^{i(\theta-\varphi)})^q}{(1-r\rho e^{i(\theta-\varphi)})^q}\right.$$

$$\left.\cdot\,\rho d\rho d\varphi\right]^{\frac{p}{q}}\int_0^1\int_0^{2\pi}(1-\rho^2)^{q-2}$$

$$\cdot\,\mathrm{Re}\,\frac{A+(1-r\rho e^{i(\theta-\varphi)})^q}{(1-r\rho e^{i(\theta-\varphi)})^q}|g(\rho e^{i\varphi})|^p\rho d\rho d\varphi$$

$$\leqslant(A+1)^{\frac{p}{q}}\frac{q-1}{\pi}\int_0^1\int_0^{2\pi}(1-\rho^2)^{q-2}$$

$$\cdot\,\mathrm{Re}\,\frac{A+(1-r\rho e^{i(\theta-\varphi)})^q}{(1-r\rho e^{i(\theta-\varphi)})^q}|g(\rho e^{i\varphi})|^p\rho d\rho d\varphi.$$

因此,再用 (1.15) 可以得到,

$$\|U(z)\|_{p,q}^p\leqslant(A+1)^{\frac{p}{q}}\frac{q-1}{\pi}\int_0^1\int_0^{2\pi}(1-r^2)^{q-2}$$

$$\cdot\left\{\frac{q-1}{\pi}\int_0^1\int_0^{2\pi}(1-\rho^2)^{q-2}\right.$$

$$\left.\cdot\,\mathrm{Re}\,\frac{A+(1-r\rho e^{i(\theta-\varphi)})^q}{(1-r\rho e^{i(\theta-\varphi)})^q}|g(\rho e^{i\varphi})|^p\rho d\rho d\varphi\right\}rdrd\theta$$

$$\leqslant(A+1)^{\frac{p}{q}+1}\cdot\frac{q-1}{\pi}\int_0^1\int_0^{2\pi}(1-\rho^2)^{q-2}|g(\rho e^{i\varphi})|^p\rho d\rho d\varphi$$

$$\leqslant(A+1)^p\|g(z)\|_{p,q}^p. \tag{1.16}$$

由 (1.14), 应用最小模原理可知,当 $|z|<1$ 时, $U(z)>0$, 否则 $U(z)\equiv0$. 因此, 由 (1.13) 知 $S(z)\equiv0$. 这样一来, (1.11) 显然成立, 因而由 (1.12) 推出 (1.6) 也成立.

利用核函数 $\frac{A+(1-z\rho e^{i\varphi})^q}{(1-z\rho e^{-i\varphi})^q}$ 当 $z=0$ 时的值为 $A+1$

以及 $g(z) \geqslant 0$，可以推出 $S(0)$ 为实数，因此

$$S(0) = U(0). \tag{1.17}$$

由 (1.14) 知，函数 $(S(z))^p$ 在单位圆 $|z| < 1$ 内解析。利用 $z = 0$ 处平均值公式及 (1.17) 得

$$(U(0))^p = (S(0))^p = \frac{q-1}{\pi}\int_0^1\int_0^{2\pi} (1-r^2)^{q-2} \cdot [U(re^{i\theta}) + iV(re^{i\theta})]^p r\,dr\,d\theta. \tag{1.18}$$

此外，应用 $U(z)$ 在 $z = 0$ 处平均值公式，有

$$(U(0))^p = \left(\frac{q-1}{\pi}\int_0^1\int_0^{2\pi} (1-r^2)^{q-2} U(re^{i\theta}) r\,dr\,d\theta\right)^p. \tag{1.19}$$

由于当 $|z| < 1$ 时，$U(z) > 0$，因此

$$\operatorname{Re}(U(z) + iV(z))^p = [U^2(z) + V^2(z)]^{\frac{p}{2}} \times \cos[p\arg(U(z) + iV(z))], \tag{1.20}$$

其中

$$-\frac{\pi}{2} < \arg(U(z) + iV(z)) < \frac{\pi}{2}. \tag{1.21}$$

为了下面的需要，我们来证明一个不等式（参看文献 [212]，第二卷，406 页）：设 $1 < p < +\infty$，且 $p \neq 3, 5, 7, 9, \cdots$，则存在二个常数 $t$ 与 $\delta$，使得

$$|\sin\Phi|^p \leqslant 1 \leqslant t\cos p\Phi + \delta(\cos\Phi)^p, \quad |\Phi| \leqslant \frac{\pi}{2}. \tag{1.22}$$

事实上，可以假设 $\Phi \geqslant 0$，因为 $\cos p\Phi \neq 0$，因此在 $\Phi = \frac{\pi}{2}$ 的邻域中，存在数 $t$（也可能是负数），使得

$$t\cos p\Phi \geqslant 1.$$

此时，不等式 (1.22) 对任意 $\delta \geqslant 0$ 都成立。固定 $t$，选取 $\delta$ 足够大，使得在区间 $\left[0, \frac{\pi}{2}\right]$ 的其他范围中有

$$\delta(\cos\Phi)^p \geqslant |t| + 1.$$

这样一来，就有

$$t\cos p\Phi + \delta(\cos\Phi)^p \geqslant 1,$$

因此不等式(1.22)得证.

现在取 $\Phi = \arg(U(z) + iV(z))$，利用(1.21)与(1.22)有

$$(U^2(z) + V^2(z))^{\frac{p}{2}} \leqslant t(U^2(z) + V^2(z))^{\frac{p}{2}}\cos[p\arg(U(z) + iV(z))] + \delta(U^2(z) + V^2(z))^{\frac{p}{2}}[\cos(\arg U(z) + iV(z))]^p. \tag{1.23}$$

另一方面，显然有

$$(U^2(z) + V^2(z))^{\frac{p}{2}}[\cos(\arg(U(z) + iV(z)))]^p = |S(z)|^p[\cos(\arg S(z))]^p = [U(z)]^p.$$

因此，由上式得到

$$\frac{q-1}{\pi}\int_0^1\int_0^{2\pi}(1-r^2)^{q-2}(U^2(z) + V^2(z))^{\frac{p}{2}} \times [\cos(\arg(U(z) + iV(z)))]^p r dr d\theta = \frac{q-1}{\pi}\int_0^1\int_0^{2\pi}(1-r^2)^{q-2}(U(re^{i\theta}))^p r dr d\theta. \tag{1.24}$$

此外，比较(1.18)实部与(1.19)，得到

$$\frac{q-1}{\pi}\int_0^1\int_0^{2\pi}(1-r^2)^{q-2}[U^2(z) + V^2(z)]^{\frac{p}{2}} \times \cos[p\arg(U(z) + iV(z))] r dr d\theta = [U(0)]^p = \frac{q-1}{\pi}\int_0^1\int_0^{2\pi}(1-r^2)^{q-2}U[(re^{i\theta})]^p r dr d\theta. \tag{1.25}$$

这样一来，利用(1.23)，(1.25)与(1.24)就得到

$$\frac{q-1}{\pi}\int_0^1\int_0^{2\pi}(1-r^2)^{q-2}[U^2(z) + V^2(z)]^{\frac{p}{2}} r dr d\theta \leqslant |t| \cdot \frac{q-2}{\pi}\int_0^1\int_0^{2\pi}(1-r^2)^{q-2}[U(re^{i\theta})]^p r dr d\theta + \delta\left[\frac{q-2}{\pi}\int_0^1\int_0^{2\pi}(1-r^2)^{q-2}\cdot U(re^{i\theta}) r dr d\theta\right]^p.$$

因此，利用 Hölder 不等式得到

$$\frac{q-1}{\pi}\int_0^1\int_0^{2\pi}(1-r^2)^{q-2}|S(re^{i\theta})|^p r dr d\theta$$

$$\leqslant |t|\frac{q-2}{\pi}\int_0^1\int_0^{2\pi}(1-r^2)^{q-2}|U(re^{i\theta})|^p r dr d\theta$$

$$+|\delta|\int_0^1\int_0^{2\pi}(1-r^2)|U(re^{i\theta})|^p r dr d\theta,$$

即

$$\|S(z)\|_{p,\alpha}\leqslant\left[|t|^{\frac{1}{p}}+\left(|\delta|\frac{\pi}{q-1}\right)^{\frac{1}{p}}\right]\|U(z)\|_{p,q}.$$

利用 (1.16) 就立刻得到

$$\|S(z)\|_{p,q}\leqslant(A+1)\left[|t|^{\frac{1}{p}}+\left(|\delta|\frac{\pi}{q-1}\right)^{\frac{1}{p}}\right]\|g(z)\|_{p,q}.$$

这样一来，对 $1<p<+\infty$，$p\neq 3, 4, 5,\cdots$，就证明了 (1.11)，因而就证明了 (1.16)。

为了要研究 $1<p<+\infty$，$p=3, 4, 5,\cdots$时的情况，我们需要一个定理。

**Riesz-Thorin 定理** （参看 Zygmund 的文献[213]，第二卷，144—148 页） 设 $R_1$ 与 $R_2$ 是对应地具有测度为 $\mu$ 与 $\nu$ 的空间，设 $T$ 是定义在 $R_1$ 的所有简单函数 $f$ 上的线性算子，又设算子 $T$ 同时是 $\left(\frac{1}{\alpha_1}, \frac{1}{\beta_1}\right)$ 型与 $\left(\frac{1}{\alpha_2}, \frac{1}{\beta_2}\right)$ 型，即

$$\|Tf\|_{\frac{1}{\beta_1}}\leqslant M_1\|f\|_{\frac{1}{\alpha_1}},\ \|Tf\|_{\frac{1}{\beta_2}}\leqslant M_2\|f\|_{\frac{1}{\alpha_2}},\tag{1.26}$$

其中点$(\alpha_1,\beta_1)$与$(\alpha_2,\beta_2)$位于正方形

$$0\leqslant\alpha\leqslant 1,\ 0\leqslant\beta\leqslant 1$$

中，于是算子 $T$ 也必是 $\left(\frac{1}{\alpha}, \frac{1}{\beta}\right)$ 型，其中

$$\alpha=(1-t)\alpha_1+t\beta_1,\ \beta=(1-t)\beta_1+t\beta_2\ (0<t<1)\tag{1.27}$$

且

$$\|Tf\|_{\frac{1}{\beta}}\leqslant M_1^{1-t}M_2^t\|f\|_{\frac{1}{\alpha}}.\tag{1.28}$$

特别地，当 $\alpha>0$ 时，则算子可以唯一地开拓到整个空间 $L^{\frac{1}{\alpha},\mu}$，即

$$\int_{R_1} |f|^{\frac{1}{\alpha}} d\mu < +\infty,$$

且保持范数关系式(1.28)。

**证** 在(1.27)中固定 $t$，因而也就固定了 $\alpha$ 与 $\beta$，考虑函数

$$\alpha(z) = (1-z)\alpha_1 + z\alpha_2, \quad \beta(z) = (1-z)\beta_1 + z\beta_2,$$

它是带 $B$: $0 \leqslant \mathrm{Re}\, z \leqslant 1$ 上的解析函数，且

$$\alpha(0) = \alpha_1, \qquad \beta(0) = \beta_1,$$

$$\alpha(1) = \alpha_2, \qquad \beta(1) = \beta_2,$$

$$\alpha(t) = \alpha, \qquad \beta(t) = \beta.$$

对于任意的简单函数 $f$，由对偶定理知，

$$\|Tf\|_{\frac{1}{\beta}} = \sup_{\|g\|_{\frac{1}{1-\beta}}=1} \left| \int_{R_2} Tf \cdot g dv \right|. \tag{1.29}$$

可以假设 $\|f\|_{\frac{1}{\alpha}} = 1$，固定了 $f$ 与 $g$ 后，考虑积分

$$I = \int_{R_2} Tf \cdot g dv.$$

令

$$f = |f| e^{i\mu}, \quad g = |g| e^{i\nu},$$

且引进函数

$$F_z = |f|^{\frac{\alpha(z)}{\alpha}} e^{i\mu}, \tag{1.30}$$

$$G_z = |g|^{\frac{1-\beta(z)}{1-\beta}} e^{i\nu}, \tag{1.31}$$

其中暂时假设

$$\alpha > 0, \ \beta < 1,$$

当 $z = t$ 时，积分

$$\Phi(z) = \int_{R_2} TF_z \cdot G_z dv \tag{1.32}$$

就等于 $I$。

若 $f = 0$，则令 $F_z \equiv 0$；若 $g = 0$，则令 $G_z \equiv 0$。这样一来，若简单函数 $f$ 的全部取到的非零值为 $c_1, c_2, \cdots$，而 $\chi_1, \chi_2, \cdots$ 为对应地取到这些值的集合的特征函数，则

$$F_z = \sum e^{i\mu_j} |c_j|^{\frac{\alpha(z)}{\alpha}} \chi_j, \quad c_j = |c_j| e^{i\mu_j}.$$

类似地，对于 $G_z$ 也有这样的表示式，只是将指数换为

$$(1-\beta(z))/(1-\beta).$$

显然有

$$TF_z=\sum e^{i\alpha_j}|c_j|^{\frac{\alpha(z)}{\alpha}}T\chi_j.$$

将这些表示式代入 (1.18)，可以看出，$\Phi(z)$ 是指数为 $a^z$, $a>0$ 的常系数的有限线性组合，因此

1° $\Phi(z)$ 在 $0<\mathrm{Re}z<1$ 内解析，

2° $\Phi(z)$ 在 $0\leqslant \mathrm{Re}z\leqslant 1$ 上连续且有界。

现在考虑任何的 $z$, $\mathrm{Re}z=0$. 由于 $\mathrm{Re}\alpha(z)=\alpha_1$，因此对 (1.32) 用 Hölder 不等式，再利用 (1.26) 就有

$$|\Phi(z)|\leqslant\|TF_z\|_{\frac{1}{\beta_1}}\|G_z\|_{\frac{1}{1-\beta_1}}\leqslant M_1\|F_z\|_{\frac{1}{\alpha_1}}\cdot\|G_z\|_{\frac{1}{1-\beta_1}},\tag{1.33}$$

但由 (1.30) 得

$$\|F_z\|_{\frac{1}{\alpha_1}}=\||f|^{\frac{\alpha_1}{\alpha}}\|_{\frac{1}{\alpha_1}}=\|f\|_{\frac{1}{\alpha}}^{\frac{\alpha_1}{\alpha}}=1^{\frac{\alpha_1}{\alpha}}=1,$$

且这个不等式对 $\alpha_1=0$ 时也对. 类似地有

$$\|G_z\|_{\frac{1}{1-\beta_1}}=\||g|^{(1-\beta_1)/(1-\beta)}\|_{\frac{1}{1-\beta_1}}=\|g\|_{\frac{1}{1-\beta}}^{(1-\beta_1)/(1-\beta)}=1.$$

由此，从 (1.33) 推出，当 $\mathrm{Re}z=0$ 时，

$$|\Phi(z)|\leqslant M_1.\tag{1.34}$$

类似地可以证明，当 $\mathrm{Re}z=1$ 时，

$$|\Phi(z)|\leqslant M_2.\tag{1.35}$$

这样一来，从函数 $\Phi(z)$ 在 $B$ 中的性质，由 (1.34) 及 (1.35)，利用 Phragmén-Lindelöf 原理[81]可知，

$$|I|=|\Phi(t)|\leqslant M_1^{1-t}M_2^t.$$

因此，由 (1.29) 就得到了 (1.25).

两种极端的情况 $\alpha=0$ 及 $\beta=1$ 不可能同时发生. 若 $\beta=1$，则 $\beta_1=\beta_1=1$，且 $\alpha>0$. 像上面一样，定义 $F_z$，但 $G_z=g$，就不依赖于 $z$ 了. 由于

$$\|G_z\|_{\frac{1}{1-\beta_1}}=\|g\|_{\frac{1}{1-\beta_1}}=1,$$

因此由 (1.33) 一样地可以得到 (1.34). 若 $\alpha=0$, 则 $\alpha_1=\alpha_2=0$, 但 $\beta<1$. 像上面一样,定义 $G_z$, 但 $F_z=f$, 其他就一样的了.

最后利用简单函数在空间 $L^{\frac{1}{\alpha},\mu}$ 上的完备性,就容易将算子 $T$ 的定义推广到空间 $L^{\frac{1}{\alpha},\mu}$ 上,且保留 (1.28) 仍成立.

Riesz-Thorin 定理证毕.

现在回到定理 2 的证明. 为了应用 Riesz-Thorin 定理,取 $R_1=R_2=\{|z|<1\}$,

$$d\mu=d\nu=\frac{q-1}{\pi}(1-r^2)^{q-2}\cdot rdrd\theta,$$

$$T(g)=\frac{q-1}{\pi}\int_0^1\int_0^{2\pi}(1-r^2)^{q-2}\frac{g(\rho e^{i\varphi})}{(1-z\rho e^{-i\varphi})^q}$$

$$\times\rho d\rho d\varphi,\ g\in L^p(d\mu),\ p>1.$$

$T(g)$ 同时是 $\left(\frac{1}{\alpha_1},\frac{1}{\beta_1}\right)$ 型及 $\left(\frac{1}{\alpha_2},\frac{1}{\beta_2}\right)$ 型是指

$$\|T(g)\|_{\frac{1}{\beta_1},q}\leqslant M_1\|g\|_{\frac{1}{\alpha_1},q},\ \|T(g)\|_{\frac{1}{\beta_2},q}\leqslant M_2\|g\|_{\frac{1}{\alpha_2},q},\tag{1.36}$$

其中 $M_1$ 与 $M_2$ 为常数,且

$$0\leqslant\alpha_1,\ \alpha_2,\ \beta_1,\ \beta_2\leqslant1,$$

则 $T(g)$ 也是 $\left(\frac{1}{\alpha},\frac{1}{\beta}\right)$ 型,即

$$\|T(g)\|_{\frac{1}{\beta},q}\leqslant M_1^{1-t}M_2^t\|g\|_{\frac{1}{\alpha},q},\tag{1.37}$$

其中

$$\alpha=(1-t)\alpha_1+t\alpha_2,\ \beta=(1-t)\beta_1+\beta_2\tag{1.38}$$

现在对任意的 $p=3,5,\cdots$,取

$$\alpha_1=\frac{1}{p-1},\qquad \beta_1=\frac{1}{p-1},$$

$$\alpha_2=\frac{1}{p+1},\qquad \beta_2=\frac{1}{p+1}.$$

显然,由已经证明了的结果 (1.6), $Tg$ 确实是满足 (1.36),即是

$(p-1, p-1)$ 型及 $(p+1, p+1)$ 型. 因此,若取

$$t=\frac{p+1}{2p},$$

显然有 $0<t<1$, 因而有

$$\alpha=(1-t)\alpha_1+t\alpha_2=\left(1-\frac{p+1}{2p}\right)\frac{1}{p-1}$$

$$+\frac{p+1}{2p}\frac{1}{p+1}=\frac{1}{p}$$

及

$$\beta=(1-t)\beta_1+t\beta_2=\frac{1}{p}.$$

由 (1.37) 推出

$$\|Tg\|_{p,q}\leqslant M_1^{\frac{p-1}{2p}}M_2^{\frac{p+1}{2p}}\|g\|_{p,q},$$

定理 2 完全证毕.

现在我们给出空间 $B_q^p$, $p>1$, $q>1$ 中泛函的表示式.

**定理 3**[178] 任意一个在空间 $B_q^p$, $p>1$, $q>1$ 中的线性泛函 $l(f)$, 其中 $f\in B_q^p$, $p>1$, $q>1$ 有表示式:

$$l(f)=\frac{q-1}{\pi}\int_0^1\int_0^{2\pi}(1-\rho^2)^{q-2}$$

$$\times f(\rho e^{i\varphi})\overline{g(\rho e^{i\varphi})}\rho d\rho d\varphi, \qquad (1.39)$$

其中 $g\in B_q^{p'}$, $\frac{1}{p'}+\frac{1}{p}=1$,反之亦然.

**证** 用 Hölder 不等式,容易看出,若 $f\in B_q^p$, $g\in B_q^{p'}$, $p>1, \frac{1}{p'}+\frac{1}{p}=1$, $q>1$, 则由 (1.39) 所定义的线性泛函是有界的. 因此,只要证明定理 3 的前一部分就够了.

显然, $B_q^p$, $p>1$, $q>1$ 是 $L^p(d\mu)$ 中的子空间, 其中 $d\mu=\frac{q-1}{\pi}(1-\rho^2)^{q-2}\rho d\rho d\varphi$. 因此, 由泛函分析知道, 空间 $L^p(d\mu)$ 中任意一个线性泛函 $l(f)$ 有下列积分表示式:

$$I(f)=\frac{q-1}{\pi}\int_0^1\int_0^{2\pi}(1-\rho^2)^{q-2}f(\rho e^{i\varphi})\overline{G}(\rho e^{i\varphi})\rho d\rho d\varphi,$$

(1.40)

其中 $G\in L^{p'}(d\mu)$，$\frac{1}{p'}+\frac{1}{p}=1$，$q>1$

特别地，对任意的 $z$，$|z|<1$，取

$$f(\zeta)=\frac{1}{(1-\bar{z}\zeta)^q},$$

它在 $|\zeta|\leqslant 1$ 上解析，因此属于 $B_q^p, p>1, q>1$，因此由(1.40)得到

$$I_\zeta\left(\frac{1}{(1-\bar{z}\zeta)^q}\right)=\frac{q-1}{\pi}\cdot\overline{\int_0^1\int_0^{2\pi}(1-\rho^2)^{q-2}\frac{G(\rho e^{i\varphi})}{(1-z\rho e^{-i\varphi})^q}\rho d\rho d\varphi},\qquad(1.41)$$

其中 $I_\zeta(\cdot)$ 表示对 $\zeta$ 的函数求泛函。由定理 2 知，

$$g(z)=I_\zeta\left(\frac{1}{(1-\bar{z}\zeta)^q}\right)\in B_q^{p'}, \frac{1}{p'}+\frac{1}{p}=1, q>1.$$

(1.42)

因此可以推出，对任意的 $f\in B_q^p, p>1, q>1$，用定理 1 有

$$\begin{aligned}
&\frac{q-1}{\pi}\int_0^1\int_0^{2\pi}(1-r^2)^{q-2}f(re^{i\theta})\overline{g(re^{i\theta})}r dr d\theta\\
&=\frac{q-1}{\pi}\int_0^1\int_0^{2\pi}(1-r^2)^{q-2}f(re^{i\theta})\left[\frac{q-1}{\pi}\cdot\int_0^1\int_0^{2\pi}(1-\rho^2)^{q-2}\frac{\overline{G(\rho e^{i\varphi})}}{(1-\bar{z}\rho e^{i\varphi})^q}\rho d\rho d\varphi\right]r dr d\varphi\\
&=\frac{\rho-1}{\pi}\int_0^1\int_0^{2\pi}(1-\rho^2)^{q-2}G(\rho e^{i\varphi})\left[\frac{q-1}{\pi}\cdot\int_0^1\int_0^{2\pi}(1-r^2)^{q-2}\frac{f(re^{i\theta})}{(1-\rho e^{i\varphi}re^{-i\theta})}r dr d\theta\right]\rho d\rho d\varphi\\
&=\frac{\rho-1}{\pi}\int_0^1\int_0^{2\pi}(1-\rho^2)^{q-2}\overline{G(\rho e^{i\varphi})}f(\rho e^{i\varphi})\rho d\rho d\varphi.
\end{aligned}$$

这就证明了定理 3。

## §2. Bergman 空间中的 Hardy-Littlewood 型定理

大家知道，在 $H^p$ 空间中有 Hardy-Littlewood 不等式，即研究函数的连续模与函数导数在某个圆上的范数相互关系的二个定理．在 Bergman 空间中也有这样的一些定理，这是在 1987 年由沈燮昌-邢富冲-张有光得到的[180]，但证明比前者复杂多了．这里所介绍的定理中有一部分在下一节将要介绍的 Bergman 空间多项式逼近中是有用的。

我们在引言中已经定义了 Bergman 空间 $B_q^p$, $0 < p < +\infty$, $q > 1$，我们还可以定义空间 $B_q^\infty$，其中每一个函数 $f(z)$ 在单位圆 $|z| < 1$ 内解析，且满足

$$\sup_{|z|<1}(1-|z|^2)^{q-2}|f(z)| < +\infty, q > 1, \tag{2.1}$$

且其范数定义为

$$\|f\|_{\infty,q} = \sup_{|z|<1}(1-|z|^2)^{q-2}|f(z)|. \tag{2.2}$$

令

$$\omega_{p,q}(\delta,f)_l \triangleq \sup_{|h|<\delta}\left\| \sum_{k=0}^{l}(-1)^k\binom{l}{k}f(ze^{ikh})\right\|_{p,q}, \tag{2.3}$$

其中 $l$ 为自然数，且当 $l=1$ 时，下标 $l=1$ 省去，及

$$\|f(z)\|_{B_q^p(U')} \triangleq \begin{cases} \iint_{U'}(1-|z|^2)^{q-2}|f(z)|^p dxdy, 0 < p < +\infty, \\ \sup_{z\in U'}(1-|z|^2)^{q-2}|f(z)|, p=\infty, \end{cases} \tag{2.4}$$

其中 $U'$ 是单位圆 $|z| < 1$ 本身或其任何子区域，

$$M_{p,q}(r,f) \triangleq \|f(r,z)\|_{p,q}, 0 < r < 1. \tag{2.5}$$

显然，(2.4) 与(2.5)都是刻划对应区域中函数 $f(z)$ 的某种范数(或拟范数)。

今后用 $c_1, c_2, \cdots$ 或 $c_{p,q}, \cdots$，表示常数．

首先我们研究所谓正定理，即由函数的连续模来估计其导数

的范数。

**引理 1**(邢富冲[207]) 设函数 $f(z)\in B_q^p, 0<p\leqslant+\infty, q>1$，则令

$$r_0=\min\left\{\frac{1}{2}, \frac{1}{2}\sqrt{\frac{1}{|2q-3|}}\right\}, \tag{2.6}$$

就有

$$\|f(z)\|_{B_q^p(|z|<r_0)} \leqslant \|f(z)\|_{B_q^p(r_0<|z|<2r_0)}. \tag{2.7}$$

若 $r_0<\frac{1}{2}$，即 $q>2$，则不必要求 $f(z)\in B_q^p$，而只要 $f(z)$ 在 $|z|<1$ 内解析即可。

**证** 令

$$g(r)=r(1-r^2)^{q-2}, 0\leqslant r\leqslant 1, q>1, \tag{2.8}$$

容易证明

当 $1<q<2$ 时，$g(r)$ 在区间 $0\leqslant r\leqslant 1$ 上单调上升；

当 $2\leqslant q<+\infty$ 时，$g(r)$ 在区间 $0\leqslant r\leqslant 2r_0<1$ 上也单调上升。

因此，对任意 $q>1$，及任意 $r, 0\leqslant r\leqslant r_0$，有

$$g(r)\leqslant g(r+r_0),$$

即对于任意 $r, 0\leqslant r\leqslant r_0$，有

$$r(1-r^2)^{q-2}\leqslant(r+r_0)[1-(r+r_0)^2]^{q-2}, q>1. \tag{2.9}$$

由于对于任意一个在 $|z|<1$ 内解析函数 $F(z)$，

$$M_p(F)=\frac{1}{2\pi}\int_0^{2\pi}|F(re^{i\theta})|^p d\theta, \ p>0, \tag{2.10}$$

是 $r$ 的上升函数[117]，因此

$$\int_0^{2\pi}|f(re^{i(\theta+\tau)})-f(re^{i\theta})|^p d\theta$$

$$\leqslant\int_0^{2\pi}|f((r+r_0)e^{i(\theta+\tau)})-f((r+r_0)e^{i\theta})|^p d\theta.$$

由此可得

$$\|f(ze^{i\tau})-f(z)\|_{B_q^p(|z|<r_0)}=\left\{\int_0^{r_0} r(1-r^2)^{q-2}dr\right.$$

$$\cdot\int_0^{2\pi}|f(re^{i(\theta+\tau)})-f(re^{i\theta})|^p d\theta\Big\}^{\frac{1}{p}}$$

$$\leqslant\Big\{\int_0^{r_0}(r+r_0)[1-(r+r_0)^2]^{q-2}dr$$

$$\cdot\int_0^{2\pi}|f((r+r_0)e^{i(\theta+\tau)})-f((r+r_0)e^{i\theta}|^p d\theta\Big\}^{\frac{1}{p}}$$

$$=\Big\{\int_{r_0}^{2r_0}(1-|z|^2)^{q-2}|f(ze^{i\tau})-f(z)|^p dxdy\Big\}^{\frac{1}{p}},$$

这就得到了(2.7).

$p=+\infty$ 时的证明是显然的，因为只要利用最大模原理即可.

**引理 2** 设函数 $f(z)$ 在单位圆 $|z|<1$ 内解析，$1<q\leqslant 2$，$0<p\leqslant+\infty$，$0<r\leqslant R<1$，或 $0<r<R\leqslant 1$，则

$$\|f\|_{B_q^p(|z|<r)}\leqslant 2\|f\|_{B_q^p\left(\frac{R}{2}<|z|<\frac{R+r}{2}\right)}. \tag{2.11}$$

**证** 令 $\rho=\frac{1}{2}(R+t)$，由(2.8)中 $g(r)$ 的性质及 (2.10) 性质得

$$\int_{\frac{R}{2}}^{\frac{R+r}{2}}\int_0^{2\pi}(1-\rho^2)^{q-2}|f(\rho e^{i\theta})^p\rho d\rho d\theta$$

$$=\frac{1}{2}\int_0^r\int_0^{2\pi}\frac{1}{2}(R+t)\left[1-\left(\frac{R+t}{2}\right)^2\right]^{q-2}$$

$$\left|f\left(\frac{R+t}{2}e^{i\theta}\right)\right|^p dt\,d\theta$$

$$\geqslant\frac{1}{2}\int_0^1\int_0^{2\pi}t(1-t^2)^{q-2}\left|f\left(\frac{R+t}{2}e^{i\theta}\right)\right|^p dt\,d\theta$$

$$\geqslant\frac{1}{2}\int_0^r\int_0^{2\pi}t(1-t^2)^{q-2}|f(te^{i\theta})|^p dt\,dt,$$

此即(2.11)，引理 2 证毕.

**引理 3** 当 $0\leqslant\rho\leqslant r<1$，$q>1$ 时有

$$\rho(1-\rho^2)^{q-2}\leqslant c_q\left(\rho+\frac{1-r}{2}\right)\left[1-\left(\rho+\frac{1-r}{2}\right)^2\right]^{q-2}, \tag{2.12}$$

其中 $c_q = \max(2^{q-2}, 1)$。

**证** 当 $1 < q \leqslant 2$ 时，由(2.8)所定义的 $g(r)$ 性质就得

$$\rho(1-\rho^2)^{q-2} \leqslant \left(\rho + \frac{1-r}{2}\right)\left[1 - \left(\rho + \frac{1-r}{2}\right)^2\right]^{q-2}. \tag{2.13}$$

当 $2 < q < +\infty$，显然有

$$\frac{\rho(1-\rho^2)^{q-2}}{\left(\rho + \frac{1-r}{2}\right)\left[1 - \left(\rho + \frac{1-r}{2}\right)^2\right]^{q-2}}$$

$$\leqslant \left[\frac{1-\rho^2}{1 - \left(\rho + \frac{1-r}{2}\right)^2}\right]^{q-2} \leqslant \left[\frac{1-\rho}{1 - \left(\rho + \frac{1-r}{2}\right)}\right]^{q-2}$$

$$\leqslant \left(\frac{1-\rho}{r-\rho+1-\rho}\right)^{q-2} 2^{q-2} \leqslant 2^{q-2}. \tag{2.14}$$

比较(2.13)及(2.14)就得到(2.12)。

引理 3 证毕。

**引理 4** 令 $r_0 < \rho < r \leqslant 1$，其中 $r_0$ 由(2.6)确定，$\rho_1 = \rho + \frac{1-r}{2}$，则

$$|\rho_1 e^{i\varphi} - \rho|^2 \geqslant \frac{1}{4}\left[(1-r)^2 + \left(\frac{r_0}{\pi}\right)^2 \varphi^2\right] \tag{2.15}$$

及

$$|1 - re^{i\varphi}|^2 \geqslant (1-r)^2 + \left(\frac{r_0}{\pi}\right)^2 \varphi^2. \tag{2.16}$$

证明是初等的，只要利用当 $0 \leqslant \theta \leqslant \frac{\pi}{2}$ 时，$\sin\theta \geqslant \frac{2}{\pi}\theta$ 即可

**定理 1**(沈-邢-张[180]) 设 $f(z) \in B_q^p, 0 < p \leqslant +\infty, q > 1$，则

$$\|f'(z)\|_{B_q^p(|z|<r)} \leqslant c_{p,q} \frac{\omega_{p,q}(1-r, f)}{1-r}. \tag{2.17}$$

**证** 1. 首先设 $1 \leqslant p \leqslant +\infty$。

对固定的 $\theta$，令 $r_0 \leqslant \rho \leqslant r \leqslant 1$，$\rho_1 = \rho + \frac{1-r}{2}$，函数 $f(ze^{i\theta})(\rho_1 - rz)^{-2}$ 在 $|z| \leqslant \rho_1$ 上解析，因此由 Cauchy 公式得，

$$f(ze^{i\theta})(\rho_1 - rz)^{-2}$$

$$= \frac{1}{2\pi i}\int_{|\zeta|=\rho_1} \frac{f(\zeta e^{i\theta})}{(\zeta - z)(\rho_1 - r\zeta)^2} d\zeta, \ |z| < \rho_1. \quad (2.18)$$

两边求导后得，

$$f'(ze^{i\theta})e^{i\theta}(\rho_1 - rz)^{-2} + 2rf(ze^{i\theta})(\rho_1 - rz)^{-3}$$

$$= \frac{1}{2\pi i}\int_{|\zeta|=\rho_1} \frac{f(\zeta e^{i\theta})}{(\zeta - z)^2(\rho_1 - r\zeta)^2} d\zeta.$$

令 $f \equiv 1$，得

$$2r(\rho_1 - rz)^{-3} = \frac{1}{2\pi i}\int_{|\zeta|=\rho_1} \frac{d\zeta}{(\zeta - z)^2(\rho - r\zeta)^2},$$

由此得

$$f'(ze^{i\theta})e^{i\theta}(\rho_1 - rz)^{-2} = \frac{1}{2\pi i}\int_{|\zeta|=\rho_1} \frac{f(\zeta e^{i\theta}) - f(ze^{i\theta})}{(\zeta - z)^2(\rho_1 - r\zeta)^2} d\zeta.$$

在上式中，令 $z = \rho$ 得

$$f'(\rho e^{i\theta})e^{i\theta} = \frac{\rho_1(\rho_1 - r\rho)^2}{2\pi}$$

$$\cdot \int_{-\pi}^{\pi} \frac{f(\rho_1 e^{i(\theta+\varphi)}) - f(\rho e^{i\varphi})}{(\rho_1 e^{i\varphi} - \rho)^2(\rho_1 - r\rho_1 e^{i\varphi})^2} e^{i\varphi} d\varphi,$$

因而有

$$|f'(\rho e^{i\theta})| \leqslant \frac{(\rho_1 - r\rho)^2}{2\pi}\int_{-\pi}^{\pi} \frac{|f(\rho_1 e^{i(\theta+\varphi)}) - f(\rho e^{i\theta})|}{|\rho_1 e^{i\varphi} - \rho|^2 |\rho_1 - r\rho_1 e^{i\varphi}|^2} d\varphi.$$

由
$$(\rho_1 - r\rho) = \frac{3}{2}\rho(1-r) \leqslant 2(1-r),$$

以及应用引理 4 得

$$|f'(\rho e^{i\theta})| \leqslant c(1-r)^2 \int_{-\pi}^{\pi} \frac{|f(\rho_1 e^{i(\theta+\varphi)}) - f(\rho_1 e^{i\theta})|}{\left[(1-r)^2 + \left(\frac{r_0}{\pi}\right)^2 \varphi^2\right]^2} d\varphi$$

$$+ c(1-r)^2|f(\rho_1 e^{i\theta})-f(\rho e^{i\theta})|\int_{-\pi}^{\pi}\frac{d\varphi}{\left[(1-r)^2+\left(\frac{r_0}{\pi}\right)^2\varphi^2\right]^2}$$

$$\leqslant c(1-r)^2\int_{-\pi}^{\pi}\frac{|f(\rho_1 e^{i(\theta+\varphi)})-f(\rho_1 e^{i\theta})|}{\left[(1-r)^2+\left(\frac{r_0}{\pi}\right)^2\varphi^2\right]^2}d\varphi$$

$$+ c\frac{1}{1-r}|f(\rho_1 e^{i\theta})-f(\rho e^{i\theta})|. \tag{2.19}$$

若用 $f(\rho_1 e^{i\theta})-f(ze^{i\theta})$ 代替(2.18)中的 $f(ze^{i\theta})$ 得，

$$(\rho_1-rz)^{-2}[f(\rho_1 e^{i\theta})-f(ze^{i\theta})]$$
$$=\frac{1}{2\pi i}\int_{|\zeta|=\rho_1}\frac{f(\rho_1 e^{i\theta})-f(\zeta e^{i\theta})}{(\zeta-z)(\rho_1-r\zeta)^2}d\zeta.$$

令 $z=\rho$ 得

$$(\rho_1-r\rho)^{-2}[f(\rho_1 e^{i\theta})-f(\rho e^{i\theta})]$$
$$=\frac{\rho_1}{2\pi}\int_{-\pi}^{\pi}\frac{f(\rho_1 e^{i\theta})-f(\rho_1 e^{i(\theta+\varphi)})}{(\rho_1 e^{i\varphi}-\rho)(\rho_1-r\rho_1 e^{i\varphi})^2}e^{i\varphi}d\varphi.$$

由此有估计式，

$$|f(\rho_1 e^{i\theta})-f(\rho e^{i\theta})|\leqslant\frac{\rho_1(\rho_1-r\rho)^2}{2\pi}$$
$$\cdot\int_{-\pi}^{\pi}\frac{|f(\rho_1 e^{i(\varphi+\theta)})-f(\rho_1 e^{i\theta})|}{|\rho_1 e^{i\varphi}-\rho||\rho_1-r\rho_1 e^{i\varphi}|^2}d\varphi$$
$$\leqslant c(1-r)^2\int_{-\pi}^{\pi}\frac{|f(\rho_1 e^{i(\varphi+\theta)})-f(\rho_1 e^{i\theta})|^2}{\left[(1-r)^2+\left(\frac{r_0}{\pi}\right)^2\varphi^2\right]^{\frac{3}{2}}}d\varphi. \tag{2.20}$$

比较(2.19)与(2.20)就得到

$$|f'(\rho e^{i\theta})\leqslant c(1-r)^2\int_{-\pi}^{\pi}\frac{|f(\rho_1 e^{i(\varphi+\theta)})-f(\rho_1 e^{i\theta})|}{\left[(1-r)^2+\left(\frac{r_0}{\pi}\right)^2\varphi^2\right]^2}d\varphi$$

$$+ c(1-r)\int_{-\pi}^{\pi}\frac{|f(\rho_1 e^{i(\varphi+\theta)})-f(\rho_1 e^{i\theta})|}{\left[(1-r)^2+\left(\frac{r_0}{\pi}\right)^2\varphi^2\right]^{\frac{3}{2}}}d\varphi. \tag{2.21}$$

1°. 设 $1\leqslant p<+\infty$，则由(2.21)，用 Minkowski 不等式及引

理3得到

$$\|f'(z)\|_{B_q^p(r_0<|z|<r)}=\left\{\int_{r_0}^{r}\int_{-\pi}^{\pi}(1-\rho^2)^{q-2}|f'(\rho e^{i\theta})|^p\rho d\rho d\theta\right\}^{\frac{1}{p}}$$

$$\leqslant c_{p,q}(1-r)^2\int_{-\pi}^{\pi}\left\langle\left\{\int_{-\pi}^{\pi}\int_{r_0}^{r}(1-\rho^2)^{q-2}|f(\rho_1 e^{i(\theta+\varphi)})\right.\right.$$

$$\left.\left.-f(\rho_1 e^{i\theta})|^p\rho d\rho d\theta\right]\right\}^{\frac{1}{p}}\Big/\left[(1-r^2)^2+\left(\frac{r_0}{\pi}\right)^2\varphi^2\right]^2\right\rangle d\varphi$$

$$+c_{p,q}(1-r)\int_{-\pi}^{\pi}\left\langle\left\{\int_{-\pi}^{\pi}\int_{r_0}^{r}(1-\rho^2)^{q-2}|f(\rho_1 e^{i(\theta+\varphi)})\right.\right.$$

$$\left.\left.-f(\rho_1 e^{i\theta})|^p\rho d\rho d\theta\right\}^{\frac{1}{p}}\Big/\left[(1-r^2)^2+\left(\frac{r_0}{\pi}\right)^2\varphi^2\right]^{\frac{3}{2}}\right\rangle d\varphi$$

$$\leqslant c_q\cdot c_{p,q}(1-r)^2\int_{-\pi}^{\pi}\left\langle\left\{\int_{-\pi}^{\pi}\int_{r_0+\frac{1-r}{2}}^{r+\frac{1-r}{2}}(1-\rho_1^2)^{q-2}\right.\right.$$

$$\left.\cdot|f(\rho_1 e^{i(\theta+\varphi)})-f(\rho_1 e^{i\theta})|^p\rho_1 d\rho_1 d\theta\right\}^{\frac{1}{p}}\Big/$$

$$\left.\left[(1-r)^2+\left(\frac{r_0}{\pi}\right)^2\varphi^2\right]^2\right\rangle d\varphi$$

$$+c_q\cdot c_{p,q}(1-r)\int_{-\pi}^{\pi}\left\langle\left\{\int_{-\pi}^{\pi}\int_{r_0+\frac{1-r}{2}}^{r+\frac{1-r}{2}}(1-\rho_1^2)^{q-2}\right.\right.$$

$$\left.\cdot|f(\rho_1 e^{i(\theta+\varphi)})-f(\rho_1 e^{i\theta})|^p\rho_1 d\rho_1 d\theta\right\}^{\frac{1}{p}}\Big/$$

$$\left.\cdot\left[(1-r)^2+\left(\frac{r_0}{\pi}\right)^2\varphi^2\right]^{\frac{3}{2}}\right\rangle d\varphi$$

$$\leqslant c_{p,q}(1-r^2)\int_{-\pi}^{\pi}\frac{\omega_{p,q}(\varphi,f)d\varphi}{\left[(1-r)^2+\left(\frac{r_0}{\pi}\right)^2\varphi^2\right]^2}$$

$$+c_{p,q}(1-r)\int_{-\pi}^{\pi}\frac{\omega_{p,q}(\varphi,f)d\varphi}{\left[(1-r)^2+\left(\frac{r_0}{\pi}\right)^2\varphi^2\right]^{\frac{3}{2}}}$$

$$\leqslant c_{p,q}(1-r)^2\omega_{p,q}(1-r,f)\int_0^\pi \frac{\frac{\varphi}{1-r}+1}{\left[(1-r)^2+\left(\frac{r_0}{\pi}\right)^2\varphi^2\right]^2}d\varphi$$

$$+c_{p,q}(1-r)\omega_{p,q}(1-r,f)$$

$$\int_0^\pi \frac{\frac{\varphi}{1-r}+1}{\left[(1-r)^2+\left(\frac{r_0}{\pi}\right)^2\cdot\varphi^2\right]^{\frac{3}{2}}}d\varphi$$

$$\leqslant c_{p,q}\omega_{p,q}(1-r,f)/(1-r). \tag{2.22}$$

2° 设 $p=+\infty$,由(2.21)及引理 3 得

$$\sup_{r_0<\rho<r}(1-\rho^2)^{q-2}|f'(\rho e^{\theta})|$$

$$\leqslant c(1-r)^2\int_0^\pi \frac{\omega_{\infty,q}(\varphi,f)d\varphi}{\left[(1-r)^2+\left(\frac{r_0}{\pi}\right)^2\varphi^2\right]^2}$$

$$+c(1-r)\int_0^\pi \frac{\omega_{\infty,q}(\varphi,f)d\varphi}{\left[(1-r)^2+\left(\frac{r_0}{\pi}\right)^2\varphi^2\right]^{\frac{3}{2}}}$$

$$\leqslant c\,\frac{\omega_{\infty,q}(1-r,f)}{1-r}. \tag{2.23}$$

现在设 $0<p<1$, 像上面一样,考虑函数

$$[f(\rho_1e^{i\theta})-f(ze^{i\theta})](\rho_1-rz)^{-\lambda},$$

其中 $\lambda>0$,下面再具体确定. $\rho_1>0$, $\rho<\rho_1<1$, $0<r<1$. 显然, 它在 $|z|\leqslant\rho_1$ 上解析, 因此对于 $|z|\leqslant\rho<\rho_2<\rho_1$ 有 Cauchy 积分表示式. 再取 $z=\rho$, 有

$$[f(\rho_1e^{i\theta})-f(\rho e^{i\theta})](\rho_1-r\rho)^{-\lambda}=\frac{\rho_2}{2\pi}$$

$$\cdot\int_{-\pi}^{\pi}\frac{[f(\rho_1e^{i\theta})-f(\rho_2e^{i(\theta+\varphi)})]e^{i\varphi}d\varphi}{(\rho_2e^{i\varphi}-\rho)(\rho_1-r\rho_2e^{i\varphi})^{\lambda}},$$

因此有

$$|f(\rho_1e^{i\theta})-f(\rho e^{i\theta})|$$

$$\leqslant\frac{\rho_2(\rho_1-r\rho)^{\lambda}}{2\pi(\rho_2-\rho)}\int_{-\pi}^{\pi}\frac{|f(\rho_2e^{i(\theta+\varphi)})-f(\rho_1e^{i\varphi})|}{|\rho_1-r\rho_2e^{i\varphi}|^{\lambda}}d\varphi.$$

由于函数

$$\frac{f(ze^{i\theta})-f(\rho_1e^{i\theta})}{(\rho_1-rz)^\lambda}$$

在 $|z|\leqslant\rho_1$ 上解析，因此利用第二章§3 中的引理 2 有

$$\begin{aligned}&|f(\rho_1e^{i\theta})-f(\rho e^{i\theta})|^p\\&\leqslant\left(\frac{\rho_2}{2\pi}\right)^p\cdot\frac{(\rho_1-r\rho)^{\lambda p}}{(\rho_2-\rho)^p}\cdot\left(\frac{2}{\rho_1-\rho_2}\right)^{1-p}\\&\quad\cdot\int_{-\pi}^{\pi}\frac{|f(\rho_1e^{i(\theta+\varphi)})-f(\rho_1e^{i\theta})|^p}{|\rho_1-r\rho_1e^{i\varphi}|^{\lambda p}}d\varphi.\end{aligned}$$

令

$$\lambda p=4,\rho_1-\rho_2=\rho_2-\rho=\frac{1}{4}(1-r),$$

并注意到

$$\begin{aligned}\rho_1-r\rho&=\rho+\frac{1}{2}(1-r)-r\rho=(1-r)\left(\frac{1}{2}+\rho\right)\\&\leqslant\frac{3}{2}(1-r)\end{aligned}$$

及 $\rho_1>\rho\geqslant\frac{1}{2}$，可得

$$\begin{aligned}&|f(\rho_1e^{i\theta})-f(\rho e^{i\theta})|^p\\&\leqslant\left(\frac{\rho_2}{2\pi}\right)^p\frac{\left(\frac{3}{2}\right)^4(1-r)^4}{\left(\frac{1}{4}\right)^p(1-r)^p}\left(\frac{8}{1-r}\right)^{1-p}\\&\quad\cdot\int_{-\pi}^{\pi}\frac{|f(\rho_1e^{i(\theta+\varphi)})-f(\rho_1e^{i\theta})|^p}{\left(\frac{1}{4}\right)^4|1-re^{i\varphi}|^4}d\varphi.\end{aligned}\tag{2.24}$$

另一方面，对任意 $\lambda>0$，函数 $f(ze^{i\theta})(\rho_1-rz)^{-\lambda}$ 在 $|z|\leqslant\rho_1$ 解析，其中 $0<r\leqslant1$，因此对 $|z|\leqslant\rho<\rho_2<\rho_1$ 可以表示为 Cauchy 积分，两边求导，令 $z=\rho$ 得到

$$f'(\rho e^{i\theta})e^{i\theta}(\rho_1 - r\rho)^{-\lambda} + \lambda r f(\rho e^{i\theta})(\rho_1 - r\rho)^{-\lambda-1}$$
$$= \frac{\rho_2}{2\pi}\int_{-\pi}^{\pi} \frac{f(\rho_2 e^{i(\theta+\varphi)})e^{i\varphi}d\varphi}{(\rho_2 e^{i\varphi} - \rho)^2(\rho_1 - r\rho_2 e^{i\varphi})^{\lambda}}. \tag{2.25}$$

同样,利用 $(\rho - rz)^{-\lambda}$ 在 $|z| \leqslant \rho_1$ 上解析,类似地有

$$\lambda r(\rho_1 - r\rho)^{-\lambda-1} = \frac{\rho_2}{2\pi}\int_{-\pi}^{\pi} \frac{e^{i\varphi}d\varphi}{(\rho_2 e^{i\varphi} - \rho)^2(\rho_1 - r\rho_2 e^{i\varphi})^{\lambda}}. \tag{2.26}$$

在(2.26)两边同乘因子 $f(\rho e^{i\theta})$ 与(2.25)相减后得

$$f'(\rho e^{i\theta})e^{i\theta}(\rho_1 - r\rho)^{-\lambda} = \frac{\rho_2}{2\pi}$$
$$\cdot \int_{-\pi}^{\pi} \frac{f(\rho_2 e^{i(\theta+\varphi)}) - f(\rho e^{i\theta})}{(\rho_2 e^{i\varphi} - \rho)^2(\rho_1 - r\rho_2 e^{i\varphi})^{\lambda}} e^{i\varphi}d\varphi,$$

从而得

$$|f'(\rho e^{i\theta})| \leqslant \frac{\rho_2(\rho_1 - r\rho)^{\lambda}}{2\pi(\rho_2 - \rho)^2}\int_{-\pi}^{\pi} \left|\frac{f(\rho_2 e^{i(\theta+\varphi)}) - f(\rho e^{i\theta})}{(\rho_1 - r\rho_2 e^{i\varphi})^{\lambda}}\right| d\varphi.$$

用上面一样的方法,利用第二章 §3 中的引理 2 有

$$|f'(\rho e^{i\theta})| \leqslant \left(\frac{\rho_2}{2\pi}\right)^p \frac{(\rho_1 - r\rho)^{\lambda p}}{(\rho_2 - \rho)^{2p}}\left(\frac{2}{\rho_1 - \rho_2}\right)^{1-p}$$
$$\cdot \int_{-\pi}^{\pi} \frac{|f(\rho_1 e^{i(\theta+\varphi)}) - f(\rho e^{i\theta})|^p}{|\rho_1 - r\rho_1 e^{i\varphi}|^{\lambda p}} d\varphi.$$

在上式中令

$$\lambda p = 4, \rho_1 - \rho_2 = \rho_2 - \rho = \frac{1}{4}(1 - r),$$

则

$$\rho_1 - r\rho = (1 - r)\left(\frac{1}{2} + \rho\right) \leqslant \frac{3}{2}(1 - r),$$

因此得

$$|f'(\rho e^{i\theta})|^p \leqslant \left(\frac{\rho_2}{2\pi}\right)^p \frac{\left(\frac{3}{2}\right)^4 (1 - r)^4}{\left(\frac{1}{4}\right)^{2p}(1 - r)^{2p}}\left(\frac{8}{1 - r}\right)^{1-p}.$$

$$\cdot\int_{-\pi}^{\pi}\frac{|f(\rho_1e^{i(\theta+\varphi)})-f(\rho e^{i\theta})|^p}{\rho_1^4|1-re^{i\varphi}|^4}d\varphi$$

$$\leqslant c_1(1-r)^{3-p}\int_{-\pi}^{\pi}\frac{|f(\rho_1e^{i(\theta+\varphi)})-f(\rho_1e^{i\theta})|^p}{|1-re^{i\theta}|^4}d\varphi$$

$$+c_2(1-r)^{3-p}|f(\rho_1e^{i\theta})-f|(\rho e^{i\theta})|^p\int_{-\pi}^{\pi}\frac{d\varphi}{|1-re^{i\varphi}|^4}.$$

由此利用(2.24)得

$$|f'(\rho e^{i\theta})|^p\leqslant c_1(1-r)^{3-p}\int_{-\pi}^{\pi}\frac{|f(\rho_1e^{i(\theta+\varphi)})-f(\rho_1e^{i\theta})|^p}{|1-re^{i\varphi}|^4}d\varphi$$

$$+c_2(1-r)^{3-p}\cdot c_3(1-r)^3$$

$$\cdot\int_{-\pi}^{\pi}\frac{|f(\rho_1e^{i(\theta+\varphi)})-f(\rho_1e^{i\varphi})|^p}{|1-re^{i\varphi}|^4}\cdot\frac{c_4}{(1-r)^3}$$

$$\leqslant c_5(1-r)^{3-p}\int_{-\pi}^{\pi}\frac{|f(\rho_1e^{i(\theta+\varphi)})-f(\rho_1e^{i\theta})|^p}{|1-re^{i\varphi}|^4}d\varphi. \tag{2.27}$$

这样一来，利用 Fubini 定理及引理 3 就有

$$\int_{-\pi}^{\pi}\int_{r_0}^{r}(1-\rho^2)^{q-2}|f'(\rho e^{i\theta})|^p\rho d\rho d\theta$$

$$\leqslant c_6(1-r)^{3-p}$$

$$\cdot\int_{-\pi}^{\pi}\frac{\int_{-\pi}^{\pi}\int_{r_0}^{r}(1-\rho^2)^{q-2}|f(\rho_1e^{i(\theta+\varphi)})-f(\rho_1e^{i\theta})|^p\rho d\rho d\theta}{|1-re^{i\varphi}|^4}$$

$$\leqslant c_7(1-r)^{3-p}\int_0^{\pi}\frac{[\omega_{p,q}(\varphi,f)]^p}{|1-re^{i\varphi}|^4}d\varphi$$

$$\leqslant c_8(1-r)^{3-p}[\omega_{p,q}(1-r,f)]^p\int_0^{\pi}\frac{\frac{\varphi}{1-r}+1}{|1-re^{i\varphi}|^4}d\varphi$$

$$\leqslant c_9\frac{[\omega_{p,q}(1-r,f)]^p}{(1-r)^p}. \tag{2.28}$$

3. 现在从圆环转化到圆。

1° 设 $q>2$,即 $r_0<\frac{1}{2}$.

若 $r\geqslant 2r_0$,则由引理 1 得

$$\|f'(z)\|^p_{B^p_q(|z|<r)}\leqslant\|f'(z)\|^p_{B^p_q(|z|<r_0)}+\|f'(z)\|^p_{B^p_q(r_0<|z|<r)}\leqslant 2\|f'(z)\|^p_{B^p_q(r_0<|z|<r)}.$$

因此，由(2.22), (2.27) (当 $p=\infty$ 时，修改一下上面不等式用(2.23))可得

$$\|f'(z)\|_{B^p_q(|z|<r)}\leqslant c\cdot\frac{\omega_{p,q}(1-r,f)}{1-r}. \tag{2.29}$$

若 $r<2r_0$，则由(2.29)得

$$\|f'(z)\|_{B^p_q(|z|<r)}\leqslant\|f'(z)\|_{B^p_q(|z|<2r_0)}\leqslant c\frac{\omega_{p,q}(1-2r_0,f)}{1-2r_0}\leqslant c_9\frac{\omega_{p,q}(1-r,f)}{1-r}.$$

2° 设 $1<q\leqslant 2$,则由引理2,(2.22),(2.27)(或用(2.23))得

$$\|f'(z)\|_{B^p_q(|z|<r)}\leqslant 2\|f'(z)\|_{B^p_q(\frac{1}{2}<|z|<\frac{1+r}{2})}\leqslant c\frac{\omega_{p,q}\left(1-\frac{1+r}{2},f\right)}{1-\frac{1+r}{2}}\leqslant c\frac{\omega_{p,q}(1-r,f)}{1-r}.$$

定理 1 证毕.

对于高阶导数，用一种较为直接方法可以得到下列定理.

**定理 2** (沈-邢-张[180]) 设函数 $f(z)\in B^p_q$, $1\leqslant p\leqslant+\infty$, $q>1$,则对任何自然数 $k$ 与 $l$, 有

$$\|f^{(k)}(z)\|_{B^p_q(|z|<r)}\leqslant c_{p,q,k}\int_0^\pi\frac{\omega_{p,q}(\varphi,f)_l d\varphi}{[(1-r)^2+\varphi^2]^{\frac{k+1}{2}}}. \tag{2.30}$$

**证** 设 $\rho_1=\rho+\frac{1-r}{2}$, 对 $|z|=\rho<\rho_1$,用 Cauchy 公式

后得

$$f^{(k)}(\rho e^{i\theta})=\frac{k!\rho_1}{2\pi}\int_{-\pi}^{\pi}\frac{f(\rho_1 e^{i(\theta+\varphi)})e^{i(\theta+\varphi)}}{(\rho_1 e^{i(\theta+\varphi)}-\rho e^{i\theta})^{k+1}}d\varphi$$

$$=\frac{k!\rho_1}{2\pi}\int_{-\pi}^{\pi}\frac{\sum_{m=0}^{l}(-1)^m\binom{l}{m}f(\rho_1 e^{i(\theta-(m-1)\varphi)})}{(\rho_1 e^{i(\varphi+\theta)}-\rho e^{i\theta})^{k+1}}e^{i(\varphi+\theta)}d\varphi.$$

设 $\rho\geqslant r_0$（见引理 1 中定义），由引理 4 及上式得

$$|f^{(k)}(\rho e^{i\theta})|\leqslant\frac{k!\rho_1}{2\pi}$$

$$\cdot\int_{-\pi}^{\pi}\frac{\left|\sum_{m=0}^{l}(-1)^m\binom{l}{m}f(\rho_1 e^{i(\theta-(m-1)\varphi)})\right|}{\left(\frac{1}{2}\right)^{k+1}\left[(1-r)^2+\left(\frac{r_0}{\pi}\varphi\right)^2\right]^{\frac{k+1}{2}}}d\varphi.$$

由此，从上式，利用 Minkowski 不等式及引理3，用上面一样的方法可得

$$\left\{\int_{-\pi}^{\pi}\int_{r_0}^{r}(1-\rho^2)^{q-2}|f^{(k)}(\rho e^{i\theta})|^p\rho d\rho d\theta\right\}^{\frac{1}{p}}$$

$$\leqslant c_{p,q,k}\int_0^{\pi}\frac{\omega_{p,q}(\varphi,f)_l}{[(1-r)^2+\varphi^2]^{\frac{k+1}{2}}}d\varphi.$$

最后类似于定理 1 证明中的3，可以将圆环转化到圆，就最后得到(2.30)。

定理 2 证毕。

**推论 1** 设 $1\leqslant l\leqslant k-1$, $k\geqslant 2$，则

$$\|f^{(k)}(z)\|_{B_q^p(|z|<r)}\leqslant c_{p,q,k}\frac{\omega_{p,q}(1-r,f)_l}{(1-r)^k}.$$

**证** 由(2.30)得

$$\|f^{(k)}(z)\|_{B_q^p(|z|<r)}\leqslant c_{p,q,k}\omega_{p,q}(1-r,f)_l\int_0^{\pi}\frac{\left(\frac{\varphi}{1-r}+1\right)^l}{[(1-r)^2+\varphi^2]^{\frac{k+1}{2}}}$$

$$\leqslant 2c_{p,q,k}\frac{\omega_{p,q}(1-r,f)_l}{(1-r)^k}\int_0^\infty \frac{\left(1+\frac{\varphi}{1-r}\right)^l}{\left(1+\frac{\varphi}{1-r}\right)^k} d\left(\frac{\varphi}{1-r}\right)$$

$$\leqslant c_{p,q,k}\frac{\omega_{p,q}(1-r,f)_l}{(1-r)^k}\int_0^\infty \frac{1}{\left(1+\frac{\varphi}{1-r}\right)^2} d\left(\frac{\varphi}{1-r}\right)$$

$$\leqslant c_{p,q,k}\frac{\omega_{p,q}(1-r,f)_l}{(1-r)^k}.$$

**推论 2** 设函数 $f(z)\in B_q^p$，且 $\omega_{p,q}(\delta,f)_l\leqslant M\delta^{k-\alpha}$，$0<\alpha\leqslant k$,其中 $k$ 为自然数,则

$$\|f^{(k)}(z)\|_{B_q^p(|z|<r)}\leqslant c_{p,q,k,\alpha}\frac{M}{(1-r)^\alpha}.$$

这利用(2.30)将 $\omega_{p,q}(\delta,f)_l\leqslant M\delta^{k-\alpha}$ 代入可得.

下面的定理是用范数（拟范数）的第二个定义(参看（2.4))来得到类似于定理 1 的结论. 为此，需要用到分数次微商的定义及一些性质[59,73].

设函数 $f(z)$ 在 $|z|<1$ 内解析,且

$$f(z)=\sum_{n=0}^{\infty}c_nz^n,$$

则对任意实数 $\beta$，定义

$$D^\beta:(D^\beta f)(z)=\sum_{n=0}^{+\infty}(n+1)^\beta c_nz^n, \tag{2.31}$$

$$I^\beta:(I^\beta f)(z)=\sum_{n=0}^{+\infty}(n+1)^{-\beta}c_nz^n, \tag{2.32}$$

这二个算子是微商及积分的推广，因此可以称为分数次微商及分数次积分,它们有下列性质:

1° $D^\beta I^\beta f=f=I^\beta D^\beta f$,

2° $D^\beta D^\alpha f=D^\alpha D^\beta f$,

3° $I^\beta I^\alpha f=I^\alpha I^\beta f$,

$4^\circ$ 若用 $D^\alpha z e^{i\theta} f(z)$ 表示 $D^\alpha f(\zeta)|_{\zeta=ze^{i\theta}}$，则有 $D^\alpha z e^{i\theta} f(z) = D^\alpha f(ze^{i\theta})$.

$$5^\circ \quad I^\beta f = \frac{1}{\Gamma(\beta)} \int_0^1 \left(\ln \frac{1}{t}\right)^{\beta-1} f(tz)dt. \tag{2.33}$$

$$6^\circ \quad D^n f(z) = \left(\frac{d}{dz} \cdot z\right)^n f(z) = \sum_{k=0}^{n-1} M_k(z) f^{(k)}(z) + z^n f^{(n)}(z), \tag{2.34}$$

其中 $M_k(z)$ 是 $z$ 的 $k$ 次单项式.

$7^\circ$ 对任意自然数 $n$ 及正数 $p$,存在二个常数 $c_1, c_2 > 0$, 使得

$$c_1 \leqslant \int_0^{2\pi} |D^n f(re^{i\theta})|^p d\theta \Big/ \int_0^{2\pi} |f^{(n)}(re^{i\theta})|^p d\theta \leqslant c_2. \tag{2.35}$$

这些性质都是很显然的,这里证明性质 $7^\circ$

首先,由等式(2.34)容易得到(2.35)右边的不等式. 为了证明(2.35)左边的不等式,注意到

$$f(z) = \int_0^1 D^1(tz)dt,$$

就有

$$|f(re^{i\theta})| \leqslant \sup_{0<t\leqslant 1} |D^1 f(tre^{i\theta})|.$$

因此,用极大函数定理(见 Duren 一书[36])有

$$\int_0^{2\pi} |f(re^{i\theta})|^p d\theta \leqslant c_p \int_0^{2\pi} |D^1 f(re^{i\theta}|^p d\theta. \tag{2.36}$$

由于 $f'(z) = z^{-1}\{D^1 f(z) - f(z)\}$, 利用(2.35)就得到

$$\int_0^{2\pi} |f'(re^{i\theta})|^p d\theta \leqslant (c_p + 1) \int_0^{2\pi} |D^1 f(re^{i\theta})|^p d\theta,$$

然后再对 $n$ 用数学归纳法,就可以得到(2.35).

为了下面书写的方便, 对于在 $|z| < 1$ 内解析函数 $f(z)$ 及 $0 < p \leqslant +\infty, r > 0$,令

$$R_{p,r}=\begin{cases}\left\{\int_0^1(1-\rho)^{pr-1}M_p^p(f,\rho)d\zeta\right\}^{\frac{1}{p}},0<p<+\infty,\\ \sup\limits_{0\leqslant\rho<1}(1-\rho)^rM_p(f,\rho),\ p=\infty,\end{cases}$$

(2.37)

其中

$$M_p(f,r)=\left\{\frac{1}{2\pi}\int_0^1|f(re^{i\theta})|^pd\theta\right\}^{\frac{1}{p}},0\leqslant r<1.$$

设 $f(z)\in H^p$,则在(2.36)中可以考虑 $r=1$ 的情况.

**引理5**(Flett 文献[59]中定理3) 设 $0<p<1,r>0$, 且函数 $f(z)$ 在单位圆 $|z|<1$ 内解析,并满足

$$R_{p,r}(I^{-r}f)<+\infty, \tag{2.38}$$

则 $f\in H^p$ 且

$$M_p(f,1)\leqslant cR_{p,r}(I^{-r}f). \tag{2.39}$$

**证** 由(2.33)得

$$f(\mathrm{Re}^{i\theta})=\frac{2^r}{\Gamma(r)}\int_0^1\left(\ln\frac{1}{\sigma}\right)^{r-1}I^{-r}(R\sigma^2e^{i\theta})\sigma d\theta,0<R<1,$$

(2.40)

因此

$$|f(\mathrm{Re}^{i\theta})|\leqslant c\int_0^1(1-\sigma)^{r-1}|I^{-r}f(R\sigma^2e^{i\theta})|d\sigma. \tag{2.41}$$

令 $\sigma_n=1-\frac{1}{2^n},n=0,1,2,\cdots$,于是 $1-\sigma_n=\sigma_n-\sigma_{n-1}=\frac{1}{2^n}$,且$\sigma_{n-1}\leqslant\sigma_n^2\leqslant\sigma_n$,因此

$$\sup_{\sigma_{n-1}\leqslant\sigma\leqslant\sigma_n}|J^{-r}f(\mathrm{Re}^{i\theta})|\leqslant\sup_{\sigma_{n-2}\leqslant\sigma\leqslant\sigma_n}|I^{-r}f(\mathrm{Re}^{i\theta})|\triangleq\mu_n(\theta).$$

于是由(2.40)得

$$|f(\mathrm{Re}^{i\theta})|\leqslant c\sum_{n=1}^{+\infty}\int_{\sigma_{n-1}}^{\sigma_n}(1-\sigma)^{r-1}|I^{-r}f(R\sigma^2e^{i\theta})|d\sigma$$

$$\leqslant c\sum_{k=1}^{+\infty}2^{-rn}\mu_n(\theta).$$

因而有

$$|f(Re^{i\theta})| \leqslant c \sum_{n=1}^{+\infty} 2^{-prn} \mu_n^p(\theta),$$

$$M_p^p(f,R) \leqslant c \sum_{n=1}^{+\infty} 2^{-prn} \int_{-\pi}^{\pi} \mu_n^p(\theta) d\theta. \tag{2.42}$$

已知(例如,参看文献[58]引理 3): 若 $w(z)$ 是单位圆 $|z| < 1$ 上次调函数且满足条件,

$$M_1(w,\rho) \leqslant c_1, \quad 0 \leqslant \rho \leqslant 1, \tag{2.43}$$

令 $0 < \eta < 1$,且对每一个 $z, |z| < 1$,令

$$w_\eta^*(z) = \sup_{|\zeta - z| \leqslant \eta(1-|z|)} |w(\zeta)|,$$

于是对 $0 \leqslant \rho < 1$ 有

$$\frac{1}{2\pi} \int_{-\pi}^{\pi} w_\eta^*(\rho e^{i\theta}) d\theta \leqslant cc_1. \tag{2.44}$$

现在令 $w(\rho e^{i\theta}) = |I^{-r} f(R\sigma_{n+1} \rho e^{i\theta})|^p$, 由于

$$\frac{1}{2}(\sigma_n - \sigma_{n-2}) \Big/ \left(\sigma_{n+1} - \frac{1}{2}(\sigma_n + \sigma_{n-1})\right) = \frac{3}{4},$$

因此对于 $z = \frac{1}{2} \sigma_{n+1}^{-1} (\sigma_n + \sigma_{n-2}) e^{i\theta}$, 取 $\eta = \frac{3}{4}$ 后,

$$\mu_n^p(\theta) \leqslant w_\eta^*(z). \tag{2.45}$$

因为

$$M_1(w,\rho) \leqslant M_p^p(I^{-r} f, R\sigma_{n+1}) \leqslant M_p^p(I^{-r} f, \sigma_{n+1}),$$

因此由(2.43)及(2.44),(2.45)得

$$\int_{-\pi}^{\pi} \mu_n^p(\theta) d\theta \leqslant c M_p^p(I^{-r} f, \sigma_{n+1}).$$

这样一来,由(2.42)就得到

$$\begin{aligned} M_p^p(f,R) &\leqslant c \sum_{n=1}^{+\infty} 2^{-prn} M_p^p(I^{-r} f, \sigma_{n+1}) \\ &\leqslant c \sum_{n=1}^{+\infty} \int_{\sigma_{n+1}}^{\sigma_{n+2}} (1-\sigma)^{pr-1} M_p^p(I^{-r} f, \sigma) d\sigma \\ &= c \int_0^1 (1-\sigma)^{pr-1} M_p^p(I^{-r} f, \sigma) d\sigma = c R_{p,r}^p(I^{-r} f), \end{aligned}$$

引理 5 得证。

**引理 6** 设 $1 \leqslant p < +\infty$，$r > 0$，且函数 $f(z)$ 在 $|z| < 1$ 内解析，并满足

$$R_{p,1,r}(I^{-r}f) \triangleq \int_0^1 (1-\rho)^{r-1}\left\{\frac{1}{2\pi}\int_{-\pi}^{\pi} |I^{-r}f(\rho e^{i\theta})|^p d\theta\right\}^{\frac{1}{p}} d\rho < +\infty, \tag{2.46}$$

则 $f \in H^p$ 且

$$M_p(f,1) \leqslant c R_{p,1,r}(I^{-r}f) \tag{2.47}$$

**证** 由(2.41)及 Minkowski 不等式得到

$$M_p(f,R) \leqslant c \int_0^1 (1-\sigma)^{r-1} M_p(I^{-r}f, R\sigma^2) d\sigma.$$

由此利用 $M_p(f,t)$ 增加性就立刻得到(2.46)。

**引理 7** 设 $1 \leqslant k < +\infty$，$\mu > 0$，$\delta > 0$ 且 $h(\rho)$ 是[0, 1]上正值可测函数，则

$$\int_0^1 (1-\rho)^{k\mu-1}\left\{\int_0^\rho (\rho-\sigma)^{\delta-1} h(\sigma) d\sigma\right\}^k d\rho$$

$$\leqslant c \int_0^1 (1-\rho)^{k\mu+k\delta-1} h^k(\rho) d\rho. \tag{2.48}$$

**证** 这用 Minkowski 不等式就不难证明(或参看 Flett 文献[58]引理 5 或文献[57])。

**引理 8** (Flett[58]) 设 $0<p\leqslant +\infty$，$\beta > 0$，$r>0$，且函数 $f(z)$ 在 $|z| < 1$ 内解析，则存在两个常数 $c_1$ 及 $c_2 > 0$，使得

$$c_1 R_{p,r}(f) \leqslant R_{p,\beta}(I^{r-\beta}f) \leqslant c_2 R_{p,r}(f), \tag{2.49}$$

即若 $q > 1$，$p > 0$，$q + \beta p > 1$，对任意 $f \in B_q^p$ 有

$$c_1\|D^\beta f\|_{B^p_{q+\beta p}} \leqslant \|f\|_{B^p_q} \leqslant c_2\|D^\beta f\|_{B^p_{q+\beta p}}. \tag{2.50}$$

**证** 首先指出不等式(2.49)左边不等式可以从右边推出来，因为用 $I^{\beta-r}f$ 代替 $f$ 利用分数次微商性质即可。

令 $\alpha = \gamma - \beta$，因此 $\gamma > \alpha$（由于 $\beta > 0$），因此为了证明(2.49)，只要证明

$$R_{p,r-\alpha}(I^\alpha f) \leqslant c_2 R_{p,r}(f) \tag{2.51}$$

就行。我们再指出，这只要对于两种情况 $(a)\alpha > 0$ 及 $(b)\alpha = -1$

证明即可. 事实上,若 $\alpha=-\eta<0$, 且 $m$ 是 $\eta+1$ 的最大整数,即 $0<\eta<m\leqslant\eta+1$, 因此只要对 $\alpha$, $m$ 次应用($b$)的情况,然后对于 $\alpha=m-\eta$ 用一次情况($a$)即可.

现在设 $\alpha>0, 0<p<+\infty$, 在下面的积分中用 $\rho^{p\alpha+1}$ 代替 $\rho$,利用 $M_p(f,\delta)$ 的上升性,得到

$$
\begin{aligned}
R_{p,r-\alpha}^{p}(I^{\alpha}f) &= \int_0^1 (1-\rho)^{p(r-\alpha)+1} M_p^p(I^{\alpha}f,\rho)d\rho \\
&= (p\alpha+1)\int_0^1 (1-\rho^{p\alpha+1})^{p(r-\alpha)+1} M_p^p(I^{\alpha}f,\rho^{p\alpha+1})\rho^{p\alpha}d\rho, \\
&\leqslant c\int_0^1 (1-\rho)^{p(r-\alpha)+1} M_p^p(I^{\alpha}f,\rho)\rho^{p\alpha}d\rho. \qquad (2.52)
\end{aligned}
$$

1° 若 $1\leqslant p<+\infty$, 则由引理 6 得

$$
\begin{aligned}
M_p(I^{\alpha}f,\rho) &\leqslant c\int_0^1 (1-\tau)^{\alpha-1} M_p(f,\rho\tau)d\tau \\
&= c\rho^{-\alpha}\int_0^{\rho} (\rho-\sigma)^{\alpha-1} M_p(f,\sigma)\alpha\sigma. \qquad (2.53)
\end{aligned}
$$

由此利用引理 7,令 $k=p, \mu=r-\alpha, \delta=\alpha$, $h(\sigma)=M_p(f,\sigma)$, 及(2.52),(2.53)就立刻得到(2.51).

2° 若 $0<p<1$, 则由引理 5 得

$$
\begin{aligned}
M_p^p(I^{\alpha}f,\rho) &\leqslant c\int_0^1 (1-\tau)^{p\alpha-1} M_p^p(f,\rho\tau)d\tau \\
&= c\rho^{-p\alpha}\int_0^{\rho} (\rho-\sigma)^{p\alpha-1} M_p^p(f,\sigma)d\sigma. \qquad (2.54)
\end{aligned}
$$

由此利用引理 7,令 $k=1, \mu=p(r-\alpha), \delta=p\alpha, h(\sigma)=M_p^p(f,\sigma)$ 及(2.52),(2.54)就得到(2.51).

$\alpha>0, p=+\infty$ 时情况类似地可证.

当 $\alpha=-1$ 时,由第二章§3 中引理 4 知, 若 $\varphi(z)\in H^p$, $0<p<\infty$,则

$$
M_p(\varphi',\rho)\leqslant c\,\frac{1}{1-\rho}\,M_p(\varphi,1), 0<\rho<1. \qquad (2.55)
$$

由此,利用分数次微商的性质

$$
I^{-1}\varphi(z)=\left(\frac{d}{dz}\cdot z\right)\varphi(z)=\varphi(z)+z\varphi'(z),
$$

有

$$M_p^t(I^{-1}\varphi,\rho)\leqslant M_p^t(\varphi'\rho)+M_p^t(\varphi,\rho),\tag{2.56}$$

其中 $t=\min(p,1)$. 因此,由(2.56)及(2.55)得

$$M_p(I^{-1}\varphi,\rho)\leqslant c\frac{1}{1-\rho}M_p(\varphi,1).\tag{2.57}$$

由此令 $\varphi(z)=f(\rho z),0<\rho<1$, 由(2.57)得

$$M_p(I^{-1}f,\rho^2)\leqslant c\frac{1}{1-\rho}M_p(t,\rho).$$

这就得到(2.51),其中 $\alpha=-1$.

$\alpha=-1,p=\infty$ 情况类似地可证,这只要参看第二章§3 中引理 5 可知.

引理 8 证毕.

**引理 9** 设 $q>1,p>0,q+\beta p>1$,则

$$M_{p,q+\beta p}(r,D^\beta f^{(k)}(z))\sim M_{p,q+\beta p}(r,[D^\beta f(z)]^{(k)})\tag{2.58}$$

**证** 因为 $D^\beta f^k(z)$ 及 $[D^\beta f(z)]^{(k)}$与 $f(z)$ 的前 $k$ 个系数无关,因此不妨认为 $f(0)=\cdots=f^{(k-1)}(0)=0$. 这样由分数次微商的性质 7°,得

$$\int_0^1(1-\rho^2)^{q-2}\int_0^{2\pi}|f^{(k)}(r\rho e^{i\theta})|^p d\theta\rho d\rho\sim\int_0^1(1-\rho^2)^{q-2}$$

$$\cdot\int_0^{2\pi}|D^k f(r\rho e^{i\theta})|^p d\theta\rho d\rho,$$

即

$$M_{p,q}(r,f^{(k)}(z))\sim M_{p,q}(r,D^k f(z)).\tag{2.59}$$

由此,利用引理 8 及(2.59),我们有

$$\begin{aligned}M_{p,q+\beta p}(r,D^\beta f^{(k)})&\sim M_{p,q}(r,f^{(k)})\sim M_{p,q}(r,D^k f)\\&\sim M_{p,q+\beta p}(r,D^\beta D^k f)\sim M_{p,q+\beta p}(r,D^k D^\beta f)\\&\sim M_{p,q+\beta p}(r,[D^\beta f]^{(k)}).\end{aligned}$$

**引理 10** 设 $q>1,p>0,q+\beta p>1$, 有

$$\omega_{p,q+\beta p}(\delta,D^\beta t)_n\sim\omega_{p,q}(\delta,f)_n.\tag{2.60}$$

**证** 因为由分数次微商性质有

$$\sum_{k=0}^{n}(-1)^k\binom{n}{k}D^\beta z e^{ik\pi}f(z)$$

$$=\sum_{k=0}^{n}(-1)^k\binom{n}{k}D^\beta f(ze^{ik\pi})$$

$$=D^\beta\sum_{k=0}^{n}(-1)^k\binom{n}{k}f(ze^{ik\pi}). \qquad (2.61)$$

由此及引理 8 立刻得到引理 10.

**定理 3**（沈-邢-张[180]） 设函数 $f(z)\in B_q^p$，$0<p\leqslant+\infty$，$q>1$，则

1° $$M_{p,q}(r,f'(z))\leqslant c_{p,q}\frac{\omega_{p,q}(1-r,f)}{1-r}; \qquad (2.62)$$

2° 若 $1\leqslant p<+\infty, q>1$，对任何自然数 $k,l$ 有

$$M_{p,q}(r,f^{(k)}(z))\leqslant c_{p,q,k}\int_0^{r_0}\frac{\omega_{p,q}(\varphi,f)_l}{[(1-r)^2+\varphi^2]^{\frac{k+1}{2}}}d\varphi. \qquad (2.63)$$

**证** 1°. 设 $0<p\leqslant+\infty, q>1$，

$$\|f'(z)\|_{B_2^p(|z|<r)}=r^{\frac{2}{p}}\left\{\int_0^1\int_{-\pi}^{\pi}|f'(r\rho'e^{i\theta})|^p d\theta\rho' d\rho'\right\}^{\frac{1}{p}},$$

$$=r^{\frac{2}{p}}M_{p,2}(r,f'(z)).$$

因此由定理 1 得

$$M_{p,2}(r,f'(z))\leqslant cr^{-\frac{2}{p}}\frac{\omega_{p,2}(1-r,f)}{1-r}. \qquad (2.64)$$

A. 若 $r\geqslant\frac{1}{2}$，则由(2.64)得

$$M_{p,2}(r,f'(z))\leqslant c\frac{\omega_{p,2}(1-r,f)}{1-r}. \qquad (2.65)$$

B. 若 $r<\frac{1}{2}$，则由单调性及(2.65)得

$$M_{p,2}(r,f'(z)) \leqslant M_{p,2}\left(\frac{1}{2}, f'(z)\right)$$

$$\leqslant c\frac{\omega_{p,2}\left(\frac{1}{2}, f(z)\right)}{\frac{1}{2}} \leqslant c\frac{\omega_{p,2}(1-r, f)}{1-r},$$

对于一般的$q>1$,作算子 $D^{\frac{2-q}{p}}$，根据引理 8,它是从 $B_q^p$ 到 $B_2^p$ 空间上的有界线性算子,且有有界逆算子 $I^{\frac{2-q}{p}}$，因此再由引理 9 与 10 得

$$M_{p,q}(r,f'(z)) \sim M_{p,2}(r,D^{\frac{2-q}{p}}f'(z))$$

$$\sim M_{p,2}(r,(D^{\frac{2-q}{p}}f(z))') \leqslant c\frac{\omega_{p,2}(1-r,D^{\frac{2-q}{p}}f)}{1-r}$$

$$\sim c\frac{\omega_{p,q}(1-r,f)}{1-r}.$$

2° 利用定理2,其他部分与 1° 中的证明是类似的。

定理 3 证毕。

为了得到上面定理的逆定理，我们需要下列有关二个函数相乘的差分的引理。

**引理 11**[85]

$$\Delta_h^n\{f(re^{i\theta})g(re^{i\theta})\}$$

$$=\sum_{h=0}^{n}(-1)^k\binom{n}{k}\Delta_h^k f(re^{i(\theta+(n-k)h)})\Delta_h^{n-k}g(re^{i\theta}). \tag{2.66}$$

这个引理的证明是直接的。

**定理 4**（沈-邢-张[180]） 1. 设 $1\leqslant p\leqslant+\infty$，且 $\nu(t)$ 是 $k$ 阶连续模型的函数,且

$$\int_0^\pi \frac{\nu(t)}{t}dt<+\infty, \tag{2.67}$$

又设 $f(z)\in B_q^p$, $f(0)=f'(0)=\cdots=f^{(n-1)}(0)$ 且

$$M_{p,q}(r, f^{(n)}(z)) \leqslant \frac{\nu(1-r)}{(1-r)^n}, \tag{2.68}$$

则

$$\omega_{p,q}(\delta, f)_n \leqslant c_{p,q,n} \int_0^\delta \frac{\nu(\tau)}{\tau} d\tau. \tag{2.69}$$

2. 设 $0 < p < 1$ 且 $\nu^p(t)$ 为一阶连续模型函数，且

$$\int_0^\pi \frac{\nu^p(t)}{t} dt < +\infty, \tag{2.70}$$

又设 $f(z) \in B_q^p$ 及

$$M_{p,q}(r, f'(z)) \leqslant \frac{\nu(1-r)}{1-r}, \tag{2.71}$$

则

$$\omega_{p,q}(\delta, f) \leqslant c_{p,q} \left\{\int_0^\delta \frac{\nu^p(t)}{t} dt\right\}^{\frac{1}{p}}. \tag{2.72}$$

**证** 1° 首先设 $1 \leqslant p \leqslant +\infty$ 及 $q = 2$，不妨设 $0 < h < \frac{1}{4}$，则

$$\begin{aligned}
\Delta_h^n\{f(\rho e^{i\theta})\} &= \Delta_h^n\{f(\rho e^{i\theta}) - f((\rho - h)e^{i\theta})\} \\
&\quad + \Delta_h^n f((\rho - h)e^{i\theta}) \\
&= \Delta_h^n \left\{\sum_{k=1}^{n-1} \frac{1}{k!} h^k e^{ik\theta} f^{(k)}[(\rho - h)e^{i\theta}]\right. \\
&\quad + \frac{1}{n-1} e^{in\theta} \int_0^h (h-\tau)^{n-1} f^{(n)}[(\rho \\
&\quad \left. - h + \tau)e^{i\theta}] d\tau \right\} + \Delta_h^n\{f[(\rho - h)e^{i\theta}]\} \\
&= I + II + III,
\end{aligned} \tag{2.73}$$

$$\left\{\int_{\frac{1}{2}}^1 \int_{-\pi}^\pi |II|^p d\theta \rho d\rho\right\}^{\frac{1}{p}}$$

$$= \frac{1}{(n-1)!} \left\{\int_{\frac{1}{2}}^1 \int_{-\pi}^\pi \left| \sum_{l=0}^n (-1)^l \binom{n}{l} e^{in(\theta + lh)}\right.\right.$$

$$\left.\left. \cdot \int_0^h (h-\tau)^{n+1} \cdot f^{(n)}[(\rho - h + \tau)e^{i(\theta + lh)}] d\tau \right|^p d\theta \rho d\rho \right\}^{\frac{1}{p}}$$

$$\leqslant \frac{1}{(n-1)!}\sum_{l=0}^{n}\binom{n}{l}\int_0^h (h-\tau)^{n-1}$$

$$\cdot\left\{\int_{\frac{1}{2}}^{1}\int_{-\pi}^{\pi}|f^{(n)}[(\rho-h+\tau)e^{i(\theta+kh)}]|^p d\theta\rho d\rho\right\}^{\frac{1}{p}} d\tau$$

$$\leqslant \frac{2^n}{(n-1)!}\cdot 2^{\frac{1}{p}}\int_0^h (h-\tau)^{n-1}M_{p,2}(1-h+\tau, f^{(n)}(z))d\tau$$

$$\leqslant c_{p,n}\int_0^h (h-\tau)^{n-1}\frac{\nu(h-\tau)}{(h-\tau)^n}d\tau \leqslant c_{p,n}\int_0^h \frac{\nu(\tau)}{\tau}d\tau. \tag{2.74}$$

由引理 11 得

$$I = \sum_{k=1}^{n-1}\frac{1}{k!}h^k\sum_{l=0}^{n}\binom{n}{l}\Delta_h^l\{e^{ik[\theta+(n-l)h]}\}\Delta_k^{n-l}\{f^{(k)}[(\rho-h)e^{i\theta}]\}$$

$$=\sum_{\substack{l=0\\l+k<n}}^{n}\sum_{k=1}^{n-1}+\sum_{\substack{l=0\\l+k>n}}^{n}\sum_{k=1}^{n-1}=I_1+I_2, \tag{2.75}$$

$$|\Delta_h^l\{e^{ik[\theta+(n-l)h]}\}| = |\Delta_h^l\{e^{ik\theta}\}|$$

$$=\left|\sum_{j=0}^{l}(-1)^j\binom{l}{j}e^{ik(\theta+jh)}\right|$$

$$=\left|\sum_{j=0}^{l}(-1)^j\binom{l}{j}e^{ijkh}\right|$$

$$=\left|(ik)^l\underbrace{\int_0^h\cdots\int_0^h}_{L}e^{ik(\theta_1+\theta_2+\cdots\theta_l)}d\theta_1\cdots d\theta_l\right| < k^l h^l. \tag{2.76}$$

因此,关键是要估计 $f^{(k)}[(\rho-h)e^{i\theta}], k+l\geqslant n, \Delta_h^{n-k-l}\{f^{(k)}[(\rho-h)e^{i\theta}]\}, k+l<n$ 及 $\Delta_h^n\{f[(\rho-h)e^{i\theta}]\}$。

由于 $f(0)=f'(0)=\cdots=f^{(n-1)}(0)=0$, 因此

$$f^{(k)}[(\rho-h)e^{i\theta}]=\underbrace{\int_0^1\cdots\int_0^1}_{n-k}f^{(n)}[(\rho-h)e^{i\theta}\rho_1\cdots\rho_{n-k}]e^{i(n-k)\theta}$$

$$\cdot(\rho-h)^{n-k}\cdot\rho_2\cdots\rho_{n-k}^{n-k-1}d\rho_1\cdots d\rho_{n-k},$$

因而

$$\left\{\int_{\frac{1}{2}}^{1}\int_{-\pi}^{\pi}|f^{(k)}[(\rho-h)e^{i\theta}]|^{p}d\theta\rho d\rho\right\}^{\frac{1}{p}}$$

$$\leqslant\left\{\int_{\frac{1}{2}}^{1}\int_{-\pi}^{\pi}\left[\underbrace{\int_{0}^{1}\cdots\int_{0}^{1}}_{n-k}|f^{(n)}[(\rho-h)e^{i\theta}\rho_{1}\cdots\rho_{n-k}]d\rho_{1}\cdots d\rho_{n-k}\right]^{p}d\theta\rho d\rho\right\}^{\frac{1}{p}}$$

$$\leqslant\underbrace{\int_{0}^{1}\cdots\int_{0}^{1}}_{n-k}\left\{\int_{\frac{1}{2}}^{1}\int_{-\pi}^{\pi}|f^{(n)}[(\rho-h)e^{i\theta}]|^{p}d\theta\rho d\rho\right\}^{\frac{1}{p}}d\rho_{1}\cdots d\rho_{n-k}$$

$$\leqslant 2^{\frac{1}{p}}\left\{\int_{0}^{1-h}\int_{-\pi}^{\pi}|f^{(n)}(\rho e^{i\theta})|^{p}d\theta\rho d\rho\right\}^{\frac{1}{p}}\leqslant c_{p}\frac{v(h)}{h^{n}}. \tag{2.77}$$

此外,用引理 11 得

$$\begin{aligned}
&\Delta_{h}^{m}\{f[(\rho-h)e^{i\theta}]\}\\
&\quad=\Delta_{h}^{m-1}\{f[(\rho-h)e^{i(\theta+h)}]-f[(\rho-h)e^{i\theta}]\}\\
&\quad=\Delta_{h}^{m-1}\{i\int_{0}^{h}f'[(\rho-h)e^{i(\theta+\theta_{1})}](\rho-h)e^{i(\theta+\theta_{1})}d\theta_{1}\}\\
&\quad=i\int_{0}^{h}\sum_{l=0}^{m-1}\binom{m-1}{l}\Delta_{h}^{l}\{f'[(\rho-h)e^{i(\theta+\theta_{1})}]\}\Delta_{h}^{m-1-l}\\
&\qquad\cdot\{(\rho-h)e^{i(\theta+\theta_{1}+lh)}\}d\theta,
\end{aligned}$$

因此由(2.76)得

$$\begin{aligned}
&\left\{\int_{\frac{1}{2}}^{1}\int_{-\pi}^{\pi}|\Delta_{h}^{m}\{f[(\rho-h)e^{i\theta}]\}|^{p}d\theta\rho d\rho\right\}^{\frac{1}{p}}\\
&\quad\leqslant\left\{\int_{\frac{1}{2}}^{1}\int_{-\pi}^{\pi}\left[\int_{0}^{h}\sum_{l=0}^{m-1}\binom{m-1}{l}|\Delta_{h}^{l}\{f'[(\rho\right.\right.\\
&\qquad\left.\left.-h)e^{i(\theta+\theta_{1})}]\}|h^{m-1-l}d\theta_{1}\right]^{p}d\theta\rho d\rho\right\}^{\frac{1}{p}}\\
&\quad\leqslant\int_{0}^{h}\sum_{l=0}^{m-1}\binom{m-1}{l}h^{m-1-l}\left\{\int_{\frac{1}{2}}^{1}\int_{-\pi}^{\pi}|\Delta_{h}^{l}f'[(\rho\right.\\
&\qquad\left.-h)e^{i\theta}]|^{p}d\theta\rho d\rho\right\}^{\frac{1}{p}}d\theta,
\end{aligned}$$

$$\leqslant \sum_{l=0}^{m-1}\binom{m-1}{l} h^{m-l}\left\{\int_{\frac{1}{2}}^{1}\int_{-\pi}^{\pi}|\Delta_h^l f'[(\rho - h)e^{i\theta}]|^p d\theta \rho d\rho\right\}^{\frac{1}{p}}. \tag{2.78}$$

于是不断地用(2.78)及(2.77)得

$$\left\{\int_{\frac{1}{2}}^{1}\int_{-\pi}^{\pi}\left|\Delta_h^n\{f[(\rho-h)e^{i\theta}]\}\right|^p d\theta\rho d\rho\right\}^{\frac{1}{p}}$$

$$\leqslant \sum_{l=0}^{n-1}\binom{n-1}{l} h^{n-l}\left\{\int_{\frac{1}{2}}^{1}\int_{-\pi}^{\pi}|\Delta_h^l f'[(\rho-h)e^{i\theta}]|^p d\theta\rho d\rho\right\}^{\frac{1}{p}}$$

$$\leqslant h^n\left\{\int_{\frac{1}{2}}^{1}\int_{-\pi}^{\pi}|f'[(\rho-h)e^{i\theta}]|^p d\theta\rho d\rho\right\}^{\frac{1}{p}}$$

$$+\sum_{l=1}^{n-1}\binom{n-1}{l} h^{n-l}\left\{\int_{\frac{1}{2}}^{1}\int_{-\pi}^{\pi}|\Delta_h^l f'[(\rho-h)e^{i\theta}]|^p d\theta\rho d\rho\right\}^{\frac{1}{p}}$$

$$\leqslant c_n h^n\left\{\left[\int_{\frac{1}{2}}^{1}\int_{-\pi}^{\pi}|f'[(\rho-h)e^{i\theta}]|^p d\theta\rho d\rho\right]^{\frac{1}{p}}+\cdots\right.$$

$$\left.+\left[\int_{\frac{1}{2}}^{1}\int_{-\pi}^{\pi}|f^{(n)}[(\rho-h)e^{i\theta}]|^p d\theta\rho d\rho\right]^{\frac{1}{p}}\right\}$$

$$\leqslant c_{p,n}\nu(h), \tag{2.79}$$

类似地可得

$$\left\{\int_{\frac{1}{2}}^{1}\int_{-\pi}^{\pi}|\Delta_h^{n-k-l}f^{(k)}[(\rho-h)e^{i\theta}]|^p d\theta\rho d\rho\right\}^{\frac{1}{p}} \leqslant c_{p,n}\frac{\nu(h)}{h^{k+l}}. \tag{2.80}$$

由此从(2.74)—(2.80),得到

$$\left\|\sum_{k=0}^{n}(-1)^k\binom{n}{k}f(ze^{ikh})\right\|_{B_2^p(\frac{1}{2}<|z|<1)}$$

$$\leqslant \|I\|_{B_2^p(\frac{1}{2}<|z|<1)} + \|II\|_{B_2^p(\frac{1}{2}<|z|<1)} + \|III\|_{B_2^p(\frac{1}{2}<|z|<1)}$$

$$\leqslant c_{p,n}\nu(h) + c_{p,n}\cdot\int_0^h\frac{\nu(t)}{t}dt + c_{p,n}\nu(h)$$

$$\leqslant c_{p,n}2(\ln 2)^{-1}\int_{\frac{h}{2}}^{h}\frac{\nu(t)}{t}dt + c_{p,n}\int_0^h\frac{\nu(t)}{t}dt$$

$$\leqslant c_{p,n}\int_0^h\frac{\nu(t)}{t}dt.$$

因此,应用引理 2 得

$$\omega_{p,2}(\delta,f)_n \leqslant c_{p,n}\int_0^\delta\frac{\nu(t)}{t}dt. \tag{2.81}$$

2° 再设 $1<p<+\infty$, $q>1$. 由分数次微商的性质,利用引理 8 与 9 得,在条件(2.68)下,由

$$M_{p,q}(r,f^{(n)}) \sim M_{p,2}(r,D^{\frac{2-q}{p}}f^{(n)})$$

$$\sim M_{p,2}(r,(D^{\frac{2-q}{p}}f)^{(n)})$$

得

$$M_{p,2}(r,(D^{\frac{2-q}{p}}f)^{(n)}) \leqslant c_{p,q,n}\frac{\nu(1-r)}{(1-r)^n}.$$

因此,由(2.71)得

$$\omega_{p,2}(\delta,(D^{\frac{2-q}{p}}f))_n \leqslant c_{p,q,n}\int_0^\delta\frac{\nu(t)}{t}dt.$$

又由引理 10,

$$\omega_{p,2}(\delta,(D^{\frac{2-q}{p}}f))_n \sim \omega_{p,q}(\delta,f)_n,$$

因此最后得

$$\omega_{p,q}(\delta,f)_n \leqslant c_{p,q,n}\int_0^\delta\frac{\nu(t)}{t}dt.$$

3° 当 $p=\infty$时,证明与 1° 及 2° 是类似的.

4° 当 $0<p<1$ 时,先考虑 $q=2$ 时的情况。

我们采用文献[26]的证明方法。

首先证明在定理的条件下，对 $0<\rho<1$，$0<v<1, 0<h<\frac{1}{4}$ 有

$$\int_0^{1-h}\int_{-\pi}^{\pi}|f[(\rho-h)e^{i\theta}]-f(\rho e^{i\theta})|^p\rho d\rho d\theta\leqslant 2\int_0^h\frac{v^p(t)}{t}dt. \tag{2.82}$$

事实上，取点列 $h_k=\left(1-\left(\frac{1}{2}\right)^k\right)h, k=0,1,2,\cdots$，

则

$$\begin{aligned}|f[(\rho-h)e^{i\theta}]-f(\rho e^{i\theta})|^p&\leqslant\sum_{k=0}^{+\infty}|f[(\rho+h_{k+1})e^{i\theta}]\\&\quad-f[(\rho+h_k)e^{i\theta}]|^p\\&\leqslant\sum_{k=0}^{+\infty}\left[\int_{h_k}^{h_{k+1}}|f'[(\rho+t)e^{i\theta}]|dt\right]^p\\&\leqslant\sum_{k=0}^{+\infty}(h_{k+1}-h_k)\sup_{h_k\leqslant\rho\leqslant h_{k+1}}|f'[(\rho+t)e^{i\theta}]|^p.\end{aligned}$$

利用极大函数的性质(见 Duren 文献 [36] 定理 1.9)，对于圆 $|z|<1$ 内解析函数 $f(z)$，

$$\int_{-\pi}^{\pi}\sup_{0<\rho<R}|f(\rho e^{i\theta})|^p d\theta\leqslant c\int_{-\pi}^{\pi}|f(\mathrm{Re}^{i\theta})|^p d\theta,\ p>0,\ R<1. \tag{2.83}$$

因此，由上式得

$$\begin{aligned}&\int_{-\pi}^{\pi}|f[(\rho-h)e^{i\theta}]-f(\rho e^{i\theta})|^p d\theta\\&\leqslant\sum_{k=0}^{+\infty}(h_{k+1}-h_k)^p\int_{-\pi}^{\pi}|f'[(\rho+h_{k+1})e^{i\theta}]|^p d\theta\\&=2\sum_{k=0}^{+\infty}(h_{k+2}-h_{k+1})(h-h_{k+1})^{p-1}\end{aligned}$$

$$\int_{-\pi}^{\pi} |f'[(\rho + h_{k+1})e^{i\theta}]|^p d\theta$$

$$\leqslant 2\sum_{k=0}^{+\infty}\int_{h_{k+1}}^{h_{k+2}}(h-t)^{p-1}\cdot\int_{-\pi}^{\pi}|f'[(\rho+t)e^{i\theta}]|^p d\theta dt$$

$$= 2\int_{\frac{h}{2}}^{h}(h-t)^{p-1}\int_{-\pi}^{\pi}|f'[(\rho+t)e^{i\theta}]|^p d\theta dt.$$

因此,用 Fubini 定理得

$$\int_0^{1-h}\int_{-\pi}^{\pi}|f[(\rho-h)e^{i\theta}]-f(\rho e^{i\theta})|^p\rho d\rho d\theta$$

$$\leqslant 2\int_{\frac{h}{2}}^{h}(h-t)^{p-1}dt\int_0^{1-h}\int_{-\pi}^{\pi}|f'[(\rho+t)e^{i\theta}]|^p\rho d\rho d\theta$$

$$= 2\int_{\frac{h}{2}}^{h}(h-t)^{p-1}dt\int_{-\pi}^{\pi}\int_0^{1-h+t}|f'(\rho_1 e^{i\theta})|^p(\rho_1-t)d\rho_1 d\theta$$

$$\leqslant 2\int_{\frac{h}{2}}^{h}(h-t)^{p-1}dt\int_{-\pi}^{\pi}\int_0^{1-h+t}|f'(\rho e^{i\theta})|^p\rho d\rho d\theta$$

$$\leqslant 2\int_{\frac{h}{2}}^{h}(h-t)^{p-1}\frac{\nu_p^p(h-t)}{(h-t)^p}dt \leqslant 2\int_0^h\frac{\nu_0^p(t)}{t}dt.$$

现在再证明,对 $0<h<\frac{1}{4}$,

$$\int_{-\pi}^{\pi}\int_0^{1-h}|f(\rho e^{i(\theta+h)})-f(\rho e^{i\theta})|^p\rho d\rho d\theta$$

$$\leqslant c\int_0^h\frac{\nu_p^p(t)}{t}dt. \tag{2.84}$$

事实上,首先由第二章 §3 的引理 5 知,

$$\sup_\theta\left|\frac{\partial^k f(re^{i\theta})}{\partial\theta^k}\right| \leqslant \frac{k!}{(R-r)^k}\sup_\theta|f(Re^{i\theta})|, 0\leqslant r<R<1.$$

因此,对任意 $\rho, 0<\rho<1-h$,取 $\rho_1=\rho+\frac{h}{2}$ 及数 $\mu\leqslant\frac{h}{4}$,

我们有

$$\sum_{k=1}^{+\infty}\left|\frac{\partial^k f(re^{i\theta})}{\partial\theta^k}\right|\cdot\frac{\mu^k}{k!}\leqslant\sup_\theta|f(\rho_1 e^{i\theta})$$

$$\cdot \sum_{k=1}^{+\infty}\left(\frac{\mu}{\rho_1-\rho}\right)^k \leqslant c_{\rho_1} < +\infty.$$

因此有下列表示式

$$f(\rho e^{i(\theta+\mu)}) - f(\rho e^{i\theta}) = \sum_{k=1}^{+\infty} \frac{\partial^k}{\partial\theta^k} f(re^{i\theta}) \cdot \frac{\mu^k}{k!},$$

$$0 \leqslant \mu \leqslant \frac{h}{4}. \tag{2.85}$$

此外,再利用第二章§3 中引理 4,

$$\left\{\int_{-\pi}^{\pi}\left|\frac{\partial^k}{\partial\theta^k} f(re^{i\theta})\right|^p d\theta\right\}^{\frac{1}{p}}$$

$$\leqslant k!\left(\frac{A_p}{R-r}\right)^k\left\{\int_{-\pi}^{\pi}|f(Re^{i\theta})|^p d\theta\right\}^{\frac{1}{p}}, 0<r<R\leqslant 1,$$

其中 $A_p$ 是常数,由(2.85)及 Minkowski 不等式,在假设了 $\mu \leqslant \frac{h}{4A_p}$ 后,有

$$\int_{-\pi}^{\pi}|f(\rho e^{i(\theta+\mu)}) - f(\rho e^{i\theta})|^p d\theta$$

$$\leqslant \sum_{k=1}^{+\infty}\left(\frac{\mu^k}{k!}\right)^p \int_{-\pi}^{\pi}\left|\frac{\partial^k}{\partial\theta^k} f(\rho e^{i\theta})\right|^p d\theta$$

$$\leqslant \sum_{k=1}^{+\infty}\left(\frac{\mu}{k!}\right)^p [(k-1)!]^p \left(\frac{A_p}{\rho_1-\rho}\right)^{(k-1)p}$$

$$\cdot \int_{-\pi}^{\pi}\left|\frac{\partial}{\partial\theta} f(\rho_1 e^{i\theta})\right|^p d\theta$$

$$\leqslant c_p\left(\frac{h}{4}\right)^p \cdot \int_{-\pi}^{\pi}|f'(\rho e^{i\theta})|^p d\theta,$$

因而有

$$\int_{-\pi}^{\pi}\int_0^{1-h}|f(\rho e^{i(\theta+\mu)}) - f(\rho e^{i\theta})|^p \rho d\rho d\theta$$

$$\leqslant c_p\left(\frac{h}{4}\right)^p \int_{-\pi}^{\pi}\int_{h/2}^{1-\frac{h}{2}}|f'(\rho_1 e^{i\theta})|^p\left(\rho_1 - \frac{h}{2}\right) d\rho_1 d\theta$$

$$\leqslant c_p\left(\frac{h}{4}\right)^p \|f'(z)\|^p_{B_2^p(|z|<1-\frac{h}{2})}$$

$$\leqslant c_p\left(\frac{h}{4}\right)^p \frac{\nu_p^p\left(\frac{h}{2}\right)}{\left(\frac{h}{2}\right)^p} \leqslant c_p \nu_p^p(h).$$

这就证明了(2.84)。

不妨设 $f(0)=0$，则由 $f(z)=\int_0^z f'(\zeta)d\zeta$，对任意 $r$，$0<r<1$，可得

$$|f(re^{i\theta})|^p \leqslant \left(\int_0^r |f'(\rho e^{i\theta})|d\rho\right)^p.$$

取点列 $r_k=\left(1-\left(\frac{1}{2}\right)^k\right)r$，$k=0,1,2,\cdots$，用象在得到(2.82)时的方法，可以得到

$$\int_{-\pi}^{\pi} |f(re^{i\theta})|^p d\theta \leqslant \int_{r_1}^{r} (r-\rho)^{p-1}\int_{-\pi}^{\pi} |f'(\rho e^{i\theta})|^p d\theta d\rho.$$

注意到 $r_1=\frac{r}{2}$，并令 $t=\frac{\rho}{r}$ 就可得

$$\int_{-\pi}^{\pi} |f(re^{i\theta})|^p \leqslant \int_{\frac{1}{2}}^{1} r^p(1-t)^{p-1}\int_{-\pi}^{\pi} |f'(tre^{i\theta})|^p d\theta dt$$

$$\leqslant \int_{\frac{1}{2}}^{1} (1-t)^{p-1}\int_{-\pi}^{\pi} |f'(tre^{i\theta})|^p d\theta dt.$$

因此，再用 Fubini 定理得

$$\int_0^1\int_{-\pi}^{\pi} |f(re^{i\theta})|^p r dr d\theta$$

$$\leqslant \int_{\frac{1}{2}}^{1} (1-t)^{p-1}dt \int_{-\pi}^{\pi}\int_0^1 |f'(rte^{i\theta})|^p r dr d\theta$$

$$\leqslant \int_{\frac{1}{2}}^{1} (1-t)^{p-1}t^{-2}dt \int_{-\pi}^{\pi}\int_0^t |f'(\rho e^{i\theta})|^p \rho d\rho d\theta.$$

$$\leqslant 4\int^{1} (1-t)^{p-2}\|f'(z)\|_{B_2^p(|z|<t)} dt$$

$$\leqslant 4\int_{\frac{1}{2}}^{1}(1-t)^{p-1}\frac{\nu_p^p(1-t)}{(1-t)^p}dt$$

$$\leqslant 4\int_{1}^{+\infty}\frac{\nu_p^p(t)}{t}dt<+\infty,$$

因而 $f(z)\in B_2^p$。

现在设 $0<\delta<\frac{1}{4}$，$0<h<\delta$（因为$-\delta<h<0$的情况是类似的），对于$0<p<1$，有

$$\int_{-\pi}^{\pi}\int_{0}^{1}|f(\rho e^{i(\theta+h)})-f(\rho e^{i\theta})|^p\rho d\rho d\theta$$

$$\leqslant\int_{-\pi}^{\pi}\int_{0}^{1}|f(\rho e^{i(\theta+h)})-f[(\rho-h)e^{i(\theta+h)}]|^p\rho d\rho d\theta$$

$$+\int_{-\pi}^{\pi}\int_{0}^{1}|f[(\rho-h)e^{i(\theta+h)}]-f[(\rho-h)e^{i\theta}]|^p$$

$$\cdot\rho d\rho d\theta+\int_{-\pi}^{\pi}\int_{0}^{1}|f[(\rho-h)e^{i\theta}]-f(\rho e^{i\theta})|^p$$

$$\cdot\rho d\rho d\theta=I_1+I_2+I_3. \tag{2.86}$$

由引理 2，以及利用(2.82)

$$I_2\leqslant 4\int_{-\pi}^{\pi}\int_{\frac{1}{2}}^{1}|f[(\rho-h)e^{i\theta}]-f(\rho e^{i\theta})|^p\rho d\rho d\theta$$

$$=4\int_{-\pi}^{\pi}\int_{\frac{1}{2}-h}^{1-h}|f[(\rho_1+h)e^{i\theta}]-f(\rho_1e^{i\theta})|^p(\rho_1+h)d\rho_1d\theta$$

$$\leqslant 8\int_{-\pi}^{\pi}\int_{0}^{1-h}|f[(\rho+h)e^{i\theta}]-f(\rho_1e^{i\theta})|^p\rho_1d\rho_1d\theta$$

$$\leqslant 6\int_{0}^{h}\frac{\nu_p^p(t)}{t}dt, \tag{2.87}$$

类似地也有

$$I_1\leqslant 6\int_{0}^{h}\frac{\nu_0^p(t)}{t}dt. \tag{2.88}$$

由引理 2 以及利用(2.84)，像上面一样有

$$I_2\leqslant 4\int_{-\pi}^{\pi}\int_{\frac{1}{2}}^{1}|f[(\rho-h)e^{i\theta}]-f[(\rho-h)e^{i(\theta+h)}|^p\rho d\rho d\theta$$

$$\leqslant 8\int_{-\pi}^{\pi}\int_{0}^{1-h} |f(\rho_1 e^{i(\theta+h)}) - f(\rho_1 e^{i\theta})|^p \rho_1 d\rho_1 d\theta$$

$$\leqslant c\int_{0}^{h} \frac{\nu^p(t)}{t} dt. \tag{2.89}$$

比较(2.86)—(2.89)就有

$$\int_{-\pi}^{\pi}\int_{0}^{1} |f(\rho e^{i(\theta+h)}) - f(\rho e^{i\theta})|^p \rho d\rho d\theta \leqslant c\int_{0}^{h} \frac{\nu^p(t)}{t} dt,$$

即

$$\omega_{p,2}(\delta,f) \leqslant c_p \left\{\int_{0}^{\delta} \frac{\nu^p(t)}{t} dt\right\}^{\frac{1}{p}}. \tag{2.90}$$

5° 当 $0<p<1$, $q>1$ 时，则像在 2° 中一样用分数次微商性质就可以得到(2.72).

定理 4 全部证毕.

**注** 若在定理 4 中不假设 $f(0)=f'(0)=\cdots=f^{(n-1)}(0)=0$ 成立，这样与原来的函数只差一个$(n-1)$次多项式，因此对这样的函数 $f(z)$，有

$$\omega_{p,q}(\delta,f)_n \leqslant c_{p,q,n}\int_{0}^{\delta} \frac{\nu(t)}{t} dt + c_f c_{p,q,n}\delta^n,$$

其中 $c_f$ 是只与 $f$ 的前 $n$ 项 Taylor 系数相关的数.

**推论** 1° 对 $p>0, q>1$,

$$M_{p,q}(r,f') \leqslant \frac{M}{(1-r)^{1-\alpha}},\ 0<\alpha\leqslant 1$$

的充要条件是

$$M_{p,q}(\delta,f) \leqslant M c_{p,q,n}\delta^{\alpha}.$$

2° 对 $p\geqslant 1$, $q>2$, 则

$$M_{p,q}(r,f^{(2)}) \leqslant \frac{M}{1-r}$$

的充要条件是

$$\omega_{p,q}(\delta,f)_2 \leqslant M c_{p,q}\delta\ (\text{设 } f'(0)=0).$$

这利用定理 3 与定理 4 就不难证明了.

最后比较一下两个范数 $M_{p,q}(r,f)$ 与 $\|f\|_{B_q^p(|z|<r)}$.

对 $1<q\leqslant 2$,

$$M_{p,q}(r,f)=r^{-\frac{2}{p}}\left\{\int_0^1\int_{-\pi}^{\pi}(1-\rho^2)^{q-2}|f(r\rho e^{i\theta})|^p d\theta r\rho dr\rho\right\}^{\frac{1}{p}}$$

$$\geqslant r^{-\frac{2}{p}}\left\{\int_0^1\int_{-\pi}^{\pi}(1-r^2\rho^2)^{q-2}|f(r\rho e^{i\theta})|^p d\theta r\rho dr\rho\right\}^{\frac{1}{p}}$$

$$=r^{-\frac{2}{p}}\|f(z)\|_{B_q^p(|z|<r)}.$$

类似地,对 $q\geqslant 2$,

$$M_{p,q}(r,f)\leqslant r^{-\frac{2}{p}}\|f(z)\|_{B_q^p(|z|<r)}.$$

## §3. $B_q^p$ 空间中多项式的最佳逼近

在这一节中,我们介绍 Bergman 空间 $B_q^p$ 中多项式逼近的阶的估计以及其逆定理,我们应用上一节中的记号. 此外,令

$$\rho_{p,q}^{(n)}(f)=\inf_{\{Q_n(z)\}}\|f(z)-Q_n(z)\|_{p,q}, \tag{3.1}$$

其中 $f(z)\in B_q^p$, $0<p<+\infty$, $q>1$, 而下确界是对所有 $n$ 次多项式 $Q_n(z)$ 而取的.

**定理 1**(沈-邢[179], 邢-苏[209]) 设函数 $f(z)\in B_q^p$, $0<p<+\infty$, $q>1$,则对于任意自然数 $n$,存在常数 $c$,使得

$$\rho_{p,q}^{(n)}(f)\leqslant c\omega_{p,q}\left(\frac{1}{n},f\right). \tag{3.2}$$

**证** 1. 设 $1\leqslant p<+\infty$.

于是象在第二章 §3 中证明定理 1 时一样构造 Jackson 算子(这里可以取得更简单一些!)

$$P_{2n-2}(z)=\frac{1}{B_n}\int_{-\pi}^{\pi}f(re^{i\varphi})K_n(\varphi-\theta)d\theta,\quad z=re^{i\theta},$$

其中

$$K_n(t)=\left(\frac{\sin\frac{n}{2}t}{\sin\frac{1}{2}t}\right)^4$$

$$B_n=\int_{-\pi}^{\pi}K_n(t)dt=\frac{2n\pi(2n^2+1)}{3}$$

(参看 Натансон 著作[1071]),就用 $P_{2n,2}(z)$ 来逼近 $f(z)$,象在那里一样,容易得到估计式(3.2)。

2. 设 $0<p<1$,象在第二章§3 中证明定理 2 时一样(这里可以取那里公式(3.41)中 $l=0$),取

$$\sigma_n^\alpha(z,f)=\frac{(A_n^\alpha)^{-1}}{2\pi i}\int_{|\zeta|=\rho}f(z\zeta)\frac{\zeta^{-(n+1)}}{(1-\zeta)^{1+\alpha}}d\zeta$$

$$=\frac{(A_n^\alpha)^{-1}}{2\pi i}\int_{|\zeta|=\rho}f(z\zeta)\zeta^{-(n+1)}\left(\frac{1-\zeta^{n+1}}{1-\zeta}\right)^{1+\alpha}d\zeta,\ \rho<1,\tag{3.3}$$

其中

$$A_n^\alpha=\frac{\Gamma(n+\alpha+1)}{\Gamma(n+1)\Gamma(\alpha+1)},\ n=0,1,2,\cdots.$$

在(3.3)中取 $f(z)\equiv 1$,则

$$\frac{(A_n^\alpha)^{-1}}{2\pi i}\int_{|\zeta|=\rho}\zeta^{-(n+1)}\left(\frac{1-\zeta^{n+1}}{1-\zeta}\right)^{1+\alpha}d\zeta=1,$$

由此可得

$$f(z)-\sigma_n^\alpha(z,f)=\frac{(A_n^\alpha)^{-1}}{2\pi i}\int_{|\zeta|=\rho}\zeta^{-(n+1)}[f(z)-f(z\zeta)]\cdot\left(\frac{1-\zeta^{n+1}}{1-\zeta}\right)^{\alpha+1}d\zeta,\tag{3.4}$$

显然有

$$F(\zeta)\triangleq[f(z)-f(z\zeta)]\left(\frac{1-\zeta^{n+1}}{1-\zeta}\right)^{\alpha+1}\in H^p,\ (0<p<1),\quad |z|<1.$$

于是由第二章§3中引理2知，

$$|f(z)-\sigma_n^\alpha(z,f)|^p \leqslant \left[\frac{(A_n^\alpha)^{-1}}{2\pi}\right]^p \left(\int_{-\pi}^{\pi} \rho^{-n}|f(z)-f(z\rho e^{i\varphi})|\right.$$

$$\left.\cdot\left|\frac{1-\rho^{n+1}e^{i(n+1)\varphi}}{1-\rho e^{i\varphi}}\right|^{\alpha+1} d\varphi\right)^p$$

$$\leqslant c_p(A_n^\alpha\rho^n)^{-p}(1-\rho)^{p-1}\int_{-\pi}^{\pi}|f(z)-f(ze^{i\varphi})|^p$$

$$\cdot\left|\frac{1-e^{i(n+1)\varphi}}{1-e^{i\varphi}}\right|^{(\alpha+1)p} d\varphi$$

$$= c_p(A_n^\alpha\rho^n)^{-p}(1-\rho)^{p-1}\int_{-\pi}^{\pi}|f(z)-f(ze^{i\varphi})|^p$$

$$\cdot\left|\frac{\sin\dfrac{n+1}{2}\varphi}{\sin\dfrac{\varphi}{2}}\right|^{(\alpha+1)p} d\varphi,$$

从而有

$$\|f(z)-\sigma_n^\alpha(z,f)\|_{p,q}^p \leqslant c_p(A_n^\alpha\rho^n)^{p-1}\iint_{|z|<1}(1-|z|^2)^{q-2}$$

$$\cdot\left[\int_{-\pi}^{\pi}|f(z)-f(ze^{i\varphi})|^p\right.$$

$$\left.\cdot\left|\frac{\sin\dfrac{n+1}{2}\varphi}{\sin\dfrac{\varphi}{2}}\right|^{(\alpha+1)p} d\varphi\right] dxdy$$

$$\leqslant c_p(A_n^\alpha\rho^n)^{-p}\int_{-\pi}^{\pi}\left|\frac{\sin\dfrac{n+1}{2}\varphi}{\sin\dfrac{\varphi}{2}}\right|^{(\alpha+1)p} d\varphi$$

$$\cdot\iint_{|z|<1}(1-|z|^2)|f(z)-f(ze^{i\varphi})|^p dxdy$$

$$\leqslant c_p(A_n^\alpha \rho^n)^{-p}\int_0^\pi \omega_{p,q}(\varphi,f)\left|\frac{\sin\frac{n+1}{2}\varphi}{\sin\frac{\varphi}{2}}\right|^{(\alpha+1)p} d\varphi. \quad (3.5)$$

现在对确定的 $p$，$0 < p < 1$，取 $\alpha = \frac{1}{p} - 1$，并利用不等式

$$|\sin n\theta| \leqslant n|\sin\theta|, \quad n = 0,1,2,\cdots,$$

及

$$\sin t \geqslant \frac{2}{\pi} t, \quad 0 \leqslant t \leqslant \frac{\pi}{2},$$

可得

$$\int_0^\pi \omega_{p,q}(\varphi,f)\left|\frac{\sin\frac{n+1}{2}\varphi}{\sin\frac{\varphi}{2}}\right|^{(\alpha+1)p} d\varphi$$

$$\leqslant \omega_{p,q}^p\left(\frac{\pi}{n+1},f\right)\int_0^\pi\left[\frac{\varphi}{\pi}(n+1)+1\right]\left|\frac{\sin\frac{n+1}{2}\varphi}{\sin\frac{\varphi}{2}}\right|^3 d\varphi$$

$$\leqslant \omega_{p,q}^p\left(\frac{\pi}{n+1},f\right)\left\{\int_0^{\frac{\pi}{n+1}}\left[\frac{\varphi}{\pi}(n+1)+1\right](n+1)^3 d\theta\right.$$

$$\left.+\int_{\frac{\pi}{n+1}}^\pi\left[\frac{\varphi}{\pi}(n+1)+1\right]\left(\frac{\pi}{\varphi}\right)^3 d\varphi\right\}$$

$$\leqslant \frac{3}{2}\pi(n+1)^2\omega_{p,q}^p\left(\frac{\pi}{n+1},f\right). \quad (3.6)$$

再取 $\rho = 1 - \frac{1}{2(n+1)}$，则由(3.5)及(3.6)得，

$$\|f(z)-\sigma_n^\alpha(z,f)\|_{p,q}^p \leqslant c_p(A_n^\alpha)^{-p}$$

$$\cdot\left[1-\frac{1}{2(n+1)}\right]^{-np}[2(n+1)]^{1-p}3\pi(n+1)^2$$

$$\cdot\,\omega_{p,q}^p\left(\frac{\pi}{n+1},f\right)$$

$$\leqslant c_p\left(1+\frac{1}{2n+1}\right)^{np}(n+1)^{3-p}(A_n^\alpha)^{-p}\omega_{p,q}^p\left(\frac{\pi}{n+1},f\right)$$

$$\leqslant c_p(n+1)^{3-p}(A_n^\alpha)^{-p}\omega_{p,q}\left(\frac{\pi}{n+1},f\right). \tag{3.7}$$

由

$$\Gamma(\alpha)=\lim_{n\to+\infty}(n+1)^\alpha n!\left[\prod_{k=1}^n(\alpha+k)\right]^{-1}$$

知，存在自然数 $n_0$，只要 $n>n_0$，就有

$$(n+1)^\alpha n!\left[\prod_{k=0}^n(\alpha+k)\right]^{-1}<2\Gamma(\alpha).$$

因此，只要

$$c_p'=\max\left[2\Gamma(\alpha),(n+1)^\alpha n!\left[\prod_{k=0}^n(\alpha+k)\right]^{-1},\right.$$

$$\left.n=1,2,\cdots,n_0\right],$$

则对一切自然数 $n$，有

$$(n+1)^\alpha n!\left[\prod_{k=0}^n(\alpha+k)\right]^{-1}\leqslant c_p',$$

从而有

$$[A_n^\alpha]^{-1}\leqslant\frac{c_p'}{(n+1)^\alpha}. \tag{3.8}$$

这样一来，由(3.7)与(3.8)可得

$$\|f(z)-\sigma_n^\alpha(z,f)\|_{p,q}\leqslant c_p(n+1)^{\frac{3}{p}-1}(A_n^\alpha)^{-1}\omega_{p,q}\left(\frac{\pi}{n+1},f\right)$$

$$\leqslant c_p(n+1)^\alpha(n+1)^{-\alpha}\omega_{p,q}\left(\frac{\pi}{n+1},f\right)$$

$$\leqslant c_p\omega_{p,q}\left(\frac{1}{n},f\right).$$

定理 1 证毕.

为了对于具有高阶导数的函数得到更精确的估计式，我们需

要下列引理。

**引理 1** 设函数 $f(z)$ 在 $|z|<1$ 内解析，且 $f'(z)\in B_q^p$，$0<p<+\infty$，$q>1$，则 $f(z)\in B_q^p$。

**证** 对于 $z=re^{i\theta}$，$0\leqslant r\leqslant 1$，我们有

$$|f(z)-f(0)|=\left|\int_0^r \frac{\partial}{\partial r} f(re^{i\theta})dr\right|=\left|\int_0^r e^{i\theta}f'(re^{i\theta})dr\right|$$

$$\leqslant \int_0^r |f'(re^{i\theta})|dr\leqslant r\sup_{0\leqslant t\leqslant r}|f'(te^{i\theta})|,$$

于是由极大函数定理(例如，可参看 Duren 文献[36]中定理 1.9)可得

$$\|f(z)-f(0)\|_{p,q}^p\leqslant \int_0^1 r(1-r^2)^{q-2}dr\int_0^{2\pi} r^p\sup_{0\leqslant t\leqslant r}|f'(te^{i\theta})|^p d\theta$$

$$\leqslant c_p\int_0^1 r(1-r^2)^{q-2}dr\int_0^{2\pi}|f'(re^{i\theta})|^p d\theta$$

$$=c_p\|f'(z)\|_{p,q}^p,$$

因此由

$$\|f(z)\|_{p,q}\leqslant c_p(\|f'(z)\|_{p,q}+\|f(0)\|_{p,q})$$

就立刻得到引理 2。

**定理 2**(沈-邢) (参见文献[179],[209])对任意函数 $f(z)$，$f^{(k)}(z)\in B_q^p$，$0<p<+\infty, q>1$ 及任意自然数 $n\geqslant 2$，有

$$\rho_{p,q}^{(n)}(f)\leqslant \frac{c_p}{n^k}\omega_{p,q}\left(\frac{1}{n}, f^{(k)}\right),$$

其中 $k$ 是自然数。

**证** 用数学归纳法来证明，当 $k=0$ 时，即定理 1，现在设 $k=m$ 时，定理 2 成立($m$ 是一个自然数)要证明 $k=m+1$ 时，定理 2 也成立。此时，定理的条件为 $f^{(m+1)}(z)\in B_q^p$，$0<p<+\infty$，$q>1$，要证明，对任意自然数 $n\geqslant 2$，有

$$\rho_{p,q}^{(n)}(f)\leqslant \frac{c_p}{n^{m+1}}\omega_{p,q}\left(\frac{1}{n}, f^{(m+1)}\right). \tag{3.9}$$

由条件知，$(f'(z))^{(m)}\in B_q^p, 0<p<+\infty, q>1$，按归纳假设，我们有

$$\rho_{p,q}^{(n-1)}(f') \leqslant \frac{c_p}{(n-1)^m}\omega_{p,q}\left(\frac{1}{n-1}, (f')^m\right), \quad n \geqslant 2$$

$$\leqslant \frac{2^m c_p}{n^m}\omega_{p,q}\left(\frac{2}{n}, f^{(m+1)}\right) \leqslant \frac{c_p}{n^m}\omega_{p,q}\left(\frac{1}{n}, f^{(m+1)}\right).$$

这说明存在 $n-1$ 次多项式 $Q_{n-1}(z)$，使得

$$\|f'(z) - Q_{n-1}(z)\|_{p,q} \leqslant \frac{c_p}{n^m}\omega_{p,q}\left(\frac{1}{n}, f^{(m+1)}\right). \tag{3.10}$$

令

$$F(z) = f(z) - \int_0^z Q_{n-1}(\zeta)d\zeta, \tag{3.11}$$

于是

$$\|F'(z)\|_{p,q} \leqslant \frac{c_p}{n^m}\omega_{p,q}\left(\frac{1}{n}, f^{(m+1)}\right) \triangleq M(n) < +\infty.$$

由引理 1 知，$F(z) \in B_q^p$，$0 < p < +\infty, q > 1$。由此应用 §2 中定理 4（取那里的 $v(t) = M(n)t$），可以得到

$$\omega_{p,q}(t, F) \leqslant c_p M(n)\tau,$$

于是由定理 1 得

$$\rho_{p,q}^{(n-1)}(F) \leqslant c_p\omega_{p,q}\left(\frac{1}{n-1}, F\right) \leqslant c_p\frac{M(n)}{n-1}$$

$$\leqslant \frac{2c_p}{n}\cdot\frac{c_p}{n^m}\omega_{p,q}\left(\frac{1}{n}, f^{(m+1)}\right)$$

$$= \frac{c_p}{n^{m+1}}\omega_{p,q}\left(\frac{1}{n}, f^{(m+1)}\right) \tag{3.12}$$

由于$\int_0^z Q_{n-1}(\zeta)d\zeta$ 是一个确定的 $n$ 次多项式，显然有

$$\rho_{p,q}^{(n)}(f) \leqslant \rho_{p,q}^{(n-1)}(F). \tag{3.13}$$

比较(3.12)与(3.13)就得到了(3.9)。

定理 2 证毕。

现在我们要研究逆定理，为此需要几个引理。

**引理 2** 设 $T_n(\theta)$ 是 $n$ 次三角多项式，则对任意 $p, 0 < p < +\infty$，有

$$\int_0^{2\pi} |T_n'(\theta)|^p d\theta \leqslant c_p n^p \int_0^{2\pi} |T_n(\theta)|^p d\theta. \tag{3.14}$$

**证** $1 \leqslant p < \infty$ 时的情况可参看 Никольский[105] 或 Тиман[192]第230页的著作，也可参看 Потапов[115]的书。现在证 $0 < p < 1$ 时的情况。

考虑函数 $\cos n(l+1)x$ 的全部零点，

$$x_k = \frac{(2k-1)\pi}{2n(l+1)}, \quad l = 0, 1, \cdots, \quad k = 1, 2, \cdots, 2n(l+1), \tag{3.15}$$

其中 $l$ 是某个非负整数，容易证明。

$$r_{k,n}(x) = \frac{\sin n(l+1)(x - x_k)}{\sin \frac{x - x_k}{2}} \cdot \cos \frac{x - x_k}{2}$$

是 $n(l+1)$ 次三角多项式，且满足

$$r_{k,n}(x_i) = \begin{cases} 0, & i \neq k, \\ 2n(l+1), & i = k. \end{cases}$$

因此，对任意一个 $n$ 次三角多项式 $T_n(x)$，令

$$S_{n(l+1)}(x) = T_n(x) \left( \frac{\sin \frac{(n+1)x}{2}}{(n+1)\sin \frac{x}{2}} \right)^{2l}, \tag{3.16}$$

它是一个 $n(l+1)$ 次多项式。这样一来，

$$\begin{aligned} S_{n(l+1)}(x) &- \frac{1}{2n(l+1)} \sum_{k=1}^{2n(l+1)} r_{k,n}(x) S_{n(l+1)}(x_k) \\ &= S_{n(l+1)}(x) - \frac{\cos n(l+1)}{2n(l+1)} \sum_{k=1}^{2n(l+1)} (-1)^k \\ &\quad \cdot \operatorname{ctg} \frac{x - x_k}{2} S_{n(l+1)}(x_k) \end{aligned} \tag{3.17}$$

是 $n(l+1)$ 次多项式，且在 $x_k, k = 1, 2, \cdots, 2n(l+1)$ 处取值为零。容易看出，$r_{kn}(x + x_k)$是偶三角多项式。因此，$r_{kn}(x)$不

包有象 $\sin n(l+1)(x-x_k)$ 这样的项，即不包有项 $\cos n(l+1)x$. 这样一来，由(3.17)得

$$S_{n(l+1)}(x)=a_{n(l+1)}\cos n(l+1)x+\frac{\cos n(l+1)x}{2n(l+1)}\sum_{k=1}^{2n(l+1)}(-1)^k\operatorname{ctg}\frac{x-x_k}{2}S_{n(l+1)}(x_k),\tag{3.18}$$

其中 $a_{n(l+1)}$ 是 $S_{n(l+1)}(x)$ 中 $\cos n(l+1)x$ 旁的项数. 这是 Riesz 插值公式(参看 Тиман 的文献[192],191页).

对(3.18)两边求微商. 令 $x=0$,由(3.16)得到

$$S'_{n(l+1)}(0)=T'_n(0)=\frac{1}{4n(l+1)}\sum_{k=1}^{2n(l+1)}\frac{(-1)^{k+1}}{\sin^2\frac{x_k}{2}}\cdot\left(\frac{\sin(n+1)\frac{x_k}{2}}{(n+1)\sin\frac{x_k}{2}}\right)^{2l}T_n(x_k).\tag{3.19}$$

因为等式(3.19)对任意的 $n$ 次三角多项式 $T_n(u+x)$ 也成立，其中 $u$ 是变量，$x$ 是任意固定的数. 由此从(3.19)可以得到

$$T'_n(x)=\frac{1}{4n(l+1)}\sum_{k=1}^{2n(l+1)}\frac{(-1)^{k+1}}{\sin^2\frac{x_k}{2}}\cdot\left(\frac{\sin(n+1)\frac{x_k}{2}}{(n+1)\sin\frac{x_k}{2}}\right)^{2l}T_n(x+x_k),$$

因而有

$$|T'_n(x)|^p\leqslant cn^p\sum_{k=1}^{2n(l+1)}\frac{1}{\left(n\sin\frac{x_k}{2}\right)^{2(l+1)p}}|T_n(x+x_k)|^p,$$

即

$$\int_{-\pi}^{\pi} |T_n'(x)|^p dx \leqslant cn^p \sum_{k=1}^{2n(l+1)} \left(\frac{1}{n\sin\frac{x_k}{2}}\right)^{2(l+1)p} \int_{-\pi}^{\pi} |T_n(x)|^p dx.$$

容易取 $l$,使满足 $2(l+1)p>1$，因此

$$\sum_{k=1}^{2n(l+1)} \left(\frac{1}{n\sin\frac{x_k}{2}}\right)^{2(l+1)p} \leqslant c.$$

由此就立刻得到(3.14),引理 2 证毕.

**引理 3** 对任意的 $n$ 次代数多项式 $p_n(z)$，$q>1$，$0<p<+\infty$,

$$\|P_n'(z)\|_{p,q} \leqslant c_p \frac{n}{r_0}\|P_n(z)\|_{p,q}, \tag{3.20}$$

其中 $r_0$ 由 §2 中引理 1 内公式(2.5)确定,

**证** 由

$$\frac{\partial}{\partial\theta} P_n(re^{i\theta}) = ire^{i\theta}P_n'(re^{i\theta}),$$

利用引理 2 得到

$$\int_0^{2\pi} r^p |P_n'(re^{i\theta})|^p d\theta \leqslant c_p n^p \int_0^{2\pi} |P_n(re^{i\theta})|^p d\theta,$$

两边同时乘以 $r(1-r^2)^{q-2}$,并对 $r$ 从 $r_0$ 到 1 积分,可得

$$\begin{aligned} r_0^p\|P_n'(z)\|^p_{B_q^p(r_0<|z|<1)} &\leqslant \int_{r_0}^1 r^{p+1}(1-r^2)^{q-2}\int_0^{2\pi}|P_n(re^{i\theta})|^p d\theta \\ &\leqslant c_p n^p \int_{r_0}^1 r(1-r^2)^{q-2}dr\int_0^{2\pi}|P_n(re^{i\theta})|^p d\theta \\ &\leqslant c_p n^p \|P_n(z)\|_{p,q}^p. \end{aligned}$$

由此从 §2 中引理 1 得

$$\begin{aligned} \|P_n'(z)\|_{p,q}^p &\leqslant 2\|P_n'(z)\|^p_{B_q^p(r_0<|z|<1)} \\ &\leqslant c_p \frac{n^p}{r_0^p}\|P_n(z)\|^p_{B_q^p(r_0<|z|<1)} \leqslant c_p\frac{n^p}{r_0^p}\|P_n(z)\|_{p,q}^p. \end{aligned}$$

两边开 $p$ 次方可得(3.20),引理 3 证毕.

**定理 3** (邢-苏[208]) 设多项式级数序列 $S_n(z)$ 在下列意义

下收敛到单位圆内某个函数 $g(z)$,

$$\lim_{n\to+\infty}\frac{q-1}{\pi}\int_0^1\int_0^{2\pi}(1-r^2)^{q-2}|S_n(z)-g(z)|^p r\,dr\,d\theta=0,$$

(3.21)

其中 $q>1, 0<p<+\infty$,则 $g(z)$ 在 $|z|<1$ 内几乎处处等于某个 $g^*(z)$。

1° $g^*(z)\in B_q^p$; (3.22)

2° 在 $|z|<1$ 内闭一致地有

$$\lim_{n\to+\infty}S_n(z)=g^*(z). \tag{3.23}$$

**证** 1. 设 $1\leqslant p<+\infty$, 考虑任意一个闭圆 $|z|\leqslant\rho<1$。取 $\rho_1$ 与 $r$ 满足 $\rho<\rho_1\leqslant r<1$,由(3.21)知,任给 $\varepsilon>0$, 存在自然数 $N$,当 $n,m>N$ 时有

$$\frac{q-1}{\pi}\int_0^1\int_0^{2\pi}(1-r^2)^{q-2}|S_n(z)-S_m(z)|^p r\,dr\,d\theta<\varepsilon.$$

(3.24)

此外,由 Cauchy 公式,对 $|z|\leqslant\rho$,我们有

$$|S_n(z)-S_m(z)|\leqslant\frac{1}{2\pi(\rho_1-\rho)}\int_0^{2\pi}|S_n(re^{i\theta})-S_m(re^{i\theta})|\,d\theta,$$

$$r\geqslant\rho_1, \tag{3.25}$$

由此得

$$|S_n(z)-S_m(z)|\leqslant c\int_0^{2\pi}|S_n(re^{i\theta})-S_m(re^{i\theta})|^p d\theta,$$

因而有

$$\int_{\rho_1}^1|S_n(z)-S_m(z)|(1-r^2)^{q-2}r\,dr$$

$$\leqslant c\int_{\rho_1}^1\int_0^{2\pi}|S_n(re^{i\theta})-S_m(re^{i\theta})|^p(1-r^2)r\,dr\,d\theta.$$

由(3.24)知,序列$\{S_n(z)\}$在 $|z|\leqslant r$ 中是 Cauchy 序列,因此在 $|z|\leqslant r$ 上一致地有极限,极限函数记作 $g^*(z)$。

$$\lim_{n\to+\infty}S_n(z)=g^*(z).$$

由 Weierstrass 定理知，$g^*(z)$在 $|z|<1$ 内解析。

由此对任意的 $\rho_1<1$，

$$\lim_{n\to+\infty}\int_0^{\rho_1}\int_0^{2\pi}|S_n(z)-g^*(z)|^p(1-|z|^2)^{q-2}dxdy=0. \tag{3.26}$$

比较(3.21)与(3.26)得，

$$\int_0^{\rho_1}\int_0^{2\pi}|g(z)-g^*(z)|^p(1-|z|^2)^{q-2}dxdy=0.$$

由此立刻看出，在 $|z|<1$ 内几乎处处地有 $g(z)=g^*(z)$。

最后从(3.26)知，$g^*(z)\in B_q^p$。

**2.** 设 $0<p<1$。我们也考虑圆$|z|\leqslant\rho<1$，且取 $\rho_1$ 与 $\rho_2$ 满足 $\rho<\rho_1<\rho_2<1$。

从(3.25)出发，利用第二章§3 中引理 2，我们有

$$|S_n(z)-S_m(z)|\leqslant\frac{1}{2\pi(\rho_1-\rho)}c_p^{\frac{1}{p}}(\rho_2-\rho_1)^{1-\frac{1}{p}}$$

$$\cdot\left\{\int_{-\pi}^{\pi}|f(re^{i\theta})|^pd\theta\right\}^{\frac{1}{p}},\ r\geqslant\rho_2,$$

即

$$|S_n(z)-S_m(z)|^p\leqslant c\int_{-\pi}^{\pi}|f(re^{i\theta})|^pd\theta,r\geqslant\rho_2>\rho_1>\rho.$$

下面的讨论与上面完全一样，因此可以认为定理 3 证毕。

**定理 4**（沈-邢[179],[208]） 设函数 $\Omega(u)$ 在正实轴上单调上升，且对于一切自然数 $n$，都存在 $2^n$次多项式 $P_{2^n}(z)$，使得满足不等式：

$$\|f(z)-P_{2^n}(z)\|_{p,q}\leqslant\frac{c}{2^{nm}}\Omega\left(\frac{1}{2^n}\right),$$

$$0<p<+\infty,q>1, \tag{3.27}$$

其中 $m$ 是一个非负整数，$c$ 是一个与 $n$ 无关的常数，则

**1°** 若 $1\leqslant p<+\infty$ 且

$$\int_0\frac{\Omega(u)}{u}du<+\infty, \tag{3.28}$$

或

2° 若 $0<p<1$ 且

$$\int_0 \frac{\Omega^p(u)}{u}du<+\infty, \tag{3.29}$$

则有 $f(z),\cdots,f^{(m)}(z)\in B_q^p$，且对 $1\leqslant p<\infty$ 有

$$\omega_{p,q}(t,f^{(m)})\leqslant c\left[t\int_t^1\frac{\Omega(u)}{u^2}du+\int_0^t\frac{\Omega(u)}{u}du\right], \tag{3.30}$$

而对 $0<p<1$ 有

$$\omega_{p,q}(t,f^{(m)})\leqslant c\left[t\int_t^1\frac{\Omega^p(u)}{u^{p+1}}du+\int_0^t\frac{\Omega^p(u)}{u}du\right]. \tag{3.31}$$

**证** 这里只证明情况 2°，因为情况 1°的证明是类似的。

考虑多项式级数 $\sum\limits_{n=0}^{+\infty}Q_n(z)$，其中

$$Q_0(z)=P_1(z),$$

$$Q_n(z)=P_{2^n}(z)-P_{2^{n-1}}(z),n=1,2,\cdots.$$

显然，$Q_n(z)$是次数不超过 $2^n$次的多项式。

我们将证明，级数 $\sum\limits_{n=0}^{+\infty}Q_n^{(\nu)}(z)$ $(\nu=0,1,\cdots,m)$的部分和是 $B_q^p$，$0<p<1,q>1$ 中的 Cauchy 序列。事实上，由引理 3，我们有

$$\begin{aligned}\|Q_n^{(\nu)}(z)\|_{p,q}^p&=\|P_{2^n}^{(\nu)}(z)-P_{2^{n-1}}^{(\nu)}(z)\|_{p,q}^p\\&=\left(c_p\frac{2^n}{r_0}\right)^{p\nu}\|P_{2^n}(z)-P_{2^{n-1}}(z)\|_{p,q}^p\\&\leqslant\left(c_p\frac{2^n}{r_0}\right)^{p\nu}[\|f(z)-P_{2^n}(z)\|_{p,q}^p\\&\quad+\|f(z)-P_{2^{n-1}}(z)\|_{p,q}^p]\\&\leqslant\left(c_p\frac{2^n}{r_0}\right)^{p\nu}\left[\frac{c}{2^{pnm}}\Omega^p\left(\frac{1}{2^n}\right)+\frac{c}{2^{p(n-1)m}}\Omega^p\left(\frac{1}{2^{n-1}}\right)\right]\\&\leqslant c\Omega^p\left(\frac{1}{2^{n-1}}\right).\end{aligned} \tag{3.32}$$

由(2.29)推出

$$\sum_{n=1}^{+\infty} \Omega^p\left(\frac{1}{2^n}\right) < +\infty.$$

因此,对任意 $\varepsilon > 0$, 存在自然 $k_0$, 使得对所有自然数 $t, k$, $t > k > k_0$ 及一切 $\nu = 0, 1, \cdots, m$, 有

$$\left\| \sum_{n=k+1}^{t} Q_n^{(\nu)}(z) \right\|_{p,q}^{p} \leqslant \sum_{n=k+1}^{t} \| Q_n^{(\nu)}(z) \|^p$$

$$\leqslant c \sum_{n=k+1}^{t} \Omega^p\left(\frac{1}{2^{n-1}}\right) < \varepsilon. \qquad (3.33)$$

这就说明$\left\{\sum_{n=0}^{N} Q_n^{(\nu)}(z)\right\}$, $N = 1, 2, \cdots, \nu = 0, 1, \cdots, m$ 都是 $B_q^p$, $0 < p < 1$, $q > 1$ 中的 Cauchy 序列。由定理 3 知，存在函数 $f_\nu \in B_q^p, \nu = 0, 1, \cdots, m$, 使

$$\lim_{N \to +\infty} \left\| \sum_{n=0}^{N} Q_n^{(\nu)}(z) - f_\nu(z) \right\|_{p,q} = 0,$$

且在单位圆 $|z| < 1$ 内闭一致地有

$$\lim_{N \to +\infty} \sum_{n=0}^{N} Q_n^{(\nu)}(z) = f_\nu(z), \nu = 0, 1, \cdots, m.$$

由定理 3 中 2°还知，

$$\lim_{N \to +\infty} \sum_{n=0}^{N} Q_n(z) = f(z), |z| < 1,$$

因此得到

$$f_\nu(z) = f^{(\nu)}(z), \quad \nu = 0, 1, \cdots, m.$$

为了要得到关于 $\omega_{p,q}^p(t; f^{(m)})$ 的估计式,我们研究

$$\| f^{(m)}(z) - f^{(m)}(ze^{ih}) \|_{p,q}^p \leqslant \| f^{(m)}(ze^{ih}) - \sum_{n=0}^{k} Q_n^{(m)}(ze^{ih}) \|_{p,q}^p$$

$$+ \left\| \sum_{n=0}^{k} [Q_n^{(m)}(ze^{ih}) - Q_n^{(m)}(z)] \right\|_{p,q}^p$$

$$+ \left\| \sum_{n=0}^{k} Q_n^{(m)}(z) - f^{(m)}(z) \right\|_{p,q}^p,$$

其中 $k$ 为任意的自然数．由此利用(3.32)得到

$$\|f^{(m)}(z)-f^{(m)}(ze^{ih})\|_{p,q}^{p}\leqslant c\sum_{n=k+1}^{+\infty}\Omega^{p}\left(\frac{1}{2^{n-1}}\right)$$

$$+\left\|\sum_{n=0}^{k}\left[Q_{n}^{(m)}(ze^{ih})-Q_{n}^{(m)}(z)\right]\right\|_{p,q}^{p}. \tag{3.34}$$

利用极大函数原理，引理 3 及(3.32)可得

$$\left\|\sum_{n=0}^{k}\left[Q_{n}^{(m)}(ze^{ih})-Q_{n}^{(m)}(z)\right]\right\|_{p,q}^{p}\leqslant\sum_{n=0}^{k}\|Q_{n}^{(m)}(ze^{ih})-Q_{n}^{(m)}(z)\|_{p,q}^{p}$$

$$\leqslant\sum_{n=0}^{k}c_{p}|h|^{p}\int_{0}^{1}r(1-r^{2})^{q-2}dr\int_{0}^{2\pi}|Q_{n}^{(m+1)}(re^{i\theta})|^{p}d\theta$$

$$=\sum_{n=0}^{k}c_{p}|h|^{p}\|Q_{n}^{(m+1)}(z)\|_{p,q}^{p}\leqslant\sum_{n=0}^{k}\frac{c_{p}2^{np}}{r_{0}^{n}}|h|^{p}\|Q_{n}^{(m)}(z)\|_{p,q}^{p}$$

$$\leqslant\frac{c_{p}|h|^{p}}{r_{0}^{p}}\left[\|P_{1}^{(m)}(z)\|_{p,q}^{p}+c\sum_{n=0}^{k}2^{np}\Omega^{p}\left(\frac{1}{2^{n-1}}\right)\right].$$

将上式代入(3.34)后得

$$\omega_{p,q}^{p}(t,f^{(m)})\leqslant c\sum_{n=k+1}^{+\infty}\Omega^{p}\left(\frac{1}{2^{n-1}}\right)+ct^{p}$$

$$\cdot\left[1+\sum_{n=1}^{k}2^{np}\Omega^{p}\left(\frac{1}{2^{n-1}}\right)\right].$$

现在我们假设$0<t\leqslant\frac{1}{2}$，则存在自然数 $k$，满足

$$2^{-k}<t\leqslant 2^{-(k-1)},$$

则有

$$\sum_{n=k+1}^{+\infty}\Omega^{p}\left(\frac{1}{2^{n-1}}\right)\leqslant\sum_{n=k+1}^{+\infty}\int_{\frac{1}{2^{n}}}^{\frac{1}{2^{n-1}}}\frac{\Omega^{p}(u)}{u}du\leqslant\int_{0}^{t}\frac{\Omega^{p}(u)}{u}du$$

及

$$\sum_{n=1}^{k}2^{np}\Omega^{p}\left(\frac{1}{2^{n-1}}\right)\leqslant\sum_{n=1}^{k}\int_{\frac{1}{2^{n}}}^{\frac{1}{2^{n-1}}}\frac{\Omega^{p}(u)}{u^{p+1}}du=\int_{\frac{1}{2^{k}}}^{1}\frac{\Omega^{p}(u)}{u^{p+1}}du$$

$$
=\int_{\frac{1}{2k-1}}^{2}\frac{\Omega^p\left(\frac{u}{2}\right)}{\left(\frac{u}{2}\right)^{p+1}}d\left(\frac{u}{2}\right)\leqslant A\left(\int_t^1+\int_1^2\right)\frac{\Omega(u)}{u^{p+1}}du.
$$

由此对于 $0\leqslant t\leqslant\frac{1}{2}$ 可以得到(3.30)。

若 $t\geqslant\frac{1}{2}$，则利用

$\omega_{p,q}^p(\lambda t)\leqslant(\lambda+1)\omega_{p,q}^p(t)$，$\lambda$ 为任意正实数，就可以把 $\omega_{p,q}(t,f^{(m)})$ 的估计式从 $t\leqslant\frac{1}{2}$ 推广到 $t\geqslant\frac{1}{2}$.

定理 4 证毕。

**推论** 若函数 $f(z)$ 在单位圆 $|z|<1$ 内解析，且对于任意自然数 $n$,存在 $2^n$次多项式 $P_{2^n}(z)$ 满足

$$
\|f(z)-P_{2^n}(z)\|_{p,q}\leqslant\frac{c}{2^{n(m+\alpha)}},\quad n=1,2,\cdots,
$$

$$
p>0,q>1,
$$

其中 $m$ 为非负整数，$0<\alpha\leqslant1$，则有 $f(z),\cdots,f^{(m)}(z)\in B_q^p$，且

$$
\omega_{p,q}(t,f^{(m)})=\begin{cases}0(t^\alpha),\ 0<\alpha<1,\\ 0\left(t\ln\frac{1}{t}\right),\alpha=1.\end{cases}
$$

事实上,这只要利用定理 4,并取 $\Omega(t)=t^\alpha$ 即得。

## §4. $B_q^p(D)$ 空间中多项式系的完备性问题

我们引用前几节中的记号及概念,这里有趣的是,对于怎样的单连通区域,对任意函数 $f(z)\in B_q^p(D)$,成立

$$
\inf_P\|f(z)-P(z)\|_{p,q}=0,q>1,0<p<+\infty?\quad(4.1)
$$

也就是说,对于怎样的单连通区域 $D$，多项式系在 Bergman 空间

$B_q^p(D)$ 中是完备的，其中 $q>1$, $0<p<+\infty$.

对于 Carathéodory 区域，早在 1934 年 Маркушевич 与 Farrell 就独立地证明了，多项式系在 $B_2^p(D)$ 中是完备的(参看第一章 §4 中定理 3)。当 $q\neq 2$ 时，有很多作者对此作出研究，例如可参看 Bers[16] 的工作 Knopp[74]对 $q\geqslant 2$，考虑 $B_q'(D)$. Sheingon[133]对 $1<q<+\infty$，但对区域$D$加上一些条件(参看 Earle 及 Marden[47] 及 Knopp[74] 的工作)，也考虑 $B_q'(D)$. Metzger[98]，对 $q>\frac{3}{2}$，但假设映射函数的导数$\psi'(w)\in H^1$，此时仍只考虑$B_q'(D)$，后来他推广到 $q\gtrsim 1$[99]. Metzger 在文献[99]中，对 $\psi'(|w|<1)$ 作一些假设下，仍只考虑 $B_q^1(D)$, $q>1$. 1977 年 Burbea 在文献[21]中，对一类 Jordan 区域，推广到一般的 $B_q^p(D)$, $0<p<+\infty$. 同一年 Burbea 才对一般的 Carathéodory 得到了最一般的结果[22].

对于非 Carathéodory 区域，Burbea 也有研究[23].

这一节主要是介绍 Burbea 在这方面所得的有关这方面的结果[22,23].

我们需要几个引理，它们都是属于 Hardy-Littlewood 的[65].

**引理 1** (Hardy-Littlewood[65]) 设 $p>0$, $\alpha\geqslant 0$, 则在假设平均值函数 $M_p(f,r)$(参看§2 中公式(2.36)中定义，这里假设函数 $f(z)$ 在 $|z|<1$ 内解析)满足

$$M_p(f,r)\leqslant c(1-r)^{-\alpha} \tag{4.2}$$

时，对任意 $q>p$,

$$M_q(f,r)\leqslant Kc(1-r)^{-\alpha-\frac{1}{p}-\frac{1}{q}}. \tag{4.3}$$

**证** 1. 设 $p\geqslant 1$. 令 $f(z)=B(z)F(z)$, $B(z)$ 是函数 $f(z)$ 在 $|z|\leqslant R<1$ 上的 Blaschke 乘积，显然

$$|F(re^{i\theta})|^p\leqslant\frac{1}{2\pi}\int_0^{2\pi}|F(Re^{i\varphi})|^p\cdot\frac{R^2-r^2}{R^2-2Rr\cos(\varphi-\theta)+r^2}\,d\varphi,\ r<R,$$

由此得

$$M_q^q(f,r) \leqslant \frac{1}{2\pi}\int_0^{2\pi} \left[\frac{1}{2\pi}\int_0^{2\pi} |F(Re^{i\varphi})|^p \cdot \frac{R^2 - r^2}{R^2 - 2Rr\cos(\varphi - \theta) + r^2}\, d\varphi\right]^{\frac{q}{p}} d\theta$$

$$\leqslant \frac{1}{2\pi}\int_0^{2\pi} \left[\frac{1}{2\pi}\int_0^{2\pi} |F(Re^{i\varphi})|^p \cdot \frac{R^2 - r^2}{R^2 - 2Rr\cos(\varphi - \theta) + r^2}\, d\varphi \cdot \left(\frac{R+r}{R-r}\right)^{\frac{q}{p}-1} [M_p(f,\ R)]^{p(\frac{q}{p}-1)}\right] \cdot d\theta$$

$$\leqslant [M_p(f,R)]^p \cdot \left(\frac{R+r}{R-r}\right)^{\frac{q}{p}-1} [M_p(f,\ R)]^{p(\frac{q}{p}-1)}$$

$$\leqslant Kc(1-r)^{-\alpha-\frac{1}{p}+\frac{1}{q}}.$$

这只要取 $R = r + \frac{1-r}{2}$ 即可，这就是(4.3)

2. 设 $p < 1$.

1° 设 $f(z)$ 在 $|z| < 1$ 内无零点。令 $\varphi = f^{\frac{1}{k}}, k \geqslant \frac{1}{p}$. 因此，$\varphi$ 也在 $|z| < 1$ 内解析，且由定理的条件(4.2)知，

$$M_{kp}(\varphi,r) \leqslant c^{\frac{1}{k}}(1-r)^{-\frac{\alpha}{k}}.$$

因此，由 1 中已证明的结果知

$$M_{kq}(\varphi,r) \leqslant Kc^{\frac{1}{k}}(1-r)^{-\frac{\alpha}{k}-\frac{1}{kp}+\frac{1}{kq}},$$

这等价于(4.3)

2° 若 $f(z)$ 在 $|z| < 1$ 中可以有零点，则当 $0 < r < 1$, $\rho = \frac{1}{2}(1+r)$ 时，

$$M_p(f,r) \leqslant c(1-\rho)^{-\alpha} = c_\rho,\ 0 < r < \rho. \qquad (4.4)$$

由于函数 $f(z)$ 在 $|z| < \rho < 1$ 上可以有因子分解，$f(z) = B(z)F(z)$，其中 $B(z)$ 是 $f(z)$ 在 $|z| < \rho$ 中的 Blaschke 乘

积，因此令

$$f_1(z)=(B(z)-1)F(z),\quad f_2(z)=F(z),$$

则有

$$f(z)=f_1(z)+f_2(z),$$

且 $f_1(z)$ 与 $f_2(z)$ 在 $|z|<\rho$ 中没有零点. 此外，由(4.4)得

$$M_p(f_1,r)\leqslant 2c_\rho,\quad M_p(f_2,r)\leqslant 2c_\rho,\quad r<\rho.$$

现在将结果1°应用到函数 $f_1(z)=F_1(\rho\zeta)$, $|\zeta|<1$, 可以得到

$$\begin{aligned}M_q(f_1,r)&\leqslant 2Kc_\rho\left(1-\frac{r}{\rho}\right)^{-\frac{1}{p}+\frac{1}{q}}\\&=2Kc(1-\rho)^{-\alpha}\left(1-\frac{r}{\rho}\right)^{-\frac{1}{p}+\frac{1}{q}}\\&\leqslant Kc(1-r)^{-\alpha-\frac{1}{p}+\frac{1}{q}}.\end{aligned}$$

类似地

$$M_q(f_2,r)\leqslant Kc(1-r)^{-\alpha-\frac{1}{p}+\frac{1}{q}}.$$

因此，由

$$M_q(f,r)\leqslant KM_q(f_1,r)+KM_q(f_2,r),$$

就立刻得到

$$M_q(f,r)\leqslant Kc(1-r)^{-\alpha-\frac{1}{p}+\frac{1}{q}}.$$

这就是(4.3). 引理1证毕.

**注1** 当 $q=+\infty$，引理1仍成立，这可从证明看出（或参看Hardy-Littlewood 文献[65]中定理27）.

**注2** 若 $\alpha=0$，则上述(4.3)中 $K$ 可以用 $O(1)$ 来代替. 证明也是类似的，且更为简单（也可参看文献[65]）.

**引理2**(Hardy-Littlewood[65]) 设

$$0<s<p,\ \alpha=\frac{1}{s}-\frac{1}{p},\ l\geqslant s, \tag{4.5}$$

且函数 $f(z)$ 在单位圆 $|z|<1$ 内解析，并满足

$$M_s(f,r)\leqslant c,\ 即\ f(z)\in H^s, \tag{4.6}$$

则

$$\int_0^1 [M_p(f,r)]^l(1-r)^{l\alpha-1}dr \leqslant Kc^l. \tag{4.7}$$

特别地，若取 $l=p$，则由(4.5)—(4.7)可知，若 $f(z)\in H^{\frac{p}{q}}$，$q>1$，$p>0$，则

$$\left\{\iint\limits_{|w|<1}(1-|w|^2)^{q-2}|f(w)|^p dudv\right\}^{\frac{1}{p}} \leqslant c\|f\|_{H^{p/q}}. \tag{4.8}$$

**证** 1. 首先将 $l\geqslant s$ 的情况化为特殊情况 $l=s$. 事实上，由引理 1，我们有

$$M_p(f,r)\leqslant Kc(1-r)^{-\frac{1}{s}+\frac{1}{p}},$$

因此

$$[M_p^l(f,r)]^l(1-r)^{l\alpha-1}\leqslant Kc^{l-s}[M_p(f,r)]^s(1-r)^{-\frac{s}{p}}.$$

2. 设函数 $f(z)$ 在 $|z|<1$ 的无零点，令

$$k=\frac{2p}{s}>2, f(z)=g(z)^{\frac{2}{s}},$$

因此 $g(z)$ 也在 $|z|<1$ 内解析，且

$$[M_2(g,r)]^2\leqslant[M_s(f,r)]^s\leqslant c^s, \tag{4.9}$$

且

$$\int_0^1 M_p^s(f,r)(1-r)^{-\frac{s}{p}}dr=\int_0^1[M_k(g,r)]^2(1-r)^{-\frac{2}{k}}dr. \tag{4.10}$$

令

$$g(z)=\sum_{n=0}^{\infty}c_n z^n=\sum_{n=0}^{+\infty}(n+1)^{-\left(\frac{1}{2}-\frac{1}{k}\right)}b_n z^n, \tag{4.11}$$

$$h(z)=\sum_{n=0}^{\infty}b_n z^n, \tag{4.12}$$

则由分数次微商定义由

$$g(z)=(I^{\left(\frac{1}{2}-\frac{1}{k}\right)}h)(z) \tag{4.13}$$

类似于 §2 中引理 8 的证明，这里也可以证明(或参看文献[64]中

定理 4 及文献[65]中定理30),

$$M_k(g,r) \leqslant KM_2(h,r), \ K \text{ 是常数。} \tag{4.14}$$

因此,利用(4.10)—(4.13)及(4.9)就有

$$\int_0^1 (M_k^2(g,r)^2(1-r)^{-\frac{2}{k}})dr \leqslant K\int_0^1 [M_2(h,r)]^2(1-r)^{-\frac{2}{k}}dr$$

$$\leqslant K\sum_{n=0}^{+\infty}|b_n|^2\int_0^1 r^{2n}(1-r)^{-\frac{2}{k}}dr$$

$$= K\sum_{n=0}^{+\infty}|b_n|^2\frac{\Gamma(2n+1)}{\Gamma\left(2n+2-\frac{2}{k}\right)}$$

$$= K\sum_{n=0}^{+\infty}|c_n|^2\cdot(n+1)^{\frac{1}{2}-\frac{1}{k}}\frac{\Gamma(2n+1)}{\Gamma\left(2n+2-\frac{2}{k}\right)}$$

$$\leqslant c\sum_{n=0}^{+\infty}|c_n|^2 = cM_2^2(g,1) \leqslant c^s.$$

若再注意到(4.10),就得到了(4.7),其中 $l = s$。

引理 2 证毕。

1977 年 Burbea 在文献[22]中引入量:

$$t_D = \sup\{q \mid \mu_q(D) = +\infty\}, \tag{4.15}$$

其中

$$\mu_q(D) = \iint_D \lambda_D^{2-q}(z)dxdy$$

$$= \iint_{|w|=1}(1-|w|^2)^{q-2}|\psi'(w)|^q dudv, \tag{4.16}$$

其中 $\lambda_D(z)$ 是 Poincaré 测度,它由(0.3)确定. 容易证明,它不依赖于映射函数 $\varphi(z)$ 的选取. 事实上,设另一个映射函数 $w=\varphi_1(z)$, $\varphi_1(z_1)=0$, $\varphi'(z_1)>0$,也将区域$D$映射到$|w|<1$,则由分式线性变换性质,我们有

$$\varphi_1(z) = e^{i\theta}\frac{\varphi(z)-\varphi(z_1)}{1-\overline{\varphi(z_1)}\,\varphi(z)},$$

其中$\theta$可以 $\varphi_1'(z_1) > 0$ 来确定，由此得

$$\varphi_1'(z) = e^{i\theta}\frac{(1-|\varphi(z_1)|^2)\varphi'(z)}{(1-\overline{\varphi_1(z_1)}\varphi(z))^2}.$$

这样一来，就有

$$\frac{|\varphi_1'(z)|}{1-|\varphi_1(z)|^2} = \frac{\dfrac{(1-|\varphi(z_1)|^2)|\varphi'(z)|}{|1-\varphi(z_1)\varphi(z)|^2}}{1-\left|\dfrac{\varphi(z)-\varphi(z_1)}{1-\overline{\varphi(z_1)}\varphi(z)}\right|^2} = \frac{|\varphi'(z)|}{1-|\varphi(z)|^2}.$$

我们用 $\delta_D(z)$ 记作 $z \in D$到$D$的边界$\Gamma$的距离.

**引理 3**

$$\frac{1}{4} \leqslant \lambda_D(z)\delta_D(z) \leqslant 1, \quad z \in D. \tag{4.17}$$

**证** 从保角映射理论（用 Schwarz 引理）容易看出，当区域$D$变大时，函数 $\lambda_D(z)$ 变小. 因为对任意点 $z_1 \in D$，区域 $|z-z_1| < \delta_D(z_1)$位于区域$D$中，而函数 $(z-z_1)/\delta_D(z_1)$ 将圆域$|z-z_1| < \delta_D(z_1)$映射到圆$|w| < 1$，且满足标准化条件，因此根据上面讲的单调性及 $\lambda_D(z)$ 在保角映射下的不变性有

$$\frac{\dfrac{1}{\delta(z_1)}}{1-\dfrac{|z-z_1|^2}{[\delta(z_1)]^2}} \geqslant \frac{|\varphi(z)|}{1-|\varphi(z)|^2}.$$

因此，在不等式两边令 $z = z_1$，即得

$$1 \geqslant \lambda_D(z_1)\delta(z_1), z_1 \in D.$$

另一方面，已知函数

$$\psi(w) = z_0 + \psi_1'(0)w + \cdots,$$

将$|w| < 1$映射到区域$D$，应用 Koeb 的 $\frac{1}{4}$ 定理（例如参看 Голузин 的文献[63]第 56 页）. 对区域$D$边界上点 $z = z_0 + e^{i\theta}\delta_D(z_0)$ 有

$$|e^{i\theta}\delta_D(z_0)| \geqslant 4|\psi'(0)|,$$

即

$$\frac{\varphi'(z_0)}{1-|\varphi(z_0)|^2}\delta_D(z_0)\geqslant\frac{1}{4}$$

(这里因为 $\varphi(z_0)=0$). 引理 3 证毕.

**引理 4** (Burbea[22]) 设$D$是有界区域(以后我们总是这样假设的),则

$$1\leqslant t_D\leqslant 2. \tag{4.18}$$

**证** 设

$$\psi(w)=\psi'(0)w+\cdots,$$

则区域$D$的面积$A$为,

$$A=\iint\limits_{|w|<1}|\psi'(w)|^2dudv\geqslant\pi|\psi'(0)|^2,$$

由此得到

$$[\lambda_D(z)]^{-1}\leqslant\sqrt{\frac{A}{\pi}},\ z\in D.$$

这样一来,当 $q>2$ 时,

$$\mu_q(D)=\iint\limits_D\lambda_n^{2-q}(z)dxdy\leqslant\left(\frac{A}{\pi}\right)^{\frac{q-2}{2}}\cdot A<+\infty,$$

因此 $t_D\leqslant 2$.

另一方面,若 $q<1$,则令

$$(\psi'(w))^{\frac{q}{2}}=\sum_{n=0}^{+\infty}a_nw^n,\ a_0\neq 0,|w|<1$$

知

$$\begin{aligned}\mu_q(D)&=\iint\limits_D\lambda_D^{2-q}(z)dxdy\\&=\iint\limits_{|w|<1}(1-|w|^2)^{q-2}|\psi'(w)|^qdudv\\&\geqslant\pi|a_0|^2\int_0^1(1-\rho)^{q-2}d\rho=+\infty,\end{aligned}$$

因此 $t_D\geqslant 1$.

**引理 5** (Burbea[22])

1° 设$D$是一个 Jordan 区域，且边界为可求长的，则 $t_D=1$；

2° 存在一个 Jordan 区域，其 $t_D=2$。

**证** 1°已知(参看 Duren 的文献[36]第 44 页)，当边界$\Gamma$为可求长时，$\psi'(w)\in H^1$。由此从(4.16)，应用引理 2 中的公式(4.8)知，对任意 $q>1$，$\mu_q(D)<+\infty$，因此 $t_D\leqslant 1$，再从引理 4 就得 $t_D=1$。

2° 现在设 $Q_n$，$n=2,3,\cdots$是边长为 $\varepsilon_n=\dfrac{1}{\sqrt{n\ln n}}$ 的小正方形，它们的内部互不相交，且位于某个有界区域内。显然有 $\sum\limits_{n=0}^{+\infty}\varepsilon_n^2<+\infty$，我们用一些非狭窄的小条将这些正方形连结起来。这正方形及这些小条合起来构成一个单连通区域 $D$，区域$D$的边界是 Jordan 曲线，区域$D$的面积有界，但由于$Q_n$的边界取法可知，区域$D$的边界$\Gamma$不是可求长曲线。

设 $1<q<2$。由引理 4 得，

$$
\begin{aligned}
\mu_q(D)&=\iint\limits_D \lambda_D^{2-q}(z)dxdy\geqslant 4^{q-2}\iint\limits_D \delta_D^{q-2}(z)dxdy\\
&\geqslant 4^{q-2}\sum_{n=2}^{+\infty}\iint\limits_{Q_n}\delta_D^{q-2}(z)dxdy\\
&\geqslant(\sqrt{2})^{q-2}\sum_{n=0}^{+\infty}\varepsilon_n^{q-2}\iint\limits_{Q_n}dxdy\\
&=(\sqrt{2})^{q-2}\sum_{n=2}^{+\infty}\varepsilon_n^q=(\sqrt{2})^{q-2}\\
&\quad\cdot\sum_{n=2}^{+\infty}\frac{1}{n^{q/2}(\ln n)^q}=+\infty.
\end{aligned}
$$

因此 $t_D\geqslant 2$。再用引理 4 就得 $t_D=2$。

引理 5 证毕。

现在我们叙述这一节中第一个主要定理。

**定理 1**(Burbea[22]) 设$D$是一个 Carathéodory 区域，则多项

式系在空间 $B_q^p(D)$ 中完备(参看(4.1)),其中 $0 < p < +\infty$, $q \in I(t_D)$:

$$I(t_D) = \begin{cases} [t_D, +\infty], \text{若 } \mu_{t_D}(D) < +\infty, \\ (t_D, +\infty), \text{若 } \mu_{t_D}(D) = +\infty. \end{cases} \tag{4.19}$$

(显然有 $I(1) = (1, +\infty)$, $I(2) = [2, +\infty]$, 且 $I(t_D) = \{q | \mu_q(D) < +\infty\}$.

为了证明这个定理,我们还需要几个引理.

**引理 6** 多项式系在 $B_q^p(|z| < 1)$ 上完备,其中 $q > 1$, $0 < p < +\infty$.

在§3中我们实际上已给出用多项式逼近函数 $f(z) \in B_q^p(|z| < 1)$ 的逼近阶的估计,因此就顺便得到了引理 **6**. 这个结果也可看作文献[95]中加权逼近的一个特殊情况.

下面的引理是将一般逼近问题转化到一个特殊函数的逼近问题(参看 Aharonov-Shapiro-Shields[1] 或 Metzger[98] 与 Sheingon[133]).

**引理 7** 设 $D$ 是 Carathéodory 区域, $q \in I(t_D)$, $0 < p < +\infty$, 则多项式系在 $B_q^p(D)$ 中是完备的充要条件是: 函数 $[\varphi'(z)]^{q/p}$ 可以在空间 $B_q^p(D)$ 中被多项式逼近.

**证** 必要性. 当 $q > 1$ 时,

$$\|[\varphi'(t)]^{q/p}\|_{p,q}^p = \iint_D |\varphi'(z)|^q \lambda_D^{2-q}(z)\, dx dy$$

$$= \iint_{|w|<1} (1 - |w|^2)^{q-2} du dv = \frac{\pi}{q-1}.$$

因此 $[\varphi'(z)]^{q/p} \in B_q^p(D)$.

充分性. 首先容易看出, 算子 $Tf = f[\psi(w)][\psi'(w)]^{q/p}$ 是空间 $B_q^p(D)$ 到 $B_q^p(|w| < 1)$ 的等距,同构双注入映射. 因此,设 $f \in B_q^p(D)$,则 $Tf \in B_q^p(|w| < 1)$. 根据引理 6,对任意的 $\varepsilon > 0$,存在多项式 $P_1(w)$,使

$$\|P_1(w) - (Tf)(w)\|_{p,q}^p < \frac{\varepsilon}{4} \frac{1}{c_p}, \tag{4.20}$$

其中 $c_p = \max(2^{p-1}, 1)$. 按充分性条件的假设，存在多项式 $P_2(z)$，使

$$\|P_2(z) - [\varphi'(z)]^{q/p}\|_{p,q}^p \leqslant \varepsilon/(8\|P_1\|_\infty)c_p^2, \tag{4.21}$$

其中

$$\|P_1\|_\infty = \max_{|w|\leqslant 1}|P_1(w)|.$$

因为函数 $P_2[\psi(w)] \in A(|w| \leqslant 1)$，因此由第二章 §3 定理 1 知，存在多项式 $P_3(w)$，使得

$$\max_{|w|\leqslant 1}|P_2[\psi(w)] - P_3(w)|^p \leqslant \frac{\varepsilon}{8\mu_q(D)\|P_1\|_\infty c_p^2} \equiv \varepsilon_1. \tag{4.22}$$

因此，由(4.22)得

$$\begin{aligned}&\|(P_2[\psi(w)] - P_3(w))[\psi'(w)]^{q/p}\|_{p,q}^p\\ &\qquad\leqslant \varepsilon_1\|[\psi'(w)]^{q/p}\|_{p,q}^p = \varepsilon_1\mu_q(D),\end{aligned}$$

$$\|(P_2[\psi(w)] - P_3(w))[\psi'(w)]^{q/p}\|_{p,q}^p < \frac{\varepsilon}{8\|P_1\|_\infty c_p}. \tag{4.23}$$

利用(4.20)，有

$$\begin{aligned}\|Tf - P_1P_3(\psi')^{q/p}\|_{p,q}^p &\leqslant c_p[\|Tf - P_1\|_{p,q}^p\\ &\quad + \|P_1 - P_1P_3(\psi')^{q/p}\|_{p,q}^p]\\ &< \frac{\varepsilon}{4} + \|P_1\|_\infty\|P_3(\psi')^{q/p} - 1\|_{p,q}^p c_p,\end{aligned} \tag{4.24}$$

但从(4.21)及(4.23)得

$$\begin{aligned}\|P_3(\psi')^{q/p} - 1\|_{p,q}^p &\leqslant c_p(\|P_3(\psi')^{q/p} - P_2[\psi](\psi')^{q/p}\|_{p,q}^p\\ &\quad + \|P_2[\psi](\psi')^{q/p} - 1\|_{p,q}^p)\\ &< c_p\left(\frac{\varepsilon}{8\|P_1\|_\infty c_q^2} + \|T^{-1}(P_2[\psi](\psi')^{q/p} - 1)\|_{p,q}^p\right)\\ &= c_p\left(\frac{3}{8\|P_1\|_\infty c_p^2} + \|P_2 - [\varphi']^{q/p}\|_{p,q}^p\right)\\ &< \frac{\varepsilon}{4\|P_1\|_\infty c_p}.\end{aligned}$$

由此从(4.34)得

$$\|Tf - P_1P_3(\psi')^{q/p}\|_{p,q}^p < \frac{\varepsilon}{2},$$

因此有

$$\|f - P_1[\varphi]\cdot P_3[\varphi]\|_{p,q}^p = \|Tf - P_1P_3(\psi')^{q/p}\|_{p,q}^p < \frac{\varepsilon}{2}. \tag{4.25}$$

由于函数 $P_1[\varphi]P_3[\varphi]\in A(\overline{D})$,因此利用第一章的 Мергелян 定理,存在多项式 $P(z)$,使得

$$\max_{z\in\overline{D}} |P_1[\varphi(z)]P_2[\varphi(z)] - P(z)|^p < \frac{\varepsilon}{2\mu_q(D)},$$

因此

$$\|P - P_1[\varphi]P_3[\varphi]\|_{p,q}^p < \frac{\varepsilon}{2}. \tag{4.26}$$

比较(4.25)及(4.26)就最后得到

$$\|f - P\|_{p,q}^p < \varepsilon.$$

引理 7 证毕.

为了证明定理 1 在 $q\geqslant 2$ 的情况,我们需要下面的引理.

**引理 8** 1°若 $q\geqslant q_1$,则对所有的 $p, 0<p<+\infty, B_{q_1}^p(D)\subset B_q^p(D)$,且这个注入还是连续的,即存在常数 $c$(它可以依赖于 $p$, $q_1$ 与 $q$),使得对任意 $f\in B_{q_1}^p(D)$,

$$\|f\|_{p,q}\leqslant c\|f\|_{p,q_1}. \tag{4.27}$$

2° 若 $q_1\leqslant q<2q_1-1$,则 $[\varphi'(z)]^{q/p}\in B_{q_1}^p(D)$.

**证** 1°是显然的,这只要利用 $\lambda_D^{-1}(z)\leqslant\sqrt{\frac{A}{\pi}}$ 就行.

2° 显然,

$$\|[\varphi']^{q/p}\|_{p,q} = \iint\limits_{|w|<1} |\psi'(w)|^{q_1-q}(1-|w|^2)^{q_1-2}dudv, q_1-q\leqslant 0. \tag{4.28}$$

不妨认为 $0\in D$,且 $\psi(0)=0$,于是 $\psi'(w)$ 是 $|w|<1$ 上有界

单叶函数，$\psi(0)=0$。因此，根据变形定理(参看 Гогузин 文献[63]第 58 页)，存在常数 $M>0$，使

$$|\psi'(w)|\geqslant M(1-|w|^2),|w|<1. \tag{4.29}$$

由此，从(4.28)及(4.29)得到

$$\|[\varphi'(z)]^{q/p}\|_{p,q_1}^p\leqslant\iint_{|w|<1}(1-|w|^2)^{2q_1-q-2}dudv<+\infty,$$

这里因为假设了 $q<2q_1-1$，即 $2q_1-1-2>-1$。

引理 8 得证。

为了证明定理 1 在 $1<q<2$ 时的情况，我们还需要二个引理。

**引理 9** 令 $1\leqslant t\leqslant 2$，定义

$$\alpha_\infty(t)=\frac{2(2t-1)}{t^2+2t-2},$$

$$\alpha_n(t)=\frac{\alpha_\infty(t)n+4}{n+4},n=0,1,2,\cdots$$

$$F_n(t)=\frac{1}{1+t}\left[2-t+\frac{2}{\alpha_n(t)}(2t-1)\right],n=0,1,2,\cdots$$

及

$$G_n(t)=2\left(1-\frac{1}{\alpha_n(t)}\right)\frac{2F_{n-1}(t)-1}{2-F_{n-1}(t)},n=1,2,\cdots,1\leqslant t<2.$$

于是

1° $\lim\limits_{n\to+\infty}\alpha_n(t)=\alpha_\infty(t),\lim\limits_{n\to+\infty}F_n(t)=t,\lim\limits_{n\to+\infty}G_n(t)=t$;

2° 当 $1\leqslant t<2$ 时，$F_n(t)\geqslant t,n=0,1,2,\cdots$;

3° 当 $1\leqslant t<2$ 时，$F_{n-1}(t)<\dfrac{2}{\alpha_n(t)},n=1,2,\cdots$;

4° 当 $1\leqslant t<2$ 时，$F_n(t)\geqslant G_n(t),n=1,2,\cdots$，且当且仅当 $t=1$ 时等式成立。

这个引理的证明是初等的，我们留给读者自己证明。

**引理 10** 设 $D$ 是 Carathéodory 区域，且认为

$$1\leqslant t_D<2,\quad I(t_D)=(t_D,\infty), \tag{4.30}$$

又设 $\alpha > 0, 1 < s < +\infty$，且满足

$$\left(1 - \frac{1}{2}\right)s = 1 - \frac{Q}{2},\ Q > t_D. \tag{4.31}$$

1° 若

$$s\left(1 + q - \frac{2}{\alpha}\right) > 2 - s + t_D(s - 1), \tag{4.32}$$

则

$$B_Q^{ps}(D) \subset B_q^p(D), q > t_D. \tag{4.33}$$

2° 若还有

$$s\left[q + 4\left(1 - \frac{1}{\alpha}\right)\right] < 3. \tag{4.34}$$

则 $[\varphi'(t)]^{q/p} \in B_Q^{ps}(D)$.

**证** 1° 在 $s > 1$ 时，令 $s' = \dfrac{s}{s-1}$，用 Hölder 不等式得到，

$$\|f\|_{p,q}^p = \iint_D \lambda_D^{2-\frac{2}{\alpha}+\frac{2}{\alpha}-q}(z)|f(z)|^p dxdy$$

$$\leqslant \left\{\iint_D \lambda_D^{2(1-\frac{1}{\alpha})s}|f|^{sp}dxdy\right\}^{\frac{1}{s}}$$

$$\cdot \left\{\iint_D \lambda_D^{2\left(\frac{1}{\alpha}-\frac{q}{2}\right)\frac{s}{s-1}}dxdy\right\}^{\frac{s-1}{s}}.$$

由(4.31)知，上面第一个积分是 $B_Q^{sp}(D)$ 中模的 $p$ 次方，而当

$$2\left(\frac{1}{\alpha} - \frac{q}{2}\right)\frac{s}{s-1} < 2 - t_D$$

时，即(4.32)满足时，上面第二个积分是有界的. 因此有

$$\|f\|_{p,q} \leqslant c\|f\|_{ps,Q},$$

(4.33)证毕.

2° 不妨认为，$0 \in D$，且 $\psi(0)=0$. 因为 $s > 1$，因此由(4.32)直接推出，

$$s\left(1+q-\frac{2}{\alpha}\right)>2-s, \tag{4.35}$$

我们有

$$\|(\varphi')^{q/p}\|_{ps,Q}^{ps}=\iint_D \lambda_D^{2\left(1-\frac{1}{\alpha}\right)s}|\varphi'|^{sq}dxdy$$

$$=\iint_{|w|<1}(1-|w|^2)^{2\left(\frac{1}{\alpha}-s\right)}|\psi'(w)|^{2-s-s\left(1+q-\frac{1}{\alpha}\right)}dudv. \tag{4.36}$$

根据(4.35)，在$|\psi'(w)|$上的指数是负数．同样，由于 $\psi(w)$ 是 $|w|<1$ 上有界单叶函数，$\psi(0)=0$，因此估计式(4.29)成立．这样一来，由(4.36)及(4.29)得，

$$\|(\varphi')^{q/p}\|_{ps,Q}^{ps}\leqslant c\iint_{|w|<1}(1-|w|^2)^{4s/\alpha-4s-sq+2}dudv.$$

由于(4.34)，最后一个积分是有界的．

引理 10 证毕．

**注** 条件(4.31)—(4.33)及(4.34)都不依赖于 $p$，$0<p<+\infty$．这点在应用上是很方便的．

现在我们已有条件来证明定理 1 了．

1.设 $q\geqslant 2, 0<p<+\infty$（可参看 Bers[16]的工作，这里给出 Burbea 的证明）．

令 $Q_n=2+\frac{n}{2}, n=0,1,\cdots$，因此 $Q_0=2$．由Маркушевич-Farrell 定理(参看第一章§4 中定理 3)，多项式系在 $B_2^p(D)=B_{Q_0}^p(D)$中完备，$0<p<+\infty$．

根据引理 8 的 2°，当 $Q_0\leqslant q<2Q_0-1$ 时，$[\varphi']^{q/p}\in B_{Q_0}^p(D)$ 由 Маркушевич-Farrell 定理知道，$[\varphi']^{q/p}$可在 $B_{Q_0}^p(D)$ 中被多项式逼近，再由引理 8 的 1°知，$[\varphi']^{q/p}$可以在 $B_q^p(D)$ 中被多项式一致逼近．由此应用引理 7 知，多项式系在 $B_q^p(D)$ 中完备．特别地可知，多项式系在 $B_{Q_1}^p(D)$ 中完备．

反复用上面方法可知，多项式系在 $B_q^p(D)$ 中完备，其中

$$Q_n \leqslant q < 2Q_n - 1, n = 0,1,2,\cdots.$$

这就证明了情况 1.

2. 设 $1 < q < 2$,由于 1,不妨设

$$1 \leqslant t_D < 2.$$

这里只考虑 $\mu_{t_D}(D) = +\infty$ 情况. 因为若 $\mu_{t_D}(D) < +\infty$, 则证明的方法是类似的, 只是在引理 10 中出现了严格的不等式符号,且在定理 1 的证明过程中, 常出现"$\geqslant$"即可. 因此, 可以认为

$$I(t_D) \equiv (t_D, +\infty), q > t_D, 1 \leqslant t_D < 2.$$

证明的思想是让 $\alpha$ 与 $s$ 变化,但满足引理 10 中的条件, 此时就可以研究空间 $B_{D}^{qs}(D)$ 中的多项式逼近,而在此根据引理 7,只要证明 $[\varphi']_p^q$ 是属于 $B_{D}^{qs}(D)$,然后不断地用迭代法就能求证.

因为 $1\leqslant t_D < 2$, 根据引理 9,定义

$$\alpha_\infty = \alpha_\infty(t_D), \alpha_n = \alpha_n(t_D),$$
$$F_n = F_n(t_D), G_n = G_n(t_D), \tag{4.37}$$

对应于引理 10,令

$$Q_0 = 2, Q_n = Q_n(t_D) > F_{n-1}, n = 1,2,\cdots, \tag{4.38}$$

及

$$s_n > 1, \left(1 - \frac{1}{\alpha_n}\right) s_n = 1 - \frac{Q_n}{2}, n = 0,1,\cdots. \tag{4.39}$$

注意到 $\alpha_0 = \alpha_0(t_D) = 1$, 因此在(4.39)中, $s_0 > 1$ 可以任意取.

现在我们对 $n$ 用归纳法来证明,对所有的 $0 < p < +\infty$, $q > F_n$, 多项式系在 $B_q^p(D)$ 中是完备的. 这里由于假设 $\mu_{t_D}(D) = +\infty$, $q \in I(t_D) = (t_D, +\infty)$, 且由于 1 中已证明的事实, 可以认为 $t_D < q < 2$.

首先根据 Маркушевич-Farrell 定理(参见第一章§ 4 中定理 3), 多项式系在 $B_{Q_0}^{ps_0}(D) = B_2^{ps_0}(D)$ 中是完备的.

根据引理 10 中的条件(2.32)及(2.34),若

$$s_0(q-1) > 2 - s_0 + t_D(s_0 - 1) \text{ 及 } s_0 q < 1, \tag{4.40}$$

则 $(\varphi')^{q/p} \in B_2^{ps_0}(D)$. 而条件(4.40)等价于条件

$$\frac{2-t_D}{q-t_D} < s_0 < \frac{3}{q}. \tag{4.41}$$

由于假设 $t_D < q < 2$,因此总是可以选择 $s_0 > 1$,使得上式成立。因此,从(4.41)可以看出,当

$$q > \frac{3t_D}{1+t_D}$$

时,$[\varphi']^{q/p} \in B_2^{\rho s_0}(D)$。因此,$[\varphi']^{q/p}$ 在 $B_2^{\rho s_0}(D)$ 中可以被多项式逼近。利用引理 10 的 1°,$[\varphi']^{q/p}$ 在 $B_q^{\rho}(D)$ 中可以被多项式逼近,$q > \frac{3t_D}{1+t_D}$,再应用引理7,就知多项式系在 $B_q^{\rho}(D)$ 中完备,其中

$$0 < p < +\infty, q > F_0 = F_0(t_D) = \frac{3t_D}{1+t_D}.$$

这里当 $t_D = 1$ 时,$F_0(t_D) = \frac{3}{2}$。

现在用归纳法,假设多项式系已经在 $B_q^{\rho}(D)$ 中完备,其中

$$0 < p < +\infty, q > F_k, k = 0, 1, \cdots, n-1.$$

我们要证明,这对于 $q > F_n$ 也成立。

根据引理 9 的 3°知,$\frac{2}{\alpha_n} > F_{n-1}$。因此,可以认为 $t_D < q < \frac{2}{\alpha_n}$。因为 $Q_n > F_{n-1}$,且由引理 9 的 2°知 $F_{n-1} = F_{n-1}(t_D) \geqslant t_D$,因此按照归纳假设多项式系在 $B_{Q_n}^{\rho s_n}(D)$ 中完备。

根据引理 10 中条件(2.32)及(2.34),若

$$s_n\left(1+q-\frac{2}{\alpha_n}\right) > 2 - s_n + t_D(s_n - 1)$$

及

$$s_n\left[q + 4\left(1-\frac{1}{\alpha_n}\right)\right] < 3, \tag{4.42}$$

则由引理 10 中的 2°知,$[\varphi'(z)]^{q/p} \in B_{Q_n}^{\rho s_n}(D)$,这里由于(4.39),

我们必须有

$$1 < s_n < \frac{2 - F_{n-1}}{2}\left(1 - \frac{1}{\alpha_n}\right)^{-1}. \tag{4.43}$$

从(4.42)可以得到等价的条件，

$$\frac{2 - t_D}{2 - t_D + q - \frac{2}{\alpha_n}} < s_n < \frac{3}{q + 4\left(1 - \frac{1}{\alpha_n}\right)}. \tag{4.44}$$

由于选择 $q$ 使 $t_D < q < \frac{2}{\alpha_n}$ 且 $\alpha_n \geqslant 1$，因此

$$\frac{2 - t_D}{2 - t_D + q - \frac{2}{\alpha_n}} > 1.$$

进一步有 $q + 4\left(1 - \frac{1}{\alpha_n}\right) > 0$，且由引理 9 中 $n$ 个函数的定义知，当 $q > G_n$ 时，有

$$\frac{3}{q + 4\left(1 - \frac{1}{\alpha_n}\right)} < \frac{2 - F_{n-1}}{2}\left(1 - \frac{1}{\alpha_n}\right)^{-1}. \tag{4.45}$$

由引理 9 中 4°知，$F_n \geqslant G_n$. 因此，当 $q > F_n$ 时 (4.45) 是满足的. 此外，由 $F_n$ 的定义也可知，当 $q > F_n$ 时. 就有

$$\frac{2 - t_D}{2 - t_D + q - \frac{2}{\alpha_n}} < \frac{3}{q + 4\left(1 - \frac{1}{\alpha_n}\right)}.$$

由此推出$[\varphi']^{q/p} \in B^{ps_n}_{Q_n}(D)$，其中 $q > F_n$.

这样一来，利用归纳假设及上面讨论知，函数$[\varphi']^{q/p}$可以在$B^{ps_n}_{Q_n}(D)$中被多项式逼近，其中 $q > F_n$. 引用引理 10 的 1°可知，$[\varphi']^{q/p}$就可以在 $B^p_q(D)$ 中被多项式逼近，其中 $q > F_n$，再引用引理 7 知，多项式系就在 $B^p_q(D)$ 中完备.

由引理 9 的 1°知，$F_n \equiv F_n(t_D) \to t_D$，因而就证明了定理 1.

**注** 当 $t_D=1$ 时，证明非常容易，此时 $\alpha_\infty=2$，$\alpha_n=\frac{2(n+2)}{n+4}$，

$F_n = G_n = 1 + \frac{1}{n+2}$，因而(4.43)是

$$1 < s_n < \frac{n+2}{n+1},$$

而(4.44)是

$$\frac{1}{1+q-\frac{2}{\alpha_n}} < s_n < \frac{3}{q+4\left(1-\frac{1}{\alpha_n}\right)}.$$

假设对于 $q > 1 + \frac{1}{k+1}$，$k = 1,2,\cdots,n$ 时，定理 1 已经证毕，其中 $0 < p < +\infty$。因为 $\frac{2}{\alpha_n} = 1 + \frac{2}{n+2} > 1 + \frac{1}{n+1}$，因此可以认为，$1 < q < \frac{2}{\alpha_n}$。因而就可以推出，定理 1 对于 $q > 1 + \frac{1}{n+2}$ 也成立，由此证明了定理 1。

**推论** 若 $D$ 是 Jordan 区域且有可求长边界，则多项式系在 $B_q^p(D)$ 上完备，其中 $0 < p < +\infty$，$q > 1$。

事实上，这只要利用引理 5 中 1°及定理 1 就得。

现在我们在非 Carathéodory 区域上考虑多项式系在 $B_q^p(D)$ 空间中的完备性问题。由于对于非 Carathéodory 区域，一般地说，不一定成立 Маркушевич-Farrell 定理(参看第一章 §4 中定理3)，但是对某些具有特殊性质的区域，如月形区域，它在交点处收缩得较快，多项式系在平均逼近意义下仍是完备的(参看第一章 §5 中定理 8)。因此，在这里可以引进下列概念。

**定义** 设 $0 < p < +\infty$。若多项式系在空间 $B_2^p(D)$ 中是完备的，则称区域 $D$ 具有 $p$-Farrell-Маркушевич 性质，或记作 $D \in FM(p)$。

**引理 11** 设 $D$ 是有界单连通区域，则对 $0 \leqslant p < 3$，

$$\iint_D |\varphi'(z)|^p dxdy < +\infty. \tag{4.46}$$

**证** 因为

$$\iint_D |\varphi'(z)|^2 dxdy = A,$$

其中$A$是区域$D$的面积，因此不妨认为 $p > 2$.

利用$|\psi'(w)|$的下界估计式(4.29)，我们有

$$\iint_D |\varphi(z)|^p dxdy = \iint_{|w|<1} |\psi'(w)|^{2-p} dudv$$

$$= M^{2-p} \iint_{|w|<1} (1-|w|^2)^{2-p} dudv < +\infty.$$

这里用到了 $2 < p < 3$. 引理 11 证毕.

**引理 12** 设$D$是有界单连通区域，则存在常数 $c$，使

$$1 - |\varphi(z)|^2 \leqslant c\sqrt{\delta_D(z)}, \tag{4.47}$$

其中 $\delta_D(z)$ 是 $z \in D$到区域$D$边界的距离.

**证** 由(4.29)及引理 3 得到

$$1 - |\varphi(z)|^2 = \lambda_D^{-1}(z)|\varphi'(z)| = \lambda_D^{-1}(z)|\psi'(w)|^{-1}$$

$$\leqslant 4\delta_D(z)|\psi^{-1}(w)|^{-1} \leqslant 4M^{-1}\delta_D(z)(1-|w|^2)^{-1},$$

其中$M$为常数，由此令 $c = 2\sqrt{M^{-1}}$ 就得到了(4.47).

下一个引理是将一般函数 $f(z) \in B_q^p(D)$ 在此空间中被多项式逼近的问题，转化到一系列特殊函数被多项式一致逼近的问题.

**引理 13** 设$D$是有界单连通区域，令 $0<p<+\infty, q \in I(t_D)$，则要使多项式系在 $B_q^p(D)$ 中是完备的充要条件是函数 $\varphi^n(z)(\varphi')^{q/p}$, $n = 0,1,2,\cdots$, 能在空间 $B_q^p(D)$ 中被多项式逼近.

**证** 必要性. 由于当 $q > 1$ 时，

$$\|\varphi^n(\varphi')^{q/p}\|_{p,q}^p = \iint_D |\varphi|^{np}|\varphi'|^q \lambda_D^{2-q} dxdy$$

$$\leqslant \iint_D |\varphi'|^q \lambda_D^{2-q} dxdy$$

$$= \iint_{|w|<1} (1-|w|^2)^{q-2} dudv = \frac{\pi}{q-1},$$

即 $\varphi^n(\varphi')^{q/p} \in B_q^p(D)$. 因此它们能被多项式逼近.

**充分性** 设 $f \in B_q^p(D)$，容易看出，

$$Tf = f[\phi(w)]\cdot[\phi'(w)]^{q/p}\in B_q^p(|w|<1).$$

由于多项式系在空间 $B_q^p(|w|<1)$ 中是完备的，$0<p<+\infty$，$q>1$(参看第四章§3)，因此存在多项式 $Q(w)$，使得

$$\|Tf-Q\|_{p,q}^p<\frac{\varepsilon}{2}. \tag{4.48}$$

按充分性的条件假设，由于 $Q(w)$ 是多项式，因此有多项式 $P(z)$，使得

$$\|Q(\varphi)(\varphi')^{q/p}-P\|_{p,q}^p<\frac{\varepsilon}{2}. \tag{4.49}$$

但是，

$$\begin{aligned}\|Tf-Q\|_{p,q}^p &= \iint|f[\phi][\phi']^{q/p}-Q|^p(1-|w|^2)^{q-2}dudv\\ &= \iint_D|f[\varphi']^{-q/p}-Q(\varphi)|^p|\varphi'|^q\lambda_D^{2-q}dxdy\\ &= \iint_D|f-Q(\varphi)(\varphi')^{q/p}|^p\lambda_D^{2-q}dxdy\\ &= \|f-Q(\varphi)(\varphi')^{q/p}\|_{p,q}^p.\end{aligned} \tag{4.50}$$

比较(4.48)及(4.50)得到

$$\|f-Q(\varphi)(\varphi')^{q/p}\|_{p,q}^p<\frac{\varepsilon}{2}. \tag{4.51}$$

因此，再比较(4.49)及(4.51)得到

$$\|f-P\|_{p,q}^p<c_p\varepsilon,$$

其中 $c_p=\max(2^{p-1};1)$，引理 13 得证。

我们再指出一个初等的结果。

**引理 14** 设 $0<p\leqslant p_0<+\infty$，则

$$B_2^{p_0}(D)\subset B_2^p(D)$$

且

$$\|f\|_{p,2}\leqslant\mu_2(D)^{\frac{1}{p}-\frac{1}{p_0}}\|f\|_{p_0,2},\quad 0<p\leqslant p_0<+\infty. \tag{4.52}$$

这个引理的证明是初等的，这只要用 Hölder 不等式即可。

利用引理 13 与 11 及(4.52)可以得到一个有趣的结果。

**引理15** 设 $0 < p_0 < +\infty$ 且 $D \in FM(p_0)$,则对所有的 $0 < p \leqslant p_0$, $D \in FM(p)$.

**证** 显然,这只要对 $\frac{4}{5} p_0 \leqslant p \leqslant p_0$ 证明 $D \in FM(p)$ 就够了,因为可以一直用下去,得到 $0 < p \leqslant p_0$ 时也成立.

现在证明 $\varphi^n(\varphi')^{2/p} \in B_{2}^{p_0}(D)$, $n = 0,1,\cdots$. 事实上,我们有

$$\|\varphi^n(\varphi')^{2/p}\|_{p_0,2}^{p_0} = \iint_D |\varphi|^{np} |\varphi'|^{2p_0/p} dxdy$$
$$\leqslant \iint_D |\varphi'|^{2p_0/p} dxdy.$$

注意到 $0 < \frac{2p_0}{p} \leqslant \frac{5}{2} < 3$,因此由引理 11 知,上式最后一个积分是有界的.

由于 $D \in FM(p_0)$,因此对任意的 $\varepsilon > 0$,存在多项式 $P(z)$,使得

$$\|\varphi^n(\varphi')^{2/p} - P\|_{p_0,2} \leqslant \frac{\varepsilon}{[\mu_2(D)]^{\frac{1}{p}-\frac{1}{p_0}}}, \quad n = 0,1,\cdots.$$

因而用(4.52)后得

$$\|\varphi^n(\varphi')^{2/p} - P\|_{p,2} < \varepsilon.$$

由此应用引理 13 知, $D \in FM(p)$,其中 $\frac{4}{5} p_0 \leqslant p \leqslant p_0$.

引理 15 证毕.

**推论** 若对某个 $p_0, 0 < p_0 < +\infty$,对于所有的 $p \geqslant p_0, D \in FM(p)$,则对所有的 $0 < p < +\infty$. $D \in FM(p)$.

现在我们应用文献 [22] 中的思想,能够证明下面的定理了.

**定理 2** (Burbea[23]) 设对某个 $p_0, 0 < p_0 < +\infty$, 对所有的 $p \geqslant p_0$, $D \in FM(p)$, 则多项式系在 $B_q^p(D)$ 中是完备的,其中 $0 < p < +\infty, q \in I(\tau_D)$.

**证** 首先由引理 15 的推论知,对所有 $p > 0$, $D \in FM(p)$,

即多项式系在所有 $B_2^p(D)$ 中是完备的。下面再分别考虑两种情况。

1. 设 $q \geqslant 2$,这与定理 1 中证明情况 1 时的方法完全一样,代替那里应用引理 7,这里只要应用引理 13 即可。

2. 设 $1 \leqslant q < 2$. 仔细地观察,当 $1 \leqslant t_D < 2$ 时定理 1 的证明可以看出,应用引理 13 及引理 15 可以得到下面更好的结果。

设 $D \in FM(p_0 + \varepsilon)$,其中 $\varepsilon > 0$, 且 $1 \leqslant t_D < 2$, 则多项式系在 $B_q^p(D)$ 中完备,其中 $0 < p \leqslant p_0$, $q \in I(t_D)$.

定理 2 证毕。

与这方面有关的工作还可以参看 Brennan[18,19,20], Burbea[21], Hedberg[68], Мергелян[95], Metzger[99]等人的工作。

## § 5. $B_q^1(D)$ 中多项式的最佳逼近

在这一节中,我们将对区域 $D$ 的边界 $\Gamma$ 加上二次光滑的条件下,来研究 $B_q^1(D)$ 空间中多项式最佳逼近的阶的估计及其逆定理。首先我们来证明几个引理,它们本身都有独立的性质。

**定义** 1° 对 $0 < \alpha < 1$, 我们用 $\Lambda_\alpha^*$ 记作定义在 $|w| = 1$ 上的函数类,其中每一个函数 $g(w)$ 满足

$$\|g\|_{\Lambda_\alpha^*} = \sup_{|w|=1} |g(w)| + \sup_{\substack{t>0 \\ |w|=1}} \frac{|g(we^{it}) - g(w)|}{t^\alpha} < +\infty.$$

2° 对 $\alpha = 1$,我们用 $\Lambda_1^*$ 记作定义在 $|w| = 1$ 上的函数类,其中每一个函数 $g(w)$ 满足

$$\|g\|_{\Lambda_1^*} = \sup_{|w|=1} |g(w)| + \sup_{\substack{t>0 \\ |w|=1}} \frac{|g(we^{it}) - 2g(w) + g(we^{-it})|}{t} < +\infty.$$

**引理 1** (参见文献 [36] 中定理 (5.8)) 设解析函数 $f(z) = u + iv$, $|z| < 1$,其实部 $u \in \Lambda_1^*$,则 $v \in \Lambda_1^*$,因而 $f \in \Lambda_1^*$.

**证** 显然,

$$u(z)=\frac{1}{2\pi}\int_{-\pi}^{\pi}P(r,\theta-t)u(e^{it})dt, z=re^{i\theta},$$

其中

$$P(r,\theta)=\frac{1-r^2}{1-2r\cos\theta+r^2}.$$

对 $\theta$ 求二次偏微商，得到

$$u''_{\theta\theta}(z)=\frac{1}{2\pi}\int_0^{\pi}P''_{\theta\theta}(r,t)[u(e^{i(\theta+t)})+u(e^{i(\theta-t)})]dt.$$

由于

$$\int_0^{\pi}P''_{\theta\theta}(r,t)dt=P'_{\theta}(r,\pi)-P'_{\theta}(r,0)=0,$$

因此

$$u''_{\theta\theta}(z)=\frac{1}{2\pi}\int_0^{\pi}P''_{tt}(r,t)[u(e^{i(\theta+t)})-2u(e^{i\theta})+u(e^{i(\theta-t)})]dt.$$

由于 $u\in\Lambda_1^*$，因此由上式得

$$\begin{aligned}|u''_{\theta\theta}(z)|&\leqslant c\int_0^{\pi}t|P''_{tt}(r,t)|dt\\&\leqslant c(1-r^2)\int_0^{\pi}t\left|\frac{2r\cos t}{(1-2r\cos t+r^2)^2}\right.\\&\qquad\left.-\frac{8r^2\sin^2 t}{(1-2r\cos t+r^2)^2}\right|dt\\&\leqslant\frac{c_1}{1-r},\quad z=re^{i\theta},\quad r<1.\end{aligned}\tag{5.1}$$

由 Schwarz 公式知

$$f(z)=\frac{1}{2\pi}\int_0^{2\pi}\frac{\rho e^{it}+z}{\rho e^{it}-z}u(\rho e^{it})dt+i\gamma,\gamma=u(0),r<\rho<1,$$

因此也有

$$f_{\theta\theta}(z)=\frac{1}{2\pi}\int_0^{2\pi}\frac{\rho e^{it}+z}{\rho e^{it}-z}u_{tt}(\rho e^{it})dt.$$

由此得到

$$|f'''_{\theta\theta\theta}(z)| \leqslant \frac{2}{\pi}\int_0^{\pi} \frac{|u_{tt}(\rho e^{i(\theta+t)})|}{\rho^2 - 2\rho r\cos t + r^2}dt, z = re^{i\theta}.$$

取 $\rho = \frac{1+r}{2}$，由(5.1)得

$$|f'''_{\theta\theta\theta}(z)| \leqslant \frac{c}{(1-r)^2}, \quad z = re^{i\theta}.$$

由此得到

$$|f''_{\theta\theta}(z)| \leqslant \frac{c}{1-r}, \quad z = re^{i\theta}. \tag{5.2}$$

因为

$$f''(z) = r^{-2}e^{-2i\theta}\{if'_\theta(z) - f''_{\theta\theta}(z)\}, \quad z = re^{i\theta}, \tag{5.3}$$

由(5.2)易得

$$|f'_\theta(z)| \leqslant \frac{c}{1-r}. \tag{5.4}$$

因此，由(5.2)—(5.4)得到

$$|f''(z)| \leqslant \frac{c}{1-r}, \quad z = re^{i\theta}, \ r < 1. \tag{5.5}$$

这样一来，我们有

$$f(e^{i\theta}) - 2f(1) + f(e^{-i\theta}) = \int_{l_1} f'(\zeta)d\zeta - \int_{l_2} f'(\zeta)d\zeta,$$

其中 $l_1$ 是曲线，它由三部分组成：半径线段 $[e^{i\theta}, he^{i\theta}]$，圆弧 $[he^{i\theta}, h]$，半径线段 $[h, 1]$，而 $l_2$ 是 $l_1$ 旋转 $-\theta$ 而得到的，$h < 1$，因此得

$$\begin{aligned}|f(e^{i\theta}) - 2f(1) + f(e^{i\theta})| &= \left|\int_{l_1} [f'(\zeta) - e^{-i\theta}f'(\zeta e^{-i\theta})]d\zeta\right| \\ &\leqslant \int_{l_1}\left(\int_0^\theta |f''(\zeta e^{-it})|dt\right)|d\zeta| \leqslant c|\theta|.\end{aligned} \tag{5.6}$$

因此，对于一般的 $t \in [0, 2\pi]$，考虑 $F(w) = f(we^{it})$，由(5.6)就立刻得到 $f \in \Lambda_1^*$，引理 1 证毕。

**引理 2** 设单连通区域$D$的边界$\Gamma$有二次光滑，则对内映射函数 $\psi(w)$ 及外映射函数 $\Psi(w)$ 都有 $\psi'(w)\in\Lambda_1^*$ 及 $\Psi'(w)\in\Lambda_1^*$。

**证** 由 Kellogg 公式(参见文献[63]第466页)，

$$\arg\psi'(w)=\theta(z)-\left(\arg w+\frac{\pi}{2}\right), w=\Phi(z), w=e^{i\theta},$$

其中$\theta$是在 $z\in\Gamma$ 上切线角，$\theta=z'(s)$。由此看出 $\arg\psi'(w)$ 关于$\theta$一次可微，显然有 $\arg\psi'(w)\in\Lambda_1^*$。由于

$$-i\ln\psi'(w)=\arg\psi'(w)-i\ln|\psi'(w)|,$$

在单位圆 $|w|<1$ 内解析，且其实部 $\mathrm{arc}\psi'(w)\in\Lambda_1^*$，因此由引理 1 得

$$\ln\psi'(w)\in\Lambda_1^*.$$

由此容易推出 $\psi'(w)\in\Lambda_1^*$。

对于外映射函数类似地也有 $\Psi'(w)\in\Lambda_1^*$。

引理 2 得证。

**引理 3** 设 $0<\alpha\leqslant 1$。区域$D$的边界 $\Gamma\in C^2$，$\varepsilon>0$，则对任何函数 $g\in\Lambda_\alpha^*$，

1° $$\|g\circ\Phi\circ\psi\|_{\Lambda_\alpha^*}\leqslant c\|g\|_{\Lambda_\alpha^*};$$

2° $$\|\Psi'(w)g(w)\|_{\Lambda_\alpha^*}\leqslant c\|g\|_{\Lambda_\alpha^*};$$

3° $$\|[\Phi\circ\psi(w)]'g(w)\|_{\Lambda_\alpha^*}\leqslant c\|g\|_{\Lambda_\alpha^*}.$$

在条件 $\Gamma\in C^2$ 下，对内外映射函数及其逆函数第二章 §5 中公式(5.2)都成立，因此再用引理 2 就立刻得到引理 3。

**引理 4** 1° 设 $g(w)\in\Lambda_1^*$，则由 Cauchy 型积分所确定的算子，

$$(\Gamma_1 g)(w)=\frac{1}{2\pi i}\int_{|\tau|=1}\frac{g(\tau)}{\tau-w}d\tau,\ |w|<1, \tag{5.7}$$

满足 $(\Gamma_1 g)(w)\in\Lambda_1^*$，且

$$\|\Gamma_1 g\|_{\Lambda_1^*}\leqslant\|g\|_{\Lambda_1^*}. \tag{5.8}$$

2° 设 $g(w)\in\Lambda_\alpha^*$，$0<\alpha<1$，则由(5.7)所确定的算子满足

$(\Gamma_1 g)(w) \in \Lambda_\alpha^*$，且

$$\|\Gamma_1 g\|_{\Lambda_\alpha^*} \leqslant c\|g\|_{\Lambda_\alpha^*}. \tag{5.9}$$

**证** 1° 不妨设 $g(w)$ 是实值函数，设

$$u(t) = \frac{1}{2\pi}\int_{-\pi}^{\pi} P(r,t) g(e^{i(\theta-t)})dt, \quad t = re^{i\theta}, r < 1,$$

其中 $P(r,t)$ 是 Poisson 核，则 $u(re^{i\theta})$ 关于 $\theta$ 的二阶差分为

$$\Delta_h^2 u(re^{i\theta}) = \frac{1}{2\pi}\int_{-\pi}^{\pi} P(r,t)\Delta_h^2 g(e^{i(\theta-t)})dt. \tag{5.10}$$

由此从 $g(w) \in \Lambda_1^*$，推出 $u(w) \in \Lambda_1^*$.

设 $f(z) = u + iv$ 在 $|z| < 1$ 内解析，则由引理 1 知，$f \in \Lambda_1^*$，因而

$$\begin{aligned}\Gamma_1 g(w) &= \frac{1}{2\pi i}\int_{|\tau|=1} \frac{g(\tau)}{\tau - w} d\tau = \frac{1}{2\pi}\int_{-\pi}^{\pi} \frac{e^{it} g(e^{it})}{e^{it} - w} dt \\ &= \frac{1}{2}\frac{1}{2\pi}\int_{-\pi}^{\pi} \frac{e^{it} + w}{e^{it} - w} g(e^{it})dt + \frac{1}{2}\frac{1}{2\pi}\int_{-\pi}^{\pi} g(e^{it})dt \\ &= f(z) + c \in \Lambda_1^*. \end{aligned} \tag{5.11}$$

最后从引理 1 及这里证明的每一步，容易看出(5.8)成立。

2° 在(5.10)中换成一阶差分，可以推出 $u(w) \in \Lambda_\alpha^*, 0 < \alpha < 1$，由此对于在(5.11)中由 Schwarz 公式所确定的 $f(w) = u(w) + iv(w)$有

$$f'(w) = \frac{1}{2\pi}\int_0^{2\pi} \frac{2u(e^{it})}{(e^{it} - w)^2} dt = \frac{1}{\pi}\int_0^{2\pi} \frac{u(e^{it}) - u(e^{i\theta})}{(e^{it} - w)^2} e^{it} dt.$$

由此，令 $w = re^{i\theta}$，就有

$$\begin{aligned}|f'(w)| &\leqslant c\int_{-\pi}^{\pi} \frac{|\varphi|^\alpha d\varphi}{(1-r)^2 + \frac{4r}{\pi^2}\varphi^2} \leqslant c\int_0^{+\infty} \frac{\varphi^\alpha d\varphi}{(1-r)^2 + \frac{4r}{\pi^2}\varphi^2} \\ &= c\frac{r^{-\frac{1+\alpha}{2}}}{(1-r)^{1-\alpha}}\int_0^{+\infty} \frac{\varphi^\alpha d\varphi}{1+\varphi^2} = \frac{c}{(1-r)^{1-\alpha}}.\end{aligned}$$

由此象在证明引理 1 时一样，可以证明 $f \in \Lambda_\alpha^*$，因而从(5.11)得 $\Gamma_1 g \in \Lambda_1^*$.

从证明的每一步可以知道(5.9)成立。

引理 4 证毕。

**注** 若令

$$(cg)(w)=\lim_{r\to 1-0}\int_{|u|=r}\frac{g\left(\frac{u}{r}\right)}{u-w}du,|w|\geqslant 1,$$

其中 $g(w)\in \Lambda_\alpha^*$, $0<\alpha\leqslant 1$,则

$$\|cg\|_{\Lambda_\alpha^*}\leqslant c\|g\|_{\Lambda_\alpha^*},0<\alpha\leqslant 1.$$

类似地可以证明下列引理。

**引理 5** 设区域 $D$ 的边界 $\Gamma$ 是二次光滑的。若 $g(w)\in \Lambda_\alpha^*$, $0<\alpha\leqslant 1$,则算子

$$(\Gamma_2 g)(w)=\frac{1}{2\pi i}\int_{|u|=1}\frac{g(u)}{\phi(u)-\Psi(w)}du$$

也满足 $(\Gamma_2 g)(w)\in \Lambda_\alpha^*,0<\alpha\leqslant 1$,且

$$\|(\Gamma_2 g)\|_{\Lambda_\alpha^*}\leqslant c\|g\|_{\Lambda_\alpha^*},0<\alpha\leqslant 1.$$

**证** 令 $u=\varphi\circ\Psi(w)$, 则

$$(\Gamma_2 g)(w)=\frac{1}{2\pi i}\int_{|v|=1}\frac{H(v)}{\Psi(v)-\Psi(w)}dv,$$

其中 $H(v)=[g\circ\varphi\circ\Psi(v)][\varphi\circ\Psi(v)]'$. 由引理 2 及引理 3,

$$\|H\|_{\Lambda_\alpha^*}\leqslant c\|g\|_{\Lambda_\alpha^*},\ 0<\alpha\leqslant 1.$$

1° 设 $\alpha=1$,则在 $|w|>1$ 时

$$\begin{aligned}(\Gamma_2 g)''(w)&=\frac{1}{2\pi i}\int_{|v|=1}\frac{H(v)\Psi''(w)}{[\Psi(v)-\Psi(w)]^2}dv\\&\quad+\frac{2}{2\pi i}\int_{|v|=1}\frac{H(v)[\Psi'(w)]^2}{[\Psi(v)-\Psi(w)]^3}dv\\&=I_1(w)+I_2(w),\end{aligned}$$

因为

$$\begin{aligned}|I_1(w)|\leqslant\frac{1}{2\pi}\Bigg|\int_{|v|=1}\Bigg\{&\frac{H(v)\Psi''(w)}{[\Psi(w)-\Psi(w)]^2}\\&-\frac{H(v)\Psi''(w)}{[\Psi'(w)]^2-(v-w)^2}\Bigg\}dv\Bigg|\end{aligned}$$

$$+\frac{1}{2\pi}\frac{|\Psi''(w)|}{|\Psi'(w)|}\left|\int_{|v|=1}\frac{H(v)}{(v-w)^2}dv\right|$$

$$\leqslant\frac{|\Psi''(w)|}{2\pi}\int_{|v|=1}\frac{H(v)}{|\Psi'(w)|^2}\left|\frac{\Psi'(w)}{\Psi(v)-\Psi(w)}-\cdot\frac{1}{v-w}\right|$$

$$\cdot\left|\frac{\Psi'(w)}{\Psi(v)-\Psi(w)}+\frac{1}{v-w}\right||dv|$$

$$+\frac{|\Psi''(w)|}{2\pi|\Psi'(w)|^2}|(cH)'(w)|$$

$$\leqslant c\frac{|\Psi''(w)|}{2\pi|\Psi'(w)|^2}\left[\|H\|_\infty\ln\frac{1}{|w|-1}+(cH)'(w)\right]$$

由于引理 4 知，$(cH)(w)\in\Lambda_1^*\subset\Lambda_{\frac{1}{2}}^*$,则

$$|(cH)'(w)|\leqslant\frac{c\|cH\|_{\Lambda_{\frac{1}{2}}^*}}{(|w|-1)^{\frac{1}{2}}}\leqslant\frac{c\|cH\|_{\Lambda_1^*}}{(|w|-1)^{\frac{1}{2}}}.$$

此外,由 $|\Psi'(w)|\leqslant M,\Psi'(w)\in\Lambda_1^*$,也有

$$|\Psi''(w)|\leqslant\frac{c}{(|w|-1)^{\frac{1}{2}}}.$$

这样得到

$$|I_1(w)|\leqslant c\frac{\|H\|_{\Lambda_1^*}}{(|w|-1)}\leqslant\frac{c\|g\|_{\Lambda_1^*}}{(|w|-1)}.$$

此外，

$$|I_2(w)|\leqslant\frac{1}{\pi}\left|\int_{|v|=1}\frac{H(v)}{\Psi'(w)}\left\{\left[\frac{\Psi'(w)}{\Psi(v)-\Psi(w)}\right]^3\right.\right.$$

$$\left.\left.-\frac{1}{(v-w)^3}\right\}dv\right|+\frac{1}{\pi}\left|\int_{|v|=1}\frac{H(v)}{\Psi'(w)}\frac{1}{(v-w)^3}dv\right|$$

$$\leqslant M\|H\|_\infty\int_{|v|=1}\frac{|dw|}{|v-w|^2}+M|(cH)''(w)|$$

$$\leqslant\frac{c\|H\|_{\Lambda_1^*}}{(|w|-1)}\leqslant\frac{c\|g\|_{\Lambda_1^*}}{(|w|-1)},$$

这里用到 $H\in\Lambda_1^*$ 及引理 4 前一部分证明中结果。

这样就得到

$$|(\Gamma_2 g)''(w)| \leqslant |I_1(w)| + |I_2(w)|$$
$$\leqslant \frac{c\|g\|_{\Lambda_1^*}}{|w|-1}.$$

再利用引理4第一部分证明中后面结果，得到

$$\|\Gamma_2 g\|_{\Lambda_1^*} \leqslant c\|g\|_{\Lambda_1^*}.$$

2° 设 $0<\alpha<1$，我们有

$$(\Gamma g)'(w) = \frac{1}{2\pi i}\int_{|v|=1} \frac{H(v)\Psi'(w)}{(\Psi(v)-\Psi(w))^2}\,dv$$
$$= \frac{1}{2\pi i}\int_{|v|=1} \frac{H(v)}{\Psi'(w)}\left\{\left[\frac{\Psi'(w)}{\Psi(v)-\Psi(w)}\right]^2 - \frac{1}{(v-w)^2}\right\}dv + \frac{(cH)'(w)}{\Psi'(w)}$$
$$= J_1(w) + J_2(w),$$

容易得到

$$|J_1(w)| \leqslant \|H\|_\infty \ln\frac{1}{|w|-1},\ |w|>1.$$

及

$$|J_2(w)| \leqslant \frac{c\|cH\|_{\Lambda_\alpha^*}}{(|w|-1)^{1-\alpha}},$$

因此得

$$|(\Gamma_2 g')(w)| \leqslant \frac{c\|cH\|_{\Lambda_\alpha^*}}{(|w|-1)^{1-\alpha}} \leqslant \frac{c\|g\|_{\Lambda_\alpha^*}}{(|w|-1)^{1-\alpha}}.$$

这样由 Hardy-Littlewood 定理得.

$$\|\Gamma_2 g\|_{\Lambda_\alpha^*} \leqslant c\|g\|_{\Lambda_\alpha^*}.$$

引理5证毕.

**注** 在引理5的条件下，若

$$(\Gamma g)(w) = \lim_{r\to 1-0}\frac{1}{2\pi i}\int_{|u|=r}\frac{g\left(\dfrac{u}{r}\right)}{\phi(u)-\Psi(w)}\,du,\ |w|>1,$$

则 $(\Gamma g)(w) \in \Lambda_\alpha^*$，且

$$\|\Gamma g\|_{\Lambda_\alpha^*} \leqslant c\|g\|_{\Lambda_\alpha^*}, \quad 0 < \alpha \leqslant 1.$$

为了后面的需要，我们引入另一种分数次微商及分数次积分[38]，它不同于§2 中所引进的，也不同于 Hardy-Littlewood 在文献[64]中所引进的，但其本质上是相类似的。

设

$$f(z) = \sum_{n=0}^{+\infty} a_n z^n \tag{5.12}$$

在 $|z| < 1$ 内解析，$\beta > 0$，则 $f$ 的 $\beta$ 阶分数次积分定义为

$$f_{[\beta]}(z) = \sum_{n=0}^{+\infty} \frac{n!}{\Gamma(n+1+\beta)} a_n z^n, \tag{5.13}$$

这与 Hardy-Littlewood 在文献[64]中的定义相差一个因子 $z^\beta$。因此，

$$\int_0^z f(\zeta) d\zeta = z f_{[1]}(z), \tag{5.14}$$

而 $f$ 的 $\beta$ 阶分数次微商定义为

$$f^{[\beta]}(z) = \sum_{n=0}^{+\infty} \frac{\Gamma(n+1+\beta)}{n!} a_n z^n, \tag{5.15}$$

我们有

$$f^{[1]}(z) = [zf(z)]', \tag{5.16}$$

且利用

$$\frac{1}{(1-z)^{1+\beta}} = \sum_{n=0}^{+\infty} \frac{\Gamma(n+1+\beta)}{n!\,\Gamma(1+\beta)} z^n, \quad \beta > 0,$$

还有

$$f^{[\beta]}(r^2 e^{i\theta}) = \frac{\Gamma(1+\beta)}{2\pi} \int_0^{2\pi} f(re^{i(\theta+t)})(1 - re^{-it})^{1+\beta} dt. \tag{5.17}$$

类似地，像§2 中引理 8 的证明一样，代替用(2.39)或(2.40)，这里需要用(5.17)，可以得到

**引理 6** 设函数 $f \in B_q^p$，对 $\beta > 0$ $(p > 0, q > 1)$ 有

$$0 < c_1\|f^{[\beta]}\|_{B^p_{\alpha+\beta p}} \leqslant \|f\|_{B^p_\alpha} \leqslant c_2\|f^{[\beta]}\|_{B^p_{\alpha+\beta p}}. \tag{5.18}$$

**推论** 设函数 $f\in B^1_q, q>1$,对任意 $\beta>0$ 有

$$0 < c_1\|f^{[\beta]}\|_{1,q+\beta} \leqslant \|f\|_{1,q} \leqslant c_2\|f^{[\beta]}\|_{1,q+\beta}. \tag{5.19}$$

实际上我们在下面主要用到 $\beta$ 是自然数情况，因此证明可以更为简单.

**定义** 我们用 $\Lambda^n_\alpha, n=1,2,\cdots, 0<\alpha\leqslant 1$ 记作函数类，其中每一个函数 $f(z)$ 在 $|z|<1$ 中解析,且 $f^{(n)}(z)\in\Lambda^*_\alpha$.

**定理1** 设 $\varphi\in(B^1_q)^*, q>1$,则存在唯一的 $|z|<1$ 内解析函数 $g$，使

$$\varphi(f)=\lim_{r\to 1}\frac{1}{2\pi}\int_0^{2\pi} f(re^{i\theta})g(re^{-i\theta})d\theta, f\in B^1_q. \tag{5.20}$$

若 $n<q<n+1, n=1,2,\cdots$, 则 $g^{(n-1)}\in\Lambda^*_\alpha$, 其中 $\alpha=q-n$. 反过来，对任何在 $|z|<1$ 内解析 $g$,且 $g^{(n-1)}\in\Lambda^*_\alpha$, 则极限(5.20) 对所有的 $f\in B^1_q$, $q>1$ 都存在且定义了一个泛函 $\varphi\in(B^1_q)^*, q>1$. 若 $q=n+1$,则 $q^{(n-1)}\in\Lambda^*_1$, 且反过来. 对任何在 $|z|<1$ 内解析 $g$,且 $g^{(n-1)}\in\Lambda^*_1$, 则极限(5.20)定义了一个在 $B^1_q$ 上的泛函.

**证** 设 $\varphi\in(B^1_q)^*, q>1$. 令 $b_k=\varphi(z^k)$, $k=0,1,\cdots$,则

$$|b_k|\leqslant\|\varphi\|\|z^k\|_{1,q}\leqslant\|\varphi\|. \tag{5.21}$$

因此,函数

$$g(z)\triangleq\sum_{k=0}^{+\infty} b_k z^k$$

在 $|z|<1$ 内解析. 设

$$f(z)=\sum_{n=0}^{+\infty} a_n z^n\in B^1_q, q>1.$$

对固定的 $\rho, 0<\rho<1$,令 $f\rho(z)=f(\rho z)$,由于 $f\rho(z)$ 在 $|z|\leqslant 1$ 上解析，因此其 Taylor 展开部分和在 $|z|\leqslant 1$ 上一致收敛到 $f\rho(z)$. 利用线性泛函 $\varphi$ 的连续性就有

$$\varphi(f\rho)=\lim_{N\to\infty}\varphi\left(\sum_{k=0}^N a_k\rho^k z^k\right)=\sum_{k=0}^{+\infty} a_k b_k\rho^k, \tag{5.22}$$

现在我们证明

$$\lim_{\rho\to1}\|f-f_\rho\|_{1,q}=0. \tag{5.23}$$

事实上，由 $f\in B_q^1$, $q>1$ 知，给定 $\varepsilon>0$，存在 $R<1$，使得

$$\frac{q-1}{\pi}\int_R^1(1-r^2)^{q-2}\int_0^{2\pi}|f(re^{i\theta})|d\theta<\varepsilon,\ q>1. \tag{5.24}$$

利用平均模的单调性，由(5.23)还得到

$$\frac{q-1}{\pi}\int_R^1(1-r^2)^{q-2}\int_0^{2\pi}|f(\rho re^{i\theta})|d\theta<\varepsilon,\ q>1,\rho<1. \tag{5.25}$$

现在选择 $\rho$ 很接近于 1，使得

$$\max_{|z|\leqslant R}|f_\rho(z)-f(z)|<\varepsilon. \tag{5.26}$$

从(5.24)—(5.26)就立刻得到

$$\|f-f_\rho\|_{1,q}=2\varepsilon+\varepsilon\cdot\int_0^1\int_0^{2\pi}(1-r^2)^{q-2}rdrd\varphi=3\varepsilon,$$

这就证明了(5.23).

再利用泛函 $\varphi$ 的连续性从(5.22)可以得到

$$\varphi(f)=\lim_{\rho\to1}\sum_{k=0}^{+\infty}a_kb_k\rho^k. \tag{5.27}$$

为了要从(5.27)得到(5.20)，只要证明 $g\in H^\infty$ 够了. 事实上，对于固定的 $\zeta$, $|\zeta|<1$. 令

$$f_0(z)=\frac{1}{1-\zeta z}=\sum_{k=0}^{+\infty}\zeta^kz^k,$$

于是由(5.21)及(5.27)得

$$\varphi(f_0)=\lim_{\rho\to1}\sum_{k=0}^{+\infty}\zeta^kb_k\rho^k=\sum_{k=0}^{+\infty}\zeta^kb_k=g(\zeta),$$

因此

$$|g(\zeta)|\leqslant\|\varphi\|\|f_0\|_{1,q}\leqslant\|\varphi\|\cdot\frac{q-1}{\pi}$$

$$\cdot\int_0^1(1-r^2)^{q-2}\int_0^{2\pi}\frac{1}{|1-\zeta re^{i\theta}|}d\varphi rdr$$

$$\leqslant \|\varphi\| \cdot c \int_0^1 (1-r^2)^{q-2} \ln \frac{1}{1-r} dr < +\infty.$$

这说明 $q \in H^\infty$. 这就证明了(5.20)且其中 $g \in H^\infty$,

现在设 $n < q < n+1$,令

$$F(z) = \frac{n! z^n}{(1-\zeta z)^{n+1}}, \quad |\zeta| < 1.$$

由(5.20)及 Cauchy 公式得

$$\varphi(F) = g^{(n)}(\zeta).$$

由此得

$$|g^{(n)}(\zeta)| \leqslant \|\varphi\| \|F\|_{1,q} = \|\varphi\| \cdot \frac{q-1}{\pi}$$

$$\cdot \int_0^1 (1-r^2)^{q-2} \int_0^{2\pi} \frac{n! r^{n+1}}{|1-\zeta r e^{i\theta}|^{n+1}} d\varphi dr$$

$$= O\left(\frac{1}{(1-|\zeta|)^{n+1-q}}\right).$$

由此从 Hardy-Littlewood 定理(参看文献[36]的定理(5.1))知,

$$g^{(n-1)} \in \Lambda_\alpha^*, \quad \alpha = q - n.$$

若 $q = n+1$, 则类似的讨论可以证明

$$|g^{(n+1)}(\zeta)| = O\left(\frac{1}{1-|\zeta|}\right).$$

应用引理 1 证明的最后部分可知,

$$g^{(n-1)}(z) \in \Lambda_1^*.$$

现在考虑反过来的那部分

设 $n < q < n+1$,且给定

$$g(z) = \sum_{k=0}^{+\infty} b_k z^k,$$

$g \in \Lambda_\alpha^{(n-1)}$,$\alpha = q - n$,即 $g^{(n-1)} \in \Lambda_\alpha^*$. 我们首先要证明,对任意

$$f(z) = \sum_{k=0}^{+\infty} a_k z^k \in B_q^1, \quad q > 1,$$

函数

$$\psi(r)=\sum_{k=0}^{+\infty}a_kb_kr^k \tag{5.28}$$

当 $r\to 1$ 时有极限,且

$$\overline{\lim_{r\to 1}}|\psi(r)|\leqslant c\|f\|_{1,q}. \tag{5.29}$$

为此,只要证明

$$\int_0^1|\psi'(r)|dr\leqslant c\|f\|_{1,q}. \tag{5.30}$$

令 $h(z)=z^{n-1}g(z)$ 且 $f_0(z)=f(z)$,

$$f_{n+1}(z)=\int_0^z f_n(z)dz,$$

我们有

$$r^n\psi'(r^2)=\frac{1}{2\pi}\int_0^{2\pi}e^{in\theta}f_{n-1}(re^{i\theta})h^{(n)}(re^{-i\theta})d\theta. \tag{5.31}$$

事实上，这可由比较两边的幂级数展开而得到．由引理 6 的推论得

$$\|f_{n-1}\|_{1,q-(n-1)}\leqslant c\|f\|_{1,q}. \tag{5.32}$$

此外，由 $g^{(n-1)}\in\Lambda_\alpha^*$，根据 Hardy-Littlewood 定理(见文献[36]上定理 5.1)得

$$|h^n(re^{i\theta})|=O\left(\frac{1}{(1-r)^{1-\alpha}}\right),\ \alpha=q-n. \tag{5.33}$$

这样一来,比较(5.31)—(5.33)得到

$$r^2|\psi'(r^2)|\leqslant c(1-r)^{q-n-1}\int_0^{2\pi}|f_{n-1}(re^{i\theta})|d\theta. \tag{5.34}$$

由(5.32)知,

$$\|f_{n-1}\|_{1,q-(n-1)}=\frac{q-1}{\pi}\int_0^1(1-r^2)^{q-n-1}$$

$$\cdot\int_0^{2\pi}|f_{n-1}(re^{i\theta})|d\theta rdr\leqslant c\|f\|_{1,q}.$$

因此,由(5.34)就推出(5.30)成立。

设 $q=n+1$,且 $q^{(n-1)}\in\Lambda_1^*$,则由引理 1 的证明可知，对于 $G(z)=z^nh^{(n)}(z)$,

$$G'(z) = O\left(\frac{1}{1-r}\right). \tag{5.35}$$

现在我们来证明

$$G^{[\frac{1}{2}]}(z) = O\left(\frac{1}{(1-r)^{\frac{1}{2}}}\right). \tag{5.36}$$

事实上，令 $F(z) = zG'(z) = \sum_{n=1}^{+\infty} nc_n z^n$,

$$\frac{1}{z} F^{(\frac{1}{2})}(z) = \sum_{n=1}^{+\infty} \frac{\Gamma\left(n+\frac{3}{2}\right)}{(n-1)!} a_n z^{n-1}. \tag{5.37}$$

利用(5.17)可得

$$F^{(\frac{1}{2})}(z) = O\left(\frac{1}{(1-r)^{\frac{3}{2}}}\right),$$

因此

$$\int_0^z \frac{1}{\zeta} F^{[\frac{1}{2}]}(\zeta) d\zeta = O\left(\frac{1}{(1-r)^{\frac{1}{2}}}\right). \tag{5.38}$$

由 $G^{[\frac{1}{2}]}(z)$ 的 Taylor 展开式，比较(5.37)与(5.38)，就得到了(5.36)。

现在令 $F(z) = f_{n-1}(z)$。由(5.32)及引理 6 知，

$$\|F_{[\frac{1}{2}]}\|_{1,q-(n-1)-\frac{1}{2}} \leqslant c\|F\|_{1,q-n-1} \leqslant c\|f\|_{1,q}, \tag{5.39}$$

即

$$\int_0^1 (1-r^2)^{q-(n-1)-\frac{1}{2}-2} \int_0^{2\pi} |F_{[\frac{1}{2}]}(re^{i\theta})| d\theta r dr \leqslant c\|f\|_{1,q} < +\infty,$$

即

$$\int_0^1 (1-r^2)^{-\frac{1}{2}} \int_0^{2\pi} |F_{[\frac{1}{2}]}(re^{i\theta})| d\theta r dr \leqslant c\|f\|_{1,q} < +\infty. \tag{5.40}$$

另一方面，由(5.31)可以得到

$$r^{2n}\psi'(r^2) = \frac{1}{2\pi} \int_0^{2\pi} F(re^{i\theta}) G^{[\frac{1}{2}]}(re^{-i\theta}) d\theta.$$

因此，由(5.36)及(5.40)就立刻得到(5.30)。

最后我们还要证明，若 $g(z)=\sum_{k=0}^{+\infty} b_k z^k$ 在 $|z|<1$ 解析，且对于任何 $f(z)=\sum_{k=0}^{+\infty} a_k z^k \in B_q^1$，存在

$$\varphi(f)=\lim_{\rho\to 1}\sum_{k=0}^{+\infty} a_k b_k \rho^k,$$

则 $\varphi\in(B_q^1)^*$. 事实上，对任何固定的 $r<1$，令

$$\varphi_r(f)=\sum_{k=0}^{+\infty} a_k b_k r^k. \tag{5.41}$$

由 $f\in B_q^1$，对任意 $R<1$，

$$\|f\|_{1,q}\geqslant c\int_R^1(1-r^2)^{q-2}\int_0^{2\pi}|f(re^{i\theta})|d\theta r dr$$

$$\geqslant c\int_0^{2\pi}|f(Re^{i\theta})|d\theta\cdot(q-1)^{-1}(1-R)^{q-1},$$

因此

$$\int_0^{2\pi}|f(Re^{i\theta})|d\theta\leqslant c(q-1)\|f\|_{1,q}(1-R)^{1-q}.$$

这样一来.

$$|a_n|=\left|\frac{1}{2\pi i}\int_{|z|=R}\frac{f(z)}{z^{n+1}}dz\right|$$

$$\leqslant\frac{1}{R^n}\int_0^1|f(Re^{i\theta})|d\theta\leqslant c\|f\|_{1,q}\frac{1}{R^n}(1-R)^{1-q}.$$

令 $R=1-\frac{1}{n}$，由上式得

$$\|a_n\|\leqslant c\|f\|_{1,q}n^{q-1},$$

此外

$$\overline{\lim_{k\to+\infty}}\sqrt[k]{|b_k|}=1,$$

因此，(5.41)确实确定了 $\varphi_r\in(B_q^1)^*$，$r<1$，且由(5.29)知，对每一个 $f\in B_q^1$，$q>1$，

$$\sup_{r>1}|\varphi_r(f)|\leqslant c,$$

因此根据一致有界性原则，

$$\sup_{r<1}\|\varphi_r\| \leqslant c,$$

这就包有了 $\varphi \in (B_q^1)^*$.

定理 1 证毕.

**注** 定理中的表示式(5.20)还可以改写如下：

$$\varphi(f) = \lim_{r\to 1} \frac{1}{2\pi}\int_0^{2\pi} f(re^{i\theta})\overline{g(re^{i\theta})}\,d\theta$$

$$= \lim_{r\to 1} \frac{1}{2\pi i}\int_{|w|=r} f(w)\overline{g(w)}w\,dw$$

$$= \lim_{r\to 1}\int_{|w|=r} \overline{g_1\left(\frac{w}{r}\right)}f(w)dw, \tag{5.42}$$

其中 $g_1(w)$ 具有 $g(w)$ 类似性质，且 $g_1(0)=0$(以后将在 $|z|<1$ 内解析，且在原点取值为零的函数类记作 $A_0$)。特别地，当 $1<q\leqslant 2$ 时，$(B_q^1)^* = A_0 \cap \Lambda_{q-1}^*$，此外还有

$$0 < c_1\|g_1\|_{\Lambda_{q-1}^*} \leqslant \|\varphi\|_{(B_q^1)^*} \leqslant c_2\|g_1\|_{\Lambda_{q-1}^*}. \tag{5.43}$$

因此，由(5.42)与(5.43)，对任意 $f_0 \in B_q^1$，$1<q\leqslant 2$，

$$c_1\|f\|_{1,q} = \sup_{\|g_1\|_{\Lambda_{q-1}^*}=1}\left|\lim_{r\to 1}\int_{|w|=r} g_1\left(\frac{w}{r}\right)f(w)dw\right| \leqslant c_2\|f\|_{1,q}, \tag{5.44}$$

$$g_1 \in A_0 \cap \Lambda_{q-1}^*.$$

现在对任何 $q_2 \in \Lambda_{q-1}^*$(它可以只定义在 $|w|=1$ 上)，$f \in B_q^1$，$1<q\leqslant 2$，容易验证

$$\lim_{r\to 1}\int_{|w|=r} g_2\left(\frac{w}{r}\right)f(w)dw = \lim_{r\to 1}\int_{|w|=r} (\Gamma g_2)\left(\frac{w}{r}\right)f(w)dw, \tag{5.45}$$

其中 $\Gamma g_2$ 是由引理 5 中 Cauchy 型积分所确定的算子.

对任何 $g_2 \in \Lambda_{q-1}^*$，设

$$(\Gamma g_2)(w) = \sum_{n=1}^{+\infty} b_{-n}w^n,\quad |w|>1, \tag{5.46}$$

$$g_3(w)=\sum_{n=1}^{+\infty}\overline{b_{-n}}w^n, \tag{5.47}$$

则由引理5知，

$$g_3\in A_0\cap\Lambda_{q-1}^*,\quad 1<g\leqslant 2, \tag{5.48}$$

且

$$\|g_3\|_{\Lambda_{q-1}^*}=\|\Gamma g_2\|_{\Lambda_{q-1}^*}\leqslant c\|g_2\|_{\Lambda_{q-1}^*}. \tag{5.49}$$

因此，由(5.45)—(5.47)以及(5.43)，(5.49)得，

$$\left|\lim_{r\to 1}\int_{|w|=r}g_2\left(\frac{w}{r}\right)f(w)dw\right|=\left|\lim_{r\to 1}\int_{|w|=r}\overline{g_3\left(\frac{w}{r}\right)}f(w)dw\right|$$

$$\leqslant c\|g_3\|_{\Lambda_{q-1}^*}\cdot\|f\|_{1,q}\leqslant c\|g_2\|_{\Lambda_{q-1}^*}\|f\|_{1,q}. \tag{5.50}$$

这样一来，由(5.44)，(5.50)得到

$$c_3\|f\|_{1,q}\leqslant\sup_{\|g_2\|_{\Lambda_{q-1}^*}=1}\left|\lim_{r\to 1-0}\int_{|w|=r}g_2\left(\frac{w}{r}\right)f(w)dw\right|$$

$$\leqslant c_4\|f\|_{1,q}, \tag{5.51}$$

这里的 $g_2$ 是可以只定义在 $|w|=1$ 上。

现在我们考虑由第二章§4中引进的 Faber 算子及广义 Faber 算子.

$$(TQ)(z)=\frac{1}{2\pi i}\int_{|w|=1}\frac{Q(u)\Psi'(u)}{\Psi(u)-z}du, \tag{5.52}$$

$$(T_1Q)(z)=\frac{1}{2\pi i}\int_{|u|=1}\frac{Q(u)}{\Psi(u)-z}du. \tag{5.53}$$

已知它们都是从 $\Pi_n$ 满映射到 $\Pi_n$（$n$ 次多项式集合）的算子，其逆算子分别为

$$(T^{-1}P)(w)=\frac{1}{2\pi i}\int_{|u|=1}\frac{P[\Psi(u)]}{u-w}du, \tag{5.54}$$

$$(T_1^{-1}P)(w)=\frac{1}{2\pi i}\int_{|u|=1}\frac{P[\Psi(u)]\Psi'(u)}{u-w}du, \tag{5.55}$$

其中 $P\in\Pi_n$.

令 $\Pi=\bigcup_{n=1}^{\infty}\Pi_n$，$\Pi'=\{P\circ\phi: P\in\Pi\}$，我们再定义二个算子，

$$(LQ)(w)=(TQ)\circ\phi(w), \tag{5.56}$$

$$L_1(Q)(w)=(T_1Q)\circ\phi(w), \tag{5.57}$$

它们都是从$\Pi$到$\Pi'$的算子。由(5.52)—(5.53)得，

$$(LQ)(w)=\frac{1}{2\pi i}\int_{|u|=1}\frac{Q(u)\Psi(u)}{\Psi(u)-\phi(w)}du, \tag{5.58}$$

$$(L_1Q)(w)=\frac{1}{2\pi i}\int_{|u|=1}\frac{Q(u)}{\Psi(u)-\phi(w)}du, \tag{5.59}$$

且 $F\in\Pi'$ 时有

$$(L^{-1}F)(w)=\frac{1}{2\pi i}\int_{|u|=1}\frac{F\circ\varphi\circ\Psi(u)}{u-w}du,$$

$$(L_1^{-1}F)(w)=\frac{1}{2\pi i}\int_{|u|=1}\frac{F\circ\varphi\circ\Psi(u)\cdot\Psi'(u)}{u-w}du.$$

若令 $u=\Phi\circ\phi(v)$ 后，由上二式得

$$(L^{-1}F)(w)=\frac{1}{2\pi i}\int_{|v|=1}\frac{F(v)[\Phi\circ\phi(v)]'}{\Phi\circ\phi(v)-w}dv, \tag{5.60}$$

$$(L_1^{-1}F)(w)=\frac{1}{2\pi i}\int_{|v|=1}\frac{F(v)\phi'(v)}{\Phi\circ\phi(v)-w}dv. \tag{5.61}$$

我们有下列定理。

**定理2**（钟乐凡[212]） 设区域$D$的边界有二次光滑，则$L$与$L_1$都能从$\Pi$扩充到整个空间 $B_q^1$，$1<q\leqslant 2$，且将 $B_q^1$ 满射到 $B_q^1$，且都有逆算子。

**证** 设 $F\in\Pi$，则已知 $LF\in\Pi'$。由(5.49)及引理3与引理5的注得，

$$\begin{aligned}\|LF\|_1 &\leqslant c\sup_{\|g_2\|_{A_{q-1}^*}=1}\left|\lim_{r\to 1-0}\int_{|w|=1}g_2\left(\frac{w}{r}\right)(LF)(w)dw\right|\\ &=c\sup_{\|g_2\|_{A_{q-1}^*}=1}\left|\lim_{r\to 1-0}\int_{|w|=r}g\left(\frac{w}{r}\right)\frac{1}{2\pi i}\right.\\ &\quad\left.\cdot\int_{|w|=1}\frac{F(w)\Psi'(u)}{\Psi(u)-\phi(w)}dudw\right|\end{aligned}$$

$$= c \sup_{\|g_2\|_{A^*_{q-1}}=1} \left| \int_{|u|=1} F(u)\Psi'(u) \right.$$

$$\left. \lim_{r\to 1-0} \int_{|w|=r} \frac{g_2\left(\frac{w}{r}\right)}{\Psi(u)-\phi(w)} dw du \right|$$

$$= c \sup_{\|g_2\|_{A^*_{q-1}}=1} \left| \int_{|u|=1} F(u)\Psi'(u)(\Gamma g_2)(u) du \right|$$

$$\leqslant c \sup_{\|g_2\|_{A^*_{q-1}}=1} \|\Psi'(u)(\Gamma g)(u)\|_{A^*_{q-1}} \|F\|_{1,q}$$

$$\leqslant c\|F\|_{1,q}.$$

已知$\Pi$在 $B^1_q, q>1$ 中稠密(参看§3中定理1),因此像在第4章中§4一样讨论,可知$L$能够从$\Pi$推广到 $B^1_q$,且将$B^1_q$映射到$B^1_q$, $1<q\leqslant 2$.

现在我们证明$L^{-1}$也是有界算子.设 $F\in \Pi'$,已知$L^{-1}F\in \Pi$.由(5.49)及引理3与引理5的注得,

$$\|L^{-1}F\|_{1,q} \leqslant c \sup_{\|g_2\|_{A^*_{q-1}}=1} \left| \lim_{r\to 1-0} \int_{|w|=r} g_2\left(\frac{w}{r}\right)(L^{-1}F)(w) dw \right|$$

$$= c \sup_{\|g_2\|_{A^*_{q-1}}=1} \left| \lim_{r\to 1-0} \int_{|w|=r} g_2\left(\frac{w}{r}\right) \frac{1}{2\pi i} \right.$$

$$\left. \cdot \int \frac{F(v)[\Phi\circ\phi(v)]'}{\Phi\circ\phi(v)-w} dv dw \right|$$

$$= c \sup_{\|g_2\|_{A^*_{q-1}}=1} \left| \int_{|v|=1} F(v)[\Phi\circ\phi(v)]' \lim_{r\to 1-0} \frac{1}{2\pi i} \right.$$

$$\left. \cdot \int_{|w|=r} \frac{g_2\left(\frac{w}{r}\right)}{\Phi\circ\phi(v)-w} dw dv \right|$$

$$= c \sup_{\|g_2\|_{A^*_{q-1}}=1} \left| \int_{|v|=1} F(v)[\Phi\circ\phi(v)]'(cg)\circ\Phi\circ\phi(v) dv \right|$$

$$\leqslant c \sup_{\|g_2\|_{A^*_{q-1}}=1} \|[\Phi\circ\phi(v)]'(cg)\circ\Phi\circ\phi(v)\|_{A^*_{q-1}} \|F\|_{1,q}$$

$$\leqslant c\|F\|_{1,q}.$$

因为 $\Pi'$ 也在 $B_q^1$ 上稠密，因此 $L^{-1}$ 也能从 $\Pi'$ 开拓到 $B_q^1$，且是将 $B_q^1$ 映射到 $B_q^1$ 的有界算子.

类似地可以证明 $L_1$ 与 $L_1^{-1}$ 互为 $B_q^1$，$1<q\leqslant 2$ 中逆算子，且将 $B_q^1$ 满射到 $B_q^1$.

定理证毕.

**定理 3** 设区域$D$的边界有二次光滑，则$T$与$T_1$都能从$\Pi$扩充到整个空间 $B_q^1$，$1<q\leqslant 2$，且将 $B_q^1$ 满射到 $B_q^1(D)$，且都有逆算子.

**证** 设 $f\in B_q'(D)$，只要注意到，

$$0<c_1\|f\|_{1,q}\leqslant\|f\circ\phi\|_{1,q}\leqslant c_2\|f\|_{1,q}$$

利用定理 2 就立刻得到定理 3.

**定理 4** 设 $1<q\leqslant 2$，$f\in B_q^1(D)$，$D$的边界具有二次光滑性，于是

$$\frac{1}{\|T^{-1}\|}\inf_{Q_n\in\Pi_n}\|T^{-1}f-Q_n\|_{1,q}\leqslant\inf_{P_n\in\Pi_n}\|f-P_n\|_{1,q}$$
$$\leqslant\|T\|\inf_{Q_n\in\Pi_n}\|T^{-1}f-Q_n\|_{1,q}\tag{5.62}$$

及

$$\frac{1}{\|T_1^{-1}\|}\inf_{Q_n\in\Pi_n}\|T_1^{-1}f-Q_n\|_{1,q}\leqslant\inf_{P_n\in\Pi_n}\|1-p_n\|_{1,q}$$
$$\leqslant\|T_1\|\inf_{Q_n\in\Pi_n}\|T_1^{-1}f-Q_n\|_{1,q}.\tag{5.63}$$

这里这些不等式的第 1 项与第 3 项是在 $B_q^1$ 中取范数，而中间的项是在 $B_q^1(D)$ 中取范数.

**证** 设 $P_n\in\Pi_n$，则 $T^{-1}P_n\in\Pi_n$. 因此，用定理 3 得

$$\inf_{Q_n\in\Pi_n}\|T^{-1}f-Q_n\|_{1,q}\leqslant\|T^{-1}f-T^{-1}P_n\|_{1,q}$$
$$\leqslant\|T^{-1}\|\|f-P_n\|_{1,q}.$$

对 $P_n\in\Pi_n$ 取下确界后得到

$$\inf_{Q_n\in\Pi_n}\|T^{-1}f-Q_n\|\leqslant\|T^{-1}\|\inf_{P_n\in\Pi_n}\|f-P_n\|_{1,q}.$$

不等式(5.62)的右边部分及不等式(5.63)也类似地可以证明. 定理 4 证毕.

定理 4 指出，利用 $T^{-1}$ 及 $T_1^{-1}$，我们可以将在 $B_q^1(D)$ 中多项式逼近阶的问题的研究转化到 $B_q^1 = B_q^1(|w|<1)$ 中去.

下面我们要得到一个 Бернштейн 型不等式，为此需要一个引理.

**引理 7** 设区域$D$的边界二次光滑，函数 $f$ 与 $f'$ 都在 $\overline{D}$ 上连续，则 $(T^{-1}f)' \in B_q^1$，$1<q\leqslant 2$，且

$$0 < c_1\|f'\|_{1,q} \leqslant \|(T^{-1}f)'\|_{1,q} \leqslant c_2\|f'\|_{1,q}. \tag{5.64}$$

**证** 利用多项式系在 $A(\overline{D})$ 中的完备性，因此只要证明对任何 $f\in \Pi$，(5.64)成立即可.

设

$$f\circ\Psi(w) = \sum_{n=-\infty}^{+\infty} a_n w^n,\quad |w| = 1。$$

显然

$$(T^{-1}f)(w) = \sum_{n=0}^{+\infty} a_n w^n,\quad |w| < 1,$$

因此

$$\begin{aligned}(T^{-1}f)'(w) &= \sum_{n=0}^{+\infty} n a_n w^n = \frac{1}{2\pi i}\int_{|u|=1}\frac{(f\circ\Psi)'(u)}{u-w}du \\ &= \frac{1}{2\pi i}\int_{|u|=1}\frac{f'\circ\Psi(u)\cdot\Psi'(u)}{u-w}du \\ &= (T_1^{-1}f')(w).\end{aligned}$$

由定理 3 得

$$\|(T^{-1}f)'\|_{1,q} = \|T_1^{-1}f'\| \leqslant \|T_1^{-1}\|\|f'\|_{1,q}$$

及

$$\begin{aligned}\|f'\|_{1,q} &= \|T_1T_1^{-1}f'\|_{1,q} \leqslant \|T_1\|\|T_1^{-1}f'\|_{1,q} \\ &= \|T_1\|\|(Tf)'\|_{1,q}.\end{aligned}$$

由此得到了(5.64)，引理 7 证毕.

**定理 5** 设区域$D$的边界是二次光滑，$1<q\leqslant 2$，于是存在常数 $M>0$，使得到任意 $P_n\in\Pi_n$，

$$\|P_n'\|_{B_q^1(D)} \leqslant Mn\|P_n\|_{B_q^1(D)}. \tag{5.65}$$

**证** 由于 $T^{-1}P_n \in \Pi_n$,因此由定理 4 及在单位圆上的类似于(5.65)的 Бернштейн 型不等式(见 §3 中引理 3 的公式(3.20))与定理 3,我们有

$$\|P_n'\|_{B_q^1(D)} \leqslant c\|(T^{-1}P_n)'\|_{B_q^1}$$
$$\leqslant cn\|T^{-1}P_n\|_{B_q^1} \leqslant cn\|T^{-1}\|\|P_n\|_{B_q^1(D)}.$$

定理 5 证毕.

我们还需要一个引理.

**引理 8** 设 $F \in B_{q+1}^1$ $q > 1$,令

$$F_1(w) = \int_0^w F(u)du, \tag{5.66}$$

$0 < \alpha < 1$,则下列二个结论是等价的.

1° $\omega_{1,q}(\delta, F_1) = O(\delta^\alpha)$,

2° $\omega_{1,q+1}\left(\delta, \frac{F}{\psi'}\right) = O(\delta^\alpha)$,

其中连续模 $\omega_{1,q}(\delta, F)$ 由 §2 中(2.3)确定.

这实际上容易地由 §2 中引理 10 推出,只要注意到,这里由于 $D$ 有二次光滑边界,因此引理 2 成立就行.这里给一个简单的证明.

**证** 设 $\omega_{1,q}(\delta, F_1) = O(\delta^\alpha)$,即

$$\|F_1(e^{ih}w) - F_1(w)\|_{1,q} = O(h^\alpha), \quad h > 0. \tag{5.67}$$

由 §2 中引理 8 知,

$$0 < c_1\|F_1\|_{1,q} \leqslant \|F\|_{1,q+1} \leqslant c_2\|F\|_{1,q}. \tag{5.68}$$

因此,将(5.68)用到(5.67)中去有

$$\|e^{ih}F(e^{ih}w) - F(w)\|_{1,q+1} = O(h^\alpha),$$

由此得到

$$\|F(e^{ih}w) - F(w)\|_{1,q+1} \leqslant \|(e^{ih} - 1)F(e^{ih}w)\|_{1,q+1}$$
$$+ \|e^{ih}F(e^{ih}w) - F(w)\|_{1,q+1} = O(h^\alpha).$$

因此利用 $\psi'(\omega)$ 性质,就有

$$\left\|\frac{F(e^{ih}w)}{\psi'(e^{ih}w)} - \frac{F(w)}{\psi'(w)}\right\|_{1,q+1} \leqslant \left\|\frac{F(e^{ih}w) - F(w)}{\psi'(e^{ih}w)}\right\|_{1,q+1}$$

$$+\left\|F(w)\left[\frac{1}{\psi'(e^{ih}w)}-\frac{1}{\psi'(w)}\right]\right\|_{H^1_{q+1}}=O(h^\alpha).$$

此即

$$\omega_{1,q+1}\left(\delta,\frac{F}{\psi'}\right)=O(\delta).$$

反过来证明是类似的. 引理 8 证毕.

现在来证明本节主要定理.

**定理 6** (钟乐凡[212]) 设 $D$ 是 Jordan 区域且其边界二次光滑, $1<q<+\infty$, $0<\alpha<1$, 则对于任意 $f\in B^1_q(D)$, 下列二个结果是等价的.

1° $$\inf_{P_n\in\Pi_n}\|f-P_n\|_{1,q}=O\left(\frac{1}{n^\alpha}\right);$$

2° $$\omega_{1,q}(\delta,f\circ\psi)=O(\delta^\alpha).$$

**证** 1. 设 $1<q\leqslant 2$.

首先设

$$\inf_{P_n\in\Pi_n}\|f-P_n\|_{1,q}=O\left(\frac{1}{n^\alpha}\right),$$

由映射函数 $\psi$ 的性质(其导数在 $|w|\leqslant 1$ 上, 上下有界)知,

$$\inf_{P_n\in\Pi_n}\|f\circ\psi-P_n\circ\psi\|_{1,q}=O\left(\frac{1}{n^\alpha}\right).\tag{5.69}$$

对于 $Q_n\in\Pi_n$, 由定理 5 知,

$$\begin{aligned}\|(Q_n\circ\psi)'\|_{B^1_q}&\leqslant c\cdot\|Q'_n\|_{B^1_q(D)}\\&\leqslant cMn\|Q_n\|_{B^1_q(D)}\\&\leqslant c\cdot n\|Q_n\circ\psi\|_{B^1_q}.\end{aligned}\tag{5.70}$$

这是 $Q_n\circ\psi$ 的 Бернштейн 型不等式.

由(5.69)与(5.70), 类似于逼近论中一般求逆定理方法(见§3 定理 4)可以得到,

$$\omega_{1,q}(\delta, f\circ\psi) = O(\delta^{\alpha}). \tag{5.71}$$

反过来，设(5.71)成立．由§3 中定理 1 得，对任意 $n$，存在 $P_n \in \Pi_n$，使得

$$\|f\circ\phi - P_n\|_{1,q} = O\left(\frac{1}{n^{\alpha}}\right).$$

由定理 3 及 $\psi'$ 的性质有

$$\|T^{-1}f - T^{-1}(P_n\circ\varphi)\|_{1,q} = O\left(\frac{1}{n^{\alpha}}\right). \tag{5.72}$$

对于 $Q_n \in \Pi_n$，由引理 7 得

$$\begin{aligned}\|[T^{-1}(Q_n\circ\phi)]'\|_{B_q^1} &\leqslant c\|(Q_n\circ\phi)'\|_{B_q^1(D)}\\ &\leqslant c\|Q_n'\|_{B_q^1}\\ &\leqslant cn\|Q_n\|_{B_q^1},\end{aligned}$$

其中最后一个不等式用了§3 中引理 3，因此

$$\begin{aligned}\|[T^{-1}(Q_n\circ\varphi)]'\|_{B_q^1} &\leqslant cn\|Q_n\circ\varphi\|_{B_q^1(D)}\\ &\leqslant cn\|T\|\|T^{-1}(Q_n\circ\varphi)\|_{B_q^1}.\end{aligned} \tag{5.73}$$

这就是 $T^{-1}(Q\circ\varphi)$的 Бернштейн 型的不等式，由(5.72)及(5.73)，应用逼近论中研究逆定理方法，同样可以得到

$$\inf_{Q_n\in\Pi_n}\|T^{-1}f - Q_n\|_{B_q^1} = O\left(\frac{1}{n^{\alpha}}\right).$$

最后由定理 4 得

$$\inf_{P_n\in\Pi_n}\|f - P_n\|_{1,q} = O\left(\frac{1}{n^{\alpha}}\right).$$

2. 设 $q > 2$。

由于 1，我们可以假设定理已对 $n-1 < q \leqslant n$ 证毕．现在要证明它对 $n < q \leqslant n+1$ 也成立．为此，设 $f \in B_{q+1}^1(D)$，$n-1 < q \leqslant n$。令 $G(w) = \psi'(w)\cdot f\circ\phi(w)$，

$$G_1(w) = \int_0^w G(u)du.$$

如果假设

$$\inf_{P_n\in\Pi_n}\|f-P_n\|_{1,q+1}=O\left(\frac{1}{n^\alpha}\right),$$

则

$$\inf_{P_n\in\Pi_n}\|\psi'\cdot f\circ\psi-\psi'\cdot P_n\circ\psi\|_{1,q+1}=O\left(\frac{1}{n^\alpha}\right),$$

即

$$\inf_{P_n\in\Pi_n}\|G-\psi' P_n\circ\psi\|_{1,q+1}=O\left(\frac{1}{n^\alpha}\right).$$

因此，由引理 8 得

$$\inf_{P_n\in\Pi_n}\left\|G_1(w)-\int_0^w\psi'(u)\cdot P_n\circ\psi(u)du\right\|_{1,q}=O\left(\frac{1}{n^\alpha}\right),$$

即

$$\inf_{P_n\in\Pi_n}\left\|G_1\circ\varphi(z)-\int_{\varphi(0)}^z P_n(\zeta)d\zeta\right\|_{1,q}=O\left(\frac{1}{n}\right).$$

由归纳假设，这是等价于

$$\omega_{1,q}(\delta,G_1)=O(\delta^\alpha),$$

再由引理 8，这等价于

$$\omega_{1,q}\left(\delta,\frac{G}{\psi'}\right)_{1,q+1}=O(\delta^\alpha),$$

即

$$\omega_{1,q}(\delta,f\circ\psi)_{1,q+1}=O(\delta^\alpha).$$

可以看见，所有的过程反过来也成立。因此可以认为定理 6 证毕。

## §6. Bergman 空间中广义有理函数系的完备性

我们在本章序言中曾指出，当区域 $D$ 是单位圆时，Bergman 空间 $B_q^p(D)$ 是 Hardy 空间 $H^p$ 的推广。已知在 Hardy 空间中，有理函数系 $\left\{\frac{1}{z-b_i}\right\}$ 是完备的充要条件是[193,195,150,147]，

$$\sum_{i=1}^{+\infty}\left(1-\frac{1}{|b_i|}\right)=+\infty,\ |b_i|>1. \tag{6.1}$$

因此自然地会提出这样的问题，在 Bergman 空间 $B_q^p$ 中，条件(6.1)是不是函数系

$$\left\{\frac{1}{(z-b_i)^q}\right\} \tag{6.2}$$

完备的充要条件。本节就是来介绍这方面的结果。

设$\{\alpha_i\}$是单位圆 $|z|<1$ 内点列，它们之间可以有相同的，用 $s_k$ 记作 $\alpha_k$ 在 $\{\alpha_1,\alpha_2,\cdots,\alpha_k\}$ 中出现的次数(若 $\alpha_i$ 都互不相同，则所有 $s_i=1$)。进一步，设$\{\alpha_i\}$位于某个角内，$|\arg(\alpha_i-e^{i\beta})|\geqslant\frac{\pi}{2}+\varepsilon_1$，其中 $\beta$ 为某个实数，$\varepsilon_1>0$ 某个数，我们有下列定理。

**定理 1**(沈一吴[178]) 要使函数系

$$\left\{\frac{1}{(1-\bar{\alpha}_i z)^{(q-1)+s_i}}\right\} \tag{6.3}$$

在空间 $B_q^p$, $q>1$, $1<p<+\infty$中是完备的充要条件是，

$$\sum_{i=1}^{+\infty}(1-|\alpha_i|)=+\infty, \tag{6.4}$$

其中完备性理解为：对任意的函数 $f(z)\in B_q^p$, $q>1$, $1<p<+\infty$，任给 $\varepsilon>0$，存在函数系(6.3)的有限线性组合 $R(z)$，使得

$$\|f-R\|_{p,q}\triangleq\left[\frac{q-1}{\pi}\int_0^1\int_0^{2\pi}(1-r^2)^{q-2}|f(re^{i\theta}) - R(re^{i\theta})|^p r\,dr\,d\theta\right]^{\frac{1}{p}}<\varepsilon. \tag{6.5}$$

**证** 根据 Hahn-Banach 定理，要使函数系(6.3)在空间 $B_q^p$, $q>1$, $1<p<+\infty$. 中完备的充要条件是，对于 $B_q^p$, $q>1$, $1<p<+\infty$ 中的任意线性泛函 $l(f)$, $f\in B_q^p$, $q>1$, $1<p<+\infty$，由

$$l\left(\frac{1}{(1-\bar{\alpha}_i z)^{(q-1)+s_i}}\right)=0,\ i=1,2,\cdots, \tag{6.6}$$

可以推出 $I(f)=0$。

充分性。设(6.4)成立，也设(6.6)成立。根据 §1 中定理 3，对于任意一个线性泛函 $I(f)$，$f\in B_q^p$，$q>1$，$p>1$， 存在函数 $g(z)\in B_q^{p'}$，$\frac{1}{p'}+\frac{1}{p}=1$，使得

$$I(f)=\frac{q-1}{\pi}\int_0^1\int_0^{2\pi}(1-\rho^2)^{q-2}f(\rho e^{i\theta})\overline{g(\rho e^{i\theta})}\rho d\rho d\theta. \tag{6.7}$$

由条件(6.6)得

$$o=I\left(\frac{1}{(1-\bar{\alpha}_i z)^{(q-1)+s_i}}\right)$$

$$=\frac{q-1}{\pi}\int_0^1\int_0^{2\pi}(1-\rho^2)^{q-2}\frac{\overline{g(\rho e^{i\theta})}}{(1-\bar{\alpha}_i\rho e^{i\theta})^{(q-1)+s_i}}\rho d\rho d\varphi.$$

再由 §1 定理 1 及上式立刻推出，

$$g^{(s_i-1)}(\alpha_i)=0,\ i=1,2,\cdots, \tag{6.8}$$

其中

$$g(z)=\frac{q-1}{\pi}\int_0^1\int_0^{2\pi}(1-\rho^2)^{q-2}\frac{g(\rho e^{i\theta})}{(1-z\rho e^{i\theta})^q}\rho d\rho d\theta. \tag{6.9}$$

此外，由 §1 中定理 1 的推论得

$$|g(z)|\leqslant\frac{M(g)}{(1-|z|)^q},\ |z|<1, \tag{6.10}$$

其中 $M(g)$ 是由 §1 中(1.1)所确定的常数。因而利用点列$\{\alpha_i\}$分布在角形区域 $|\arg(\alpha_i-e^{i\theta})|\geqslant\frac{\pi}{2}+\varepsilon_1$ 的条件，考虑函数

$$F(z)=(1-z)^q g(z).$$

由(6.10)知，在区域$\{|z|<1\}\cap\left\{\arg|(z-e^{i\theta})|\geqslant\frac{\pi}{2}+\varepsilon_1\right\}$ 中估计式为

$$|F(z)|\leqslant cM(g),$$

且仍满足

$$F^{(s_i-1)}(\alpha_i)=0,\ i=1,2,\cdots$$

(见(6.8)). 由此利用条件(6.4)及著名的 Jensen 公式(参看文献[92])可得 $F(z)\equiv 0$, 即 $g(z)\equiv 0$, 因而 $I(f)\equiv 0$, 充分性证毕.

必要性. 用反证法,设条件(6.4)不满足,则可以构造出 Blaschke 乘积,

$$B(z)=\prod_{j=1}^{+\infty}\frac{\alpha_j-z}{1-\bar{\alpha}_j z}\frac{|\alpha_j|}{\alpha_j}.$$

显然 $B(z)\in B_q^{p'},q>1,p'>1$. 由 §1 中定理 1,有

$$B(z)=\frac{q-1}{\pi}\int_0^1\int_0^{2\pi}(1-\rho^2)^{q-2}\frac{B(\rho e^{i\theta})}{(1-z\rho e^{-i\theta})^q}\rho d\rho d\theta.$$

由此得

$$\frac{q-1}{\pi}\int_0^1\int_0^{2\pi}(1-\rho^2)^{q-2}\frac{\overline{B(\rho e^{i\theta})}}{(1-\bar{\alpha}_i\rho e^{i\theta})^{q-1+s_i}}\rho d\rho d\theta=0.$$

因此,由 $B(z)$ 所生成的泛函

$$\lambda_B(f)=\frac{q-1}{\pi}\int_0^1\int_0^{2\pi}(1-\rho^2)^{q-2}f(\rho e^{i\theta})\overline{B(\rho e^{i\theta})}\rho d\rho d\theta\quad f\in B_q^p$$

满足

$$\lambda_B\left(\frac{1}{(1-\bar{\alpha}_i z)^{q-1+s_i}}\right)=0,\ i=1,2,\cdots,$$

但 $\lambda_B(f)\not\equiv 0$. 由 Hahn-Banach 定理知,函数系(6.3)就在 $B_q^p$, $q>1$, $p>1$ 中不完备了,这就产生了矛盾. 必要性证毕.

定理 1 全部证毕.

如果我们只假设点列 $\{\alpha_i\}$ 位于 $|z|<1$ 内, 而不进一步假设, 它位于某个角形区域中, (正如在定理 1 中一样),则我们有下列定理.

**定理2** 设点列$\{\alpha_i\}$位于单位圆$|z|<1$内,且满足

$$\sum_{j=1}^{+\infty}(1-|\alpha_j|)^q=+\infty,\ q>1,\qquad (6.11)$$

则函数系(6.3)在空间 $B_q^p, p>1, q>1$ 中完备。

**证** 前面部分证明与定理 1 的充分性证明相同，因此存在函数 $g(z)\in B_q^{p'}$，$\frac{1}{p'}+\frac{1}{p}=1$，$q>1$，满足(6.8)。

设函数 $g(z)$ 的全部零点为 $a_i$，$i=1,2,\cdots$，这里认为有几级零点就算几次，因此有 $\{\alpha_i\}\subset\{a_i\}$。

令

$$T_g(r)=\frac{1}{2\pi}\int_0^{2\pi}\ln^+|g(re^{i\theta})|d\theta,$$

其中

$$\ln^+x=\begin{cases}\ln x, & \text{当 } x\geqslant 1 \text{ 时},\\ 0, & \text{当 } x<1 \text{ 时}.\end{cases}$$

由于 $g\in B_q^{p'}, p'>1$, $q>1$，利用显然的不等式 $\ln^+|g|\leqslant\frac{|g|^{p'}}{p'}$，因此有

$$\int_0^1(1-r^2)^{q-2}Tr(g)dr<+\infty. \tag{6.12}$$

利用 Jensen 公式(参看文献[92])，我们有

$$\begin{aligned}\frac{1}{2\pi}\int_0^{2\pi}\ln^+|g(re^{i\theta})|d\theta&=\frac{1}{2\pi}\int_0^{2\pi}\ln^+\frac{1}{|g(re^{i\theta})|}d\theta\\&\quad+\sum_{0<|a_j|<r}\ln\frac{r}{|a_j|}+\lambda\ln r+|c_\lambda|\\&\geqslant\sum_{0<|a_j|<r}\ln\frac{r}{|a_j|}+\lambda\ln r+|c_\lambda|\\&=\int_0^r\ln\frac{r}{t}dn(t)+\lambda\ln r+|c_\lambda|,\end{aligned}$$

其中设 $g(z)$ 以 $z=0$ 为 $\lambda$ 级零点，$\lambda\geqslant 0$，$f^{(\lambda)}(0)=c_\lambda\neq 0$，$n(t)$ 为 $g(z)$ 在 $0<|z|<t$ 中零点的个数。

这样一来，由上式得到

$$Tr(g)-\lambda\ln r-\ln|c_\lambda|\geqslant\int_0^r\frac{n(t)}{t}dt.$$

两边乘以 $(1-r^2)^{q-2}$，再从 0 到 1 积分，利用(6.12)得到

$$+\infty > \int_0^1 (1-r^2)^{q-2}\int_0^r \frac{n(t)}{t}\,dt \geqslant \int_0^1 \left[\int_t^1 (1-r)^{q-2}dr\right]$$

$$\cdot \frac{n(t)}{t}\,dt = \frac{1}{q-1}\int_0^1 \frac{n(t)}{t}(1-t)^{q-1}dt. \tag{6.13}$$

令

$$\frac{1}{q-1}\int_x^1 \frac{(1-t)^{q-1}}{t}\,dt = \psi(x), \tag{6.14}$$

由(6.13)及(6.14)得,

$$\lim_{\varepsilon\to 0} n(1-\varepsilon)\psi(1-\varepsilon) = 0.$$

因此,由(6.13)得

$$+\infty > -\int_0^1 n(t)d\psi(t) = -n(t)\psi(t)\Big|_0^1 + \int_0^1 \psi(t)dn(t)$$

$$= \int_0^1 \psi(t)dn(t) = \sum_{0<|\alpha_j|<1} \frac{1}{q-1}\int_{|\alpha_j|}^1 \frac{(1-t)^{q-1}}{t}\,dt$$

$$\geqslant \sum_{0<|\alpha_j|<1} -\frac{1}{q(q-1)}(1-t)^q\Big|_{|\alpha_j|}^1$$

$$= \frac{1}{q(q-1)}\sum_{j=1}^{+\infty}(1-|a_j|)^q,$$

因而就有

$$\sum_{j=1}^{+\infty}(1-|\alpha_j|)^q \leqslant \sum_{j=1}^{+\infty}(1-|a_j|)^q < +\infty.$$

这就与条件(6.11)相矛盾. 定理 2 证毕.

在 Chui 与沈的文献[33]中,还对一般的权函数(代替 $(1-\rho^2)^{q-2}$) 研究函数系(6.3)在相应的空间中的完备性.

## §7. 用由电子所产生的静电场进行逼近

设$D$是复平面上的 Jordan 区域,$\Gamma$是它的边界. 像在前面一样,我们用 $w=\Phi(z)$ 记作 $G=C\overline{D}$ 保角映射到 $|w|>1$ 的函数,$\Phi(\infty)=\infty$,$\Phi'(\infty)>0$. 用 $z=\Psi(w)$ 表示其反函数,

而用 $w=\varphi(z)$ 记作将 $D$ 保角映射到 $|w|<1$ 的函数. $\varphi(z_0)=0$, $\varphi'(z_0)>0$, $z_0\in D$,而用 $z=\psi(w)$ 记作其反函数.

对于复平面上任意点 $z_1$,若在 $z=z_1$ 处放上单位电子,则由此所产生的静电场的复位势为

$$\frac{1}{z-z_1}.$$

若在区域 $D$ 的边界 $\Gamma$ 上任取 $n$ 个不同的点 $z_j$, $j=1,2,\cdots,n$,且在这些 $z_j$ 上都放上单位电子,则由此所产生的静电场的复位势为

$$S_n(z)=\sum_{j=1}^{n}\frac{1}{z-z_j}. \tag{7.1}$$

这里会提出有趣的问题:对于区域 $D$ 内的任意复位势 $f(z)$,能否用具有简单形状(7.1)的复位势来进行逼近呢?这里的逼近可以从 Bergman 空间或 Bers 空间 $A_q(D)=B_D'(D)$ 中来理解,在这一节中我们准备介绍几个有关的结果. 首先介绍一个有趣的引理.

**引理 1** (MacLane[90]) 设区域 $D$ 的边界是 Jordan 可求长曲线. 函数 $g(z)$ 在闭区域 $\overline{D}$ 上解析, $g(0)=0$ (以后不妨设 $0\in D$),则存在一个在单位圆周 $|w|=1$ 上解析的函数 $L(w)$, 它在 $|w|=1$ 上取实数值,使得有积分表示式:

$$\begin{aligned} g(z)&=-\int_0^{2\pi}L(e^{it})d\ln\left(1-\frac{z}{\Psi(e^{it})}\right)\\ &=\int_0^{2\pi}\ln\left(1-\frac{z}{\Psi(e^{it})}\right)dL(e^{it}). \end{aligned} \tag{7.2}$$

**证** 由条件知函数 $\dfrac{g(z)}{z}$ 在闭区域 $\overline{D}$ 上解析,因此 Cauchy 积分表示式为

$$\frac{g(z)}{z}=\frac{1}{2\pi i}\int_\Gamma\frac{g(\zeta)}{\zeta(\zeta-z)}d\zeta,\quad z\in D. \tag{7.3}$$

若函数 $g_1(z)$ 在区域 $G=C\overline{D}$ 内解析,闭区域 $\overline{G}$ 上连续,则由 Cauchy 定理得

$$0 = \frac{1}{2\pi i}\int_{\Gamma}\frac{g_1(\zeta)}{\zeta(\zeta - z)}d\zeta, \quad z \in D. \tag{7.4}$$

由(7.3)与(7.4)得

$$g(z) = \frac{1}{2\pi i}\int_{\Gamma}\frac{g(\zeta) - g_1(\zeta)}{2\pi i}\ \frac{zd\zeta}{\zeta(\zeta-z)}, \ z \in D. \tag{7.5}$$

现在我们用下列方法来构造 $g_1(z)$，设

$$g(z) = u(z) + iv(z),$$

显然存在唯一的函数 $u_1(z)$，它具有性质如下

1° $u_1(z)$ 在 $G$ 内调和，$\overline{G}$ 上连续；

2° $u_1(z) = u(z), \ z \in \Gamma$.

令 $v_1(z)$ 是 $u_1(z)$ 的共轭调和函数，并满足

$$v_1[\Psi(1)] = v[\Psi(1)],$$

则由于 $g(z)$ 在 $\Gamma$ 上解析，$u(z)$ 在 $\Gamma$ 上也解析，因此 $u_1(z)$ 及 $v_1(z)$ 都在 $\overline{G}$ 上连续. 令

$$g_1(z) = u_1(z) + iv_1(z),$$

它在 $G$ 内解析，$\overline{G}$ 上连续.

由于 $g(z)$ 在 $\overline{D}$ 上解析，因此存在数 $R>1$，使得

$$g(z) = g[\Psi(w)] \triangleq G(w) = U(w) + iV(w)$$

在 $1<|w|<R$ 上解析，$1\leqslant|w|<R$ 上连续.

令

$$g_1(z) = g_1[\Psi(w)] \triangleq G_1(w) = U_1(w) + iV_1(w), |w| \geqslant 1,$$

则用 $u_1(z)$ 的构造知，函数

$$\frac{g(z) - g_1(z)}{2\pi i} = \frac{V(w) - V_1(w)}{2\pi} + \frac{U(w) - U_1(w)}{2\pi i}$$

$$\triangleq L(w) \tag{7.6}$$

在 $1<|w|<R$ 内解析，$1\leqslant|w|<R$ 上连续，且在 $|w|=1$ 上取实数值. 这样，根据 Riemann-Schwarz 对称原理，函数 $L(w)$ 就在 $\frac{1}{R}<|w|<R$ 上解析，且在 $|w|=1$ 上取实数值.

因此，比较(7.5)与(7.6)就立刻得到(7.2)，引理 1 证毕.

**定理 1** (Chui[28]) 设$D$是 Jordan 区域，其边界$\Gamma$为可求长曲线，则对任何函数 $f(z) \in B_q^1(z) = A_q(D)$，$q > 2$，存在形如(7.1)的函数 $S_n(z)$，$n = 1, 2, \cdots$，使

$$\lim_{n \to +\infty} \| f(z) - S_n(z) \|_{1,q} = 0. \tag{7.7}$$

**证** 令 $s(t) = \Psi(e^{i2\pi t})$，且用$d$记作区域$D$的直径，用$l$记作曲线$\Gamma$的长度，首先我们证明，对 $q > 2$，

$$\left\| \int_\Gamma \frac{|d\zeta|}{|\zeta - z|^2} \right\|_{1,q} < \frac{2\pi l}{q-2} (4d)^{q-2} \tag{7.8}$$

及

$$\left\| \int_\Gamma \frac{dt}{|z - s(t)|} \right\|_{1,q} < \frac{2\pi}{q-1} 4^{q-2} d^{q-1}. \tag{7.9}$$

事实上，利用§4 中引理 3 中不等式(4.17)，我们有

$$\lambda_D^{2-q}(z)[\operatorname{dist}(z, \Gamma)]^{2-q} \leqslant \left(\frac{1}{4}\right)^{2-q}, \quad z \in D,$$

即

$$\begin{aligned} \lambda_D^{2-q}(z) &\leqslant 4^{q-2}[\operatorname{dist}(z, \Gamma)]^{q-2} \\ &\leqslant 4^{q-2}|z - \zeta|^{q-2}, \quad \zeta \in \Gamma, \end{aligned}$$

因而

$$\begin{aligned} \iint_D \frac{\lambda_D^{2-q}(z)}{|z-\zeta|^2} dxdy &\leqslant 4^{q-2} \iint_D |z - \zeta|^{q-4} dxdy \\ &\leqslant 4^{q-2} \iint_{|z-\zeta|<d} |z - \zeta|^{q-4} dxdy \\ &= 2\pi 4^{q-2} \int_0^d r^{q-3} dr = \frac{2\pi}{q-2}(4d)^{q-2}. \end{aligned}$$

由此得

$$\begin{aligned} \left\| \int_\Gamma \frac{|d\zeta|}{|z-\zeta|^2} \right\|_q &= \int_\Gamma \left[ \iint_D \frac{\lambda_D^{2-q}(z)}{|z-\zeta|^2} dxdy \right] |d\zeta| \\ &< \frac{2\pi l}{q-2} (4d)^{q-2}. \end{aligned}$$

这就证明了(7.8)，(7.9)也类似地可以证明。

现在设 $f(z)\in B_q^1(D)=A_q(D)$. 根据 Burbea 定理（参看 §4 中定理 1 的推广），多项式系在空间 $A_q(D)$ 上是完备的，因此可以认为 $f$ 是整函数.

令 $g(z)=\int_0^z f(\zeta)d\zeta$. 显然，$g(z)$ 满足引理 1 的全部条件，因此(7.2)成立，在(7.2)两边对 $z$ 求导数后得到

$$f(z)=\int_0^1\frac{(L(e^{i2\pi t}))'}{z-\Psi(e^{i2\pi t})}dt=\int_0^1\frac{\mu(t)}{z-s(t)}dt,\quad z\in D,\tag{7.10}$$

其中 $s(t)=\Psi(e^{i2\pi t})$.

$$\mu(t)=[L(e^{i2\pi t})]'\tag{7.11}$$

是[0,1]上的实值解析函数.

令

$$f_n(z)=\frac{1}{n}\sum_{k=1}^{n}\frac{\mu\left(\frac{k}{n}\right)}{z-s\left(\frac{k}{n}\right)},\tag{7.12}$$

其中 $s\left(\frac{k}{n}\right)=\Psi(e^{i\frac{2\pi k}{n}})\in\Gamma$, $k=1,2,\cdots,n$. 显然,

$$\begin{aligned}f(z)-f_n(z)&=\frac{1}{n}\int_0^1\frac{\mu(t)}{z-s(t)}d\{nt-[nt]\}\\&=-\frac{1}{n}\int_0^1\frac{\{nt-[nt]\}}{(z-s(t))}\{\mu'(t)(z-s(t))\\&\quad+\mu(t)s'(t)\}dt.\end{aligned}$$

这里用到了 $\Gamma$ 是可求长，因此 $s'(t)$ 绝对可积. 这样一来，我们有

$$\begin{aligned}\|f-f_n\|_{1,q}\leqslant&\frac{1}{n}\left\|\int_0^1\frac{|\mu'(t)|}{|z-s(t)|}dt\right\|_{1,q}\\&+\frac{c}{n}\left\|\int_\Gamma\frac{|d\zeta|}{|z-\zeta|^2}\right\|_{1,q},\end{aligned}\tag{7.13}$$

其中

$$c=\max_{0\leqslant t\leqslant 1}|\mu(t)|,$$

由此比较(7.13)及(7.8),(7.9)得到

$$\|f - f_n\|_{1,q} = O\left(\frac{1}{n}\right). \tag{7.14}$$

由于当 $n$ 充分大时,

$$\left|\frac{\mu\left(\frac{k}{n}\right)}{n}\right| \leqslant \frac{c}{n} < 1, \tag{7.15}$$

且由 $f_n(z)$ 的表示式(7.12)及估计(7.14)看出，为了要证明定理1,只要证明对形如

$$f(z) = \frac{\alpha}{z - z_1}, \quad z_1 \in \Gamma, -1 < \alpha < 1 \tag{7.16}$$

的函数 $f(z)$,能被形如 $S_n(z)$ (见(7.1))的函数在空间 $B_q^1(D)$中逼近即可。

如果对上面的映射函数 $w = \Phi(z)$ 换一个标准化条件，即 $\Phi(\infty) = \infty$，$\Phi(z_0) = 1$，$z_0 \in \Gamma$，则一切证明仍成立，且其结果不依赖于 $z_0$，因此可以取 $z_0 = z_1$，即 $\Phi(z_1) = 1$，因而 $z_1 = \Psi(1)$。

由留数定理知,

$$\int_0^{2\pi} \frac{dt}{z - s(t)} = \int_0^{2\pi} \frac{dt}{z - \Psi(e^{it})} = \frac{2\pi i}{z - \Psi(\infty)} = 0, \quad z \in D. \tag{7.17}$$

现在改进一下在 Chui 的文献[27]中的构造,令

$$t_{n,0} = 0, \quad t_{n,1} = \frac{(2-\alpha)\pi}{(n+1)-\alpha}, \quad t_{n,2} = \frac{(2-\alpha)\pi + 2\pi}{(n+1)-\alpha}, \cdots,$$

$$t_{n,n} = \frac{(2-\alpha)\pi + 2(n-1)\pi}{(n+1)-\alpha},$$

及 $z_{n,k} = \Psi(e^{it_{n,k}})$，$k = 0,1,\cdots,n$,令 $u_n(t)$ 为阶梯函数,它们不连续点在 $t = t_{n,k}$,

1° $u_n(t_{n,k}^+) - u_n(t_{n,k}^-) = 1$，$k = 1,2,\cdots,n$;

2° $u_n(0^+) = \dfrac{1-\alpha}{2}$，$u_n(2\pi^-) = n + \dfrac{1-\alpha}{2}$;

3° $u_n(0)=0$, $u_n(2\pi)=n+1-\alpha$,

$$u_n(t_{n,k})=\frac{u_n(t_{n,k}^+)+u_n(t_{n,k}^-)}{2},k=1,2,\cdots,n.$$

容易证明,对于 $z\in D$,

$$\sum_{k=0}^{n}\frac{1}{z-z_{n,k}}-\frac{\alpha}{z-z_1}=\int_0^{2\pi}\frac{du_n(t)}{z-\Psi(e^{it})}. \tag{7.18}$$

令 $v_n(t)=u_n(t)-(n+1-\alpha)t/2\pi$, 则由(7.17)及(7.18)得,

$$\sum_{k=0}^{n}\frac{1}{z-z_{n,k}}-\frac{\alpha}{z-z_1}=\int_0^{2\pi}\frac{dv_n(t)}{z-\Psi(e^{it})}, \tag{7.19}$$

其中 $v_n(0)=v_n(2\pi)=0$, $v_n(t_{n,k})=0$, $k=1,2,\cdots,n$. 因此容易看出,

$$\sup_{0\leqslant t\leqslant 2\pi}|v_n(t)|\leqslant\max\left(\frac{1}{2},\frac{1-\alpha}{2}\right)\leqslant 1. \tag{7.20}$$

这样一来,设 $E$ 是 $D$ 中任意子集,对(7.19)进行分部积分,利用(7.20),就有

$$\begin{aligned}&\iint_E\left|\sum_{k=0}^{n}\frac{1}{z-z_{n,k}}-\frac{\alpha}{z-z_1}\right|\lambda_D^{2-q}(z)dxdy\\&\leqslant\iint_E\int_0^{2\pi}\left|\frac{d\Psi(e^{it})}{(z-\Psi(e^{it}))^2}\right|\lambda^{2-q}_D(z)dxdy\\&\leqslant\iint_E\left\{\int_\Gamma\frac{|d\zeta|}{|z-\zeta|^2}\right\}\lambda_D^{2-q}(D)dxdy\\&=\int_\Gamma\left\{\iint_E\frac{\lambda_D^{2-q}(z)}{|z-\zeta|^2}dxdy\right\}|d\zeta|.\end{aligned} \tag{7.21}$$

对于任给 $\varepsilon>0$,由(7.8)知,存在 $D$ 的一个紧子集 $K$,使得

$$\int_\Gamma\left\{\iint_{D\setminus K}\frac{\lambda_D^{2-q}(z)}{|z-\zeta|^2}dxdy\right\}|d\zeta|<\varepsilon.$$

因此,对所有的 $n$, 从(7.21)得

$$\iint_{D\setminus K}\left|\sum_{k=0}^{n}\frac{1}{z-z_{n,k}}-\frac{\alpha}{z-z_1}\right|\lambda_D^{2-q}(z)dxdy<\varepsilon. \tag{7.22}$$

另一方面,因为 $\Gamma$ 是可求长的,因此 $\Psi'(e^{it})$ 在 $[0,2\pi]$ Lebesgue 可积，且 $v_n(t)$ 具有在 Riemann-Lebesgue 定理中类似于函数 $\cos nt$ 的性质且满足 (7.20)。因此，应用类似于 Riemann-Lebesgue 引理的结果知道，在区域 $D$ 的任意紧子集中有

$$\lim_{n\to+\infty}\int_0^{2\pi} v_n(t)\frac{\Psi'(e^{it})e^{it}}{(z-\Psi(e^{it}))^2}dt=0.$$

由此从(7.19)得，在紧子集 $K$ 上一致地有

$$\lim_{n\to+\infty}\sum_{k=0}^{n}\frac{1}{z-z_{n,k}}-\frac{\alpha}{z-z_1}=0. \tag{7.23}$$

由(7.22)及(7.23)就完成了定理 1 的证明。

自然地会问，在定理 1 中，条件 $q>2$ 是否必要？我们用下列定理来回答这个问题。

**定理 2** (Chui-沈[32]) 设 $2\leqslant q<+\infty$，则当 $D$ 是单位圆 $|z|<1$ 时，对于任意一个形如(7.1)的函数，

$$S_n(z)=\sum_{k=1}^{n}\frac{1}{z-z_k},\quad |z_k|=1. \tag{7.24}$$

存在一个常数 $c$，它不依赖于 $n$ 及 $z_k, k=1,2,\cdots,n$ 的选取，使得

$$\|S_n(z)\|_{1,q}\geqslant\frac{c}{n^{q-2}}. \tag{7.25}$$

**证** 我们根据 Newman 在文献 [104] 中的思想来证明这个定理(他考虑了 $q=2$ 时的情况)。

我们有

$$\begin{aligned}\|S_n\|_{1,q}&=\iint\limits_{|z|<1}\left|\sum_{k=1}^{n}\frac{1}{z-z_k}\right|(1-|z|^2)^{q-2}dxdy\\&=\frac{1}{2}\iint\limits_{|z|<1}\left|\sum_{k=1}^{n}\frac{z_k+z}{z_k-z}-n\right|(1-|z|^2)^{q-2}dxdy.\end{aligned} \tag{7.26}$$

令

$$P_k(z)=\operatorname{Re}\frac{z_k+z}{z_k-z},\quad k=1,2,\cdots,n,$$

$$T_k=\{z\,|\,|z|<1,\ P_k(z)\geqslant 2n\},\quad k=1,2,\cdots,n,$$

且 $\chi_k$ 是集合 $T_k$ 的特征函数。令 $T=\bigcup_{k=1}^{n} T_k$，则由(7.26)得

$$\|S_n\|_{1,q}\geqslant\frac{1}{2}\iint_T\left(\sum_{k=1}^{n}P_k(z)-n\right)(1-|w|^2)^{q-2}dxdy.$$

因为在 $|z|<1$ 中，$(P_k(z)-n)\chi_k\geqslant n\chi_k$，$P_k(z)>0$，因此在 $T_k$ 上，$P_j(z)\geqslant n\chi_j$，$j=1,2,\cdots,n$，由此得到

$$\begin{aligned}\|S_n\|_{1,q}&\geqslant\frac{1}{2}n\iint_T\sum_{k=1}^{n}\chi_k(z)(1-|z|^2)^{q-2}dxdy\\&\geqslant\frac{1}{2}n\sum_{k=1}^{n}\iint_{T_k}(1-|z|^2)^{q-2}dxdy\\&=\frac{n^2}{2}\iint_{V_n}(1-|z|^2)^{q-2}dxdy,\end{aligned}\tag{7.27}$$

其中 $V_n$ 为

$$\left|z-\left(1-\frac{1}{2n+1}\right)\right|<\frac{1}{2n+1}.$$

令 $z=\left(1-\frac{1}{2n+1}\right)+re^{i\theta}$，$0\leqslant r<\frac{1}{2n+1}$，则用三角不等式得

$$1-|z|^2\geqslant1-|z|\geqslant\frac{1}{2n+1}-r,$$

因此就有

$$\begin{aligned}\iint_{V_n}(1-|z|^2)^{q-2}dxdy&\geqslant\iint_{V_n}\left(\frac{1}{2n+1}-r\right)^{q-2}dxdy\\&=\left(2\pi\int_0^1(1-x)^{q-2}xdx\right)\cdot\left(\frac{1}{2n+1}\right)^q=\frac{2c}{n^q}.\end{aligned}\tag{7.28}$$

比较(7.27)及(7.28)就得到了(7.25)。

定理 2 证毕。

**推论 1** 在单位圆 $|z|<1$ 上，对于任意的函数 $f(z)\in B_q^1$ $(|z|<1)$，用具有形如(7.4)的有理函数在 $B_q^1$ 中逼近函数 $f(z)$

时，其逼近的阶至多为 $\frac{1}{n^{q-2}}, q \geqslant 2$.

事实上，取函数 $f(z) = 0$，则由定理 2 看出，其最佳逼近阶为 $\frac{1}{n^{q-2}}, q \geqslant 2$。

**推论 2** 若 $1 < q \leqslant 2$，则一般地说，定理 1 不成立，即函数系(7.1)在 $B_q^1(D)$ 中是不完备的，其中 $1 < q \leqslant 2$.

事实上，取 $f(z) = 0$, $q = 2$，则由定理 2 的(7.25)看出，此函数 $f(z) = 0$ 在 $B_q^1(|z| < 1)$, $q = 2$ 中不能被形如(7.1)的函数逼近. 若 $1 < q < 2$, 显然有

$$\|S_n\|_{1,q} \geqslant \|S_n\|_{1,2} \geqslant c,$$

因此也不完备.

下面我们将对区域 $D$ 的边界 $\Gamma$ 加上一定的光滑性条件，研究用形如(7.1) 的函数 $S_n(z)$ 在 Bers 空间 $A_q(D) = B_q^1(D)$ 中逼近的速度.

我们以后设区域 $D$ 的边界 $\Gamma \in C^{2+\varepsilon}$, 其中 $\varepsilon > 0$. 这表示对于曲线 $\Gamma$ 的参数方程 $z = z(t)$, 其二级导数 $z''(t)$ 满足 $\varepsilon$ 级 Lipschitz 条件，且 $z'(t) \neq 0$.

令 $0 < \rho < \rho_1 < 1$，用 $C_\rho$ 及 $C_{\rho_1}$ 对应地记作在映射 $\Psi(w)$下圆周 $|w| = \frac{1}{\rho}$ 及 $|w| = \frac{1}{\rho_1}$ 的象. 若用 $D_\rho$ 记作 $C_\rho$ 的内部，用 $\varphi_\rho(z)$记作将区域 $D_\rho$ 保角映射到 $|w| < \frac{1}{\rho}$ 的映射函数，$\varphi_\rho(z_0) = 0$, $\varphi'_\rho(z_0) > 0$，且用 $C'_{\rho_1}$ 记作在映射 $\psi_\rho = \varphi_\rho^{-1}$ 下圆周 $|w| = \frac{1}{\rho_1}$ 的像，用 $D'_{\rho_1}$ 记作 $C'_{\rho_1}$ 的内部. 因此，函数 $\psi(\rho\varphi_\rho(z))$ 将 $C_\rho$ 的内部 $D_\rho$ 保角映射到区域 $D$. 由保角映射中理论知道，所有上面的映射都可以双方单值且连续地映射到对应的闭区域.

由 Sewell 的文献[130]知(我们不准备证明了)，若 $\Gamma \in C^{2+\varepsilon}$，则

$$1^\circ \quad |\psi(\rho\varphi_\rho(z)) - z| < c(1 - \rho), \quad z \in \overline{D}; \tag{7.29}$$

$$2^\circ \quad \sup_{z\in D}\left|\frac{d}{dz}\phi(\rho\varphi_\rho(z))-1\right|\to 0. \tag{7.30}$$

此外，我们在下面还常用到

$$0<c_1\leqslant\left|\frac{\phi(w_1)-\phi(w_2)}{w_1-w_2}\right|\leqslant c_2,\quad |w_1|,|w_2|\leqslant 1; \tag{7.31}$$

$$0<c_1\leqslant|\phi'(w)|\leqslant c_2,\quad |w|\leqslant 1; \tag{7.32}$$

$$|\phi''(w)|\leqslant c_2,\quad |w|\leqslant 1. \tag{7.33}$$

这里(7.31)与(7.32)可以参看第二章 §5 中公式(5.2)而(7.33)是容易由 Kellogg 公式（参看第二章 §5 引理 1 中引文献[17]中公式来证明，或参看吴学谋文章[206]，Мергелян 文章[93]）。显然，其它一些映射函数或其逆函数在对应区域中也满足上述几个估计式，我们就不一一地列出了。今后我们仍用 $c$ 或 $c_1c_2\cdots$表示常数，而不管其值的大小。

令

$$E_{n,q}(S_\alpha)=\sup_{S_\alpha}\ \inf\|S_n(z)-f(z)\|_{1,q}, \tag{7.34}$$

其中 $q>2$，$S_n(z)$ 是由(7.1)确定，且

$$S_\alpha=\{f\in A_q(D)=B_q^1(D):\|f\|_{1,q}\leqslant 1,\ \omega(\delta,f)=0(\delta^\alpha)\}, \tag{7.35}$$

$$\omega(\delta,f)=\sup_{|h|\leqslant\delta}\iint_{|w|<1}|f[\phi(w+h)]-f[\phi(w)]||\phi'(w)|^q\cdot(1-|w|^2)^{q-2}dudv,\ 0<\alpha\leqslant 1. \tag{7.36}$$

**引理 2** 设 $f(z)\in A_q(D)=B_q^1(D)$，$q>2$，$g(w)=f[\phi(w)]$，则对任意 $\rho, 0<\rho<1$，

$$\iint_{|w|<\rho}|g'(w)||\phi'(w)|^q(1-|w|^2)^{q-2}dudv\leqslant\frac{\omega\left(\frac{1-\rho}{2},f\right)}{\frac{1-\rho}{2}}. \tag{7.37}$$

**证** 利用(7.32)，由连续模的定义（7.36），由 §2 定理 1（取 $p=1$，$q>2$）就可以得到(7.37)。

现在我们给出一个简单的直接证明，令 $|w|<\rho$，$L_\rho(w)$是圆周 $|\tau-w|=\frac{1-\rho}{2}$，$\tau=w+(1-\rho)e^{i\theta}/2$，于是

$$\begin{aligned}
&\iint\limits_{|w|<\rho}|g'(w)||\psi'(w)|(1-|w|^2)^{q-2}dudv\\
&=\iint\limits_{|w|<\rho}\left|\frac{1}{2\pi i}\int_{L_\rho(w)}\frac{g(\tau)-g(w)}{(\tau-w)^2}d\tau\right|\\
&\quad\cdot|\psi'(w)|^q(1-|w|^2)^{q-2}dudv\\
&\leqslant\frac{1}{\pi(1-\rho)}\iint\limits_{|w|<\rho}\int_0^{2\pi}\left|g\left(w+\frac{1-\rho}{2}e^{i\theta}\right)\right.\\
&\quad\left.-g(w)\right|d\theta|\psi'(w)|^q(1-|w|^2)^{q-2}dudv\\
&\leqslant\frac{1}{\pi(1-\rho)}\int_0^{2\pi}\omega\left(\frac{1-\rho}{2},f\right)d\theta\\
&=\omega\left(\frac{1-\rho}{2},f\right)\Big/\left(\frac{1-\rho}{2}\right).
\end{aligned}$$

引理 2 证毕.

**引理 3** 设区域$D$的边界 $\Gamma\in C^{2+\varepsilon}$，$\varepsilon>0$，$f(z)\in S_\alpha$，$0<\alpha\leqslant 1$，$q>2$. 令 $g(w)=f[\psi(w)]$，则

$$\iint\limits_{|w|<1}|g(w)-g(\rho\varphi_\rho(\psi(w)))||\psi'(w)|^q(1-|w|^2)^{q-2}dudv$$
$$=c(1-\rho)^2.$$

**证** 我们有

$$E_1=\iint\limits_{|w|<\frac{1}{2}}|g(w)-g(\rho\varphi_\rho(\psi(w)))||\psi'(w)|^q(1-|w|^2)^{q-2}dudv$$

$$=\iint\limits_{|w|<\frac{1}{2}}\left|\int_{\rho\varphi_\rho(\psi(w))}^{w}g'(\tau)d\tau\right||\psi'(w)|^q(1-|w|^2)^{q-2}dudv,$$

利用(7.29)与(7.31)，容易得到

$$|\rho\varphi_\rho(\psi(w))-w|\leqslant\frac{c}{c_1}(1-\rho)<\frac{1}{\zeta},$$

其中 $\rho$ 充分地接近于 1，因此就有

$$E_1 \leqslant c \max_{|\tau| \leqslant \frac{5}{6}} |g'(\tau)|(1-\rho) \leqslant c(1-\rho). \qquad (7.38)$$

另一方面，应用 Schwarz 引理，容易推出

$$|\phi(\rho\varphi_\rho(\psi(w)))| \leqslant |w|, \quad |w| < 1.$$

令

$$\tau = \frac{c}{c_1}(1-\rho) < \frac{1}{3},$$

于是(7.29)与(7.31)给出

$$\begin{cases} 0 \leqslant |w| - |\phi(\rho\varphi_\rho(\psi(w)))| \leqslant \tau, \\ |\arg\rho\varphi_\rho(\psi(w)) - \arg w| \leqslant 2\tau, \quad |w| \geqslant \dfrac{1}{2}. \end{cases} \qquad (7.39)$$

进一步，因为

$$\arg\rho\varphi_\rho(\psi(w)) = \operatorname{Im}\left[\ln\frac{\rho\varphi_\rho(\psi(w))}{w} + \ln w\right],$$

因此，对 $w = re^{i\theta}$，用(7.29)—(7.31)，当 $\rho \to 1$ 时，对于 $|w| \leqslant 1$ 一致地有

$$\frac{\partial}{\partial\theta}\arg\rho\varphi_\rho(\psi(w)) = \operatorname{Re}\left[\frac{w(\rho\varphi_\rho(\psi(w)))'}{\rho\varphi_\rho(\psi(w))}\right] \to 1. \quad (7.40)$$

令 $\rho\varphi_\rho(\psi(w)) = s(r,\theta)e^{it(r,\theta)}$，于是用(7.31)后有

$$\iint_{\frac{1}{2}<|w|<1} |g(w) - g(\rho\varphi_\rho(\psi(w)))||\psi'(w)|^q(1-|w|^2)^{q-2}dudv$$

$$\leqslant c\iint_{\frac{1}{2}<|w|<1} |g(re^{i\theta}) - g((r-\tau)e^{i\theta})|(1-r^2)^{q-2}rdrd\theta$$

$$+ c\iint_{\frac{1}{2}<|w|<1} |g((r-\tau)e^{i\theta}) - g((r-\tau)e^{it(r,\theta)})|$$

$$\cdot (1-r^2)^{q-2}rdrd\theta$$

$$+ c\iint_{\frac{1}{2}<|w|<1} |g((r-\tau)e^{it(r,\theta)}) - g(s(r,\theta)e^{it(r,\theta)})|$$

$$\cdot (1-r^2)^{q-2} r dr d\theta = c[E_2 + E_3 + E_4]. \tag{7.41}$$

应用引理 2 及(7.32)后得到

$$E_2 \leqslant \int_{\frac{1}{2}}^{1}\int_0^{2\pi}\left[\int_{\frac{1}{2}-\tau}^{\frac{1}{2}} \left|g'\left(\left(t-\frac{1}{2}+r\right)e^{i\theta}\right)\right| dt\right](1-r^2)^{q-2} r dr d\theta$$

$$\leqslant \int_{\frac{1}{2}-\tau}^{\frac{1}{2}}\left[\int_t^{\frac{1}{2}+t}\left(r+\frac{1}{2}-t\right)\left(1-\left(r+\frac{1}{2}-t\right)^2\right)^{q-2} dr\right.$$

$$\left.\cdot \int_0^{2\pi} |g'(re^{i\theta})| d\theta\right] dt$$

$$\leqslant 3\int_{\frac{1}{2}-\tau}^{\frac{1}{2}}\left[\iint_{t<|w|<\frac{1}{2}+t} |g'(re^{i\theta})|(1-r^2)^{q-2} r dr d\theta\right] dt$$

$$\leqslant c\int_{\frac{1}{2}-\tau}^{\frac{1}{2}} \omega\left(\frac{\frac{1}{2}-t}{2}, f\right)\Big/\left[\left(\frac{1}{2}-t\right)\Big/2\right] dt$$

$$\leqslant c(1-\rho)^{\alpha}. \tag{7.42}$$

为了估计 $E_3$，我们再一次地用(7.32)，引理 2 以及(7.39)，可以得到

$$E_3 \leqslant c\int_{\frac{1}{2}}^{1}\int_0^{2\pi} (r-\tau)\left|\int_\theta^{t(r,\theta)} |g'((r-\tau)e^{is})| ds\right|$$

$$\cdot (1-r^2)^{q-2} r dr d\theta$$

$$\leqslant c\int_{\frac{1}{2}}^{1}\int_0^{2\pi}\left(\int_{\theta-2\tau}^{\theta+2\tau} |g'((r-\tau)e^{is})| ds\right)(1-r^2)^{q-2} r dr d\theta$$

$$\leqslant c\int_{\frac{1}{2}}^{1}\int_0^{2\pi}\left(\int_{\theta-2\tau}^{\theta+2\tau} |g'((r-\tau)e^{is})| ds\right)(1-r^2)^{q-2} r dr d\theta$$

$$\leqslant c\int_{-2\tau}^{2\tau}\left[\int_{\frac{1}{2}}^{1}\int_0^{2\pi} |g'((r-\tau)e^{i(s+\theta)})|(1-r^2)^{q-2} r dr d\theta\right] ds$$

$$\leqslant c\int_{-2\tau}^{2\tau}\left[\int_{\frac{1}{2}-\tau}^{1-\tau}\int_0^{2\pi} |g'(re^{i\theta})|(1-r^2)^{q-2} r dr d\theta\right] ds$$

$$\leqslant c\tau\omega\left(\frac{\tau}{2}, f\right)\Big/\left(\frac{\tau}{2}\right) \leqslant c(1-\rho)^{\alpha}. \tag{7.43}$$

最后,利用(7.32),(7.39),(7.40)及引理 2 得到

$$E_4 \leqslant c\int_{\frac{1}{2}}^{1}\int_0^{2\pi}\left[\int_{r-\tau}^{s(r,\theta)}|g'(te^{is(r,\theta)})|dt\right](1-r^2)^{q-2}rdrd\theta$$

$$\leqslant c\int_{\frac{1}{2}}^{1}\int_0^{2\pi}\left[\int_{r-\tau}^{r}|g'(te^{is(r,\theta)})|dt\right](1-r^2)^{q-2}rdrd\theta$$

$$\leqslant c\int_{\frac{1}{2}}^{1}\int_0^{2\pi}\left[\int_{r-\tau}^{r}|g'(te^{iu})|dt\right](1-r^2)^{q-2}rdrdu$$

$$\leqslant c\int_{\frac{1}{2}}^{1}\int_0^{2\pi}\left[\int_{\frac{1}{2}-\tau}^{\frac{1}{2}}\left|g'\left(\left(t-\frac{1}{2}+r\right)e^{iu}\right)\right|dt\right](1-r^2)^{q-2}rdrdu$$

$$\leqslant c(1-\rho)^{\alpha}, \tag{7.44}$$

其中最后一个估计式是由 $E_2$ 的估计式(7.42)得到的。

比较(7.41)—(7.44)以及利用(7.38)就立刻得到了引理 3。

我们现在来叙述用形如 (7.1) 的函数 $S_n(z)$ 来逼近 $f(z)\in A_q(D)$, $q>2$ 时的阶的估计定理。

**定理 3** (Chui-Shen[32]) 设 $q>2$,且区域$D$的边界 $\Gamma\in C^{2+\varepsilon}$, $\varepsilon>0$,则

$$E_{n,q}(S_\alpha)=O\left(\frac{1}{n^{q-2}}\right), \text{若 } 2<q\leqslant\frac{-\alpha+\sqrt{\alpha^2+12\alpha+16}}{2}; \tag{7.45}$$

$$E_{n,q}(S_\alpha)=O\left(\frac{1}{n^{\frac{\alpha}{q+\alpha+2}}}\right),$$

若
$$q>\frac{-\alpha+\sqrt{\alpha^2+16\alpha+16}}{2}. \tag{7.46}$$

**证** 首先我们用一个在 $\overline{D_{\rho_1}}$ 上的解析函数来逼近 $f(z)$, $0<\rho<\rho_1<1$。

由 §1 中定理 1 的推论及(7.32)得到

$$|f[\phi(w)]|\leqslant\frac{cM}{(1-|w|)^q},\quad |w|<1, \tag{7.47}$$

其中

$$M = M[f[\psi(w)] \cdot [\psi'(w)]^q]$$
$$= \frac{q-1}{\pi} \iint_{|w|<1} |f[\psi(w)]| |\psi(w)|^q (1-|w|^2)^{q-2} dudv.$$

若令

$$\hat{f}_\rho(w) = f[\psi(\rho w)],$$

取 $\rho = \rho_1^{k+1}$, $k$ 是自然数，以后再具体确定，则从(7.47)得

$$|\hat{f}_\rho[\varphi_\rho(z)]| \leqslant \frac{cM}{(1-\rho_1)^q}, \quad z \in \overline{D}'_{\rho_1^k}, \tag{7.48}$$

且由引理 3 得

$$\|f - \hat{f}_\rho \circ \varphi_\rho\|_{1,q} \leqslant c(1-\rho)^\alpha. \tag{7.49}$$

令

$$F(z) = \int_{z_0}^{z} \hat{f}_\rho \circ \varphi_\rho dz \triangleq U(z) + iV(z), \quad z \in \overline{D}_{\rho_1},$$

且函数 $G(z)$ 在闭区域 $\overline{D}$ 的余集 $G$ 上解析，$\overline{G}$ 上连续，且

$$\operatorname{Re} G(z) = U(z), \quad z \in \Gamma. \tag{7.50}$$

由(7.31)，这里是对于函数 $\varphi_\rho^{-1}$ 而言，容易证明

$$\operatorname{dist}(\Gamma, C'_{\rho_1^k}) \geqslant c_5\left(\frac{1-\rho^k}{\rho_1^k}\right).$$

因此，对于任意的 $z \in C_{\rho_1}$，再从对于 $\varphi$ 而成立的(7.31)，

$$\operatorname{dist}(z, \Gamma) \leqslant c_6\left(\frac{1-\rho_1}{\rho_1}\right) \leqslant c_k \operatorname{dist}(\Gamma, C_{\rho_1^k}),$$

其中

$$c_k = \frac{c_6}{c_5} \frac{\rho_1^{k-1}}{1+\rho_1+\cdots+\rho_1^{k-1}}, \quad \frac{1}{2} < \rho_1 < 1.$$

选择 $k$ 充分大，容易证明 $c_k \leqslant 1$. 因此 $C_{\rho_1}$ 就位于 $D'_{\rho_1^k}$ 中。

这样一来，函数

$$L(w) \triangleq \frac{F[\Psi(w)] - G[\Psi(w)]}{2\pi i} \tag{7.51}$$

在 $1 < |w| < \frac{1}{\rho_1}$ 上解析，$1 \leqslant |w| \leqslant \frac{1}{\rho_1}$ 上连续. 进一步由(7.51)

知，$L(w)$ 在 $|w|=1$ 上取实值．因此，根据 Schwarz 对称原理，函数 $L(w)$ 也在 $\rho_1<|w|<\frac{1}{\rho_1}$ 解析．由 MacLane 表示式（见引理 1），我们有

$$\hat{f}_\rho[\varphi_\rho(z)]=F'(z)=\int_0^{2\pi}\frac{\mu(t)dt}{z-\Psi(e^{it})},\quad z\in D,\tag{7.52}$$

其中 $\mu(t)$ 是一个实值函数：

$$\mu(t)\triangleq\frac{d}{dt}L(e^{it})=\frac{F'[\Psi(e^{it})]-G'[\Psi(e^{it})]}{2\pi}\Psi'(e^{it})e^{it}.\tag{7.53}$$

从估计式(7.48)及(7.32)用 Cauchy 公式容易得到

$$|u(t)|\leqslant\frac{cM}{(1-\rho_1)^{q+1}},\tag{7.54}$$

$$|u'(t)|\leqslant\frac{cM}{(1-\rho_1)^{q+2}}.\tag{7.55}$$

现在我们找一个有理函数来逼近 $\hat{f}_\rho\circ\varphi_\rho$．令

$$\sigma_m(z)=\sum_{k=0}^{m-1}\frac{a_{mk}}{z-\Psi(e^{i\theta_{mk}})},\tag{7.56}$$

其中

$$\theta_{mk}=\frac{2\pi k}{m},\quad a_{mk}=\frac{\mu\left(\frac{2k\pi}{m}\right)}{m}\tag{7.57}$$

是实数．

象在定理 1 的证明过程中一样，我们有

$$\begin{aligned}\|\hat{f}_\rho\circ\varphi_\rho-\sigma_m\|_{1,q}&\leqslant\frac{1}{m}\left(\left\|\int_0^{2\pi}\frac{|\mu^1(t)|dt|}{|z-\Psi(e^{it})|}\right\|_q\right.\\&\qquad\left.+\left\|\int_0^{2\pi}\frac{|\mu(t)||\Psi'(e^{it})|dt}{|z-\Psi(e^{it})|^2}\right\|_{1,q}\right)\\&=\frac{1}{m}(I_1+I_2).\end{aligned}$$

利用(7.55),(7.32)及(7.31)得

$$
\begin{aligned}
I_1 &\leqslant \frac{cM}{(1-\rho_1)^{q+2}}\left\|\int_\Gamma \frac{|d\zeta|}{|z-\zeta|}\right\|_q = \frac{cM}{(1-\rho_1)^{q+2}} \\
&\quad \cdot \left\|\int_0^{2\pi} \frac{|\Psi'(e^{it})|}{|z-\Psi(e^{it})|}\right\|_{1,q} \\
&\leqslant \frac{cM}{(1-\rho_2)^{q+2}} \iint\limits_{|w|<1} \left\{\int_0^{2\pi} \frac{dt}{|w-e^{it}|}\right\} \\
&\quad \cdot |\Psi'(w)|^q(1-|w|^2)^{q-2}dudv \\
&\leqslant \frac{cM}{(1-\rho_1)^{q+2}}.
\end{aligned}
$$

类似地,用(7.54),(7.32)及(7.31),我们也可以得到

$$
I_2 \leqslant \frac{cM}{(1-\rho_1)^{q+1}}.
$$

因此,我们有

$$
\|f_\rho \circ \varphi_\rho - \sigma_m\|_{1,q} \leqslant \frac{cM}{m(1-\rho_1)^{q+2}}. \tag{7.58}
$$

现在令

$$
\rho_1 = 1 - \left(\frac{1}{m}\right)^{\frac{1}{q+\alpha+2}}. \tag{7.59}
$$

这样,从(7.49)及(7.58)得到

$$
\|f - \sigma_m\|_{1,q} \leqslant c\left(\frac{1}{m}\right)^{\frac{\alpha}{q+\alpha+2}}, \tag{7.60}
$$

其常数 $c$ 不依赖于 $f$ 及 $m$。

由(7.54)及(7.59),从(7.57)可以得到(7.56)中系数 $a_{mk}$ 的估计式:

$$
|a_{mk}| = c\left(\frac{1}{m}\right)^{\frac{1+\alpha}{q+\alpha+2}},\ k = 0,1,\cdots,m-1. \tag{7.61}
$$

下一步,我们构造形如(7.1)的有理函数 $S_n(z)$ 来逼近 $\sigma_m(z)$. 令

$$
a_m \triangleq \sum_{k=0}^{m-1} a_{mk},\ W \triangleq N + m - a_m, \tag{7.62}
$$

其中$N$是$\geqslant a_m$ 的自然数。象在文献[31]或[32]中一样，我们定义 $t_j = t_j(N)$，$j = 1, 2, \cdots, j_m \leqslant N$ 及 $\theta_k^*$，$k = 0, 1, \cdots, m-1$：

$$t_1 = \theta_0 + \frac{2 - a_{m0}}{W}\pi,\ t_2 = t_1 + \frac{2\pi}{W}, \cdots, t_{j_1} = t_{j_1 - 1} + \frac{2\pi}{W},$$

其中 $t_{j_1} < \theta_1 \leqslant t_{j_n} + \frac{2\pi}{W}$,

$$t_{j_1+1} = t_{j_1} + \frac{2(2 - a_{m1})}{W}\pi,\ t_{j_1+2} = t_{j_1+1} + \frac{2\pi}{W}, \cdots, t_{j_2}$$

$$= t_{j_2-1} + \frac{2\pi}{W},$$

其中 $t_{j_2} < \theta_2 \leqslant t_{j_2} + \frac{2\pi}{W}, \cdots$.

$$t_{j_{m_1}+1} = t_{j_{m_1}} + \frac{2(2 - a_{m,m-1})}{W}\pi,$$

$$t_{j_{m_1}+2} = t_{j_{m_1}+1} + \frac{2\pi}{W}, \cdots, i_{j_m} = t_{j_m - 1} + \frac{2\pi}{W},$$

其中 $t_{j_m} < \theta_m = \theta_0 + 2\pi \leqslant t_{j_m} + \frac{2\pi}{W}$，且

$$\theta_0^* = \theta_0 = 0,\ \theta_l^* = (t_{j_l} + t_{j_l+1})/2,\ l = 1, 2, \cdots, m-1.$$

从这个构造以及利用(7.61)知，

$$|\theta_l - \theta_l^*| \leqslant \frac{2 - a_{ml}}{W}\pi < \frac{3\pi}{W},\ l = 0, 1, \cdots, m-1. \quad (7.63)$$

通过上面的构造，我们定义一个逐段线性函数 $v_n(z)$，它在每一段上有相同的斜率 $\frac{W}{2\pi}$，其具体的构造如下：

$$v_n(z) = \frac{1}{2} - \frac{W}{2\pi}(t - t_{j_l+k}),\ t_{j_l+k} < t < t_{j_l+k+1},$$

$$k = 1, \cdots, j_{l+1} - j_l - 1,\ l = 0, 1, \cdots, m-1,\ j_0 = 0;$$

$$v_n(t) = \frac{1}{2} - \frac{W}{2\pi}(t - t_{j_l}),\ t_{j_l} < t < \theta_l^*, l = 1, 2, \cdots, m-1;$$

$$v_n(t)=-\frac{1}{2}-\frac{W}{2\pi}(t-t_{j_{l+1}}),\theta_l^*<t<t_{j_{l+1}},$$

$$l=1,2,\cdots,m-1;$$

$$v_n(t)=\frac{1}{2}-\frac{W}{2\pi}(t-t_{j_m}),\ \ t_{j_m}<t<2\pi;$$

$$v_n(t)=-\frac{1}{2}-\frac{W}{2\pi}(t-t_1),\ \ 0<t<t_1;$$

$$v_n(t_i)=v(\theta_k^*)=0,\ \ i=1,2,\cdots j_m,\ \ k=0,1,\cdots,m.$$

从这个构造，容易看出

$$|v_n(t)|\leqslant\max_{0<k<m-1}\left(\frac{1}{2},\ \ \frac{1}{2}|1-a_{mk}|\right)\leqslant 1$$

（这里用到(7.61)）。

因为 $\Psi(\infty)=\infty$，已知

$$\int_0^{2\pi}\frac{dt}{z-\Psi(e^{it})}=\frac{2\pi}{z-\Psi(\infty)}=0,\ \ z\in D,$$

我们构造的 $S_n(z)$ 具有形式如下：

$$S_n(z)=\sum_{l=1}^{j_m}\frac{1}{z-\Psi(e^{it_l})}+\sum_{k=0}^{m-1}\frac{1}{z-\Psi(e^{i\theta_k^*})},\tag{7.64}$$

其中 $n=j_m+m\leqslant N+m$，因此从上面讨论看出，

$$S_n(z)-\sum_{k=0}^{m-1}\frac{a_{mk}}{z-\Psi(e^{i\theta_k^*})}=\int_0^{2\pi}\frac{dv_n(t)}{z-\Psi(e^{it})},\ z\in D.\tag{7.65}$$

现在用

$$\sigma_m^*\triangleq\sum_{k=0}^{m-1}\frac{a_{mk}}{z-\Psi(e^{i\theta_k^*})}\tag{7.66}$$

来逼近由(7.56)所确定的 $\sigma_m$。

令 $\varphi[\Psi(e^{i\theta_k})]=e^{i\eta_k},\theta_k=\theta_{mk}$，$\varphi[\Psi(e^{i\theta_k^*})]=e^{i\eta_k^*}$，这里选择 $\eta_k$ 与 $\eta_k^*$，使得满足

$$|\eta_k-\eta_k^*|\leqslant c|\theta_k-\theta_k^*|\leqslant\frac{c}{W}\tag{7.67}$$

(这里用到了(7.63)以及 $\varphi$ 与 $\Psi$ 的类似估计式(7.31))。同样,对于 $\Phi$ 也有类似的估计式(7.32),因此可以得到

$$\|\sigma_m - \sigma_m^*\|_{1,q} \leqslant \sum_{k=0}^{m-1} |a_{mk}| \iint_D \left| \frac{1}{z - \Psi(e^{i\theta_k})} - \frac{1}{z - \Psi(e^{i\theta_k^*})} \right|$$

$$\cdot \lambda_\rho^{2-q}(z) dxdy$$

$$\leqslant \sum_{k=0}^{m-1} |a_{mk}| \iint_D \left| \int_{\theta_k}^{\theta_k^*} \frac{c\,dt}{|z - \Psi(e^{it})|^2} \right| \lambda_D^{2-q}(z) dxdy$$

$$\leqslant c \sum_{k=0}^{m-1} |a_{mk}| \int_{\eta_k}^{\eta_k^*} \left\{ \iint_{|w|<1} \frac{|\psi'(w)|^q (1 - |w|^2)^{q-2}}{|w - e^{it}|^2} \right.$$

$$\left. \cdot dudv \right\} dt$$

$$\leqslant c \sum_{k=0}^{m-1} |a_{mk}| \left| \int_{\eta_k}^{\eta_k^*} \left\{ \int_0^1 (1 - \rho^2)^{q-3} \rho d\rho \right\} dt \right|.$$

因此由(7.61)及(7.67)得

$$\|\sigma_m - \sigma_m^*\|_{1,q} \leqslant c \frac{1}{W} m^{\frac{q+1}{q+\alpha+2}}. \tag{7.68}$$

最后估计用 $S_n(z)$ 来逼近 $\sigma_m^*$ 的阶,为此利用积分表示式(7.65),我们有

$$\|\sigma_m^* - S_n\|_{1,q} = \iint_D \left| \int_0^{2\pi} D_n(t) g(z,t) dt \right| \lambda_D^{2-q}(z) dxdy, \tag{7.69}$$

其中

$$g(z,t) \triangleq e^{it}\Psi'(e^{it})/(z - \Psi(e^{it}))^2.$$

现在将公式(7.69)中关于 $[0, 2\pi]$ 的积分分成二个积分 $J_1$ 与 $J_2$, 其中 $J_1$ 是在 $[t_{j_l+k}, t_{j_l+k+1}]$, $k = 1, 2, \cdots, j_{l+1} - j_l - 1$, $l = 0, 1, \cdots, m-1$ 上积分 $j_0 = 0$, 而 $J_2$ 是在 $[t_{j_l}, t_{j_l+1}]$, $l = 1, 2, \cdots, m$ 上积分, $t_{j_{m+1}} = t_1 + 2\pi$, 因此第一个积分 $J_1$ 有下面的估计式:

$$\|J_1\|_{1,q} = \left\| \sum_{l=0}^{m-1} \sum_{k=1}^{j_{l+1}-j_l-1} \int_{-\frac{\pi}{W}}^{\frac{\pi}{W}} v_n\left(t + t_{j_l+k} + \frac{\pi}{W}\right) g\left(t + t_{j_l+k} + \frac{\pi}{W}\right) dt \right\|_{1,q} = \iint_{D_{\rho_2}} + \iint_{D \setminus D_{\rho_2}}. \tag{7.70}$$

其中

$$D_{\rho_2}=\psi(|w|<\rho_2),\quad 0<\rho_2<1.$$

记 $s(l,k)=t_{i_l+k}+\frac{\pi}{W}$,则

$$\iint\limits_{D_{\rho_2}}=\frac{w}{2\pi}\iint\limits_{D_{\rho_2}}\sum_{l=0}^{m-1}\sum_{k=1}^{i_{l+1}-i_l-1}\left|\int_{-\frac{\pi}{W}}^{0}t\cdot g(z,t+s(l,k))dt\right.$$

$$\left.-\int_{-\frac{\pi}{W}}^{0}t\cdot g(z,-t+s(l,k))dt\right|\lambda_D^{2-q}(z)dxdy$$

$$\leqslant\frac{1}{2}\sum_{l=0}^{m-1}\sum_{k=1}^{i_{l+1}-i_l-1}\iint\limits_{D_{\rho_2}}\left(\int_{-\frac{\pi}{W}}^{0}\left|\int_{-t}^{t}\frac{\partial}{\partial s}g(z,s+s(l,k))ds\right|dt\right)$$

$$\cdot\lambda_D^{2-q}(z)dxdy$$

$$\leqslant c\sum_{l=0}^{m-1}\sum_{k=1}^{i_{l+1}-i_l-1}\int_{-\frac{\pi}{W}}^{0}\int_{-t}^{t}\iint\limits_{D_1}[1+|z-\Psi(l^{i(s+s(l,k))})|]$$

$$\cdot\frac{\lambda_D^{2-q}(z)dxdydsdt}{|z-\Psi(e^{i(s+s(l,t))})|^3}$$

$$\leqslant c\sum_{l=0}^{m-1}\sum_{k=1}^{i_{l+1}-i_l-1}\int_{-\frac{\pi}{W}}^{0}\int_{-t^*}^{t^*}\iint\limits_{|w|<\rho_2}\frac{(1-|w|^2)^{q-2}dudvdsdt}{|w-e^{i(s+s(l,k))}|^3}.$$

这里用到了在估计 $\|\sigma_m-\sigma_m^*\|_{1,q}$ 中的类似讨论,其中

$$\varphi[\Psi(e^{it})]=e^{it^*}.$$

且由(7.31),(7.32)及 $|t|\leqslant\frac{\pi}{W}$ 知,

$$|t^*|\leqslant\frac{c}{W}.$$

容易证明

$$\int_0^{2\pi}\frac{d\theta}{|w-e^{i\theta}|^3}\leqslant\frac{1}{(1-\rho^2)^2},\quad w=\rho e^{i\varphi}.$$

因此,我们有

$$\iint_{D_{\rho_2}} \leqslant c\sum_{l=0}^{m-1}\sum_{k=1}^{j_{l+1}-j_l-1}\int_{-\frac{\pi}{W}}^{0}\int_{-t^*}^{t^*}\int_0^{\rho_2}(1-\rho^2)^{q-4}\rho d\rho ds dt$$

$$\leqslant \frac{c(1-\rho_2)^{q-3}}{W}. \tag{7.71}$$

另一方面，我们有

$$\iint_{D/D_{\rho_2}} \leqslant c\sum_{l=0}^{m-1}\sum_{k=1}^{j_{l+1}-j_l-1}\int_{-a^*}^{a^*}\int_{\rho_2}^{1}\int_0^{2\pi}\frac{(1-|w|^2)^{q-2}\rho d\rho d\theta dt}{|w-e^{i(t+s(l,k))}|^2},$$

其中 $w=\rho e^{i\theta}$

$$\varphi[\Psi(e^{i\frac{\pi}{W}})]=e^{ia^*},\ |a^*|\leqslant\frac{c}{W},$$

这里也用到(7.31)及(7.32)，因此可以得到

$$\iint_{D\setminus D_{\rho_2}} \leqslant c(1-\rho_2)^{q-2} \tag{7.72}$$

取 $\rho_2=1-\dfrac{1}{W}$，则从(7.74)—(7.72)看出，

$$\|J_1\|_{1,q}\leqslant\frac{c}{W^{q-2}}. \tag{7.73}$$

类似地也可以得到

$$\|J_2\|_{1,q}\leqslant\frac{c}{W^{q-2}}. \tag{7.74}$$

因此，从(7.69)，(7.73)及(7.74)得

$$\|\sigma_m^*-S_n\|_{1,q}\leqslant\frac{c}{W^{q-2}}, \tag{7.75}$$

其中 $W=N+m-a_m$，$m<n\leqslant N+m$，且由(7.61)及(7.62)知，

$$|a_m|\leqslant cm^{\frac{q+1}{q+\alpha+2}}.$$

因为$N$可以是任意的自然数，只要满足 $N\geqslant a_m$ 就行，因此可以令

$$2m < W < 2m + 1,$$

则由(7.60),(7.68)及(7.75)得到

$$\|f - S_n\|_{1,q} \leqslant c\left(m^{-\alpha/(q+\alpha+2)} + \frac{1}{W} m^{(q+1)/(q+\alpha+2)} + W^{-(q-2)}\right)$$

$$\leqslant \begin{cases} cW^{-(q-2)}, \text{若 } (q-2)(q+\alpha+2) \leqslant \alpha, \\ cW^{-\alpha/(q+\alpha+2)}, \text{若 } (q-2)(q+\alpha+2) > \alpha, \end{cases}$$

$$\leqslant \begin{cases} c\,\dfrac{1}{n^{q-2}}, \text{若 } (q-2)(q+\alpha+2) \leqslant \alpha, \\ c\,\dfrac{1}{n^{\alpha/(q+\alpha+2)}}, \text{若 } (q-2)(q+\alpha+2) > \alpha. \end{cases}$$

(这里用到了 $W \geqslant cn$). 这就证明了定理 3 中的(7.45)与(7.46).

**注** 从定理 2 的推论可知,一般地来说,定理 3 中(7.45)中的阶的估计式是不能再改进的.

最后我们考虑函数 $f(z)$ 有高阶导数时的情况.

设 $k$ 是正整数,用 $S_\alpha^k$, $0 < \alpha \leqslant 1$ 记作所有满足下列条件的函数类:

$$f(z) \in A_q(D),\ \|f\|_{1,q} \leqslant 1,\ f', \cdots, f^{(k)} \in A_q(D),\ \text{且}$$

$$\omega(\delta, f^{(k)}) = O(\delta^\alpha),$$

其中 $\omega(\delta, g)$ 是由(7.36)所确定的,我们有下列定理.

**定理 4** (Chui-Shen[32]) 令 $q > 2, k \geqslant 1$ 是自然数且区域 $D$ 的边界 $\Gamma \in C^{k+1+\varepsilon}$, $\varepsilon > 0$,则

$$E_{n,q}(S_\alpha^k) = O\left(\frac{1}{n^{q-2}}\right),$$

$$\text{若 } 2 < q \leqslant \frac{\sqrt{(k+\alpha)^2 + 12(k+\alpha) + 16} - k - \alpha}{2}, \tag{7.76}$$

及

$$E_{n,q}(S_\alpha^k) = O\left(\frac{1}{n^{(k+\alpha)/(q+k+\alpha+2)}}\right),$$

$$\text{若 } q > \frac{\sqrt{(k+\alpha)^2 + 12(k+\alpha) + 16} - k - \alpha}{2}. \tag{7.77}$$

**证** 象在证明定理 3 时一样，首先是要寻找函数 $f$ 的逼近式 $F_{k,\rho}\circ\varphi$，使得

$$\|f - F_{k\rho}\circ\varphi\|_{1,q} \leqslant c(1-\rho)^k\omega(1-\rho, f^{(k)}). \tag{7.78}$$

为此，对 $0<\rho<1$，定义

$$F_{k,\rho}(w) = \sum_{j=0}^{k}(-1)^{k+j}\binom{k+1}{j} f\left[\psi\left(w\left(\rho+\frac{1-\rho}{k+1}j\right)\right)\right].$$

已知在定理 4 关于 $\Gamma$ 的条件下，$\psi^{(k+1)}(w)$ 在 $|w|\leqslant 1$ 上连续（例如，可用 Kellogg 公式，见文献[206]或[123]），因此由有限差分法知，

$$\|F - F_{k\rho}\circ\varphi\|_{1-\rho} = \iint_{|w|<1}\left|\sum_{j=0}^{k+1}(-1)^j\binom{k+1}{j} f\left[\psi\left(\omega\left(\rho + \frac{1-\rho}{k+1}j\right)\right)\right]\right|\cdot|\psi'(w)|^q(1-|w|^2)^{q-2}dudv$$

$$\leqslant c(1-\rho)^k\omega(1-\rho, f^{(k)}).$$

下一步象在证明定理 3 时用 $S_n(z)$ 来逼近 $\hat{f}_\rho\circ\varphi_\rho$ 一样，这里也可以用$S_n(z)$ 来逼近 $F_{k\rho}\circ\varphi$，只是将那里的 $\alpha$ 用 $k+\alpha$ 来代替。因此可以认为，定理 4 证毕。

# 参 考 文 献


[1] Aharonov, D. ,Shapiro, H. S., and Shields,A.L.,Weakly invertible elements in the space of square-summable holomorphic functions, J. of London Math. Soc., 9(1974), 183—192.

[2] Andersson, J. M., The Faber operator, Lecture Notes in Mathematics 1105, Springer-Verlag, Berlin, Heidelberg N. Y., Tokyo, 1—10.

[3] Andersson,J.E., On the degree of polynomial approximation in $E_p(D)$, Journal of Approx. Theory 19:1, 1977, 61—68.

[4] Andersson J. E., and Ganelius, T., The degree of approximation by rational functions with fixed poles, Math. Zeit., 153(1977), 161—166.

[5] Альпер, С. Я., О равномерных приближениях функуий комплексной переменной в замкнутой области, ИЗВАН СССР с. м., 19(1955), 423—444.

[6] Альпер, С.Я., О слодимости интерполяционные полиномов лагранже, Успехи МН СССР, 11:5(1956), 44—50.

[7] Альпер, С. Я., О приближении в среднем аналитических функций класса $E_p$, "Исседования по современным проблемам теории функций комплексного переменного", ГИТТИ Москва, 1960, 273—286.

[8] Альпер, С. Я., и Иванов, В. В., О приближении функций часными сумами ряда по полиномам Фабера, Доклады АН СССР, 90:3(1953), 325—328.

[9] Альпер, С. Я., и Калиногорская, Г. И., О сходимости интегральных многочленов Лагранжа в комплексной плоскости, ИЗВ Выс. Учеб. Зав, 11(90)(1969), 13—23.

[10] Ахиезер, Н. И., О. взвешенном приближении непрерывных функций многочленами по всей числовой оси, Успехи МН СССР,2:4(70)(1956), 3—43.

[11] Ахиезер, Н.И., Лекции по теории апроксимации, "Наука", Москва, 1956(中译本,逼近论讲义,程民德,关肇直,吴文达,陈永和译,科学出版社,1957).

[12] Baker, G. A., Essentials of Padé Approximants., Acad. Press, N. Y., 1978.

[13] Бари, Н. К., Тригонометрические ряды, ГИФМЛ, Москва, 1961.

[14] Белый,В.И.,Конформные отображения и приближение аналитических функций в областях с квезиконформной границей,*Матем.сб.*,102(144)(1977), 331—361.

[15] Bers,L., An approximation theorem,J. Analysis Math.,14 (1965),1—4.

[16] Bers, L., A non-standard integral equation with applications to quasiconformal mappings, Acta Math., 116(1966), 113—134.

[17] Bernstein,S., Le problem de l' approximation des functions continues sur tout l' axe real et l' une de ses applications, Bu'l.Math.de France,

52 (1924), 399—410.

[18] Brennan, J.E.. Invariant subspaces and weighted polynomial approximation, Ark. Math., 11(1973), 167—189.

[19] Brennan,J.E., Approximation in the mean by polynomials on non-Cara théodory domain, Ark. Math., 15(1977), 117—168.

[20] Brennan,J.E. The integrability of the derivatives in conformal mapping, J. ot London Math. Soc., 18(1978), 261—272.

[21] Burbea, J,. Polynomial density in Bers space, Proc. Amer. Math. Soc. 62(1977), 89—94.

[22] Burbea, J., Polynomial approximation in Bers spaces of Carathéodory domain, J. ot London Math. Soc., 15:2(1977), 255—266.

[23] Burbea, J. Polynomial approximation in Bers space of non-Carathéodory domain, Ark. Math., 16(1978), 229—234.

[24] Carathéodory,C.,Untersuchungen über die Komformen Abbildungen von festen und veranderlichen Gebieten, Math. Ann., 72 (1912), 107—144.

[25] Carleman, T., Über die Approximation analytischer Functionen durch lineare Aggregate von vorgegebenen Potenzen, Arkiv for Math. Actr. och Pysik, 17:9(1922), 1—30.

[26] 张永胜,Hardy-Littlewood 定理在 $H'_p(0<p<1)$的推广, 北京钢铁学院学报, 1(1984),139—153.

[27] Chui,C.K., Bounded approximation by polynomials whose zeros lie on a circle, Trans. Amer. Math. Soc., 138(1969), 171—182.

[28] Chui, C. K., On approximation in the Bers spaces, Proc. Amer. Math. Soc., 40:2(1973), 438—442.

[29] Chui,C.K., Approximation by double least-square inverses,J. of Math. Analysis and Appl., 25:1 (1980), 149—163.

[30] Chui,C.K., and Chan, A.K., Application of approximation theory methods to recursive digital filter design,IEEE Trans. on ASSP,30(1982), 18—24.

[31] Chui, C.K., and Shen, X.C.,(沈燮昌), Degree of rational approximation in digital filter, Lecture Notes in Mathematics 1105, Springer-Verlag Berlin Heidelberg N. Y. Tokyo, 1984, 189—209.

[32] Chui,C.K., and Shen, X. C. (沈燮昌), Order of approximation by electrostatic fields due to electrons. Constru. Approx., (1985),121—135.

[33] Chui, C. K., and Shen, X.C. (沈燮昌), On completeness of the system $\{(1-\bar{\alpha}_i z)^{-\sigma-1}\}$in $A^p(\phi)$,Approximation Theory and its Appl.4:2(1988), 1—8.

[34] Curtiss,J.H., Convergence of complex Lagrange interpolation polynomials on the locus of the interpolation points, Duke Math. J., 32(1965), 187—204.

[35] David, G., Operators integraue signliers sur certaines courbes du plan complex, Ann. Sci. Ec. Norm sup. 4 serie, 17(1984),157—189.

[36] Duren, P.L., Theory of $H^p$ spaces, Acad. Press, N. Y., Son Francisco, London, 1970.

[37] Duren, P. L., Smirnov domain and conjugate function, Journal of Approx. Theory, 5(1972), 393—400.

[38] Duren, P.L., Romberg, B.W., and Shieds, A. L., Linear functionals on $H^p$ spaces with $0<p<1$, Journal für die Reine und Angew. Math., 238 (1969), 32—60.

[39] Джрбашян, М. М., О метригеских призпаках полноты системы полиномоь неограмигенных областей, Доклады АН Арм. ССР,7:1(1974).

[40] Джрбашян, М.М., Метригеские теоремы о полноте и представимости аналитигеских функций, Докторская диссертация, 1948.

[41] Джрбашян, М. М., Метригеские признаки полноты полиномов при взвешенном ириближенич на бесконегных кривых, Доклады АН СССР, 98:5(1954), 713—716.

[42] Джрбашян, М. М., К теории рядов фурье по рационагьным функциям, ИЗВ АН Арм. ССР, 9:7(1956),3—28.

[43] Джрбашян, М. М., О разложенич аналитигеских функций ь ряд по рациональным функциям с заданным множесшвом полюсов, ИЗВ АН Арм. ССР, 10:1(1957),21—29.

[44] Джрбашян, М. М., Разложения по системам рациональных фуикций с фиксированнами полюсами,Доклады АН СССР,143:1(1962),17—20.

[45] Джрбашян, М.М., Разложения по системам рациональных функций с фиксированнами полюсами, ИЗВ АН Арм. ССР с. м. 2:1 (1967), 3—51.

[46] Дзядык, В. К., Введение в теорию равномерного приближеиия функций полиномами, "Наука", Москва, 1977.

[47] Earle, C.J., and Marden, A., Projection to automophic functions,Proc. Amer. Math. Soc., 19(1968),274—278.

[48] Ибрагимов, Г.М., О полноте подсистемы полиномов фабера на кривых, Матем. сб., 65(107):1(1964),3—18.

[49] Elliott, H. M., On approximation to analytic functions by rational functions, Proc. Amer. Math. Soc., 4:1(1953), 161—167.

[50] Erdös, P., et E., Feldheim, Sur le mode de convergence pour l'interpolation de lagrange, C.R. Acad. Sci., Paris, 203(1936), 913—915.

[51] Fejér, L., Über Interpolation, Götlinger Nachr., (1916),66—91.

[52] Fejér, L., Interpolation und konforme Abbildung, Göttinger Nachr., 1918,319—331.

[53] Fekete, M., Über Interpolation, Z. Angew. Math. Mech., 6(1926),410—413.

[54] Fichera, G., Approximation of analytic functions by rational functions with prescribed poles, Comm. Pure Appl. Math., 23(1970), 359—370.

[55] Fichera, G., On the approximation of analytic functions by rational functions, "Topic in analysis", lecture Notes in Mathematics, 419,1970, 79—108.

[56] Fichera, G., Uniform approximation of continuous functions by rational functions, Ann. Math. Pure Appl., (4)84(1970), 375—386.

[57] Flett, T.M., A note on some inequalities, Proc. Glasgow Math. Assoc., 4(1958), 7—15.

[58] Flett, T.M., Inequalities for the $p$-th mean values of harmonic and subharmonic functions with $p\leqslant1$, Proc. London Math. Soc., (3)20 (1970), 249—275.

[59] Flett, T.M., The dual of an inequality of Hardy Littlewood and some related inequalities, J. Math. Analysis and Appl., 38(1972), 746—768.

[60] Fuchs, W. H. J., On the closure of $\{e^{-t}t^{a_i}\}$, Proc. Cambrige Philos,Soc., 42(1946), 91—108.

[61] Gaier, D., Estimates of conformal mapping near the boundary, Indiana Univ. Math. J., 21:7(1972), 581—593.

[62] Gaier,D., Vorlesungen über Approximation im Komplexen, Birkhauser, 1980 (中译本,复变函数逼近论,沈燮昌译,湖南教育出版社,1985).

[63] Голузин, Г. М., Геометригеская Теория Функций комплексного переменного, ГИТТЛ, Моква-Ленинград, 1952.

[64] Hardy, G. H., and Littlewood, J. E., Some properties of fractional integral I, Math. Zeit., 27(1928), 561—606.

[65] Hardy, G. H., and Littlewood, J. E., Some properties of fractional integral II, Math. Zeit., 34(1932), 403—439.

[66] Hardy ,G.H.,and Littlewood, J.E., Theorems Concerning Cesera means of power series, Proc. London Math Soc., 36(1934), 516—531.

[67] Харди, Г. Г., Литтльвуд, Д. Е., и Полиа, Г., Неравенства, М., 1948.

[68] Hedberg, L.I., Weighted mean square approximation in plane regions and generators of an algebra of analytic functions, Ark.Math., 5(1965), 541—582.

[69] Иванов, В. И., Прямые и обратные теоремы теории ириближения в метриках $L_p$ для $0<p<1$, Матем, Заметки, 18(1975), 641—658.

[70] Келдыш, М.В., и Лаврентьев, М. А., Sur la representation conforme des domaines limites par des courbes retifiables Ann. Ecole. Norm., 137, 54(1937), 1—38.

[71] Келдыш, М. В., Sur l' approximation en moyenne quardratique des functions analytiques, Матем. сб., 5(47)(1939), 391—401.

[72] Геронимус, Я. Л., Теория ортогональных многочленов, ГИТТИ Москва Ленинград, 1950.

[73] Kim, H. O., Derivatives of Blaschke products, Pacific Journal of Math., 114:1(1984), 175—190.

[74] Knopp, M. I., A corona theorem for automorphic forms and related results, Amer. J. of Math., 91 (1969), 599—618.

[75] Kövari, T., On the uniform approximation of analytic functions by means of interpolation polynomials, Comment. Math. Helv., 43(1968), 212—216.

[76] Kövari, T., On the distribution of Fekete points, II. Mathematika, 18(1971), 40—49.

[77] Kövari, T., and Pommerenke, Ch., On Faber polynomials and Faber expansions, Math. Zeit., 99(1967), 193—206.

[78] Гордадзе, Э. Г., О сингулярных интегралах с ядром Коши, Трады Тбщис. Матем. Ин-та, 42(1972), 5—13.

[79] Колмогоров, А. Н., Замечание по поводу многочленов П. Л. Чебыцева наименее уклоняющихся от заданной функции, Успехи МН СССР, 3:1(1948),216—221.

[80] Кочарян, Г. С., О приближении рациональными функциямч в комплексной плоскости, ИЗВ АН Арм. ССР, 11:4(1958), 53—79.

[81] Левин, Б.Я., Распределение корней Целы функций, ГИТТЛ Москва, 1956.

[82] Леонтьев, А. Ф.,О полноте системы показательных функци в криволинейных полосах, Матем. сб., 36(78):3(1955), 555—568.

[83] Леонтьев, А. Ф., О полноте системы $\{z^{\nu_n}\}$ на кривых в компексной плоскости, Доклады АН СССР, 121:5(1958),797—800.

[84] Lesley, F. D., Vinge, F.D., and Warschawski, V.S., Approximation by Faber polynomials for a class of Jordan domains, Math. Zeit., 138 (1974),225—237.

[85] 李岳生,黄友谦,数值逼近,人民教育出版社,1978.

[86] Lorentz, G. G., Approximation of functions, Chelsea Pub. c. N. Y., 1966 (中译本,函数逼近论,谢庭藩,施咸亮译,上海科学技术出版社,1981).

[87] Lowner, K., Über Extremumsätze bei der konformen Abbildung des Äuβeren des Einheitskreises, Math. Zeit., 3(1919)65—77.

[88] Лозинский, С.М., Об интерполяционном процесса Fejér'a, Доклады АН СССР, 24(1939), 318—321.

[89] Лозинский, С.М., Об интерполяционном процесса Fejér's, Матем, сб., 8(1940), 57—68.

[90] MacLane, G.R., Polynomials with zeros on a rectifiable Jordan curve, Duke Math. J., 16(1949),461—477.

[91] Мандельбройт, С., Примюкающие ряды, регулязизация последовательностей, применения, И*Л Москва, 1958.

[92] Маркушевич, А. Ч., Теория аналитических функций, ГИТТЛ Москва Ленинград, 1950(中译本,解析函数论,黄正中,莫绍揆,周伯壎,徐家福译,高等教育出版社,1957).

[93] Мергелян,С.Н., Некоторые вогросы конструктиной теории функций, Труды Матем. Ин-та В. А. Стеклова АН СССР, 37(1951).

[94] Мергелян, С. Н., Равномерное приближение функций Комплексного переменного, Успехи МН СССР, 7:2(48)(1952), 31—122.

[95] Мергелян, С.Н., О полноте системы аналитичессих функций, Успехи АН СССР, 8:4(1953),3—63.

[96] Мергелян, С. Н., Весовые приближения многочленами, Успехи МН СССР, 2:5(71)(1956), 107—152.

[97] Мергелян, С. Н., и Джрбащян, М. М., О наилучших приближениях рациональными функциями, Доклады АН СССР,99:5(1954),673—677.

[98] Metzger, T. A., On polynomial approximation in $A_q(D)$, Proc. Amer. Math. Soc., 37(1973), 468—470.
[99] Metzger, T. A., On polynomial density in $A_q(D)$, Proc. Amer. Math, Soc, 44(1974), 326—332.
[100] 莫国瑞，多项式在月形区域中的完备性，数学进展，14: 3(1985), 239—241.
[101] 莫国瑞，多项式系在 non-Carathéodory 区域中的完备性，数学研究与评论，5: 1(1985), 85—92.
[102] 莫国瑞，缺一半径的单位圆内的一个逼近问题，上海师范大学学报，自然科学版，3(1985), 1—6.
[103] Nahari, Z., Conformal mapping, McGraw-Hill Book C., INC. N. Y.-Toronto-London, 1952.
[104] Newman, D. J., A lower bound for an area integral, Amer. Math. Monthly, 79(1972), 1015—1016.
[105] Никольский, С. М., Обобщение одного неравенства Бернштейна, С. Н., Доклады АН СССР, 60: 9(1948), 1507—1510.
[106] Натансон, И.П., Теория функций вещественной переменной, ГИТТЛ Москва, 1957 (中译本，实变函数论，徐瑞云译，人民教育出版社，1961).
[107] Натансон, И. П., Конструктивная теория функций, ГИТТЛ Москва Ленинград, 1949 (中译本，函数构造论，徐家福等译，科学出版社，1958).
[108] Oppenheim, A. V., and Schafer, B. W., Digital signal processing, Prentice-Hall Znc., 1975 (中译本，董士嘉，杨增铎，数字信号处理，科学出版社，1980).
[109] Ostrowski, A., Über quasi-analytische Funktionen und Bectimmtheit asymtotischer Entwickelungen, Acta Math., 53(1930), 181.
[110] Paatero, V., Über Gebiete von beschränkter Randdrehung, Ann. Acad. Sci. Fenn., A 37, No. 9(1933).
[111] Пекарский, А. А., О скорости рациональной аппроксимации с фиксированнами полюсами, Доклады АН СССР, 21:4 (1977), 1123—1127.
[112] Полиа Г., и Сеге, Г., Задачи и теоремы из анализа, ГИТТЛ Москва, 1956, Том. I, Том. II.
[113] Pommerenke, Ch., On the derivative of a polynomial, Michigan Math. J., 6:4 (1959), 373—375.
[114] Pommerenke, Ch., Über die Verteilung der Fekete-Punkte, Math. Ann., 168(1967), 111—127.
[115] Потопов, М. К., Некоторые неравенства для полиномов и их производных, Вестник МГУ, сор. матем. и механ., 2(1960), 10—19.
[116] Привалов, И. И., Введение в теорию функции комплексного переменного, ГИТТЛ, 1948 (中译本，复变函数引论，闵嗣鹤，程民德等译，人民教育出版社，1956).
[117] Привалов, И. И., Граничные свойства аналитических функций, ГИТТЛ М. Л., 1950(中译本，解析函数的边界性质，吴亲仁译，科学出版社，1956).
[118] Radon, J., Über die Randwer taufgeben beim logarithmischen Potential, Sitz-Ber. Wien. Akad. Wiss. Abt IIa, 128(1919), 1123—1127.
[119] Русак, В. Н., Прямые методы в рациональной аппроксимации со

свободными полюсами, Доклады АН СССР, 22:1 (1978), 18—22.

[120] Русак, В. Н., Рациональные функции как аппарат приближения, Минск., Изд. БГУ, 1979.

[121] Robinson, E.A., Statistical communication and detection, Hafner Publ. Co., N.Y., 1961.

[122] Robinson, E. A., Structural properties of stationary stochastic processes with applications, in Time Series Analysis, Ed. by M. Rosenblatt, Wiley Inc., N. Y., 1963.

[123] Rosenbloom, P., and Warschawski, S., Approximation by polynomials, In Lectures on Funtions of a complex variable, Ann. Arbor. University Michigan Press, 1955, 287—302.

[124] Шагинян, А.Л., Об аппросимации полиномами в нежордановых областях, Доклады АН СССР, 27: 4 (1944).

[125] Шагинян, А. Л., Заметки по исследованию приближений рациональными функциями в комплексной плоскости I, Доклады АН СССР, 44:2 (1944).

[126] Шагинян, А. Л., Заметки по исследованию приближений рациональными функциями в комплексной плоскости II, Доклады АН СССР, 48:1 (1945).

[127] Шагинян, А. Л., Заметки по исследованию ириближений рациональными функциями в комплексной плоскости III, Доклады АН Арм. ССР, 71, No 1—2 (1945).

[128] Шагинян, А. Л., Метод исследования полноты рациональных функций в области с несвязным дополнением в неогранигенных областях, Докторская диссертация, МГУ, 1944.

[129] Шагинян, А. Л., О полноте семейства аналитигеских функций в комплексной области, ИЗВ ин-та матем. и мехдн. АН Арм. ССР, 1, 1947, 3—59.

[130] Sewell, W. E., Degree of approximation by polynomials-problem 2, Proc. Nat. Acad., Sci. U. S. A., 23 (1937), 491—493.

[131] Sewell, W.E., Degree of approximation by polynomials in the complex domain, Princeton, 1942.

[132] Sharma, A., and Vertesi, P., Mean convergence and interpolation in roots of unity, SIAM J. Math. Anal., 14:4 (1983), 800—806.

[133] Sheingon, M., Poincaré series of polynomials bounded away from zero on fundamental region, Amer. J. of Math, 95(1973), 729—749.

[134] Смирнов, В.И., Sur la théore des polynomes orthogonaue á la variable complexe, Журнал Ленингр. физ.-матем, об-ва, 2:1 (1928), 155—179.

[135] Смирнов, В. И., Лебедев, Н.А., Конструктивная теория функций комплексного переменного. "Наука", Москва Ленинград, 1964.

[136] Чэнь, С. Ч. (沈燮昌), О поноте системы $\{z^{\nu_n}\}$ на кривых в комплексной плоскости, ИЗВ АН СССР. С. М., 25:2 (1961), 253—276.

[137] Чэнь, С. Ч.(沈燮昌), О полноте системы фуикций $\{z^{\nu_n}\log^j z\}$ иа кри-

вых и в областях комплексной плоскости, Дклады АН СССР, 183:3 (1961), 560—563.

[138] Чэнь, С. Ч.(沈燮昌), О полноте системы функций $\{z^{\tau_n}\log^j z\}$ на кривых и в областях комплексной плоскости, Диссертация на соискание учёнойстепени кандидата фиеко-матем, наук. Москва, 1961.

[139] 沈燮昌,狄义希利多项式展开的余项估计,北京大学学报,自然科学版,3(1962),199—211.

[140] 沈燮昌,论函数系 $\{E^{\tau_n}\log^j z\}$ 在复平面无界曲线上的完备性问题,数学学报,13: 2(1963),170—192[或见 Scienta Sinica, 12:7 (1963), 921—950].

[141] 沈燮昌,论函数系 $\{z^{\tau_n}\log^j z\}$ 在复平面区域上的完备性问题,数学学报,13: 3 (1963),405—418.

[142] 沈燮昌,论函数系 $\{f(\lambda_n z)\}$ 的完备性,数学学报,14: 1(1964),103—115[或见 Scienta Sinica, 14:1 (1965), 103—118].

[143] 沈燮昌,函数系 $\{z^{\tau_n}\log^j z\}$ 在复平面上的逼近,数学学报,14: 3(1964),406—414.

[144] 沈燮昌, Мергеляи, С. И. 工作"紧集上函数用多项式级数的表示"的转评,补充及修正,数学译著,4(1965),29—39.

[145] 沈燮昌,关于具有预先给定极点的有理函数的最佳逼近问题,数学学报,21: 1 (1978),86—89.

[146] 沈燮昌,复变函数逼近论近代研究简介,1978 年全国函数论会议专辑,上海 88—98.

[147] 沈燮昌,论一类区域中的有理函数的逼近与展开,科学通报,3(1980),97—101 (或见 A Monthly Journal of science, 2 (1980), 97—102.

[148] 沈燮昌,$E_p(1<p\leqslant+\infty)$ 中具有给定极点的有理函数最佳逼近问题,数学年刊,1(1)(1980),51—62.

[149] 沈燮昌,$E_p$ $(1<p\leqslant+\infty)$ 中有理函数展开的余项估计,数学年刊,2(3)(1981),301—310.

[150] 沈燮昌,论一类区域上有理函数的逼近,中国科学,11(1980),1029—1039(或见 Scienta Sinica, 24:8 (1981), 1033—1046).

[151] 沈燮昌,论一类区域上的有理函数展开,中国科学,3(1981),257—263(或见 Scienta Sinica 24:11 (1981), 1489—1496).

[152] 沈燮昌,任意极点的有理函数最佳逼近的近代研究介绍,数学进展,10:1(1981),24—34.

[153] 沈燮昌,任意极点的有理函数最佳逼近的近代研究介绍(续),数学进展,10: 2 (1981),81—93.

[154] 沈燮昌,具有给定极点的有理函数的逼近与展开(一),数学研究与评论,2: 2 (1982),127—136.

[155] Shen, X. C. (沈燮昌), A survey of recent results on approximation theory in China. "Multivariate Approximation Theory II", Birkhauser Basel-Boston-Stuttgart, 1982, 385—406.

[156] 沈燮昌,具有给定极点的有理函数的逼近与展开(二),数学研究与评论,3: 2 (1983),103—122.

[157] 沈燮昌,多项式插值 (I)——Lagrange 插值,数学进展,10: 3(1983),193—214.

[158] 沈燮昌，多项式插值 (II)——Hermite 插值，数学进展，10: 4(1983),256-282.

[159] Shen, X. C. (沈燮昌), On the bases of rational functions in a certain class of domains, Journal of Approximation The ory and its Appl., 1:1 (1984), 123—140.

[160] Shen, X. C. (沈燮昌), An efficient solution of a multiple interpolation problem in the $H^p$ space over the upper half plane, Approximation Theory and its Appl., 2:1 (1985), 15—27.

[161] Shen, X.C.(沈燮昌), The basis and moment problems of some systems of analytic functions, "Multivariate Approximation Theorp III", Birkhauser Basel-Boston-Stuttgart, 1985, 320—329.

[162] 沈燮昌,关于函数系 $\{e^{-\mu_n x} x^{s_n-1}\}$ 的一些问题,6: 2(1986),63—74.

[163] 沈燮昌,一类解析函数系的矩量问题,29: 4(1986),512—518.

[164] 沈燮昌,区域上解析函数系的不完备性及基的问题，中国科学，4(1986),369—377(或见 Scienta Sinica, 29:7 (1986), 694—703).

[165] Shen, X. C. (沈燮昌), On the moment probleor of a system of analytic functions, Proceedings of Inter. Conference on Approx. Theory and its Appl., Memorial Univ., st. John's, New foundland, Canada, 1986, 183—197.

[166] Shen, X. C. (沈燮昌), A survey of results on complex approximation and interpolation in China, Contemporary Math. vol. 48 (1985), 157—199. Amer. Math. Soc.

[167] 沈燮昌,关于 Bieberbach 猜测,吴文俊主编,现代数学新进展,安徽科学技术出版社,1988,198—214.

[168] Shen, X. C. (沈燮昌), On the problem of incompleteness of the biorthogonal system of functions, Approximation Theory and its Appl., 4:1 (1988), 1—8.

[169] 沈燮昌,单位圆内插值基函数的一些性质,数学年刊, 9B(3):(1988), 339—350 (摘要可见 Approximation Theory V, 551—553).

[170] Shen, X. C. (沈燮昌), A Remark on Musoian's two theorem, Approximation Theory and its Appl., 3:2—3 (1987), 84—90

[171] 沈燮昌，Bers 空间中的逼近,数学进展,17: 4(1988),337—350.

[172] Shen X. C., (沈燮昌), On the summation of some kind of incomplete system of functions, proceedings on Constructiue Theory of Function' 87 International Conference, Varna, May 21—31, 1987. Edited by Sendov, B. 1988, 488—497.

[173] 沈燮昌，Hermite 插值基函数的正交展开求和,数学学报, 32: 1(1989),10—19.

[174] 沈燮昌,娄元仁,单位圆上有理函数的最佳逼近,数学学报,20: 3(1977),232—235.

[175] 沈燮昌,娄元仁,复平面区域上有理函数的最佳逼近,数学学报，20: 4(1977),301—303.

[176] 沈燮昌,娄元仁，$H_p(p\geq 1)$ 空间中有理函数的最佳逼近，北京大学学报,自然科学版,1(1979),58—72.

[177] 沈燮昌,娄元仁,关于函数空间 $E_p(p>1)$ 中有理函数的最佳逼近,北京大学学报自然科学版,2(1979),1—18.

[178] Shen, X.C. (沈燮昌), Wu, Z.J.(吴志坚), Generalized rational approximation in Ber spaces, Approximation Theory and its Appl., 3:1 (1987), 97—113

[179] 沈燮昌,邢富冲,$H_q^p(0<p<1, q>1)$ 空间中的多项式最佳逼近问题,数学研究与评论,9: 1(1989),107—114.

[180] 沈燮昌,邢富冲,张有光,$H_q^p$ 空间中 Hardy-Littlewood 型定理,数学季刊,2: 4(1987),1—18.

[181] 沈燮昌,钟乐凡,Lagrange 插值多项式在复平面上的平均逼近,科学通报,11 (1988)810—814.

[182] 沈燮昌,多项式最佳逼近的实现,上海科学技术出版社,1984.

[183] Стороженко, Э. А., О приближении фупкций класса $H^p$, $0<p<1$, Сообщение АН Груз. ССР, 88:1(1977), 45—47.

[184] Стороженко, Э.А., Приближение функций класса $H^p$, $0<p<1$, Матем, с$\sigma$., 105(147):4(1978), 601—621.

[185] Стороженко, Э. А., О скорости приближения функцийкласса $H^p$, $0<p\leqslant 1$, Доклады АН Арм. ССР, 66(1978), 145—149.

[186] Стороженко, Э.А., О теоремах типа Джексона в $H^p$, $0<p<1$, ИЗВ АН СССР с.м., 44:4(1980), 946—962.

[187] Стороженко, Э.А., Кротов, В.Г., и Освальд, П., Прямые и обратные теоремы типа джексона в пространствах $C^p$, $0<p<1$, Матем. сб., 98 (140):3(1975), 395—405.

[188] Стороженко Э.А., и Освальд, П., Теорема джексона в пространствах $C^p(R^k)$, $0<p<1$, доклады АН СССР, 229:3(1976), 554—557.

[189] 苏兆龙,$E^1$ 类中多项式和有理函数的最佳逼近,数学研究与评论,2: 3(1982), 41—50.

[190] Суетин, П. К., Основные свойства многочленов, ортогональных по контуру, Успехи МН СССР, 21:2(128) (1966), 41—88.

[191] Szegö, G., Orthogonal polynomials, Amer. Math. Soc. Colloq. publ., vol. 23, Providence R.I., 1939.

[192] Тиман, А.ф., Теория приближения функций действительного переменного, ГИФМЛ Москва, 1960.

[193] Тумаркин, Г. Ц., Приближение функций рациональными дробями с заранее заданными полюсами, Доклады АН СССР, 98:6(1954), 905—912.

[194] Тумаркин, Г. Ц., Описание класса функций, допускающих приближение дробями с фиксировамными полюсами, ИЗВ АН Арм. ССР с. м., 1:2 (1966), 89—108.

[195] Тумаркин Г.Ц., Приближение в различных метриках функций, заданных на окрушности последовательностями рациомальных дробей с фиксированным полюсами, ИЗВ АН СССР с.м., 30:4(1966),721—760.

[196] Витушкин, А. Г., Онаилучших приближениях дифференцируемых и аналитических функций, Доклады АН СССР, 119:3(1958), 418—420.

[197] Витушкин, А.Г., Условия на множество, необходимые и достаточные для возможности равномерного приближения аналитическими (или рациональными) функциями всякой непрерывной на этом множестве функций, Доклады АН СССР, 128:1(1959), 17—20.

[198] Walsh, J. L., Interpolation and approximation by rational functions in the complex domain, Amer. Math. Soc. colloq. Publ., vol. XX, 1956.

[199] Walsh, J.L., and Elliott, H.M., Degree of approximation on a Jordan curve, Proc. Nat. Acad. Sci. U.S.A., 38(1952), 1058—1111.

[200] Walsh, J. L., and Sharma, A., Least square approximation and interpolation in roots of unity, Pacific J. of Math. 14(1964), 727—730.

[201] 王仁宏,数值有理逼近,上海科技出版社,1980.

[202] Warschawski, S. E., On differentiability at the boundary in conformal mapping, Proc. Amer. Math. Soc., 12(1961), 614—620.

[203] Warschawski, S. E., On Holder continuity at the boundary in conformal maps, Journal Math, Mech., 18(1968), 425—428.

[204] Wolf, C., Sur la representation conforme des bandes, Compositio Math, 1(1934), 207—222.

[205] Wu, Z. J. (吴志坚), Shen, X. C. (沈燮昌), Bergman Spaces in higher dimensions and some properties, Proceedings on China-U. S. Joint Conference on Approximation Theory, Hangzhou, Approximation Theory and its Appl., 3:4(1987), 164—178.

[206] 吴学谋,关于等角写像的边界性质,数学学报,7: 2(1957),271—276.

[207] 邢富冲,$H'_p(p\geqslant 1)$ 空间中的最佳逼近问题,硕士学位论文,北京大学,1981.

[208] 邢富冲,苏兆龙,Inverse theorems to the best approximation by polynomials in $H^r_q$ space 新疆大学学报,第6卷第4期,(1989),36—46.

[209] 邢富冲,苏兆龙,$H^p_q$ 空间的一些性质,新疆大学学报,3(1986).

[210] Хведелидзе, Б. В., Об одном классе сингулярных интегральных уравнений с ядрами типа коши, сообщ. АН Груз. ССР, 15:7(1954).

[211] 余家荣,用广义多项式逼近在正实轴上的函数,数学学报,8: 2(1958),19—29.

[212] Zhong, L. F. (钟乐凡), On the degree of approximation in $A'_q(D)$, Approximation Theory and its Appl., 4:3(1988), 1—12.

[213] Zygmund, A., Trigonometric series, vol I, vol II, University Press, Cambridge, 1959.

# 《现代数学基础丛书》已出版书目

1 数理逻辑基础(上册) 1981.1 胡世华 陆钟万 著
2 数理逻辑基础(下册) 1982.8 胡世华 陆钟万 著
3 紧黎曼曲面引论 1981.3 伍鸿熙 吕以辇 陈志华 著
4 组合论(上册) 1981.10 柯 召 魏万迪 著
5 组合论(下册) 1987.12 魏万迪 著
6 数理统计引论 1981.11 陈希孺 著
7 多元统计分析引论 1982.6 张尧庭 方开泰 著
8 有限群构造(上册) 1982.11 张远达 著
9 有限群构造(下册) 1982.12 张远达 著
10 测度论基础 1983.9 朱成熹 著
11 分析概率论 1984.4 胡迪鹤 著
12 微分方程定性理论 1985.5 张芷芬 丁同仁 黄文灶 董镇喜 著
13 傅里叶积分算子理论及其应用 1985.9 仇庆久 陈恕行 是嘉鸿 刘景麟 蒋鲁敏 编
14 辛几何引论 1986.3 J.柯歇尔 邹异明 著
15 概率论基础和随机过程 1986.6 王寿仁 编著
16 算子代数 1986.6 李炳仁 著
17 线性偏微分算子引论(上册) 1986.8 齐民友 编著
18 线性偏微分算子引论(下册) 1992.1 齐民友 徐超江 编著
19 实用微分几何引论 1986.11 苏步青 华宣积 忻元龙 著
20 微分动力系统原理 1987.2 张筑生 著
21 线性代数群表示导论(上册) 1987.2 曹锡华 王建磐 著
22 模型论基础 1987.8 王世强 著
23 递归论 1987.11 莫绍揆 著
24 拟共形映射及其在黎曼曲面论中的应用 1988.1 李 忠 著
25 代数体函数与常微分方程 1988.2 何育赞 萧修治 著
26 同调代数 1988.2 周伯壎 著
27 近代调和分析方法及其应用 1988.6 韩永生 著
28 带有时滞的动力系统的稳定性 1989.10 秦元勋 刘永清 王 联 郑祖庥 著
29 代数拓扑与示性类 1989.11 [丹麦] I. 马德森 著
30 非线性发展方程 1989.12 李大潜 陈韵梅 著

31　仿微分算子引论　1990.2　陈恕行　仇庆久　李成章　编
32　公理集合论导引　1991.1　张锦文　著
33　解析数论基础　1991.2　潘承洞　潘承彪　著
34　二阶椭圆型方程与椭圆型方程组　1991.4　陈亚浙　吴兰成　著
35　黎曼曲面　1991.4　吕以辇　张学莲　著
36　复变函数逼近论　1992.3　沈燮昌　著
37　Banach 代数　1992.11　李炳仁　著
38　随机点过程及其应用　1992.12　邓永录　梁之舜　著
39　丢番图逼近引论　1993.4　朱尧辰　王连祥　著
40　线性整数规划的数学基础　1995.2　马仲蕃　著
41　单复变函数论中的几个论题　1995.8　庄圻泰　杨重骏　何育赞　闻国椿　著
42　复解析动力系统　1995.10　吕以辇　著
43　组合矩阵论(第二版)　2005.1　柳柏濂　著
44　Banach 空间中的非线性逼近理论　1997.5　徐士英　李　冲　杨文善　著
45　实分析导论　1998.2　丁传松　李秉彝　布　伦　著
46　对称性分岔理论基础　1998.3　唐　云　著
47　Gel'fond-Baker 方法在丢番图方程中的应用　1998.10　乐茂华　著
48　随机模型的密度演化方法　1999.6　史定华　著
49　非线性偏微分复方程　1999.6　闻国椿　著
50　复合算子理论　1999.8　徐宪民　著
51　离散鞅及其应用　1999.9　史及民　编著
52　惯性流形与近似惯性流形　2000.1　戴正德　郭柏灵　著
53　数学规划导论　2000.6　徐增堃　著
54　拓扑空间中的反例　2000.6　汪　林　杨富春　编著
55　序半群引论　2001.1　谢祥云　著
56　动力系统的定性与分支理论　2001.2　罗定军　张　祥　董梅芳　著
57　随机分析学基础(第二版)　2001.3　黄志远　著
58　非线性动力系统分析引论　2001.9　盛昭瀚　马军海　著
59　高斯过程的样本轨道性质　2001.11　林正炎　陆传荣　张立新　著
60　光滑映射的奇点理论　2002.1　李养成　著
61　动力系统的周期解与分支理论　2002.4　韩茂安　著
62　神经动力学模型方法和应用　2002.4　阮　炯　顾凡及　蔡志杰　编著
63　同调论——代数拓扑之一　2002.7　沈信耀　著
64　金兹堡-朗道方程　2002.8　郭柏灵　黄海洋　蒋慕容　著

65 排队论基础 2002.10 孙荣恒 李建平 著
66 算子代数上线性映射引论 2002.12 侯晋川 崔建莲 著
67 微分方法中的变分方法 2003.2 陆文端 著
68 周期小波及其应用 2003.3 彭思龙 李登峰 谌秋辉 著
69 集值分析 2003.8 李 雷 吴从炘 著
70 强偏差定理与分析方法 2003.8 刘 文 著
71 椭圆与抛物型方程引论 2003.9 伍卓群 尹景学 王春朋 著
72 有限典型群子空间轨道生成的格(第二版) 2003.10 万哲先 霍元极 著
73 调和分析及其在偏微分方程中的应用(第二版) 2004.3 苗长兴 著
74 稳定性和单纯性理论 2004.6 史念东 著
75 发展方程数值计算方法 2004.6 黄明游 编著
76 传染病动力学的数学建模与研究 2004.8 马知恩 周义仓 王稳地 靳 祯 著
77 模李超代数 2004.9 张永正 刘文德 著
78 巴拿赫空间中算子广义逆理论及其应用 2005.1 王玉文 著
79 巴拿赫空间结构和算子理想 2005.3 钟怀杰 著
80 脉冲微分系统引论 2005.3 傅希林 闫宝强 刘衍胜 著
81 代数学中的 Frobenius 结构 2005.7 汪明义 著
82 生存数据统计分析 2005.12 王启华 著
83 数理逻辑引论与归结原理(第二版) 2006.3 王国俊 著
84 数据包络分析 2006.3 魏权龄 著
85 代数群引论 2006.9 黎景辉 陈志杰 赵春来 著
86 矩阵结合方案 2006.9 王仰贤 霍元极 麻常利 著
87 椭圆曲线公钥密码导引 2006.10 祝跃飞 张亚娟 著
88 椭圆与超椭圆曲线公钥密码的理论与实现 2006.12 王学理 裴定一 著
89 散乱数据拟合的模型、方法和理论 2007.1 吴宗敏 著
90 非线性演化方程的稳定性与分歧 2007.4 马 天 汪宁宏 著
91 正规族理论及其应用 2007.4 顾永兴 庞学诚 方明亮 著
92 组合网络理论 2007.5 徐俊明 著
93 矩阵的半张量积:理论与应用 2007.5 程代展 齐洪胜 著
94 鞅与 Banach 空间几何学 2007.5 刘培德 著
95 非线性常微分方程边值问题 2007.6 葛渭高 著
96 戴维-斯特瓦尔松方程 2007.5 戴正德 蒋慕蓉 李栋龙 著
97 广义哈密顿系统理论及其应用 2007.7 李继彬 赵晓华 刘正荣 著
98 Adams 谱序列和球面稳定同伦群 2007.7 林金坤 著

99 矩阵理论及其应用 2007.8 陈公宁 编著
100 集值随机过程引论 2007.8 张文修 李寿梅 汪振鹏 高 勇 著
101 偏微分方程的调和分析方法 2008.1 苗长兴 张 波 著
102 拓扑动力系统概论 2008.1 叶向东 黄 文 邵 松 著
103 线性微分方程的非线性扰动(第二版) 2008.3 徐登洲 马如云 著
104 数组合地图论(第二版) 2008.3 刘彦佩 著
105 半群的 $S$-系理论(第二版) 2008.3 刘仲奎 乔虎生 著
106 巴拿赫空间引论(第二版) 2008.4 定光桂 著
107 拓扑空间论(第二版) 2008.4 高国士 著
108 非经典数理逻辑与近似推理(第二版) 2008.5 王国俊 著
109 非参数蒙特卡罗检验及其应用 2008.8 朱力行 许王莉 著
110 Camassa-Holm 方程 2008.8 郭柏灵 田立新 杨灵娥 殷朝阳 著
111 环与代数(第二版) 2009.1 刘绍学 郭晋云 朱 彬 韩 阳 著
112 泛函微分方程的相空间理论及应用 2009.4 王 克 范 猛 著
113 概率论基础(第二版) 2009.8 严士健 王隽骧 刘秀芳 著
114 自相似集的结构 2010.1 周作领 瞿成勤 朱智伟 著
115 现代统计研究基础 2010.3 王启华 史宁中 耿 直 主编
116 图的可嵌入性理论(第二版) 2010.3 刘彦佩 著
117 非线性波动方程的现代方法(第二版) 2010.4 苗长兴 著
118 算子代数与非交换 $L_p$ 空间引论 2010.5 许全华 吐尔德别克 陈泽乾 著
119 非线性椭圆型方程 2010.7 王明新 著
120 流形拓扑学 2010.8 马 天 著
121 局部域上的调和分析与分形分析及其应用 2011.4 苏维宜 著
122 Zakharov 方程及其孤立波解 2011.6 郭柏灵 甘在会 张景军 著
123 反应扩散方程引论(第二版) 2011.9 叶其孝 李正元 王明新 吴雅萍 著
124 代数模型论引论 2011.10 史念东 著
125 拓扑动力系统——从拓扑方法到遍历理论方法 2011.12 周作领 尹建东 许绍元 著
126 Littlewood-Paley 理论及其在流体动力学方程中的应用 2012.3 苗长兴 吴家宏 章志飞 著
127 有约束条件的统计推断及其应用 2012.3 王金德 著
128 混沌、Mel'nikov 方法及新发展 2012.6 李继彬 陈凤娟 著
129 现代统计模型 2012.6 薛留根 著
130 金融数学引论 2012.7 严加安 著
131 零过多数据的统计分析及其应用 2013.1 解锋昌 韦博成 林金官 著

132　分形分析引论　2013.6　胡家信　著

133　索伯列夫空间导论　2013.8　陈国旺　编著

134　广义估计方程估计方程　2013.8　周　勇　著

135　统计质量控制图理论与方法　2013.8　王兆军　邹长亮　李忠华　著

136　有限群初步　2014.1　徐明曜　著

137　拓扑群引论(第二版)　2014.3　黎景辉　冯绪宁　著

138　现代非参数统计　2015.1　薛留根　著